机电工人实用技术手册系列

铣工
实用技术手册
（第二版）

邱言龙　王秋杰　主编

U0383876

中国电力出版社
CHINA ELECTRIC POWER PRESS

内 容 提 要

随着"中国制造"的崛起，对技能型人才的需求增强，技术更新也不断加快。《机械工人实用技术手册》丛书应形势的需求，进行再版，本套丛书与劳动和社会保障部最新颁布的《国家职业标准》相配套、内容新、资料全、操作讲解详细。

本书为其中一本，共十二章，主要内容包括：常用资料及其计算，金属材料的性能及其热处理，技术测量基础与常用量具，铣床及其结构，铣削原理，铣刀及其辅具，铣床夹具，典型工件的铣削加工，刻线及成形表面的铣削，典型工件的铣削工艺分析，数控铣削技术，铣床的一般调整和一级保养等。

本书可供广大铣工和有关技术人员使用，也可供相关专业学生参考。

图书在版编目 (CIP) 数据

铣工实用技术手册/邱言龙，王秋杰主编. —2 版 . —北京：中国电力出版社，2018.11

ISBN 978-7-5198-2379-5

Ⅰ.①铣… Ⅱ.①邱…②王… Ⅲ.①铣削—技术手册 Ⅳ.①TG54-62

中国版本图书馆 CIP 数据核字 (2018) 第 204335 号

出版发行：中国电力出版社
地　　址：北京市东城区北京站西街 19 号（邮政编码 100005）
网　　址：http://www.cepp.sgcc.com.cn
责任编辑：马淑范 xiaoma1809@163.com
责任校对：王小鹏
装帧设计：王英磊　赵姗姗
责任印制：杨晓东

印　　刷：三河市万龙印装有限公司
版　　次：2008 年 9 月第一版　2018 年 11 月第二版
印　　次：2018 年 11 月北京第二次印刷
开　　本：880 毫米×1230 毫米　32 开本
印　　张：24.5
字　　数：468 千字
印　　数：3001—5000 册
定　　价：78.00 元

再版前言

随着新一轮科技革命和产业变革的孕育兴起，全球科技创新呈现出新的发展态势和特征。这场变革是信息技术与制造业的深度融合，是以制造业数字化、网络化、智能化为核心，建立在物联网和务（服务）联网基础上，同时叠加新能源、新材料等方面的突破而引发的新一轮变革，给世界范围内的制造业带来了广泛而深刻的影响。

十年前，随着我国社会主义经济建设的不断快速发展，为适应我国工业化改革进程的需要，特别是机械工业和汽车工业的蓬勃兴起，对机械工人的技术水平提出越来越高的要求。为满足机械制造行业对技能型人才的需求，为他们提供一套内容起点低、层次结构合理的初、中级机械工人实用技术手册，我们特组织了一批高等职业技术院校、技师学院、高级技工学校有多年丰富理论教学经验和高超的实际操作技能水平的教师，编写了这套《机械工人实用技术手册》丛书。首批丛书包括：《车工实用技术手册》《钳工实用技术手册》《铣工实用技术手册》《磨工实用技术手册》《装配钳工实用技术手册》《机修钳工实用技术手册》《模具钳工实用技术手册》《工具钳工实用技术手册》和《焊工实用技术手册》一共九本，后续又增加了《钣金工实用技术手册》《电工实用技术手册》和《维修电工实用技术手册》。这套丛书的出版发行，为广大机械工人理论水平的提升和操作技能的提高起到很好的促进作用，受到广大读者的一致好评！

由百余名院士专家着手制定的"中国制造2025"，为中国制造业未来10年设计顶层规划和路线图，通过努力实现中国制造向中国创造、中国速度向中国质量、中国产品向中国品牌三大转变，推动中国到 2025 年基本实现工业化，迈入制造强国行列。"中国制造 2025"的总体目标：2025 年前，大力支持对国民经济、国防建设和人民生活休戚相关的数控机床与基础制造装备、航空装备、海洋工程装备与船舶、汽车、节能环保等战略必争产业优先发展；选择与国际先进水平已较为接近的航天装备、通信网络装备、发电与输变电装备、轨道交通装备等优势产业，进行重点突破。

"中国制造 2025"提出了我国制造强国建设三个十年的"三步走"战略，是第一个十年的行动纲领。"中国制造 2025"应对新一轮科技革命和产业变革，立足我国转变经济发展方式实际需要，围绕创新驱动、智能转型、强化基础、绿色发展、人才为本等关键环节，以及先进制造、高端装备等重点领域，提出了加快制造业转型升级、提升增效的重大战略任务和重大政策举措，力争到 2025 年从制造大国迈入制造强国行列。

由此看来，技术技能型人才资源已经成为最为重要的战略资源，拥有一大批技艺精湛的专业化技能人才和一支训练有素的技术队伍，已经日益成为影响企业竞争力和综合实力的重要因素之一。机械工人就是这样一支肩负历史使命和时代需求的特殊队伍，他们将为我国从"制造大国"向"制造强国"，从"中国制造"向"中国智造"迈进作出巨大贡献。

在新型工业化道路的进程中，我国机械工业的发展充满了机遇和挑战。面对新的形势，广大机械工人迫切需要知识更新，特别是学习和掌握与新的应用领域有关的新知识和新技能，提高核心竞争力。在这样的大背景下，对《机械工人实用技术手册》丛书进行修订再版。删除第一版中过于陈旧的知识和用处不大的理论基础，新增加的知识点、技能点涵盖了当前的较为热门的新技术、新设备，更加能够满足广大读者对知识增长和技术更新的要求。

本书由邱言龙、王秋杰任主编，陈俊超、郭志祥任副主编，参与编写的人员还有汪友英、雷振国、汪平宇等，本书由王兵、秦洪担任审稿工作，王兵任主审，全书由邱言龙统稿。

由于编者水平所限，加之时间仓促，以及搜集整理资料方面的局限，知识更新不及时，挂一漏十，书中错误在所难免，望广大读者不吝赐教，以利提高！欢迎读者通过 E-mail：qiuxm6769@sina.com与作者联系！

编　者

2017.12

前　言

当前和今后一个时期，是我国全面建设小康社会、开创中国特色社会主义事业新局面的重要战略机遇期。建设小康社会需要科技创新，离不开技能人才。国务院组织召开的"全国人才工作会议"、"全国职教工作会议"都强调要把"提高技术工人素质、培养高技能人才"作为重要任务来抓。当今世界，谁掌握了先进的科学技术并拥有大量技术娴熟、手艺高超的技能人才，谁就能生产出高质量的产品，创出自己的名牌；谁就能在激烈的市场竞争中立于不败之地。我国有近一亿技术工人，他们是社会物质财富的直接创造者。技术工人的劳动，是科技成果转化为生产力的关键环节，是经济发展的重要基础。

高级技术工人应该具备技术全面、一专多能、技艺高超、生产实践经验丰富的优良的技术素质。他们需要担负组织和解决本工种生产过程中出现的关键或疑难技术问题，开展技术革新、技术改造，推广、应用新技术、新工艺、新设备、新材料以及组织、指导初、中级工人技术培训、考核、评定等工作任务。而要想这些技术工人做到这些，则需要不断的学习和提高。

为此，我们编写了本书，以满足广大铣工学习的需要，帮助他们提高相关理论与技能操作水平。本书的主要特点如下：

（1）标准新。本书采用了国家新标准、法定计量单位和最新名词术语。

（2）内容新。本书除了讲解传统铣工应掌握的内容之外，还加入了一些新技术、新工艺、新设备、新材料等方面的内容。

（3）注重实用。在内容组织和编排上特别强调实践，书中的大量实例来自生产实际和教学实践。实用性强，除了必须的基础知识和专业理论以外，还包括许多典型的加工实例、操作技能及最新技术的应用，兼顾先进性与实用性，尽可能地反映现代加工技术领域内的实用技术和应用经验。

（4）写作方式易于理解和学习。本书在讲解过程中，多以图和表来讲解，更加直观和生动，易于读者学习和理解。

由于编者水平有限，加之时间仓促，书中错误在所难免，望广大读者不吝赐教，以利提高！欢迎读者通过 E-mail：qiuxm6769@sina. com 与作者联系！

编　者

2008 年 5 月于古城荆州

目　录

1

5

常用资料及其计算

第一节　常用的字母、代号与符号

一、常用的字母及符号

1. 拉丁字母（见表 1-1）

表 1-1　　　　　　　　　拉　丁　字　母

大写	小写	近似读音	大写	小写	近似读音	大写	小写
A	a	爱	J	j	街	S	s
B	b	比	K	k	克	T	t
C	c	西	L	l	爱耳	U	u
D	d	低	M	m	爱姆	V	v
E	e	衣	N	n	恩	W	w
F	f	爱福	O	o	喔	X	x
G	g	基	P	p	皮	Y	y
H	h	爱曲	Q	q	克由	Z	z
I	i	哀	R	r	啊耳		

2. 希腊字母（见表 1-2）

表 1-2　　　　　　　　　希　腊　字　母

大写	小写	近似读音	大写	小写	近似读音	大写	小写
A	α	阿耳法	I	ι	约塔	P	ρ
B	β	贝塔	K	κ	卡帕	Σ	$\sigma\ \varsigma$
Γ	γ	伽马	Λ	λ	兰姆达	T	$\tau\ \upsilon$
Δ	δ	德耳塔	M	μ	谬	Υ	$\upsilon\ \varphi$
E	ε	艾普西隆	N	ν	纽	Φ	$\chi\ \psi$
Z	ζ	截塔	Ξ	ξ	克西	X	
H	η	衣塔	O	o	奥密克戎	Ψ	
Θ	θ	西塔	Π	π	派	Ω	ω

3. 罗马数字（见表 1-3）

表 1-3　　　　　　　　　罗　马　数　字

数母	Ⅰ	Ⅱ	Ⅲ	Ⅳ	Ⅴ	Ⅵ	Ⅶ	Ⅷ	Ⅸ	Ⅹ	L	C	D	M
数	1	2	3	4	5	6	7	8	9	10	50	100	500	1000
汉字	壹	贰	叁	肆	伍	陆	柒	捌	玖	拾	伍拾	佰	伍佰	仟

注　罗马数字有 7 种基本符号：Ⅰ Ⅴ Ⅹ L C D 和 M，两种符号拼列时，小数放在大数左边，表示大数和小数之差；小数放在大数右边，则表示小数与大数之和。在符号上面加一段横线，表示这个符号的数增加 1000 倍。

1

二、常用的标准代号

1. 国家标准代号（见表 1-4）

表 1-4　　　　　　　　国家标准代号及其含义

序　号	代　号	含　义
1	GB	中华人民共和国强制性国家标准
2	GB/T	中华人民共和国推荐性国家标准

2. 常用行业的标准代号（见表 1-5）

表 1-5　　　　　　常用行业的标准代号及其含义

序　号	代　号	含　义	序　号	代　号	含　义
1	CB	船　舶	12	NY	农　业
2	DL	电　力	13	QB	轻　工
3	FZ	纺　织	14	QC	汽　车
4	HB	航　空	15	QJ	航　天
5	HG	化　工	16	SH	石油化工
6	HJ	环境保护	17	SJ	电　子
7	JB	机　械	18	TB	铁路运输
8	JG	建筑工业	19	YB	黑色冶金
9	JT	交　通	20	YS	有色冶金
10	LY	林　业	21	YZ	邮　政
11	MH	民用航空	22	GB	国　标

注　行业标准分为强制性标准和推荐性标准。表中给出的是强制性行业标准代号，推荐性行业标准的代号是在强制性行业标准代号后面加"/T"，例如：JB/T 5061—2006。

三、电工的常用符号

电工的常用符号及其名称见表 1-6。

表 1-6　　　　　　　　电工的常用符号及其名称

符　号	名　称	符　号	名　称	符　号	名　称
R	电阻(器)	KM	接触器	mA	毫安
R L	电感(器)	A	安培	C	电容(器)
L	电抗(器)	A	调节器	W	瓦特
RP	电位(器)	V	晶体管	kW	千瓦
G	发电机	V	电子管	var	乏
M	电动机	U	整流器	Wh	瓦时
GE	励磁机	B	扬声器	Ah	安时
A	放大器(机)	Z	滤波器	warh	乏时
W	绕组或线圈	H	指示灯	Hz	频率
T	变压器	W	母线	cosφ	功率因数
P	测量仪表	μA	微安	Ω	欧姆
A	电桥	kA	千安	MΩ	兆欧
S	开关	V	伏特	φ	相位
Q	断路器	mV	毫伏	n	转速
F	熔断器	kV	千伏	T	温度
K	继电器				

四、主要金属元素的化学符号、相对原子质量和密度（见表1-7）

表 1-7　　　主要金属元素的化学符号、相对原子质量和密度

元素名称	化学符号	相对原子质量	密度(g/cm³)	元素名称	化学符号	相对原子质量	密度(g/cm³)
银	Ag	107.88	10.5	钼	Mo	95.95	10.2
铝	Al	26.97	2.7	钠	Na	22.997	0.97
砷	As	74.91	5.73	铌	Nb	92.91	8.6
金	Au	197.2	19.3	镍	Ni	58.69	8.9
硼	B	10.82	2.3	磷	P	30.98	1.82
钡	Ba	137.36	3.5	铅	Pb	207.21	11.34
铍	Be	9.02	1.9	铂	Pt	195.23	21.45
铋	Bi	209.00	9.8	镭	Ra	226.05	5
溴	Br	79.916	3.12	铷	Rb	85.48	1.53
碳	C	12.01	1.9～2.3	镙	Ru	101.7	12.2
钙	Ca	40.08	1.55	硫	S	32.06	2.07
镉	Cd	112.41	8.65	锑	Sb	121.76	6.67
钴	Co	58.94	8.8	硒	Se	78.96	4.81
铬	Cr	52.01	7.19	硅	Si	28.06	2.35
铜	Cu	63.54	8.93	锡	Sn	118.70	7.3
氟	F	19.00	1.11	锶	Sr	87.63	2.6
铁	Fe	55.85	7.87	钽	Ta	180.88	16.6
锗	Ge	72.60	5.36	钍	Th	232.12	11.5
汞	Hg	200.61	13.6	钛	Ti	47.90	4.54
碘	I	126.92	4.93	铀	U	238.07	18.7
铱	Ir	193.1	22.4	钒	V	50.95	5.6
钾	K	39.096	0.86	钨	W	183.92	19.15
镁	Mg	24.32	1.74	锌	Zn	65.38	7.17
锰	Mn	54.93	7.3				

第二节 常用数表

一、π 的重要函数表（见表 1-8）

表 1-8　　　　　　　　　　π 的重要函数表

π	3.141593	$\sqrt{2\pi}$	2.506628
π^2	9.869604	$\sqrt{\dfrac{\pi}{2}}$	1.253314
$\sqrt{\pi}$	1.772454	$\sqrt[3]{\pi}$	1.464592
$\dfrac{1}{\pi}$	0.318310	$\sqrt{\dfrac{1}{2\pi}}$	0.398942
$\dfrac{1}{\pi^2}$	0.101321	$\sqrt{\dfrac{2}{\pi}}$	0.797885
$\sqrt{\dfrac{1}{\pi}}$	0.564190	$\sqrt[3]{\dfrac{1}{\pi}}$	0.682784

二、π 的近似分数表（见表 1-9）

表 1-9　　　　　　　　　　π 的近似分数表

近似分数	误差	近似分数	误差
$\pi \approx 3.1400000 = \dfrac{157}{50}$	0.0015927	$\pi \approx 3.1417112 = \dfrac{25 \times 47}{22 \times 17}$	0.0001185
$\pi \approx 3.1428571 = \dfrac{22}{7}$	0.0012644	$\pi \approx 3.1417004 = \dfrac{8 \times 97}{13 \times 19}$	0.0001077
$\pi \approx 3.1418181 = \dfrac{32 \times 27}{25 \times 11}$	0.0002254	$\pi \approx 3.1416666 = \dfrac{13 \times 29}{4 \times 30}$	0.0000739
$\pi \approx 3.1417322 = \dfrac{19 \times 21}{127}$	0.0001395	$\pi \approx 3.1415929 = \dfrac{5 \times 71}{113}$	0.0000002

三、25.4 的近似分数表（见表 1-10）

表 1-10　　　　　　　　25.4 的近似分数表

近似分数	误　差	近似分数	误　差
$25.40000=\dfrac{127}{5}$	0	$25.39683=\dfrac{40\times40}{7\times9}$	0.00317
$25.41176=\dfrac{18\times24}{17}$	0.01176	$25.38461=\dfrac{11\times30}{13}$	0.01539

四、镀层金属的特性（见表 1-11）

表 1-11　　　　　　　　镀 层 金 属 特 性

种类	密度 ρ/ (g/cm³)	熔解点/ ℃	抗拉强度 σ_b/ MPa	伸长率 δ （%）	硬度/ HV
锌	7.133	419.5	100～130	65～50	35
铝	2.696	660	50～90	45～35	17～23
铅	11.36	372.4	11～20	50～30	3～5
锡	7.298	231.9	10～20	96～55	7～8
铬	7.19	1875	470～620	24	120～140

五、常用材料的线膨胀系数（见表 1-12）

表 1-12　　　　　　　　常用材料的线膨胀系数　　　　　　　　（1/℃）

材料	温 度 范 围/℃					
	20～100	20～200	20～300	20～400	20～600	20～700
工程用铜	$(16.6～17.1)\times10^{-6}$	$(17.1～17.2)\times10^{-6}$	17.6×10^{-6}	$(18～18.1)\times10^{-6}$	18.6×10^{-6}	
纯 铜	17.2×10^{-6}	17.5×10^{-6}	17.9×10^{-6}			
黄 铜	17.8×10^{-6}	18.8×10^{-6}	20.9×10^{-6}			
锡青铜	17.6×10^{-6}	17.9×10^{-6}	18.2×10^{-6}			
铝青铜	17.6×10^{-6}	17.9×10^{-6}	19.2×10^{-6}			
碳 钢	$(10.6～12.2)\times10^{-6}$	$(11.3～13)\times10^{-6}$	$(12.1～13.5)\times10^{-6}$	$(12.9～13.9)\times10^{-6}$	$(13.5～14.3)\times10^{-6}$	$(14.7～15)\times10^{-6}$
铬 钢	11.2×10^{-6}	11.8×10^{-6}	12.4×10^{-6}	13×10^{-6}	13.6×10^{-6}	
40CrSi	11.7×10^{-6}					
40CrMnsiA	11×10^{-6}					
4Cr13	10.2×10^{-6}	11.1×10^{-6}	11.6×10^{-6}	11.9×10^{-6}	12.3×10^{-6}	12.8×10^{-6}
1Cr18Ni9Ti	16.6×10^{-6}	17.0×10^{-6}	17.2×10^{-6}	17.5×10^{-6}	17.9×10^{-6}	18.6×10^{-6}
铸 铁	$(8.7～11.1)\times10^{-6}$	$(8.5～11.6)\times10^{-6}$	$(10.1～12.2)\times10^{-6}$	$(11.5～12.7)\times10^{-6}$	$(12.9～13.2)\times10^{-6}$	

第三节 常用三角函数的计算

一、30°、45°、60°的三角函数值（见表1-13）

表 1-13   30°、45°、60°的三角函数值

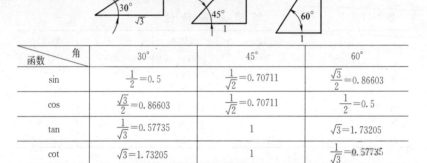

函数 \ 角	30°	45°	60°
sin	$\frac{1}{2}=0.5$	$\frac{1}{\sqrt{2}}=0.70711$	$\frac{\sqrt{3}}{2}=0.86603$
cos	$\frac{\sqrt{3}}{2}=0.86603$	$\frac{1}{\sqrt{2}}=0.70711$	$\frac{1}{2}=0.5$
tan	$\frac{1}{\sqrt{3}}=0.57735$	1	$\sqrt{3}=1.73205$
cot	$\sqrt{3}=1.73205$	1	$\frac{1}{\sqrt{3}}=0.57735$

二、常用三角函数的计算公式（见表1-14）

表 1-14   常用三角函数的计算公式

名称	图 形	计 算 公 式
直角三角形		α 的正弦 $\sin\alpha=\dfrac{a}{c}$ α 的余弦 $\cos\alpha=\dfrac{b}{c}$ α 的正切 $\tan\alpha=\dfrac{a}{b}$ α 的余切 $\cot\alpha=\dfrac{b}{a}$ α 的正割 $\sec\alpha=\dfrac{c}{b}$ α 的余割 $\csc\alpha=\dfrac{c}{a}$ $\alpha+\beta=90°$ $c^2=a^2+b^2$ 或 $c=\sqrt{a^2+b^2}$；$a=\sqrt{c^2-b^2}$ $b=\sqrt{c^2-a^2}$ 余角函数：$\sin(90°-\alpha)=\cos\alpha$ $\cos(90°-\alpha)=\sin\alpha$ $\tan(90°-\alpha)=\cot\alpha$ $\cot(90°-\alpha)=\tan\alpha$ 反三角函数 $x=\sin\alpha$ 的反函数为 $\alpha=\arcsin x$ $x=\cos\alpha$ 的反函数为 $\alpha=\arccos x$ $x=\tan\alpha$ 的反函数为 $\alpha=\arctan x$ $x=\cot\alpha$ 的反函数为 $\alpha=\text{arccot}\,x$

名称	图　形	计　算　公　式
锐角三角形	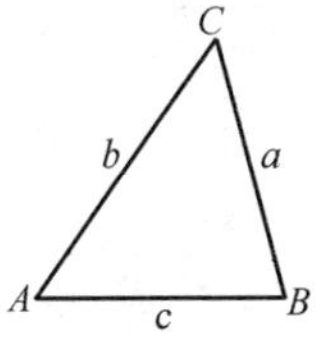	正弦定理：$\dfrac{a}{\sin A}=\dfrac{b}{\sin B}=\dfrac{c}{\sin C}$ 余弦定理：$a^2=b^2+c^2-2bc\cos A$ 即：$\cos A=\dfrac{b^2+c^2-a^2}{2bc}$ $b^2=a^2+c^2-2ac\cos\beta$
钝角三角形	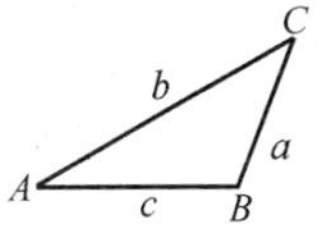	即：$\cos B=\dfrac{a^2+c^2-b^2}{2ac}$ $c^2=a^2+b^2-2ab\cos C$ 即：$\cos C=\dfrac{a^2+b^2-c^2}{2ab}$

第四节　常用几何图形的计算

一、常用几何图形的面积计算公式（见表 1-15）

表 1-15　　　　　　常用几何图形的面积计算公式

名称	图　形	计　算　公　式
正方形	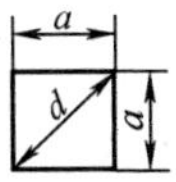	面积 $A=a^2$　　　$a=0.707d$ $d=1.414a$
长方形	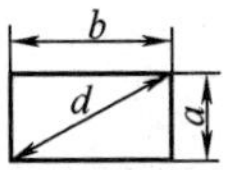	面积 $A=ab$　　　$d=\sqrt{a^2+b^2}$ $a=\sqrt{d^2-b^2}$ $b=\sqrt{d^2-a^2}$
平行四边形	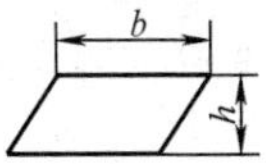	面积 $A=bh$　　　$h=\dfrac{A}{b}$ $b=\dfrac{A}{h}$

7

名称	图　形	计　算　公　式
菱形	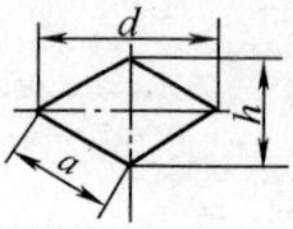	面积 $A=\dfrac{dh}{2}$　　$a=\dfrac{1}{2}\sqrt{d^2+h^2}$ $h=\dfrac{2A}{d}$　　$d=\dfrac{2A}{h}$
梯形	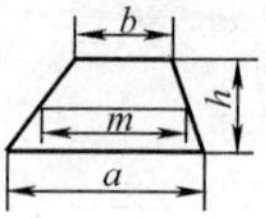	面积 $A=\dfrac{a+b}{2}h$　　$m=\dfrac{a+b}{2}$ $h=\dfrac{2A}{a+b}$ $a=\dfrac{2A}{h}-b$ $b=\dfrac{2A}{h}-a$
斜梯形	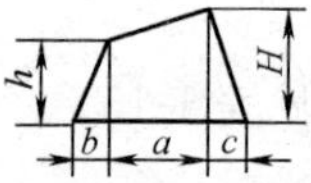	面积 $A=\dfrac{(H+h)\,a+bh+cH}{2}$
等边三角形	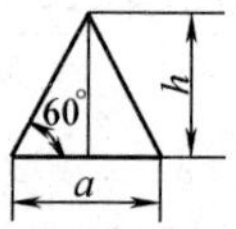	面积 $A=\dfrac{ah}{2}=0.433a^2=0.578h^2$ $a=1.155h$ $h=0.866a$
直角三角形	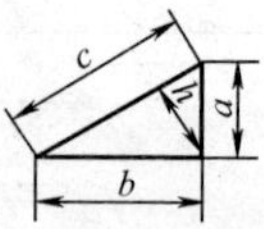	面积 $A=\dfrac{ab}{2}$　　$c=\sqrt{a^2+b^2}$ $h=\dfrac{ab}{c}$
圆形	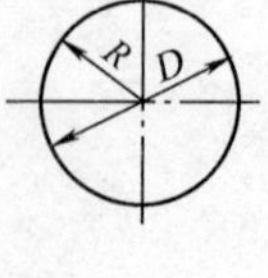	面积 $A=\dfrac{1}{4}\pi D^2$ $=0.7854D^2$　　周长 $c=\pi D$ $=\pi R^2$　　$D=0.318c$

名称	图　形	计　算　公　式
椭圆形	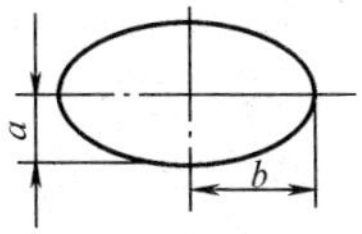	面积 $A=\pi ab$
圆环形	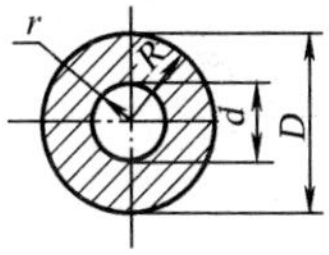	面积 $A=\dfrac{\pi}{4}(D^2-d^2)$ $=0.785(D^2-d^2)$ $=\pi(R^2-r^2)$
扇形	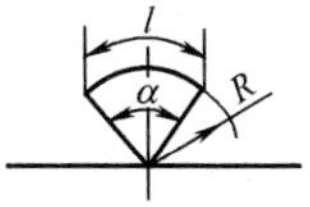	面积 $A=\dfrac{\pi R^2\alpha}{360}=0.008727\alpha R^2=\dfrac{Rl}{2}$ $l=\dfrac{\pi R\alpha}{180°}=0.01745R\alpha$
弓形	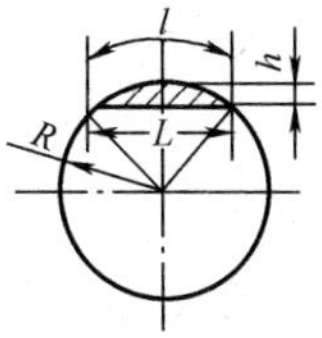	面积 $A=\dfrac{lR}{2}-\dfrac{L(R-h)}{2}$ $R=\dfrac{L^2+4h^2}{8h}$ $h=R-\dfrac{1}{2}\sqrt{4R^2-L^2}$
局部圆环形	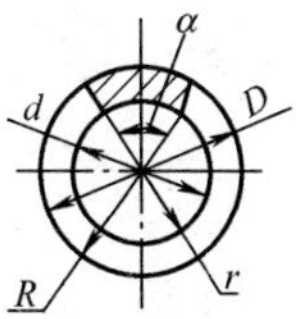	面积 $A=\dfrac{\pi\alpha}{360}(R^2-r^2)$ $=0.00873\alpha(R^2-r^2)$ $=\dfrac{\pi\alpha}{4\times360}(D^2-d^2)$ $=0.00218\alpha(D^2-d^2)$
抛物线弓形	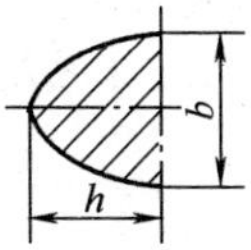	面积 $A=\dfrac{2}{3}bh$

名称	图　形	计　算　公　式
角橡	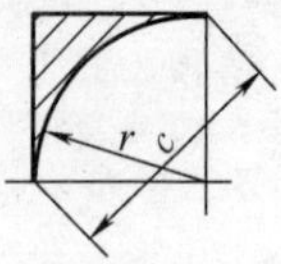	面积 $A = r^2 - \dfrac{\pi r^2}{4} = 0.215r^2$ $= 0.1075c^2$
正多边形	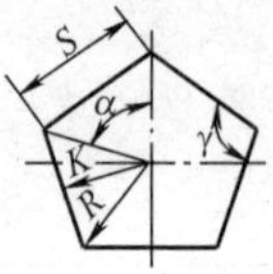	面积 $A = \dfrac{SK}{2}n = \dfrac{1}{2}nSR\cos\dfrac{\alpha}{2}$ 圆心角 $\alpha = \dfrac{360°}{n}$ 内角 $\gamma = 180° - \dfrac{360°}{n}$ 式中　S——正多边形的边长； 　　　n——正多边形的边数
圆柱体	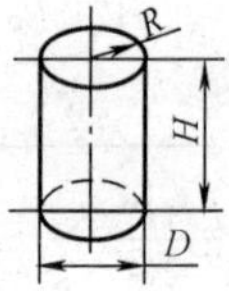	体积 $V = \pi R^2 H = \dfrac{1}{4}\pi D^2 H$ 侧表面积 $A_0 = 2\pi RH$

二、常用几何体表面积和体积的计算公式（见表 1-16）

表 1-16　　　　常用几何体表面积和体积的计算公式

名称	图　形	计　算　公　式
斜底圆柱体	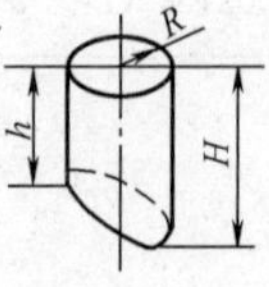	体积 $V = \pi R^2 \dfrac{H+h}{2}$ 侧表面积 $A_0 = \pi R(H+h)$

名称	图　形	计　算　公　式
空心圆柱体	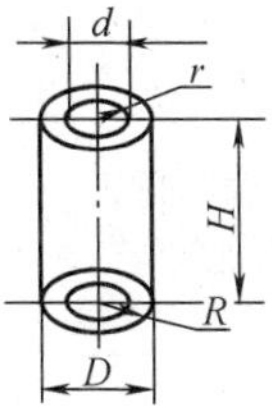	体积 $V=\pi H\,(R^2-r^2)$ 　　$=\dfrac{1}{4}\pi H\,(D^2-d^2)$ 侧表面积 $A_0=2\pi H\,(R+r)$
圆锥体	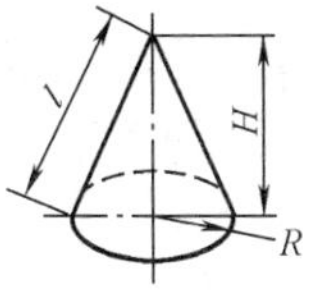	体积 $V=\dfrac{1}{3}\pi HR^2$ 侧表面积 $A_0=\pi Rl=\pi R\,\sqrt{R^2+H^2}$ 母线 $l=\sqrt{R^2+H^2}$
截顶圆锥体	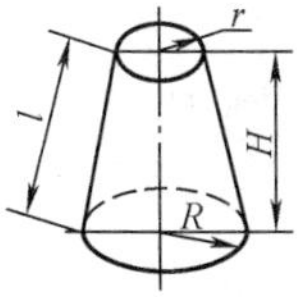	体积 $V=(R^2+r^2+Rr)\,\dfrac{\pi H}{3}$ 侧表面积 $A_0=\pi l\,(R+r)$ 母线 $l=\sqrt{H^2+(R-r)^2}$
正方体	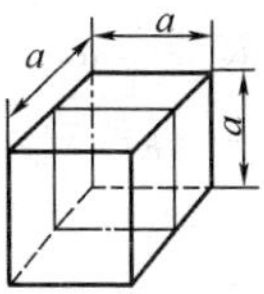	体积 $V=a^3$
长方体	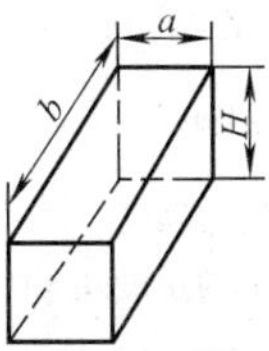	体积 $V=abH$
角锥体	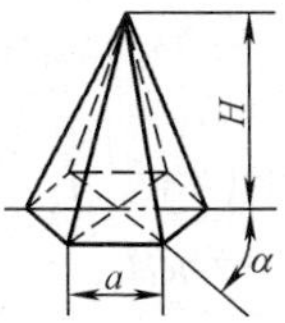	体积 $V=\dfrac{1}{3}H\times$底面积 　　$=\dfrac{na^2H}{12}\cot\dfrac{\alpha}{2}$ 式中　n——正多边形的边数； 　　$\alpha=\dfrac{360°}{n}$

11

名称	图　形	计　算　公　式
截顶角锥体	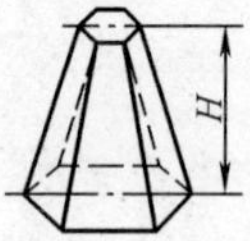	体积 $V=\dfrac{1}{3}H\left(A_1+A_2+\sqrt{A_1+A_2}\right)$ 式中 A_1——顶面积; 　　A_2——底面积
正方锥体	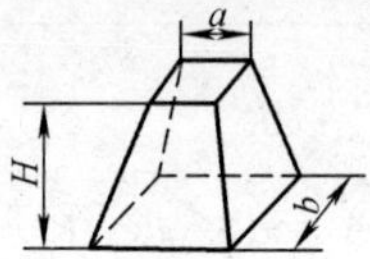	体积 $V=\dfrac{1}{3}H\left(a^2+b^2+ab\right)$
正六角体	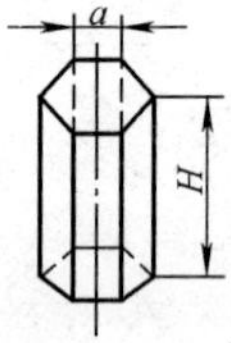	体积 $V=2.598a^2H$
球体	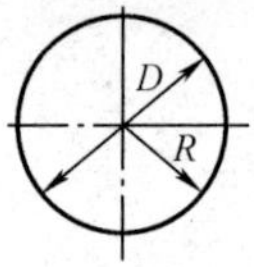	体积 $V=\dfrac{4}{3}\pi R^3=\dfrac{1}{6}\pi D^3$ 表面积 $A_n=12.57R^2=3.142D^2$
圆球环体	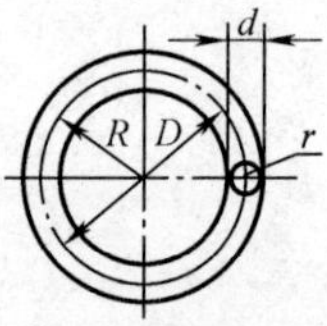	体积 $V=2\pi^2Rr^2=19.739Rr^2$ 　　　　$=\dfrac{1}{4}\pi^2Dd^2$ 　　　　$=2.4674Dd^2$ 表面积 $A_n=4\pi^2Rr=39.48Rr$
截球体	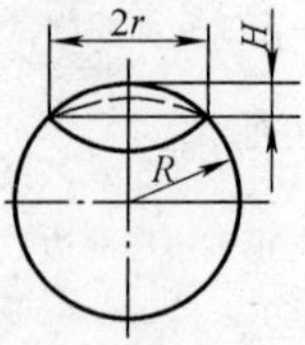	体积 $V=\dfrac{1}{6}\pi H\left(3r^2+H^2\right)$ 　　　　$=\pi H^2\left(R-\dfrac{H}{3}\right)$ 侧表面积 $A_0=2\pi RH$

12

名称	图　形	计　算　公　式
球台体	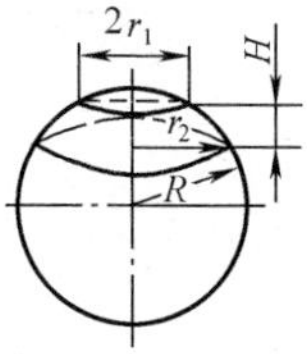	体积 $V=\dfrac{1}{6}\pi H\left[3\left(r_1^2+r_2^2\right)+H^2\right]$ 侧表面积 $A_0=2\pi RH$
内接三角形	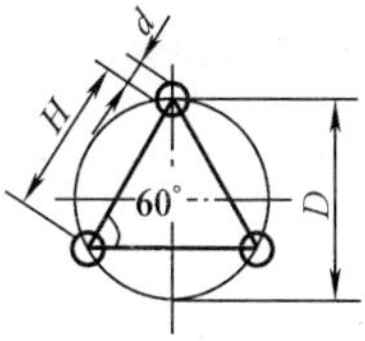	$D=(H+d)1.155$ $H=\dfrac{D-1.155d}{1.155}$
	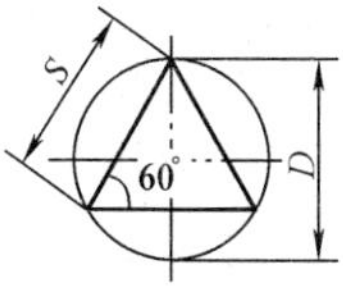	$D=1.154S$ $S=0.866D$
内接四边形	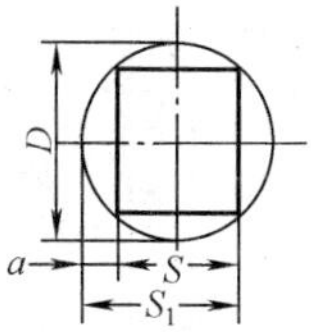	$D=1.414S$ $S=0.707D$ $S_1=0.854D$ $a=0.147D=\dfrac{D-S}{2}$
内接五边形	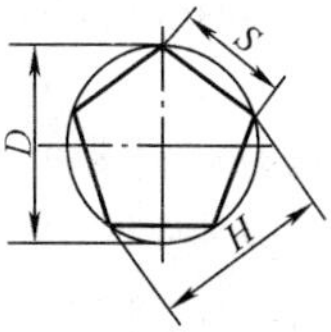	$D=1.701S$ $S=0.588D$ $H=0.951D=1.618S$
内接六边形	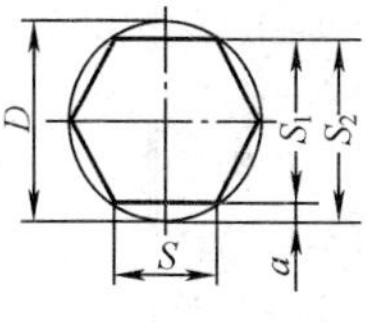	$D=2S=1.155S_1$ $S=\dfrac{1}{2}D$ $S_1=0.866D$ $S_2=0.933D$ $a=0.067D=\dfrac{D-S_1}{2}$

13

三、圆周等分系数表（见表1-17）

表 1-17 圆周等分系数表

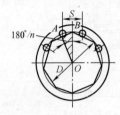

$$S=D\sin\frac{180°}{n}=DK$$

$$K=\sin\frac{180°}{n}$$

式中　　n——等分数；

　　　　K——圆周等分系数（查表）

等分数 n	系数 K	等分数 n	系数 K	等分数 n	系数 K	等分数 n	系数 K
3	0.86603	28	0.11197	53	0.059240	78	0.040265
4	0.70711	29	0.10812	54	0.058145	79	0.039757
5	0.58779	30	0.10453	55	0.057090	80	0.039260
6	0.50000	31	0.10117	56	0.056071	81	0.038775
7	0.43388	32	0.098015	57	0.055087	82	0.038302
8	0.38268	33	0.095056	58	0.054138	83	0.037841
9	0.34202	34	0.092269	59	0.053222	84	0.037391
10	0.30902	35	0.089640	60	0.052336	85	0.036951
11	0.28173	36	0.087156	61	0.051478	86	0.036522
12	0.25882	37	0.084805	62	0.050649	87	0.036102
13	0.23932	38	0.082580	63	0.049845	88	0.035692
14	0.22252	39	0.080466	64	0.049067	89	0.035291
15	0.20791	40	0.078460	65	0.048313	90	0.034899
16	0.19509	41	0.076549	66	0.047581	91	0.034516
17	0.18375	42	0.074731	67	0.046872	92	0.034141
18	0.17365	43	0.072995	68	0.046183	93	0.033774
19	0.16459	44	0.071339	69	0.045514	94	0.033415
20	0.15643	45	0.069756	70	0.044864	95	0.033064
21	0.14904	46	0.068243	71	0.044233	96	0.032719
22	0.14232	47	0.066792	72	0.043619	97	0.032881
23	0.13617	48	0.065403	73	0.043022	98	0.032051
24	0.13053	49	0.064073	74	0.042441	99	0.031728
25	0.12533	50	0.062791	75	0.041875	100	0.031410
26	0.12054	51	0.061560	76	0.041325		
27	0.11609	52	0.060379	77	0.040788		

四、角度与弧度换算表（见表 1-18）

表 1-18   角度与弧度换算表

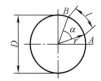

AB 弧长 $l = r \times$ 弧度数

或 $l = 0.017453r\alpha$（弧度）

$= 0.008727D\alpha$（弧度）

角度	弧度	角度	弧度	角度	弧度
$1''$	0.000005	$6'$	0.001745	$20°$	0.349066
$2''$	0.000010	$7'$	0.002036	$30°$	0.523599
$3''$	0.000015	$8'$	0.002327	$40°$	0.698132
$4''$	0.000019	$9'$	0.002618	$50°$	0.872665
$5''$	0.000024	$10'$	0.002909	$60°$	1.047198
$6''$	0.000029	$20'$	0.005818	$70°$	1.221730
$7''$	0.000034	$30'$	0.008727	$80°$	1.396263
$8''$	0.000039	$40'$	0.011636	$90°$	1.570796
$9''$	0.000044	$50'$	0.014544	$100°$	1.745329
$10''$	0.000048	$1°$	0.017453	$120°$	2.094395
$20''$	0.000097	$2°$	0.034907	$150°$	2.617994
$30''$	0.000145	$3°$	0.052360	$180°$	3.141593
$40''$	0.000194	$4°$	0.069813	$200°$	3.490659
$50''$	0.000242	$5°$	0.087266	$250°$	4.363323
$1'$	0.000291	$6°$	0.104720	$270°$	4.712389
$2'$	0.000582	$7°$	0.122173	$300°$	5.235988
$3'$	0.000873	$8°$	0.139626	$360°$	6.283185
$4'$	0.001164	$9°$	0.157080	1rad（弧度）$=57°17'44.8''$	
$5'$	0.001454	$10°$	0.174533		

🔧 第五节　法定计量单位及其换算

一、国际单位制（SI）

1. 国际单位制的基本单位（见表 1-19）

表 1-19　　　　　　国际单位制的基本单位

量的名称	单位名称	单位符号	量的名称	单位名称	单位符号
长　度	米	m	热力学温度	开［尔文］	K
质　量	千克（公斤）	kg	物质的量	摩［尔］	mol
时　间	秒	s	发光强度	坎［德拉］	cd
电　流	安［培］	A			

2. 国际单位制的辅助单位（见表 1-20）

表 1-20　　　　　　国际单位制的辅助单位

量 的 名 称	单 位 名 称	单 位 符 号
平 面 角	弧　度	rad
立 体 角	球 面 度	sr

3. 国际单位制中具有专门名称的导出单位（见表 1-21）

表 1-21　　　　国际单位制中具有专门名称的导出单位

量 的 名 称	单位名称	单位符号	其他表示示例
频率	赫［兹］	Hz	s^{-1}
力	牛［顿］	N	$kg \cdot m/s^2$
压力、压强、应力	帕［斯卡］	Pa	N/m^2
能［量］、功、热量	焦［耳］	J	$N \cdot m$
功率、辐［射能］通量	瓦［特］	W	J/s
电荷［量］	库［仑］	C	$s \cdot A$
电位、电压、电动势	伏［特］	V	W/A
（电势）电容	法［拉］	F	C/V
电阻	欧［姆］	Ω	V/A
电导	西［门子］	S	A/V、$Ω^{-1}$
磁通［量］	韦［伯］	Wb	$V \cdot s$
磁通［量］密度、磁感应强度	特［斯拉］	T	Wb/m^2
电感	亨［利］	H	Wb/A
摄氏温度	摄氏度	℃	
光通量	流［明］	lm	$cd \cdot sr$
［光］照度	勒［克斯］	lx	lm/m^2
［放射性］活度	贝可［勒尔］	Bq	s^{-1}
吸收剂量	戈［瑞］	Gy	J/kg
剂量当量	希［沃特］	Sv	J/kg

4. 国家选定的非国际单位制单位（见表1-22）

表1-22 国家选定的非国际单位制单位

量的名称	单位名称	单位符号	与SI单位的关系
时 间	分	min	1min＝60s
	[小]时	h	1h＝60min＝3600s
	日（天）	d	1d＝24h＝86400s
平 面 角	[角]秒	″	$1″＝(\pi/648000)$ rad （π为圆周率）
	[角]分	′	$1′＝60″＝(\pi/10800)$ rad
	度	°	$1°＝60′＝(\pi/180)$ rad
旋转速度	转每分	r/min	1r/min＝$(1/60)$ s^{-1}
长 度	海 里	n mile	1n mile＝1852m（只用于航程）
速 度	节	kn	1kn＝1n mile/h＝$(1852/3600)$ m/s （只用于航行）
质 量	吨	t	$1t＝10^3$ kg
	原子质量单位	u	$1u≈1.6605655×10^{-27}$ kg
体 积	升	L（l）	$1L＝1dm^3＝10^{-3}m^3$
能	电子伏	eV	$1eV≈1.6021892×10^{-19}$ J
级 差	分贝	dB	
线密度	特[克斯]	tex	1tex＝1g/km
面 积	公顷	hm^2	$1hm^2＝10^4m^2$

5. 国际单位制SI词头（见表1-23）

表1-23 SI 词 头

因数	词头名称	符号	因数	词头名称	符号
10^{24}	尧[它]	Y	10^{-1}	分	d
10^{21}	泽[它]	Z	10^{-2}	厘	c
10^{18}	艾[可萨]	E	10^{-3}	毫	m
10^{15}	拍[它]	P	10^{-6}	微	μ
10^{12}	太[拉]	T	10^{-9}	纳[诺]	n
10^{9}	吉[咖]	G	10^{-12}	皮[可]	p
10^{6}	兆	M	10^{-15}	飞[母托]	f
10^{3}	千	k	10^{-18}	阿[托]	a
10^{2}	百	h	10^{-21}	仄[普托]	z
10^{1}	十	da	10^{-24}	幺[科托]	y

二、常用法定计量单位与非法定计量单位的换算（见表 1-24）

表 1-24　　　　常用法定计量单位与非法定计量单位的换算

物理量名称	物理量符号	法定计量单位		非法定计量单位		单 位 换 算
		单位名称	单位符号	单位名称	单位符号	
长度	l、L	米	m	费密		1 费密 $=1\text{fm}=10^{-15}\text{m}$
				埃	Å	$1\text{Å}=0.1\text{nm}=10^{-10}\text{m}$
				英尺	ft	$1\text{ft}=0.3048\text{m}$
				英寸	in	$1\text{in}=0.0254\text{m}$
				密耳	mil	$1\text{mil}=25.4\times10^{-6}\text{m}$
面积	A (S)	平方米	m^2	平方英尺	ft^2	$1\text{ft}^2=0.0929030\text{m}^2$
				平方英寸	in^2	$1\text{in}^2=6.4516\times10^{-4}\text{m}^2$
体积、容积	V	立方米 升	m^3 L (l)	立方英尺	ft^3	$1\text{ft}^3=0.0283168\text{m}^3$
				立方英寸	in^3	$1\text{in}^3=1.63871\times10^{-5}\text{m}^3$
				英加仑	UKgal	$1\text{UKgal}=4.54609\text{dm}^3$
				美加仑	USgal	$1\text{USgal}=3.78541\text{dm}^3$
质量	m	千克(公斤) 吨 原子质量单位	kg t u	磅	lb	$1\text{lb}=0.45359237\text{kg}$
				英担	cwb	$1\text{cwb}=50.8023\text{kg}$
				英吨	ton	$1\text{ton}=1016.05\text{kg}$
				短吨	sh ton	$1\text{sh ton}=907.185\text{kg}$
				盎司	oz	$1\text{oz}=28.3495\text{g}$
				格令	gr、gn	$1\text{gr}=0.06479891\text{g}$
				夸特	qr、qtr	$1\text{qr}=12.7006\text{kg}$
				米制克拉		1 米制克拉 $=2\times10^{-4}\text{kg}$
热力学温度 摄氏温度	T t	开〔尔文〕 摄氏度	K ℃	华氏度 兰氏度	℉ ℛ	表示温度差和温度间隔时： $1℃=1\text{K}$ 表示温度的数值时： 摄氏温度值（℃） $\dfrac{t}{℃}=\dfrac{T}{\text{K}}-273.15$ 表示温度差和温度间隔时： $1℉=1ℛ=\dfrac{5}{9}\text{K}$ 表示温度数值时： $\dfrac{T}{\text{K}}=\dfrac{5}{9}\left(\dfrac{\theta}{℉}+459.67\right)$ $\dfrac{t}{℃}=\dfrac{5}{9}\left(\dfrac{\theta}{℉}-32\right)$

续表

物理量名称	物理量符号	法定计量单位 单位名称	法定计量单位 单位符号	非法定计量单位 单位名称	非法定计量单位 单位符号	单 位 换 算
转速	n	转每分	r/min	转每秒	rpm	1rpm＝1r/min
力	F	牛[顿]	N	达因	dyn	$1dyn＝10^{-5}N$
				千克力	kgf	1kgf＝9.80665N
				磅力	lbf	1lbf＝4.44822N
				吨力	tf	$1tf＝9.80665×10^{3}N$
压力、压强 正应力 切应力	p σ τ	帕[斯卡]	Pa	巴	bar	$1bar＝10^{5}Pa$
				千克力每平方厘米	kgf/cm²	1kgf/cm²＝0.0980665MPa
				毫米水柱	mmH₂O	1mmH₂O＝9.80665Pa
				毫米汞柱	mmHg	1mmHg＝133.322Pa
				托	Torr	1Torr＝133.322Pa
				工程大气压	at	1at＝98066.5Pa ＝98.0665kPa
				标准大气压	atm	1atm＝101325Pa ＝101.325kPa
				磅力每平方英尺	lbf/ft²	1lbf/ft²＝47.8803Pa
				磅力每平方英寸	lbf/in²	1lbf/in²＝6894.76Pa ＝6.89476kPa
能[量] 功 热量	E W Q	焦[耳] 电子伏	J eV	尔格	erg	$1erg＝10^{-7}J$
						1kW·h＝3.6MJ
				千克力米	kgf·m	1kgf·m＝9.80665J
				英马力[小]时	hp·h	1hp·h＝2.68452MJ
				卡	cal	1cal＝4.1868J
				热化学卡	cal_th	1cal_th＝4.1840J
				马力[小]时		1马力小时＝2.64779MJ
				电工马力[小]时		1电工马力小时＝2.68560MJ
				英热单位	Btu	1Btu＝1055.06J＝1.05506kJ

19

物理量名称	物理量符号	法定计量单位		非法定计量单位		单位换算
		单位名称	单位符号	单位名称	单位符号	
功率	P	瓦[特]	W	千克力米每秒	kgf·m/s	1kgf·m/s=9.80665W
				马力（米制马力）	德 PS（法 ch、CV)	1PS=735.499W
				英马力	hp	1hp=745.700W
				电工马力		1电工马力=746W
				卡每秒	cal/s	1cal/s=4.1868W
				千卡每[小]时	kcal/h	1kcal/h=1.163W
				热化学卡每秒	cal_{th}/s	$1cal_{th}/s=4.184W$
				伏安	V·A	1VA=1W
				乏	var	1var=1W
				英热单位每[小]时	Btu/h	1Btu/h=0.293071W
电导	G	西[门子]	S	欧姆	Ω	1Ω=1S
磁通[量]	Φ	韦[伯]	Wb	麦克斯韦	Mx	$1Mx=10^{-8}Wb$
磁通[量]密度、磁感应强度	B	特[斯拉]	T	高斯	Gs、G	$1Gs=10^{-4}T$
[光]照度	E	勒[克斯]	lx	英尺烛光	lm/ft^2	$1lm/ft^2=10.76lx$
速度	v $u、v、$ w c	米每秒 千米每小时 米每分	m/s km/h m/min	英尺每秒 英里每小时	ft/s mile/h	1ft/s=0.3048m/s 1mile/h=0.44704m/s 1km/h=0.277778m/s 1m/min=0.0166667m/s

续表

物理量名称	物理量符号	法定计量单位		非法定计量单位		单位换算
		单位名称	单位符号	单位名称	单位符号	
加速度	a	米每二次方秒	m/s^2	标准重力加速度	g_n	$1g_n = 9.80665 m/s^2$
				英尺每二次方秒	ft/s^2	$1ft/s^2 = 0.3048 m/s^2$
				伽	Gal	$1Gal = 10^{-2} m/s^2$
线密度、线质量	ρ_l	千克每米	kg/m	旦[尼尔]	den	$1den = 0.111112 \times 10^{-6} kg/m$
				磅每英尺	lb/ft	$1lb/ft = 1.48816 kg/m$
				磅每英寸	lb/in	$1lb/in = 17.8580 kg/m$
密度	ρ	千克每立方米	kg/m^3	磅每立方英尺	lb/ft^3	$1lb/ft^3 = 16.0185 kg/m^3$
				磅每立方英寸	lb/in^3	$1lb/in^3 = 276.799 kg/m^3$
质量体积、比体积	v	立方米每千克	m^3/kg	立方英尺每磅	ft^3/lb	$1ft^3/lb = 0.0624280 m^3/kg$
				立方英寸每磅	in^3/lb	$1in^3/lb = 3.61273 \times 10^{-5} m^3/kg$
质量流量	q_m	千克每秒	kg/s	磅每秒	lb/s	$1lb/s = 0.453592 kg/s$
				磅每小时	lb/h	$1lb/h = 1.25998 \times 10^{-4} kg/s$
体积流量	q_v	立方米每秒	m^3/s	立方英尺每秒	ft^3/s	$1ft^3/s = 0.0283168 m^3/s$
		升每秒	L/S	立方英寸每小时	in^3/h	$1in^3/h = 4.55196 \times 10^{-6} L/s$
转动惯量（惯性矩）	J (I)	千克二次方米	$kg \cdot m^2$	磅二次方英尺	$lb \cdot ft^2$	$1lb \cdot ft^2 = 0.0421401 kg \cdot m^2$
				磅二次方英寸	$lb \cdot in^2$	$1lb \cdot in^2 = 2.92640 \times 10^{-4} kg \cdot m^2$
动量	p	千克米每秒	$kg \cdot m/s$	磅英尺每秒	$lb \cdot ft/s$	$1lb \cdot ft/s = 0.138255 kg \cdot m/s$
动量矩、角动量	L	千克二次方米每秒	$kg \cdot m^2/s$	磅二次方英尺每秒	$lb \cdot ft^2/s$	$1lb \cdot ft^2/s = 0.0421401 kg \cdot m^2/s$

续表

物理量名称	物理量符号	法定计量单位		非法定计量单位		单位换算
		单位名称	单位符号	单位名称	单位符号	
力矩	M	牛顿米	N•m	千克力米	kgf•m	1kgf•m=9.80665N•m
				磅力英尺	lbf•ft	1lbf•ft=1.35582N•m
				磅力英寸	lbf•in	1lbf•in=0.112985N•m
[动力]黏度	η (μ)	帕斯卡秒	Pa•s	泊	P	1P=10^{-1}Pa•s
				厘泊	cP	1cP=10^{-3}Pa•s
				千克力秒每平方米	kgf•s/m²	1kgf•s/m²=9.80665Pa•s
				磅力秒每平方英尺	lbf•s/ft²	1lbf•s/ft²=47.8803Pa•s
				磅力秒每平方英寸	lbf•s/in²	1lbf•s/in²=6894.76Pa•s
运动黏度	ν	二次方米每秒	m²/s	斯[托克斯]	St	1St=10^{-4}m²/s
				厘斯[托克斯]	cSt	1cSt=10^{-6}m²/s=1mm²/s
				二次方英尺每秒	ft²/s	1ft²/s=9.29030×10^{-2}m²/s
				二次方英寸每秒	in²/s	1in²/s=6.4516×10^{-4}m²/s
热扩散率	a	平方米每秒	m²/s	二次方英尺每秒	ft²/s	1ft²/s=9.29030×10^{-2}m²/s
				二次方英寸每秒	in²/s	1in²/s=6.4516×10^{-4}m²/s
质量能、比能	e	焦耳每千克	J/kg	千卡每千克	kcal/kg	1kcal/kg=4186.8J/kg
				热化学千卡每千克	kcal$_{th}$/kg	1kcal$_{th}$/kg=4184J/kg
				英热单位每磅	Btu/lb	1Btu/lb=2326J/kg

物理量名　称	物理量符号	法定计量单位		非法定计量单位		单　位　换　算
		单位名称	单位符号	单位名称	单位符号	
质量热容 比热容 比熵(质 量熵)	c s	焦耳每千 克开尔文	$J/(kg \cdot K)$	千卡每千 克开尔文	$kcal/$ $(kg \cdot K)$	$1kcal/(kg \cdot K)$ $=4186.8J/(kg \cdot K)$
				热化学千 卡每千克 开尔文	$kcal_{th}/$ $(kg \cdot K)$	$1kcal_{th}/(kg \cdot K)$ $=4184J/(kg \cdot K)$
				英热单位 每磅华 氏度	$Btu/$ $(lb \cdot °F)$	$1Btu/(lb \cdot °F)$ $=4186.8J/(kg \cdot K)$
传热 系数	K	瓦特每 平方米 开尔文	$W/$ $(m^2 \cdot K)$	卡每平方 厘米秒 开尔文	$cal/(cm^2 \cdot$ $s \cdot K)$	$1cal/(cm^2 \cdot s \cdot K)$ $=41868W/(m^2 \cdot K)$
				千卡每平 方米小时 开尔文	$kcal/$ $(m^2 \cdot$ $h \cdot K)$	$1kcal/(m^2 \cdot h \cdot K)$ $=1.163W/(m^2 \cdot K)$
				英热单位 每平方英 尺小时华 氏度	$Btu/(ft^2 \cdot$ $h \cdot °F)$	$1Btu/(ft^2 \cdot h \cdot °F)$ $=5.67862W/(m^2 \cdot K)$
热导率	λ、k	瓦[特] 每米开 [尔文]	$W/(m \cdot K)$	卡每厘米 秒开尔文	$cal/(cm \cdot$ $s \cdot K)$	$1cal/(cm \cdot s \cdot K)$ $=418.68W/(m \cdot K)$
				千卡每 米小时 开尔文	$kcal/(m \cdot$ $h \cdot K)$	$1kcal/(m \cdot h \cdot K)$ $=1.163W/(m \cdot K)$
				英热单位 每英尺小 时华氏度	$Btu/$ $(ft \cdot h \cdot °F)$	$1Btu/(ft \cdot h \cdot °F)$ $=1.73073W/(m \cdot K)$

三、单位换算

1. 长度单位换算（见表1-25）

表1-25　　　　　　　长 度 单 位 换 算

米 (m)	厘米 (cm)	毫米 (mm)	英寸 (in)	英尺 (ft)	码 (yd)	市尺
1	10^2	10^3	39.37	3.281	1.094	3
10^{-2}	1	10	0.394	3.281×10^{-2}	1.094×10^{-2}	3×10^{-2}
10^{-3}	0.1	1	3.937×10^{-3}	3.281×10^{-3}	1.094×10^{-3}	3×10^{-3}
2.54×10^{-2}	2.54	25.4	1	8.333×10^{-2}	2.778×10^{-2}	7.62×10^{-2}
0.305	30.48	3.048×10^2	12	1	0.333	0.914
0.914	91.44	9.10×10^2	36	3	1	2.743
0.333	33.333	3.333×10^2	13.123	1.094	0.366	1

2. 面积单位换算（见表1-26）

表1-26　　　　　　　面 积 单 位 换 算

米^2 (m^2)	厘米^2 (cm^2)	毫米^2 (mm^2)	英寸^2 (in^2)	英尺^2 (ft^2)	码^2 (yd^2)	市尺^2
1	10^4	10^6	1.550×10^3	10.764	1.196	9
10^{-4}	1	10^2	0.155	1.076×10^{-3}	1.196×10^{-4}	9×10^{-4}
10^{-6}	10^{-2}	1	1.55×10^{-3}	1.076×10^{-5}	1.196×10^{-6}	9×10^{-6}
6.452×10^{-4}	6.452	6.452×10^2	1	6.944×10^{-3}	7.617×10^{-4}	5.801×10^{-3}
9.290×10^{-2}	9.290×10^2	9.290×10^4	1.44×10^2	1	0.111	0.836
0.836	8361.3	0.836×10^6	1296	9	1	7.524
0.111	1.111×10^3	1.111×10^5	1.722×10^2	1.196	0.133	1

3. 体积单位换算（见表1-27）

表1-27　　　　　　　体 积 单 位 换 算

米^3 (m^3)	升 (L)	厘米^3 (cm^3)	英寸^3 (in^3)	英尺^3 (ft^3)	加仑 (US) 美	加仑 (qal) 英
1	10^3	10^6	6.102×10^4	35.315	2.642×10^2	2.200×10^2
10^{-3}	1	10^3	61.024	3.532×10^2	0.264	0.220
10^{-6}	10^{-3}	1	6.102×10^{-2}	3.532×10^{-5}	2.642×10^{-4}	2.200×10^{-4}
1.639×10^{-5}	1.639×10^{-2}	16.387	1	5.787×10^{-4}	4.329×10^{-3}	3.605×10^{-3}
2.832×10^{-2}	28.317	2.832×10^4	1.728×10^3	1	7.481	6.229
3.785×10^{-3}	3.785	3.785×10^3	2.310×10^2	0.134	1	0.833
4.546×10^{-3}	4.546	4.546×10^3	2.775×10^2	0.161	1.201	1

4. 质量单位换算（见表 1-28）

表 1-28 　　　　　　　质 量 单 位 换 算

千克 （kg）	克 （g）	毫克 （mg）	吨 （t）	英吨 （tn）	美吨 （shtn）	磅 （lb）
1000			1	0.9842	1.1023	2204.6
1	1000		0.001			2.2046
0.001	1	1000				
1016.05			1.0161	1	1.12	2240
907.19			0.9072	0.8929	1	2000
0.4536	453.59					1

5. 力的单位换算（见表 1-29）

表 1-29 　　　　　　　力 的 单 位 换 算

牛顿 （N）	千克力 （kgf）	达因 （dyn）	磅力 （lbf）	磅达 （pdl）
1	0.102	10^5	0.2248	7.233
9.80665	1	9.80665×10^5	2.2046	70.93
10^{-5}	1.02×10^{-6}	1	2.248×10^6	7.233×10^3
4.448	0.4536	4.448×10^5	1	32.174
0.1383	1.41×10^{-2}	1.383×10^4	3.108×10^{-2}	1

6. 压力单位换算（见表 1-30）

表 1-30 　　　　　　　压 力 单 位 换 算

工程大气压 （at）	标准大气压 （atm）	千克力/毫米² （kgf/mm²）	毫米水柱 （mmH₂O）	毫米汞柱 （mmHg）	牛顿/米² （N/m²）
1	0.9678	0.01	10^4	735.6	98067
1.033	1		10332	760	101325
100	96.78	1	10^6	73556	98.07×10^5
0.0001	0.9678×10^{-4}		1	0.0736	9.807
0.00136	0.00132		13.6	1	133.32
1.02×10^{-5}	0.99×10^{-5}	1.02×10^{-7}	0.102	0.0075	1

7. 功率单位换算（见表1-31）

表1-31 **功 率 单 位 换 算**

瓦 (W)	千瓦 (kW)	米制马力 (PS)	英制马力 (hp)	千克力·米/秒 (kgf·m/s)	英尺·磅力/秒 (ft·lbf/s)	千卡/秒 (kcal/s)
1	10^{-3}	1.36×10^{-3}	1.341×10^{-3}	0.102	0.7376	239×10^{-6}
1000	1	1.36	1.341	102	737.6	0.239
735.5	0.7355	1	0.9863	75	542.5	0.1757
745.7	0.7457	1.014	1	76.04	550	0.1781
9.807	9.807×10^{-3}	13.33×10^{-3}	13.15×10^{-3}	1	7.233	2.342×10^{-3}
1.356	1.356×10^{-3}	1.843×10^{-3}	1.82×10^{-3}	0.1383	1	0.324×10^{-3}
4186.8	4.187	5.692	5.614	426.935	3083	1

8. 温度单位换算（见表1-32）

表1-32 **温 度 单 位 换 算**

摄氏度（℃）	华氏度（℉）	兰氏[①]度（℉R）	开尔文（K）
C	$\frac{5}{9}C+32$	$\frac{5}{9}C+491.67$	$C+273.15$[②]
$\frac{5}{9}(F-32)$	F	$F+459.67$	$\frac{5}{9}(F+459.67)$
$\frac{5}{9}(R-491.67)$	$R-459.67$	R	$\frac{5}{9}R$
$K-273.15$[②]	$\frac{5}{9}K-459.67$	$\frac{5}{9}K$	K

① 全称是 Rankine，故也叫兰金度。

② 摄氏温度的标定是以水的冰点为一个参照点，作为 0℃，相对于开尔文温度上的
273.15K。开尔文温度的标定是以水的三相点为一个参照点，作为 273.15K，相
对于摄氏 0.01℃（即水的三相点高于水的冰点 0.01℃）。

9. 热导率单位换算（见表1-33）

表1-33 **热导率单位换算**

瓦/(米· 开尔文) [W/(m·K)]	千卡/(米· 时·摄氏度) [kcal/ (m·h·℃)]	卡/(厘米· 秒·摄氏度) [cal/ (cm·s·℃)]	焦耳/(厘米· 秒·摄氏度) [J/(cm· s·℃)]	英热单位/ (英尺·时· 华氏度) [Btu/(ft·h·℉)]
1.16	1	0.00278	0.0116	0.672
418.68	360	1	4.1868	242
1	0.8598	0.00239	0.01	0.578
100	85.98	0.239	1	57.8
1.73	1.49	0.00413	0.0173	1

10. 速度单位换算（见表 1-34）

表 1-34　　　　　　　　　　　速 度 单 位 换 算

米/秒 （m/s）	千米/时 （km/h）	英尺/秒 （ft/s）
1	3.600	3.281
0.278	1	0.911
0.305	1.097	1

11. 角速度单位换算（见表 1-35）

表 1-35　　　　　　　　　　　角速度单位换算

弧度/秒 （rad/s）	转/分 （r/min）	转/秒 （r/s）
1	9.554	0.159
0.105	1	0.017
6.283	60	1

✂ 第六节　机械制造的基础知识

一、圆锥各部分尺寸的计算

（1）圆锥表面。与轴线成一定角度，且一端相交于轴线的一条直线，围绕该轴线旋转形成的表面称为圆锥表面，如图 1-1 所示。

（2）圆锥。由圆锥表面与一定尺寸所限定的几何体，称为圆锥。圆锥分为外圆锥和内圆锥，如图 1-2所示。

（3）圆锥的基本参数及计算如图 1-3 和表 1-36 所示。

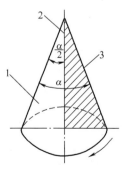

图 1-1　圆锥表面
1—圆锥表面；2—轴线；
3—圆锥素线

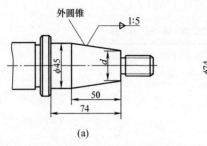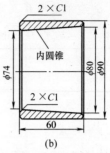

(a)

(b)

图 1-2　圆锥工件

（a）带外圆锥的工件；（b）带内圆锥的工件

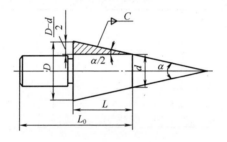

图 1-3　圆锥的基本参数

表 1-36　　　　　　　　圆锥的基本参数及计算公式

基本参数代号	名 称 及 定 义	计 算 公 式
D	最大圆锥直径，简称大端直径	$D=d+CL$
d	最小圆锥直径，简称小端直径	$d=D-CL$
L	圆锥长度，大端直径与小端直径之间的轴向距离	$L=\dfrac{D-d}{C}$
α	圆锥角，通过圆锥轴线的截面内，两条素线间的夹角	$\tan\ (\alpha/2)=\dfrac{D-d}{2L}=\dfrac{C}{2}$
C	锥度，最大圆锥直径与最小圆锥直径之差与圆锥长度之比	$C=\dfrac{D-d}{L}=2\tan\ (\alpha/2)$

二、机械加工定位与夹紧符号

1. 定位支承符号（见表1-37）

表 1-37　定位支承符号

定位支承类型	符号			
	独立支承		联合支承	
	标注在视图轮廓线上	标注在视图正面①	标注在视图轮廓线上	标注在视图正面①
固定式				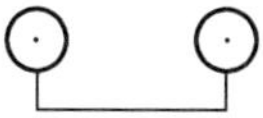
活动式			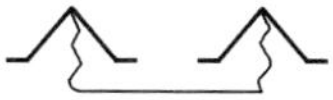	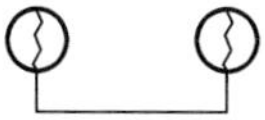

① 视图正面是指观察者面对的投影面。

2. 定位和夹紧符号（见表1-38）

表 1-38　定位和夹紧符号

标注位置 分类		独立		联动	
		标注在视图轮廓线上	标注在视图正面上	标注在视图轮廓线上	标注在视图正面上
主要定位支承	固定式		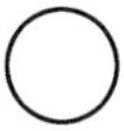		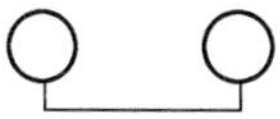
	活动式			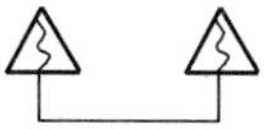	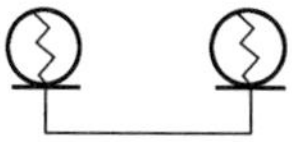
辅助（定位）支承				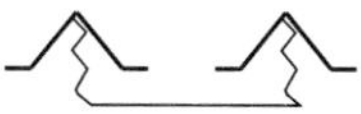	

续表

标注位置\分类	独立		联动	
	标注在视图轮廓线上	标注在视图正面上	标注在视图轮廓线上	标注在视图正面上
手动夹紧		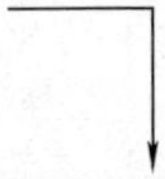		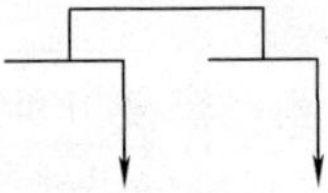
液压夹紧	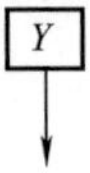 Y	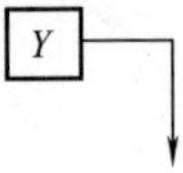 Y	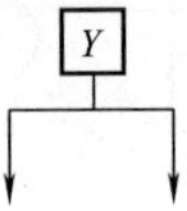 Y	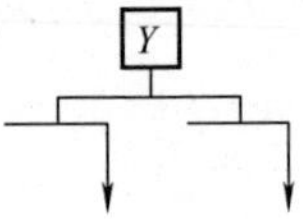 Y
气动夹紧	 Q	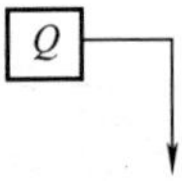 Q	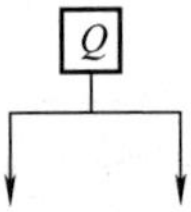 Q	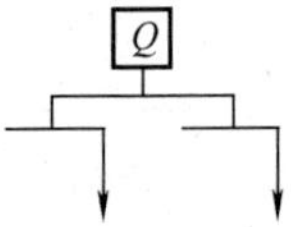 Q
电磁夹紧	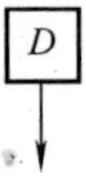 D	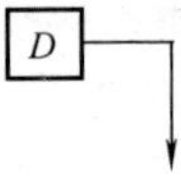 D	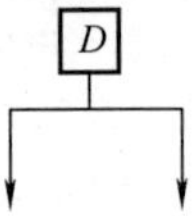 D	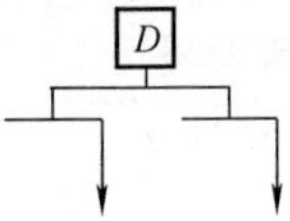 D

3. 定位、夹紧元件及装置符号（见表 1-39）

表 1-39　　　　定位、夹紧元件及装置符号

序号	符号	名称	定位、夹紧元件及装置简图
1	 ∨	固定顶尖	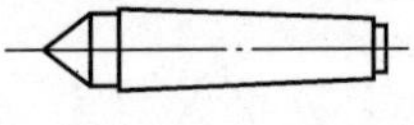
2	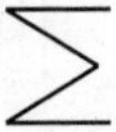 ∑	内顶尖	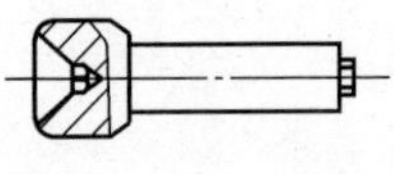

续表

序号	符号	名称	定位、夹紧元件及装置简图
3		回转顶尖	
4		外拨顶尖	
5		内拨顶尖	
6		浮动顶尖	
7		伞形顶尖	
8		圆柱心轴	
9		锥度心轴	
10		螺纹心轴	

序号	符　号	名称	定位、夹紧元件及装置简图
11	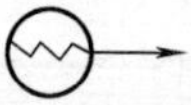	弹性心轴	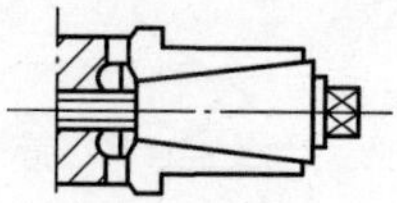 （包括塑料心轴）
		弹簧夹头	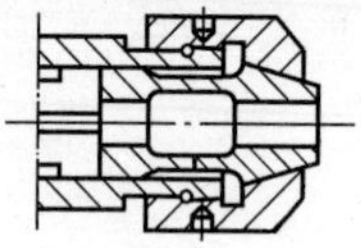
12		三爪自动定心卡盘	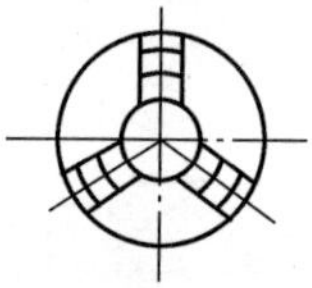
13		四爪单动卡盘	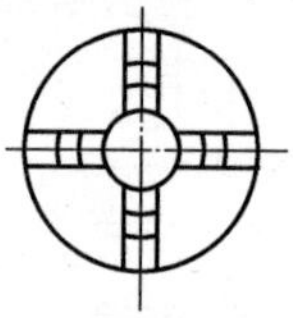
14		中心架	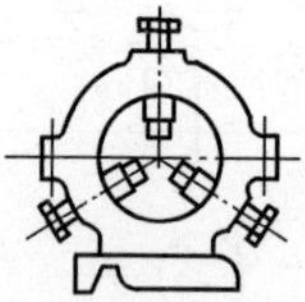
15	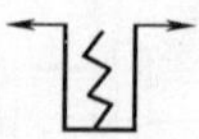	跟刀架	

序号	符 号	名称	定位、夹紧元件及装置简图
16	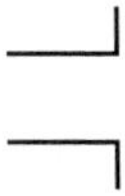	圆柱衬套	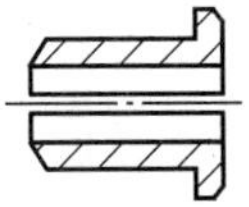
17	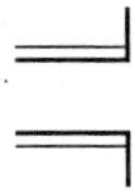	螺纹衬套	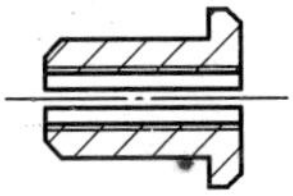
18		止口盘	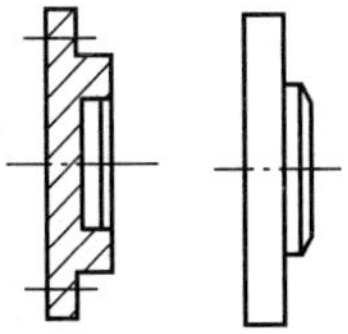
19		拨杆	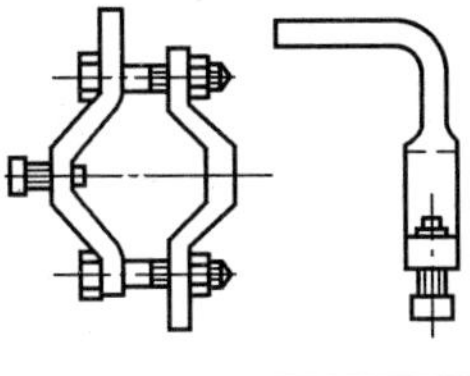
20		垫铁	
21		压板	

序号	符　号	名称	定位、夹紧元件及装置简图
22		角铁	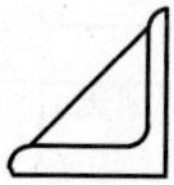
23		可调支承	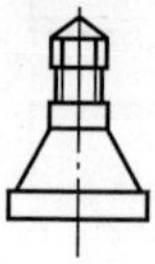
24		平口钳	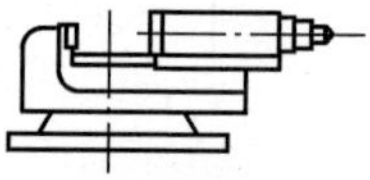
25	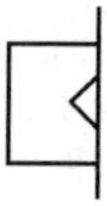	中心堵	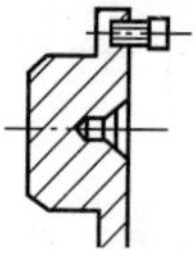
26		V形块	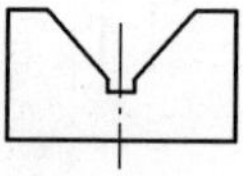
27		铁爪	

4.定位、夹紧元件及装置符号综合标注示例（见表 1-40）

表 1-40 定位、夹紧元件及装置符号综合标注示例

序号	说　明	定位、夹紧符号标注示意图	装置符号标注示意图
1	床头固定顶尖、床尾固定顶尖定位，拨杆夹紧	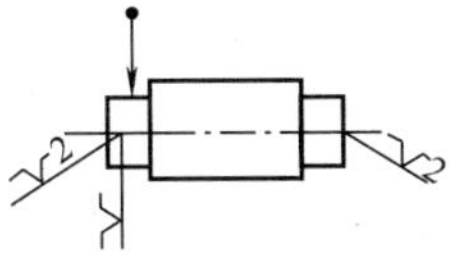	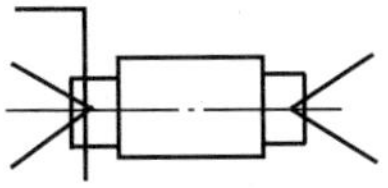
2	床头固定顶尖、床尾浮动顶尖定位，拨杆夹紧	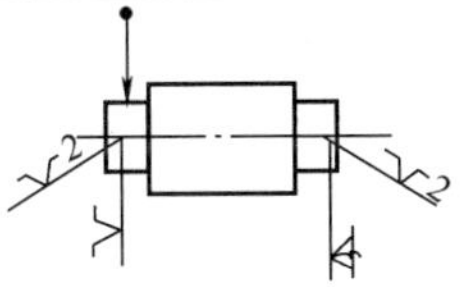	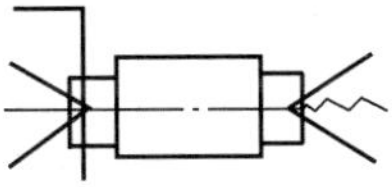
3	床头内拨顶尖、床尾回转顶尖定位夹紧（轴类零件）	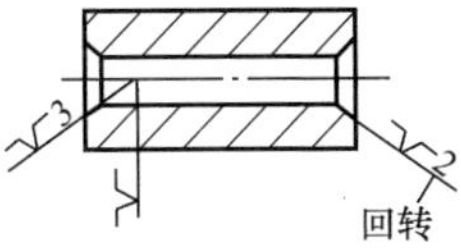 回转	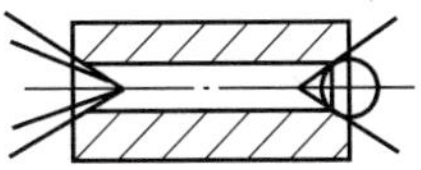
4	床头外拨顶尖、床尾回转顶尖定位夹紧（轴类零件）	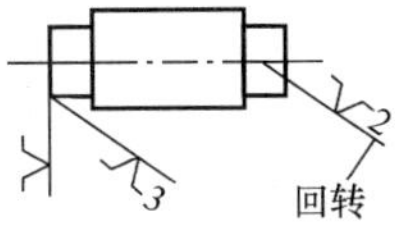 回转	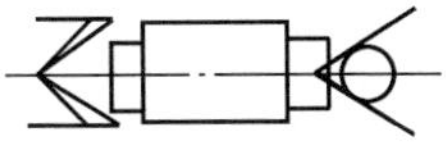
5	床头弹簧夹头定位夹紧，夹头内带有轴向定位，床尾内顶尖定位（轴类零件）	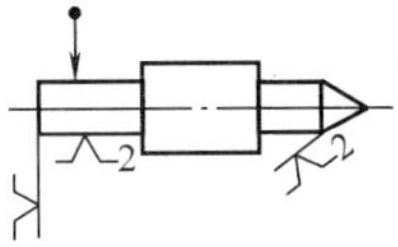	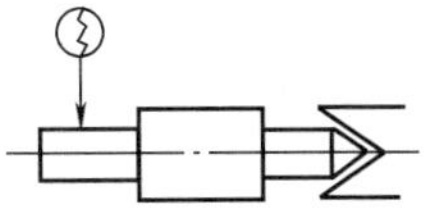
6	弹簧夹头定位夹紧（套类零件）	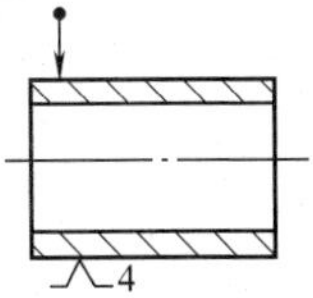	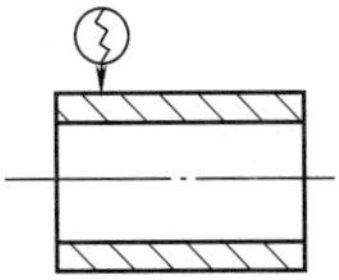
7	液压弹簧夹头定位夹紧，夹头内带有轴向定位（由一个定位点控制）（套类零件）	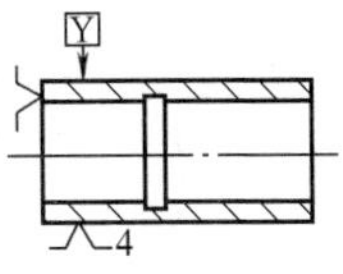	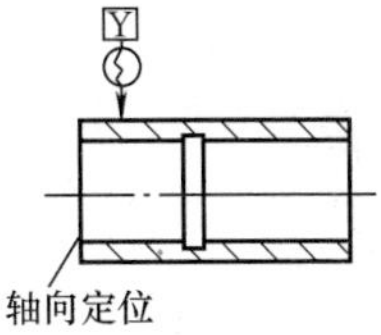 轴向定位

序号	说　明	定位、夹紧符号标注示意图	装置符号标注示意图
8	弹性心轴定位夹紧（套类零件）	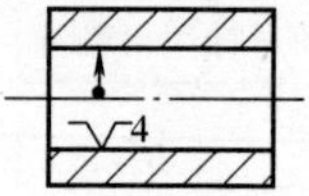	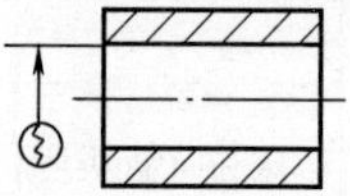
9	气动弹性心轴定位夹紧，带端面定位（由三个定位点控制，套类零件）	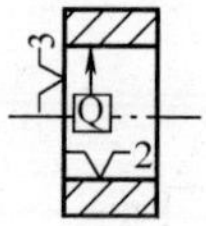	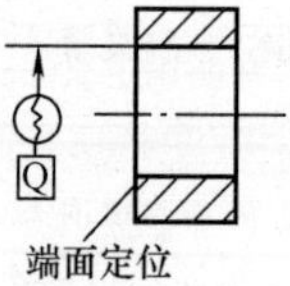 端面定位
10	锥度心轴定位夹紧（套类零件）	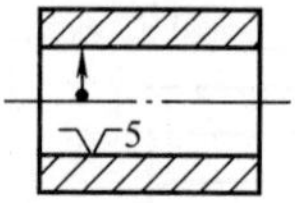	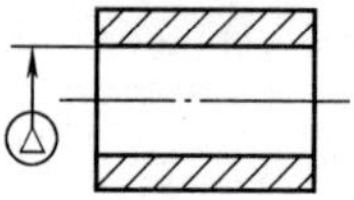
11	圆柱心轴定位夹紧，带端面定位（套类零件）	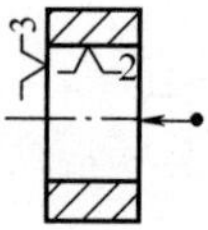	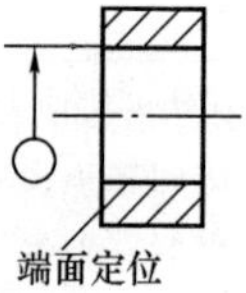 端面定位
12	三爪自动定心卡盘定位夹紧（短轴类零件）	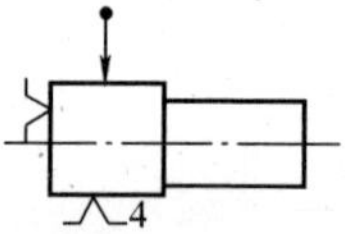	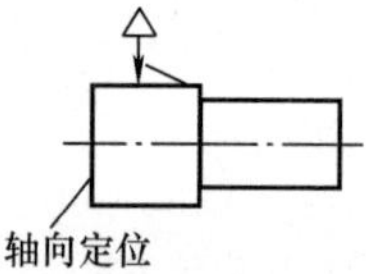 轴向定位
13	液压三爪自动定心卡盘定位夹紧，带端面定位（盘类零件）	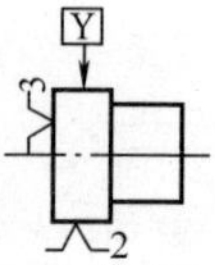	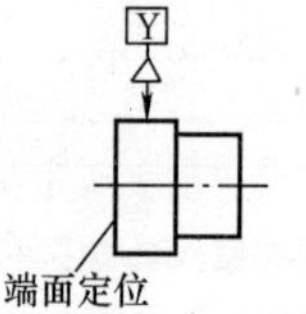 端面定位
14	四爪单动卡盘定位夹紧，带轴向定位（短轴类零件）	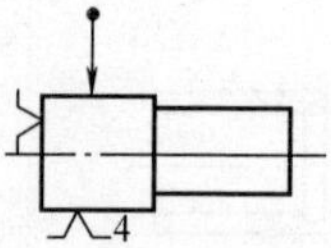	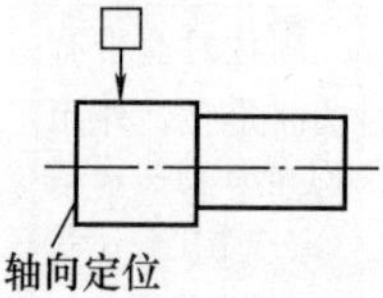 轴向定位

续表

序号	说　明	定位、夹紧符号标注示意图	装置符号标注示意图
15	四爪单动卡盘定位夹紧，带端面定位（盘类零件）	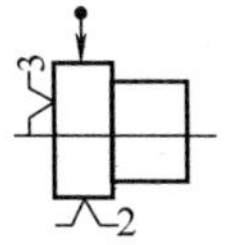	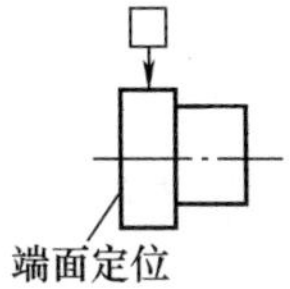 端面定位
16	床头固定顶尖、床尾浮动顶尖，中部有跟刀架辅助支承定位，拨杆夹紧（细长轴类零件）	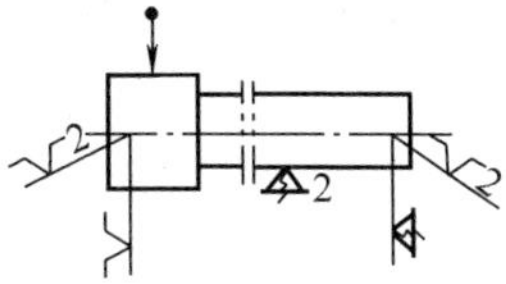	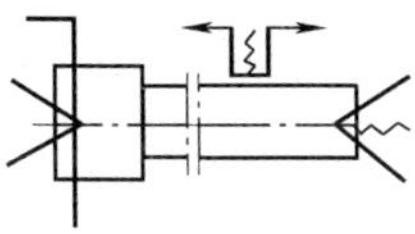
17	床头三爪自定心卡盘定位夹紧，床尾中心架支承定位（长轴类零件）	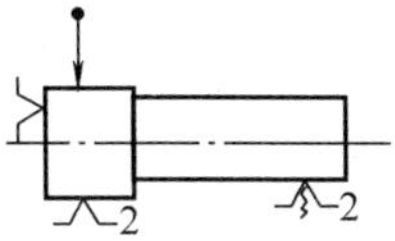	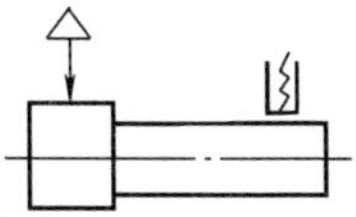
18	止口盘定位螺栓压板夹紧	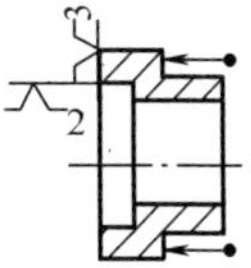	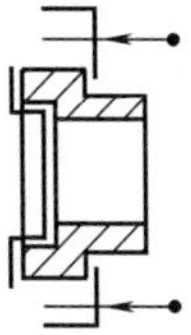
19	止口盘定位气动压板夹紧	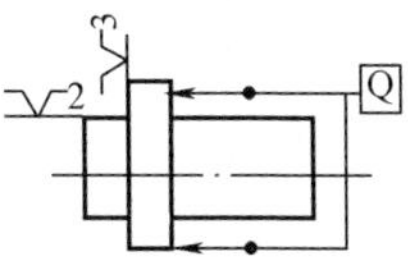	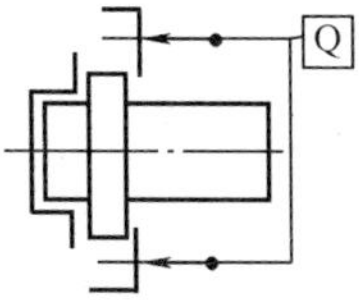
20	螺纹心轴定位夹紧（环类零件）	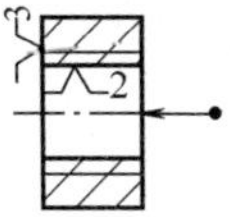	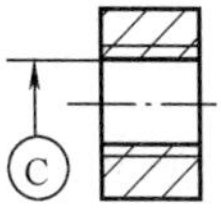
21	圆柱衬套带有轴向定位，外用自动定心三爪卡盘夹紧（轴类零件）	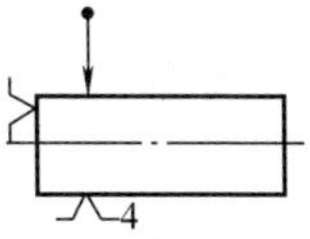	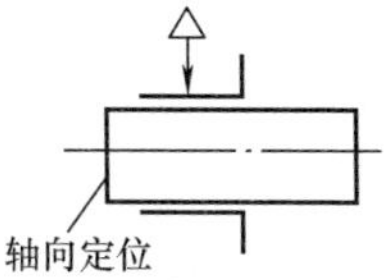 轴向定位

续表

序号	说　　明	定位、夹紧符号标注示意图	装置符号标注示意图
22	螺纹衬套定位，外用三爪自动定心卡盘夹紧	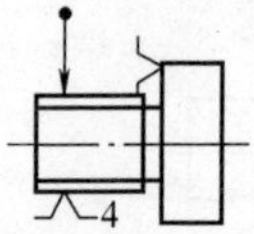	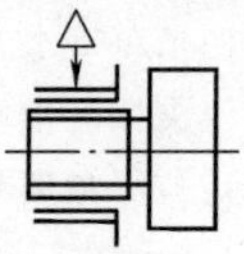
23	平口钳定位夹紧	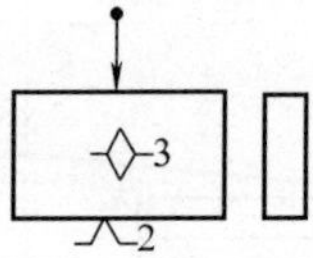	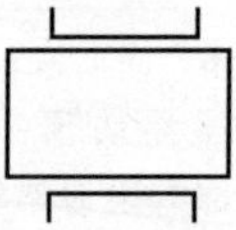
24	电磁盘定位夹紧	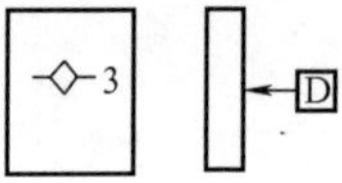	
25	铁爪定位夹紧（薄壁零件）	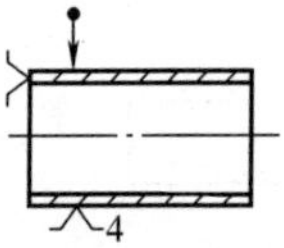	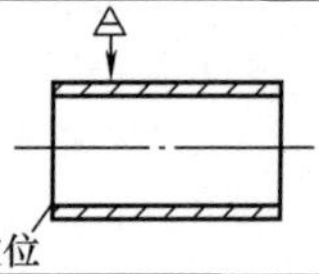 　轴向定位
26	床头锥形顶尖，床尾锥形顶尖定位，拨杆夹紧（筒类零件）	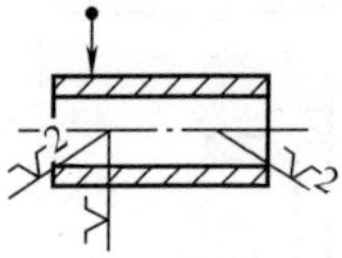	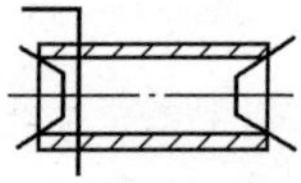
27	床头中心堵，床尾中心堵定位，拨杆夹紧（筒类零件）	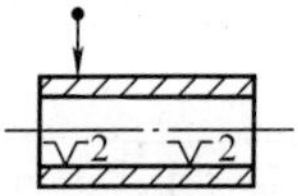	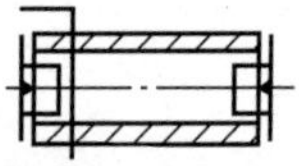
28	角铁及可调支承定位，联动夹紧	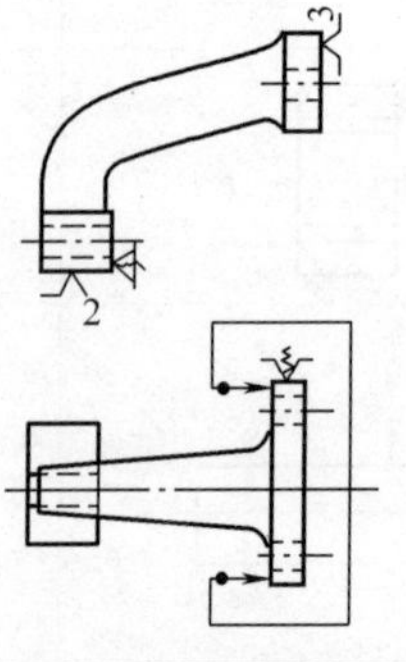	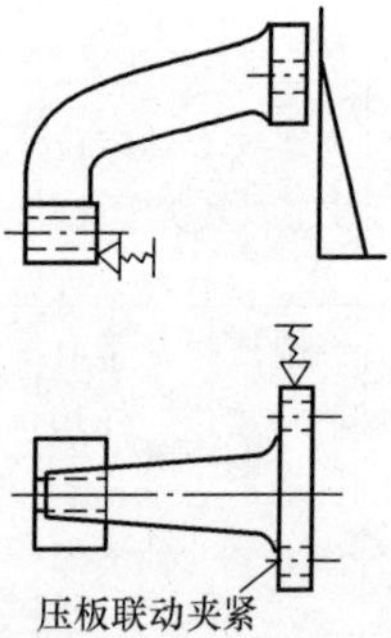 　压板联动夹紧

序号	说　明	定位、夹紧符号标注示意图	装置符号标注示意图
29	一端固定 V 形块，工件平面垫铁定位 一端可调 V 形块定位夹紧	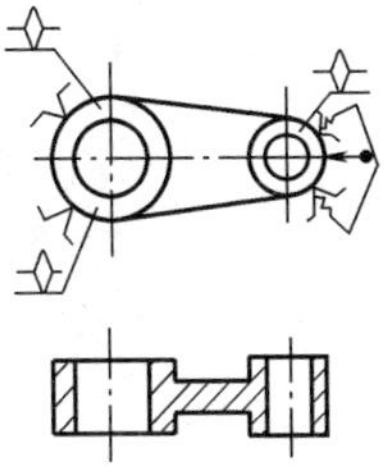	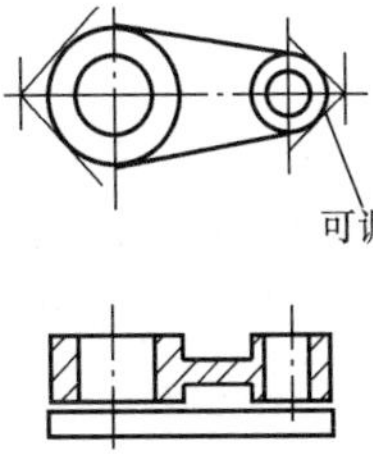 可调

5. 定位、夹紧符号标注示例（见表 1-41）

表 1-41　　　　　　　　　**定位、夹紧符号标注示例**

序号	说　明	定位、夹紧符号标注示意图
1	装夹在 V 形块上的轴类工件（铣键槽）	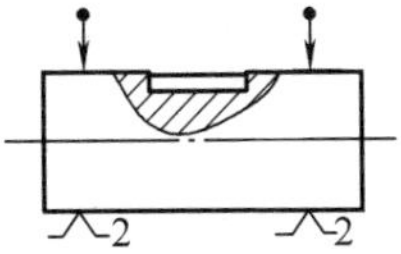
2	装夹在铣齿机底座上的齿轮（齿形加工）	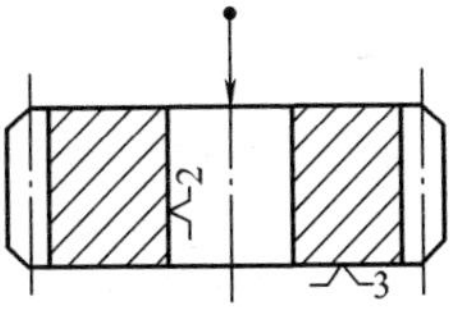
3	用四爪单动卡盘找正夹紧或用三爪自动定心卡盘夹紧及回转顶尖定位的曲轴（车曲轴）	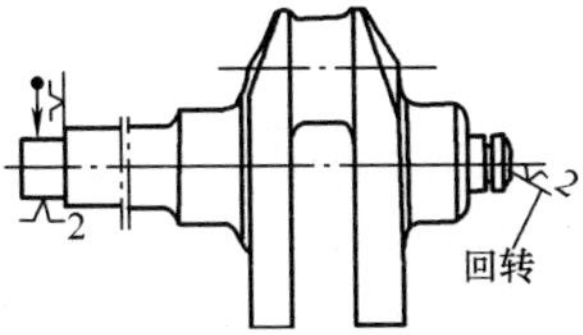 回转
4	装夹在一圆柱销和一菱形销夹具上的箱体（箱体镗孔）	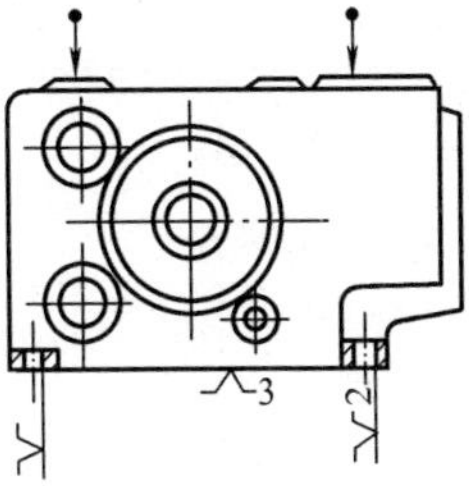

序号	说　　明	定位、夹紧符号标注示意图
5	装夹在三面定位夹具上的箱体（箱体镗孔）	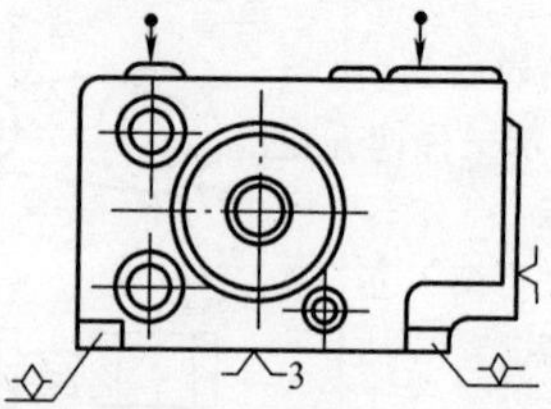
6	装夹在钻模上的支架（钻孔）	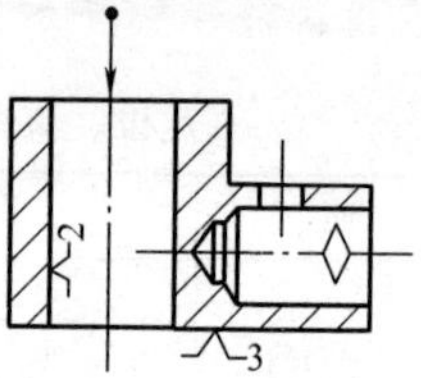
7	装夹在齿轮、齿条压紧钻模上的法兰盘（钻孔）	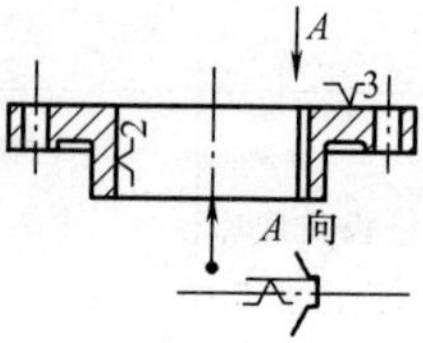
8	装夹在夹具上的拉杆叉头（钻孔）	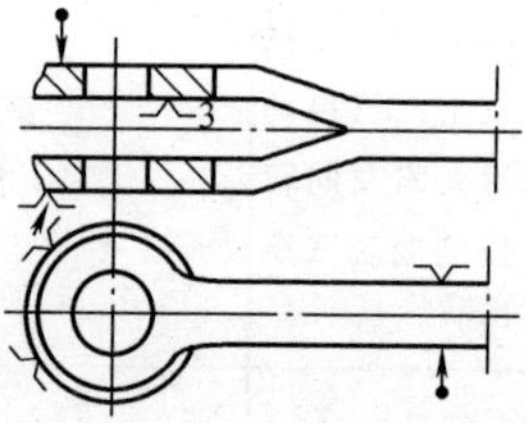
9	装夹在专用曲轴夹具上的曲轴（铣曲轴侧面）	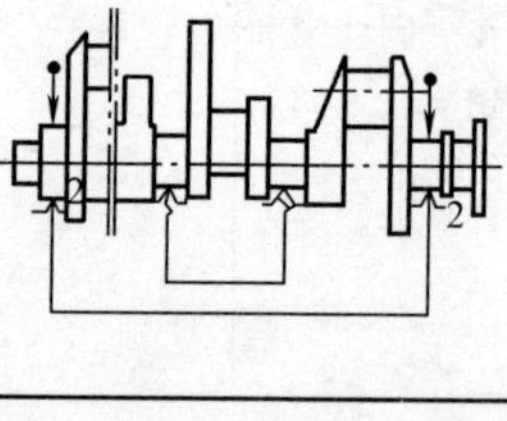

序号	说　　明	定位、夹紧符号标注示意图
10	装夹在联动定位装置上带双孔的工件（仅表示工件两孔定位）	
11	装夹在联动辅助定位装置上带不同高度平面的工件	
12	装夹在联动夹紧夹具上的垫块（加工端面）	
13	装夹在联动夹紧夹具上的多件短轴（加工端面）	
14	装夹在液压杠杆夹紧夹具上的垫块（加工侧面）	
15	装夹在气动铰链杠杆夹紧夹具上的圆盘（加工上平面）	

三、标准件与常用件的画法

1. 螺纹及螺纹紧固件的画法

（1）螺纹的规定画法（见表 1-42）。

表 1-42   螺纹的规定画法

种类	绘制说明	图 例
外螺纹	螺纹的牙顶（大径）及螺纹终止线用粗实线表示；牙底（小径）用细实线表示，并画到螺杆的倒角或倒圆部分 在垂直于螺纹轴线方向的视图中表示牙底的细实线圆只画约 3/4 圈，此时不画螺杆端面的倒角圆	
内螺纹	在螺孔处作剖视时牙底（大径）为细实线，牙顶（小径）及螺纹终止线为粗实线 不作剖视时，牙底、牙顶和螺纹终止线都为虚线 在垂直于螺纹轴线方向的视图中，牙底画成约 3/4 圈的细实线圆，不画出螺纹孔口的倒角圆	
螺纹连接	国标中规定，在通过轴线的剖视图中表达螺纹连接时，其旋合部分应按外螺纹的画法表示，螺杆不剖；其余部分仍按各自的画法表示，在垂直于轴线的剖视图中，螺杆也作剖切	

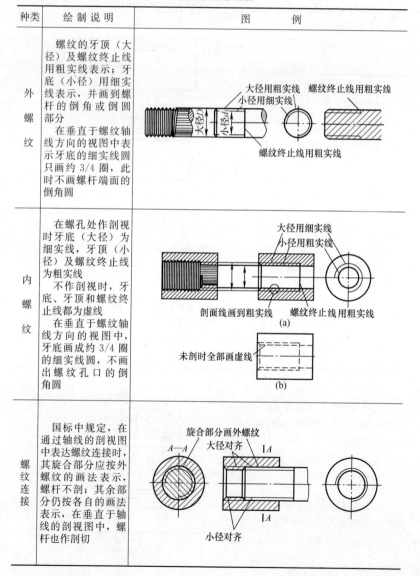

种类	绘制说明	图　　例
螺纹牙型的表达	标准螺纹一般不画牙型，需画时可按图（a）、（b）的形式绘制；对非标准螺纹应画出牙型，如图（c）所示	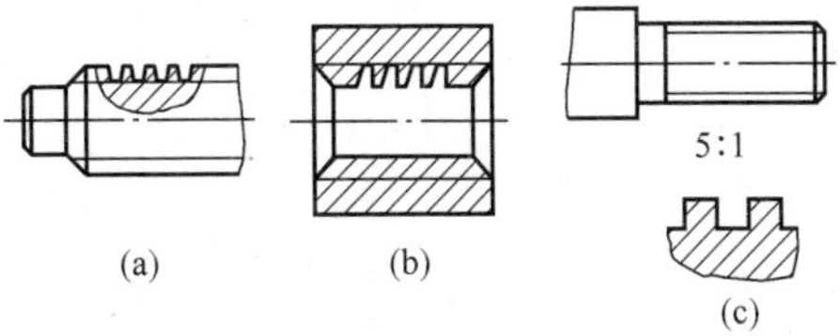 (a)　(b)　5:1　(c)

（2）常用螺纹的标注示例（见表 1-43）。

表 1-43　　　　　　　　　常用螺纹的标注示例

螺纹类别	牙型代号	标注示例	标注的含义
普通螺纹	M	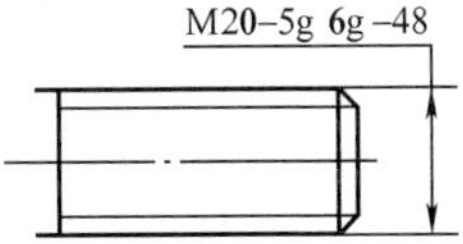 M20-5g 6g-48	粗牙普通螺纹，大径为 20mm，螺距为 2.5mm，右旋；螺纹中径公差带代号为 5g；大径公差带代号为 6g；旋合长度为 48mm
		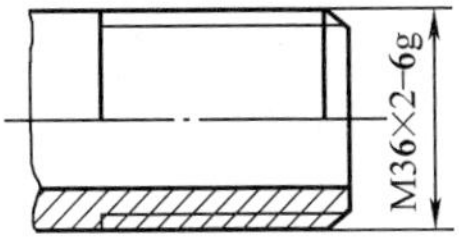 M36×2-6g	细牙普通螺纹，大径为 36mm，螺距为 2mm，右旋；螺纹中径和大径公差带代号相同，同为 6g；中等旋合长度
		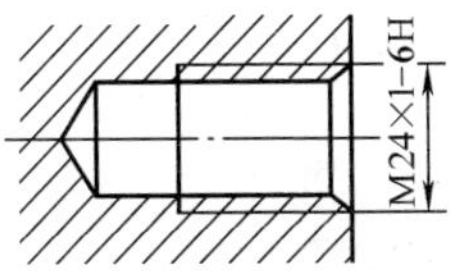 M24×1-6H	细牙普通螺纹，大径为 24mm，螺距为 1mm，右旋；螺纹中径和小径的公差带代号相同，同为 6H；中等旋合长度
梯形螺纹	Tr	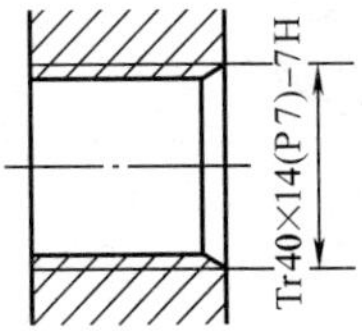 Tr40×14(P7)-7H	梯形螺纹，公称直径为 40mm，导程为 14mm，螺距为 7mm，中径公差带代号为 7H

43

续表

螺纹类别	牙型代号	标注示例	标注的含义
锯齿形螺纹	B	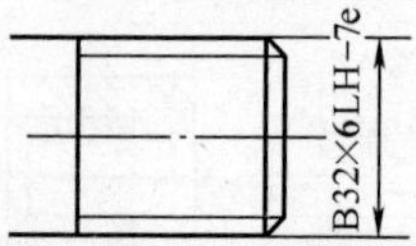 B32×6LH－7e	锯齿形螺纹，大径为32mm，单线，螺距为6mm，左旋，中径公差带代号为7e
非螺纹密封的管螺纹	G	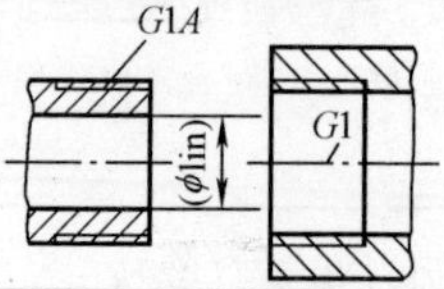 G1A　G1 (∅1in)	非螺纹密封的管螺纹，尺寸代号为1in，外螺纹公差等级为A级
用螺纹密封的管螺纹	R R_c R_p	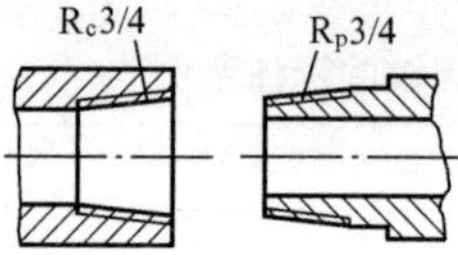 R_c3/4　R_p3/4	用螺纹密封的管螺纹，尺寸代号为3in/4，内、外均为圆锥螺纹

2. 螺纹紧固件

(1) 常用螺纹紧固件及标注举例（见表1-44）。

表 1-44　　　　常用螺纹紧固件及标注举例

名　称	图　例	标记示例
六角头螺栓	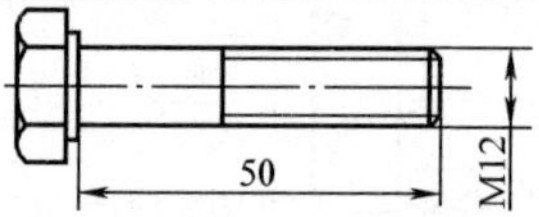 50　M12	螺栓 GB/T 5782—2000-M12×50
开槽沉头螺钉	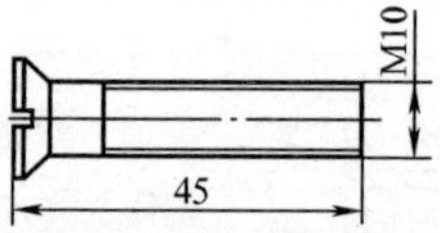 M10　45	螺钉 GB/T 68—2000-M10×45
双头螺柱	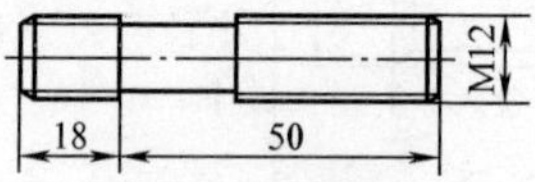 M12　18　50	螺柱 GB/T 899—1988-M12×50
六角螺母	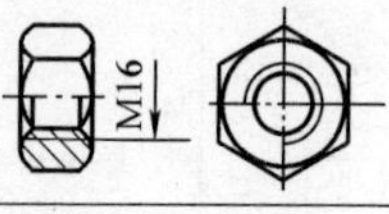 M16	螺母 GB/T 6170—2000-M16
垫　圈	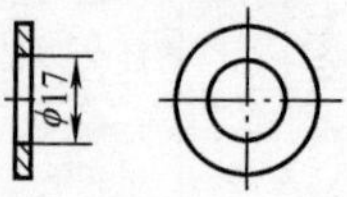 ∅17	垫圈 GB/T 97.1—2002-16

（2）常用螺纹紧固件连接的画法（见表 1-45）。

表 1-45　　　　　　　　　螺纹紧固件连接的画法

名称	图　　　　　　　　　例
常用螺纹紧固件的比例画法	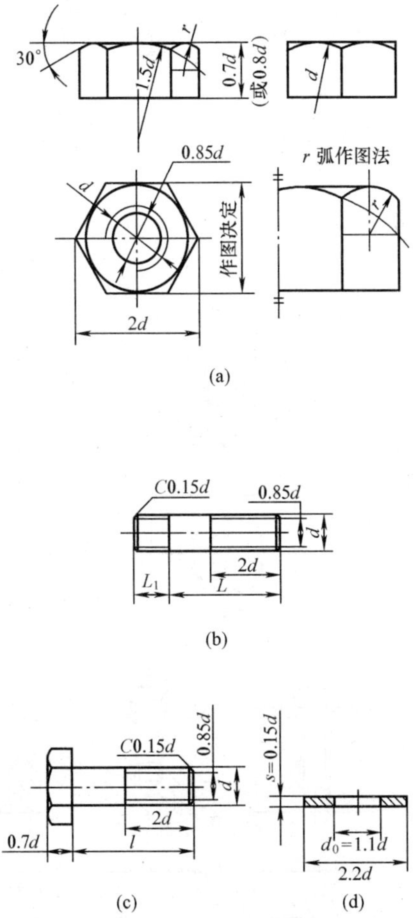 （a） （b） （c）　　　　　　（d） （a）螺栓头和螺母的比例画法； （b）双头螺柱；（c）螺栓；（d）垫圈

名称	图	例

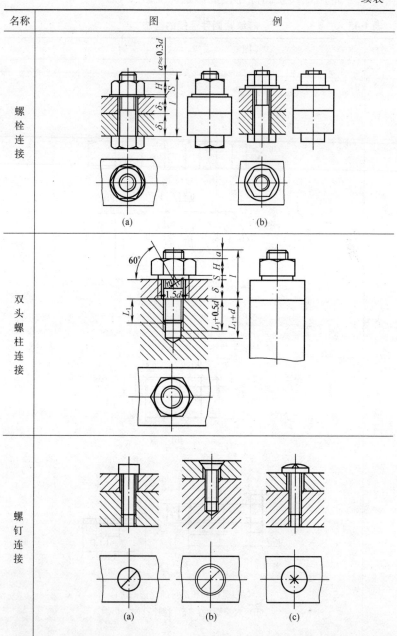

3. 齿轮的画法（见表 1-46）

表 1-46　　　　　　　　　**齿 轮 的 画 法**

分类	绘制说明及图例
绘制说明	（1）齿轮、齿条、蜗杆、蜗轮及链轮的画法。 1）齿顶圆和齿顶线用粗实线绘制； 2）分度圆和分度线用点画线绘制； 3）齿根圆和齿根线用细实线绘制； 4）齿轮、蜗轮一般用两个视图表示，在剖视图中，当剖切平面通过齿轮轴线时，轮齿一律按不剖处理； 5）齿形形状可用三条与齿线方向一致的细实线表示，直齿不需表示。 （2）齿轮、蜗轮、蜗杆啮合的画法。 1）在垂直于圆柱齿轮轴线的投影面的视图中，啮合区内的齿顶圆均用粗实线绘制； 2）在平行于圆柱齿轮轴线的投影面的视图中，啮合区内的齿顶圆均用粗实线绘制； 3）在圆柱齿轮啮合、齿轮齿条啮合和锥齿轮啮合的剖视图中，当剖切平面通过两啮合齿轮的轴线时，在啮合区内，将一个齿轮的轮齿用粗实线绘制，另一个齿轮的轮齿被遮挡的部分用虚线绘制，也可省略不画； 4）在剖视图中，当剖切平面不通过啮合齿轮的轴线时，齿轮一律按不剖绘制
圆柱齿轮	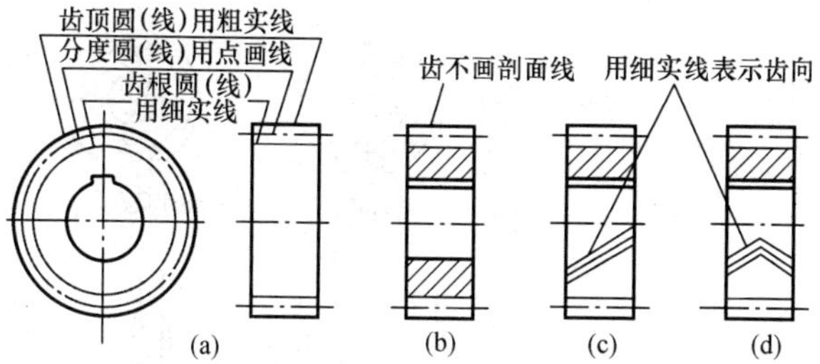
锥齿轮	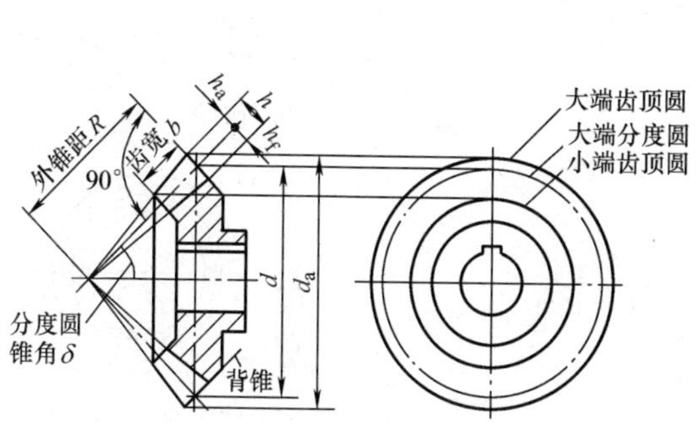

分类	绘制说明及图例
齿条画法	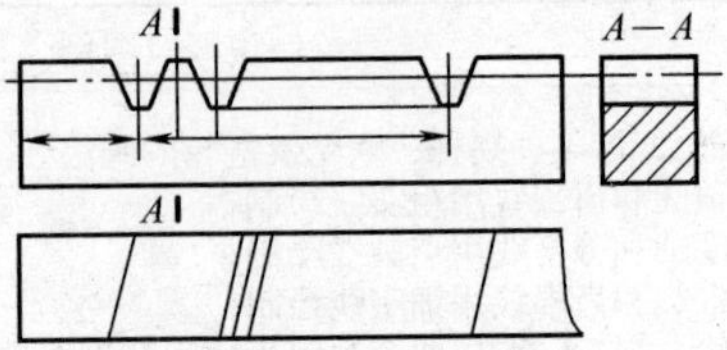
蜗轮蜗杆的画法	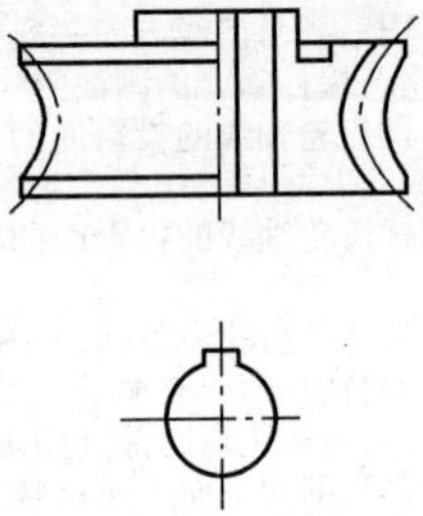
圆柱齿轮啮合的画法	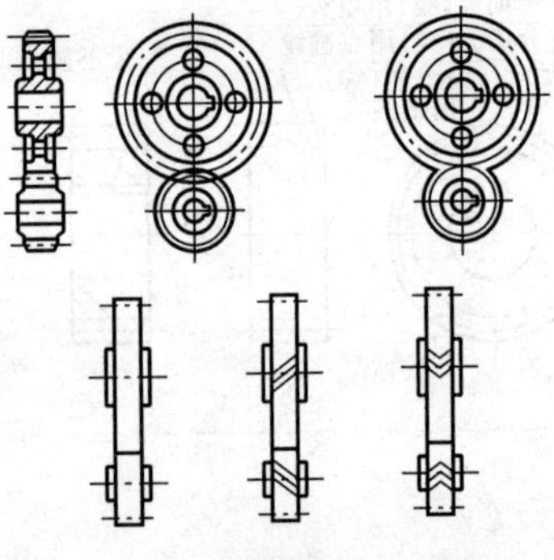 (a) 外啮合 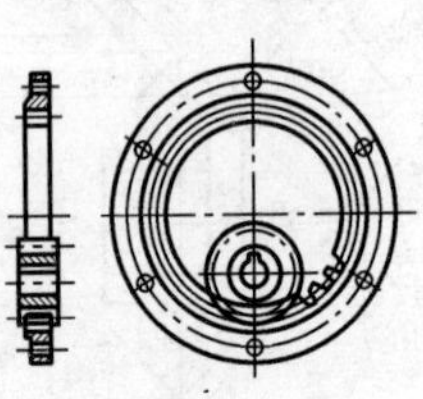 (b) 内啮合

分类	绘制说明及图例
齿轮齿条啮合	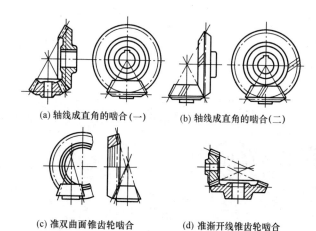齿轮齿条啮合
锥齿轮啮合	(a) 轴线成直角的啮合(一)　　(b) 轴线成直角的啮合(二) (c) 准双曲面锥齿轮啮合　　(d) 准渐开线锥齿轮啮合

续表

分类	绘制说明及图例
锥齿轮啮合	轴线成非直角的啮合 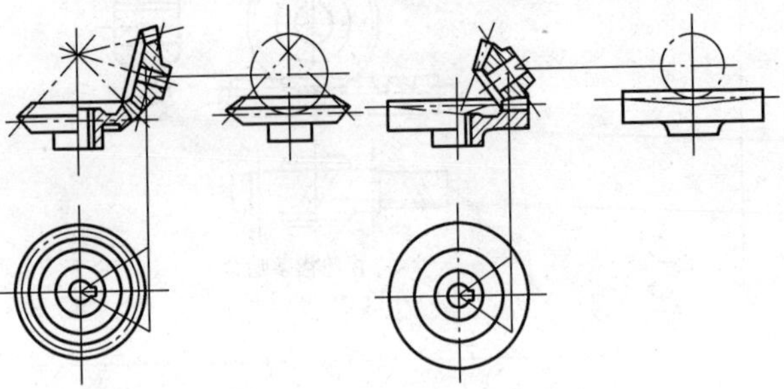 (e) 一般情况的齿轮啮合　(f) 平面与锥形齿轮的啮合
弧齿锥齿轮啮合	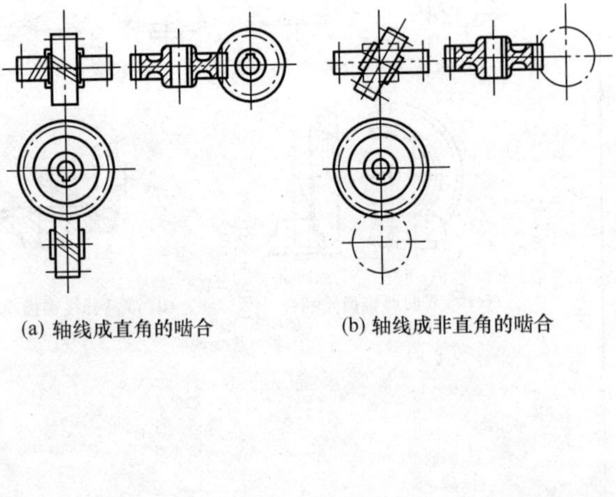 (a) 轴线成直角的啮合　(b) 轴线成非直角的啮合

续表

分类	绘制说明及图例

蜗轮蜗杆啮合

(a) 圆柱蜗杆啮合

(b) 弧面蜗杆啮合

圆弧齿轮啮合

圆弧齿轮啮合的画法

四、孔的标注方法

1. 常见孔的尺寸标注方法（见表 1-47）

表 1-47　　　　　　常见孔的尺寸标注方法

类型		旁 注 法		普通注法	说　明
光孔	一般孔	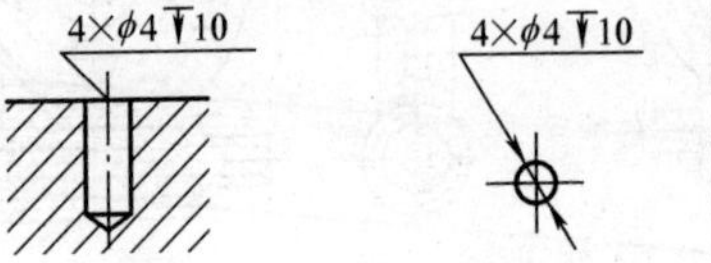 4×φ4 ▼10　　　4×φ4 ▼10		4×φ4	4×φ4 表示直径为 4mm 均匀分布的 4 个光孔。孔深可与孔径连注，也可以分开注出
	精加工孔	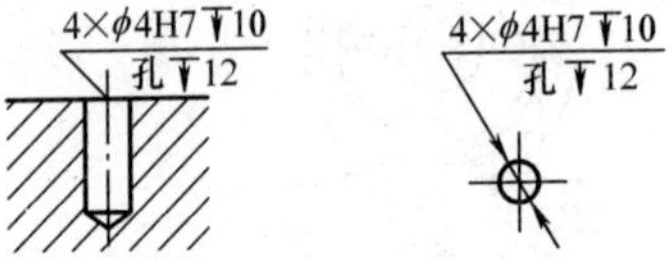 4×φ4H7 ▼10　　4×φ4H7 ▼10 孔 ▼12　　　　孔 ▼12		4×φ4H7	光孔深为 12mm；钻孔后需精加工至 $\phi4^{+0.012}_{0}$ mm，深度为 10mm
沉孔	锥形沉孔	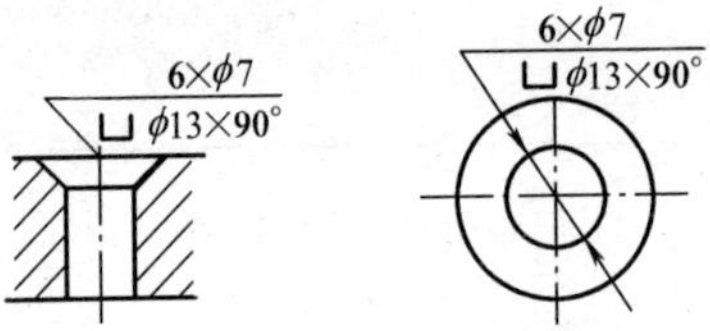 6×φ7 ⊔φ13×90°	6×φ7 ⊔φ13×90°	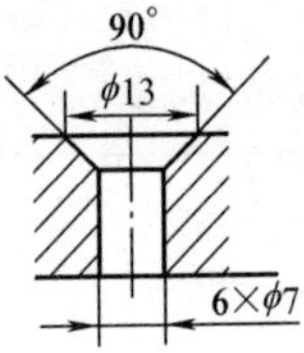 90°　φ13 6×φ7	6×φ7 表示直径为 7mm 均匀分布的 6 个孔。锥形部分尺寸可以旁注，也可直接注出
	柱形沉孔	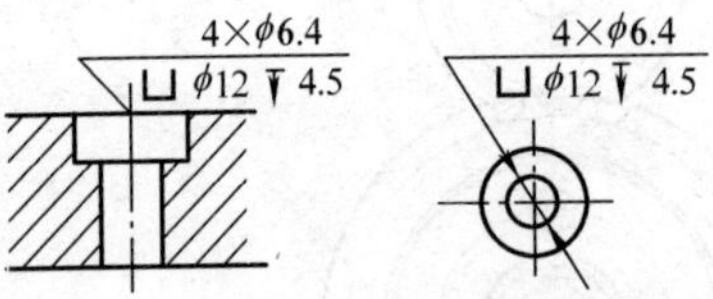 4×φ6.4 ⊔φ12 ▼4.5	4×φ6.4 ⊔φ12 ▼4.5	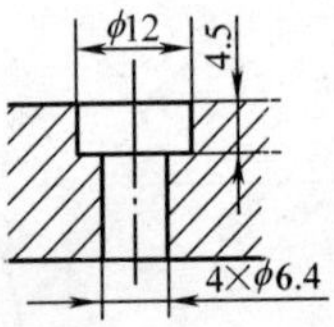 φ12　4.5 4×φ6.4	柱形沉孔的小直径为 φ6.4mm，大直径为 φ12mm，深度为 4.5mm，均需标注
	锪平孔	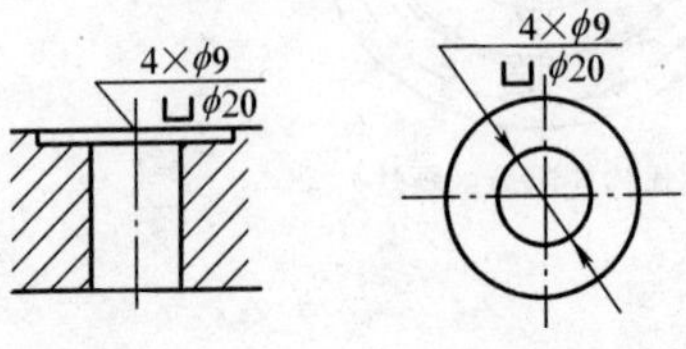 4×φ9 ⊔φ20	4×φ9 ⊔φ20	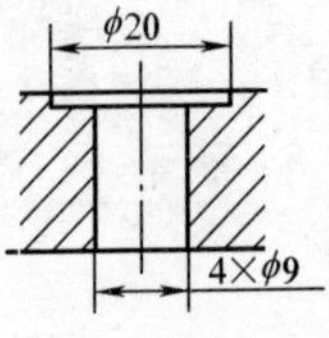 φ20 4×φ9	锪平 φ20mm 的深度不需标注，一般锪平到不出现毛面为止

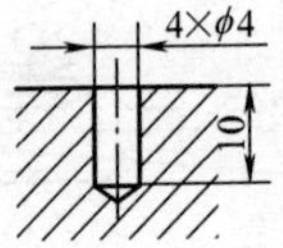

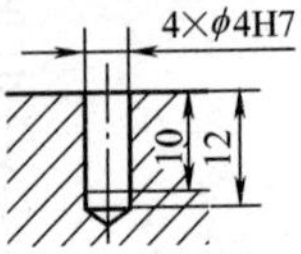

类型		旁 注 法		普通注法	说 明
螺孔	通孔	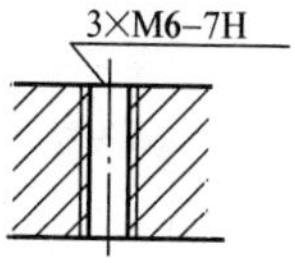 3×M6-7H	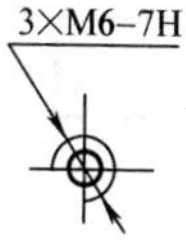 3×M6-7H	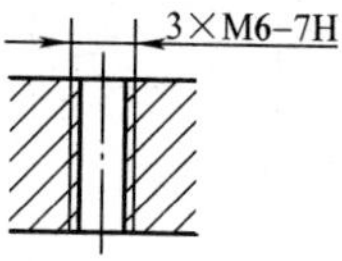 3×M6-7H	3×M6 表示直径为 6mm 均匀分布的三个螺孔。可以旁注，也可直接注出
	不通孔	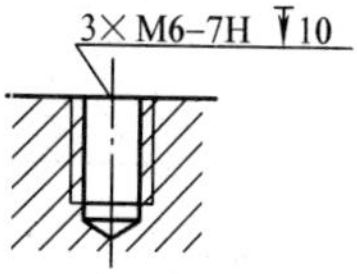 3×M6-7H ▼10	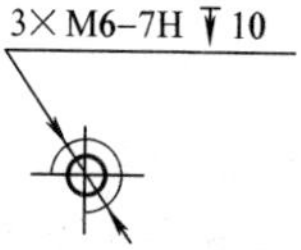 3×M6-7H ▼10	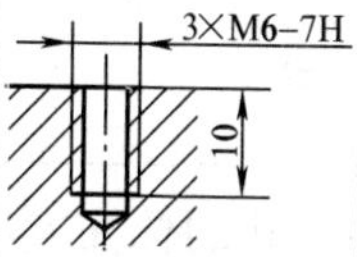 3×M6-7H	螺孔深度可与螺孔直径连注，也可分开注出
		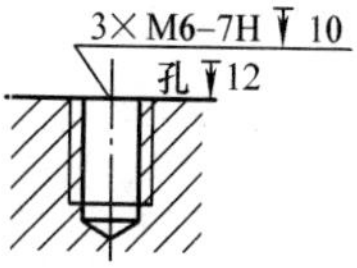 3×M6-7H ▼10 孔▼12	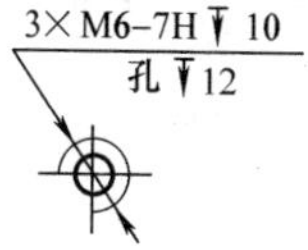 3×M6-7H ▼10 孔▼12	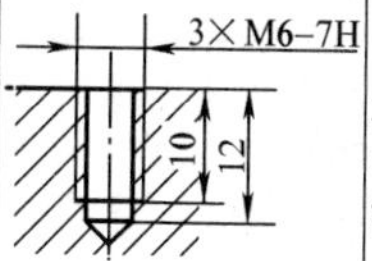 3×M6-7H	需要注出孔深时，应明确标注孔深尺寸

2. 中心孔

（1）中心孔的符号（见表 1-48）。

表 1-48　　　　　　　　　中 心 孔 的 符 号

要 求	符 号	标 注 示 例	解 释
在完工的零件上要求保留中心孔	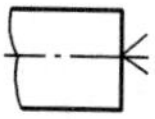	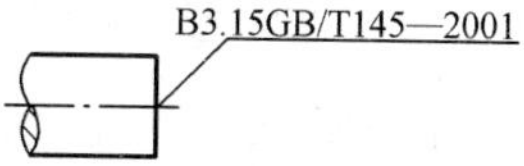 B3.15GB/T145—2001	要求作出 B 型中心孔 $d=3$，$D_{max}=7.5$，在完工的零件上要求保留

续表

要　　求	符　号	标 注 示 例	解　　释
在完工的零件上可以保留中心孔	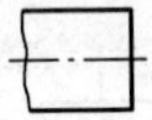	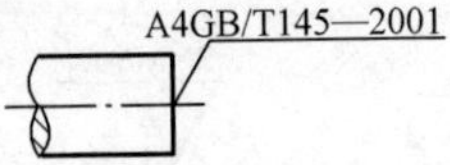 A4GB/T145—2001	用 A 型中心孔 $d=4$，$D_{max}=10$，在完工的零件上是否保留都可以
在完工的零件上不允许保留中心孔	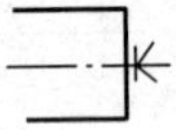	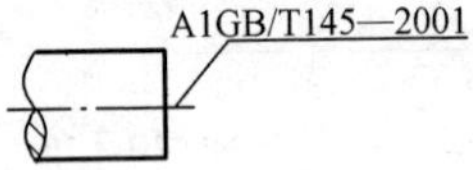 A1GB/T145—2001	用 A 型中心孔，$d=1.5$，$D_{max}=4$，在完工的零件上不允许保留

（2）中心孔的标注方法（见表 1-49）。

表 1-49　　　　中心孔的标注方法

说　　明	标 注 图 例
图样中的标准中心孔不必绘出详细结构，只需注出代号，如同一轴的两端中心孔相同，可只注出一端，但应标出其数量	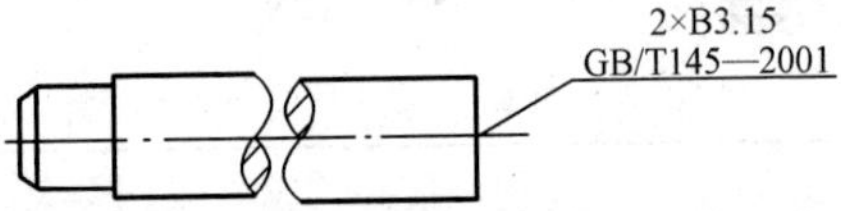 2×B3.15 GB/T145—2001
如需指明中心孔的标准代号时，则可标注在中心孔型号的下方	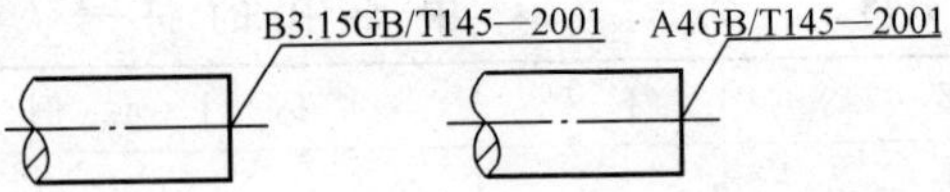 B3.15GB/T145—2001　　A4GB/T145—2001
中心孔工作表面的粗糙度应在引出线上标出，若以中心孔的轴线为基准时，其基准代号的标注如图所示	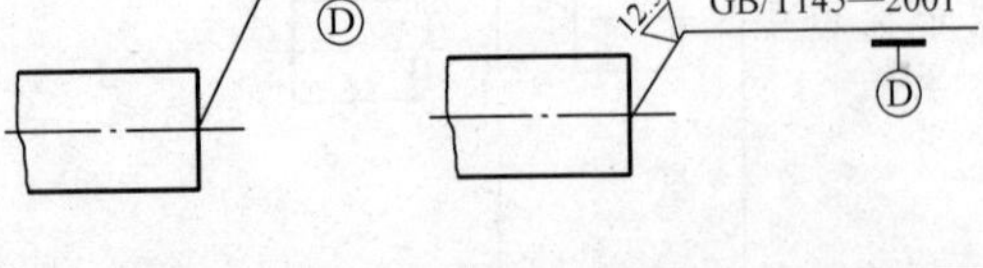 B1GB/T145—2001　　　3×B2 GB/T145—2001

第二章

金属材料的性能及其热处理

第一节 常用金属材料的性能

一、金属材料的基本性能

金属材料的性能通常包括物理化学性能、力学性能及工艺性能等。金属材料的基本性能见表 2-1。

表 2-1　　　　　　　　金属材料的基本性能

物理化学性能	指与焊接、热切割有关的基本物理化学性能，如密度、导电性、导热性、热膨胀性、抗氧化性、耐腐蚀性等	密度	指物质单位体积所具有的质量，用 ρ 表示。常用金属材料的密度：铸钢为 $7.8\mathrm{g/cm^3}$，灰铸铁为 $7.2\mathrm{g/cm^3}$，黄铜为 $8.63\mathrm{g/cm^3}$，铝为 $2.7\mathrm{g/cm^3}$
		导电性	指金属传导电流的能力。金属的导电性各不相同，通常银的导电性最好，其次是铜和铝
		导热性	指金属传导热量的性能。若某些零件在使用时需要大量吸热或散热，需要用导热性好的材料
		热膨胀性	指金属受热时发生胀大的现象。被焊工件由于受热不均匀就会产生不均匀的热膨胀，从而导致焊件的变形和焊接应力
		抗氧化性	指金属材料在高温时抵抗氧化性气氛腐蚀作用的能力。热力设备中的高温部件，如锅炉的过热器、水冷壁管、汽轮机的汽缸、叶片等，易产生氧化腐蚀
		耐腐蚀性	指金属材料抵抗各种介质（如大气、酸、碱、盐等）侵蚀的能力。化工、热力等设备中许多部件是在苛刻的条件下长期工作的，所以选材时必须考虑焊接材料的耐腐蚀性，用时还要考虑设备及其附件的防腐措施

55

续表

力学性能	指金属材料在外部负荷作用下，从开始受力直至材料破坏的全部过程中所呈现的力学特征，是衡量金属材料使用性能的重要指标，如强度、硬度、塑性和韧性	强度	它代表金属材料对变形和断裂的抗力，用单位界面上所受的力（称为应力）表示。常用的强度指标有屈服强度及抗拉强度等	屈服强度	指钢材在拉伸过程中，当应力达到某一数值而不再增加时，其变形继续增加的拉力值，用 σ_s 表示。σ_s 值越高，材料强度越高
				抗拉强度	指金属材料在破坏前所承受的最大拉应力，用 σ_s 表示，单位 MPa。σ_s 越大，金属材料抗衡断裂的能力越大，强度越高
		塑性	指金属材料在外力作用下产生塑性变形的能力，表示金属材料塑性性能的指标有伸长率、断面收缩率及冷弯角等		
		冲击韧性	它是衡量金属材料抵抗动载荷或冲击力的能力，用冲击实验可以测定材料在突加载荷时对缺口的敏感性。冲击值是冲击韧性的一个指标，以 α_k 表示，α_k 大，材料的韧性大		
		硬度	它是金属材料抵抗表面变形的能力。常用的硬度有：布氏硬度 HB、洛氏硬度 HR、维氏硬度 HV 三种		
工艺性能	指承受各种冷、热加工的能力	切削性能	指金属材料是否易于切削的性能。切削时，切削刀具不易磨损，切削力较小且被切削后工件表面质量好，则此材料的切削性能好，灰铸铁具有较好的切削性能		
		铸造性能	主要是指金属在液态时的流动性以及液态金属在凝固过程中的收缩和偏析程度。金属的铸造性能指保证铸件质量的重要性能之一		
		焊接性能	指材料在限定的施工条件下，焊接成符合规定设计要求的构件，能满足预定使用要求的能力。焊接性能受材料、焊接方法、构件类型及使用要求等因素的影响。焊接性能有多种评定方法，其中广泛使用的方法是碳当量法，这种方法是基于合金元素对钢的焊接性能有不同程度的影响，将钢中合金元素（包括碳）的含量按其作用换算成碳的相当含量，可作为评定钢材焊接性能的一种参考指标		

1. 常用金属材料的弹性模量

材料在弹性范围内，应力与应变的比值称为材料的弹性模量。根据材料的受力状况的不同，弹性模量可分为如下两种。

（1）材料拉伸（压缩）的弹性模量

$$E = \frac{\sigma}{\varepsilon}$$

式中　E——拉伸（压缩）弹性模量，Pa；

σ——拉伸（压缩）的应力，Pa；

ε——材料轴向线应变。

（2）材料剪切的切变模量

$$G = \frac{\tau}{\nu}$$

式中　G——切变模量，Pa；

τ——材料的剪切应力，Pa；

ν——材料轴向剪切应变。

常用材料的弹性模量见表 2-2。

表 2-2　　　　　　　　常用材料的弹性模量

名　称	弹性模量 E（GPa）	切变模量 G（GPa）	名　称	弹性模量 E（GPa）	切变模量 G（GPa）
灰铸铁、白口铸铁	115～160	45	轧制锰青铜	108	39.2
可锻铸铁	155	—	轧制铝	68	25.5～26.5
碳钢	200～220	81	拔制铝线	70	—
镍铬钢、合金钢	210	81	铸铝青铜	105	42
铸钢	202	—	硬铝合金	70	26.5
轧制纯铜	108	39.2	轧制锌	84	32
冷拔纯铜	127	48	铅	17	2
轧制磷青铜	113	41.2	玻璃	55	1.92
冷拔黄铜	89～97	35～37	混凝土	13.7～39.2	4.9～15.7

2. 常用金属材料的熔点

金属或合金从固态向液态转变时的温度称为熔点。单质金属都有固定的熔点，常用金属的熔点见表 2-3。

合金的熔点取决于它们的成分，如钢和生铁都是铁、碳为主的合金，但由于含碳量不同，熔点也不相同。熔点是金属或合金冶炼、铸造、焊接等工艺的重要参数。

3. 常用金属材料的线胀系数

金属材料随温度变化而膨胀、收缩的特性称为热膨胀性。一般来说，金属受热时膨胀而体积增大，冷却时收缩而体积减小。

热膨胀性的大小用线胀系数和体胀系数来表示。线胀系数计算公式如下

$$\alpha_l = \frac{l_2 - l_1}{l_1 \Delta t}$$

式中　α_l——线胀系数，K^{-1} 或 ℃$^{-1}$；

　　　l_1——膨胀前的长度，m；

　　　l_2——膨胀后的长度，m；

　　　Δt——温度变化量，K 或 ℃。

体胀系数近似为线胀系数的 3 倍，常用金属材料的线胀系数见表 2-3。

表 2-3　　　　　　　　常用金属的物理性能

金属名称	符号	密度(20℃) $\rho(\text{kg/m}^3)$	熔点 (℃)	热导率 λ (W/m · K)	线胀系数 (0~100℃) $\alpha_l(10^6/℃)$	电阻率(0℃)ρ $(10^{-6}\Omega \cdot \text{cm})$
银	Ag	10.49×10^3	960.8	418.6	19.7	1.5
铜	Cu	8.96×10^3	1083	393.5	17	1.67~1.68(20℃)
铝	Al	2.7×10^3	660	221.9	23.6	2.655
镁	Mg	1.74×10^3	650	153.7	24.3	4.47
钨	W	19.3×10^3	3380	166.2	4.6(20℃)	5.1
镍	Ni	4.5×10^3	1453	92.1	13.4	6.84
铁	Fe	7.87×10^3	1538	75.4	11.76	9.7
锡	Sn	7.3×10^3	231.9	62.8	2.3	11.5
铬	Cr	7.19×10^3	1903	67	6.2	12.9
钛	Ti	4.508×10^3	1677	15.1	8.2	42.1~47.8
锰	Mn	7.45×10^3	1244	4.98(−192℃)	37	185(20℃)

二、钢的分类及其焊接性能

钢和铁都是以铁和碳为主要元素的合金。以铁为基础和碳及其他元素组成的合金，通常称为黑色金属，黑色金属又按铁中含碳量的多少分为生铁和钢两大类。含碳量在 2.11％ 以下的铁碳合金称为钢；含碳量为 2.11 ％～6.67％ 的铁碳合金称为铸铁。

1. 钢的分类

（1）按化学成分分类。

1）碳素钢。这种钢中除铁以外，主要还含有碳、硅、锰、硫、磷等几种元素，这些元素的总量一般不超过 2％。

2）合金钢。合金钢中除碳素钢所含有的各元素外，尚有其他一些元素，如铬、镍、钛、钼、钨、钒、硼等。如果碳素钢中锰的含量超过 0.8％，或硅的含量超过 0.5％，则这种钢也称为合金钢。

根据合金元素的多少，合金钢又可分为：普通低合金钢（普低钢），合金元素总含量小于 5％；中合金钢，合金元素总含量为 5％～10％；高合金钢，合金元素总含量大于 10％。

（2）按用途分类。按用途不同分类有结构钢、工具钢、特殊用途钢（如不锈钢、耐酸钢、耐热钢、低温钢等）。

（3）按使用性能和用途分类。钢材的分类方法如图 2-1 所示。

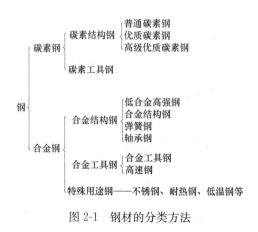

图 2-1　钢材的分类方法

2. 钢材的性能及焊接特点

（1）低碳钢的性能及焊接特点。低碳钢由于含碳量低，强度、硬度不高，塑性好，所以焊接性好，应用非常广泛。适于焊接常用的低碳钢有 Q235、20 钢、20g 和 20R 等。

低碳钢的焊接特点如下。

1）淬火倾向小，焊缝和近缝区不易产生冷裂纹，可制造各类大型构架及受压容器。

2）焊前一般不需预热，但对大厚度结构或在寒冷地区焊接时，需将焊件预热至 100～150℃。

3）镇静钢杂质很少，偏析很小，不易形成低熔点共晶，所以对热裂纹不敏感；沸腾钢中硫（S）、磷（P）等杂质较多，产生热裂纹的可能性要大些。

4）如工艺选择不当，可能出现热影响区晶粒长大现象，而且温度越高，热影响区在高温停留时间越长，则晶粒长大越严重。

5）对焊接电源没有特殊要求，工艺简单，可采用交、直流弧焊机进行全位置焊接。

（2）中碳钢的性能及焊接特点。中碳钢含碳量比低碳钢高，强度较高，焊接性较差。常用的有 35、45、55 钢。中碳钢焊条电弧焊及其铸件焊补的特点如下。

1）热影响区容易产生淬硬组织。含碳量越高，板厚越大，这种倾向也越大。如果焊接材料和工艺参数选用不当，容易产生冷裂纹。

2）基体金属含碳量较高，故焊缝的含碳量也较高，容易产生热裂纹。

3）由于含碳量增大，对气孔的敏感性增加，因此对焊接材料的脱氧性，基体金属的除油、除锈，焊接材料的烘干等，要求更加严格。

（3）高碳钢的性能及焊接特点。高碳钢因含碳量高，强度、硬度更高，塑性、韧性更差，因此焊接性能很差。高碳钢的焊接特点如下。

1）导热性差，焊接区和未加热部分之间存在显著的温差，当熔池急剧冷却时，在焊缝中引起的内应力很容易形成裂纹。

2）对淬火更加敏感，近缝区极易形成马氏体组织。由于组织应力的作用，近缝区易产生冷裂纹。

3）由于焊接高温的影响，晶粒长大快，碳化物容易在晶界上积聚、长大，使得焊缝脆弱，焊接接头强度降低。

4）高碳钢焊接时比中碳钢更容易产生热裂纹。

（4）普通低合金钢的性能及焊接特点。普通低合金高强度钢简称普低钢。与碳素钢相比，钢中含有少量合金元素，如锰、硅、钒、钼、钛、铝、铌、铜、硼、磷、稀土等。钢中有了一种或几种这样的元素后，具有强度高、韧性好等优点。由于加入的合金元素不多，故称为低合金高强度钢。常用的普通低合金高强度钢有16Mn、16MnR等。

普通低合金钢的焊接特点如下。

1）热影响区的淬硬倾向是普低钢焊接的重要特点之一。随着强度等级的提高，热影响区的淬硬倾向也随着变大。影响热影响区淬硬程度的因素有材料因素、结构形式和工艺条件等。焊接施工应通过选择合适的工艺参数，例如增大焊接电流，减小焊接速度等措施来避免或减缓热影响区的淬硬。

2）焊接接头易产生裂纹。焊接裂纹是危害性最大的焊接缺陷，冷裂纹、再热裂纹、热裂纹、层状撕裂和应力腐蚀裂纹是焊接中常见的几种缺陷。

某些钢材淬硬倾向大，焊后冷却过程中，由于相变产生很脆的马氏体，在焊接应力和氢的共同作用下引起开裂，形成冷裂纹。延迟裂纹是钢的焊接接头冷却到室温后，经一定时间才出现的焊接冷裂纹，因此具有很大的危险性。防止延迟裂纹可以从焊接材料的选择及严格烘干、工件清理、预热及层间保温、焊后及时热处理等方面加以控制。

三、有色金属的分类及焊接特点

有色金属是指钢铁材料以外的各种金属材料，所以又称非铁材料。有色金属及其合金具有许多独特的性能，例如强度高、导电性好、耐蚀性及导热性好等。所以有色金属材料在航空、航天、航海等工业中具有重要的作用，并在机电、仪表工业中广泛应用。

(一)铝及铝合金的分类和焊接特点

1. 铝

纯铝是银白色的金属,是自然界储量最为丰富的金属元素,其性能如下。

(1)密度为 2.72 g/cm³,仅为铁的 1/3,是一种轻型金属。

(2)导电性好,仅次于铜、银。

(3)铝表面能形成致密的氧化膜,具有较好的抗大气腐蚀的能力。

(4)它的塑性好,可以冷、热变形加工,还可以通过热处理强化提高铝的强度,也就是说它具有较好的工艺性能。

GB/T 16474—2011《变形铝及铝合金牌号表示方法》中规定铝的牌号采用国际四位数字体系牌号和四位字符体系牌号两种命名。牌号的第一位数字表示铝及铝合金的组别,1×××,2×××,3×××…,8×××,分别按顺序代表纯铝(含铝量大于99.00%),以铜为主要合金元素的铝合金,以锰、硅、镁、镁和硅、锌,以及其他合金元素为主要合金元素的铝合金及备用合金组;牌号的第二位数字(国际四位数字体系)或字母(四位数字体系)表示原始纯铝或铝合金的改型情况,数字 0 或字母 A 表示原始纯铝和原始合金,如果 1~8 或 B~Y 中的一个,则表示为改型情况;最后两位数字用以标识同一组中不同的铝合金,纯铝则表示铝的最低质量分数中小数点后面的两位。

铝中常见的杂质是铁和硅,杂质越多,铝的导电性、耐蚀性及塑性越低。工业纯铝按杂质的含量分为一号铝、二号铝……

工业用铝的牌号、化学成分和用途见表 2-4。

表 2-4　　　　　　　工业用铝的牌号、化学成分和用途

旧牌号	新牌号	化学成分(%)		用　途
		Al	杂质总量	
L1	1070	99.7	0.3	垫片、电容、电子管隔罩、电缆、导电体和装饰件
L2	1060	99.6	0.4	
L3	1050	99.5	0.5	
L4	1035	99.0	1.00	

续表

旧牌号	新牌号	化学成分（%）		用　途
		Al	杂质总量	
L5	1200	99.0	1.00	不受力而具有某种特性的零件，如电线保护导管、通信系统零件、垫片

2. 铝合金

纯铝的强度很低，但加入适量的硅、铜、镁、锌、锰等合金元素，形成铝合金，再经过冷变形和热处理后，强度可大大提高。

铝合金按其成分和工艺特点不同分为变形铝合金和铸造铝合金。

（1）变形铝合金。GB 3190—1996 将变形铝合金分为防锈铝合金（LF）、硬铝合金（LY）、超硬铝合金（LC）、锻铝合金（LD）四类。GB/T 3190—2008《变形铝及铝合金化学成分》规定了新的牌号，现将常用变形铝合金的牌号、力学性能及用途列于表 2-5。

表 2-5　　　　常用变形铝合金的牌号、力学性能和用途

类别	原牌号	新牌号	半成品种类	状态①	力学性能		用途举例
					σ_b（MPa）	δ（%）	
防锈铝合金	LF2	5A02	冷扎板材 热扎板材 挤压板材	O H112 O	167～226 117～157 ≤226	16～18 7～6 10	在液体中工作的中等强度的焊接件、冷冲压件和容器、骨架零件等
	LF21	3A21	冷扎板材 热扎板材 挤制厚壁管材	O H112 H112	98～147 108～118 ≤167	18～20 15～12 —	要求高的很好的焊接性、在液体或介质中工作的低载荷零件，如油箱、油管等
硬铝合金	LY11	2A11	冷扎板材（包铝） 挤压棒材 拉挤制管材	O T4 O	226～235 353～373 245	12 10～12 10	用作各种要求中等强度的零件和构件、冲压的连接部件、空气螺旋桨叶片，如螺栓、铆钉等

续表

类别	原牌号	新牌号	半成品种类	状态①	力学性能 σ_b（MPa）	δ（%）	用途举例
硬铝合金	LY12	2A12	铆钉线材 挤压棒材 拉挤制管材	T4 T4 O	407～427 255～275 ≤245	10～13 8～12 10	用作各种要求高的载荷零件和构件（但不包括冲压件的锻件）如飞机上的蒙皮、骨架、翼梁、铆钉等
	LY8	2B11	铆钉线材	T4	J225	—	主要用作铆钉材料
超硬铝合金	LC3	7A03	铆钉线材	T6	J284	—	受力结构的铆钉
	LC4 LC9	7A04 7A09	挤压棒材 冷扎板材 热扎板材	T6 O T6	490～510 ≤240 490	5～7 10 3～6	用作承力构件和高载荷零件，如飞机上的大梁、桁条、加强框、起落架零件，通常多用以取代2A12
锻铝合金	LD5 LD7 LD8	2A50 2A70 2A80	挤压棒材 冷扎板材 挤压棒材	T6 T6 T6	353 353 441～432	12 8 8～15	用作形状复杂和中等强度的锻件和冲压件，内燃机活塞、压气机叶片、叶轮等
	LD10	2A14	热扎板材	T6	432	5	高负荷和形状简单的锻件和模锻件

① 状态符号采用 GB/T 16475—2008《变形铝合金状态代号》规定代号：O—退火，T1—热轧冷却＋自然时效，T3—固溶处理＋冷加工＋自然时效，T4—淬火＋自然时效，T6—淬火＋人工时效，H111—加工硬化状态，H112—热加工。

（2）铸造铝合金。它的种类很多，常用的有铝硅系、铝铜系、铝镁系和铝锌系合金。

铸造铝合金按 GB/T 1173—1995《铸造铝合金》标准规定，其代号用"铸铝"两字的汉语拼音字母的字头"ZL"及后面三位数字表示。第一位数字表示铝合金的类别（1为铝硅合金，2为铝铜合金，3为铝镁合金，4为铝锌合金）；后两位数字表示合金的顺序号。

常用铸造成铝合金的牌号、化学成分、力学性能和用途见表2-6。

表2-6　常用铸造铝合金的牌号、化学成分、力学性能和用途

合金牌号	化学成分（%） Si	Cu	Mg	其他	铸造方法与合金状态	力学性能（不低于） σ_b（MPa）	δ（%）	HBS	用 途
ZL105	4.5~5.5	1.0~1.5	0.4~0.6		J，T5 S，T5 S，T6	231 212 222	0.5 1.0 0.5	70 70 70	形状复杂，在<225℃工作的零件。如机匣、油泵体
ZL108	11.0~13.0	1.0~2.0	0.4~1.0		J，T1 J，T6	192 251	— —	85 90	要求高强度及低膨胀系数的零件，如高速内燃机活塞
ZL201		4.5~5.3		0.6~1.0 Mn 0.15~0.35 Ti	S，T4 S，T5	290 330	8 4	70 90	在175~300℃以下工作的零件，如活塞、支臂、汽缸
ZL202		9.0~11.0			S，J S，J，T6	104 163	— —	50 100	形状简单，要求表面光洁的中等承载零件
ZL301			9.0~11.5		J，S T4	280	9	60	工作温度<150℃的大气或海水中工作，承受大振动载荷的零件
ZL401	6.0~8.0		0.1~0.3	9.0~13.0 Zn	J，T1 S，T1	241 192	1.5 2	90 80	工作温度<200℃，形状复杂的汽车、飞机零件

注　铸造方法与合金状态的符号：J—金属型铸造；S—砂型铸造；B—变质处理；T1—人工时效；T2—290℃退火；T4—淬火＋自然时效；T5—淬火＋不完全人工时效（时效温度低或时间短）；T6—淬火＋人工时效（180℃下，时间较长）。

3. 铝及铝合金的焊接特点

（1）铝及铝合金的可焊性。工业纯铝、非热处理强化变形铝镁和铝锰合金，以及铸造合金中的铝硅和铝镁合金具有良好的可焊性；可热处理强化变形铝合金的可焊性较差，如超硬铝合金 LC4（7A04），因焊后的热影响区变脆，故不推荐弧焊。铸造铝合金 ZL1、ZL4 及 ZL5 可焊性较差。几种铝及铝合金的可焊性见表 2-7。

表 2-7　　　　　　　　　几种铝及铝合金的可焊性

焊接方式	材料牌号和铝合金的可焊性					适用厚度范围（mm）
	L1L6	LF21	LF5 LF6	LF2 LF3	LY11 LY12 LY16	
钨极氩弧焊（手工、自动）	好	好	好	好	差	1～25①
熔化极氩弧焊（半自动、自动）	好	好	好	好	尚可	≥3
熔化极脉冲氩弧焊（半自动、自动）	好	好	好	好	尚可	≥0.8
电阻焊（点焊、缝焊）	较好	较好	好	好	较好	≤4
气焊	好	好	差	尚可	差	0.5～25①
碳弧焊	较好	较好	差	差	差	1～10
焊条电弧焊	较好	较好	差	差	差	3～8
电子束焊	好	好	好	好	较好	3～75
等离子焊	好	好	好	好	尚可	1～10

① 厚度大于 10mm 时，推荐采用熔化极氩弧焊。

（2）铝及铝合金的焊接特点。

1）表面容易氧化，生成致密的氧化铝（Al_2O_3）薄膜，影响焊接。

2）氧化铝（Al_2O_3）熔点高（约 2025℃），焊接时，它对母材与母材之间的熔合起阻碍作用，影响操作者对熔池金属熔化情况的判断，还会造成焊缝金属夹渣和气孔等缺陷，影响焊接质量。

3）铝及其合金熔点低，高温时强度和塑性低（纯铝在 640～656℃ 间的延伸率 <0.69%），高温液态无显著颜色变化，焊接操

作不慎时会出现烧穿、焊缝反面焊瘤等缺陷。

4）铝及其合金线膨胀系数（23.5×10^{-6}℃）和结晶收缩率大，焊接时变形较大；对厚度大或刚性较大的结构，大的收缩应力可能导致焊接接头产生裂纹。

5）液态可大量溶解氢，而固态铝几乎不溶解氢。氢在焊接熔池快速冷却和凝固过程中易在焊缝中聚集形成气孔。

6）冷硬铝和热处理强化铝合金的焊接接头强度低于母材，焊接接头易发生软化，给焊接生产造成一定困难。

铝及铝合金焊接主要采用氩弧焊、气焊、电阻焊等方式，其中氩弧焊（钨极氩弧焊和熔化极氩弧焊）应用最广泛。

铝及铝合金焊前应用机械法或化学清洗法去除工件表面氧化膜。焊接时钨极氩弧焊（TIG焊）采用交流电源，熔化极氩弧焊（MIG焊）采用直流反接，以获得"阴极雾化"作用，清除氧化膜。

（二）铜及铜合金的分类和焊接特点

1. 铜

按化学成分不同，铜加工产品分为纯铜材和无氧铜两类，纯铜呈紫红色，故又称为紫铜。其密度为 $8.96 \times 10^3 \, kg/m^3$，熔点为1083℃，它的导电性和导热性仅次于金和银，是最常用的导电、导热材料。纯铜的塑性非常的好，易于冷、热加工。在大气及淡水中有很好的抗腐蚀性能。铜加工产品的牌号、化学成分和用途见表2-8。

表 2-8　　　　　　　铜加工产品的牌号、化学成分和用途

组别	牌号	化学成分（%）				用途
		Cu（不小于）	杂质		杂质总量	
			Bi	Pb		
纯铜	T1	99.95	0.001	0.003	0.05	导电、导热、耐蚀器具材料，如电线、蒸发器、雷管、储藏器
	T2	99.90	0.001	0.005	0.1	
	T3	99.70	0.002	0.01	0.3	一般用铜材，如电气开关、铆钉

续表

组别	牌号	化学成分（%）				用　途
		Cu（不小于）	杂质		杂质总量	
			Bi	Pb		
无氧铜	TU1	99.97	0.001	0.003	0.03	电气、空调器件、高导电
	TU2	99.95	0.001	0.004	0.05	性导线

2. 铜合金

工业上广泛采用的是铜合金，常用的铜合金可分为黄铜、青铜和白铜三类。

（1）黄铜。黄铜可分为普通黄铜和特殊黄铜，普通黄铜的牌号用"黄"字汉语拼音字母的字头"H"＋数字表示。数字表示平均含铜量的百分数，按照化学成分的不同。

在普通黄铜中加入其他合金元素所组成的合金，称为特殊黄铜。特殊黄铜的代号由"H"＋主加元素的元素符号（除锌外）＋铜含量的百分数＋主元素含量的百分数组成。例如 HPb59-1，则表示铜含量为59%，铅含量为1%的铅黄铜。

常用黄铜的牌号、化学成分、力学性能和用途见表2-9。

表2-9　　　　常用黄铜的牌号、化学成分、力学性能和用途

组别	牌号	化学成分（%）		力学性能			用　途
		Cu	其他	σ_b（MPa）	δ（%）	HBS	
普通黄铜	H90	88.0~91.0	余量 Zn	260/480	45/4	53/130	双金属片、供水和排水管、艺术品、证章
	H68	67.0~70.0	余量 Zn	320/660	55/3	/150	复杂的冲压件、轴套、散热器外壳、波纹管、弹壳
	H62	60.5~63.5	余量 Zn	330/600	49/3	56/140	销钉、铆钉、螺钉、螺母、垫圈、夹线板、弹簧

续表

组别	牌号	化学成分（%）		力学性能			用　途
		Cu	其他	σ_b (MPa)	δ (%)	HBS	
特殊黄铜	HSn90-1	88.0～91.0	0.25～0.75Sn 余量 Zn	280/520	45/5	/82	船舶零件、汽车和拖拉机的弹性套管
	HSi80-3	79.0～81.0	2.5～4.0Sn 余量 Zn	300/600	58/4	90/110	船舶零件、蒸汽（＜265℃）条件下工作的零件
	HMn58-2	57.0～60.0	1.0～2.0Si 余量 Zn	400/700	40/10	85/175	弱电电路用的零件
	HPb59-1	57.0～60.0	0.8～1.9Pb 余量 Zn	400/650	45/16	44/80	热冲压及切削加工零件，如销、螺钉、轴套等
	HAl59-3-2	57.0～60.0	2.5～3.5Al 2.0～3.0Ni 余量 Zn	380/650	50/15	75/155	船舶、电动机及其他在常温下工作的高强度、耐蚀零件

（2）青铜。除了黄铜和白铜（铜和镍的合金）外，所有的铜基合金都称为青铜。参考 GB/T 5231—2001《加工青铜的牌号和化学成分》标准，按主加元素种类的不同，青铜主要可分为锡青铜、铝青铜、硅青铜和铍青铜等。按加工工艺可分为普通青铜和铸造青铜。

青铜的代号由"青"字的汉语拼音的第一个字母"Q"＋主加元素的元素符号及含量＋其他加入元素的含量组成。例如 QSn4-3 表示含锡 4%，含锌 3%，其余为铜的锡青铜。QAl7 表示含铝 7%，其余为铜的铝青铜。铸造青铜的牌号的表示方法和铸造黄铜的表示方法相同。普通青铜和铸造青铜的牌号、化学成分、力学性能见表 2-10 和表 2-11。

表 2-10 普通青铜的牌号、化学成分和力学性能

牌 号	化学成分		力学性能			用 途
	第一主加元素	其他	σ_b (MPa)	δ (%)	HBS	
QSn4-3	Sn 3.5~4.5	2.7~3.3Zn 余量 Cu	350/350	40/4	60/160	弹性元件、管配件、化工机械中耐磨零件及抗磁零件
QSn6.5-0.1	Sn 6.0~7.0	1.0~0.25P 余量 Cu	350/450 700/800	60/70 7.5/12	70/90 160/200	弹簧、接触片、振动片、精密仪器中的耐磨零件
QSn4-4-4	Sn 3.0~5.0	3.5~4.5Pb 3.0~5.0Zn 余量 Cu	220/250	3/5	890/90	重要的零件,如轴承、轴套、蜗轮、丝杠、螺母
QAl7	Al 6.0~8.0	余量 Cu	470/980	3/70	70/154	重要用途的弹性元件
QAl9-4	Al 8.0~10.0	2.0~4.0Fe 余量 Cu	550/900	4/5	110/180	耐磨零件和在蒸汽及海水中工作的高强度、耐蚀零件
QBe2	Be 1.8~2.1	0.2~0.5Ni 余量 Cu	500/850	3/40	84/247	重要的弹性元件、耐磨件及在高速、高压、高温下工作的轴承
QSi3-1	Si 2.7~3.5	1.0~1.5Mn 余量 Cu	370/700	3/55	80/180	弹性元件;在腐蚀介质下工作的耐磨零件,如齿轮

注 力学性能数值中分母数值为 50%变形程度的硬化状态测定,分子数值为 600℃下退火状态下测定。

表 2-11 铸造青铜的牌号、化学成分和力学性能

牌 号	化学成分		力学性能			用 途
	第一主加元素	其他	σ_b (MPa)	δ (%)	HBS	
ZCuSn5Pb5Zn5	Sn 4.0~6.0	4.0~6.0Zn 4.0~6.0Pb 余量 Cu	200 200	13/3	60/60	较高负荷、中速的耐磨、耐蚀零件,如轴瓦、缸套、蜗轮

续表

牌　号	化学成分		力学性能			用　途
	第一主加元素	其他	σ_b (MPa)	δ (%)	HBS	
ZCuSn10Pb1	Sn 9.0~11.5	0.5~1.0Pb 余量 Cu	$\dfrac{200}{310}$	3/2	80/90	高负荷、高速的耐磨零件，如轴瓦、衬套、齿轮
ZCuPb30	Pb 27.0~33.0	余量 Cu			/25	高速双金属轴瓦
ZCuAl9Mn2	Al 8.0~10.0	1.5~2.5Mn 余量 Cu	$\dfrac{390}{440}$	20/20	85/95	耐蚀、耐磨零件，如齿轮、衬套、蜗轮

注　力学性能中分子为砂型铸造试样测定，分母为金属型铸造测定。

3. 铜及铜合金的焊接特点

（1）铜的导热系数大，焊接时有大量的热量被传导损失，容易产生未熔合和未焊透等缺陷，因此焊接时必须采用大功率热源，焊件厚度大于 4mm 时，要采取预热措施。

（2）由于铜的热导率高，要获得成型均匀的焊缝宜采用对接接头，而丁字接头和搭接接头不推荐。

（3）铜的线膨胀系数大，凝固收缩率也大，焊接构件易产生变形，当焊件刚度较大时，则有可能引起焊接裂纹。

（4）铜的吸气性很强，氢在焊缝凝固过程中溶解度变化大（液固态转变时的最大溶解度之比达 3.7，而铁仅为 1.4），来不及逸出，易使焊缝中产生气孔。氧化物及其他杂质与铜生成低熔点共晶体，分布于晶粒边界，易产生热裂纹。

（5）焊接黄铜时，由于锌沸点低，易蒸发和烧损，会使焊缝中含锌量低，从而降低接头的强度和耐蚀性。向焊缝中加入硅和锰，可减少锌的损失。

（6）铜及铜合金在熔焊过程中，晶粒会严重长大，使接头塑性和韧性显著下降。

铜及铜合金焊接主要采用气焊、惰性气体保护焊、埋弧焊、钎焊等方法。铜及铜合金导热性能好，所以焊接前一般应预热。钨极氩弧焊采用直流正接。气焊时，纯铜采用中性焰或弱碳化焰，黄铜则采用弱氧化焰，以防止锌的蒸发。

(三) 钛及钛合金的分类和焊接特点

钛及其合金是 20 世纪 50 年代出现的一种新型结构材料。由于它的密度小、强度高、耐高温、抗腐蚀、资源丰富，现在已成为航天、化工、造船和国防工业生产中广泛应用的材料。

1. 钛

纯钛是银白色的，密度小 (4.5g/cm³)，熔点高 (1667℃)，热膨胀系数小。钛有塑性好，强度低，容易加工成形，可制成细丝、薄片；在 550℃ 以下有很好的抗腐蚀性，不易氧化，在海水和水蒸气中的抗腐蚀能力比铝合金、不锈钢和镍合金还高。

工业纯钛的牌号、力学性能和用途见表 2-12。

表 2-12　　　　　　工业纯钛的牌号、力学性能和用途

| 牌号 | 材料状态 | 力学性能 | | | 用　途 |
		σ_b (MPa)	δ_5 (%)	α_k (J/cm²)	
TA1	板材	350~500	30~40	—	航空：飞机骨架、发动机部件
	棒板	343	25	80	化工：热交换机、泵体、搅拌器
TA2	板材	450~600	25~30	—	造船：耐海水腐蚀的管道、阀门、泵、柴油发动机活塞、连杆
	棒板	441	20	75	
TA3	板材	550~700	20v25	—	机械：低于 350℃ 条件下工作且受力较小的零件
	棒板	539	15	50	

2. 钛合金

钛具有同素异构现象，在 882℃ 以下为密排六方晶格，称为 α—钛(α—Ti)，在 882℃ 以上为体心立方晶体，称为 β—钛(β—Ti)。因此钛合金有三种类型：α—钛合金，β—钛合金，α+β—钛合金。

常温下 α—钛合金的硬度低于其他钛合金，但高温 (500~600℃) 条件下其强度最高，它的组织稳定，焊接性良好；β—钛合金具有很好的塑性，在 540℃ 以下具有较高的强度，但其生产工艺复杂，合金密度大，故在生产中用途不广；α+β—钛合金的强

度、耐热性和塑性都比较好，并可以热处理强化，应用范围较广。应用最多的是 TC4（钛铝钒合金），它具有较高的强度和很好的塑性。在 400℃时，组织稳定，强度较高，抗海水腐蚀的能力强。

常用钛合金、$\alpha + \beta$—钛合金的牌号、力学性能和用途见表 2-13、表 2-14。

表 2-13　　　　　常用钛合金的牌号、力学性能和用途

牌号	力学性能		用　途
	σ_b（MPa）	δ_5（%）	
TA5	686	15	与 TA1 和 TA2 等用途相似
TA6	686	20	飞机骨架、气压泵体、叶片，温度小于 400℃环境下工作的焊接零件
TA7	785	20	温度小于 500℃环境下长期工作的零件和各种模锻件

注　伸长率值指板材厚度在的 0.8～1.5mm 状态下。

表 2-14　　　　　$\alpha + \beta$—钛合金的牌号、力学性能和用途

牌号	力学性能		用　途
	σ_b（MPa）	δ_5（%）	
TC1	588	25	低于 400℃环境下工作的冲压零件和焊接件
TC2	686	15	低于 500℃环境下工作的焊接件和模锻件
TC4	902	12	低于 400℃环境下长期工作的零件，各种锻件、各种容器、泵、坦克履带、舰船耐压的壳体
TC6	981	10	低于 350℃环境下工作的零件
TC10	1059	10	低于 450℃环境下长期工作的零件，如飞机结构件、导弹发动机外壳、武器结构件

注　伸长率值指在板材厚 1.0～2.0mm 的状态下。

3. 钛及钛合金的焊接特点

(1) 易受气体等杂质污染而脆化。常温下钛及钛合金比较稳定，与氧生成致密的氧化膜具有较高的耐腐蚀性能。但在 540℃以

上高温生成的氧化膜则不致密,随着温度的升高,容易被空气、水分、油脂等污染,吸收氧、氢、碳等,降低了焊接接头的塑性和韧性,在熔化状态下尤为严重。因此,焊接时对熔池及温度超过400℃的焊缝和热影响区(包括熔池背面)都要加以妥善保护。

在焊接工业纯钛时,为了保证焊缝质量,对杂质的控制均应小于国家现行技术条件 GB/T 3621—2007《钛及钛合金板材》规定的钛合金母材的杂质含量。

(2) 焊接接头晶粒易粗化。由于钛的熔点高,热容量大,导热性差,焊缝及近缝区容易产生晶粒粗大,引起塑性和断裂韧度下降。因此,对焊接热输入要严格控制,焊接时通常用小电流、快速焊。

(3) 焊缝有易形成气孔的倾向。钛及钛合金焊接,气孔是较为常见的工艺性缺陷。形成的因素很多,也很复杂,O_2、N_2、H_2、CO 和 H_2O 都可能引起气孔。但一般认为氢气是引起气孔的主要原因。气孔大多集中在熔合线附近,有时也发生在焊缝中心线附近。氢在钛中的溶解度随着温度的升高而降低,在凝固温度处就有跃变。熔池中部比熔池边缘温度高,故熔池中部的氢易向熔池边缘扩散富集。

防止焊缝气孔的关键是杜绝有害气体的一切来源,防止焊接区域被污染。

(4) 易形成冷裂纹。由于钛及钛合金中的硫、磷、碳等杂质很少,低熔点共晶难以在晶界出现,而且结晶温度区较窄和焊缝凝固时收缩量小时,所以很少会产生热裂纹。但是焊接钛及钛合金时极易受到氧、氢、氮等杂质污染,当这些杂质含量较高时,焊缝和热影响区性能变脆,在焊接应力作用下易产生冷裂纹。其中氢是产生冷裂纹的主要原因。氢从高温熔池向较低温度的热影响区扩散,当该区氢富集到一定程度将从固溶体中析出 TiH_2 使之脆化;随着 TiH_2 析出将产生较大的体积变化而引起较大的内应力。这些因素,促成了冷裂纹的生成,而且具有延迟性质。

防止钛及钛合金焊接冷裂纹的重要措施,主要是避免氢的有害作用,减少和消除焊接应力。

（四）轴承合金

1. 轴承合金的性能

轴承合金是用来制造滑动轴承的材料，滑动材料是机床、汽车和拖拉机的重要零件，在工作中要承受较大的交变载荷，因此轴承合金应具有下列性能。

（1）足够的强度和硬度，以承受轴颈较大的压力。

（2）高的耐磨性和小的摩擦系数，以减小轴颈的磨损。

（3）足够的塑性和韧性，较高抗疲劳强度，以承受轴颈交变载荷，并抵抗冲击和振动。

（4）良好的导热性和耐蚀性，以利于热量的散失和抵抗润滑油的腐蚀。

（5）良好的磨合性，使其与轴颈能较快地紧密配合。

2. 轴承合金的分类

常用的轴承合金有锡基轴承合金、铅基轴承合金和铝基轴承合金三类。

（1）锡基轴承合金。锡基轴承合金也叫锡基巴氏合金，简称巴氏合金，它是以锡为基，加入了锑、铜等元素组成的合金。这种合金具有适中的硬度，小的摩擦系数，较好的塑性及韧性。优良的导热性和耐蚀性等优点，常用于重要的轴承。

这类合金的代号表示方法为："Zch"（"铸"及"承"两字的汉语拼音字母字头）＋基体元素和主加元素符号＋主加元素与辅加元素的含量。如 ZchSnSb11-6 为锡基轴承合金，主加元素锑的含量为 11％，辅加元素铜的含量为 6％，其余为锡。

锡基轴承合金的牌号、化学成分、力学性能和用途见表 2-15。

表 2-15　锡基轴承合金的牌号、化学成分、力学性能和用途

牌 号	化学成分（%）					HBS（不低于）	用 途
	Sb	Cu	Pb	杂质	Sn		
ZchSnSb12-4-10	11.0~13.0	2.5~5.0	9.0~11.0	0.55	量余	29	一般发动机的主轴承，但不适于高温条件

续表

牌 号	化学成分（%）					HBS（不低于）	用 途
	Sb	Cu	Pb	杂质	Sn		
ZchSnSb11-6	10.0~12.0	5.5~6.5	—	0.55	量余	27	1500kW 以上蒸汽机、3700kW 涡轮压缩机、涡轮泵及高速内燃机的轴承
ZchSnSb8-4	7.0~8.0	3.0~4.0	—	0.55	量余	24	大型机器轴承及重型载货汽车发动机轴承
ZchSnSb4-4	4.0~5.0	4.0~5.0	—	0.50	量余	20	涡轮内燃机的高速轴承及轴承衬套

（2）铅基轴承合金。铅基轴承合金也叫铅基巴氏合金，它通常是以铅锑为基，加入锡、铜元素组成的轴承合金。它的强度、硬度、韧性低于锡基轴承合金，且摩擦因数较大，故只用于中等负荷的轴承，由于其价格便宜，在可能的情况下应尽量用其代替锡基轴承合金。

铅基轴承合金的牌号表示方法与锡基轴承合金的表示相同，铅基轴承合金的牌号、化学成分、力学性能和用途见表 2-16。

（3）铝基轴承合金。目前采用的铝基轴承合金有铝锑镁轴承合金和高锡铝基轴承合金。这类合金不是直接浇铸成形的，而是采用铝基轴承合金带与低碳钢带（08 钢）一起轧成双金属带然后制成轴承。

表 2-16　铅基轴承合金的牌号、化学成分、力学性能和用途

牌 号	化学成分（%）					HBS（不低于）	用 途
	Sb	Cu	Sn	杂质	Pb		
ZchSnSb16-16-2	15.0~17.0	1.5~2.0	1.5~17.0	0.60	量余	30	110~880kW 蒸汽涡轮机、150~750kW 电动机和小于 1500kW 起重机中重载推力轴承

续表

牌　号	化学成分（％）					HBS（不低于）	用　途
	Sb	Cu	Sn	杂质	Pb		
ZchSnSb15-5-3	14.0～16.0	2.5～3.0	5.0～6.0	0.40	Cd 1.75～2.25 As 0.6～1.0 Pb 量余	32	船舶机械、小于250kW 电动机、水泵轴承
ZchSnSb15-10	14.0～16.0	—	9.0～11.0	0.50	量余	24	高温、中等压力下机械轴承
ZchSnSb15-5	14.0～15.5	0.5～1.0	4.0～5.5	0.75	量余	20	低速、轻压力下机械轴承
ZchSnSb10-6	9.0～11.0		5.0～7.0	0.75	量余	18	重载、耐蚀、耐磨轴承

　　铝锑镁轴承合金以铝为基，加入了锑（3.5％～4.5％）和镁（0.3％～0.7％）。由于镁的加入改善了合金的塑性和韧性，提高了屈服点。目前这种合金已大量应用在低速柴油机等轴承上。

　　高锡铝基轴承合金以铝为基，加入了约20％的锡和1％的铜。这种合金具有较高的抗疲劳强度，良好的耐热、耐磨和抗蚀性，已在汽车、拖拉机、内燃机车上推广应用。

　　（五）硬质合金

　　它由硬度和熔点均很高的碳化钨、碳化钛和胶结金属钴（Co）用粉末冶金方法制成。其特点是硬度高、红硬性高、耐磨性好、抗压强度高。但其性脆不耐冲击，其工艺性也较差。按其成分和性能可分为三类：钨钴类硬质合金、钨钛钴类硬质合金、通用硬质合金。

　　钨钴类硬质合金用"YG"（"硬""钴"两字的汉语拼音字母字头）＋数字（含钴量的百分数）来表示。如YG8，表示钨钴类硬质合金，含钴量为8%。钨钛钴类硬质合金用"YT"（"硬""钛"两字的汉语拼音字母字头）＋数字（含钛量的百分数）来表示。通用硬质合金用"YW"（"硬""万"两字的汉语拼音字母字头）＋数字（顺序号）来表示。

常用硬质合金的牌号、化学成分和力学性能见表2-17。

表 2-17　　　常用硬质合金的牌号、化学成分和力学性能

类别	牌号	化学成分（%）				力学性能	
		WC	TiC	TaC	Co	HRA（不低于）	σ_b(MPa)
钨钴类	YG3X	96.5	—	<0.5	3	92	1000
	YG6	94.0	—	—	6	89.5	1450
	YG6X	93.5	—	<0.5	6	91	1400
	YG8	92.0	—	—	8	89	1500
	YG8C	92.0	—	—	8	88	1750
	YG11C	89.0	—	—	11	88.5	2100
	YG15	85.0	—	—	15	870	2100
	YG20C	80.0	—	—	20	83	2200
	YG6A	91.0	—	3	6	91.5	1400
	YG8A	91.0	—	<1	8	89.5	1500
钨钛钴类	YT5	85.0	5	—	10	88.5	1400
	YT15	79.0	15	—	6	91	1130
	YT30	66.0	30	—	4	92.5	880
通用类	YW1	84.0	6	4	6	92	1230
	YW2	82.0	6	4	8	91.5	1470

第二节　钢的热处理知识

一、钢的热处理种类和目的

1. 热处理的目的

热处理是使固态金属通过加热、保温、冷却工序来改变其内部组织结构，以获得预期性能的一种工艺方法。

要使金属材料获得优良的力学、工艺、物理和化学等性能，除了在冶炼时保证所要求的化学成分外，往往还需要通过热处理才能实现。正确地进行热处理，可以成倍、甚至数十倍地提高零件的使用寿命。如用软氮化法处理的 3Cr2W8V 压铸模，使模具变形大为减少，热疲劳强度和耐磨性显著提高，由原来每个模具生产 400 只工件提高到可生产 30000 个工件。在机械产品中多数零件都要进行热处理，机床中需进行热处理的零件占 60%～70%，在汽车、拖拉机中占 70%～80%，而在轴承和各种工、模、量具中，则几乎占 100%。

热处理工艺在机械制造业中应用极为广泛，它能提高工件的使用性能，充分发挥钢材的潜力，延长工件的使用寿命。此外，热处理还可以改善工件的加工工艺性，提高加工质量。焊接工艺中也常通过热处理方法来减少或消除焊接应力，防止变形和产生裂缝。

2. 热处理的种类

根据工艺不同，钢的热处理方法可分为退火、正火、淬火、回火及表面热处理等，具体种类见图 2-2。

热处理方法虽然很多，但任何一种热处理工艺都是由加热、保温和冷却三个阶段组成的。因此，热处理工艺过程可用"温度—时间"为坐标的曲线图表示，如图 2-3 所示，此曲线称为热处理工艺曲线。

热处理之所以能使钢的性能发生变化，其根本

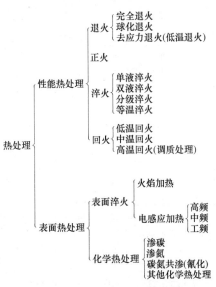

图 2-2 热处理的种类

原因是由于铁有同素异构转变，从而使钢在加热和冷却过程中，其内部发生了组织与结构变化的结果。

79

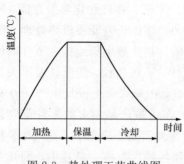

图 2-3　热处理工艺曲线图

（1）退火。将工件加热到临界点 Ac_1（或 Ac_3）以上 $30 \sim 50℃$，停留一定时间（保温），然后缓慢冷却到室温，这一热处理工艺称为退火。

退火的目的是降低钢的硬度，使工件易于切削加工；提高工件的塑性和韧性，以便于压力加工（如冷冲及冷拔）；细化晶粒，均匀钢的组织及成分，改善钢的性能或为以后的热处理作准备；消除钢中的残余应力，以防止变形和开裂。

常用退火工艺分类及应用见表 2-18。

表 2-18　　　　　　　常用退火工艺的分类及应用

分　类	退火工艺	应　用
完全退火	加热到 Ac_3 以上 $20 \sim 60℃$ 保温缓冷	用于低碳钢和低碳合金钢
等温退火	将钢奥氏体化后缓冷至 $600℃$ 以下空冷到常温	用于各种碳素钢和合金钢以缩短退火时间
扩散退火	将铸锭或铸件加热到 Ac_3 以上 $150 \sim 250℃$（通常是 $1000 \sim 1200℃$）保温 $10 \sim 15h$，炉冷至常温	主要用于消除铸造过程中产生的枝晶偏析现象
球化退火	将共析钢或过共析钢加热到 Ac_1 以上 $20 \sim 40℃$，保温一定时间，缓冷到 $600℃$ 以下出炉空冷至常温	用于共析钢和过共析钢的退火
去应力退火	缓慢加热到 $600 \sim 650℃$ 保温一定时间，然后随炉缓慢冷却（$\leqslant 100℃/h$）至 $200℃$ 出炉空冷	去除工件的残余应力

（2）正火。正火是将工件加热到 Ac_3（或 Ac_m）以上 $30 \sim 50℃$，经保温后，从炉中取出，放在空气中冷却的一种热处理方法。

正火后钢材的强度、硬度较退火要高一些，塑性稍低一些，主要因为正火的冷却速度增加，能得到索氏体组织。

正火是在空气中冷却的，故缩短了冷却时间，提高了生产效率和设备利用率，是一种比较经济的方法，因此其应用较广泛。

正火的目的如下。

1）消除晶粒粗大、网状渗碳体组织等缺陷，得到细密的结构组织，提高钢的力学性能。

2）提高低碳钢硬度，改善切削加工性能。

3）增加强度和韧性。

4）减少内应力。

（3）淬火。钢加热到 Ac_1（或 Ac_3）以上 $30\sim50℃$，保温一定时间，然后以大于钢的临界冷却速度冷却时，奥氏体将被过冷到 M_s 以下并发生马氏体转变，然后获得马氏体组织，从而提高钢的硬度和耐磨性的热处理方法，称为淬火。

淬火的目的如下。

1）提高材料的硬度和强度。

2）增加耐磨性。如各种刀具、量具、渗碳件及某些要求表面耐磨的零件都需要用淬火方法来提高硬度及耐磨性。

3）将奥氏体化的钢淬成马氏体，配以不同的回火，获得所需的其他性能。

通过淬火和随后的高温回火能使工件获得良好的综合性能，同时提高强度和塑性，特别是提高钢的力学性能。

常用介质的冷却烈度见表 2-19。

表 2-19　　　　　　　　　常用介质的冷却烈度

搅动情况	淬火冷却烈度（H 值）			
	空气	油	水	盐水
静　　止	0.02	0.25～0.30	0.9～1.0	2.0
中　　等	—	0.35～0.40	1.1～1.2	—
强	—	0.50～0.80	1.6～2.0	—
强　　烈	0.08	0.18～1.0	4.0	5.0

常用淬火方法的冷却示意图如图 2-4 所示。

（4）回火。将淬火或正火后的钢加热到低于 Ac_1 的某一选定温

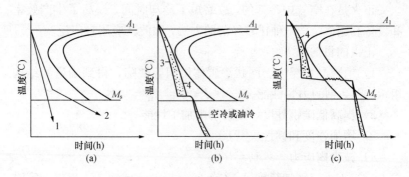

图 2-4　常用淬火方法的冷却示意图

（a）介质淬火；（b）马氏体分级淬火；（c）下贝氏体等温淬火；

1—单介质淬火；2—双介质淬火；3—表面；4—心部

度，并保温一定的时间，然后以适宜的速度冷却到室温的热处理工艺，叫作回火。

回火的目的如下。

1）获得所需要的力学性能。在通常情况下，零件淬火后强度和硬度有很大的提高，但塑性和韧性却有明显降低，而零件的实际工作条件要求有良好的强度和韧性。选择适当的温度进行回火后，可以获得所需要的力学性能。

2）稳定组织、稳定尺寸。淬火组织中的马氏体和残余奥氏体有自发转化的趋势，只有经回火后才能稳定组织，使零件的性能与尺寸得到稳定。

3）消除内应力。一般淬火钢内部存在很大的内应力，如不及时消除，也将引起零件的变形和开裂。因此，回火是淬火后不可缺少的后续工艺。焊接结构回火处理后，能减少和消除焊接应力，防止裂缝。

回火的种类、组织及应用见表 2-20。

表 2-20　　　　　　　　　回火的种类、组织及应用

种类	温度范围	组织及性能	应　用
低温回火	150～250℃	回火马氏体 硬度 HRC58～64	用于刃具、量具、拉丝模等高硬度高耐磨性的零件

种类	温度范围	组织及性能	应 用
中温回火	350～500℃	回火托氏体 硬度 HRC40～50	用于弹性零件及热锻模等
高温回火	500～600℃	回火索氏体 硬度 HRC25～40	螺栓、连杆、齿轮、曲轴等

（5）钢的表面热处理。在机械设备中，有许多零件（如齿轮、活塞销、曲轴等）是在冲击载荷及表面摩擦条件下工作的。这类零件表面要求高的硬度和耐磨性，而心部应要求具有足够的塑性和韧性，为满足这类零件的性能要求，应进行表面热处理。常用的表面热处理方法有表面淬火及化学热处理两种。

二、钢的热处理代号

参照 GB/T 12603—2005《金属热处理工艺分类及代号》，钢的热处理工艺分类及代号如下。

1. 分类

热处理分类由基础分类和附加分类组成。

（1）基础分类。根据工艺类型、工艺名称和实现工艺的加热方法，将热处理工艺按三个层次进行分类，见表 2-21。

表 2-21　　热处理工艺分类及代号（GB/T 12603—2005）

工艺总称	代号	工艺类型	代号	工艺名称	代号
热处理	5	整体热处理	1	退火	1
				正火	2
				淬火	3
				淬火和回火	4
				调质	5
				稳定化处理	6
				固溶处理，水韧处理	7
				固溶处理＋时效	8

工艺总称	代号	工艺类型	代号	工艺名称	代号
热处理	5	表面热处理	2	表面淬火和回火	1
				物理气相沉积	2
				化学气相沉积	3
				等离子体增强化学气相沉积	4
				离子注入	5
		化学热处理	3	渗碳	1
				碳氮共渗	2
				渗氮	3
				氮碳共渗	4
				渗其他非金属	5
				渗金属	6
				多元共渗	7

(2) 附加分类。对基础分类中某些工艺的具体条件进一步分类。包括退火、正火、淬火、化学热处理工艺的加热介质(见表2-22);退火工艺方法(见表2-23);淬火介质或冷却方法(见表2-24);渗碳和碳氮共渗的后续冷却工艺,以及化学热处理中非金属、渗金属、多元共渗、熔渗四种工艺按渗入元素的分类。

表 2-22　　　　　　　　　加热介质及代号

加热方式	可控气氛(气体)	真空	盐浴(液体)	感应	火焰	激光	电子束	等离子体	固体装箱	流态床	电接触
代号	01	02	03	04	05	06	07	08	09	10	11

表 2-23　　　　　　　　　退火工艺及代号

退火工艺	去应力退火	均匀化退火	再结晶退火	石墨化退火	脱氢处理	球化退火	等温退火	完全退火	不完全退火
代号	St	H	R	G	D	Sp	I	F	P

表 2-24　　　　　　淬火冷却介质和冷却方法及代号

冷却介质和方法	空气	油	水	盐水	有机聚合物水溶液	盐浴	加压淬火	双介质淬火	分级淬火	等温淬火	形变淬火	气冷淬火	冷处理
代号	A	O	W	B	Po	H	Pr	I	M	At	Af	G	C

2. 代号

（1）热处理工艺代号。热处理工艺代号由以下几部分组成：基础分类工艺代号由三位数组成，附加分类工艺代号与基础分类工艺代号之间用半字线连接，采用两位数和英文字头做后缀的方法。

热处理工艺代号标记规定如下：

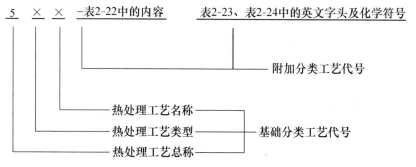

（2）基础分类工艺代号。基础分类工艺代号由三位数组成，三位数均为 JB/T 5992.7 中表示热处理的工艺代号。第一位数字"5"为机械制造工艺分类与代号中表示热处理的工艺代号；第二、三位数分别代表基础分类中的第二、三层次中的分类代号。

（3）附加分类工艺代号。

1）当对基础工艺中的某些具体实施条件有明确要求时，使用附加分类工艺代号。附加分类工艺代号接在基础分类工艺代号后面。其中加热方式采用两位数字，退火工艺和淬火冷却介质和冷却方法则采用英文字头表示。具体代号见表 2-22～表 2-24。

2）附加分类工艺代号，按表 2-22～表 2-24 顺序标注。当工艺在某个层次不需要分类时，该层次用阿拉伯数字"0"代替。

3）当对冷却介质和冷却方法需要用表 2-24 中两个以上字母表示时，用加号将两或几个字母连接起来，如 H＋M 代表盐浴分级淬火。

4）化学热处理中，没有表明渗入元素的各种工艺，如多元共渗、渗金属、渗其他非金属，可在其代号后用括号表示出渗入元素的化学符号。

（4）多工序热处理工艺代号。多工序热处理工艺代号用破折号将各工艺代号连接组成，但除第一工艺外，后面的工艺均省略第一位数字"5"，如5151-33-01表示调质和气体渗碳。

（5）常用热处理的工艺代号。常用热处理工艺代号见表2-25。

表 2-25　　常用热处理工艺代号（GB/T 12603—2005）

工 艺	代 号	工 艺	代 号
热处理	500	不完全退火	511-P
可控气氛热处理	500-01	正火	512
真空热处理	500-02	淬火	513
盐浴热处理	500-03	空冷淬火	513-A
感应热处理	500-04	油冷淬火	513-O
火焰热处理	500-05	水冷淬火	513-W
激光热处理	500-06	盐水淬火	513-B
电子束热处理	500-07	有机水溶液淬火	513-Po
离子轰击热处理	500-08	盐浴淬火	513-H
流态床热处理	500-10	加压淬火	513-Pr
整体热处理	510	双介质淬火	513-I
退火	511	分级淬火	513-M
去应力退火	511-St	等温淬火	513-At
均匀化退火	5111-H	形变淬火	513-Af
再结晶退火	511-R	气冷淬火	513-G
石墨化退火	511-G	淬火及冷处理	513-C
脱氢退火	511-D	可控气氛加热淬火	513-01
球化退火	511-Sp	真空加热淬火	513-02
等温退火	511-I	盐浴加热淬火	513-03
完全退火	511-F	感应加热淬火	513-04

工 艺	代 号	工 艺	代 号
流态床加热淬火	513-10	气体渗氮	533-01
盐浴加热分级淬火	513-10M	液体渗氮	533-03
盐浴加热盐浴分级淬火	513-10H＋M	离子渗氮	533-08
淬火和回火	514	流态床渗氮	533-10
调质	515	氮碳共渗	534
稳定化处理	516	渗其他非金属	535
固溶处理，水韧化处理	517	渗硼	535（B）
固溶处理＋时效	518	气体渗硼	535-01（B）
表面热处理	520	液体渗硼	535-03（B）
表面淬火和回火	521	离子渗硼	535-08（B）
感应淬火和回火	521-04	固体渗硼	535-09（B）
火焰淬火和回火	521-05	渗硅	535（Si）
激光淬火和回火	521-06	渗硫	535（S）
电子束淬火和回火	521-07	渗金属	536
电接触淬火和回火	521-11	渗铝	536（Al）
物理气相沉积	522	渗铬	536（Cr）
化学气相沉积	523	渗锌	536（Zn）
等离子体增强化学气相沉积	524	渗钒	536（V）
离子注入	525	多元共渗	537
化学热处理	530	硫氮共渗	537（S-N）
渗碳	531	氧氮共渗	537（O-N）
可控气氛渗碳	531-01	铬硼共渗	537（Cr-B）
真空渗碳	531-02	钒硼共渗	537（V-B）
盐浴渗碳	531-03	铬硅共渗	537（Cr-Si）
离子渗碳	531-08	铬铝共渗	537（Cr-Al）
固体渗碳	531-09	硫氮碳共渗	537（S-N-C）
流态床渗碳	531-10	氧氮碳共渗	537（O-N-C）
碳氮共渗	532	铬铝硅共渗	537（Cr-Al-Si）
渗氮	533		

第三章

技术测量基础与常用量具

第一节　极限与配合基础

一、互换性概述

1. 互换性的含义

在日常生活中有大量的现象涉及互换性。例如，自行车、手表、汽车、拖拉机、机床等的某个零件若损坏了，可按相同规格购买一个装上，并且在更换与装配后，能很好地满足使用要求。之所以这样方便，就因为这些零件都具有互换性。

互换性是指同规格一批产品（包括零件、部件、构件）在尺寸、功能上能够彼此互相替换的功能。机械制造业中的互换性是指按规定的几何、物理及其他质量参数的公差，来分别制造机器的各个组成部分，使其在装配与更换时不需要挑选、辅助加工或修配，便能很好地满足使用和生产上要求的特性。

要使零件间具有互换性，不必要也不可能使零件质量参数的实际值完全相同，而只要将它们的差异控制在一定的范围内，即应按"公差"来制造。公差是指允许实际质量参数值的变动量。

2. 互换性分类及作用

（1）互换性的种类。互换性按其程度和范围的不同可分为完全互换性（绝对互换）和不完全互换性（有限互换）。

若零件在装配或更换时，不需要选择、辅助加工与修配，就能满足预定的使用要求，则其互换性为完全互换性。不完全互换性是指在装配前允许有附加的选择，装配时允许有附加的调整，但不允许修配，装配后能满足预期的使用要求。

88

（2）互换性的作用。互换性是机械产品设计和制造的重要原则。按互换性原则组织生产的重要目标是获得产品功能与经济效益的综合最佳效应。互换性是实现生产分工、协作的必要条件，它不仅使专业化生产成为可能，有效提高生产率、保证产品质量、降低生产成本，而且能大大地缩短设计、制造周期。在当今市场竞争日趋激烈、科学技术迅猛发展、产品更新周期越来越短的时代，互换性对于提高产品的竞争能力，从而获得更大的经济效益，尤其具有重要的作用。

3. 标准化的实用意义

要实现互换性，则要求设计、制造、检验等项工作按照统一的标准进行。现代工业生产的特点是规模大、分工细、协作单位多、互换性要求高。为了适应各部门的协调和各生产环节的衔接，必须有统一的标准，才能使分散的、局部的生产部门和生产环节保持必要的技术统一，使之成为一个有机的整体，以实现互换性生产。

标准化是指为在一定的范围内获得最佳秩序，对实际的或潜在的问题制定共同的和重复使用的规则的活动。标准化是用以改造客观物质世界的社会性活动，它包括制定、发布及实施标准的全过程。这种活动的意义在于改进产品、过程及服务的适用性，并促进技术合作。标准化的实现对经济全球化和信息社会化有着深远的意义。

在机械制造业中，标准化是实现互换性生产、组织专业化生产的前提条件；是提高产品质量、降低产品成本和提高产品竞争力的重要保证；是扩大国际贸易、使产品打进国际市场的必要条件。同时，标准化作为科学管理手段，可以获得显著的经济效益。

二、基本术语及其定义

1. 公差与配合最新标准及实用意义

为了保证互换性，统一设计、制造、检验和使用者的认识，在公差与配合标准中，首先对与组织互换性生产密切相关、带有共同性的常用术语和定义，如有关尺寸、公差、偏差和配合、标准公差和基本偏差等的基本术语及数值表等做出了明确的规定。

公差与配合标准最新标准及实用意义如下。

（1）《产品几何技术规范（GPS）极限与配合　第1部分：公

差、偏差和配合的基础》的国家标准代号为 GB/T 1800.1—2009，代替了 GB/T 1800.1—1997、GB/T 1800.2—1998 和 GB/T 1800.3—1997。

（2）《产品几何技术规范（GPS）极限与配合　第 2 部分：标准公差等级和孔、轴极限偏差》的国家标准代号为 GB/T 1800.2—2009，代替了 GB/T 1800.4—1997。

（3）《产品几何技术规范（GPS）极限与配合公差带和配合的选择》的国家标准代号为 GB/T 1801—2009，代替了 GB/T 1801—1999。

（4）《机械制图尺寸公差与配合标注》的国家标准代号为 GB/T 4458.5—2003，代替了 GB/T 4458.5—1984。

（5）《产品几何量技术规范（GPS）几何要素　第 1 部分：基本术语和定义》GB/T 18780.1—2002。

（6）《产品几何量技术规范（GPS）几何要素　第 2 部分：圆柱面和圆锥面的提取中心线、平行平面的提取中心面、提取要素的局部尺寸》GB/T 18780.2—2003。

2. 尺寸的术语和定义

（1）尺寸。尺寸是指以特定单位表示线性尺寸值的数值，公称尺寸、上极限尺寸和下极限尺寸如图 3-1 所示。线性尺寸值包括直径、半径、宽度、高度、深度、厚度及中心距等。技术图样上尺寸数值的特定单位为 mm，一般可省略不写。

（2）公称尺寸。由图样规范确定的理想形状要素的尺寸，如图 3-1 所示。例如设计给定的一个孔或轴的直径尺寸，如图 3-2 所示孔或轴的直径尺寸 $\phi65$ 即为公称尺寸。

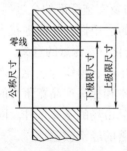

图 3-1　公称尺寸、
上极限尺寸和
下极限尺寸

公称尺寸由设计时给定，是在设计时考虑了零件的强度、刚度、工艺及结构等方面的因素，通过计算或依据经验确定的。通过它应用上、下极限偏差可以计算出极限尺寸。公称尺寸可以是一个整数或一个小数值，如 36、25.5、68、0.5……孔和轴的公称尺寸分别以字母 D 和 d 表示。

（3）极限尺寸。尺寸要素允许尺寸的两个极端。设计中规定极限尺寸是为了限制工件尺寸的变动，以满足预定的使用要求，如图3-3所示。

1）上极限尺寸。尺寸要素允许的最大尺寸，如图3-2（a）所示轴的上极限尺寸是 $\phi65.021$。

2）下极限尺寸。尺寸要素允许的最小尺寸，如图3-2（a）所示轴的下极限尺寸是 $\phi65.002$。

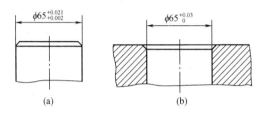

图3-2 孔、轴公称尺寸和极限偏差

（a）轴；（b）孔

（4）实际（组成）要素。由实际（组成）要素所限定的工件实际表面组成要素部分。

（5）提取（组成）要素。按规定方法，由实际（组成）要素提取有限数目的点所形成的实际（组成）要素的近似替代。

（6）拟合（组成）要素。按规定方法，由提取（组成）

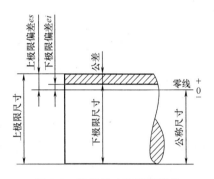

图3-3 极限尺寸和极限偏差

要素所形成的并具有理想形状的组成要素。

3. 公差与偏差的术语和定义

（1）轴。通常指工件的圆柱形外尺寸要素，也包括非圆柱形外尺寸要素（由两平行平面或切面形成的被包容面）。

基准轴。在基轴制配合中选作基准的轴。按 GB/T 1800.1—

2009《产品几何技术规范（GPS）极限与配合　第 1 部分：公差、偏差和配合的基础》标准极限与配合制，即上极限偏差为零的轴。

（2）孔。通常指工件的圆柱形内尺寸要素，也包括非圆柱形内尺寸要素（由两平行平面或切面形成的包容面）。

基准孔。在基孔制配合中选作基准的孔。按 GB/T 1800.1—2009《产品几何技术规范（GPS）极限与配合　第 1 部分：公差、偏差和配合的基础》标准极限与配合制，即下极限偏差为零的孔。

（3）零线。在极限与配合图解中表示公称尺寸的一条直线，以它为基准确定偏差和公差。通常零线沿水平方向绘制，正偏差位于其上、负偏差位于其下，如图 3-4 所示。

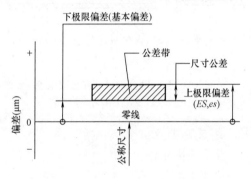

图 3-4　极限与配合图解

（4）偏差。某一尺寸减其公称尺寸所得的代数差。

1）极限偏差。极限尺寸减公称尺寸所得的代数差，有上极限偏差和下极限偏差之分。轴的上、下极限偏差代号用小写字母 es、ei；孔的上、下极限偏差代号用大写字母 ES、EI。

上极限尺寸 − 公称尺寸 = 上极限偏差（孔为 ES，轴为 es）

下极限尺寸 − 公称尺寸 = 下极限偏差（孔为 EI，轴为 ei）

上、下极限偏差可以是正值、负值或"零"。例如图 3-2（b）所示 $\phi65$ 孔的上极限偏差为正值（+0.03），下极限偏差为"零"。

2）基本偏差。在 GB/T 1800.1—2009 极限与配合制中，确定公差带相对零线位置的那个极限偏差，它可以是上极限偏差或下极限偏差，一般是靠近零线的那个偏差，如图 3-4 所示的下极限偏差为基本偏差。

（5）尺寸公差（简称公差）。允许尺寸的变动量。

$$上极限偏差－下极限偏差＝公差$$

$$上极限尺寸－下极限尺寸＝公差$$

尺寸公差是一个没有符号的绝对值。

1）标准公差（IT）。GB/T 1800.1—2009 极限与配合制中，所规定的任一公差（字母"IT"为"国际公差"的符号）。

2）标准公差等级。GB/T 1800.1—2009 极限与配合制中，同一公差等级（例如"IT7"）对所有一组公称尺寸的一组公差被认为具有同等精确程度。

（6）公差带。在极限与配合图解中，由代表上极限偏差和下极限偏差或上极限尺寸和下极限尺寸的两条直线之间的一个区域，实际上也就是尺寸公差所表示的那个区域，它是由公差大小和其相对零线的位置如基本偏差来确定，如图 3-4 所示。

4. 配合及配合种类

公称尺寸相同的孔和轴结合时，用于表示孔和轴公差带之间的关系叫配合。相配合孔和轴的公称尺寸必须相同。由于配合是指一批孔和轴的装配关系，而不是指单个孔和轴的装配关系，所以用公差带关系来反映配合比较确切。

根据孔、轴公差带相对位置关系不同，配合分为间隙配合、过盈配合和过渡配合三种情况，如图 3-6、图 3-8 和图 3-9 所示。

（1）间隙与间隙配合。

1）间隙：孔的尺寸减去相配合轴的尺寸之差为正值，称为间隙，如图 3-5 所示。

$$孔的下极限尺寸－轴的上极限尺寸＝最小间隙$$

$$孔的上极限尺寸－轴的下极限尺寸＝最大间隙$$

2）间隙配合：孔的公差带在轴的公差带之上。实际孔的尺寸一定大于实际轴的尺寸，孔、轴之间产生间隙（包括最小间隙等于零），如图 3-6 所示。

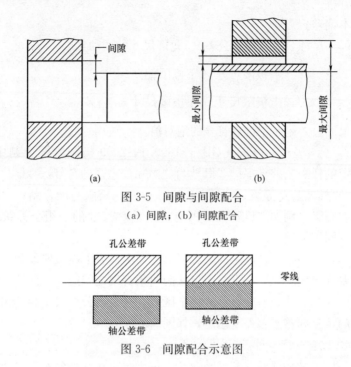

图 3-5　间隙与间隙配合

（a）间隙；（b）间隙配合

图 3-6　间隙配合示意图

（2）过盈与过盈配合。

1）过盈：孔的尺寸减去相配合轴的尺寸之差为负值，称为过盈，如图 3-7 所示。

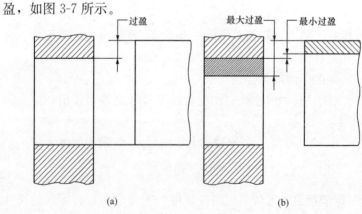

图 3-7　过盈与过盈配合

（a）过盈；（b）过盈配合

$$孔的上极限尺寸 - 轴的下极限尺寸 = 最小过盈$$

$$孔的下极限尺寸 - 轴的上极限尺寸 = 最大过盈$$

2）过盈配合：孔的公差带在轴的公差带之下。实际孔的尺寸一定小于实际轴的尺寸，孔、轴之间产生过盈，需在外力作用下孔与轴才能结合，如图 3-8 所示。

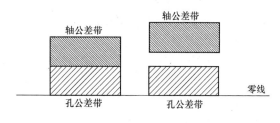

图 3-8　过盈配合示意图

3）过渡配合：孔的公差带与轴的公差带相互交叠。孔、轴结合时既可能产生间隙，也可能产生过盈，如图 3-9 所示。

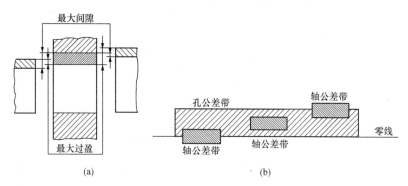

图 3-9　过度配合示意图

（a）过度配合；（b）过度配合示意图

5．配合制

配合制是指同一极限制的孔和轴组成配合的一种制度。

根据配合的定义和三类配合的公差带图解可以知道，配合的性质由孔、轴公差带的相对位置决定，因而改变孔和（或）轴的公差带位置，就可以得到不同性质的配合。配合制分为基孔制配合和基

95

轴制配合。

（1）基孔制配合：基本偏差为一定的孔的公差带，与基本偏差不同的轴的公差带形成各种配合的制度，如图 3-10 所示，水平实线代表孔或轴的基本偏差。虚线代表另一个极限，表示孔与轴之间可能的不同组合与它们的公差等级有关。这时孔为基准件，称为基准孔。对本标准极限与配合制，是孔的下极限尺寸与公称尺寸相等，它的基本偏差代号为 H（下极限偏差为零）。采用基孔制时的轴为非基准件，或称为配合件。

（2）基轴制配合：基本偏差为一定的轴的公差带，与基本偏差不同的孔的公差带形成各种配合的制度，如图 3-11 所示，水平实线代表孔或轴的基本偏差。虚线代表另一个极限，表示孔与轴之间可能的不同组合与它们的公差等级有关。这时轴为基准件，称为基准轴。对本标准极限与配合制，是轴的上极限尺寸与公称尺寸相等，它的基本偏差代号为 h（上极限偏差为零）。采用基轴制时的孔为非基准件，或称为配合件。

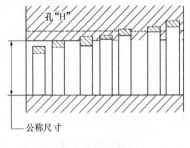

图 3-10　基孔制配合

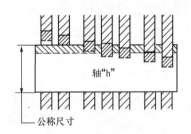

图 3-11　基轴制配合

三、基本规定

1. 基本偏差代号

基本偏差的代号用拉丁字母表示，大写的为孔，小写的为轴，各 28 个，如图 3-12 所示。

2. 偏差代号

偏差代号规定如下：孔的上极限偏差 ES，孔的下极限偏差 EI；轴的上极限偏差 es，轴的下极限偏差 ei。

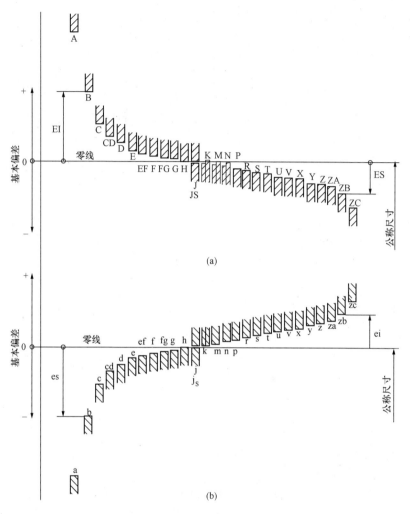

图 3-12 基本偏差示意图

(a) 孔的基本偏差；(b) 轴的基本偏差

3. 公差带代号和配合代号

（1）公差带代号由表示基本偏差代号的拉丁字母和表示标准公差等级的阿拉伯数字组合而成，大写字母表示孔的基本偏差，小写字母表示轴的基本偏差，如图 3-13 所示的"H7"和"k6"。

　　根据公称尺寸和公差带代号，查阅国家标准 GB/T 1800.2—2009，可获得该尺寸的上、下极限偏差值。例如图 3-13 所示的孔"ϕ65H7"查表可得上极限偏差为"+0.03"、下极限偏差为"0"；轴"ϕ65k6"查表可得上极限偏差为"+0.021"、下极限偏差为"+0.002"。

　　(2) 配合代号由孔、轴的公差带代号以分数形式（分子为孔的公差带、分母为轴的公差带）组成配合代号，例如 ϕ85H8/f7 或 ϕ85$\frac{H8}{f7}$，如图 3-13 所示的孔与轴结合时组成的配合代号应当是"H7/k6"。

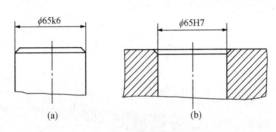

图 3-13　公差带代号标注

(a) 轴；(b) 孔

　　4. 基孔制和基轴制优先、常用配合

　　GB/T 1801—2009 给出了基孔制优先、常用配合和基轴制优先、常用配合，见表 3-1 和表 3-2。选择时，应首先选用优先配合。

　　5. 在装配图中标注配合关系的方法

　　在装配图中一般标注线性尺寸的配合代号或分别标出孔和轴的极限偏差值。

　　(1) 在装配图中标注线性尺寸的配合代号时，可在尺寸线的上方用分数形式标注，分子为孔的公差带代号，分母为轴的公差带代号〔见图 3-14 (a)〕。

　　必要时（例如尺寸较多或地位较狭小）也可将公称尺寸和配合代号标注在尺寸线中断处〔见图 3-14 (b)〕。或将配合代号写成分子与分母用斜线隔开的形式，并注写在尺寸线上方〔见图 3-14 (c)〕。

表3-1

基孔制优先、常用配合

轴（间隙配合：a～h；过渡配合：js～n；过盈配合：p～z）

基准孔	a	b	c	d	e	f	g	h	js	k	m	n	p	r	s	t	u	v	x	y	z
H6						$\frac{H6}{f5}$	$\frac{H6}{g5}$	$\frac{H6}{h5}$	$\frac{H6}{js5}$	$\frac{H6}{k5}$	$\frac{H6}{m5}$	$\frac{H6}{n5}$	$\frac{H6}{p5}$	$\frac{H6}{r5}$	$\frac{H6}{s5}$	$\frac{H6}{t5}$					
H7						$\frac{H7}{f6}$	*$\frac{H7}{g6}$	*$\frac{H7}{h6}$	$\frac{H7}{js6}$	*$\frac{H7}{k6}$	$\frac{H7}{m6}$	*$\frac{H7}{n6}$	*$\frac{H7}{p6}$	$\frac{H7}{r6}$	*$\frac{H7}{s6}$	$\frac{H7}{t6}$	*$\frac{H7}{u6}$	$\frac{H7}{v6}$	$\frac{H7}{x6}$	$\frac{H7}{y6}$	$\frac{H7}{z6}$
H8					$\frac{H8}{e7}$	*$\frac{H8}{f7}$	$\frac{H8}{g7}$	*$\frac{H8}{h7}$	$\frac{H8}{js7}$	$\frac{H8}{k7}$	$\frac{H8}{m7}$	$\frac{H8}{n7}$	$\frac{H8}{p7}$	$\frac{H8}{r7}$	$\frac{H8}{s7}$	$\frac{H8}{t7}$	$\frac{H8}{u7}$				
H8				$\frac{H8}{d8}$	$\frac{H8}{e8}$	$\frac{H8}{f8}$		$\frac{H8}{h8}$													
H9			$\frac{H9}{c9}$	*$\frac{H9}{d9}$	$\frac{H9}{e9}$	$\frac{H9}{f9}$		*$\frac{H9}{h9}$													
H10			$\frac{H10}{c10}$	$\frac{H10}{d10}$				$\frac{H10}{h10}$													
H11	$\frac{H11}{a11}$	$\frac{H11}{b11}$	*$\frac{H11}{c11}$	$\frac{H11}{d11}$				*$\frac{H11}{h11}$													
H12		$\frac{H12}{b12}$						$\frac{H12}{h12}$													

注　1. $\frac{H6}{n5}$、$\frac{H7}{p6}$在公称尺寸小于或等于3mm和$\frac{H8}{r7}$在公称尺寸小于或等于100mm时，为过渡配合。

　　2. 标注*的配合为优先配合。

表3-2　基轴制优先、常用配合

孔

基准轴	A	B	C	D	E	F	G	H	JS	K	M	N	P	R	S	T	U	V	X	Y	Z
	间隙配合								过渡配合				过盈配合								
h5						$\frac{F6}{h5}$	$\frac{G6}{h5}$	$\frac{H6}{h5}$	$\frac{JS6}{h5}$	$\frac{K6}{h5}$	$\frac{M6}{h5}$	$\frac{N6}{h5}$	$\frac{P6}{h5}$	$\frac{R6}{h5}$	$\frac{S6}{h5}$	$\frac{T6}{h5}$					
h6						$\frac{F7}{h6}$	$*\frac{G7}{h6}$	$*\frac{H7}{h6}$	$\frac{JS7}{h6}$	$*\frac{K7}{h6}$	$\frac{M7}{h6}$	$*\frac{N7}{h6}$	$*\frac{P7}{h6}$	$\frac{R7}{h6}$	$*\frac{S7}{h6}$	$\frac{T7}{h6}$	$*\frac{U7}{h6}$				
h7					$*\frac{E8}{h7}$			$*\frac{H8}{h7}$	$\frac{JS8}{h7}$	$\frac{K8}{h7}$	$\frac{M8}{h7}$	$\frac{N8}{h7}$									
h8				$\frac{D8}{h8}$	$\frac{E8}{h8}$	$\frac{F8}{h8}$		$\frac{H8}{h8}$													
h9				$*\frac{D9}{h9}$	$\frac{E9}{h9}$	$\frac{F9}{h9}$		$*\frac{H9}{h9}$													
h10				$\frac{D10}{h10}$				$\frac{H10}{h10}$													
h11	$\frac{A11}{h11}$	$\frac{B11}{h11}$	$*\frac{C11}{h11}$	$\frac{D11}{h11}$				$*\frac{H11}{h11}$													
h12		$\frac{B12}{h12}$						$\frac{H12}{h12}$													

注　标注 * 的配合为优先配合。

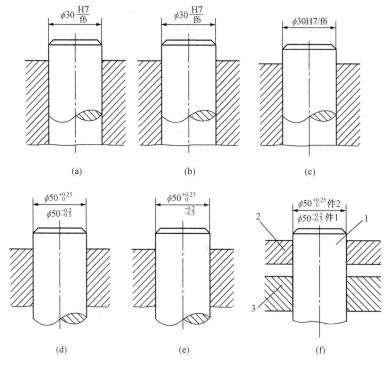

图 3-14 一般配合标注

（2）在装配图中标注相配合零件的极限偏差时，一般将孔的公称尺寸和极限偏差注写在尺寸线的上方，轴的公称尺寸和极限偏差注写在尺寸线的下方［见图 3-14（d）］。

也允许按图 3-14（e）所示的方式，公称尺寸只注写一次，孔的极限偏差注写在尺寸线的上方，轴的极限偏差则注写在尺寸线的下方。

若需要明确指出装配件的序号，例如同一轴（或孔）和几个零件的孔（或轴）相配合且有不同的配合要求，如果采用引出标注时，为了明确表达所注配合是哪两个零件的关系，可按图 3-14（f）所示的形式注出装配件的序号。

（3）标注与标准件配合的要求时，可只标注该零件的公差带代号，如图 3-15 所示与滚动轴承相配合的轴与孔，只标出了它们自身的公差带代号。

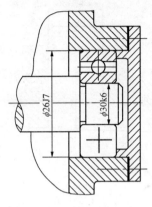

图 3-15 与标准件配合的标注

四、公差带与配合种类的选用

1. 配合制、公差等级和配合种类的选择依据

公差与配合（极限与配合）国家标准（GB/T 1801—2009）的应用，实际上就是如何根据使用要求正确合理地选择符合标准规定的孔、轴的公差带大小和公差带位置。在公称尺寸确定以后，就是配合制、公差等级和配合种类的选择问题。

国家标准规定的孔、轴基本偏差数值，可以保证在一定条件下基孔制的配合与相应的基轴制配合性质相同。所以，在一般情况下，无论选用基孔制配合还是基轴制配合，都可以满足同样的使用要求。可以说，配合制的选择基本上与使用要求无关，主要的考虑因素是生产的经济性和结构的合理性。

2. 一般情况下优先选用基孔制配合

从工艺上看，对较高精度的中、小尺寸孔，广泛采用定值刀、量具（钻头、铰刀、拉刀、塞规等）加工和检验，且每把刀具只能加工一种尺寸的孔。加工轴则不然，不同尺寸的轴只需要用某种刀具通过调整其与工件的相对位置加工即可。因此，采用基孔制可减少定值刀、量具的规格和数量，经济性较好。

3. 特殊情况选用基轴制配合

（1）直接采用冷拉钢材做轴，不再切削加工，宜采用基轴制。如农机、纺机和仪表等机械产品中，一些精度要求不高的配合，常用冷拉钢材直接做轴，而不必加工，此时可用基轴制。

（2）有些零件由于结构或工艺上的原因，必须采用基轴制。例如，图 3-16（a）所示活塞连杆机构，工作时活塞销与连杆小头孔需有相对运动，而与活塞孔无相对运动。因此，前者应采用间隙配合，后者采用较紧的过渡配合便可。当采用基孔制配合时［见图

3-16（b）］，活塞销要制成两头大、中间小的阶梯形。这样不仅不便于加工，更重要的是装配时会挤伤连杆小头孔表面。当采用基轴制配合时［见图 3-16（c）］，则不存在这种情况。

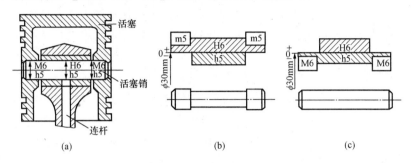

(a)　　　　　　　　(b)　　　　　　　　(c)

图 3-16　活塞连杆机构

（a）活塞连杆机构；（b）基孔制配合；（c）基轴制配合

4. 与标准件配合时配合制的选择

（1）与标准件配合时应按标准件确定。例如，为了获得所要求的配合性质，滚动轴承内圈与轴的配合应采用基孔制配合，而滚动轴承外圈与壳体孔的配合应采用基轴制配合，因为滚动轴承是标准件，所以轴和壳体孔应按滚动轴承确定配合制。

（2）特殊需要时需采用非基准件配合。例如图 3-17 所示的隔套是将两个滚动轴承隔开以提高刚性作轴向定位用的。为使安装方便，隔套与齿轮轴筒的配合应选用间隙配合。由于齿轮轴筒与滚动

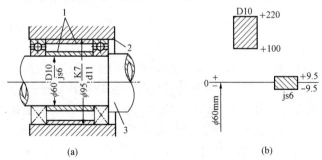

(a)　　　　　　　　(b)

图 3-17　非基准制应用示例

（a）非基准制配合实例；（b）隔套内孔与齿轮轴筒配合公差带

1—隔套；2—主轴箱孔；3—齿轮轴筒

轴承的配合已按基孔制选定了 js6 公差带，因此隔套内孔公差带只好选用非基准孔公差带 ［见图 3-17（b）］才能得到间隙配合。

5. 配合种类的选用

选择配合种类的主要依据是使用要求，应该按照工作条件要求的松紧程度（由配合的孔、轴公差带相对位置决定）来选择适当的配合。

选择基本偏差代号通常有以下三种方法。

（1）计算法。计算法是根据一定的理论和公式，计算出所需间隙和过盈，然后对照国标选择适当配合的方法。例如，对高速旋转运动的间隙配合，可用流体润滑理论计算，保证滑动轴承处于液体摩擦状态所需的间隙；对不加辅助件（如键、销等）传递转矩的过盈配合，可用弹塑性变形理论算出所需的最小过盈。计算法虽然麻烦，但是理论根据较充分，方法较科学。由于影响配合间隙或过盈的因素很多，所以在实际应用时还需经过试验来确定。

（2）试验法。试验法是根据多次试验的结果，寻求最合理的间隙或过盈，从而确定配合的一种方法。这种方法主要用于重要的、关键性的一些配合。例如，机车车轴与轴轮的配合，就是用试验方法来确定的。一般采用试验法的结果较为准确可靠，但试验工作量大，费用昂贵。

（3）类比法。类比法是指在同类型机器或机构中，经过生产实践验证的已用配合的实例，再考虑所设计机器的使用要求，并进行分析对比确定所需配合的方法。在生产实践中，广泛使用选择配合的方法就是类比法。

要掌握类比法这种方法，应该做到以下两点。

1）分析零件的工作条件和使用要求。用类比法选择配合种类时，要先根据工作条件要求确定配合类别。若工作时相配孔、轴有相对运动，或虽无相对运动却要求装拆方便，则应选用间隙配合；主要靠过盈来保证相对静止或传递负荷的相配孔、轴，应该选用过盈配合；若相配孔、轴既要求对准中心（同轴），又要求装拆方便，则应选用过渡配合。

配合类别确定后，再进一步选择配合的松紧程度表 3-3 供分析时参考。

表 3-3　　　　　　　　　工作条件对配合松紧的要求

工作条件	配合应
经常拆卸 工作时孔的温度比轴低 形状和位置误差较大	松
有冲击和振动 表面较粗糙 对中性要求高	紧

2）了解各配合的特性与应用。基准制选定后，配合的松紧程度的选择就是选取非基准件的基本偏差代号。为此，必须了解各基本偏差代号的配合特性。表 3-4 列出了按基孔制配合的轴的基本偏差特性和应用（对基轴制配合的同名的孔的基本偏差也同样适用）。

另外，在实际工作中，应根据工作条件的要求，首先从标准规定的优先配合中选用，不能满足要求时，再从常用配合中选用。若常用配合还不能满足要求，则可依次由优先公差带、常用公差带以及一般用途公差带中选择适当的孔、轴组成要求的配合。在个别特殊情况下，也允许根据国家标准规定的标准公差系列和基本偏差系列，组成孔、轴公差带，获得适当的配合。表 3-5 列出了标准规定的基孔制和基轴制各 10 种优先配合的选用说明，可供参考。

第二节　几　何　公　差

一、几何误差的产生及其对零件使用性能的影响

任何机械产品均是按照产品设计图样，经过机械加工和装配而获得。不论加工设备和方法如何精密、可靠，功能如何齐全，除了尺寸的误差以外，所加工的零件和由零件装配而成的组件和成品也都不可能完全达到图样所要求的理想形状和相互间的准确位置。在实际加工中所得到的形状和相互间的位置相对于其理想形状和位置的差异就是形状和位置的误差（简称几何误差）。

表 3-4　　　　　　　　　　　　轴的基本偏差选用说明

配合	基本偏差	特性及应用
间隙配合	a，b	可得到特别大的间隙，应用很少
	c	可得到很大的间隙，一般适用于缓慢、松弛的动配合。用于工作条件较差（如农业机械），受力变形，或为了便于装配，而必须保证有较大的间隙时，推荐配合为 H11/c11。其较高等级的 H8/c7 配合，适用于轴在高温工作的紧密配合，例如内燃机排气阀和导管
	d	一般用于 IT7～IT11 级，适用于松的转动配合，如密封盖、滑轮、空转皮带轮等与轴的配合。也适用于对大直径滑动轴承配合，如透平机、球磨机、轧滚成型和重型弯曲机，以及其他重型机械中的一些滑动轴承
	e	多用于 IT7～IT9 级，通常用于要求有明显间隙，易于转动的轴承配合，如大跨距轴承、多支点轴承等配合。高等级的 e 轴适用于大的、高速、重载支撑，如涡轮发电机、大型电动机及内燃机主要轴承、凸轮轴轴承等配合
	f	多用于 IT6～IT8 级的一般转动配合。当温度影响不大时，被广泛用于普通润滑油（或润滑脂）润滑的支撑，如齿轮箱、小电动机、泵等的转轴与滑动轴承的配合
	g	配合间隙很小，制造成本高，除负荷很轻的精密装置外，不推荐用于转动配合。多用于 IT5～IT7 级，最适合不回转的精密滑动配合，也用于插销等定位配合，如精密连杆轴承、活塞及滑阀、连杆销等
	h	多用于 IT4～IT11 级。广泛用于无相对转动的零件，作为一般的定位配合。若没有温度、变形影响，也用于精密滑动配合
过渡配合	js	偏差完全对称（±IT/2），平均间隙较小的配合，多用于 IT4～IT7 级，要求间隙比 h 轴小，并允许有过盈的定位配合，如联轴器、齿圈与钢制轮毂，可用木锤装配
	k	平均间隙接近于零的配合，适用于 IT4～IT7 级，推荐用于稍有过盈的定位配合，例如为了消除振动用的定位配合，一般用木锤装配
	m	平均过盈较小的配合，适用于 IT4～IT7 级，一般可用木锤装配，但在最大过盈时，要求相当的压入力
	n	平均过盈比 m 轴稍大，很少得到间隙，适用于 IT4～IT7 级，用锤或压入机装配，通常推荐用于紧密的组件配合。H6/n5 配合时为过盈配合

续表

配合	基本偏差	特性及应用
过盈配合	p	与 H6 或 H7 孔配合时是过盈配合，与 H8 孔配合时则为过渡配合。对非铁类零件，为较轻的压入配合，当需要时易于拆卸。对钢、铸铁或铜、钢组件装配是标准压入配合
	r	对钢铁类零件为中等打入配合，对非铁类零件，为轻打入的配合，当需要时可以拆卸。与 H8 孔配合，直径在 100mm 以上时为过盈配合，直径小时为过渡配合
	s	用于钢铁类零件的永久性和半永久性装配，可产生相当大的结合力。当用弹性材料，如轻合金时，配合性质与钢铁类零件的 p 轴相当。例如套环压装在轴上、阀座等的配合。尺寸较大时，为了避免损伤配合表面，需用热胀或冷缩法装配
	t	过盈较大的配合。对钢和铸铁零件适用于作永久性结合，不用键可传递转矩，需用热胀或冷缩法装配，例如联轴器与轴的配合
	u	这种配合过盈大，一般应验算在最大过盈时，工件材料是否损坏，要用热胀或冷缩法装配，例如火车轮毂和轴的配合
	v, x, y, z	这些基本偏差所组成的配合过盈量更大，目前能参考的经验和资料还很少，须经试验后才应用，一般不推荐

表 3-5　　　　　　　　　　　　优先配合的选用说明

优先配合	说　　明
$\dfrac{H11}{c11}$，$\dfrac{C11}{h11}$	间隙极大。用于转速很高，轴、孔温差很大的滑动轴承；要求大公差、大间隙的外露部分；要求装配极方便的配合
$\dfrac{H9}{d9}$，$\dfrac{D9}{h9}$	间隙很大。用于转速较高，轴颈压力较大、精度要求不高的滑动轴承
$\dfrac{H8}{f7}$，$\dfrac{F8}{h7}$	间隙不大。用于中等转速、中等轴颈压力、有一定精度要求的一般滑动轴承；要求装配方便的中等定位精度的配合
$\dfrac{H7}{g6}$，$\dfrac{G7}{h6}$	间隙很小。用于低速转动或轴向移动的精密定位的配合；需要精确定位又经常装拆的不动配合

优先配合	说　　明
$\dfrac{H7}{h6}$，$\dfrac{H8}{h7}$，$\dfrac{H9}{h9}$，$\dfrac{H11}{h11}$	最小间隙为零。用于间隙定位配合，工作时一般无相对运动；也用于高精度低速轴向移动的配合。公差等级由定位精度决定
$\dfrac{H7}{k6}$，$\dfrac{K7}{h6}$	平均间隙接近于零。用于要求装拆的精密定位的配合
$\dfrac{H7}{h6}$，$\dfrac{N7}{h6}$	较紧的过渡配合。用于一般不拆卸的更精密定位的配合
$\dfrac{H7}{p6}$，$\dfrac{P7}{h6}$	过盈很小。用于要求定位精度高，配合刚性好的配合；不能只靠过盈传递载荷
$\dfrac{H7}{s6}$，$\dfrac{S7}{h6}$	过盈适中。用于靠过盈传递中等载荷的配合
$\dfrac{H7}{u6}$，$\dfrac{U7}{h6}$	过盈较大。用于靠过盈传递较大载荷的配合。装配时需加热孔或冷却轴

　　零件上存在的各种几何误差，一般是由加工设备、刀具、夹具、原材料的内应力、切削力等各种因素造成的。

　　几何误差对零件的使用性能影响很大，归纳起来主要是以下三个方面。

　　(1) 影响工作精度。机床导轨的直线度误差，会影响加工精度；齿轮箱上各轴承座的位置误差，将影响齿轮传动的齿面接触精度和齿侧间隙。

　　(2) 影响工作寿命。连杆的大、小头孔轴线的平行度误差，会加速活塞环的磨损而影响密封性，使活塞环的寿命缩短。

　　(3) 影响可装配性。轴承盖上各螺钉孔的位置不正确，当用螺栓往机座上紧固时，有可能影响其自由装配。

二、几何公差标准

　　零件的几何误差对其工作性能的影响不容忽视，当零件上需要控制实际存在的某些几何要素的形状、方向、位置和跳动公差时，必须予以必要而合理的限制，即规定形状和位置公差（简称几何公差）。我国关于几何公差的标准有 GB/T 1184—1996《形状和位置公差未注公差值》、GB/T 4249—1996《公差原则》和 GB/T

16671—1996《形状和位置公差最大实体要求、最小实体要求和可逆要求》等。《产品几何技术规范（GPS）几何公差形状、方向、位置和跳动公差标注》的国家标准代号为 GB/T 1182—2008，等同采用国际标准 ISO 1101：2004，代替了 GB/T 1182—1996《形状和位置公差通则、定义、符号和图样表示法》。

1. 要素

为了保证合格完工零件之间的可装配性，除了对零件上某些关键要素给出尺寸公差外，还需要对一些要素给出几何公差。

要素是指零件上的特定部位——点、线或面。这些要素可以是组成要素（例如圆柱体的外表面），也可以是导出要素（例如中心线或中心面）。

按照几何公差的要求，要素可区分为如下几种。

（1）拟合组成要素和实际（组成）要素。拟合组成要素就是按规定方法，由提取（组成）要素所形成的并具有理想形状的组成要素；实际要素是由实际（组成）要素所限定的工件实际表面组成要素部分。由于存在测量误差，所以完全符合定义的实际要素是测量不到的，在生产实际中，通常由测得的要素代替实际要素。当然，它并非是该要素的真实状态。

（2）被测要素和基准要素。被测要素就是给出了几何公差的要素。基准要素就是用来确定提取要素的方向、位置的要素。

（3）单一要素和关联要素。单一要素是指仅对其要素本身提出形状公差要求的要素；关联要素是指与其他要素有功能关系的要素，即在图样上给出位置公差的要素。

（4）组成要素和导出要素。组成要素是指构成零件外表面并能直接为人们所感觉到的点、线、面；导出要素是指对称轮廓的中心点、线或面。

2. 公差带的主要形状

公差带是由一个或几个理想的几何线或面所限定的，由线性公差值表示其大小的区域。

根据公差的几何特征及其标注形式，几何公差带的主要形状见表 3-6。

表3-6 几何公差带的主要形式

公差带	图　示
一个圆内的区域	
两同心圆之间的区域	
两同轴圆柱面之间的区域	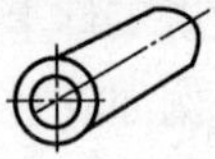
两等距线或两平行直线之间的区域	 或 
一个圆柱面内的区域	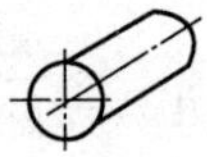
两等距面或两平行平面之间的区域	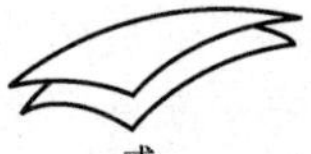 或 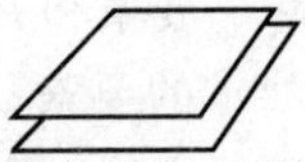
一个圆球内的区域	

3. 几何公差基本要求

几何公差基本要求如下。

（1）按功能要求给定几何公差，同时考虑制造和检测的要求。

（2）对要素规定的几何公差确定了公差带，该要素应限定在公差带之内。

（3）提取（组成）要素在公差带内可以具有任何形状、方向或位置，若需要限制提取要素在公差带内的形状等，应标注附加性说明。

（4）所注公差适用于整个提取要素，否则应另有规定。

（5）基准要素的几何公差可另行规定。

（6）图样上给定的尺寸公差和几何公差应分别满足要求，这是尺寸公差和几何公差的相互关系所遵循的基本原则。当两者之间的相互关系有特定要求时，应在图样上给出规定。

几何公差的几何特征符号和附加符号见表 3-7、表 3-8。

表 3-7　　　　　　　　几何特征符号

公差类型	几何特征	符　号	有无基准
形状公差	直线度	一	无
	平面度	▱	无
	圆度	○	无
	圆柱度	⌭	无
	线轮廓度	⌒	无
	面轮廓度	⌓	无
方向公差	平行度	//	有
	垂直度	⊥	有
	倾斜度	∠	有
	线轮廓度	⌒	有
	面轮廓度	⌓	有

续表

公差类型	几何特征	符　号	有无基准
位置公差	位置度	⊕	有或无
	同心度 （用于中心点）	◎	有
	同轴度 （用于轴线）	◎	有
	对称度	≐	有
	线轮廓度	⌒	有
	面轮廓度	◠	有
跳动公差	圆跳动	↗	有
	全跳动	↗↗	有

表 3-8　　　　　　　　　　　　　附加符号

说　　明	符　　号
被测要素	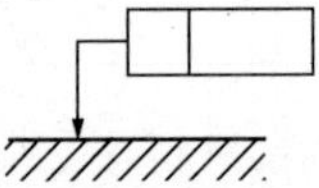
基准要素	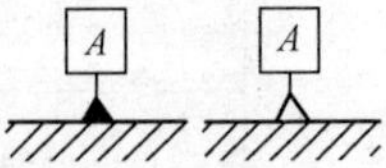
基准目标	 $\dfrac{\phi 2}{A1}$
理论正确尺寸	50

续表

说　明	符　号
延伸公差带	Ⓟ
最大实体要求	Ⓜ
最小实体要求	Ⓛ
自由状态条件（非刚性零件）	Ⓕ
全周（轮廓）	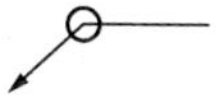 ⌒
包容要求	Ⓔ
公共公差带	CZ
小径	LD
大径	MD
中径、节径	PD
线素	LE
不凸起	NC
任意横截面	ACS

注　1. GB/T 1182—1996 中规定的基准符号为 Ⓐ 。

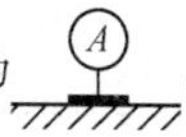

　　2. 如需标注可逆要求，可采用符号Ⓡ，见 GB/T 16671。

113

4. 用公差框格标注几何公差的基本要求

（1）用公差框格标注几何公差的基本要求，见表 3-9。

表 3-9　　　　　　　用公差框格标注几何公差的基本要求

标注方法及要求	图　示
用公差框格标注几何公差时，公差要求注写在划分成两格或多格的矩形框格内，各格从左至右顺序填写： 第一格填写公差符号 第二格填写公差值及有关符号，以线性尺寸单位表示的量值，如果公差带是圆形或圆柱形，则在公差值前加注 ϕ，如是球形则加注 $S\phi$ 第三格及以后填写基准代号	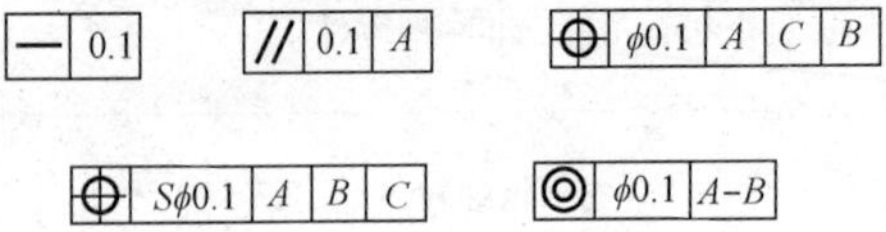 $\boxed{-\ \|\ 0.1}$　$\boxed{/\!/\ \|\ 0.1\ \|\ A}$　$\boxed{\oplus\ \|\ \phi 0.1\ \|\ A\ \|\ C\ \|\ B}$ $\boxed{\oplus\ \|\ S\phi 0.1\ \|\ A\ \|\ B\ \|\ C}$　$\boxed{\odot\ \|\ \phi 0.1\ \|\ A\text{–}B}$
当某项公差应用于几个相同要素时，应在公差框格的上方、被测要素的尺寸之前注明要素的个数，并在两者之间加上符号"×"	6× $\boxed{\Box\ \|\ 0.2}$　　　　$6\times\phi 12\pm 0.02$ $\boxed{\oplus\ \|\ \phi 0.1}$
如果需要限制被测要素在公差带内的形状，应在公差框格的下方注明	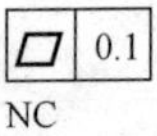 $\boxed{\Box\ \|\ 0.1}$ NC
如果需要就某个要素给出几种几何特征的公差，可将一个公差框格放在另一个的下面	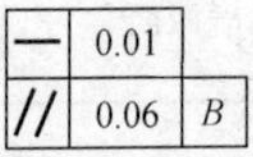 $\boxed{-\ \|\ 0.01}$ $\boxed{/\!/\ \|\ 0.06\ \|\ B}$

（2）几何公差标注示例。几何公差应标注在矩形框格内，如图

3-18 所示。

矩形公差框格由两格或多格组成，框格自左至右填写，各格内容如图 3-19 所示。

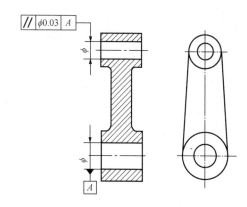

图 3-18　几何公差标注示例

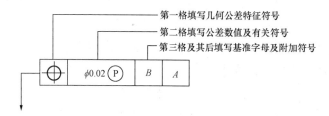

图 3-19　公差框格填写内容

公差框格的推荐宽度为：第一格等于框格高度，第二格与标注内容的长度相适应，第三格及其后各格也应与有关的字母尺寸相适应。

公差框格的第二格内填写的公差值用线性值，公差带是圆形或圆柱形时，应在公差值前加注"ϕ"，若是球形则加注"$S\phi$"。

当一个以上要素作为该项几何公差的被测要素时，应在公差框格的上方注明（见图 3-20）。

对同一要素有一个以上公差特征项目要求时，为了简化可将两个框格叠在一起标注（见图 3-21）。

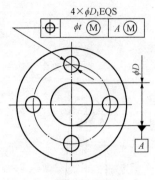

图 3-20　多个要素同一公差
特征项目

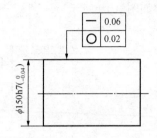

图 3-21　同一要素多个公差
特征项目

5. GB/T 1182—2008 与 GB/T 1182—1996 相比较主要变化

GB/T 1182—2008 与 GB/T 1182—1996 相比较，主要有以下几个方面的变化。

（1）旧标准中的"形状和位置公差"，在新标准中称为"几何公差"（细分为形状、方向、位置和跳动）。

（2）旧标准中的"中心要素"，在新标准中称为"导出要素"。

旧标准中的"轮廓要素"，在新标准中称为"组成要素"。

旧标准中的"测得要素"，在新标准中称为"提取要素"。

（3）增加了"CZ"（公共公差带）、"LD"（小径）、"MD"（大径）、"PD"（中径、节径）、"LE"（线素）、"NC"（不凸起）、"ACS"（任意横截面）等附加符号。其中符号"CZ"，可在公差框格内的公差值后面标注，余下的几种附加符号，一般可在公差框格下方标注。

（4）基准符号由旧标准中的 , 变为新标准中的 。原来小圆圈中的字母 A 应水平方向书写，现在改成小方框后，基准符号只有在垂直或水平方向时字母 A 才能保持正的位置。若符号成倾斜方向，就无法注写字母了，这时应将符号中黑色三角形与小方框之间的连线改成折线，使小方框各边保持铅垂或水平状态方可标注字母，如图 3-22 所示的注法，图 3-22（a）基准符号标注在用圆点从轮廓表面引出的基准线上，图 3-22（b）基准符号表示以孔的轴线为基准。

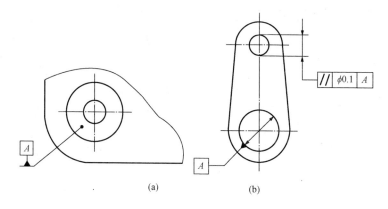

图 3-22　基准标注示例

（a）轮廓表面为基准；（b）孔的轴线为基准

（5）新标准中理论正确尺寸外的小框与尺寸线完全脱离，而在旧标准中则是小框的下边线与尺寸线相重合。

（6）几何特征符号及附加符号的具体画法和尺寸，仍可参考 GB/T 1182—1996 中的规定。

（7）当公差涉及单个轴线、单个中心平面或公共轴线、公共中心平面时，曾经用过的如图 3-23 所示的方法已经取消。

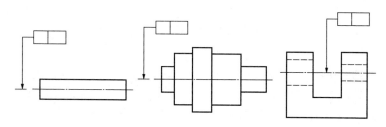

图 3-23　已经取消的公差框格标注方法（一）

（8）用指引线直接连接公差框格和基准要素的方法，如图 3-24 所示，也已被取消，基准必须注出基准符号，不得与公差框格直接相连，即被测要素与基准要素应分别标注。

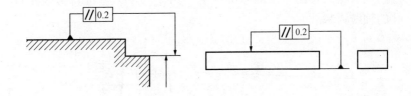

图 3-24　已经取消的公差框格标注方法（二）

第三节　表　面　结　构

一、表面结构评定常用参数

1. 表面结构评定参数

在零件图上每个表面都应根据使用要求标注出它的表面结构要求，以明确该表面完工后的状况，便于安排生产工序，保证产品质量。

国家标准规定在零件图上标注出零件各表面的表面结构要求，其中不仅包括直接反映表面微观几何形状特性的参数值，而且还可以包含说明加工方法，加工纹理方向（即加工痕迹的走向），以及表面镀覆前后的表面结构要求等其他更为广泛的内容，这就更加确切和全面地反映了对表面的要求。

若将表面横向剖切，把剖切面和表面相交得到的交线放大若干倍就是一条有峰有谷的曲线，可称为"表面轮廓"，如图 3-25 所示。

通常用三大类参数评定零件表面结构状况：轮廓参数（由 GB/T 3505—2009 定义）、图形参数（由 GB/T 18618—2002 定义）、支承率曲线参数（由 GB/T 18778.2—2003 定义）。其中轮廓参数是我国机械图样中最常用的评定参数。GB/T 3505—2009 代替 GB/T 3505—2000 表面粗糙度评定常用参数，最常用评定粗糙度轮廓（R 轮廓）中的两个高度

图 3-25　表面轮廓放大图

参数是 Ra 和 Rz。

（1）轮廓算术平均偏差 Ra。轮廓算术平均偏差 Ra 是在取样长度内，轮廓偏距绝对值的算术平均值，如图 3-26 所示。

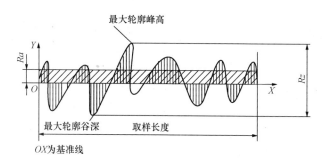

图 3-26　轮廓算术平均偏差 Ra 和轮廓最大高度 Rz

轮廓算术平均偏差 Ra 的数值一般在表 3-10 中选取。

表 3-10　　　　　　　　　**Ra 的数值**（μm）

Ra	0.012	0.2	3.2	50
	0.025	0.4	6.3	100
	0.05	0.8	12.5	
	0.1	1.6	25	

当选用表 3-10 中规定的 Ra 系列数值不能满足要求时，可选用表 3-11 中规定的补充系列值。

表 3-11　　　　　　　　　**Ra 的补充系列值**（μm）

Ra	0.008	0.08	1	10
	0.01	0.125	1.25	16
	0.016	0.16	2	20
	0.02	0.25	2.5	32
	0.032	0.32	4	40
	0.04	0.5	5	63
	0.063	0.63	8	80

（2）轮廓最大高度 Rz。轮廓最大高度 Rz 是指在同一取样长度内，最大轮廓峰高与最大轮廓谷深之间的距离，如图 3-26 所示。Rz 的常用数值有：0.2、0.4、0.8、1.6、3.2、6.3、12.5、25、50μm。Rz 数值一般在表 3-12 中选取。

表 3-12   **Rz 的数值**（μm）

Rz	0.025	0.4	6.3	100	1600
	0.05	0.8	12.5	200	
	0.1	1.6	25	400	
	0.2	3.2	50	800	

根据表面功能和生产的经济合理性，当选用表 3-12 中规定的 Rz 系列数值不能满足要求时，亦可选用表 3-13 中规定的补充系列值。

表 3-13   **Rz 的补充系列值**（μm）

Rz	0.032	0.5	8	125
	0.04	0.63	10	160
	0.063	1	16	250
	0.08	1.25	20	320
	0.125	2	32	500
	0.16	2.5	40	630
	0.25	4	63	1000
	0.32	5	80	1250

特别说明：原来的表面粗糙度参数 Rz 的定义不再使用。新的 Rz 为原 R_y 定义，原 R_y 的符号也不再使用。

（3）取样长度（lr）。取样长度是指用于判别被评定轮廓不规则特征的 X 轴上的长度，代号为 lr。

为了在测量范围内较好地反映粗糙度的情况，标准规定取样长度按表面粗糙度选取相应的数值，在取样长度范围内，一般至少包含 5 个的轮廓峰和轮廓谷。规定和选取取样长度目的是为了限制和削弱其他几何形状误差，尤其是表面波度对测量结果的影响。取样长度的数值见表 3-14。

表 3-14　　　　　取样长度的数值系列（*lr*）（mm）

lr	0.08	0.25	0.8	2.5	8	25

（4）评定长度（*ln*）。评定长度是指用于判别被评定轮廓的 x 轴上方向的长度，代号为 *ln*，它可以包含一个或几个取样长度。

为了较充分和客观地反映被测表面的粗糙度的，须连续取几个取样长度的平均值作为取样测量结果。国标规定，*ln* ＝ 5*lr* 为默认值。选取评定长度目的是为了减少被测表面上表面粗糙度不均匀性的影响。

取样长度与幅度参数之间有一定的联系，一般情况下，在测量 *Ra*、*Rz* 数值时推荐按表 3-15 选取对应的取样长度值。

表 3-15　　取样长度（*lr*）和评定长度（*ln*）的数值（mm）

Ra（μm）	*Rz*（μm）	*lr*	*ln*(*ln* = 5*lr*)
＞（0.008）～0.02	＞（0.025）～0.1	0.08	0.4
＞0.02～0.1	＞0.1～0.5	0.25	1.25
＞0.1～2	＞0.5～10	0.8	4
＞2～10	＞10～50	2.5	12.5
＞10～80	＞50～200	8	40

2. 基本术语新旧标准对照

基本术语新旧标准对照见表 3-16。

表 3-16　　　　　　　基本术语新旧标准对照

基本术语（GB/T 3505—2009）	GB/T 3505—1983	GB/T 3505—2009
取样长度	l	lp、lw、lr[①]
评定长度	l_n	ln
纵坐标值	y	$Z(x)$
局部斜率		$\dfrac{\mathrm{d}Z}{\mathrm{d}X}$

基本术语（GB/T 3505—2009）	GB/T 3505—1983	GB/T 3505—2009
轮廓峰高	y_p	Zp
轮廓谷深	y_v	Zv
轮廓单元高度		Zt
轮廓单元宽度		Xs
在水平截面高度 c 位置上轮廓的实体材料长度	η_p	$Ml(c)$

① 给定的三种不同轮廓的取样长度。

3. 表面结构参数新旧标准对照

表面结构参数新旧标准对照见表 3-17。

表 3-17　　　　　　　　**表面结构参数新旧标准对照**

参数（GB/T 3505—2009）	GB/T 3505—1983	GB/T 3505—2009	在测量范围内	
			评定长度 ln	取样长度
最大轮廓峰高	R_p	Rp		√
最大轮廓谷深	R_m	Rv		√
轮廓最大高度	R_y	Rz		√
轮廓单元的平均高度	R_c	Rc		√
轮廓总高度	—	Rt	√	
评定轮廓的算术平均偏差	R_a	Ra		√
评定轮廓的均方根偏差	R_q	Rq		√
评定轮廓的偏斜度	S_k	Rsk		√
评定轮廓的陡度	—	Rku		√
轮廓单元的平均宽度	S_m	Rsm		√
评定轮廓的均方根斜率	Δ_q	$R\Delta q$		
轮廓支承长度率	—	$Rmr(c)$	√	
轮廓水平截面高度		$R\delta c$	√	
相对支承长度率	t_p	Rmr	√	
十点高度	R_z	—		

注　1. √符号表示在测量范围内，现采用的评定长度和取样长度。

　　2. 表中取样长度是 lr、lw 和 lp，分别对应于 R、W 和 P 参数。$lp=ln$。

　　3. 在规定的三个轮廓参数中，表中只列出了粗糙度轮廓参数。例如：三个参数分别为：Pa（原始轮廓）、Ra（粗糙度轮廓）、Wa（波纹度轮廓）。

二、表面结构符号、代号及标注

1. 表面结构要求图形符号的画法与含义

国家标准 GB/T 131—2006 规定了表面结构要求的图形符号、代号及其画法，其说明见表 3-18。表面结构要求的单位为 μm（微米）。

表 3-18　　　　　　　　　表面结构要求的画法与含义

符　　号	意义及说明
⎷	基本符号，表示表面可用任何方法获得。当不加注表面结构要求参数值或有关说明（例如：表面处理、局部热处理状况等）时，仅适用于简化代号标注
⎷	表示表面是用去除材料的方法获得。如车、铣、钻、磨、剪切、抛光、腐蚀、电火花加工、气割等
⎷	表示表面是用不去除材料的方法获得。如铸、锻、冲压变形、热轧、冷轧、粉末冶金等，或者是用保持原供应状况的表面（包括上道工序的状况）
⎷ ⎷ ⎷	完整图形符号，可标注有关参数和说明
⎷ ⎷ ⎷	表示部分或全部表面具有相同的表面结构要求

国家标准 GB/T 131—2006 中规定，在报告和合同的文本中时以用文字 "APA" 表示允许用任何工艺获得表面，用文字 "MRR" 表示允许用去除材料的方法获得表面，用文字 "NMR" 表示允许用不去除材料的方法获得表面。

2. 表面结构完整符号注写规定

在完整符号中，对表面结构的单一要求和补充要求注写在图 3-27 所示的指定位置。

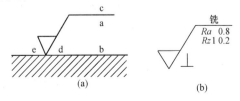

图 3-27　补充要求的注写位置

（a）位置分布；（b）注写示例

（1）位置 a 注写表面结构的单一要求：标注表面粗糙度参数代号、极限值和取样长度。为了避免误解，在参数代号和极限值间应插入空格。取样长度后应有一斜线"/"，之后是表面粗糙度参数符号，最后是数值，如：$-0.8/Rz6.3$。

（2）位置 a 和 b 注写两个或多个表面结构要求：在位置 a 注写一个表面粗糙度要求，方法同图 3-27（a）。在位置 b 注写第二个表面粗糙度要求。如果要注写第三个或更多表面粗糙度要求，图形符号应在垂直方向扩大，以空出足够的空间。扩大图形符号时，a、b 的位置随之上移。

（3）位置 c 注写加工方法、表面处理、涂层或其他加工工艺要求，如车、铣、磨、镀等。

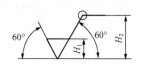

图 3-28　表面结构要求符号的比例

（4）位置 d 注写表面纹理和纹理方向。

（5）位置 e 注写所要求的加工余量，以 mm 为单位给出数值。

表面结构要求符号的比例如图 3-28 所示。

表面结构代号的标注示例及意义见表 3-19。

表 3-19　　　　　　表面结构代号的标注示例及意义

符　　号	含义/解释
$\sqrt{}\,Rz0.4$	表示不允许去除材料，单向上限值，粗糙度的最大高度为 $0.4\mu m$，评定长度为 5 个取样长度（默认），"16%规则"（默认）
$\sqrt{}\,Rz_{\max}0.2$	表示去除材料，单向上限值，粗糙度最大高度的最大值为 $0.2\mu m$，评定长度为 5 个取样长度（默认），"最大规则"（默认）
$\sqrt{}\,-0.8/Ra3.2$	表示去除材料，单向上限值，取样长度 $0.8\mu m$，算术平均偏差 $3.2\mu m$，评定长度包含 3 个取样长度，"16%规则"（默认）

续表

符　号	含义/解释
$\sqrt{}$ U $Ra_{max}3.2$ L $Ra0.8$	表示不允许去除材料，双向极限值，上限值：算术平均偏差 $3.2\mu m$，评定长度为 5 个取样长度（默认），"最大规则"，下限值：算术平均偏差 $0.8\mu m$，评定长度为 5 个取样长度（默认），"16％规则"（默认）
车 $\sqrt{}$ $Rz3.2$	零件的加工表面的粗糙度要求由指定的加工方法获得时，用文字标注在符号上边的横线上
Fe/Ep·Ni15pCr0.3r $\sqrt{}$ $Rz0.8$	在符号的横线上面可注写镀（涂）覆或其他表面处理要求。镀覆后达到的参数值这些要求也可在图样的技术要求中说明
铣 $\sqrt{}$ ⊥ $Ra0.8$ $Rz13.2$	需要控制表面加工纹理方向时，可在完整符号的右下角加注加工纹理方向符号
$3\sqrt{}$	在同一图样中，有多道加工工序的表面可标注加工余量时，加工余量标注在完整符号的左下方，单位为 mm

注　评定长度（ln）的标注：

1. 若所标注的参数代号没有"max"，表明采用的是有关标准中默认的评定长度。
2. 若不存在默认的评定长度时，参数代号中应标注取样长度的个数，如 $Ra3$，$Rz3$，$RSm3\cdots$（要求评定长度为 3 个取样长度）。

3．表面纹理的标注

表面加工后留下的痕迹走向称为纹理方向，不同的加工工艺往往决定了纹理的走向，一般表面不需标注。对于有特殊要求的表面，需要标注纹理方向时，可用表 3-20 所列的符号标注在完整图形符号中相应的位置，如图 3-27(b) 所示。

表 3-20　　　　　　常见表面加工的纹理方向

符号	说　明	示　意　图
=	纹理平行于视图所在的投影面	纹理方向

符号	说　　明	示　意　图
⊥	纹理垂直于视图所在的投影面	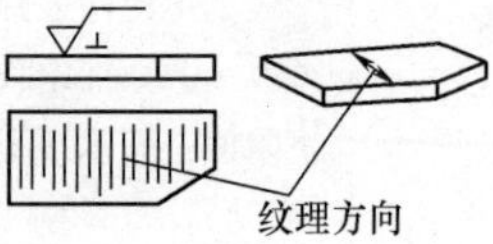 纹理方向
×	纹理呈两斜向交叉且与视图所在的投影面相交	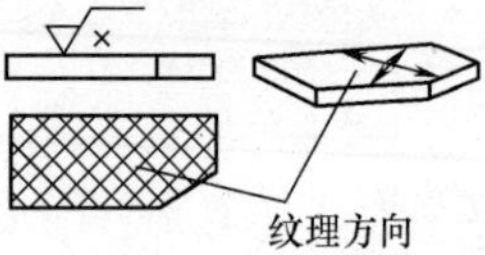 纹理方向
M	纹理呈多方向	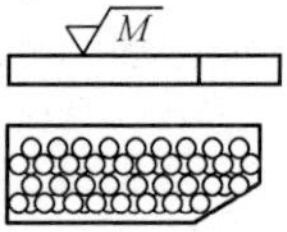
C	纹理呈近似同心圆且圆心与表面中心相关	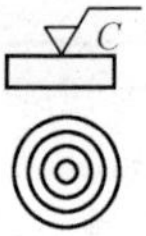
R	纹理呈近似的放射状与表面圆心相关	
P	纹理呈微粒、凸起，无方向	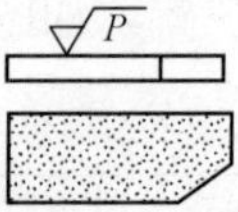

注　如果表面纹理不能清楚地用这些符号表示，必要时，可以在图样上加注说明。

4. 表面结构标注方法新旧标准对照

表面结构标注方法新旧标准对照见表 3-21。

126

表 3-21　　　　　　　　表面结构标注方法新旧标准对照

GB/T 131—1983	GB/T 131—1993	GB/T 131—2006	说明主要问题的示例
1.6 ∀	1.6 ∀　1.6 ∕	∀ $Ra1.6$	Ra 只采用 "16％规则"
$Ry3.2$ ∀	$Ry3.2$ ∀　$Ry3.2$ ∕	∀ $Rz3.2$	除了 Ra "16％规则" 的参数
—	1.6max ∕	∀ $Ra\,max1.6$	"最大规则"
1.6 ∕ 0.8	1.6 ∕ 0.8	∀ $-0.8/Ra1.6$	Ra 加取样长度
$Ry3.2$ ∕ 0.8	$Ry3.2$ ∕ 0.8	∀ $-0.8/Rz6.3$	除 Ra 外其他参数及取样长度
1.6 $Ry6.3$ ∀	1.6 $Ry6.3$ ∀	∀ $Ra1.6$ $Rz6.3$	Ra 及其他参数
—	$Ry3.2$ ∀	∀ $Rz36.3$	评定长度中的取样长度个数如果不是 5，则要注明个数（此例表示比例取样长度个数为 3）
—	—	∀ $L\,Rz1.6$	下限值
3.2 1.6 ∕	3.2 1.6 ∕	∀ $U\,Ra3.2$ $L\,Rz1.6$	上、下限值

5. 表面结构要求在图样上的标注

　　表面结构要求对每一表面一般只标注一次，尽可能标注在相应的尺寸及公差的同一视图上。除非另有说明，所标注的表面结构要求是对完工零件表面的要求。

（1）表面结构要求在图样上标注方法示例，见表 3-22。

表 3-22　　　　　表面结构要求在图样上标注方法示例

图　示	标注方法说明
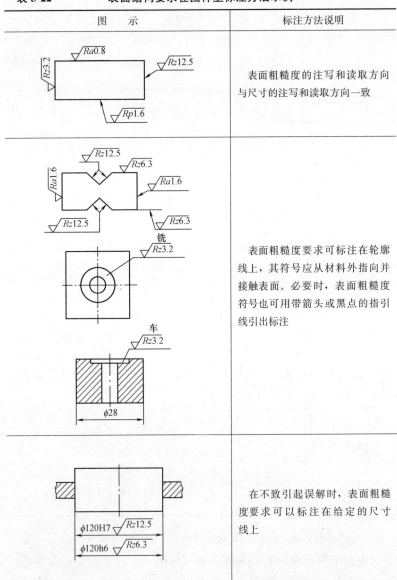	表面粗糙度的注写和读取方向与尺寸的注写和读取方向一致
	表面粗糙度要求可标注在轮廓线上，其符号应从材料外指向并接触表面。必要时，表面粗糙度符号也可用带箭头或黑点的指引线引出标注
	在不致引起误解时，表面粗糙度要求可以标注在给定的尺寸线上

续表

图　　示	标注方法说明
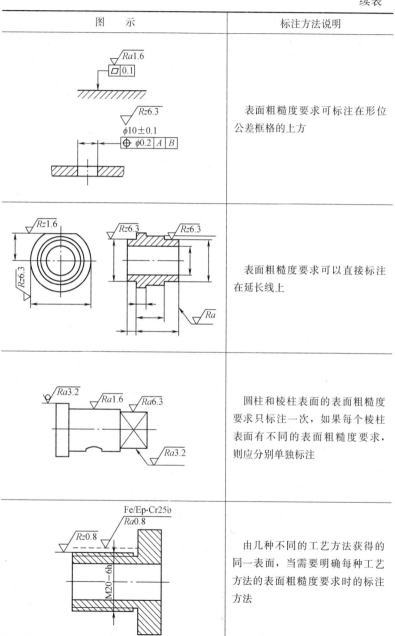	表面粗糙度要求可标注在形位公差框格的上方
	表面粗糙度要求可以直接标注在延长线上
	圆柱和棱柱表面的表面粗糙度要求只标注一次，如果每个棱柱表面有不同的表面粗糙度要求，则应分别单独标注
	由几种不同的工艺方法获得的同一表面，当需要明确每种工艺方法的表面粗糙度要求时的标注方法

（2）表面结构要求简化标注方法示例，见表3-23。

表 3-23　　　　　　　　表面结构要求简化标注方法示例

图　　示	标注方法说明
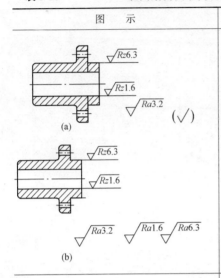	有相同表面粗糙度要求的简化注法 如果在工件的多数（包括全部）表面有相同的表面粗糙度要求，则其表面粗糙度要求可统一标注在图样的标题栏附近 除全部表面有相同要求的情况外，表面粗糙度要求在符号后面应有： （1）在圆括号内给出无任何其他标注的基本符号［图（a）］ （2）在圆括号内给出不同的表面粗糙度要求［图（b）］ 不同表面粗糙度要求应直接标注在图形中
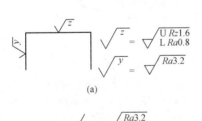	多个表面有共同要求的注法 当多个表面具有相同的表面粗糙度要求或图样空间有限时的简化注法 （1）图样空间有限时，可用带字母的完整符号，以等式的形式，在图形或标题栏附近，对有相同表面结构要求的表面进行简化标注［图（a）］ （2）只用表面粗糙度符号的简化注法： 可用基本和扩展的表面粗糙度符号，以等式的形式给出对多个表面共同的表面粗糙度要求 1）未指定工艺方法的多个表面粗糙度要求的简化注法［图（b）］ 2）要求去除材料的多个表面粗糙度要求的简化注法［图（c）］ 3）不允许去除材料的多个表面粗糙度要求的简化注法［图（d）］

130

6. 各级表面结构的表面特征及应用举例

表面结构的表面特征及应用举例，见表 3-24。

表 3-24　　　　　　　　表面结构的表面特征及应用举例

	表面特征	Ra（μm）	Rz（μm）	应用举例
粗糙表面	可见刀痕	>20~40	>80~160	半成品粗加工过的表面，非配合的加工表面，如轴端面、倒角、钻孔、齿轮和带轮侧面、键槽底面、垫圈接触面等
	微见刀痕	>10~20	>40~80	
半光表面	微见加工痕迹	>5~10	>20~40	轴上不安装轴承或齿轮处的非配合表面、紧固件的自由装配表面、轴和孔的退刀槽等
	微辨加工痕迹	>2.5~5	>10~20	半精加工表面，箱体、支架、端盖、套筒等和其他零件结合而无配合要求的表面，需要发蓝的表面等
	看不清加工痕迹	>1.25~2.5	>6.3~10	接近于精加工表面、箱体上安装轴承的镗孔表面、齿轮的工作面
光表面	可辨加工痕迹方向	>0.63~1.25	>3.2~6.3	圆柱销、圆锥销、与滚动轴承配合的表面，普通车床导轨面、内、外花键定心表面等
	微辨加工痕迹方向	>0.32~0.63	>1.6~3.2	要求配合性质稳定的配合表面，工作时受交变应力的重要零件，较高精度车床的导轨面
	不可辨加工痕迹方向	>0.16~0.32	>0.8~1.6	精密机床主轴锥孔，顶尖圆锥面、发动机曲轴、凸轮轴工作表面，高精度齿轮齿面

续表

	表面特征	Ra（µm）	Rz（µm）	应用举例
极光表面	暗光泽面	$>0.08\sim0.16$	$>0.4\sim0.8$	精度机床主轴颈表面、一般量规工作表面、气缸套内表面、活塞销表面等
	亮光泽面	$>0.04\sim0.08$	$>0.2\sim0.4$	精度机床主轴颈表面、滚动轴承的滚动体、高压油泵中柱塞和柱塞套配合的表面
	镜状光泽面	$>0.01\sim0.04$	$>0.05\sim0.2$	
	镜面	$\leqslant0.01$	$\leqslant0.05$	高精度量仪、量块的工作表面，光学仪器中的金属镜面

第四节 钳工技术测量基础

一、技术测量的一般概念

要实现互换性，除了合理地规定公差，还需要在加工的过程中进行正确的测量或检验，只有通过测量和检验判定为合格的零件，才具有互换性。磨工测量技术基础主要介绍零件几何量的测量和检验。

"测量"是指以确定被测对象量值为目的的全部操作。实质上是将被测几何量与作为计量单位的标准进行比较，从而确定被测几何量是计量单位的倍数或分数的过程。一个完整的测量过程应包括测量对象、计量单位、测量方法和测量精度四个方面。

"检验"只确定被测几何量是否在规定的极限范围之内，从而判断被测对象是否合格，而无需得出具体的数值。

测量过程包括的四个方面如下。

1. 测量对象

测量对象主要指几何量，包括长度、角度、表面粗糙度、几何形状和相互位置等。由于几何量的种类较多，形式各异，因此应熟悉和掌握它们的定义及各自的特点，以便进行测量。

2. 计量单位

为了保证测量的正确性，必须保证测量过程中单位的统一，为此我国以国际单位制为基础确定了法定计量单位。我国的法定计量单位中，长度计量单位为米（m），平面角的角度计量单位为弧度（rad）及度（°）、分（′）、秒（″）。机械制造中常用的长度计量单位为毫米（mm），$1mm = 10^{-3} m$。在精密测量中，长度计量单位采用微米（μm），$1\mu m = 10^{-3} mm$。在超精密测量中，长度计量单位采用纳米（nm），$1nm = 10^{-3} \mu m$。机械制造中常用的角度计量单位为弧度、微弧度（μrad）和度、分、秒。$1\mu rad = 10^{-6} \mu rad$，$1° = 0.0174533rad$。度、分、秒的关系采用 60 进制，即 $1° = 60′$，$1′ = 60″$。

确定了计量单位后，要取得准确的量值，还必须建立长度基准。1983 年第十七届国际计量大会规定米的定义：1m 是光在真空中 1/299792458s 的时间间隔内所经路径的长度。按此定义确定的基准称为自然基准。

在机械制造中，自然基准不便于直接应用。为了保证量值的统一，必须把国家基准所复现的长度计量单位量值经计量标准逐级传递到生产中的计量器具和工件上去，以保证测量所得的量值的准确和一致，为此需要建立严密的长度量值传递系统。在技术上，长度量值通过两个平行的系统向下传递：一个系统是由自然基准过渡到国家基准米尺、工作基准米尺，再传递到工程技术中应用的各种刻线线纹尺，直至工件尺寸。这一系统称为刻线量具系统。另一系统是由自然基准过渡到基准组量块，再传递到各等级工作量块及各种计量器具，直至工件尺寸。这一系统称为端面量具系统。

3. 测量方法

测量方法是指测量时所采用的计量器具和测量条件的综合。测量前应根据被测对象的特点，如精度、形状、质量、材质和数量等来确定需用的计量器具，分析研究被测参数的特点及与其他参数的关系，以确定最佳的测量方法。

4. 测量精度

测量精度是指测量结果与真值的一致程度。任何测量过程总不可避免出现测量误差，误差大，说明测量结果离真值远，精度低；反之，误差小，精度高。因此精度和误差是两个相对的概念。由于存在测量误差，任何测量结果都只能是要素真值的近似值。以上说明测量结果有效值的准确性是由测量精度确定的。

二、计量器具的分类

计量器具按结构特点可以分为以下四类。

1. 量具

量具是以固定形式复现量值的计量器具，一般结构比较简单，没有传动放大系统。量具中有的可以单独使用，有的也可以与其他计量器具配合使用。

量具又可分为单值量具和多值量具两种。单值量具是用来复现单一量值的量具，又称为标准量具，如量块、直角尺等。多值量具是用来复现一定范围内的一系列不同量值的量具，又称为通用量具。通用量具按其结构特点划分有以下几种：固定刻线量具，如钢直尺、卷尺等；游标量具，如游标卡尺、万能角度尺等；螺旋测微量具，如内、外径千分尺和螺纹千分尺等。

2. 量规

量规是把没有刻度的专用计量器具，用于检验零件要素的实际尺寸及形状、位置的实际情况所形成的综合结果是否在规定的范围内，从而判断零件被测的几何量是否合格。量规检验不能获得被测几何量的具体数值。如用光滑极限量规检验光滑圆柱形工件的合格性；用螺纹量规综合检验螺纹的合格性等。

3. 量仪

量仪是能将被测几何量的量值转换成可直接观察的指示值或等效信息的计量器具。量仪一般具有传动放大系统。按原始信号转换原理的不同，量仪又可分为如下四种。

（1）机械式量仪。机械式量仪是指用机械方法实现原始信号转换的量仪，如指示表、杠杆比较仪和扭簧比较仪等。这种量仪结构简单，性能稳定，使用方便，因而应用广泛。

（2）光学式量仪。光学式量仪是指用光学方法实现原始信号转换的量仪，具有放大比较大的光学放大系统。如万能测长仪、立式光学计、工具显微镜、干涉仪等。这种量仪精度高，性能稳定。

（3）电动式量仪。电动式量仪是指将原始信号转换成电量形式信息的量仪。这种量仪具有放大和运算电路，可将测量结果用指示表或记录器显示出来。如电感式测微仪、电容式测微仪、电动轮廓仪、圆度仪等。这种量仪精度高，易于实现数据自动化处理和显示，还可实现计算机辅助测量和检测自动化。

（4）气动式量仪。气动式量仪是指以压缩空气为介质，通过其流量或压力的变化来实现原始信号转换的量仪。如水柱式气动量仪、浮标式气动量仪等。这种量仪结构简单，可进行远距离测量，也可对难以用其他计量器具测量的部位（如深孔部位）进行测量；但示值范围小，对不同的被测参数需要不同的测头。

4. 计量装置

计量装置是指为确定被测几何量值所必需的计量器具和辅助设备的总体。它能够测量较多的几何量和较复杂的零件，有助于实现检测自动化或半自动化，一般用于大批量生产中，以提高检测效率和检测精度。

三、测量方法的分类

广义的测量方法是指测量时所采用的测量器具和测量条件的综合，而在实际工作中往往从获得测量结果的方式来理解测量方法，即按照不同的出发点，测量方法有各种不同的分类。

1. 根据所测的几何量是否为要求被测的几何量分类

测量方法可分为以下两种。

（1）直接测量。直接用量具和量仪测出零件被测几何量值的方法。例如，用游标卡尺或者是比较仪直接测量轴的直径。

（2）间接测量。通过测量与被测尺寸有一定函数关系的其他尺寸，然后通过计算获得被测尺寸量值的方法。如对图3-29所示零件，显然无法直接测出中心距 L，但可通过测量

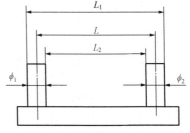

图 3-29 用间接测量法测两轴中心距

L_1（或 L_2）、ϕ_1 和 ϕ_2 的值，并根据关系式

$$L = L_1 - \frac{\phi_1 + \phi_2}{2} \text{ 或 } L = L_2 + \frac{\phi_1 + \phi_2}{2}$$

计算，间接得到 L 的值。间接测量法存在着基准不重合误差，故仅在不能或不宜采用直接测量的场合使用。

2. 根据被测量值获得方式分类

根据被测量值是直接由计量器具的读数装置获得，还是通过对某个标准值的偏差值计算得到，测量方法可分为以下两种。

（1）绝对测量。测量时，被测量的全值可以直接从计量器具的读数装置获得。例如用游标卡尺或测长仪测量轴颈。

（2）相对测量（又称比较测量或微差测量）。将被测量与同它只有微小差别的已知同种量（一般为标准量）相比较，通过测量这两个量值间的差值以确定被测量值。例如用图 3-30 所示的机械式比较仪测量轴颈，测量时先用量块调整零位，再将轴颈放在工作台上测量。此时指示出的示值为被测轴颈相对于量块尺寸的微差，即轴颈的尺寸等于量块的尺寸与微差的代数和（微差可以为正或为负）。

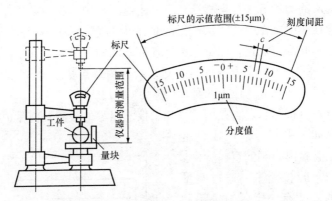

图 3-30　刻度间距、分度值、示值范围、测量范围的比较

3. 根据工件上同时测量的几何量的多少分类

根据工件上同时测量的几何量的多少，测量方法可分为以下两种。

（1）单项测量。对工件上的每一几何量分别进行测量的方法，一次测量仅能获得一个几何量的量值。例如用工具显微镜分别测量螺纹单一中径、螺距和牙侧角的实际值，分别判断它们是否合格。

（2）综合测量。能得到工件上几个有关几何量的综合结果，以判断工件是否合格，而不要求得到单项几何量值。例如用螺纹通规检验螺纹的作用中径是否合格。实质上综合测量一般属于检验。

单项测量便于进行工艺分析，找出误差产生的原因，而综合测量只能判断零件合格与否，但综合测量的效率比单项测量高。

4. 根据被测工件表面是否与计量器具的测量元件接触分类

测量方法可分为以下两种。

（1）接触测量。测量时计量器具的测量元件与工件被测表面接触，并有机械作用的测量力。例如用机械式比较仪测量轴颈，测头在弹簧力的作用下与轴颈接触。

（2）非接触测量。测量时计量器具的测量元件不与工件接触。例如，用光切显微镜测量表面粗糙度。

接触测量会引起被测表面和计量器具的有关部分产生弹性变形，因而影响测量精度，非接触测量则无此影响。

5. 根据测量在加工过程中所起的作用分类

测量方法可分为以下两种。

（1）主动测量。是指在加工过程中对工件的测量，测量的目的是控制加工过程，及时防止废品的产生。

（2）被动测量。是指在工件加工完后对其进行的测量，测量的目的是发现并剔除废品。

主动测量常应用在生产线上，使测量与加工过程紧密结合，根据测量结果随时调整机床，以最大限度地提高生产效率和产品合格率，因而是检测技术发展的方向。

6. 根据测量时工件是否运动分类

测量方法可分为以下两种。

（1）静态测量。在测量过程中，工件的被测表面与计量器具的测量元件处于相对静止状态，被测量的量值是固定的。例如，用游标卡尺测量轴颈。

（2）动态测量。在测量过程中，工件被测表面与计量器具的测量元件处于相对运动状态，被测量的量值是变动的。例如，用圆度仪测量圆度误差和用偏摆仪测量跳动误差等。

动态测量可测出工件某些参数连续变化的情况，经常用于测量工件的运动精度参数。

四、计量器具的基本计量参数

计量器具的计量参数是表征计量器具性能和功用的指标，是选择和使用计量器具的主要依据。基本计量参数如下。

1. 刻度间距

刻度间距是指标尺或刻度盘上两相邻刻线中心的距离。一般刻度间距在 1～2.5mm，刻度间距太小，会影响估读精度；刻度间距太大，会加大读数装置的轮廓尺寸。

2. 分度值

分度值又称刻度值，是指标尺或刻度盘上每一刻度间距所代表的量值。常用的分度值有 0.1、0.05、0.02、0.01、0.002 和 0.001mm 等。一般来说，分度值越小，计量器具的精度越高。

3. 示值范围

示值范围是指计量器具标尺或刻度盘所指示的起始值到终止值的范围。

4. 测量范围

测量范围是指计量器具能够测出的被测尺寸的最小值到最大值的范围，如千分尺的测量范围就有 0～25mm、25～50mm、50～75mm、75～100mm 等多种。

图 3-30 以机械式比较仪为例说明了以上 4 个参数。该量仪的刻度间距是图中两条相邻刻线间的距离 c，分度值为 $1\mu m$，即 0.001mm，标尺的示值范围为 $\pm 15\mu m$，测量范围如图中标注所示，其数值一般为 0～180mm。

5. 示值误差

示值误差是指计量器具的指示值与被测尺寸真值之差。示值误差由仪器设计原理误差、分度误差、传动机构的失真等因素产生，可通过对计量器具的校验测得。

6. 示值稳定性

在工作条件一定的情况下，对同一参数进行多次测量所得示值的最大变化范围称为示值的稳定性，又可称为测量的重复性。

7. 校正值

校正值又称为修正值。为消除示值误差所引起的测量误差，常在测量结果中加上一个与示值误差大小相等符号相反的量值，这个量值就称为校正值。

8. 灵敏阈

能够引起计量器具示值变动的被测尺寸的最小变动量称为该计量器具的灵敏阈。灵敏阈的高低取决计量器具自身的反应能力。灵敏阈又称为鉴别力。

9. 灵敏度

灵敏度是指计量器具反映被测量变化的能力。对于给定的被测量值，计量器具的灵敏度用被观察变量（即指示量）的增量 ΔL 与其相应的被测量的增量 ΔX 之比表示，即 $\Delta L/\Delta X$。当 ΔL 与 ΔX 为同一类量时，灵敏度也称为放大比，它等于刻度间距与分度值之比。

灵敏度和灵敏阈是两个不同的概念。如分度值均为 0.001mm 的齿轮式千分表与扭簧比较仪，它们的灵敏度基本相同，但就灵敏阈来说，后者比前者高。

10. 测量力

测量力是指计量器具的测量元件与被测工件表面接触时产生的机械压力。测量力过大会引起被测工件表面和计量器具的有关部分变形，在一定程度上降低测量精度；但测量力过小，也可能降低接触的可靠性而引起测量误差。因此必须合理控制测量力的大小。

第五节　铣工常用计量器具

一、测量长度尺寸的常用计量器具

1. 钢直尺

如图 3-31(a) 所示，钢直尺是最基本也是最简单的量具，规格有 150、300、600、1000mm 四种，常用的规格是 150mm。

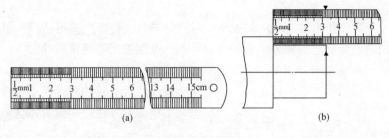

图 3-31　钢直尺

（a）外形；（b）读数示例

　　钢直尺主要用于测量工件的毛坯尺寸或精度要求不高的尺寸，使用方便，读数可以直接读出，大格为 1cm，小格为 1mm，1/2 小格为 0.5mm。测量时一般以钢直尺的平端面零位线为基准，与工件的测量基准对齐，钢直尺的侧面要紧靠工件外圆，然后目测被测表面所对准的刻度位，读出读数值。图 3-31（b）所示的读数为 32mm。

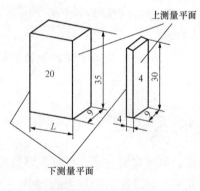

图 3-32　量块

2. 量块

　　（1）量块的形状、用途及尺寸系列。量块是没有刻度的平行端面量具，也称块规，是用特殊合金钢制成的长方体，如图 3-32 所示。量块具有线膨胀系数小、不易变形、耐磨性好等特点。量块具有经过精密加工很平很光的两个平行平面，叫作测量面。两测量面之间的距离为工作尺寸 L，又称标称尺寸，该尺寸具有很高的精度。量块的标称尺寸大于或等于 10mm 时，其测量面的尺寸为 35mm×9mm；标称尺寸在 10mm 以下时，其测量面的尺寸为 30mm×9mm。

　　量块的测量面非常平整和光洁，用少许压力推合两块量块，使它们的测量面紧密接触，两块量块就能粘合在一起。量块的这种特性称为研合性。利用量块的研合性，就可用不同尺寸的量块组合成所需的各种尺寸。

量块的应用较为广泛，除了作为量值传递的媒介以外，还用于检定和校准其他量具、量仪，相对测量时调整量具和量仪的零位，以及用于精密机床的调整、精密划线和直接测量精密零件等。

在实际生产中，量块是成套使用的，每套量块由一定数量的不同标称尺寸的量块组成，以便组合成各种尺寸，满足一定尺寸范围内的测量需求。GB/T 6093—1985 共规定了 17 套量块。常用成套量块、尺寸表见表 3-25。

表 3-25 常用成套量块尺寸表

套别	总块数	级别	尺寸系列（mm）	间隔（mm）	块数
1	91	00，0，1	0.5		1
			1		1
			1.001，1.002，…，1.009	0.001	9
			1.01，1.02，…，1.49	0.01	49
			1.5，1.6，…，1.9	0.1	5
			2.0，2.5，…，9.5	0.5	16
			10，20，…，100	10	10
2	83	00，0，1，2（3）	0.5		1
			1		1
			1.005		1
			1.01，1.02，…，1.49	0.01	49
			1.5，1.6，…，1.9	0.1	5
			2.0，2.5，…，9.5	0.5	16
			10，20，…，100	10	10
3	46	0，1，2	1	—	1
			1.001，1.002，…，1.009	0.001	9
			1.01，1.02，…，1.09	0.01	9
			1.1，1.2，…，1.9	0.1	9
			2，3，…，9	1	8
			10，20，…，100	10	10

续表

套别	总块数	级别	尺寸系列（mm）	间隔（mm）	块数
4	38	0，1，2 （3）	1		1
			1.005		1
			1.01，1.02，…，1.09	0.01	9
			1.1，1.2，…，1.9	0.1	9
			2，3，…，9	1	8
			10，20，…，100	10	10

根据标准规定，量块的制造精度为五级：00，0，1，2，（3）。其中00级最高，其余依次降低，（3）级最低。此外还规定了校准级——K级。标准还对量块的检定精度规定了六等：1，2，3，4，5，6。其中1等最高，精度依次降低，6等最低。量块按"等"使用时，所根据的是量块的实际尺寸，因而按"等"使用时可获得更高的精度效应，可用较低级别的量块进行较高精度的测量。

（2）量块的尺寸组合及使用方法。为了减少量块组合的累积误差，使用量块时，应尽量减少使用的块数，一般要求不超过 4～5 块。选用量块时，应根据所需组合的尺寸，从最后一位数字开始选择，每选一块，应使尺寸数字的位数减少一位，依此类推，直至组合成完整的尺寸。

【例 3-1】要组成 38.935mm 的尺寸，试选择组合的量块。

解：最后一位数字为 0.005，因而可采用 83 块一套或 38 块一套的量块。

1）若采用 83 块一套的量块，则有

$$\begin{array}{r} 38.935 \\ -1.005 \end{array}$$ ——第一块量块尺寸；

$$\begin{array}{r} 37.93 \\ -1.43 \end{array}$$ ——第二块量块尺寸；

36.5

-6.5 ——第三块量块尺寸；

30 ——第四块量块尺寸。

共选取四块，尺寸分别为：1.005、1.43、6.5、30mm。

2）若采用 38 块一套的量块，则有

$\dfrac{38.935}{-1.005}$ ——第一块量块尺寸；

$\dfrac{37.93}{-1.03}$ ——第二块量块尺寸；

$\dfrac{36.9}{-1.9}$ ——第三块量块尺寸；

$\dfrac{35}{-5}$ ——第四块量块尺寸；

30 ——第五块量块尺寸。

共选取五块，其尺寸分别为：1.005、1.03、1.9、5、30mm。可以看出，采用 83 块一套的量块要好些。

（3）量块使用禁忌及注意事项。量块是一种精密量具，其加工精度高，价格也较高，因而在使用时一定要十分注意，不能碰伤和划伤其表面，特别是测量面。量块选好后，在组合前先用航空汽油或苯洗净表面的防锈油，并用鹿皮或软绸将各面擦干，然后用推压的方法将量块逐块研合。在研合时应保持动作平稳，以免测量面被量块棱角划伤。要防止腐蚀性气体侵蚀量块。使用时不得用手接触测量面，以免影响量块的组合精度。使用后，拆开组合量块，用航空汽油或苯将其洗净擦干，并涂上防锈油，然后装在特制的木盒内。决不允许将量块结合在一起存放。

为了扩大量块的应用范围，可采用量块附件。量块附件主要有夹持器和各种量爪，如图 3-33（a）所示。量块及其附件装配后，可测量外径、内径或作精密划线等，如图 3-33（b）所示。

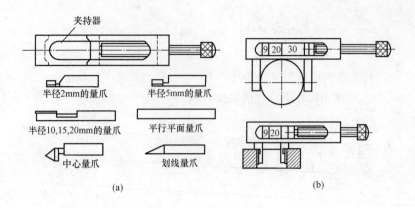

图 3-33 量块附件及其应用

（a）夹持器和量爪；（b）应用实例

3. 塞尺

塞尺（又叫厚薄规，见图 3-34）是用来检验两个结合面之间间隙大小的片状量规。

塞尺有两个平行的测量平面，其长度制成 50、100 或 200mm，由若干片叠合在夹板里。厚度为 0.02～0.1mm 组的，中间每片相隔 0.01mm；厚度为 0.1～1mm 组的，中间每片相隔 0.05mm。

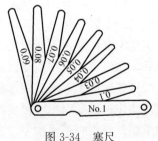

使用塞尺时，根据间隙的大小，可用一片或数片重叠在一起插入间隙内。例如用 0.3mm 的塞尺可以插入工件的间隙，而 0.35mm 的塞尺插不进去时，说明工件的间隙在 0.3～0.35mm。

图 3-34 塞尺

塞尺的片有的很薄，容易弯曲和折断，测量时不能用力太大，还应注意不能测量温度较高的工件。塞尺片用完后要擦拭干净，及时合到夹板中去。

4. 游标量具

（1）游标卡尺的结构和用途。游标卡尺的结构种类较多，最常用的三种游标卡尺的结构和测量指标见表 3-26。

表 3-26　　　　　　　　常用游标卡尺的结构和测量指标

种类	结 构 图	测量范围 （mm）	游标读数值 （mm）
三用卡尺 （Ⅰ型）	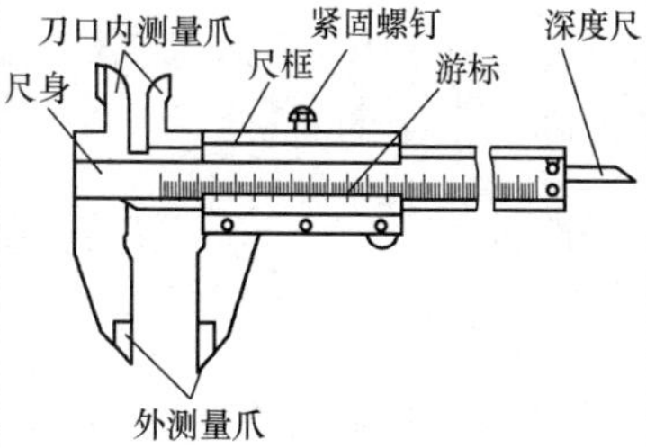	0～125 0～150	0.02 0.05
双面卡尺 （Ⅲ型）	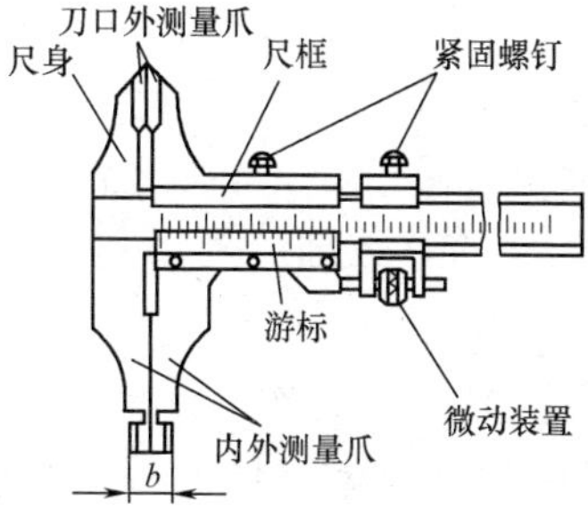	0～200 0～300	0.02 0.05
单面卡尺 （Ⅳ型）	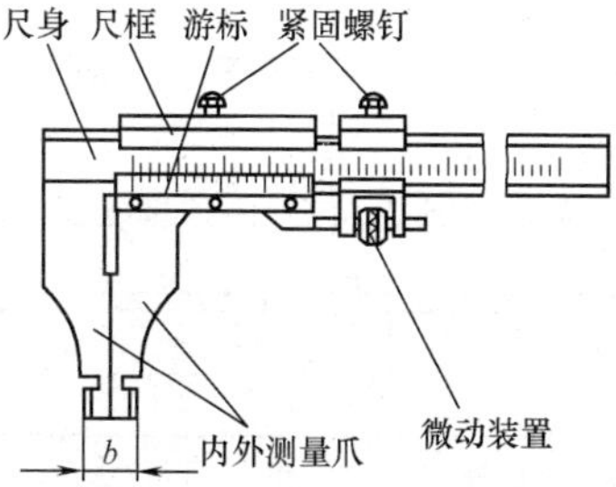	0～200 0～300	0.02 0.05
		0～500	0.02 0.05 0.1
		0～1000	0.05 0.1

　　从结构图中可以看出，游标卡尺的主体是一个刻有刻度的尺身，其上有固定量爪。有刻度的部分称为尺身，沿着尺身可移动的部分称为尺框。尺框上有活动量爪，并装有游标和紧固螺钉。有的游标卡尺上为调节方便还装有微动装置。在尺身上滑动尺框，可使两量爪的距离改变，以完成不同尺寸的测量工作。游标卡尺通常用

来测量内外径尺寸、孔距、壁厚、沟槽及深度等。由于游标卡尺结构简单，使用方便，因此生产中使用极为广泛。

（2）游标卡尺的刻线原理和读数方法。游标卡尺的读数部分由尺身与游标组成。其原理是利用尺身刻线间距和游标刻线间距之差来进行小数读数。通常尺身刻线间距 a 为 1mm，尺身刻线（$n-1$）格的长度等于游标刻线 n 格长度。常用的有 $n=10$，$n=20$ 和 $n=50$ 三种，相应的游标刻线间距 $b=\dfrac{(n-1)\times a}{n}$，分别为 0.90、0.95、0.98mm 三种。尺身刻线间距与游标刻线间距之差，即 $i=a-b$ 为游标读数值（游标卡尺的分度值），此时 i 分别为 0.10、0.05、0.02mm。

根据游标卡尺的刻线原理，在测量时，尺框沿着尺身移动，根据被测尺寸的大小尺框停留在某一确定的位置，此时游标上的零线落在尺身的某一刻度间，游标上的某一刻线与尺身上的某一刻线对齐，由以上两点，得出被测尺寸的整数部分和小数部分，两者相加，即得测量结果。

下面将读数的方法和步骤以图 1-32 为例进行说明。

图 3-35（a）上图为读数值 $i=0.05$mm 的游标卡尺的刻线图。尺身刻线间距 $a=1$mm，游标刻线间距 $b=0.95$mm，游标刻线格

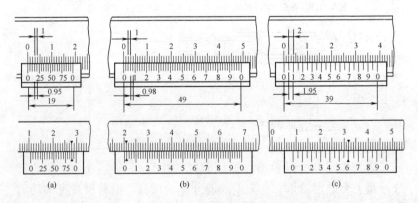

图 3-35　游标卡尺的刻线原理和读数示例

（a）$i=0.05$ 游标卡尺；（b）$i=0.02$ 游标卡尺；

（c）$r=2$、$i=0.05$ 游标卡尺

数 20 格，游标刻线总长 19mm。下图为某测量结果。游标的零线落在尺身的 10～11mm 之间，因而读数的整数部分为 10mm。游标的第 18 格的刻线与尺身的一条刻线对齐，因而小数部分值为 $0.05 \times 18 = 0.9$mm。所以被测量尺寸为 $10 + 0.9 = 10.9$mm。

图 3-33(b) 上图为读数值 $i = 0.02$mm 的游标卡尺的刻线图。尺身刻线间距 $a = 1$mm，游标刻线间距 $b = 0.98$mm，游标的刻线格数为 50 格，游标刻线总长为 49mm。下图为某测量结果。游标的零线落在尺身的 20～21mm 之间，因而整数部分为 20mm。游标的第 1 格刻线与尺身的一条刻线对齐，因而小数部分值为 $0.02 \times 1 = 0.02$mm。所以被测尺寸为 20.02mm。

使用游标卡尺时，当游标上的某一刻线与尺身上的一条刻线对齐时，此刻线左、右相邻的两条刻线也与尺身上的另外刻线近似对齐，因而易发生判断错误而产生测量误差，此误差属粗大误差。

为使读数更加清晰，可把游标的刻线间距分别增大为 1.90mm 或 1.95mm，使尺身两格与游标刻线一格的间距差为 0.10mm 或 0.05mm，此时 $i = \gamma a - b$，式中的 γ 为游标系数。图 3-33(c) 上图为 $\gamma = 2$，$i = 0.05$mm 的游标卡尺的刻线图，其中 $a = 1$mm，$b = 1.95$mm，游标格数 20 格，游标刻线总长 39mm。下图为某测量结果。其整数部分为 8mm，小数部分为 $0.05 \times 12 = 0.60$mm，因而被测尺寸为 8.60mm。

（3）使用游标卡尺的注意事项。测量前要将卡尺的测量面用软布擦干净，卡尺的两个量爪合拢，应密不透光。如漏光严重，需进行修理。量爪合拢后，游标零线应与尺身零线对齐。如对不齐，就存在零位偏差，一般不能使用，如要使用，需加校正值。游标在尺身上滑动要灵活自如，不能过松或过紧，不能晃动，以免产生测量误差。

测量时，应使量爪轻轻接触零件的被测表面，保持合适的测量力，量爪位置要摆正，不能歪斜。

读数时，视线应与尺身表面垂直，避免产生视觉误差。

（4）游标卡尺的使用禁忌及维护保养。

1）不准把卡尺的两个量爪当扳手或划线工具使用，不准用卡尺代替卡钳、卡板等在被测件上推拉，以免磨损卡尺，影响测量精度。

2）带深度尺的游标卡尺，用完后应将量爪合拢，否则较细的深度尺露在外边，容易变形，甚至折断。

3）测量结束时，要把卡尺平放，特别是大尺寸卡尺，否则易引起尺身弯曲变形。

4）卡尺使用完毕，要擦净并上油，放置在专用盒内，防止弄脏或生锈。

5）不可用砂布或普通磨料来擦除刻度尺表面及量爪测量面的锈迹和污物。

6）游标卡尺受损后，不允许用锤子、锉刀等工具自行修理，应交专门修理部门修理，并经检定合格后才能使用。

（5）其他类型的游标量具。

1）游标深度尺，主要用于测量孔、槽的深度和阶台的高度，如图 3-36 所示。

2）游标高度尺，主要用于测量工件的高度尺寸或进行划线，如图 3-37 所示。

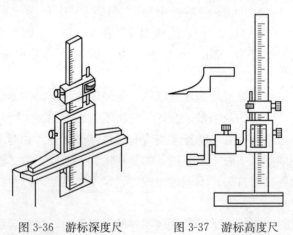

图 3-36　游标深度尺　　　　图 3-37　游标高度尺

3）游标齿厚尺，结构上是由两把互相垂直的游标卡尺组成，用于测量直齿、斜齿圆柱齿轮的固定弦齿厚，如图 3-38 所示。有的卡尺上还装有百分表或数显装置，成为带表卡尺或数显卡尺，如

图 3-39 和图 3-40 所示。由于这两种卡尺采用了新的更准确的读数装置，因而减小了测量误差，提高了测量的准确性。

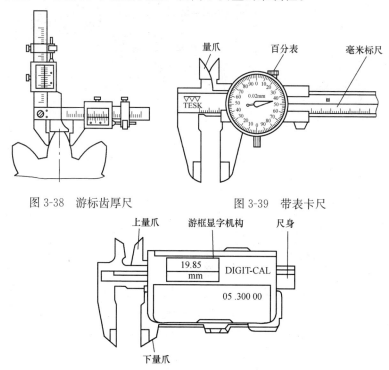

图 3-38 游标齿厚尺   图 3-39 带表卡尺

图 3-40 数显卡尺

5. 测微螺旋量具

测微螺旋量具是利用螺旋副的运动原理进行测量和读数的一种测微量具。按用途可分为外径千分尺、内径千分尺、深度千分尺及专用的测量螺纹中径尺寸的螺纹千分尺和测量齿轮公法线长度的公法线千分尺等。

（1）外径千分尺。

1）外径千分尺的结构。外径千分尺由尺架、测微装置、测力装置和锁紧装置等组成，如图 3-41 所示。

图 3-41 中测微螺杆由固定套管用螺钉固定在螺纹轴套上，并与尺架紧配结合成一体。测微螺杆的一端为测量杆，它的中部外螺

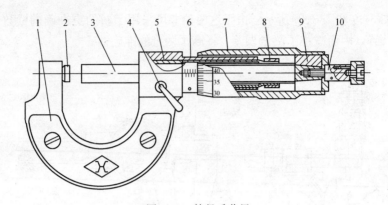

图 3-41　外径千分尺

1—尺架；2—砧座；3—测微螺杆；4—锁紧装置；5—螺纹轴套；6—固定套管；
7—微分筒；8—螺母；9—接头；10—测力装置

纹与螺纹轴套上的内螺纹精密配合，并可通过螺母调节配合间隙；另一端的外圆锥与接头的内圆锥相配，并通过顶端的内螺纹与测力装置连接。当此螺纹旋紧时，测力装置通过垫片紧压接头，而接头上开有轴向槽，能沿着测微螺杆上的外圆锥胀大，使微分筒与测微螺杆和测力装置结合在一起。当旋转测力装置时，就带动测微螺杆和微分筒一起旋转，并沿精密螺纹的轴线方向移动，使两个测量面之间的距离发生变化。

千分尺测微螺杆的移动量一般为 25mm，少数大型千分尺也有制成 50mm 的。

2）外径千分尺的读数原理和读数方法。在千分尺的固定套管上刻有轴向中线，作为微分筒读数的基准线。在中线的两侧，刻两排刻线，每排刻线间距为 1mm，上下两排相互错开 0.5mm。测微螺杆的螺距为 0.5mm，微分筒的外圆周上刻有 50 等分的刻度。当微分筒转一周时，螺杆轴向移动 0.5mm。如微分筒只转动一格时，则螺杆的轴向移动为 0.5/50＝0.01mm，因而 0.01mm 就是千分尺的分度值。

读数时，从微分筒的边缘向左看固定套管上距微分筒边缘最近的刻线，从固定套管中线上侧的刻度读出整数，从中线下侧的刻度读出 0.5mm 的小数，再从微分筒上找到与固定套管中线对齐的刻线，将此刻线数乘以 0.01mm 就是小于 0.5mm 的小数部分的读数，最后把以上几部分相加即为测量值。

【例 3-2】 读出图 3-42 中外径千分尺所示读数。

解： 从图 3-42(a) 中可以看出，距微分筒最近的刻线为中线下侧的刻线，表示 0.5mm 的小数，中线上侧距微分筒最近的为 7mm 的刻线，表示整数，微分筒上的 35 的刻线对准中线，所以外径千分尺的读数=7+0.5+0.01×35=7.85mm。

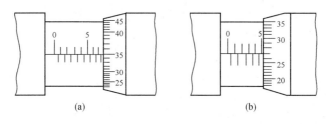

图 3-42 外径千分尺读数示例

(a) 读数示例一；(b) 读数示例二

从图 3-42(b) 中可以看出，距微分筒最近的刻线为 5mm 的刻线，而微分筒上数值为 27 的刻线对准中线，所以外径千分尺的读数=5+0.01×27=5.27mm。

3）千分尺的精度特点。千分尺使用方便，读数准确，其测量精度比游标卡尺高，在生产中使用广泛；但千分尺的螺纹传动间隙和传动副的磨损会影响测量精度，因此主要用于测量中等精度的零件。常用的外径千分尺的测量范围有 0～25mm、25～50mm、50～75mm 等多种，最大的可达 2500～3000mm。

千分尺的制造精度主要由它的示值误差（主要取决于螺纹精度和刻线精度）和测量面的平行度误差决定。制造精度可分为 0 级和1 级两种，0 级精度较高。

4）千分尺的合理使用。只有正确合理地使用千分尺，才能保证测量的准确性，因此在使用时应注意如下几点。

a. 根据不同公差等级的工件，正确合理地选用千分尺。一般情况下，0 级千分尺适用于测量 IT8 级公差等级以下的工件，1 级千分尺适用于测量 IT9 级公差等级以下的工件。

b. 使用前，先用清洁纱布将千分尺擦干净，然后检查其各活动部分是否灵活可靠。在全行程内活动套管的转动要灵活，轴杆的移动要平稳。锁紧装置的作用要可靠。

c. 检查零位时应使两测量面轻轻接触，并无漏光间隙，这时微分筒上的零线应对准固定套筒上纵刻线，微分筒锥面的端面应与固定套筒零刻线相对。如有零位偏差，应进行调整。调整的方法是：先使砧座与测微螺杆的测量面合拢，然后利用锁紧装置将测微螺杆锁紧，松开固定套管的紧固螺钉，再用专用扳手插入固定套管的小孔中，转动固定套管使其中线对准微分筒刻度的零线，然后拧紧紧固螺钉。如果零位偏差是由于微分筒的轴向位置相差较远而致，可将测力装置上的螺母松开，使压紧接头放松，轴向移动微分筒，使其左端与固定套管上的零刻度线对齐，并使微分筒上的零刻度线与固定套管上的中线对齐，然后旋紧螺母，压紧接头，使微分筒和测微螺杆结合成一体，再松开测微螺杆的锁紧装置。

d. 在测量前必须先把工件的被测量表面擦干净，以免脏物影响测量精度。

e. 测量时，要使测微螺杆轴线与工件的被测尺寸方向一致，不要倾斜。转动微分筒，当测量面将与工件表面接触时，应改为转动棘轮，直到棘轮发出"咔咔"的响声后，方能进行读数，这时最好在被测件上直接读数。如果必须取下千分尺读数时，应用锁紧装置把测微螺杆锁住再轻轻滑出千分尺。如图 3-43 所示，读数要细心，看清刻度，特别要注意分清整数部分和 0.5mm 的刻线。

f. 测量较大工件时，有条件的可把工件放在 V 形块或平板上，采用双手操作法，左手拿住尺架的隔热装置，右手用两指旋转测力装置的棘轮。

g. 测量中要注意温度的影响，防止手温或其他热源的影响。使用大规格的千分尺时，更要严格地进行等温处理。

h. 不允许测量带有研磨剂的表面和粗糙表面，更不能测量运动着的工件。注意绝对不能在工件转动时去测量。

5）千分尺的使用禁忌及维护保养。千分尺在使用中要经常注意维护保养，才能长期保持其精度，因此必须做到以下几点。

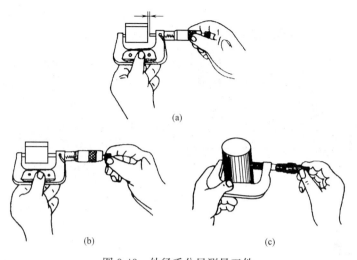

图 3-43　外径千分尺测量工件

（a）转动微分筒；（b）转动棘轮测出尺寸；（c）测出工件外径

a. 测量时，不能使劲拧千分尺的微分筒。

b. 不允许把千分尺当卡规用。

c. 不要拧松后盖，否则会造成零位改变，如果后盖松动，必须校对零位。

d. 不许手握千分尺的微分筒旋转晃动，以防止丝杆磨损或测量面互相撞击。

e. 不允许在千分尺的固定套筒和微分筒之间加进酒精、煤油、柴油、凡士林和普通机油等；不准把千分尺侵入上述油类和切削液里。如发现上述物质浸入，要用汽油洗净，再涂以特种轻质润滑油。

f. 要经常保持千分尺的清洁，使用完毕用软布或棉纱等擦干净，同时还要在两测量面上涂一层防锈油。要注意勿使两个测量面贴合在一起，然后放在专用盒内，并保存在干燥的地方。

（2）其他类型千分尺简介。其他类型的千分尺的读数原理与读数方法与外径千分尺相同，只是由于用途不同，在外形和结构上有所差异。

1）内径千分尺。内径千分尺如图 3-44（a）所示，它用来测量 50mm 以上的内尺寸，其读数范围为 50～63mm。为了扩大其测量

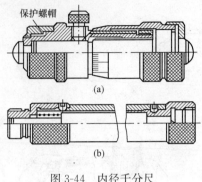

图 3-44　内径千分尺

(a) 外形；(b) 接长杆

范围，内径千分尺附有成套接长杆 [见图 3-44(b)]，连接时去掉保护螺帽，把接长杆右端与内径千分尺左端旋合，可以连接多个接长杆，直到满足需要为止。

2）内测千分尺。内测千分尺主要适用于直接测量工件的沟槽宽度，浅孔直径，浅槽和空隙的宽度，活塞环宽度以及传动轴的配合槽宽度等。普通内测千分尺是由微分头和两个柱面形测量爪组成的（见图 3-45）。

普通内测千分尺的读数方法与外径千分尺相同，但测量和读数方向与外径千分尺相反。由于它测量轴线不在基准轴线的延长线上，因此，测量精度较低。普通内径千分尺的读数值为 0.01mm，测量范围有 5～30mm 或 5～25mm、25～50mm、50～75mm 等多种，并都备有校对零位用的光面环规，称校对量具。

3）深度千分尺。深度千分尺见图 3-46，其主要结构与外径千分尺相似，只是多了一个基座而没有尺架。深度千分尺主要用于测量孔和沟槽的深度及两平面间的距离。在测微螺杆的下面连接着可

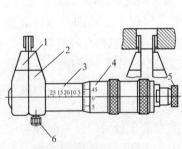

图 3-45　普通内测千分尺

1—固定测量爪；2—活动测量爪；

3—固定套筒；4—微分筒；5—测力

装置；6—紧固螺钉

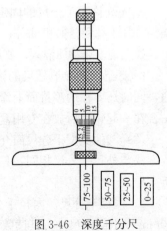

图 3-46　深度千分尺

换测量杆，测量杆有四种尺寸，测量范围分别为：0～25mm、25～50mm、50～75mm、75～100mm。

4）螺纹千分尺。螺纹千分尺如图 3-47 所示，主要用于测量螺纹的中径尺寸，其结构与外径千分尺基本相同，只是砧座与测量头的形状有所不同。其附有各种不同规格的测量头，每一对测量头用于一定的螺距范围，测量时可根据螺距选用相应的测量头。测量时，V 形测量头与螺纹牙型的凸起部分相吻合，锥形测量头与螺纹牙型沟槽部分相吻合，从固定套管和微分筒上可读出螺纹的中径尺寸。

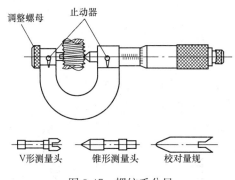

图 3-47　螺纹千分尺

5）壁厚千分尺。壁厚千分尺的结构如图 3-48 所示，它是用来测量精密管形零件的壁厚尺寸，测量面镶有硬质合金，以提高寿命，壁厚千分尺的读数值为 0.01mm。

6）尖头千分尺。尖头千分尺（见图 3-49）是用来测量普通千分尺不能测量的小沟槽的，如钻头和偶数槽丝锥的沟槽直径等。尖

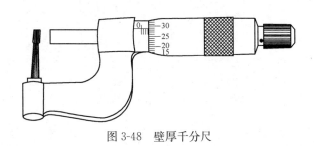

图 3-48　壁厚千分尺

头千分尺读数值为 0.01mm,测量范围为 0~25mm。

以上所介绍的各种千分尺,在读尺寸时都比较麻烦,目前生产的新型千分尺就比较方便,当千分尺在零件上量得尺寸时,这个尺寸就会在微分筒窗口显示出来(见图 3-50)。

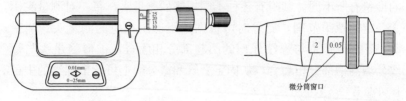

图 3-49 尖头千分尺   图 3-50 新型千分尺微分筒窗口

二、铣工常用机械式量仪

1. 百分表

百分表(见图 3-51)可用来检验机床精度和测量工件的尺寸、形状和位置误差。按测量尺寸范围,百分表可分为 0~3、0~5 和 0~10 三种。借助齿轮、测量杆上齿条的传动,将测量杆微小的直

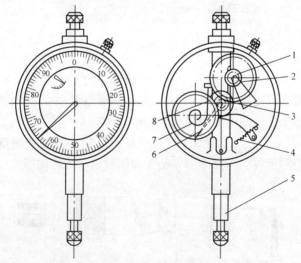

图 3-51 百分表的结构

1—小齿轮;2、7—大齿轮;3—中间齿轮;4—弹簧;5—测量杆;

6—指针;8—游丝

线位移经传动和放大机构转变为表盘上指针的角位移，从而指示出相应的数值。

（1）百分表的分度原理。百分表的测量杆移动 1mm，通过齿轮传动系统，使大指针沿刻度盘转动一周。刻度盘沿圆周刻有 100 个刻度，当指针转过 1 格时，表示所测量的尺寸变化为 1mm/100＝0.01mm，所以百分表的分度值为 0.01mm。

（2）百分表的操作和使用。测量前应检查表盘玻璃是否破裂或脱落，测量头、测量杆、套筒等是否有碰伤或锈蚀，指针有无松动现象，指针的转动是否平稳等。

测量时，应使测量杆垂直零件被测表面。测量圆柱面的直径时，测量杆中心线要通过被测圆柱面的轴线。测量头开始与被测表面接触时，测量杆就应压缩 0.3～1mm，以保持一定的初始测量力，以免有负偏差时得不到测量数据。测量时应轻提量杆，移动工件至测量头下面（或将测量头移至工件上），再缓慢向下与被测表面接触。不能快速放下测量杆，否则易造成测量误差。不准将工件强行推入至测量头下，以免损坏百分表。

使用百分表座及专用夹具，可对长度尺寸进行相对测量。测量前先用标准件或量块校对百分表，转动表圈，使表盘的零刻线对准指针，然后再测量工件，从表中读出工件尺寸相对标准或量块的偏差，从而确定工件尺寸。

使用百分表及相应附件还可测量工件的直线度、平面度及平行度等误差，以及在机床上或者其他专用装置上测量工件的跳动误差等。

百分表是精密量仪，使用和维护保养时要注意以下几点。

1）提压测量杆的次数不要过多，距离不要过大，以免损坏机件及加剧零件磨损。

2）测量时，测量杆的行程不要超过它的示值范围，以免损坏表内零件。

3）调整时应避免剧烈振动和碰撞，不要使测量头突然撞击在被测表面上，以防测量杆弯曲变形，更不能敲打表的任何部位。

4）表架要放稳，以免百分表落地摔坏。使用磁性表座时要注意表座的旋钮位置。

5）严防水、油、灰尘等进入表内，不要随便拆卸表的后盖。

6）百分表使用完毕，要擦净放回盒内，使测量杆处于自由状态，以免表内弹簧长期受压失效。

2. 千分表

千分表的用途、结构形式及工作原理与百分表相似，如图 3-52 所示，也是通过齿轮齿条传动机构把测量杆的直线移动转变为指针的转动，并在表盘上指示出数值。但是，千分表的传动机构中齿轮传动的级数要比百分表多，因而放大比更大，分度值更小，测量精度也更高，可用于较高精度的测量。千分表的分度值为 0.01mm，示值

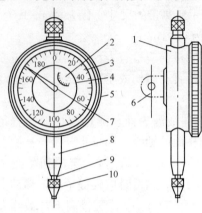

图 3-52　千分表

1—表体；2—转数指针；3—表盘；4—转数指示盘；5—表圈；6—耳环；7—指针；8—套筒；9—量杆；10—测量头

范围为 0～1mm。

3. 内径百分表

内径百分表由百分表和专用表架组成（见图 3-53），用于测量孔的直径和孔的形状误差，特别适宜于深孔的测量。内径百分表测量孔径属于相对测量法，测量前应根据被测孔径的大小，用千分尺或其他量具将其调整好才能使用。

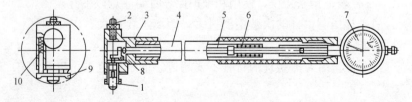

图 3-53　内径百分表

1—活动测头；2—可换测头；3—表架头；4—表架套杆；5—传动杆；6—测力弹簧；7—百分表；8—杠杆；9—定位装置；10—定位弹簧

4. 杠杆百分表

杠杆百分表（见图 3-54）是把杠杆测头的位移（杠杆的摆动），通过机械传动系统转变为指针在表盘上的偏转。杠杆百分表表盘圆周上有均匀的刻度，分度值 0.01mm，示值范围一般为 ±0.4mm。当杠杆测头的位移为 0.01mm 时，杠杆齿轮传动机构使指针偏转一格。杠杆百分表体积较小，杠杆测头的位移方向可以改变，在校正工件和测量工件时都很方便。特别适宜对小孔的测量和在机床上校正零件。

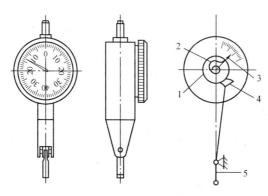

图 3-54 杠杆百分表

1—齿轮；2—游丝；3—指针；4—扇形齿轮；5—杠杆测头

5. 杠杆千分尺

杠杆千分尺（见图 3-55）可以进行绝对测量，也可以进行相对测量。

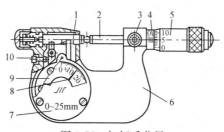

图 3-55 杠杆千分尺

1—测砧；2—测微螺杆；3—锁紧装置；4—固定套管；5—微分筒；6—尺架；
7—盖板；8—指针；9—刻度盘；10—按钮

（1）绝对测量。作绝对测量时首先要进行零位校正，若指示表读数不为零，应进行调整；也可记下初读数，对测量结果进行修正。测量时，将零件放在两测量面之间，缓慢转动微分筒，当测量面与工件接触，指针开始转动时，继续缓慢转动微分筒，使微分筒上最近的一条刻线与固定套管上的中线对齐，然后读数。工件尺寸＝千分尺读数±仪表指针读数。

（2）相对测量。作相对测量时，应根据零件的基准尺寸（一般为中间尺寸，放入工件，即最大极限尺寸与最小极限尺寸之和的一半）组合量块，放入两测量面之间，使指针对好零线后锁紧千分尺的测量杆，然后压下按钮，松开测砧，取出量块，放入工件，再松开按钮，此时刻度盘上读出的是工件实际尺寸与组合量块尺寸之差。根据此差值和组合量块的尺寸便可算出工件的实际尺寸。

三、测量角度的常用计量器具

1. 万能角度尺

万能角度尺是用来测量工件内外角度的量具。按其游标读数值（即分度值）可分为 $2'$ 和 $5'$ 两种；按其尺身的形状不同可分为圆形和扇形两种。以下仅介绍读数值为 $2'$ 的扇形万能角度尺的结构、刻线原理、读数方法和测量范围。

（1）万能角度尺的结构。如图 3-56 所示，万能角度尺由尺身、角尺、游标、制动器、扇形板、基尺、直尺、夹块、捏手、小齿轮和扇形齿轮等组成。游标固定在扇形板上，基尺和尺身连成一体。扇形板可以与尺身作相对回转运动，形成和游标卡尺相似的读数机构。角尺用夹块固定在扇形板上，直尺又用夹块固定在角尺上。根据所测角度的需要，也可拆下角尺，将直尺直接固定在扇形板上。制动器可将扇形板和尺身锁紧，便于读数。

测量时，可转动万能角度尺背面的捏手，通过小齿轮转动扇形齿轮，使尺身相对扇形板产生转动，从而改变基尺与角尺或直尺间的夹角，满足各种不同情况测量的需要。

（2）万能角度尺的刻线原理及读数。万能角度尺的尺身刻线每格 $1°$，游标刻线将对应于尺身上 $29°$ 的弧长等分为 30 格，如

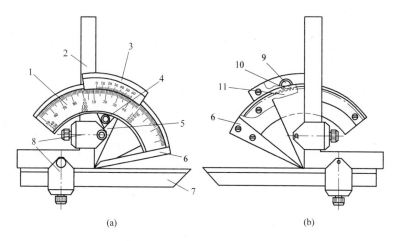

图 3-56 万能角度尺

（a）正面；（b）背面

1—尺身；2—角尺；3—游标；4—制动器；5—扇形板；6—基尺；

7—直尺；8—夹块；9—捏手；10—小齿轮；11—扇形齿轮

图 3-57(a) 所示，即游标上每格所对应的角度为 $\dfrac{29^\circ}{30}$，因此尺身 1 格与游标上 1 格相差

$$1^\circ - \frac{29^\circ}{30} = \frac{1^\circ}{30} = 2'$$

即万能角度尺的读数值（分度值）为 $2'$。

万能角度尺的读数方法和游标卡尺相似，即先从尺身上读出游

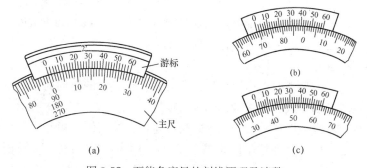

图 3-57 万能角度尺的刻线原理及读数

（a）刻线原理；（b）读数示例一；（c）读数示例二

标零刻度线指示的整度重。再判断游标上的第几格的刻线与尺身上的刻线对齐，就能确定角度"分"的数值，然后将两者相加，就是被测角度的数值。

在图 3-57（b）中，游标上的零刻度线落在尺身上 69°～70°之间，因而该被测角度的"度"的数值为 69°；游标上第 21 格的刻线与尺身上的某一刻度线对齐，因而被测角度的"分"的数值为 2′×21＝42′所以被测角度的数值为 69°42′。利用同样的方法，可以得出图 3-57（c）中的被测角度的数值为 34°8′。

（3）万能角度尺的测量范围。由于角尺和直尺可以移动和拆换，因而万能角度尺可以测量 0°～320°间的任何大小的角度，如图 3-58所示。

图 3-58（a）图为测量 0°～50°角时的情况，被测工件放在基尺和直尺的测量面之间，此时按尺身上的第一排刻度读数。

图 3-58（b）图为测量 50°～140°角时的情况，此时应将角尺取下来，将直尺直接装在扇形板的夹块上，利用基尺和直尺的测量面进行测量，按尺身上的第二排刻度表示的数值读数。

图 3-58（c）图为测量 140°～230°角时的情况，此时应将直尺和角尺上固定直尺的夹块取下，调整角尺的位置，使角尺的直角顶点与基尺的尖端对齐，然后把角尺的短边和基尺的测量面靠在被测工件的被测量面上进行测量，按尺身上第三排刻度所示的数值读数。

图 3-58（d）图为测量 230°～320°角时的情况，此时将角尺、直尺和夹块全部取下，直接用基尺和扇形板的测量面对被测工件进行测量，按尺身上第四排刻度所示的数值读数。万能角度尺的维护、保养方法与游标卡尺的维护、保养基本相同。

2. 正弦规

（1）正弦规的工作原理和使用方法。正弦规的结构简单，主要由主体工作平板和两个直径相同的圆柱组成，如图 3-59所示。为了便于被检工件在平板表面上定位和定向，装有侧挡板和后挡板。

正弦规两个圆柱中心距精度很高，中心距 100mm 的极限偏差为±0.003mm 或±0.002mm，同时工作平面的平面度精度，以及两个圆柱的形状精度和它们之间的相互位置精度都很高。因此，可

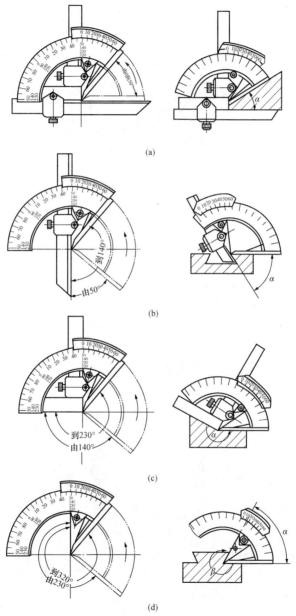

图 3-58　万能角度尺的测量范围

(a) 测量 0°～50°角; (b) 测量 50°～140°角; (c) 测量 140°～230°角; (d) 测量 230°～320°角

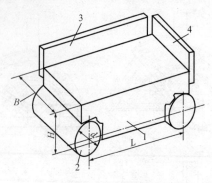

图 3-59　正弦规
1—主体；2—圆柱；3—侧挡板；4—后挡板

以作精密测量用。

　　使用时，将正弦规放在平板上，一圆柱与平板接触，而另一圆柱下垫以量块组，使正弦规的工作平面与平板间形成一角度。从图 3-60可以看出

$$\sin\alpha = \frac{h}{L}$$

式中　α——正弦规放置的角度；

　　　h——量块组尺寸；

　　　L——正弦规两圆柱的中心距。

　　图 3-60 是用正弦规检测圆锥塞规的示意图。

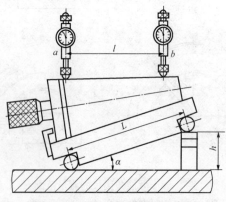

图 3-60　用正弦规测量圆锥塞规

用正弦规检测圆锥塞规时，首先根据被检测的圆锥塞规的基本圆锥角，由 $h = L\sin\alpha$ 算出量块组尺寸并组合量块，然后将量块组放在平板上与正弦规一圆柱接触，此时正弦规主体工作平面相对于平板倾斜 α 角。放上圆锥塞规后，用千分表分别测量被测圆锥上 a、b 两点。a、b 两点读数之差 n 与 a、b 两点距离 l（可用直尺量得）之比即为锥度偏差 Δc，并考虑正负号，即

$$\Delta c = \frac{n}{l}$$

式中 n 和 l 的单位均取 mm。

锥度偏差乘以弧度对秒的换算系数后，即可求得圆锥角偏差，即

$$\Delta\alpha = 2\Delta c \times 10^{5}$$

式中 $\Delta\alpha$ 的单位为（″）。用此法也可测量其他精密零件的角度。

（2）正弦规的结构形式和公称尺寸。正弦规的结构形式分为窄型和宽型两类，每一类型又按其主体工作平面长度尺寸分为两类。正弦规常用的精度等级为 0 级和 1 级，其中 0 级精度为高。正弦规的公称尺寸见表 3-27。

表 3-27　　　　　　　　　正弦规的公称尺寸（mm）

形式	精度等级	主要尺寸			
		L	B	d	H
窄型	0 级	100	25	20	30
	1 级	200	40	30	55
宽型	0 级	100	80	20	40
	1 级	200	80	30	55

注　L 为正弦规两圆柱的中心距，B 为正弦规主体工作平面的宽度，d 为两圆柱的直径，H 为工作平面的高度。

3. 水平仪

（1）水平仪的用途。水平仪是测量被测平面相对水平面的微小倾角的一种计量器具，在机械制造中，常用来检测工件表面或设备安装的水平情况。如检测机床、仪器的底座、工作台面及机床导轨

等的水平情况；还可以用水平仪检测导轨、平尺、平板等的直线度和平面度误差，以及测量两工作面的平行度和工作面相对于水平面的垂直度误差等。

（2）水平仪的分类。水平仪按其工作原理可分为水准式水平仪和电子水平仪两类。水准式水平仪又有条式水平仪、框式水平仪和合像水平仪三种结构形式。水准式水平仪目前使用最为广泛，以下仅介绍水准式水平仪。

4．水准式水平仪的结构和规格

（1）条式水平仪条式水平仪的外形如图 3-61 所示。它由主体、盖板、水准器和调零装置组成。在测量面上刻有 V 形槽，以便放在圆柱形的被测表面上测量。图 3-61(a) 中的水平仪的调零装置在一端，而图 3-61(b) 中的调零装置在水平仪的上表面，因而使用更为方便。条式水平仪工作面的长度有 200mm 和 300mm 两种。

（2）框式水平仪框式水平仪的外形如图 3-62 所示。它由横水准器、主体把手、主水准器、盖板和调零装置组成。它与条式水平仪的不同之处在于：条式水平仪的主体为一条形，而框式水平仪的主体为一框形。框式水平仪除有安装水准器的下测量面外，还有一个与下测量面垂直的侧测量面，因此框式水平仪不仅能测量工件的

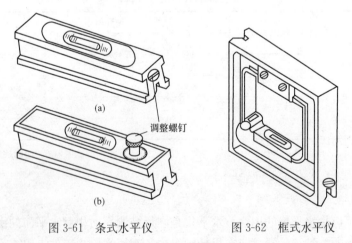

调整螺钉

图 3-61　条式水平仪　　　图 3-62　框式水平仪

水平表面，还可用它的侧测量面与工件的被测表面相靠，检测其对

水平面的垂直度。框式水平仪的框架规格有 150mm×150mm、200mm×200mm、250mm×250mm、300mm×300mm 等几种，其中 200mm×200mm 最为常用。

（3）合像水平仪合像水平仪主要由水准器、放大杠杆、测微螺杆和光学合像棱镜等组成，如图 3-63（a）、（b）所示。

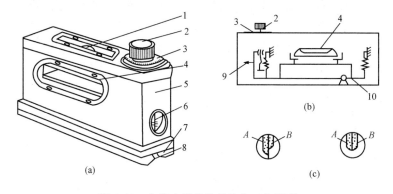

图 3-63　合像水平仪的结构和工作原理
（a）结构图；（b）工作原理
1—观察窗；2—微动旋钮；3—微分盘；4—主水准器；5—壳体；6—mm/m 刻度；
7—底工作面；8—V 形工作面；9—指针；10—杠杆

合像水平仪的水准器安装在杠杆架的底板上，它的位置可用微动旋钮通过测微螺杆与杠杆系统进行调整。水准器内的气泡，经三个不同位置的棱镜反射至观察窗放大观察（分成两半合像）。当水准器不在水平位置时，气泡 A、B 两半不对齐，当水准器在水平位置时，气泡 A、B 两半就对齐，如图 3-63（c）所示。

使用读数值为 0.01mm/1000mm 的光学合像水平仪时，先将水平仪放在工件被测表面上，此时气泡 A、B 一般不对齐，用于转动微分盘的旋钮，直到两半气泡完全对齐为止。此时表示水准器平行水平面，而被测表面相对水平面的倾斜程度就等于水平仪底面对水准器的倾斜程度，这个数值可从水平仪的读数装置中读出。读数时，先从刻度窗口读出 mm 数，此 1 格表示 1000mm 长度上的高度差为 1mm，再看微分盘刻度上的格数，每 1 格表示 1000mm 长度上的高度差为 0.01mm，将两者相加就得所需的数值。例如窗口刻度中的示值为 1mm，微分盘刻度的格数是 16 格，其读数就是 1.16mm，即在 1000mm 长度上的高度差为 1.16mm。

如果工件的长度不是 1000mm，而是 1mm，则在 1mm 长度上的高度差为：1000mm 长度上的高度差× $\dfrac{l}{1000}$。

合像水平仪主要用于精密机械制造中，其最大特点是使用范围广，测量精度较高，读数方便、准确。

第四章

铣床及其结构

在金属切削机床中，铣床占有显著的地位。它的生产效率高，加工范围广，是目前机械制造业中广泛采用的工作母机之一。

第一节 铣 床 概 述

一、铣床型号的编制方法

机床型号是机床产品的代号，可以反映出机床的类别、结构特征、性能和主要的技术规格等。我国目前实行的机床型号，按GB/T 15375—2008《金属切削机床型号编制方法》金属切削机床型号编制方法》编制。

机床型号由基本部分和辅助部分组成，中间用"/"隔开，读作"之"。前者需统一管理，后者纳入型号与否由企业自定。两者都用汉语拼音字母或阿拉伯数字表示。

我国金属切削机床按其工作原理、结构性能特点及使用范围可分为车床、钻床、镗床、磨床、齿轮加工机床、螺纹加工机床、铣床、刨插床、拉床、锯床和其他机床共 11 类。

（1）铣床型号的表示方法。铣床型号的表示方法如图 4-1 所示。

（2）机床的分类及类代号。机床的类代号用大写的汉语拼音字母表示，必要时，每类可分为若干分类。分类代号在类代号之前，作为型号的首位，并用阿拉伯数字表示。第 1 分类代号前的"1"省略，第"2"、"3"分类代号则应予以表示，如"M、2M、3M"。

机床的类代号，按其相对应的汉字字意读音。例如：车床类代号"C"读作"车"；铣床类代号"X"读作"铣"。机床类代号及其读音见表 4-1。

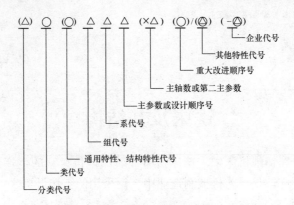

图 4-1　铣床型号的表示方法

注：1. 有"（　）"的代号，当无内容时，则不表示。若有内容则不带括号。
　　2. 有"〇"符号者，为大写的汉语拼音字母。
　　3. 有"△"符号者，为阿拉伯数字。
　　4. 有"◎"符号者，为大写的汉语拼音字母，或阿拉伯数字，或两者兼而有之。

表 4-1　　　　　　　　　机床的类别及代号

类别	车床	钻床	镗床	磨　床			齿轮加工机床	螺纹加工机床	铣床	刨插床	拉床	锯床	其他机床
代号	C	Z	T	M	2M	3M	Y	S	X	B	L	G	Q
读音	车	钻	镗	磨	二磨	三磨	牙	丝	铣	刨	拉	割	其

（3）机床的特性代号。机床的特性代号包括通用特性代号和结构特性代号，用大写的汉语拼音字母表示，位于类代号之后。

1）通用特性代号。当某类型机床除有普通型式外，还有某种通用特性时，则在类代号之后加通用特性代号予以区分。若仅有某种通用特性而无普通型式者，则通用特性不予表示。通用特性代号有统一的固定含义，它在各类机床的型号中所表示的意义相同。机床通用特性代号的读音见表 4-2。

表 4-2　　　　　　　　　机床通用特性代号

通用特性	高精度	精密	自动	半自动	数控	加工中心（自动换刀）	仿形	轻型	加重型	简式或经济型	柔性加工单元	数显	高速
代号	G	M	Z	B	K	H	F	Q	C	J	R	X	S
读音	高	密	自	半	控	换	仿	轻	重	简	柔	显	速

2）结构特性代号。对主参数值相同而结构、性能不同的机床，在型号中加上结构特性代号予以区别。但结构特性代号与通用特性代号不同，它在型号中没有统一的含义，只在同类机床中起区分机床结构、性能的作用。当型号中有通用特性代号时，结构特性代号应排在通用特性代号之后。通用特性代号已用的字母和"I、O"两个字母均不能作为结构特性代号使用。当字母不够使用时，可将两个字母合起来使用，如 AD、AE 等。

（4）机床的组、系代号。每类机床划分为 10 个组，每一组又划分为 10 个系，用阿拉伯数字表示，位于类代号或通用特性代号之后。铣床类中的组、系划分见表 4-3。

表 4-3　　铣床类（X）的组、系划分表（摘自 GB/T 19751—2008）

组		系			主　参　数
代号	名称	代号	名　　　称	折算系数	名　　　称
0	仪表铣床	0			
		1	台式工具铣床	1/10	工作台面宽度
		2	台式车铣床	1/10	工作台面宽度
		3	台式仿形铣床	1/10	工作台面宽度
		4	台式超精铣床	1/10	工作台面宽度
		5	立式台铣床	1/10	工作台面宽度
		6	卧式台铣床	1/10	工作台面宽度
		7			
		8			
		9			
1	悬臂及滑枕铣床	0	悬臂铣床	1/100	工作台面宽度
		1	悬臂镗铣床	1/100	工作台面宽度
		2	悬臂磨铣床	1/100	工作台面宽度
		3	定臂铣床	1/100	工作台面宽度
		4			
		5			
		6	卧式滑枕铣床	1/100	工作台面宽度
		7	立式滑枕铣床	1/100	工作台面宽度
		8			
		9			

组		系			主 参 数	
代号	名称	代号	名　　　称	折算系数	名　　　称	
2	龙门铣床	0	龙门铣床	1/100	工作台面宽度	
		1	龙门镗铣床	1/100	工作台面宽度	
		2	龙门磨铣床	1/100	工作台面宽度	
		3	定梁龙门铣床	1/100	工作台面宽度	
		4	定梁龙门镗铣床	1/100	工作台面宽度	
		5	高架式横梁移动龙门镗铣床	1/100	工作台面宽度	
		6	龙门移动铣床	1/100	工作台面宽度	
		7	定梁龙门移动铣床	1/100	工作台面宽度	
		8	龙门移动镗铣床	1/100	工作台面宽度	
		9				
3	平面铣床	0	圆台铣床	1/100	工作台面直径	
		1	立式平面铣床	1/100	工作台面宽度	
		2				
		3	单柱平面铣床	1/100	工作台面宽度	
		4	双柱平面铣床	1/100	工作台面宽度	
		5	端面铣床	1/100	工作台面宽度	
		6	双端面铣床	1/100	工作台面宽度	
		7	滑枕平面铣床	1/100	工作台面宽度	
		8	落地端面铣床	1/100	最大铣轴垂直移动距离	
		9				
4	仿形铣床	0				
		1	平面刻模铣床	1/10	缩放仪中心距	
		2	立体刻模铣床	1/10	缩放仪中心距	
		3	平面仿形铣床	1/10	最大铣削宽度	
		4	立体仿形铣床	1/10	最大铣削宽度	
		5	立式立体仿形铣床	1/10	最大铣削宽度	
		6	叶片仿形铣床	1/10	最大铣削宽度	
		7	立式叶片仿形铣床	1/10	最大铣削宽度	
		8				
		9				

组		系			主　参　数	
代号	名称	代号	名　　称	折算系数	名　　称	
5	立式升降台铣床	0	立式升降台铣床	1/10	工作台面宽度	
		1	立式升降台镗铣床	1/10	工作台面宽度	
		2	摇臂铣床	1/10	工作台面宽度	
		3	万能摇臂铣床	1/10	工作台面宽度	
		4	摇臂镗铣床	1/10	工作台面宽度	
		5	转塔升降台铣床	1/10	工作台面宽度	
		6	立式滑枕升降台铣床	1/10	工作台面宽度	
		7	万能滑枕升降台铣床	1/10	工作台面宽度	
		8	圆弧铣床	1/10	工作台面宽度	
		9				
6	卧式升降台铣床	0	卧式升降台铣床	1/10	工作台面宽度	
		1	万能升降台铣床	1/10	工作台面宽度	
		2	万能回转头铣床	1/10	工作台面宽度	
		3	万能摇臂铣床	1/10	工作台面宽度	
		4	卧式回转头铣床	1/10	工作台面宽度	
		5				
		6	卧式滑枕升降台铣床	1/10	工作台面宽度	
		7				
		8				
		9				
7	床身铣床	0				
		1	床身铣床	1/100	工作台面宽度	
		2	转塔床身铣床	1/100	工作台面宽度	
		3	立柱移动床身铣床	1/100	工作台面宽度	
		4	立柱移动转塔床身铣床	1/100	工作台面宽度	
		5	卧式床身铣床	1/100	工作台面宽度	
		6	立柱移动卧式床身铣床	1/100	工作台面宽度	
		7	滑枕床身铣床	1/100	工作台面宽度	
		8				
		9	立柱移动立卧式床身铣床	1/100	工作台面宽度	

组		系			主 参 数	
代号	名称	代号	名　称	折算系数	名　称	
8	工具铣床	0				
		1	万能工具铣床	1/10	工作台面宽度	
		2				
		3	钻头铣床	1	最大钻头直径	
		4				
		5	立铣刀槽铣床	1	最大铣刀直径	
		6				
		7				
		8				
		9				
9	其他铣床	0	六角螺母槽铣床	1	最大六角螺母对边宽度	
		1	曲轴铣床	1/10	刀盘直径	
		2	键槽铣床	1	最大键槽宽度	
		3				
		4	轧辊轴颈铣床	1/100	最大铣削直径	
		5				
		6				
		7	转子槽铣床	1/100	最大转子本体直径	
		8	螺旋桨铣床	1/100	最大工件直径	
		9				

(5) 机床的主参数。机床型号中主参数代号一般采用主参数的实际数值或主参数的 1/10 和 1/100 折算值表示，位于代号之后。当折算值大于 1 时取整数，在折算值之前均不加"0"；当折算值小于 1 时，则以主参数表示，并在数字前加"0"。各升降台式铣床一般以主参数的 1/10 表示，如"32"表示铣床工作台面的宽度为 320mm，即以工作台面宽为主参数。龙门铣床等大型铣床，一般用主参数的 1/100 表示，如在龙门铣床代号中，后面的数字是"20"，表示工作台面宽 2000mm。另外，在其他铣床中，如键槽铣床的主参数，用能加工键槽的最大宽度来表示。

(6) 机床的重大改进顺序号。当对机床的结构、性能有更高的要求，并需按新产品重新设计、试制和鉴定时，才按改进的先后顺序，即按 A、B、C、…汉语拼音字母顺序（但"I、O"两个字母不得选用）加在型号的尾部，以区别于原机床型号。

重大改进设计不同于完全的新设计，它是在原有机床的基础上进行改进设计，因此，重大改进后的产品与原型号的产品是一种取代关系。

铣床型号含义举例如下。

【例 4-1】机床型号为 XHK6050。

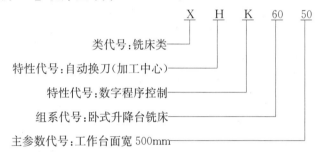

【例 4-2】机床型号为 X6132

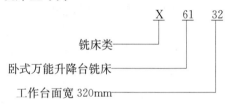

【例 4-3】机床型号为 X5032

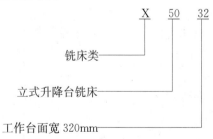

【例 4-4】机床型号为 X8126

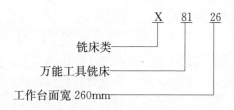

【例 4-5】机床型号为 X2010

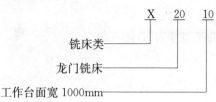

二、铣床的分类及其主要技术参数

1. 铣床的分类

铣床的类型很多，根据构造特点及用途分类，铣床的主要类型有：升降台式铣床、工具铣床、工作台不升降铣床、悬臂及滑枕铣床、龙门铣床、仿形铣床；此外，还有仪表铣床、专用铣床（包括键槽铣床、曲轴铣床、转子槽铣床）等。铣床的分类见表 4-3。

铣床（包括万能型）在机械加工设备中占有很大的比重，它也是最早应用数控技术的普通机床。随着数控技术、计算机程控技术的应用和发展，结构上的不断改进，使铣床功能得到了很大的提高和扩展，现已逐步开发出数显铣床、数控万能铣床、程控铣床和加工中心等先进铣床。

2. 铣床主要技术参数

以 X62W 型铣床为例，其主要技术参数如下。

工作台的工作面积（宽×长）	320mm/1250mm
工作台的最大行程	
纵向（手动/机动）	700mm/680mm
横向（手动/机动）	260mm/240mm
垂向（升降）（手动/机动）	320mm/300mm
工作台的最大回转角度	±45°
主轴锥孔的锥度	7∶24

主轴中心线至工作台面间的距离

    最大   350mm

    最小   30mm

主轴中心线横梁的距离   155mm

床身垂直导轨至工作台中心的距离

    最大   470mm

    最小   215mm

主轴转速（18 级）   30～1500r/min

工作台的纵向、横向进给量（18 级）23.5～1180mm/min

工作台的垂向进给量（18 级）   8～400mm/min

工作台纵向、横向快速移动的速度   2300mm/min

工作台垂向快速移动的速度   770mm/min

主轴电动机功率×转速   7.5kW ×1450r/min

进给电动机功率×转速   1.5kW×1410r/min

最大载重量   500kg

机床的工作精度

    加工表面的平面度   0.02mm/100mm

    加工表面的平行度   0.02mm/100mm

    加工表面的垂直度   0.02mm/100mm

    加工表面的表面粗糙度 Ra 2.5μm

第二节 铣床的典型结构及传动系统

一、铣床主要部分的名称和用途

1. 主传动部分

铣床主传动部分由主传动变速箱及主轴部分组成。

主传动变速箱主要通过滑移齿轮的变速使主轴获得多级转速，以满足不同铣削加工要求。

卧式铣床（如 X6132A）主轴采用了两点支承（与 XA6132、X62W 的三点支承不同），前支承由一个调心滚子轴承组成，后支承由两个角接触球轴承支承。

2. 进给变速部分

进给变速部分由进给变速箱与变速操纵机构组成，各自由独立的电动机驱动。工作进给和快速进给分别由不同的电磁离合器控制，运动经过变速箱变速后，可以得到不同的进给速度。工作进给时，由滚珠式安全离合器实现过载保护，变速操纵也采用孔盘集中变速。孔盘的轴向移动一般由一套螺旋差动机构实现。

3. 升降台部分

升降台铣床的升降台与铣床床身以燕尾形导轨、压板结构相互连接，提高了导轨的刚性，便于维修。在升降台内部，装有能完成升降台上、下移动，床鞍横向进给及工作台纵向进给的传动机构，各方向的进给运动由一套鼓轮机构及台面操纵机构集中操纵。

4. 工作台及床鞍

工作台主要供安装铣床夹具或工件用，上面有 T 形槽供 T 形螺钉连接使用。铣床工作台可设计成回转、旋转多种结构形式以满足多种铣削加工的需要。床鞍主要用来带动工作台作纵向、横向移动。

此外，铣床结构还包括滑枕、悬梁、刀杆支架等。

二、升降台铣床的典型结构

升降台铣床是铣床中应用最广泛的一种类型，其工作台可作纵向、横向和垂向进给，用于加工中小型工件的平面、沟槽、螺旋面或成形面等。升降台铣床主要分为立式、卧式和万能式三种。铣削时，工件装夹在工作台上或分度头上作纵向、横向进给运动及分度运动，铣刀作旋转切削运动。

图 4-2 所示为万能升降台铣床的外形。

1. 卧式万能升降台铣床的主要结构

如图 4-3 示，这种铣床的结构与卧式升降台铣床基本相同，其区别仅是在工作台 6 和床鞍 7 下增加一回转盘 8。回转盘可绕垂直轴在±45°范围内调整一定的角度，使工作台能沿该方向进给，因此，这种铣床除了能够完成卧式升降台铣床的各种铣削加工外，还能够铣削螺旋槽。

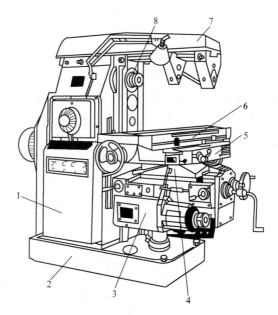

图 4-2　万能升降台铣床

1—床身；2—底座；3—升降台；4—床鞍；5—下工作台；
6—上工作台；7—悬梁；8—主轴

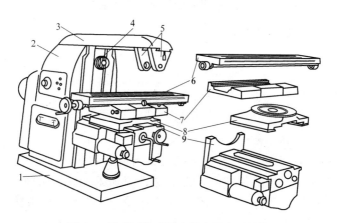

图 4-3　卧式万能升降台铣床的主要结构

1—底座；2—床身；3—悬梁；4—主轴；5—刀杆支架；
6—工作台；7—床鞍；8—回转盘；9—升降台

2. 万能回转头铣床的主要结构

如图 4-4 所示，它是在万能升降台铣床的基础上发展形成的一种广泛使用的万能铣床，其结构形式很多，从图中可以看出，床身、升降台、工作台等部分的结构与万能升降台铣床完全相同，仅在床身顶部悬梁的位置安装有滑座 2，滑座前端安装有万能铣头 3，可在相互垂直的两个平面内各调整一定的角度。万能铣头由单独的电动机 1 驱动，并经安装在滑座 2 内部的变速装置传动。滑座 2 可沿横向调整位置。水平主轴 4 可单独使用，也可与万能铣头 3 同时使用，实现多刀加工。这种铣床除了具有升降台铣床的全部性能外，并能完成各种倾斜平面、沟槽以及孔的加工，适用于修理车间、工具车间，尤其是小型修配厂使用。

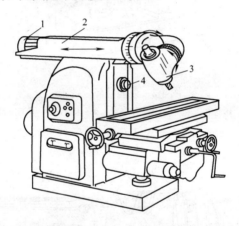

图 4-4　万能回转头铣床的主要结构
1—电动机；2—滑座；3—万能铣头；4—主轴

3. 立式升降台铣床的主要结构

如图 4-5 所示，这类铣床与卧式升降台铣床的主要区别是主轴垂直安装，可用各种面铣刀或立铣刀加工平面、斜面、沟槽、台阶、齿轮、凸轮以及封闭轮廓表面等。工作台 3、床鞍 4、升降台 5 的结构与卧式升降台铣床相同。立铣头 1 可根据加工要求在垂直平面内调整角度，主轴 2 可沿轴线方向进行调整或作进给运动。

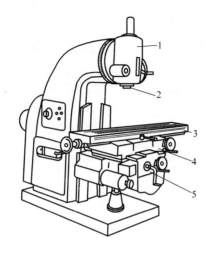

图 4-5 立式升降台铣床的主要结构

1—立铣头；2—主轴；3—工作台；4—床鞍；5—升降台

三、典型的铣床机构及传动系统

1. X6132 型铣床的结构

X6132 型卧式万能升降台铣床与 X62W 型铣床是同一规格的机型。图 4-6 是该机床的外形图，其各部分结构如下。

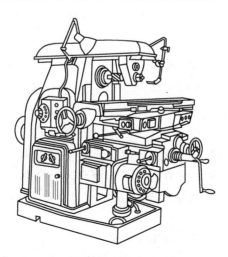

图 4-6 X6132 型卧式万能升降台铣床的外形图

（1）主传动变速部分。如图 4-7 所示，主传动部分由主传动变速箱及主轴部件组成。通过Ⅰ轴、Ⅱ轴的两个三连滑移齿轮以及Ⅲ轴上的一个双连滑移齿轮，使主轴得到 18 级转速。

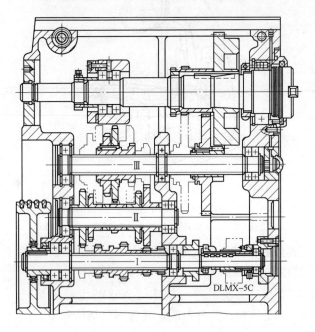

图 4-7　X6132 型铣床的主传动结构图

（2）机床进给变速部分。图 4-8 所示是进给变速部分的展开图，该部分由进给变速箱与变速操纵机构组成，由独立的电动机驱动。运动由电动机轴输出后，经Ⅰ、Ⅱ、Ⅲ轴传至Ⅳ轴左边的空套双连齿轮。当工作进给时，右边的电磁离合器吸合，运动经过变速箱逐级变速后，得到 18 种进给速度。当快速进给时，左边的电磁离合器吸合（同时右边的离合器脱开），运动直接传至Ⅳ轴，实现快进。工作进给时，由Ⅳ轴右端的滚珠式安全离合器实现过载保护，变速操纵也采用孔盘集中变速。孔盘和轴向移动由一套螺纹差动机构实现。

（3）升降台部分。如图 4-9 所示，升降台与床身以矩形导轨、压板的结构相互连接，提高了导轨的刚性，便于维修。

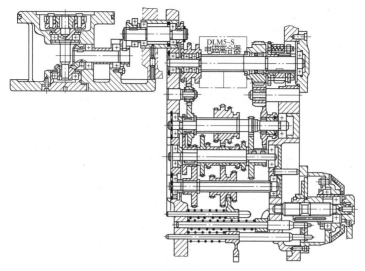

图 4-8　X6132 型铣床进给部分的结构图

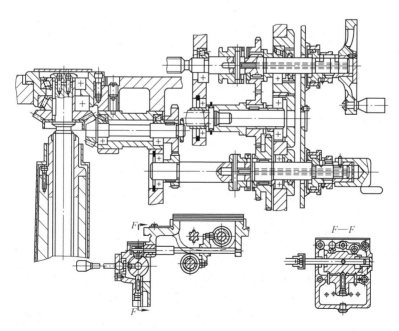

图 4-9　X6132 型铣床升降台的结构图

2. X52K 型立式铣床结构简介

X52K 型立式铣床的规格、操纵机构和传动变速情况均与 X6132 型万能铣床相同。主要的不同点在于主轴的位置和主轴附近的结构。图 4-10 所示是 X52K 型铣床的外形,立铣头在床身上部弯颈的前面,两者之间用一个直径为 300mm 的凸缘定位,主轴安装在立铣头内。立铣头相对于床身可向左右回转至任意位置,但一般回转在 45°范围内,故只刻 45°的刻度。转到需要的位置后,可利用 4 个 T 形螺钉将其固定。为了保证主轴准确地垂直于工作台面,当立铣头处于中间"零"位时,用一个锥形销作精确定位。

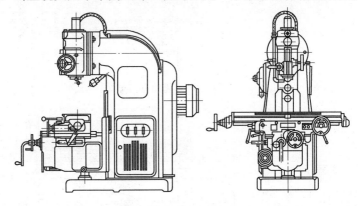

图 4-10   X52K 型立式铣床外形图

X52K 型铣床立铣头的结构如图 4-11 (a) 所示。X52K 型铣床自电动机至 V 轴的传动情况与 X6132 型铣床完全相同。立铣头的运动自 V 轴传至Ⅵ轴。Ⅵ轴安装在立铣头内,由于锥齿轮在传动时有轴向推力,所以用向心推力轴承支承。Ⅵ轴通过一对圆柱齿轮带动Ⅶ主轴。由于一对锥齿轮 z_1 和 z_2 都是 29 齿;一对圆柱齿轮 z_3 和 z_4 都是 55 齿,故Ⅶ主轴的转速与 V 轴相同,也和 X6132 型铣床的完全相同。齿轮 z_4 通过滚动轴承安装在立铣头内,它不能做轴向移动。齿轮 z_4 与轴套 1 之间用键连接传动,轴套与主轴之间用花键连接传动,主轴可在轴套内做轴向移动。主轴 8 的下半部分安装在主轴套筒 7 内,它可随主轴套筒做轴向移动,移动的范围是70mm,以便调节铣削时的背吃刀量。

184

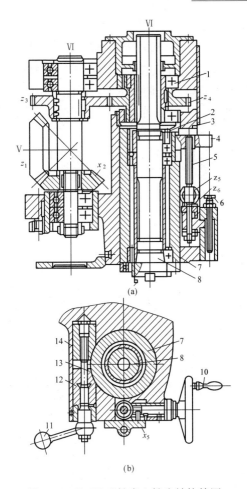

图 4-11　X52K 型铣床立铣头结构简图

1—轴套；2—螺母；3—紧固螺钉；4—支架；5—丝杆；6—定程螺钉；7—主轴
套筒；8—主轴；9—半圆垫圈；10、11—手柄；12、14—滑块；13—螺杆

　　主轴套筒上下移动时，摇动手柄 10，通过一对锥齿轮 z_5 和 z_6
带动丝杆 5 旋转，丝杆旋转后使带螺孔的支架 4 连同主轴套筒和主
轴一起作上下移动。主轴套筒移动结束后，应予以夹紧，使其固定
在立铣头内，以减少振动。夹紧时，将夹紧手柄 11 顺时针转动。
由于两滑块 12 和 14 的螺旋方向相同而螺距不同，利用其相对螺杆
13 的移动量的差值，使两滑块间的距离缩小，从而把主轴套夹紧，

如图 4-11 (b) 所示。

在支架 4 上可安装百分表，调节定程螺钉 6 与百分表测量头接触，用以确定主轴的轴向位置，以及作铣削时背吃刀量的微量调节。螺母 2 和紧固螺钉 3 是调整主轴轴承间隙用的，调整时还需要减小或增大半圆垫圈 9 的厚度。

3. X6132 型铣床的传动系统

X6132 型铣床的传动系统与 X62W 型铣床基本一致，所不同的是，在 X6132 型铣床中，工作台、升降台进给方向上均采用了滚珠丝杠副传动；工作台的横向进给及升降台的升降控制采用了电气控制，由电磁离合器传动，代替了原来的牙嵌式离合器。此外，主轴的支承结构也作了较大的改进。机床的传动系统如图 4-12 所示，它可分为主传动链和进给传动链。

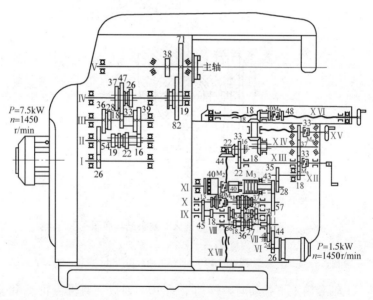

图 4-12　X6132 型铣床的传动系统

(1) 主传动链。X6132 型铣床的主传动链与 X62W 型铣床基本一致。整个传动链通过 Ⅱ 轴、Ⅳ 轴的三连滑移齿轮及 Ⅳ 轴右端的双连滑移齿轮一共可以得到 18 种转速，其传动路线可表示为

$$电动机—I轴—\frac{26}{54}—II轴 \begin{cases} \frac{22}{33} \\ \frac{19}{36} \\ \frac{16}{39} \end{cases} III轴 \begin{cases} \frac{39}{26} \\ \frac{28}{37} \\ \frac{18}{47} \end{cases} IV轴$$

$$\begin{cases} \frac{82}{38} \\ \frac{19}{71} \end{cases} V(主轴)$$

通过计算可以列出主轴的 18 种转速，见表 4-4。

表 4-4　　　　　　X6132W 型万能铣床的主轴转速表

转速种类	计　算　式	转速（r/min）
1	$1450\times\frac{26}{54}\times\frac{16}{39}\times\frac{18}{47}\times\frac{19}{71}$	30
2	$1450\times\frac{26}{54}\times\frac{16}{36}\times\frac{18}{47}\times\frac{19}{71}$	37.5
3	$1450\times\frac{26}{54}\times\frac{22}{33}\times\frac{18}{47}\times\frac{19}{71}$	47.5
4	$1450\times\frac{26}{54}\times\frac{16}{39}\times\frac{28}{37}\times\frac{19}{71}$	60
5	$1450\times\frac{26}{54}\times\frac{19}{36}\times\frac{28}{37}\times\frac{19}{71}$	75
6	$1450\times\frac{26}{54}\times\frac{22}{33}\times\frac{28}{37}\times\frac{19}{71}$	95
7	$1450\times\frac{26}{54}\times\frac{16}{39}\times\frac{39}{26}\times\frac{19}{71}$	118
8	$1450\times\frac{26}{54}\times\frac{19}{36}\times\frac{39}{26}\times\frac{19}{71}$	150
9	$1450\times\frac{26}{54}\times\frac{22}{33}\times\frac{39}{26}\times\frac{19}{71}$	190
10	$1450\times\frac{26}{54}\times\frac{16}{39}\times\frac{18}{47}\times\frac{82}{38}$	235
11	$1450\times\frac{26}{54}\times\frac{19}{36}\times\frac{18}{47}\times\frac{82}{38}$	300

转速种类	计　算　式	转速（r/min）
12	$1450 \times \dfrac{26}{54} \times \dfrac{22}{33} \times \dfrac{18}{47} \times \dfrac{82}{38}$	375
13	$1450 \times \dfrac{26}{54} \times \dfrac{16}{39} \times \dfrac{28}{37} \times \dfrac{82}{38}$	475
14	$1450 \times \dfrac{26}{54} \times \dfrac{19}{36} \times \dfrac{28}{37} \times \dfrac{82}{38}$	600
15	$1450 \times \dfrac{26}{54} \times \dfrac{22}{33} \times \dfrac{28}{37} \times \dfrac{82}{38}$	750
16	$1450 \times \dfrac{26}{54} \times \dfrac{16}{39} \times \dfrac{39}{26} \times \dfrac{82}{38}$	950
17	$1450 \times \dfrac{26}{54} \times \dfrac{19}{36} \times \dfrac{39}{26} \times \dfrac{82}{38}$	1180
18	$1450 \times \dfrac{26}{54} \times \dfrac{22}{33} \times \dfrac{39}{26} \times \dfrac{82}{38}$	1500

（2）进给传动链。进给运动分为两条传动路线，即快速进给和机动进给。通过手柄还可实现手动进给。通过Ⅱ轴、Ⅴ轴上的两个三连滑移齿轮，可以得到 9 种进给速度，再经过离合器 35 （即 M_1）的开或合，一共可以得到 18 种进给速度，整个传动链的结构可以用以下表达式表示。

4. X5032A 型立式升降台铣床主传动结构及传动系统

X5032A 型立式万能升降台铣床与 X6132A 型卧式万能升降台铣床的结构基本一致，其区别仅仅在卧式和立式功能上的不同，其他各部分几乎无差别，其主传动结构及传动系统分别如图 4-13 和图 4-14 所示。

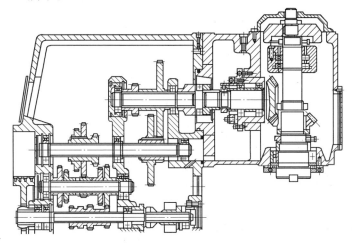

图 4-13　X5032A 型铣床主传动结构图

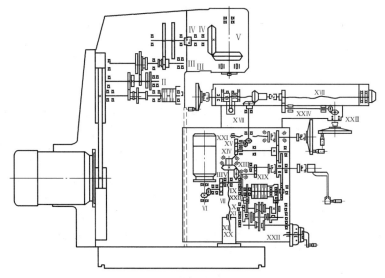

图 4-14　X5032A 型铣床传动系统图

第三节 铣床的安装调整及精度检验

一、铣床的安装要点

铣床的主体运动是铣刀的旋转运动。一般情况下，铣床具有相互垂直的三个方向上的调整移动，同时，其中任一方向的调整移动也可成为进给运动。下面以 X62W 型卧式铣床为例说明其安装要点。

X62W 型卧式铣床的工艺特点：主轴水平布置，工作台可沿纵向、横向和垂向三个方向作进给运动或快速移动。工作台可以在水平面内作正负 45°的回转，以调整需要的角度，适应螺旋表面的加工，其主要部件的安装要点如下。

（1）床身。床身是用来固定和支承铣床上所有的部件和机构的基础件、电动机、变速箱的变速操纵机构，主轴等安装在其内部，升降台、悬梁等分别安装在其下部和顶部。

（2）主轴。主轴的作用是紧固铣刀刀杆并带动铣刀旋转。主轴做成空心，前端为锥孔，刀杆的锥柄恰好与之配合，并用长螺栓穿过主轴通孔从后面将其紧固。主轴的轴颈与锥孔应该非常精确，否则，就不能保证主轴在旋转时的平稳性。变速操纵机构用来变换主轴的转速。变速齿轮均在床身内部，所以图面上无法看到。

（3）悬梁。悬梁可安装刀杆支架，用来支承刀杆外伸后端，以加强刀杆的刚度。悬梁可在床身顶部的水平导轨中移动，以调整其伸出的长度。

（4）升降台。升降台可沿床身前侧面的垂向导轨上、下移动。升降台内装有进给运动的变速传动装置、快速传动装置及其操纵机构。升降台的水平导轨上安装有床鞍，可沿主轴轴线方向移动（也称横向移动）。床鞍上安装有回转盘，回转盘上面的燕尾导轨上安装有工作台。

（5）工作台。工作台包括三个部分，即纵向工作台、回转盘和横向工作台（床鞍）。纵向工作台可以在回转盘的导轨槽内作纵向移动，以带动台面上的工件作纵向进给。台面上有三条 T 形直槽，槽内可放置螺栓，用以紧固夹具或工件。一些夹具或附件的底面往往安装有定位键，在工作台上安装时，一般应使键侧在中间的 T 形槽内贴紧，夹具或附件便能在台面上迅速定向。在三条 T 形槽中，中间的一条精度较高，其余两条精度较低。横向工作台在升降台上面的水平导轨上，可带动纵向工作台一起作横向移动。位于横向工作台上的回转盘，其唯一的作用就是能将纵向工作台在水平面内旋转一个角度（正、反向最大均可转过 45°），以便铣削螺旋槽。可以摇动相应的手柄，使工作台作纵、横向移动或升降，也可以由安装在升降台内的进给电动机带动作自动进给，自动进给的速度可操纵进给变速机构加以变速，需要时，还可作快速进给。

（6）万能立铣头。万能立铣头是 X62W 型铣床的重要附件，它能扩大铣床的应用范围，安装上它后可以完成立式铣床的工作。

图 4-15 所示为 X62W 型铣床的万能立铣头，它由座体 2、壳

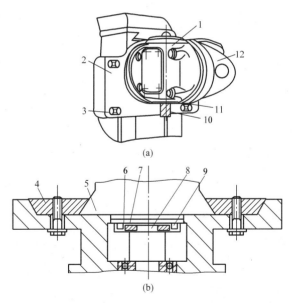

(a)

(b)

图 4-15　万能立铣头及安装
(a) 万能立铣头；(b) 立铣头安装平面图
1—主轴座体；2—座体；3—螺钉；4—楔铁；5—床身导轨；
6—铣床主轴；7—连接盘；8—轴；9—铣床主轴凸键；10—铣
刀；11—主轴；12—壳体

体 12、主轴座体 1、主轴 11 等构成。座体 2 由楔铁 4 配合，用螺钉 3 紧固在床身垂向导轨上。立铣头是空心主轴，前端为莫氏 4 号圆锥孔，用来安装铣刀和刀轴，立铣头可在纵向和横向两个相互垂直的平面内作 360°转动，所以能与工作台面成任意角度。

二、铣床的合理使用和调整

1. 铣床的合理使用和正确操作

以 X62W 型铣床为例，将其合理使用和操作说明如下。

（1）工作台的纵、横、垂向的手动进给操作。将工作台纵向手动进给手柄、工作台横向手动进给手柄、工作台垂向手动进给手柄，分别接通其手动进给离合器，摇动各手柄，带动工作台作各进给方向的手动进给运动。顺时针方向摇动手柄，工作台前进（或上升）；逆时针方向摇动手柄，工作台后退（或下降）。摇动各手柄，工作台作手动进给运动时，进给速度应均匀适当。

纵向、横向刻度盘圆周刻线 120 格，每摇动手柄一转，工作台移动 6mm，每摇动一小格，工作台移动 0.05mm（6/120mm）；垂向刻度盘圆周刻线 40 格，每摇动手柄一转，工作台上升（或下降）2mm；每摇动一小格，工作台上升（或下降）0.05mm，如图 4-16 所示。摇动各手柄，通过刻度盘控制工作台在各进给方向的移动距离。

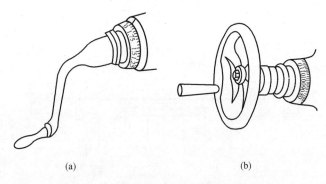

（a）　　　　　　　　　　　　　　（b）

图 4-16　纵、横、垂向手柄和刻度盘

（a）垂向手柄和刻度盘；（b）纵、横向手柄和刻度盘

摇动各进给方向的手柄，使工作台按某一方向要求的距离移动时，若手柄摇过头，不能直接退回到要求的刻线处，应将手柄退回

一转后，再重新摇到要求的数值，如图 4-17 所示。

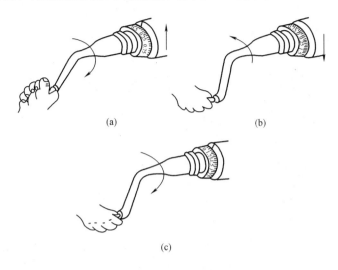

图 4-17　消除刻度盘空转的间隙
（a）手柄摇过头；（b）将手柄反转一转；
（c）再摇到要求的刻度

（2）主轴变速操作。如图 4-18 所示，调整主轴转速时，手握变速手柄球部，将变速手柄 1 下压，使手柄的榫块从固定环 2 的槽Ⅰ内脱出，再将手柄外拉，使手柄的榫块落入固定环 2 的槽Ⅱ内，手柄处于脱开位置 A。然后转动转速盘 3，使所需要的转速数对准指针 4，再接合手柄。接合变速操纵手柄时，将手柄下压并较快地推到位置 B，使冲动开关 5 瞬时接通电动机而转动，以利于变速齿轮啮合，再由位置 B 慢

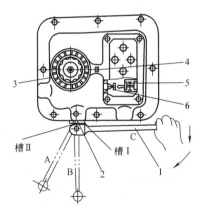

图 4-18　主轴变速操作
1—变速手柄；2—固定环；3—转速盘；
4—指针；5—冲动开关；6—螺钉

速继续将手柄推到位置 C，使手柄的榫块落入固定环 2 的槽 I 内，变速终止。用手按"起动"按钮，主轴就获得要求的转速。转速盘 3 上有 30～1500r/min 共 18 种转速。

变速操作时，连续变换的次数不宜超过三次。如果必要，时隔 5min 后再进行变速，以免因起动电流过大，导致电动机超负荷，使电动机线路烧坏。

（3）进给变速操作。变速操作时，先将变速操纵手柄外拉，再转动手柄，带动转速盘旋转（转速盘上有 23.5～1180mm/min 共 18 种进给速度），当所需要的转速数对准指针后，再将变速手柄推回到原位，如图 4-19 所示，按"起动"按钮使主轴旋转，再扳动自动进给操纵手柄，工作台就按要求的进给速度作自动进给运动。

（4）工作台纵向、横向、垂向的机动进给操作。工作台纵向、横向、垂向的机动进给操纵手柄均为复式手柄。纵向机动进给操纵手柄有三个位置，即"向右进给"、"向左进给"、"停止"，扳动手柄，手柄的指向就是工作台的机动进给方向，如图 4-20 所示。

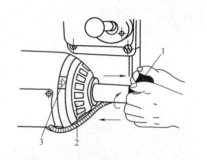

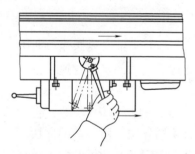

图 4-19　进给变速操作　　　　图 4-20　工作台的纵向自动进给操作
1—变速手柄；2—转速盘；3—指针

工作台横向和垂向的机动进给由同一手柄操作，该手柄有 5 个位置，即"向里进给""向外进给""向上进给""向下进给""停止"。扳动手柄，手柄的指向就是工作台的进给方向，如图 4-21 所示。

以上各手柄，接通其中一个时，就相应地接通了电动机的电器开关，使电动机"正转"或"反转"，工作台就处于某一方向的机动进给运动。因此，操作时只能接通一个，不能同时接通两个。

（5）纵向、横向、垂向的紧固
手柄。铣削加工时，为了减少振动，
保证加工精度，避免因铣削力作用
使工作台在某一进给方向上产生位
置移动，对不使用的进给机构应紧
固。这时可分别旋紧纵向工作台的
紧固螺钉、横向工作台的紧固手柄
或垂向工作台的紧固手柄。工作完
毕后，必须将其松开。

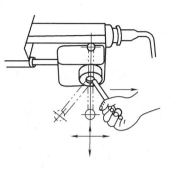

图 4-21　工作台的横向、
垂向自动进给操作

（6）悬梁紧固螺母和悬梁移动
六方头。旋紧两紧固螺钉，可将悬梁紧固在床身的水平燕尾形导轨
面上；松开两紧固螺钉，用扳手转动六方头，可使悬梁沿床身水平
导轨面前后移动。

（7）纵向、横向、垂向自动进给停止挡铁。它们各有两块,主要作用
是停止机床各方向的自动进给。三个方向的自动进给停止挡铁,一般情
况下安装在限位柱范围内,并且不准随意拆掉,防止出现机床事故。

（8）回转盘紧固螺钉。回转盘固螺钉有 4 个。铣削加工中需要
调转工作台角度时，应先松开紧固螺钉，将工作台扳转到要求的角
度，然后再将螺钉紧固。铣削工作完毕后，再将螺钉松开，使工作
台恢复原位（即回转盘的零线对准基线），然后将螺钉紧固。

X62W 型铣床的操作顺序和要求如下：操作铣床时，首先用手
摇动各手动进给操作手柄，作手动进给检查，没有问题后，将电源
开关扳至"通"的位置，将主轴换向开关扳至要求的转向，再调整
主轴转速和工作台每分钟的进给量，然后按动"起动"按钮，使主
轴旋转，扳动工作台自动进给操纵手柄，使工作台作自动进给运
动。工作台进给完毕后，将自动进给手柄扳至原位，按下主轴"停
止"按钮，停止主轴的旋转。操作完毕后，应使工作台在各进给方
向上处于中间位置。

当需要工作台作快速进给运动时，先扳动工作台自动进给手
柄，再按下"快速"按钮，工作台即作该进给方向的快速进给运
动。使用快速进给时，应注意机床的安全操作。

不使用回转工作台时，其转换开关应在"断开"位置。正常情况下，离合器开关应在"断开"位置。

2. 铣床的调整

铣床各部分若调整得不好，或在使用过程中部件或零件产生松动和位移，甚至磨损后，铣床均不能正常工作。

为了保证铣床能加工出符合精度要求的高质量的工件，必要时应对铣床进行调整，调整的主要内容及方法如下。

（1）主轴轴承间隙的调整。主轴是铣床的主要部件之一，它的精度与工件的加工精度有密切的联系。如果主轴的轴承间隙太大，则使铣床主轴产生径向或轴向圆跳动，铣削时容易产生振动、铣刀偏让（俗称让刀）和加工尺寸控制不好等后果；若主轴的轴承间隙过小，则会使主轴发热，出现卡死等故障。

1）X62W 型铣床主轴的调整。如图 4-22 所示，调整时先将床身顶部的悬梁移开，拆去悬梁下面的盖板。松开锁紧螺钉 2 后，就可拧动螺母 1，以改变轴承内圈 3 和 4 之间的距离，也就改变了轴承内圈与滚珠和外圈之间的间隙。

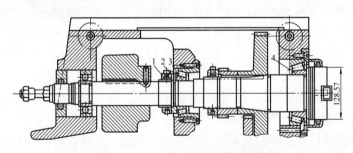

图 4-22 X62W 铣床主轴轴承间隙的调整
1—螺母；2—螺钉；3、4—轴承内圈

轴承的松紧程度取决于铣床的工作性质。一般以 200N 的力推动或拉动主轴，顶在主轴端面的百分表读数在 0.015mm 的范围内变动，再在 1500r/min 的转速下运转 1h，若轴承温度不超过 60℃，则说明轴承间隙合适。

2）立式铣床主轴的调整。如图 4-23 所示，调整时先把立铣头上前面的盖板拆下，松开主轴上的锁紧螺钉 2，转动螺母 1，再拆下主轴头部的端盖 5，取下垫片 4（垫片由两个半圆环构成，以便装卸），再根据需要消除间隙的多少，配磨垫片。由于轴承内孔的锥度是 1∶12，若要消除 0.03mm 的径向间隙，则只要把垫片厚度磨去 0.36mm，再装上去即可。用较大的力拧紧螺母，使轴承内圈胀开，一直到把垫片压紧为止。再把锁紧螺钉拧紧，以防螺母松开，并装上端盖。

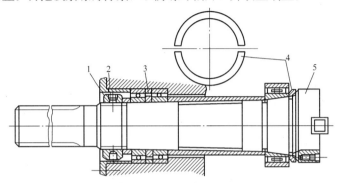

图 4-23　立式铣床主轴的调整
1—螺母；2—螺钉；3—外垫圈；4—垫片；5—端盖

　　主轴的轴向间隙是靠上面两个角接触球轴承来调节的。在两轴承内圈的距离不变时，只要减薄外垫圈，就能减小主轴的轴向间隙。轴承松紧的测定同测定 X62W 型铣床主轴一样。

　　（2）主轴冲动开关的调整。铣床设置冲动开关的目的是为了保证齿轮在变速时易于啮合。因此，其冲动开关接通时间不宜过长或接不通。时间过长，变速时容易造成齿轮撞击声过大或打坏齿轮。接不通时，则齿轮不易啮合。主轴冲动开关接通时间的长短是由螺钉的行程大小来决定的，并且与变通手柄扳动的速度有关。行程小，接不通；行程大，接通时间过长。因此，在调整时应特别加以注意，其调整方法如下（见图 4-18）。

　　调整时，首先将机床电源断开，拧开按钮上的盖板，即能看到 LXK-11K 的冲动开关 5，然后再扳动变速手柄 1，查看冲动开关 5 的接触情况，根据需要拧动螺钉，然后再扳动变速手柄 1，检查冲动开关 5 接触点接通的可靠性。一般来说，接触点相互接通的时间越短，所得到的效果越好。调整完后，应将按钮盖板安装好。

在变速时，禁止用手柄撞击式的变速，变速手柄从 A 到 B 时应快一些，在 B 处停顿一下，然后将变速手柄慢慢推回原处（即 C 位置）。当在变速过程中发现齿轮撞击声过大时，应立即停止变速手柄 1 的扳动，将机床电源断开。这样，即能防止床身内齿轮被打坏或其他事故的发生。

（3）工作台的调整。

1）工作台回转角度的调整。对 X62W 型同系列万能铣床来说，工作台可在水平面内顺时针和逆时针各回转 45°。调整时，可用机床附件中相应尺寸的扳手，将操纵图中的调节螺钉松开，该螺钉前后各有两个，拧松后即可将工作台转动。回转角度可由刻度盘上看出，调整到所需的角度后，再将螺钉重新拧紧。

2）快速电磁铁的调整。机床在三个不同方向的快速移动，是由电磁铁吸合后通过杠杆系统压紧摩擦片来实现的。因此，快速移动与弹簧的弹力有关，但与摩擦片的间隙无关，如图 4-24 所示。

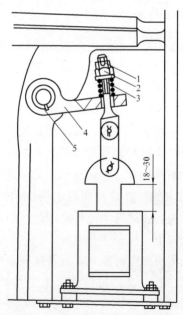

图 4-24　快速电磁铁装配示意图

1—开口销；2—螺母；3—弹簧；4—杠杆；5—弹簧圈

所以，调整快速机构时，绝对禁止通过调整摩擦片的间隙来增加摩擦片的压力（摩擦片的间隙不得小于 1.5mm）。

当快速移动不起作用时，打开升降台右侧的盖板，取下螺母 2 上的开口销 1，拧动螺母 2，调整电磁铁心的行程，使其达到带动为止。

三、铣床精度的检验

工件铣削加工质量的好坏，与铣床精度有着极为密切的关系。因此，在机床大修或使用较长时间后，应对机床的各项重要的精度指标进行检查。

以下是根据 GB/T 3933—1983 升降台铣床精度和 GB/T 17421.1—1998 机床检验通则第 1 部分：在无负荷或精加工条件下机床的几何精度两个标准，对卧式和立式升降台铣床的几何精度检验和工作精度检验，供参考。

在检测精度之前，应把铣床工作台的水平位置调整好。调整时，把两个水平仪互相垂直地放在工作台面上，通过镶条来调整工作台的水平位置。两个水平仪的读数均不超过 0.04mm/1000mm。

1. 卧式和立式升降台铣床几何精度的检验

卧式和立式升降台铣床几何精度的检验见表 4-5。

2. 卧式和立式升降台铣床工作精度的检验

卧式和立式升降台铣床工作精度的检验见表 4-6。

3. 铣床空运转试验

（1）铣床空运转试验前的准备工作。铣床试车验收：空运转试验的目的是为了检测机床各项动作是否正常可靠。在此之前，应做好以下几项准备工作。

1）将机床置于自然水平状态，一般不应用地脚螺栓固定。

2）清除各部件滑动面的污物，用煤油清洗后再用全损耗用油润滑。

3）用 0.03mm 的塞尺检查各固定结合面的密合度，要求插不进去；检查各滑动导轨端部，塞尺插入的深度应不大于 20mm。

4）检查各润滑油路装置是否正确（有些工作在装配时就应注意做好），油路是否畅通。

5）按润滑图表规定的油质、品种及数量，在机床各润滑处注入润滑油。

表 4-5　卧式和立式升降台铣床几何精度的检验

序号	简图	检验项目	公差 (mm)	检验工具	检验方法参照 GB/T 17421.1—1998 的有关条款
1	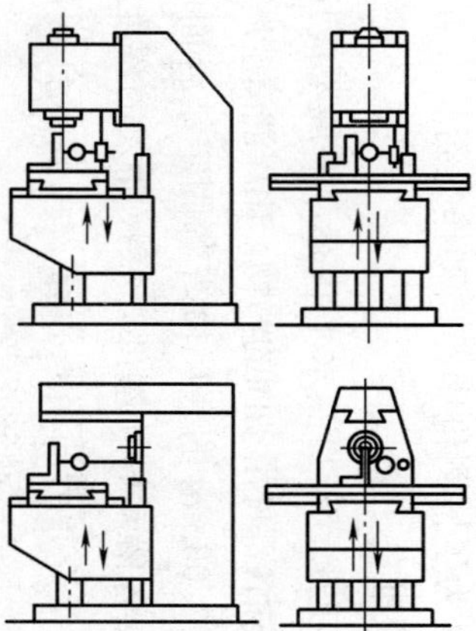 (a)　(b)	升降台垂直移动的直线度 a. 在机床的横向垂直平面内 b. 在机床的纵向垂直平面内	a. 在 300 测量长度上为 0.025 b. 在 300 测量长度上为 0.025	指示器，90°角尺	5.2.3.2.1.1 工作台位于纵、横向行程的中间位置，工作台和床鞍锁紧：a. 横向垂直平面内；b. 纵向垂直平面内。固定指示器，使其测头触及 90°角尺的检验面，调整 90°角尺，使指示器读数在测量长度的两端相等，移动升降台检验。 a、b 项的误差应分别计算。指示器读数的最大差值就是直线度误差

续表

序号	简　图	检验项目	公差 (mm)	检验工具	检验方法参照 GB/T 17421.1—1998 的有关条款
2	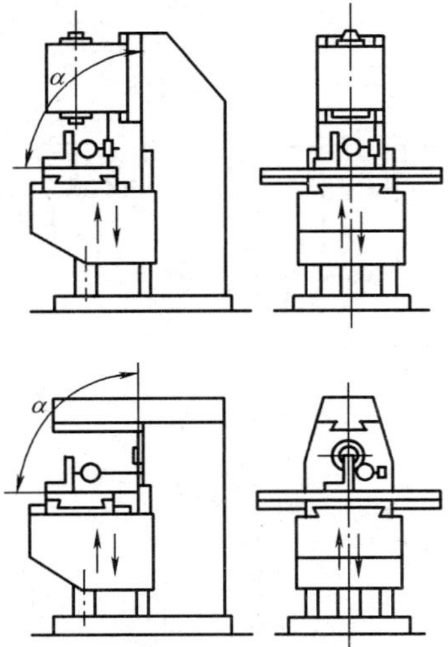 (a) (b)	工作台面对床身垂直导轨面的垂直度　a. 在机床的横向垂直平面内　b. 在机床的纵向垂直平面内	a. 0.025/300　α≤90°　b. 0.025/300	指示器，90°角尺	5.5.2.2.2　工作台位于纵、横向行程的中间位置. 工作台放在工作台面上: a. 横向垂直平面内; b. 纵向垂直平面内. 固定指示器, 使其测头触及90°角尺的检验面. 移动升降台并锁紧检验　a, b 项的误差应分别计算. 指示器读数的最大差值就是垂直度误差　在行程的中间和接近行程极限的三个位置上检验

201

续表

序号	简 图	检验项目	公差（mm）	检验工具	检验方法参照 GB/T 17421.1—1998 的有关条款
3	(a) (b)	工作台面对主轴箱（主轴套筒）垂直移动的垂直度（仅适用于立式铣床） a. 在机床的横向垂直平面内 b. 在机床的纵向垂直平面内	主轴箱 a. 0.025/300 α≤90° b. 0.025/300 主轴套筒 a. 0.015/100 α≤90° b. 0.015/100	指示器，90°角尺	5.5.2.2.2 工作台位于纵、横向行程的中间位置，升降台和工作台锁紧。90°角尺放在工作台面上：a. 横向垂直工作台面；b. 纵向垂直工作台面内。固定指示器，使其测头触及90°角尺的检验面。移动主轴箱（主轴套筒）并锁紧主轴箱（主轴套筒）检验。a、b项的误差应分别计算。指示器读数的最大差值就是垂直度误差

续表

序号	简图	检验项目	公差(mm)	检验工具	检验方法参照 GB/T 17421.1—1998 的有关条款
4	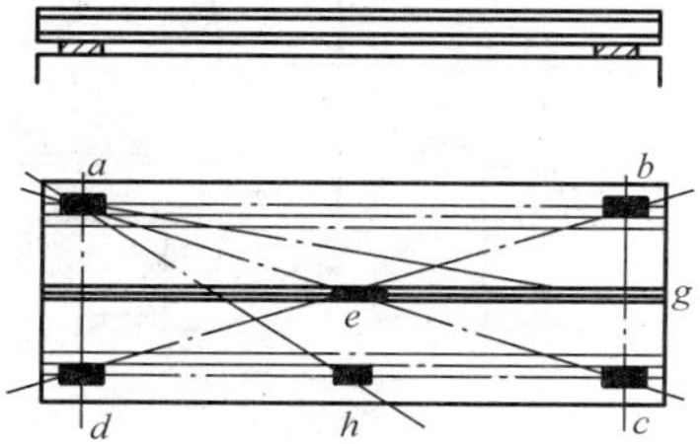	工作台面的平面度	在1000长度内为0.040 工作台长度每增加1000，公差增加0.005 最大公差值为0.005 局部公差 在任意300测量长度上为0.020	平尺，量块或水平仪	5.3.2.1和5.3.2.3 工作台位于纵、横向行程的中间位置，升降台和床鞍锁紧。用平尺检验：按图示规定，将等高量块分别放在工作台面的 a、b、c 三块上。平尺放在 a、c 等高量块上，在 e 点处放一可调量块，调整，再将量块放在 b、e 量块上；在 d 点放一可调量块，调整，再使其与平尺检验面接触。再将量块放在 b、e 量块上，使其与平尺检验面接触。用同样的方法，将平尺放在 b、d 量块上，分别确定 h、g 位置的可调量块。按图示方位放置平尺。用量块测量工作台面与平尺检验面间的距离。其最大、最小距离之差就是平面度误差。用水平仪检验：按 GB/T 17421.1—1998 中图44所示的方法进行

203

续表

序号	简　图	检验项目	公差 (mm)	检验工具	检验方法参照 GB/T 17421.1—1998 的有关条款
5	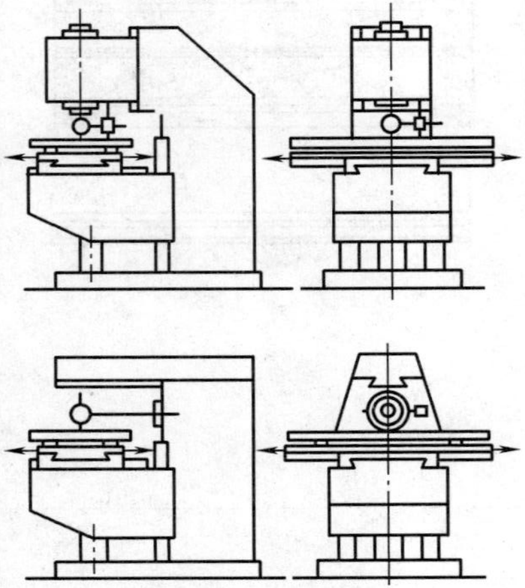	工作台面对工作台移动的平行度 a. 横向 b. 纵向	a. 在任意 300测量长度上为 0.025 b. 在任意 300测量长度上为 0.025最大公差值为 0.050	指示器、平尺	5.4.2.2.2.1 在工作台面上放两个等高块、平尺放在等高块上：a. 横向；b. 纵向。在主轴中央处固定指示器，使其测头触及平尺检验面，移动工作台检验 a, b 两项的误差应分别计算。指示器读数的最大差值就是平行度误差 a 项检验时，工作台、升降台锁紧 b 项检验时，床鞍、升降台锁紧 当工作台长度大于 1600mm 时，应将平尺逐次移动进行检验

204

续表

序号	简 图	检验项目	公差（mm）	检验工具	检验方法参照 GB/T 17421.1—1998 的有关条款
6	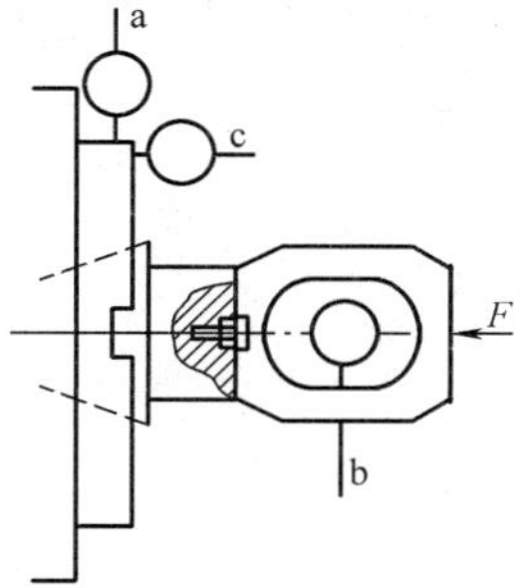	主轴端部的跳动 a. 主轴定心轴颈的径向跳动（用于有定心轴颈的机床） b. 主轴的轴向窜动 c. 主轴轴肩支承面的跳动	a. 0.01 b. 0.01 c. 0.02	指示器、专用检验棒	固定指示器，使其测头分别触及：a. 主轴定心轴颈表面；b. 插入到主轴锥孔中的专用检验棒的端面中心处；c. 主轴轴肩支承面靠近边缘处。旋转主轴检验 a. 5.6.1.2.2 b. 5.6.2.2.1 和 5.6.2.2.2 c. 5.6.3.2 指示器读数的最大差值就是跳动或窜动误差。 a、b、c 项的误差应分别计算。 b、c 项检验时，应通过主轴中心线加一个由制造厂规定的轴向力 F（对已消除轴向游隙的主轴，可不加力）

续表

序号	简 图	检验项目	公差 (mm)	检验工具	检验方法参照 GB/T 17421.1—1998 的有关条款
7	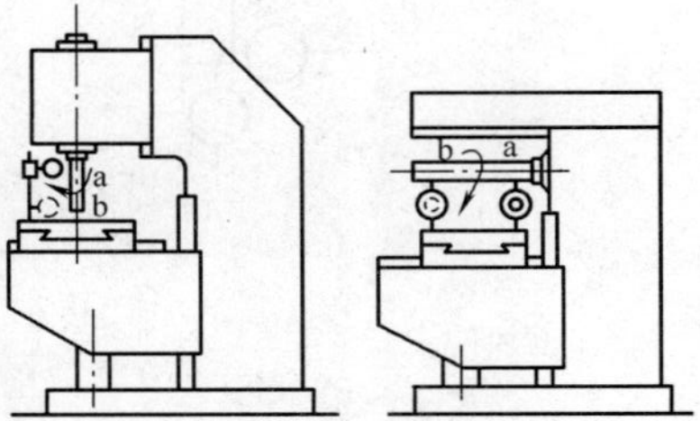	主轴锥孔轴线的径向跳动 a. 靠近主轴端面 b. 距主轴端面300mm处	a. 0.01 b. 0.02	指示器、检验棒	5.6.1.2.3 在主轴锥孔中插入检验棒。固定指示器，使其测头触及检验棒的表面：a. 靠近主轴端面；b. 距主轴端面300mm处。旋转主轴检验 拔出检验棒，相对主轴旋转90°，重新插入主轴锥孔中，依次重复检验三次 a、b两项的误差应分别计算。4次测量结果的算术平均值就是径向跳动误差

续表

序号	简 图	检验项目	公差（mm）	检验工具	检验方法参照 GB/T 17421.1—1998 的有关条款
8	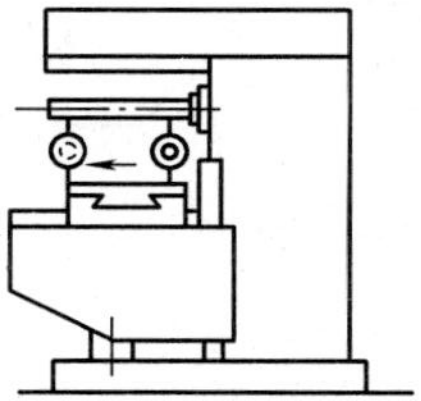	主轴旋转轴线对工作台面的平行度（仅适用于卧式铣床）	在300测量长度上为0.025（检验棒伸出端只许向下）	指示器、检验棒	5.4.1.2.4 工作台位于纵向行程的中间位置，升降台锁紧。在主轴锥孔中插入检验棒。将带有指示器的支架放在工作台面上，使其测头触及检验棒的表面。移动支架检验。将主轴旋转180°，重复检验一次。两次测量结果的代数和之半就是平行度误差

续表

序号	简 图	检验项目	公差 (mm)	检验工具	检验方法参照 GB/T 17421.1—1998 的有关条款
9	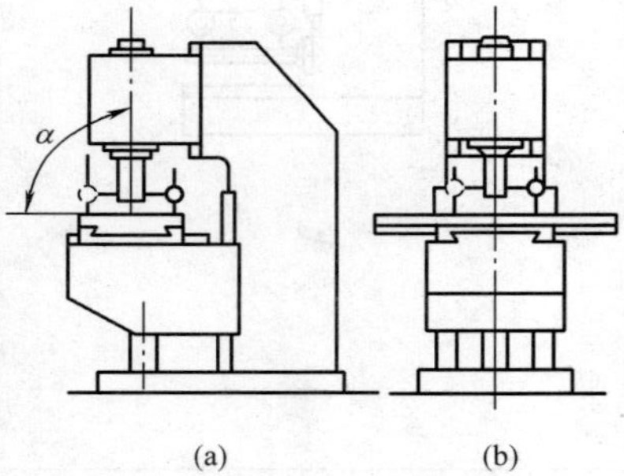 　(a)　(b)	主轴旋转轴线对工作台面的垂直度(仅适用于立式铣床) a. 在机床的横向垂直平面内 b. 在机床的纵向垂直平面内	a. 0.025/300 $\alpha \leqslant 90°$ b. 0.025/300	指示器、专用检验棒	5.5.1.2.1 5.5.1.2.4 工作台位于纵向行程的中间位置、主轴套筒(主轴套筒)、工作台、床鞍和升降台锁紧 指示器装在插入到主轴锥孔中的专用检验棒上。使其测头直平面及工作台面：a. 横向垂直平面。b. 纵向垂直平面。旋转180°，拔出主轴检验棒，插入到主轴锥孔中、重复检验一次 a、b项的误差应分别计算。两次测量结果的代数和之半就是垂直度误差

续表

序号	简　图	检验项目	公差 (mm)	检验工具	检验方法参照 GB/T 17421.1—1998 的有关条款
10	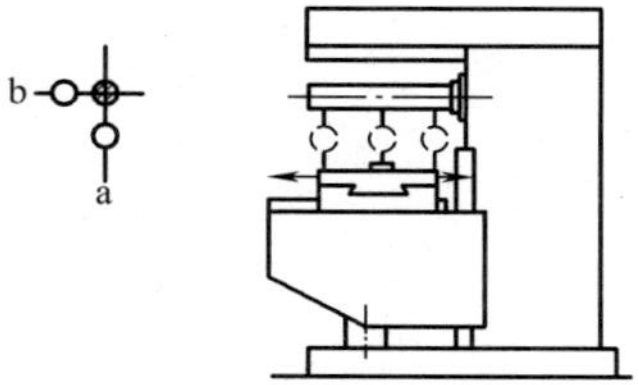	主轴旋转轴线对工作台横向移动的平行度（仅适用于卧式铣床） a. 在垂直平面内 b. 在水平面内	a. 在 300 测量长度上为 0.025（检验棒伸出端只许向下） b. 在 300 测量长度上为 0.025	指示器、检验棒	5.4.2.2.3 工作台位于纵向行程的中间位置，升降台锁紧在主轴锥孔中插入检验棒。将指示器固定在工作台面上，使其测头触及检验棒的表面：a. 垂直平面内；b. 水平面内。移动工作台检验 将主轴旋转 180°，重复检验一次 a、b 项的误差应分别计算。两次测量结果的代数和之半就是平行度误差

续表

序号	简 图	检验项目	公差 (mm)	检验工具	检验方法参照 GB/T 17421.1—1998 的有关条款
11	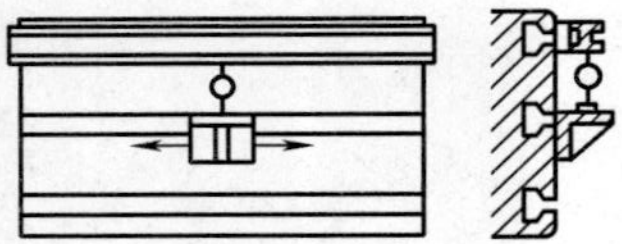	工作台中央或基准 T 形槽的直线度	在任意 500 测量长度上为 0.01 最大公差值为 0.03	指示器，平尺，专用滑板或钢丝和显微镜	5.2.1.2 5.2.1.2.1.1 5.2.3.2.1.2 在工作台面上放两个等高块，将专用滑板放在等高块上。将专用滑板放在工作台上并紧靠着 T 形槽的一侧，其上固定指示器，使其测头触及平尺的检验面。调整平尺，使指示器读数在测量长度的两端相等。移动专用滑板检验指示器读数。指示器读数的最大差值就是直线度误差

续表

序号	简图	检验项目	公差（mm）	检验工具	检验方法参照 GB/T 1742.1—1998 的有关条款
12	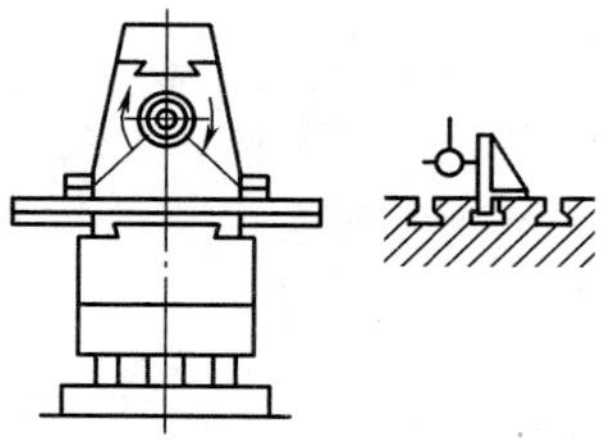	主轴旋转轴线对工作台中央或基准T形槽的垂直度（仅适用于卧式铣床）	0.02/300（300为指示器两测点间的距离）	指示器、专用检验棒、专用滑板	5.5.1.2.1 5.5.1.2.2 工作台位于纵、横向行程的中间位置。工作台、床鞍、升降台同位置锁紧 将专用滑板放在工作台上并靠T形槽的一侧。指示器装在检验棒上，入到主轴锥孔中的专用检验棒上，使其测头触及专用滑板的检验面。移动滑板后旋转主轴检验 拔出检验棒，旋转180°，插入到主轴锥孔中，重复检验一次 两次测量结果的代数和之半就是垂直度误差

续表

序号	简　图	检验项目	公差（mm）	检验工具	检验方法参照 GB/T 17421.1—1998 的有关条款
13	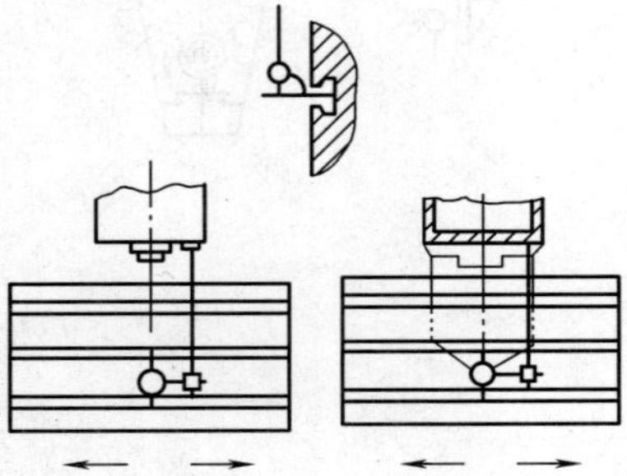	中央或基准 T 形槽对工作台纵向移动的平行度	在任意 300 测量长度上为 0.015 最大公差值为 0.040	指示器	5.4.2.2.1 5.4.2.2.2.1 工作台位于横向行程的中间位置、床鞍、升降台锁紧固定指示器，使其测头触及 T 形槽的侧面。移动工作台检验指示器读数的最大差值就是平行度误差

续表

序号	简　图	检验项目	公差（mm）	检验工具	检验方法参照 GB/T 17421.1—1998 的有关条款
14	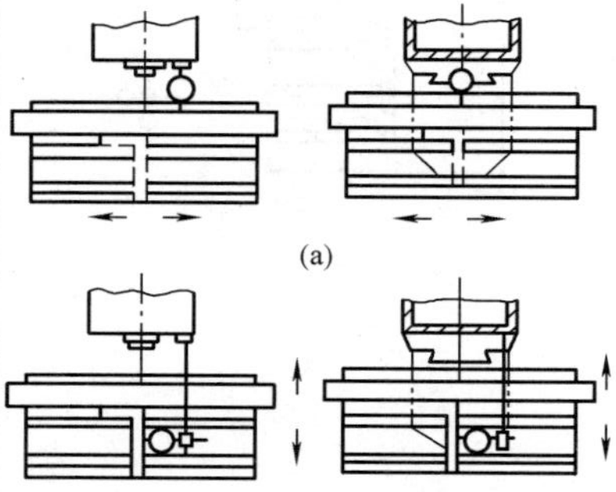	工作台横向移动对工作台纵向移动的垂直度	0.02/300	指示器、90°角尺、平尺	5.5.2.2.4 锁紧升降台 a. 将平尺放在工作台上，调整平尺，使其检验面和工作台纵向移动平行。90°角尺放在工作台面上，使其一边靠紧平尺。然后使工作台位于纵向行程的中间位置锁紧 b. 固定指示器，使其测头触及90°角尺的另一边。横向移动工作台检验 指示器读数的最大差值就是垂直度误差

续表

序号	简 图	检验项目	公差（mm）	检验工具	检验方法参照 GB/T 17421.1—1998，的有关条款
15	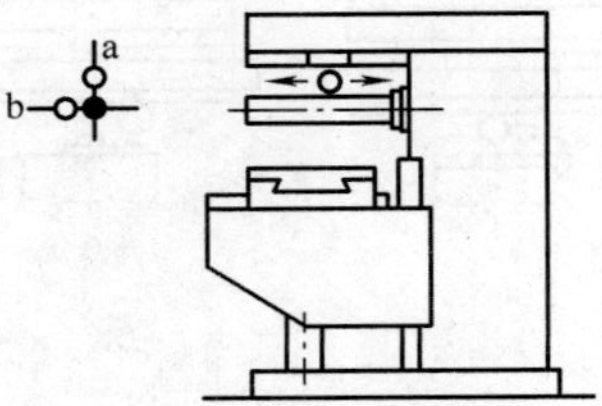	悬梁导轨对主轴旋转轴线的平行度（仅适用于卧式铣床） a. 在垂直平面内 b. 在水平面内	a. 在 300 测量长度上为 0.02（悬梁伸出端只许向下） b. 在 300 测量长度上为 0.02	指示器、检验棒、专用支架	5.4.1.2.1 5.4.1.2.5 锁紧悬梁 在主轴锥孔中插入检验棒。悬梁导轨上装一个带有指示器测头触及检验棒的专用支架。使指示器测头触及检验棒的表面：a. 垂直平面内；b. 水平面内，移动支架检验 将主轴旋转 180°，重复检验一次 a、b 项的误差应分别计算。两次测量结果的代数和之半就是平行度误差

续表

序号	简 图	检验项目	公差 (mm)	检验工具	检验方法参照 GB/T 17421.1—1998 的有关条款
16	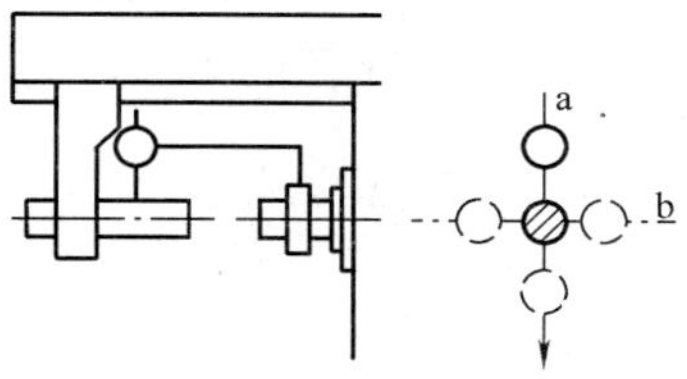	刀杆支架孔轴线对主轴旋转轴线的重合度(仅适用于卧式铣床) a. 在垂直平面内 b. 在水平面内	a. 0.03(刀杆支架孔轴线只许低于主轴旋转轴线) b. 0.03	指示器、检验棒、专用检具	5.4.2 刀杆支架固定在距主轴端面300mm处,悬梁锁紧。在刀杆支架孔中插入检验棒。指示器装在插入主轴锥孔中的专用检具上,使其测头尽量靠近刀杆支架,并触及检验棒的表面:a. 垂直平面内;b. 水平面内。旋转主轴检验 a、b项的误差应分别计算。指示器读数的最大差值之半就是重合度误差

续表

序号	简 图	检验项目	公差（mm）	检验工具	检验方法参照 GB/T 17421.1—1998 的有关条款
17	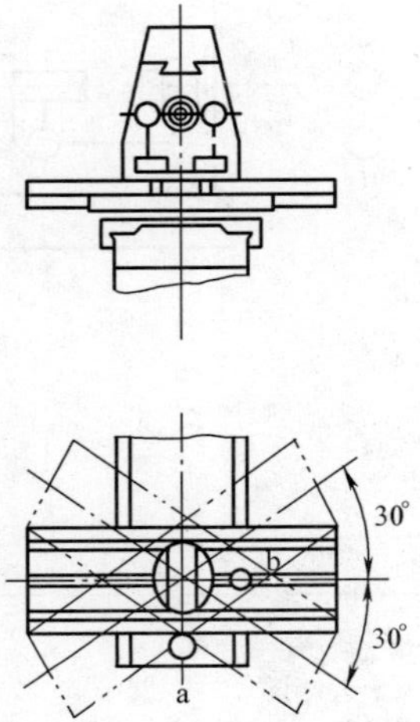	工作台回转中心对主轴旋转轴线及工作台中央T形槽的偏差（仅适用于卧式万能铣床） a. 工作台回转中心对主轴旋转轴线的偏差 b. 工作台回转中心对中央T形槽的偏差	a. 0.05 b. 0.08	指示器、专用检具	工作台位于纵向行程的中间位置，升降台锥孔中插入检验棒。专用检具用T形槽定位，并固定在工作台面上。调整工作台，使固定在检具的两个平行检验面与检验棒侧母线平行，并使两边距离相等。在悬梁上固定专用检具，使其测头触及专用检具的圆柱检验面：a. 垂直于中央T形槽；b. 平行于T形槽。先将工作台顺时针转30°，记下指示器的读数。然后，将工作台逆时针转60°检验。指示器在a处读数的最大差值，就是工作台回转中心对主轴旋转轴线的偏差；在b处读数的最大差值，就是工作台回转中心对中央T形槽的偏差

表 4-6　卧式和立式升降台铣床工作精度的检验

简图和试件尺寸	检验性质	切削条件	检验项目	允差/mm	检验工具	备注参照
  $L=1/2$ 纵向行程 $l=h=1/8$ 纵向行程 $L\leqslant500$mm 时，$l_{max}=100$mm 500mm$<L\leqslant1000$mm 时，$l_{max}=150$mm $L>1000$mm 时，$l_{max}=200$mm $l_{min}=50$mm 注：1. 纵向行程≥400mm 时，可用一个或两个纵向行程试件 2. 纵向行程<400mm 时，只用一个试件 3. 材料为 HT200	立式铣床 用工作台纵向机动和床鞍横向手动对 A 面进行铣削，接刀面处重叠 5～10mm 用同一把铣刀进行滚铣 和升降台垂向手动对 B、D、C 面进行铣削	套式面铣刀 用同一把铣刀进行滚铣	(1) 每个试件的 A 面应平直 (2) 试件高度 H 应相等 (3) C 和 B、D 面应互相垂直，并都垂直于 A 面	a. 0.02 b. 0.03 c. 0.02/100	平尺、量块、千分尺、90°角尺	GB/T 17421.1—1998 的有关条款 3.1　3.2.2 4.1　4.2 在试切前应确保 E 面平直 试件应定位于工作台纵向的中心线上，使长度 L 相等地分布在工作台中心的两边 非工作滑动面在切削时均应锁紧 铣刀应装在刀杆上刃磨，安装时应符合下列公差： 1. 圆度≤0.02mm 2. 径向跳动≤0.02mm 3. 轴向窜动≤0.03mm
	卧式铣床 用工作台纵向机动和升降台垂向手动对 B 面进行铣削，接刀面处重叠 5～10mm 用同一把铣刀进行滚铣 和床鞍横向手动对 A、C、D 面进行铣削	套式面铣刀 用同一把铣刀进行滚铣	(1) 每个试件的 B 面应平直 (2) 试件高度 H 应相等 (3) C 和 A、D 面应互相垂直，并都垂直于 B 面	a. 0.02 b. 0.03 c. 0.02/100	平尺、量块、千分尺、90°角尺	

6) 用手动操纵，在全行程上移动所有可移动的部件，检查移动是否轻巧均匀，动作是否正确，定位是否可靠，手轮的作用力是否符合通用技术要求。

7) 检查限位装置是否齐全可靠。

8) 检查电动机的旋转方向，如不符合机床标牌上所注明的方向，应予以改正。

9) 在摇动手轮或手柄时，特别是使用机动进给时，工作台各个方向的夹紧手柄应松开。

10) 开动机床时，检查手轮、手柄能否自动脱开，以免击伤操作者。

(2) 铣床空运转试验的项目。做好铣床空运转试验前的准备工作后，即可进行机床的空运转试验，试验项目包括以下几个方面。

1) 空运转自低级转速逐级加快至最高转速，每级转速的运转时间不少于 2min，在最高转速下的运转时间应不少于 30min，主轴轴承达到稳定温度时不得超过 60℃。

2) 起动进给箱电动机，应用纵向、横向及垂向进给，进行逐级运转试验及快速移动试验，各进给量的运转时间不少于 2min，在最高进给量运转至稳定温度时，各轴承温度不得超过 50℃。

3) 在所有转速的运转试验中，机床各工作机构应平稳正常，无冲击振动和周期性的噪声。

4) 在机床运转时，润滑系统各润滑点应保证得到连续和足够数量的润滑油，各轴承盖、油管接头及操纵手柄轴端均不得有漏油现象。

第四节　其他典型铣床简介

一、X8126 型万能工具铣床

1. 机床的特点与用途

X8126 型万能工具铣床是升降台式铣床的一种基本型式，它具有水平主轴和垂直主轴，故能担负起万能卧式铣床和立式铣床的工作。垂直主轴能在平行于纵向的垂直平面内偏转到所需的角度位置，刻线范围为±45°；在垂直台面上可安装水平工作台，此时便可像普通升降台铣床一样，工作台可作纵向和垂向的进给运动，横向进给运动由主轴体完成；机床安装上回转工作台后，可作圆周进给运动和在水平面内作简单的等分，用以加工圆弧轮廓面等曲面；机床安装上万能角度工作台，工作台可在空间三个相互垂直（纵向、横向和垂向）的坐标轴回转角度，以适应加工各种倾斜面和复杂工件的需要。但此机床不能用挂轮法加工等速螺旋槽和螺旋面。

　　这种机床特别适用于工具车间制造刀具、模具、夹具和小型复杂零件。由于机床的结构小巧，刚性较差，故适于切削量较小的半精加工和精加工。

　　2. 机床的主要部件及调整

　　如图 4-25 所示，X8126 型万能工具铣床的主要部件有床身、

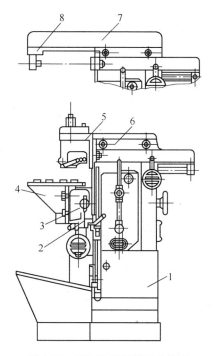

图 4-25　X8126 型万能工具铣床
1—床身；2—升降台；3—工作台；4—工作台；5—立铣头；6—水平主轴
头架；7—悬梁；8—支架

水平主轴头架、立铣头、工作台、升降台以及主传动和进给传动装置等。

箱形床身固定在机床的底座上，其内部装有主传动变速箱和进给箱。床身的顶部有水平导轨，带有水平导轨的主轴头架可沿导轨移动。可拆卸的立铣头固定在水平主轴头架前面的垂直平面上，能左右回转 45°，其垂向主轴可手动轴向进给。当用水平主轴工作时，需卸下立铣头，将铣刀心轴装入到水平主轴孔中，并用悬梁 7 和支架 8 把铣刀心轴支承起来，如同卧式铣床一样。在床身的前面有垂向导轨，升降台可沿其上下移动。工作台 3 则沿着升降台 2 前面的水平导轨实现纵向进给。工作台前的垂直平面上有两条 T 形槽，供安装各种附件之用。图 4-25 所示为安装上水平角度工作台 4 的情况。

水平主轴头的横向移动、升降台的垂向移动和工作台的纵向移动，都可以手动或机动，并用刻度尺与刻度盘调整其移动距离。调整各相关的挡铁，可自动停止进给运动。

3. 机床的传动系统

图 4-26 所示为 X8126 型万能工具铣床的传动系统图。

水平主轴 V 由电动机经主运动链带动旋转。转速变速箱中的三组滑移齿轮使水平主轴可得到 8 种不同的转速，其范围为 110～1200r/min。

垂直主轴 VII 由水平主轴经锥齿轮副、圆柱齿轮副传动获得 8 种转速，其范围为 150～1660 r/min。

机床的纵向、横向和垂向进给均由主运动变速箱中的 1 轴和进给变速箱带动，利用三组双连滑移齿轮变速，使三个方向的进给运动都有 8 种进给量。

若需在机床上钻孔，可扳动手柄通过齿轮齿条机构使垂向主轴手动进给。

4. 机床附件

X8126 型万能工具铣床的主要附件有水平角度工作台、万能角度工作台、回转工作台、分度头、万向回转平口虎钳等。图 4-27 所示为万能角度工作台，该工作台安装工件或夹具的台面可绕三个相

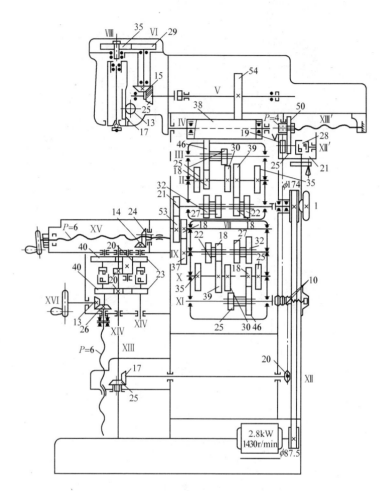

图 4-26　X8126 型万能工具铣床传动系统图

互垂直的轴线回转，使工件可与空间成任意角度，如图 4-28（a）、（b）、（c）所示，适用于铣削各种倾斜平面以及钻、镗斜孔等工作。

二、X2010A 型龙门铣床

X2010A 型龙门铣床的外形如图 4-29 所示。机床有两种布局形式：四轴龙门铣床带有两个垂直主轴箱和两个水平主轴箱，能同时安装 4 把铣刀进行铣削；三轴龙门铣床比四轴龙门铣床少一个垂直主轴箱。垂直轴能在 ±30° 范围内偏转角度；水平主轴能在

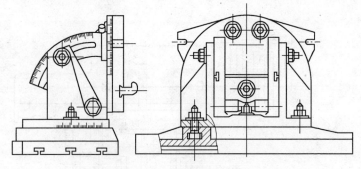

图 4-27　万能角度工作台

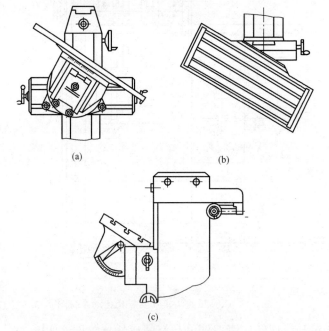

(a)　　　　　　　　　　　(b)

(c)

图 4-28　万能角度工作台的调整

-15°～+30°范围内偏转角度。龙门铣床由于有足够的刚性，故适于进行高速铣削和强力铣削。由于工作台直接安装在床身上，故龙门铣床载重量大，可加工重型工件。工作台只能作纵向进给运动，横向和垂向进给运动由主轴箱和主轴或横梁来完成。

　　X2010A 型龙门铣床主要用于黑色金属及有色金属工件的平面

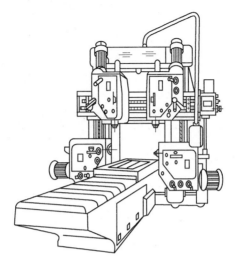

图 4-29　X2010A 型龙门铣床

加工，还可以加工台阶面、沟槽及斜面等。

X2010A 型龙门铣床使用时应注意以下问题。

（1）应定期检查主轴箱及横梁移动螺母的磨损情况，检查水平主轴箱平衡锤悬挂链条端部的连接情况、横梁夹紧机构的可靠性、主轴轴承及各导轨面的传动间隙，若发现问题应及时调整。

（2）移动某一部位前，应先检查手动夹紧机构是否已松开。

（3）定期更换油池内的润滑油，注意油位是否在油标规定的范围内。机床启动后，应注意油泵供油是否正常，主轴箱油标油位是否正常。

（4）定期检查滤油器、沉淀池、油池；检查各密封处的密封情况，如有漏油现象，应及时更换密封件；检查润滑系统压力继电器的可靠性。

（5）在机床运行过程中，禁止变换主轴转速和换接离合器。

（6）定期检查并调整主轴轴承的间隙。定期检查并调整各导轨压板、镶条的间隙。

（7）机床主轴箱回转角度后，应添加润滑油，添加数量应保证润滑油指示油标油位正常，当恢复水平或垂直位置后，需要放出多余的润滑油，使油面保持在油标指示刻线上。

第五章

铣 削 原 理

铣削是广泛使用的切削加工方法之一，它适用于加工平面、台阶面、沟槽、成形表面以及切断等。铣刀的每一个刀齿都相当于一把车刀，其切削基本规律与车削相似，但铣削是断续切削，切削厚度和切削面积随时在变化，所以铣削过程又具有其特殊规律。

第一节　铣削的基本概念

一、铣削的特点、铣削方式与铣削加工的应用

1. 铣削的特点

（1）铣刀是一种多刃刀具，同时工作的齿数较多，可以采用阶梯铣削，也可采用高速铣削，故生产率较高。

（2）铣削过程是一个断续切削的过程，刀齿切入、切出工件的瞬时，要产生冲击和振动，当振动频率与机床固有频率一致时，振动会加剧，造成刀齿崩刃，甚至损坏机床零部件。另外，由于铣削厚度周期性的变化而导致铣削力变化，也会引起振动，因此对铣床和刀杆的刚性及刀齿强度的要求都比较高。

（3）刀齿参加切削的时间短，虽然有利于刀齿的散热和冷却，但周期性的热变形又会引起切削刃的热疲劳裂纹，甚至造成刀齿剥落或崩刃。

2. 铣削方式

铣削方式见表 5-1。

3. 铣削加工的应用

铣削加工的应用见表 5-2。

二、铣削和铣削用量的基本概念

1. 铣削运动的基本概念

（1）铣削运动。在金属的铣削加工中，为了切除多余的金属，铣刀和工件之间必须有相对工作运动。铣削时工作运动包括主运动和进给运动。

表 5-1 铣 削 方 式

方式	图 示	简 要 说 明
逆铣		（1）工件的进给方向与铣刀的旋转方向相反 ［见图（a）］ （2）铣削力的垂直分力向上，工件需要较大的夹紧力 （3）铣削厚度由零开始逐渐增至最大 ［见图（b）］，当刀齿刚接触工件时，其铣削厚度为零，然后刀面与工件产生挤压和摩擦，会加速刀齿的磨损，降低铣刀的寿命和工件已加工表面的质量，造成加工硬化层
顺铣		（1）工件的进给方向与铣刀的旋转方向相同 ［见图（a）］ （2）铣削力的垂直分力向下，将工件压向工作台，铣削较平稳 （3）刀齿以最大铣削厚度切入工件而逐渐减小至零 ［见图（b）］，后刀面与工件无挤压、摩擦现象，加工表面精度较高 （4）因刀齿突然切入工件会加速刀齿的磨损，降低铣刀的寿命，故不适用于铣削带硬皮的工件 （5）铣削力的水平分力与工件进给方向相同，因此，当机床工作台的进给丝杠与螺母有间隙，而又没有消除间隙的装置时，不宜采用顺铣

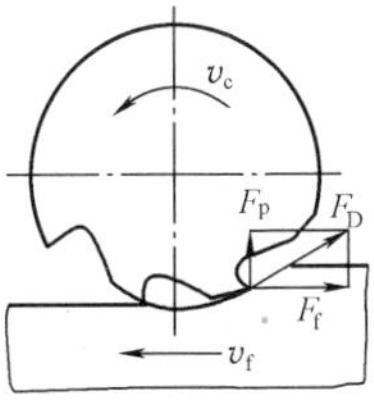

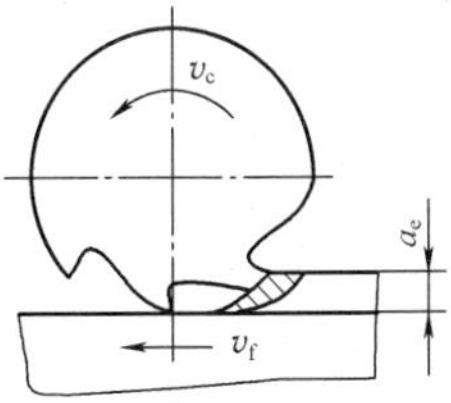

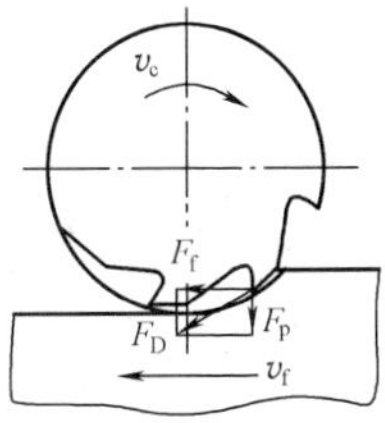

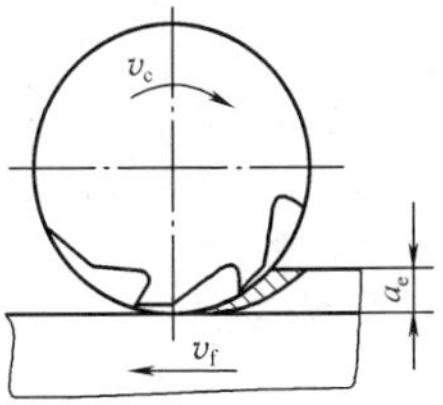

方式	图　示	简　要　说　明
对称铣削	v_f v_c a_c	铣刀位于工件宽度的对称线上，切入和切出处的铣削厚度最小又不为零，因此，对铣削具有冷硬层的淬硬钢有利。其切入边为逆铣、切出边为顺铣
不对称逆铣	v_f v_c a_c	铣刀以最小铣削厚度（不为零）切入工件，以最大厚度切出工件。因切入厚度较小，减小了冲击，对提高铣刀寿命有利，适合于铣削碳素钢和一般合金钢
不对称顺铣	v_f v_c a_c	铣刀以较大的铣削厚度切入工件，又以较小的厚度切出工件。虽然铣削时具有一定的冲击性，但可以避免切削刃切入冷硬层。适合于铣削冷硬性材料、不锈钢、耐热合金等

表 5-2　　　　　　　　铣削加工的应用

方式	示　图	简　要　说　明
平面铣削	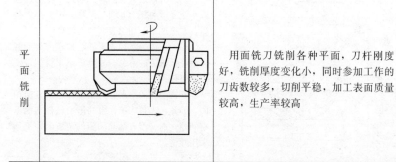	用面铣刀铣削各种平面，刀杆刚度好，铣削厚度变化小，同时参加工作的刀齿数较多，切削平稳，加工表面质量较高，生产率较高

方式	示　图	简要说明
平面铣削	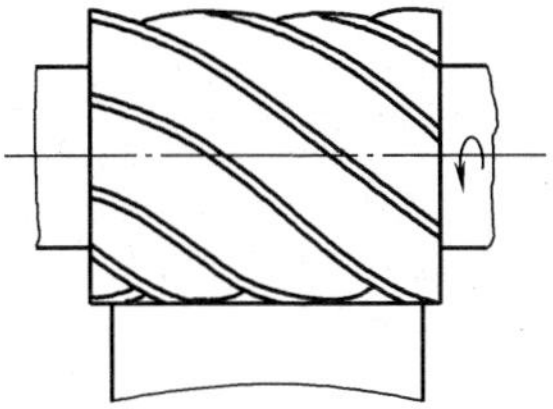	螺旋齿圆柱形铣刀，仅用于铣削宽度不大的平面。当选用较大螺旋角的铣刀时，可以适当地提高进给量
	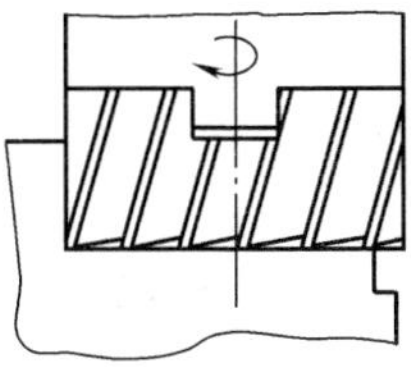	用套式立铣刀铣削台阶平面
	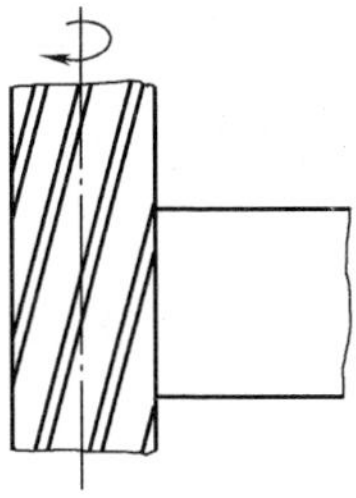	用立铣刀铣削侧面（或凸台平面），当铣削宽度较大时，应选用较大直径的立铣刀，以提高铣削效率
	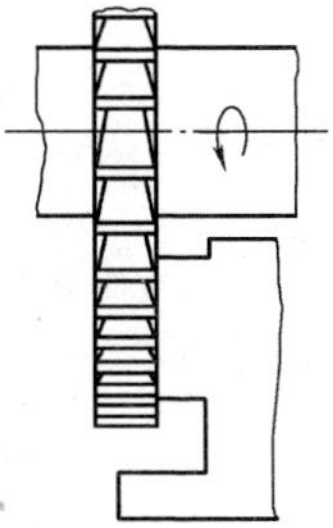	用三面刃铣刀铣削侧面（或凸台平面），在满足工件的铣削要求及工件（或夹具）不碰刀杆垫圈的条件下，应选用较小直径的铣刀

方式	示　　图	简　要　说　明
平面铣削	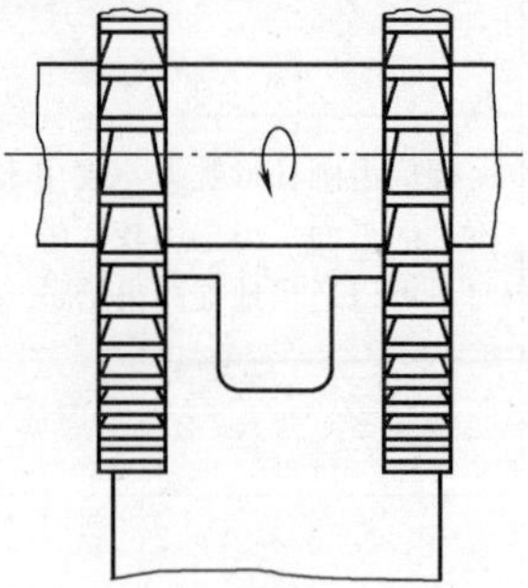	用两把三面刃铣刀铣削平行台阶平面，铣刀的直径应相等。装刀时，两把铣刀的刀齿应错开半个齿，以减小振幅
沟槽铣削	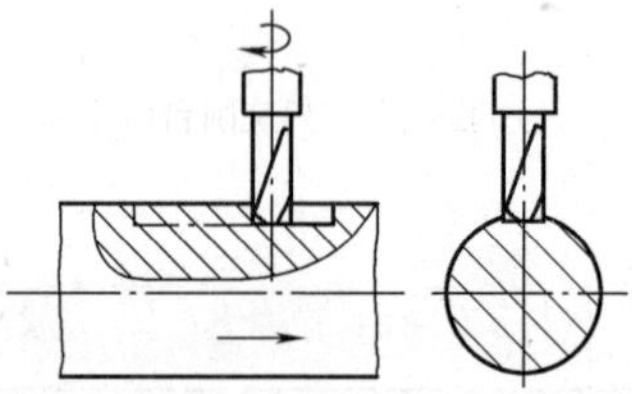	用键槽铣刀铣削各种键槽，铣削时铣刀轴线应与工件轴线对正
	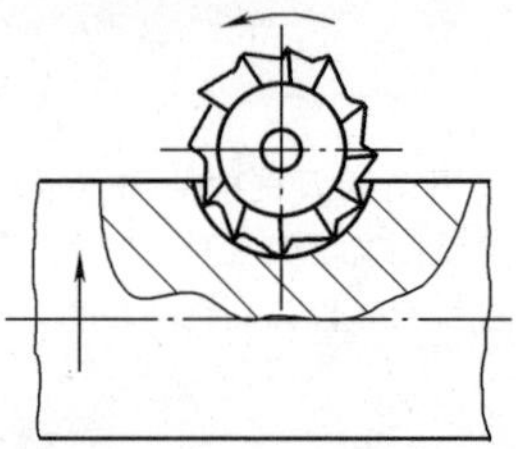	用半圆键铣刀铣削半圆键槽，铣刀宽度方向的对称平面应通过工件的轴线
	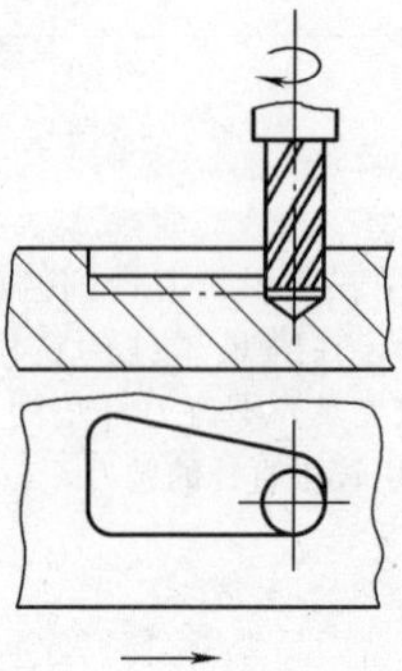	用立铣刀铣削各种凹坑平面或各种形状的孔，先在任一边上钻一个比铣刀直径略小的孔，以便于轴向进刀

方式	示　　图	简　要　说　明
	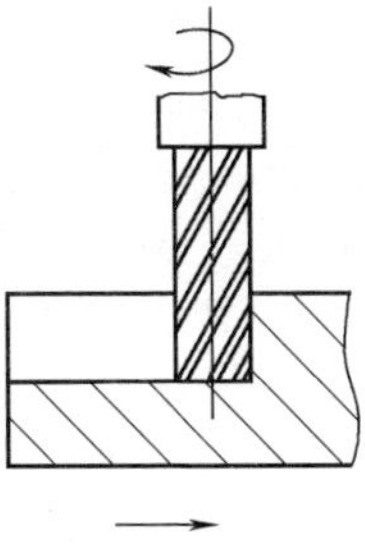	用立铣刀铣削一端不通的槽，铣刀安装要牢固，避免因轴向铣削分力大而产生"掉刀"现象
沟槽铣削	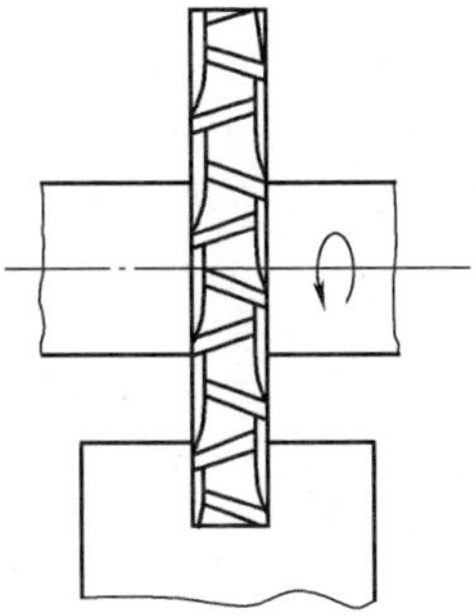	用错齿（或镶齿）三面刃铣刀铣削各种直通槽或不通槽，排屑顺利，效率较高
	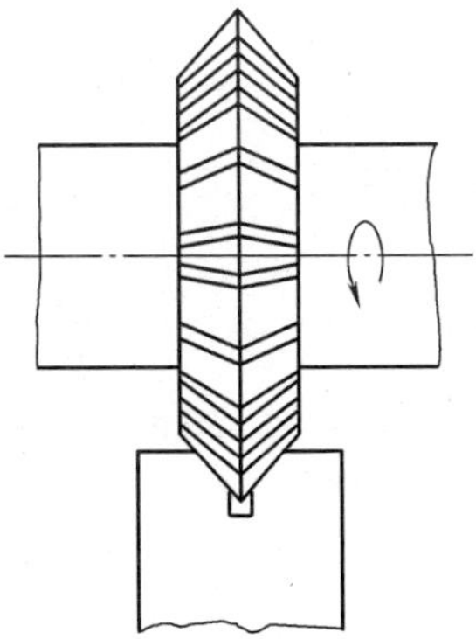	用对称双角铣刀铣削各种 θ 角的 V 形槽，先用三面刃或锯片铣刀铣削直槽至要求深度

续表

方式	示　图	简　要　说　明
沟槽铣削	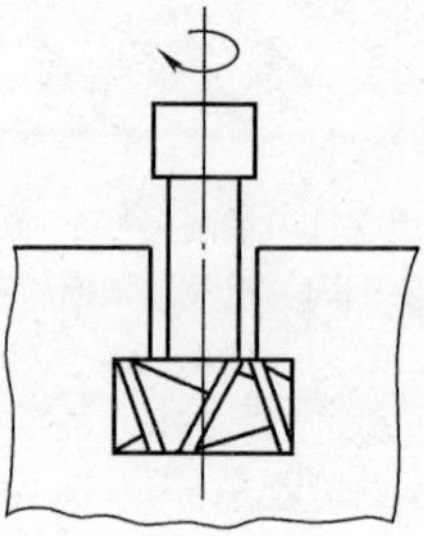	用T形槽铣刀铣削各种T形槽,先用立铣刀或三面刃铣刀铣垂直槽至全槽深
	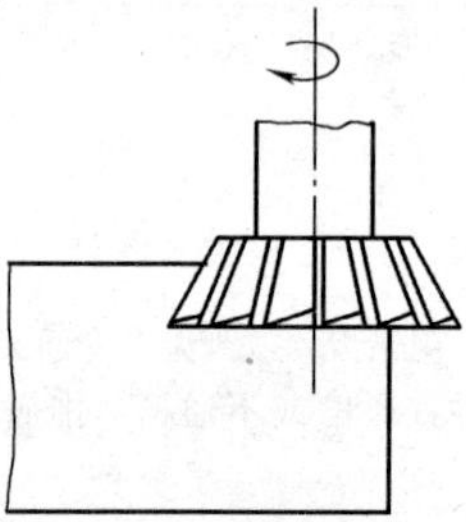	用燕尾槽铣刀铣削燕尾槽,或用单角铣刀将立铣头扳过一倾斜角后再铣削
	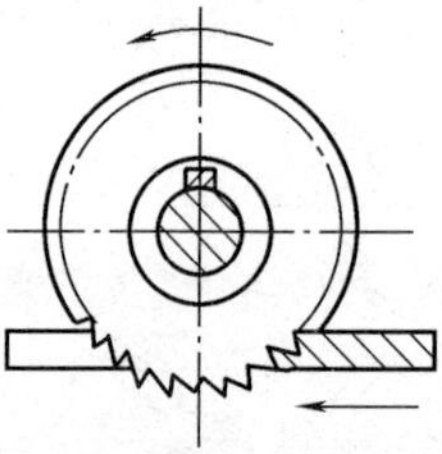	用锯片铣刀切断板料或型材,被切断部分的底面应支承好,避免切断时因掉落而引起打刀
成形面铣削	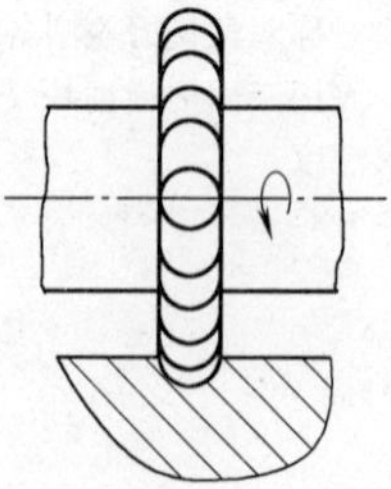	用凸半圆铣刀铣削各种半径的凹形面或半圆槽

方式	示　图	简　要　说　明
成形面铣削	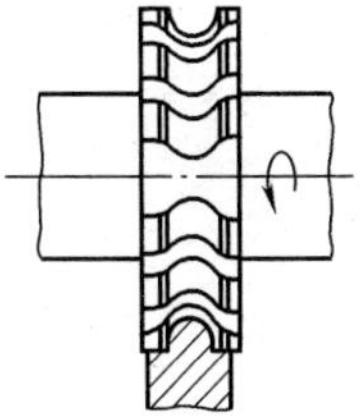	用凹半圆铣刀铣削各种半径的凸半圆成形面
	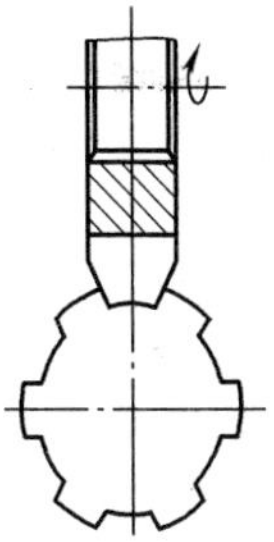	用成形花键铣刀铣削直边花键轴，铣刀齿宽的对称平面应通过工件轴线
球面铣削	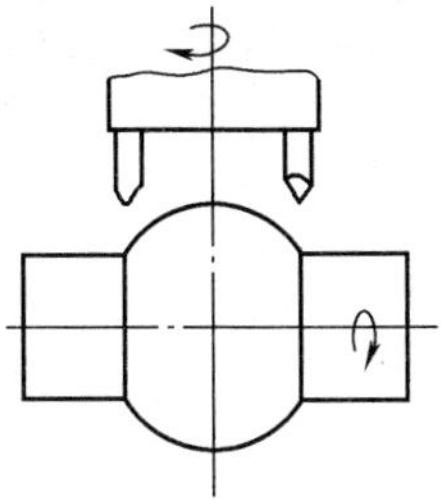	用铣刀盘铣削外球面，刀尖旋转运动轨迹与球的截形圆重合，铣削时手摇分度头手柄，使工件绕自身轴线旋转
	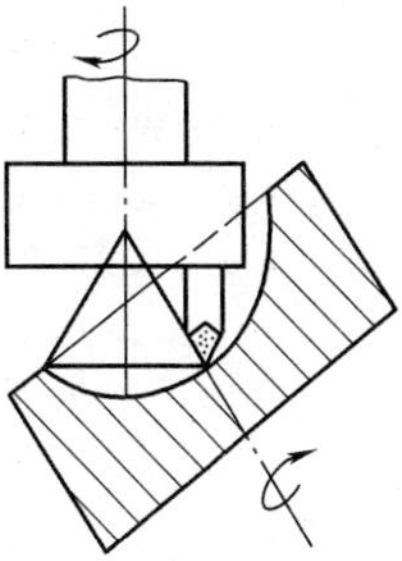	用铣刀盘或立铣刀铣削内球面，先确定刀具的直径及工件的倾斜角，工件夹持在分度头上，与分度头主轴一起旋转

方式	示　图	简　要　说　明
球面铣削	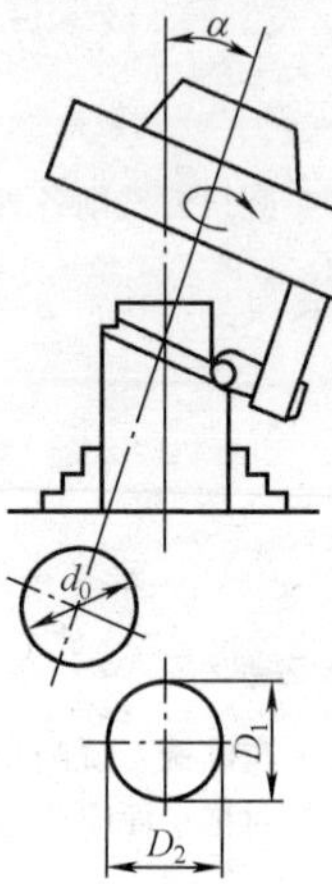	用铣刀盘铣削椭圆柱，刀盘上刀尖的旋转直径 d_0 按长轴尺寸 D_1 决定，根据长轴及短轴尺寸 D_2 的大小计算立铣头的倾斜角 α
	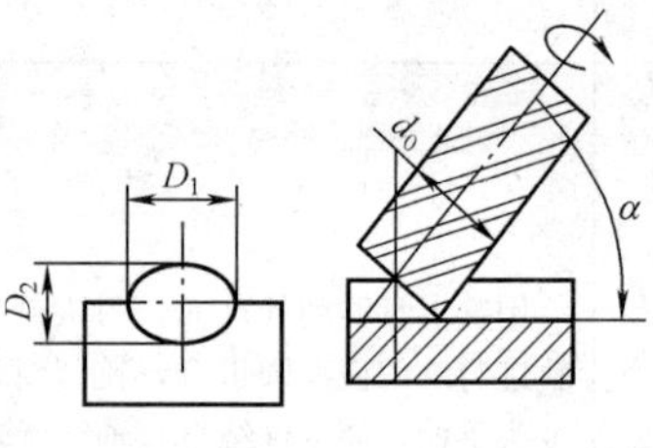	用立铣刀或三面刃铣刀铣削椭圆槽，按长轴尺寸 D_1 选定铣刀直径 d_0，根据长轴及短轴尺寸 D_1、D_2 的大小计算立铣头的倾斜角 α
离合器铣削	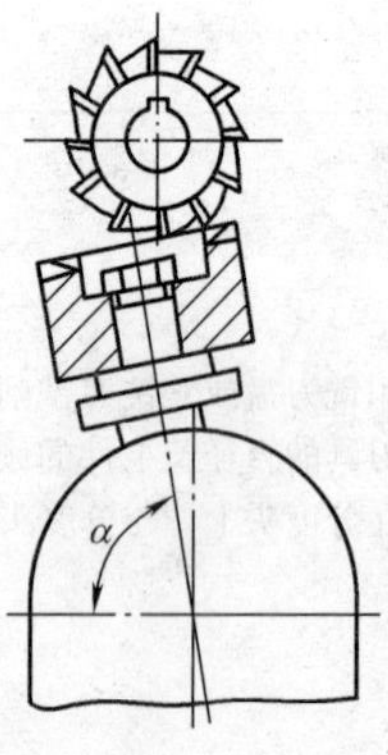	用单角铣刀、对称双角铣刀、圆盘形铣刀等铣削各种端面齿离合器，根据齿形要求计算铣刀尺寸和分度头倾斜角 α

方式	示　　图	简　要　说　明
凸轮铣削	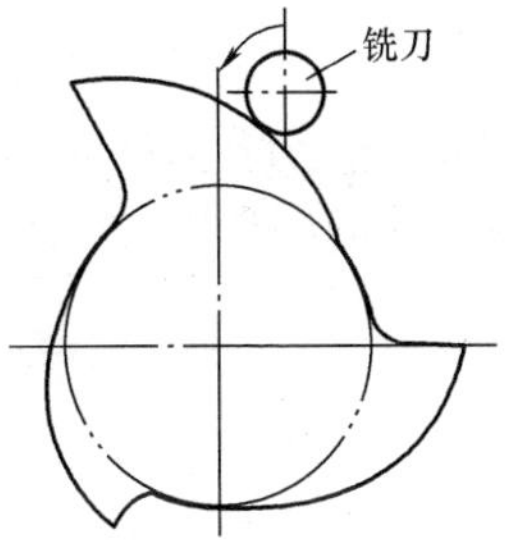	用立铣刀铣削平板凸板、圆柱凸轮，按凸轮曲线导程计算分度头与工作台丝杠之间的交换齿轮
螺旋铣削	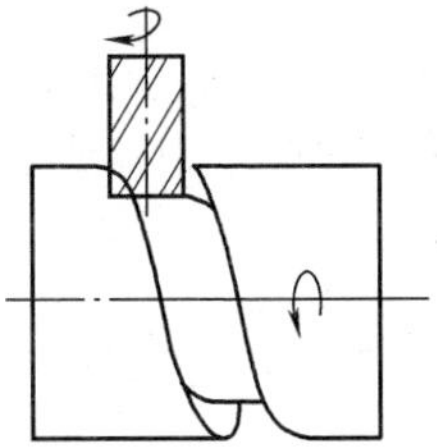	用立铣刀铣削圆柱上的各种螺旋槽，按导程计算分度头与工作台丝杠之间的交换齿轮
曲面铣削	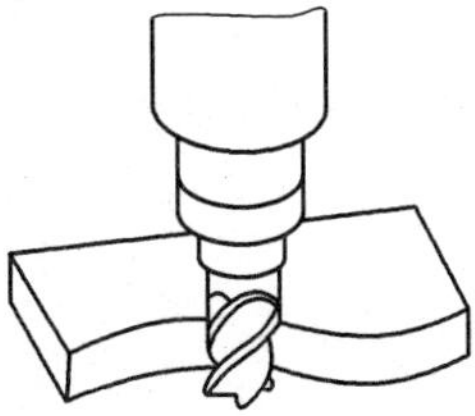	用立铣刀铣削各种平面曲线（x，y两向），按靠模外形（或编程）加工，铣刀直径应与靠模滚轮直径一致
	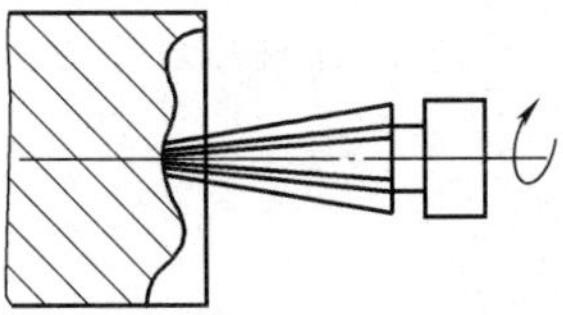	用锥形立铣刀、球头立铣刀或立铣刀铣削空间曲面（x、y、z三向），按靠模（或编程）加工，铣刀直径与靠模直径应一致

续表

方式	示 图	简 要 说 明
刀具开齿		用单角铣刀、不对称双角铣刀铣削圆盘形刀具的直齿槽
		用不对称双角铣刀铣削螺旋形刀具刀的齿槽,按工件螺旋角将工作台扳一个相同的角度,并根据螺旋槽导程计算分度头与工作台丝杠之间的交换齿轮
齿形铣削		用成形齿轮铣刀铣削直齿圆柱齿轮和螺旋齿圆柱齿轮,对于圆柱螺旋齿轮,铣削时按螺旋导程计算分度头与工作台丝杠之间的交换齿轮
		用成形齿轮铣刀铣削直齿锥齿轮

1) 主运动：由机床或人力提供的主要运动，它促使刀具和工件之间产生相对运动，从而使刀具前面接近工件。这个运动的速度最高，消耗功率最大。

2) 进给运动：由机床或人力提供的运动，它使刀具与工件之间产生附加的相对运动，加上主运动，使工件的多余材料不断地被去除，并得出具有所需几何特性的已加工表面。进给运动包括断续进给和连续进给。

3) 吃刀量：是指两平面间的距离，该两平面都垂直于所选定的测量方向，并分别通过作用切削刃上的两个使上述两平面的距离为最大值的点。

（2）铣削时工件上形成的三个表面如下。

1) 已加工表面：工件上经铣刀切削后产生的表面。

2) 过渡表面：工件上由铣刀切削刃形成的那部分表面，在下一切削行程，刀具或工件的下一转里被切除，或者由下一切削刃切除。

3) 待加工表面：工件上有待切除的表面。

2. 铣削要素

铣削要素是指铣削速度、进给量、背吃刀量和侧吃刀量。

（1）铣削速度 v_c：即主运动速度，指铣刀旋转运动的线速度。

$$v_c = \pi D_0 n / 1000 \tag{5-1}$$

式中 D_0——铣刀的外径，mm；

n——铣刀的转速，r/min。

（2）进给量：刀具在进给运动方向上相对工件的位移量，可用刀具或工件每转或每行程的位移量来表述和度量，有以下三种表示方法。

1) 每齿进给量 f_z：铣刀每转过一个齿时，刀具相对于工件在进给运动方向上的位移量，其单位为 mm/z。

2) 每转进给量 f：铣刀每转过一周时，铣刀相对于工件在进给运动方向上的位移量，其单位为 mm/r。

每齿进给量与每转进给量之间的关系为

$$f = f_z z \tag{5-2}$$

式中　z——铣刀的刀齿数。

3）进给速度 v_f：每分钟内工件相对于铣刀移动的距离，其单位为 mm/min。

进给速度与每齿进给量和铣刀转速之间的关系为

$$v_f = fn = f_z z n \tag{5-3}$$

（3）背吃刀量 a_p：是指在平行于铣刀轴线方向测量的被切削层的尺寸。

（4）侧吃刀量 a_e：是指在垂直于铣刀轴线方向测量的被切削层的尺寸。

几种铣刀铣削时的 a_p 和 a_e 如图 5-1 所示。

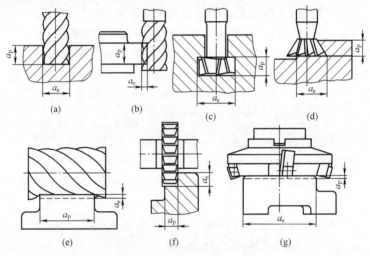

图 5-1　铣削时的背吃刀量 a_p 和侧吃刀量 a_e

(a)、(b) 立铣刀；(c) T 形槽铣刀；(d) 燕尾槽铣刀；

(e) 圆柱形铣刀；(f) 三面刃铣刀；(g) 面铣刀

（5）切削层的公称厚度 h_D：在同一瞬间的切削层横截面积与其公称切削层宽度之比，包括以下两种情况。

1）圆柱铣刀铣削时的切削厚度 a_c：是指铣刀上相邻两个刀齿所形成的加工表面间的垂直距离。圆柱铣刀每个刀齿切去的切削层如图 5-2 所示。

当用直齿圆柱铣刀铣削时，由图 5-3 可知，在主切削刃转到 E 点时，切削厚度为

$$a_c = f_z \sin \psi \qquad (5\text{-}4)$$

式中　ψ——瞬时接触角，指工作刀齿所在位置与起始切入位置间的夹角。

由式（5-4）可知，切削厚度随刀齿所在位置的不同而变化。当刀齿在 H 点时，切削厚度为最小值（$a_c = 0$）；当刀齿转到即将离开工件的 A 点时，ψ 等于最大接触角 δ，切削厚度的最大值为

$$a_{cmax} = f_z \sin \delta \qquad (5\text{-}5)$$

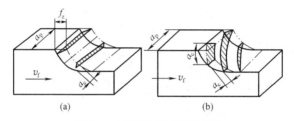

图 5-2　圆柱铣刀切削层要素

（a）直齿圆柱铣刀；（b）螺旋齿圆柱铣刀

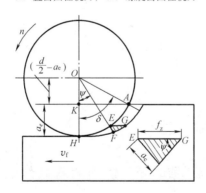

图 5-3　圆柱铣刀的切削厚度

通常以 $\psi = \delta/2$ 处的切削厚度为平均切削厚度，圆柱铣刀的平均切削厚度为

$$a_{cm} = f_z \sin \frac{\delta}{2} = f_z \sqrt{\frac{a_e}{d}} \qquad (5\text{-}6)$$

237

当用螺旋齿圆柱铣刀铣削时，由图 5-2（b）可知，铣刀切削刃是逐渐切入和切离工件的，切削刃上各点所在的切削位置不同，因此切削刃上各点的切削厚度是变化的。

2）面铣刀铣削时的切削厚度 a_c：由图 5-4 可知，刀齿在任意位置时的切削厚度为

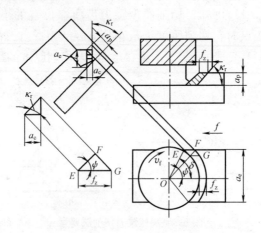

图 5-4　面铣刀的切削厚度

$$a_c = EF \sin K_r = f_z \cos \psi \sin K_r \qquad (5\text{-}7)$$

（6）平均切削总面积 $A_{D\Sigma}$：各种铣刀铣削时的平均切削总面积计算方法相同，其计算公式为

$$A_{D\Sigma} = \frac{f_z a_p a_e z}{\pi d} \qquad (5\text{-}8)$$

式中各项参数同前。

第二节　铣削的基础知识

一、铣削过程的基本规律

在金属切削过程中，会出现一系列物理现象，如切削变形、切削力、切削热、刀具磨损以及加工表面质量等，这些都是以切屑形成过程为基础的，而切削过程中出现的积屑瘤、断屑等问题，又都同切削过程中的变形规律有关。因此，研究这些物理现象和问题的

发生与变化规律，对于正确刃磨和合理使用刀具、充分发挥刀具的切削性能、合理选择切削用量、提高生产效率和工件的加工质量，以及降低生产成本等都有重要意义。

1. 金属切削过程

切削时，在刀具切削刃的切割和前刀面的推挤作用下，使被切削的金属层产生变形、剪切滑移而变成切屑，这个过程称为切削过程，如图 5-5 所示。在图 5-5（a）中，只考虑剪切面的滑移（模拟状态），把金属层的各单元比喻为平行四边形的卡片，实际上由于刀具前刀面的强烈挤压，这些单元的底面被挤压伸长，其形状变成如图 5-5（b）所示的近似梯形 abcd 了，将许多梯形叠起来，就形成了卷曲的切屑。

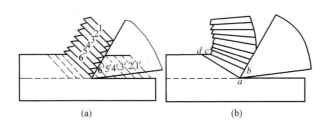

图 5-5　金属切削过程示意图

（a）金属的滑移；（b）切屑的卷曲

在切削过程中，金属材料的变形大致可发生在三个变形区域，如图 5-6 所示。一般将剪切区称为第一变形区，其位置如图 5-6 中Ⅰ所示。靠前刀面与切屑的接触区称为第二变形区，如图 5-6 中Ⅱ所示，积屑瘤、刀具磨损等现象主要取决于第二变形区的变形。在已加工表面处发生的显著变形，主要是已加工表面受到切削刃和后刀面挤压及摩擦造成的，这部分称为第三变形区，如图 5-6 中Ⅲ所示。

大部分塑性变形集中于第一变形区，切削变形的大小主要按第一变形区衡量。

2. 切屑的种类

由于工件材料性质不同，切削条件不同，切削过程中的滑移变

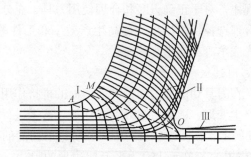

图 5-6 切削的三个变形区

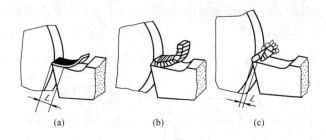

图 5-7 切屑的类型

(a) 带状切屑;(b) 挤裂切屑;(c) 崩碎切屑

形程度也就不同,因此主要产生了以下三种类型的切屑,如图 5-7 所示。

(1) 带状切屑。如图 5-7 (a) 所示。它的内表面光滑,外表面呈毛茸状,如用放大镜观察,在外表面上也可看到剪切面的条纹,但每个单元很薄。一般在加工塑性金属材料时,因切削厚度较小,切削速度较高,刀具前角较大,会形成这类切屑。

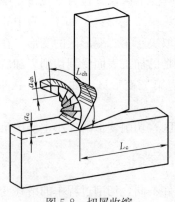

图 5-8 切屑收缩

(2) 挤裂切屑。如图 5-7 (b) 所示。它的内表面有时有裂纹,外表面呈锯齿形。这类切屑大都是在切削速度较低、切削厚度较大、刀具前角较小时，由于切屑剪切滑移量较大，在局部地方破裂而形成的。

（3）崩碎切屑。在切屑脆性金属材料时，由于材料的塑性很小，抗拉强度较低，刀具切入后，靠近切削刃和前刀面的局部金属未经塑性变形就被挤裂或脆断，形成不规则的崩碎切削。工件材料越硬越脆、刀具前角越小、切削厚度越大时，越容易产生这类切屑，如图 5-7（c）所示。

3. 切屑收缩

在切削过程中，被切金属层经过滑移变形而出现的切屑长度缩短、厚度增加的现象，称为切屑收缩，如图 5-8 所示。

切屑收缩的程度用收缩系数 ξ 表示

$$\xi = \frac{l_{\mathrm{c}}}{l_{\mathrm{ch}}} = \frac{a_{\mathrm{ch}}}{a_{\mathrm{c}}} > 1 \tag{5-9}$$

式中　ξ——收缩系数；

l_{c}、a_{c}——切削层长度和厚度，mm；

l_{ch}、a_{ch}——切屑长度和厚度，mm。

收缩系数 ξ 比较容易测量，所以能直观地反映切削变形程度的大小。当材料相同而切削条件不同时，ξ 大说明切削变形大；当切削条件相同而材料不同时，ξ 大说明材料塑性大。一般切削中碳钢时，$\xi = 2 \sim 3$。

4. 积屑瘤

用中等切削速度切削钢料或其他塑性金属时，有时在刀具前刀面上靠近切削刃处牢固地粘着一小块金属，这就是积屑瘤。

切削过程中，由于金属的变形和摩擦，使切屑和前刀面之间产生很大的压力和很高的温度。当摩擦力大于切屑内部的结合力时，切屑底层的一部分金属就"冷焊"在前刀面上靠近切削刃处（因未达到焊接的熔化温度），形成积屑瘤。

积屑瘤对加工的影响如下（见图 5-9）。

（1）保护刀具。积屑瘤的硬度约为工件材料硬度的 $2 \sim 3$ 倍，就像一个刃口圆弧半径较大的楔块，能代替切削刃进行切削，且保护了切削刃和前刀面，减少了刀具的磨损。

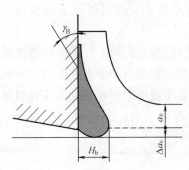

图 5-9 积屑瘤增大实际前角和
增加切削厚度示意图

（2）增大实际前角。有积屑瘤的刀具，实际前角增大了，因而减少了切屑的变形，降低了切削力。

（3）影响工件表面的质量和尺寸精度。积屑瘤的底部较上部稳定（积屑瘤的前端伸出在切屑刃之外，使切屑厚度增大了 Δa_c），但是通常条件下，积屑瘤总的是不稳定的，它时大时小，时积时失，在切削过程中，一部分积屑瘤被切削带走，一部分嵌入工件已加工表面，使工件表面形成硬点和毛刺，表面粗糙度值变大，同时也加速了刀具的磨损。

为了抑制或避免积屑瘤的产生，可采取以下措施。

（1）控制切削速度，尽量使用很低或很高的切削速度，避开产生积屑瘤的中等切削速度（15～30m/min）范围（见图 5-10），这是降低工件表面粗糙度值的好办法。

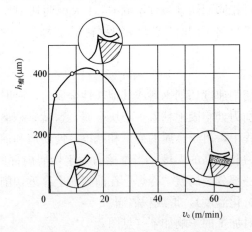

图 5-10 切削速度对积屑瘤的影响

（2）减小切削厚度，采用小的进给量或小的主偏角 K_r。

（3）使用高效率的切削液；研磨刀具的前刀面，以减少摩擦。

（4）增大刀具前角，减小切削变形。

（5）当工件材料硬度很低、塑性过高时，可进行适当的热处理，以提高材料硬度降低塑性，也可抑制积屑瘤的产生。

二、铣削力和铣削功率

切削力的来源主要有两个方面：一是切屑形成过程中，弹性变形及塑性变形产生的抗力；二是刀具与切屑及工件表面之间的摩擦阻力。克服这两个方面的力就构成了切削合力，它作用于前刀面和后刀面上。

铣削时，每个切削的刀齿都受到变形抗力和摩擦力的作用。每个刀齿的切削位置和切削面积随时在变化，所以作用在每个刀齿上的铣削力大小和方向也在不断地变化。为方便起见，通常假定各刀齿上作用力的合力作用在刀齿上某点，如图 5-11 所示，它可以分解为切向铣削力 F_c、径向铣削力 F_p 和轴向铣削力 F_f。切向铣削力 F_c 是沿铣刀主运动方向的分力，它消耗的功率最多，是主要的切削力；径向切削力 F_p 和轴向铣削力 F_f 的大小与圆柱铣刀的螺旋角 β 有关，与面铣刀的主偏角有关，且有

$$F = \sqrt{F_f^2 + F_e^2 + F_{fN}^2} = \sqrt{F_c^2 + F_{cN}^2 + F_p^2} \qquad (5\text{-}10)$$

作用在工件上的合力 F' 与 F 大小相等，方向相反，如图 5-11

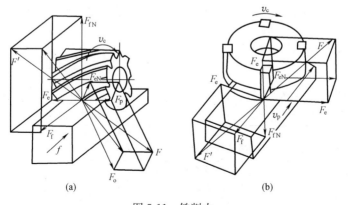

(a)   (b)

图 5-11　铣削力

（a）圆柱铣刀；（b）面铣刀

所示。为方便于机床、夹具的设计和测量,把它沿着铣床工作台运动的方向分解为三个分力:纵向进给分力 F_f、横向进给分力 F_e 和垂直进给分力 F_{fN}。

铣削时,各铣削分力与切向铣削力 F_c 有一定的比例,见表 5-3。如果求出 F_c,便可计算出 F_f、F_e 和 F_{fN},同时也可以求出铣削功率 P_m

$$P_m = \frac{F_c v_c}{60 \times 10^3} \tag{5-11}$$

式中　　P_m——铣削功率,kW;

　　　　v_c——切削速度,m/min;

　　　　F_c——切向铣削力,N。

高速钢铣刀的切向铣削力 F_c 可按表 5-4 中所列出的经验公式计算;而用硬质合金铣刀铣削普通钢和铸铁时,则可按表 5-5 中所列出的经验公式计算(该表的实验条件:$\gamma_0 = 5°$,$K_r = 75°$,$\lambda_s = 5°$,$\alpha_0 = 6°$,$K_r' = 15°$,$\beta \leqslant 30°$)。当加工材料的性能不同时,F_c 需乘表中材料的修正系数 K_{fc}。

表 5-3　　　　　　　　各铣削力之间的比值

铣削条件	比值	对称铣削	不对称铣削	
			逆铣	顺铣
端面铣削	F_f/F_c	0.3~0.4	0.6~0.9	0.15~0.30
$a_e = (0.4~0.8)d_0$	F_e/F_c	0.85~0.95	0.45~0.7	0.9~1.00
$f_z = 0.1~0.2$mm/z	F_{fN}/F_c	0.5~0.55	0.5~0.55	0.5~0.55
圆柱铣削	F_f/F_c		1.0~1.20	0.8~0.90
$a_e = 0.05d_0$	F_{fN}/F_c	—	0.2~0.3	0.75~0.80
$f_z = 0.1~0.2$mm/z	F_e/F_c		0.35~0.40	0.35~0.40

表 5-4　　　　　　高速钢铣刀铣削力的计算公式

加工材料	铣刀名称	铣削力的计算公式
碳钢、青铜、铝合金、可锻铸铁	面铣刀	$F_e = C_F a_e^{1.1} f_z^{0.8} d_0^{-1.1} a_p^{0.95} z$
	立铣刀、圆柱铣刀	$F_e = C_F a_e^{0.86} f_z^{0.72} d_0^{-0.86} a_p z$
	三面刃铣刀、锯片铣刀	$F_e = C_F a_e^{0.86} f_z^{0.72} d_0^{-0.86} a_p z$

加工材料	铣刀名称	铣削力的计算公式
灰铸铁	面铣刀	$F_e = C_F a_e^{1.1} f_z^{0.72} d_0^{-1.1} a_p^{0.9} z$
	立铣刀、圆柱铣刀	$F_e = C_F a_e^{0.83} f_z^{0.85} d_0^{-0.83} a_p z$
	三面刃铣刀、锯片铣刀	$F_e = C_F a_e^{0.83} f_z^{0.65} d_0^{-0.83} a_p z$

铣削力系数 C_F / 铣刀名称	碳 钢	可锻铸铁	青铜	灰铸铁	镁铝合金
面铣刀	808	510	368	510	217
立铣刀、圆柱铣刀	669	294	222	294	196
三面刃铣刀、锯片铣刀	670	294	221	294	196

表 5-5　　　　硬质合金铣刀铣削力的计算公式　　　　（N）

铣刀类型	工件材料	铣削力公式
面铣刀	碳钢	$F_c = 11278 a_e^{1.06} f_z^{0.88} d_0^{-1.3} a_p^{0.90} n^{-0.18} z$
面铣刀	灰铸铁	$F_c = 539 a_e^{1.0} f_z^{0.74} d_0^{-1.0} a_p^{0.90} z$
面铣刀	可锻铸铁	$F_c = 4825 a_e^{1.1} f_z^{0.75} d_0^{-1.3} a_p^{1.0} n^{-0.20} z$
圆柱铣刀	碳钢	$F_e = 1000 a_e^{0.88} f_z^{0.75} d_0^{-0.87} a_p^{1.00} z$
圆柱铣刀	灰铸铁	$F_e = 596 a_e^{0.9} f_z^{0.80} d_0^{-0.90} a_p^{1.00} z$
三面刃铣刀	碳钢	$F_e = 2560 a_e^{0.9} f_z^{0.8} d_0^{-1.1} a_p^{1.1} n_t^{-0.1} z$
二面刃铣刀	碳钢	$F_e = 2746 a_e^{0.8} f_z^{0.7} d_0^{-1.1} a_p^{0.85} z$
立铣刀	碳钢	$F_e = 118 a_e^{0.85} f_z^{0.75} d_0^{-0.73} a_p^{1.0} n^{0.13} z$

加工材料	钢	铸铁	青铜	铝镁合金
修正系数 K_{Fc}	$\left(\dfrac{\sigma_b}{0.735}\right)^{0.3}$	$\left(\dfrac{HBS}{190}\right)^{0.55}$	$\left(\dfrac{HBS}{140}\right)^{0.55}$	$\left(\dfrac{HBS}{95}\right)^{0.5}$

三、切削热和切削温度

1. 切削热和切削温度的概念

切削热是切削过程的重要物理现象之一。切削温度能改变前刀面上的摩擦系数、工件材料的性质，影响积屑瘤的大小、已加工表面的质量、刀具的磨损量和使用寿命以及生产率等。

切削热来源于切削层金属发生弹性变形和塑性变形产生的热量，以及切屑与前刀面、工件与后刀面摩擦产生的热量。切削过程中，上述变形与摩擦消耗的功绝大部分转化为热能。

切削热通过切屑、工件、刀具和周围介质传散。

切削热传至各部分的比例，一般情况是切屑带走的热量最多。如不使用切削液，以中等切削速度切削钢时，切削热的 50%～86%由切屑带走；10%～40%传入工件；3%～9%传入刀具；1%左右传入周围空气。

切削温度一般是指切削区域的平均温度。它的高低是由产生热和传散热两个方面综合影响的结果。

2. 影响切削温度的主要因素

(1) 刀具角度。前角 γ_0 影响切削变形和摩擦，对切削温度的影响较明显。前角增大，变形和摩擦减小，产生的热量减少，切削温度下降。但前角过大，由于楔角 β_0 减小，使刀具散热条件变差，切削温度反而略有上升。

加大主偏角 K_r 后，在相同的背吃刀量下，主切削刃参加切削的长度 l 缩短，使切削热相对集中，并由于刀尖角 ε_r 减小，使散热条件变差，切削温度将升高。

(2) 铣削用量。切削用量 v_c、f、a_p 增大，切削温度升高，其中切削速 v_c 的影响最大，进给量 f 次之，背吃刀量 a_p 的影响最小。

(3) 工件材料。工件材料是通过其强度、硬度和导热系数等性能不同而影响切削温度的。例如，强度和硬度较高的材料，消耗的功率与生产的热量较多，切削温度较高。当工件材料的硬度和强度相同时，则塑性和韧性越好，切削温度越高。

(4) 切削液。切削液能起冷却和润滑作用，可减少切削热的产生，并使切削温度显著降低。

第三节　铣削用量的选择

一、选择铣削用量的原则

粗加工时，在机床动力和工艺系统刚性允许的前提下，以及具有合理的铣刀寿命的条件下，首先应选用较大的被切金属层的宽度，其次是选用较大的被切金属层的深度（厚度），再选用较大的每齿进给量，最后根据铣刀的寿命确定铣削速度。

精加工时，为了保证获得合乎要求的加工精度和表面粗糙度，被切金属层应尽量一次铣出；被切金属的深度一般在 0.5mm 左右；再根据表面粗糙度要求，选择合适的进给量；然后确定合理的铣刀寿命和铣削速度。

二、被切金属层深度（厚度）的选择

面铣时的背吃刀量 a_p、周铣时的侧吃刀量 a_e 即是被切金属层的深度。当铣床功率和工艺系统的刚性、强度允许，且加工精度要求不高及加工余量不大时，可一次进给铣去全部余量。当加工精度要求较高或加工表面粗糙度 Ra 小于 $6.3\mu m$ 时，铣削应分粗铣和精铣。端面铣削时，铣削深度的推荐值见表 5-6。当工件材料的硬度和强度较高时，应取较小值。当加工余量较大时，可采用阶梯铣削法。

表 5-6　　　　　　端面铣削时背吃刀量 a_p 的推荐值

铣削类型	粗　　铣		精　　铣		
	一般	沉重	精铣	高精铣	宽刃精铣
铣削深度 a_p（mm）	≤10	≤20	0.5～1.5	0.3～0.5	0.05～0.1

周铣时的侧吃刀量 a_e，粗铣时可比端面铣削时的背吃刀量 a_p 大。故在铣床和工艺系统的刚性、强度允许的条件下，尽量在一次进给中，把粗铣余量全部切除。精铣时，可参照端面铣削时的 a_p 值。

阶梯铣削法用的阶梯铣刀如图 5-12 所示，它的刀齿分布在不同的半径上，而且各齿在轴向伸出的距离也各不相同。半径愈大的刀齿在轴向伸出的距离愈小，即后刀齿的位置比前刀齿在半径上小 ΔR 的距离。而在轴向，则比前刀齿多伸出 Δa_p 的距离。能使工件的全部加工余量沿铣削深度方向分配到各齿上。若采用图 5-12（b）所示的由两组刀齿组成的铣刀铣削时，由于一组有三个刀齿，故每齿的进给量和切削厚度增大三倍，而切削宽度则减小，切出窄而厚的切屑。用阶梯铣削法既降低了铣削力，又有利于排除切屑，故可减少振动和功率消耗。

另外，阶梯铣刀的刀齿在排列时，把最后一个刀齿（图 5-12

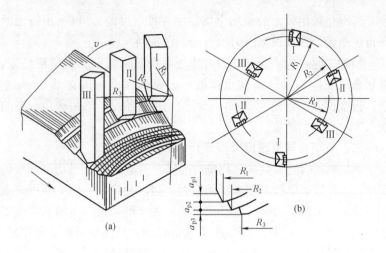

图 5-12　阶梯铣刀和阶梯铣削

(a) 阶梯铣削的形式；(b) 刀齿的分布情况

中是刀齿Ⅲ）在轴向安装得比前一刀齿只伸出 0.5mm 左右，刀齿的几何参数符合精加工要求。此时的阶梯铣削，可使粗铣和精铣在一次进给中完成，以提高生产效率。此法也可用于普通面铣刀上。

三、进给量的选择

粗铣时，进给量的提高主要是受刀齿强度及机床、夹具等工艺系统刚性的限制。铣削用量大时，还受机床功率的限制。因此在上述条件下，可尽量取得大些。

精铣时，限制进给量的主要因素是加工精度和表面粗糙度。每齿进给量越大，表面粗糙度值也越大。在表面粗糙度值要求较小时，还要考虑到铣刀刀齿的刀刃或刀尖不一定在同一个旋转的圆周或平面上，在这种情况下铣出的平面，将以铣刀一转为一个波纹。因此，精铣时，在考虑每齿进给量的同时，还需考虑每转进给量。

表 5-7 推荐的数值为各种常用铣刀在对不同工件材料铣削时的每齿进给量，粗铣时取表中的较大值；精铣时取表中的较小值。

表 5-7 每齿进给量 f_z 的推荐值 （mm/z）

工件材料	工件材料的硬度（HBS）	硬质合金		高速钢			
		面铣刀	三面刃铣刀	圆柱铣刀	立铣刀	面铣刀	三面刃铣刀
低碳钢	~150	0.2~0.4	0.15~0.30	0.12~0.2	0.04~0.20	0.15~0.30	0.12~0.20
	150~200	0.20~0.35	0.12~0.25	0.12~0.2	0.03~0.18	0.15~0.30	0.10~0.15
中、高碳钢	120~180	0.15~0.5	0.15~0.3	0.12~0.2	0.05~0.20	0.15~0.30	0.12~0.2
	180~220	0.15~0.4	0.12~0.25	0.12~0.2	0.04~0.20	0.15~0.25	0.07~0.15
	220~300	0.12~0.25	0.07~0.20	0.07~0.15	0.03~0.15	0.1~0.2	0.05~0.12
灰铸铁	150~180	0.2~0.5	0.12~0.3	0.2~0.3	0.07~0.18	0.2~0.35	0.15~0.25
	180~220	0.2~0.4	0.12~0.25	0.15~0.25	0.05~0.15	0.15~0.3	0.12~0.20
	220~300	0.15~0.3	0.10~0.20	0.1~0.2	0.03~0.10	0.10~0.15	0.07~0.12
可锻铸铁	110~160	0.2~0.5	0.1~0.30	0.2~0.35	0.08~0.20	0.2~0.4	0.15~0.25
	160~200	0.2~0.4	0.1~0.25	0.2~0.3	0.07~0.20	0.2~0.35	0.15~0.20
	200~240	0.15~0.3	0.1~0.20	0.12~0.25	0.05~0.15	0.15~0.30	0.12~0.20
	240~280	0.1~0.3	0.1~0.15	0.1~0.2	0.02~0.08	0.1~0.20	0.07~0.12
含C<0.3%的合金钢	125~170	0.15~0.5	0.12~0.3	0.12~0.2	0.05~0.2	0.15~0.3	0.12~0.20
	170~220	0.15~0.4	0.12~0.25	0.1~0.2	0.05~0.1	0.15~0.25	0.07~0.15
	220~280	0.10~0.3	0.08~0.20	0.07~0.12	0.03~0.08	0.12~0.20	0.07~0.12
	280~320	0.08~0.2	0.05~0.15	0.05~0.1	0.025~0.05	0.07~0.12	0.05~0.10
含C>0.3%的合金钢	170~220	0.125~0.4	0.12~0.30	0.12~0.2	0.12~0.2	0.15~0.25	0.07~0.15
	220~280	0.10~0.3	0.08~0.20	0.07~0.15	0.07~0.15	0.12~0.2	0.07~0.15
	280~320	0.08~0.2	0.05~0.15	0.05~0.12	0.05~0.12	0.07~0.12	0.05~0.10
	320~380	0.06~0.15	0.05~0.12	0.05~0.10	0.05~0.10	0.05~0.10	0.05~0.10
工具钢	退火状态	0.15~0.5	0.12~0.3	0.07~0.15	0.05~0.1	0.12~0.2	0.07~0.15
	36HRC	0.12~0.25	0.08~0.15	0.05~0.10	0.03~0.08	0.07~0.12	0.05~0.10
	46HRC	0.10~0.20	0.06~0.12	—	—	—	—
	50HRC	0.07~0.10	0.05~0.10	—	—	—	—
镁铝合金	95~100	0.15~0.38	0.125~0.3	0.15~0.20	0.05~0.15	0.2~0.3	0.07~0.2

四、铣削速度的选择

合理的铣削速度是在保证加工质量和铣刀寿命的条件下确定的。

铣削时影响铣削速度的主要因素有：刀具材料的性质和刀具的寿命、工件材料的性质、加工条件及切削液的使用情况等。

1. 粗铣时铣削速度的选择

粗铣时，由于金属切除量大，产生的热量多，切削温度高，为了保证合理的铣刀寿命，铣削速度要比精铣时低一些。在铣削不锈钢等韧性和强度高的材料，以及其他一些硬度和热强度等性能高的材料时，产生的热量更多，则铣削速度应降低。另外，粗铣时由于铣削力大，故还需考虑机床功率是否足够，必要时可适当降低铣削速度，以减小铣削功率。

2. 精铣时铣削速度的选择

精铣时，由于金属切除量小，所以在一般情况下，可采用比粗铣时高一些的铣削速度。提高铣削速度的同时，又将使铣刀的磨损速度加快，从而影响加工精度。因此，精铣时限制铣削速度的主要因素是加工精度和铣刀寿命。有时为了达到上述两个目的，采用比粗铣时还要低的铣削速度，即低速铣削。尤其在铣削加工面积大的工件，即一次铣削宽而长的加工面时，采用低速制，可使刀刃和刀尖的磨损量极少，从而获得高的加工精度。

表 5-8 推荐的数值是一般情况下的铣削速度，在实际工作中需按实际情况加以修改。

表 5-8　　　　　　　　粗铣时的铣削速度

加 工 材 料				铣削速度 v（m/min）	
名　称	牌　号	材料状态	硬度(HBS)	高速钢铣刀	硬质合金铣刀
低碳钢	Q235—A	热轧	131	25～45	100～160
	20	正火	156	25～40	90～140
中碳钢	45	正火	≤229	20～30	80～120
		调质	220～250	15～25	60～100

加 工 材 料				铣削速度 v（m/min）	
名　　称	牌　号	材料状态	硬度（HBS）	高速钢铣刀	硬质合金铣刀
合金结构钢	40Cr	正火	179～229	20～30	80～120
		调质	200～230	12～20	50～80
	38CrSi	调质	255～305	10～15	40～70
	18CrMnTi	调质	≤217	15～20	50～80
	38CrMoAlA	调质	≤310	10～15	40～70
不锈钢	2Cr13	淬火回火	197～240	15～20	60～80
	1Cr18Ni9Ti	淬火	≤207	10～15	40～70
工具钢	9CrSi		197～241	20～30	70～110
	W18Cr4V		207～255	15～25	60～100
灰铸铁	HT150		163～229	20～30	80～120
	HT200		163～229	15～20	60～90
冷硬铸铁			52～55HRC		5～10
铜及铜合金				50～100	100～200
铝及铝合金				100～300	200～600

✿ 第四节　高速铣削和强力铣削

一、高速铣削

1. 高速铣削的意义

高速铣削是指利用高硬度特别是具有高温硬度（如硬质合金、陶瓷等）的材料制造刀具，采用较高的铣削速度加工工件，以达到提高生产效率的一种方法。例如，新型 Sialon 陶瓷刀具的（复合 Si_3N_4-Al_2O_3 陶瓷）强度和断裂韧度都很高，其强度一般能保持到 1200℃不变，常温硬度为 1800HV，在 1000℃的高温时硬度仍可保持在 1300HV，它可作为高速粗加工铸铁及镍基合金的理想刀具材料，其切削速度可达 1500m/min。加工镍基合金时的生产效率可比硬质合金提高 5～10 倍；比加工铸铁时的生产效率提高 2～4

倍。采用这种陶瓷面铣刀精铣铸铁床身（HT250，159～210HBS），切削速度可达593m/min；精铣钢板（Q235）时切削速度可达575m/min。

采用高速铣削，一方面可改善工件的切削性能，使工件的表面粗糙度值减小；另一方面可改善刀具材料（如硬质合金）的韧性，在每齿进给量不变的情况下，适当提高铣削速度是提高生产效率的有效措施。

2. 高速铣削刀具的几何参数

高速铣削时，由于铣削速度高，而铣削又是断续切削，刀齿会受到一定的冲击，但是，所用的刀具材料，如硬质合金等的耐冲击韧度却很低，故铣刀的几何参数应在提高强度和耐冲击方面采取措施。

高速铣削时，刀具一般都选择较小的前角，甚至采用负前角。采用负前角铣刀铣削时，铣削力作用在离开切削刃一小段距离的前面上，并使硬质合金刀面受压应力［见图 5-13 (b)］；而采用正前角铣刀铣削时，则切削力作用在强度弱的切削刃和刀尖附近，并使刀齿受弯曲应力［见图 5-13 (a)］。采用负前角虽然会使切屑变形，铣削力增大，切削热增加，但切削温度的有利作用也会增强，但整个工艺系统的刚性要好。

为了改善切削性能，充分发挥正前角铣刀的优点，可采用正前角带负倒棱的铣刀铣削。因为负倒棱能增强切削刃的强度，而正前角又能减小切屑变形和降低铣削力，所以，高速铣削时，多采用图5-12 (c) 所示的正前角带负倒棱刀齿的结构。负倒棱的宽度通常取 $b_{r1} = (0.3 \sim 0.8) f_z$，粗加工时取大值，精加工时取小值；倒棱前角通常取 $r_{o1} = -10° \sim -5°$。

高速铣削时，主偏角也应适当地减小或采用过渡刃（甚至两段偏角过渡刃），以提高铣刀刀尖的强度。

此外，由于硬质合金可转位铣刀的刀片采用机械夹固，不需焊接，避免了焊接时高温产生的内应力、裂纹和其他损伤，能在较高的切削速度和较大的进给量下工作，以充分发挥刀片的作用，提高生产效率。

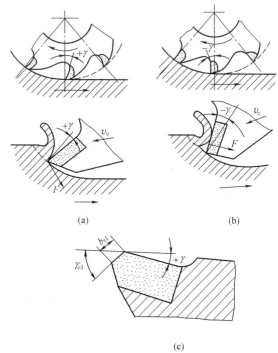

(a)   (b)

(c)

图 5-13　前角形式、受力情况及负倒棱

（a）采用正前角铣刀铣削；（b）采用负前角铣刀铣削；

（c）采用正前角带负倒棱的铣刀铣削

3. 高速精铣平面实例

（1）用带负前角的硬质合金面铣刀对钢件进行高速精铣时，采用 $v_c = 200 \sim 300\text{m/min}$，$f_z = 0.03 \sim 0.10\text{mm/z}$，$a_p$ 小于 2mm 的铣削用量，其表面粗糙度 Ra 不大于 $0.63\mu\text{m}$。采用图 5-14 所示的几何角度的面铣刀，铣削 45 钢或 CrWMn 钢，采用 $v_c = 165 \sim 290\text{m/min}$，$f_z = 0.05 \sim 0.07\text{mm/z}$，$a_p \approx 1.0\text{mm}$ 的铣削用量，其表面粗糙度 Ra 可达 $0.63\mu\text{m}$。

（2）铸铁件高速精铣时，影响其质量的主要因素是工件的硬度。当硬度差较大时，将加速铣刀的磨损，因而要求工件加工表面的硬度差不大于 20HBS。表 5-9 列出了高速精铣铸铁件时所采用的铣刀及铣削用量。

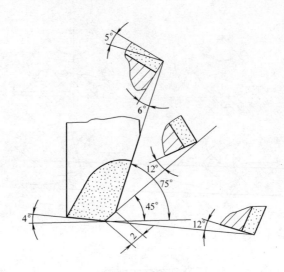

图 5-14　高速精铣铣刀的几何参数

表 5-9　　　　　　　　　　　铸铁件高速精铣实例

工件名称及加工面	铣刀		铣削用量			
	d_0 (mm)	z	v_c (m/min)	v_f (mm/min)	f_z (mm/z)	a_p (mm)
气缸体大平面	410	56	112	3048	0.63	—
气缸体底面	350	48	99	1300	0.30	0.30
气缸体平面	—	—	300	1060	0.15	
内燃机箱体件平面	250	30	—	500~1500	—	—
气缸盖平面	315	50	130	1800	0.25	0.6~0.8
气缸体平面	—	—	91	940	0.38	—
气缸体平面	—	—	91	670	0.23	—
气缸体平面	355		126	565	0.09	—

二、强力铣削

1. 强力铣削的实质和经济意义

强力铣削是采用大进给量和较大铣削层深度的铣削方法。采用大的进给量，能使生产效率大幅度地提高。强力铣削时，一般都采用中速或偏高的铣削速度，例如铣削中碳钢时，铣削速度一般在 80~110m/min。由于在影响铣刀寿命的因素中，铣削速度要比进给量和铣削层深度大得多，而强力铣削的铣削速度不是很高，故铣刀寿命较长，对提高生产效率也有利。所以，在某些情况下，强力铣削要比高速铣削有更大的经济意义。

2. 强力铣削铣力

由于强力铣削的进给量大，切削厚度也大，将使工件加工表面粗糙度值变大，铣削力增大。为了减小加工表面的粗糙度值、增加刀尖强度和改善散热条件，一般都采用过渡刃（以减小平均主偏角值），副偏角也取较小值，必要时还采用修光刃（即 $K'_r = 0°$ 的副切削刃）。

例如图 5-15 所示的刀齿结构适宜于作强力铣削，其修光刃副偏角为 0°（最好为 $6' \sim 12'$），长度 b'_ε 一般为（$1.2 \sim 1.8$）f（每转进给量），或 $b'_\varepsilon =$ 2mm 左右。

强力铣削的常用铣刀有如下几种。

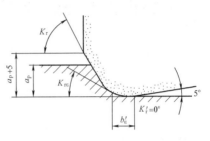

图 5-15 具有修光刃的刀齿

（1）硬质合金螺旋齿玉米铣刀。由于这种铣刀有良好的分屑性能和特大的容屑空间，故适用于强力铣削（见图 6-14）。

（2）波形立铣刀。这种铣刀常用于粗加工强力铣削，其刀齿上开有分屑槽，可使宽的切屑变窄，便于切屑沿容屑槽排出。因此，粗加工时可以采用较大的背吃刀量和每齿进给量，而不致使切屑堵塞，刀具寿命要比普通立铣刀长，效果较好。

粗加工波形刃立铣刀的型式和尺寸如图 6-15 所示。

（3）立装不等齿距面铣刀（见图 6-16）。由于立装式可转位铣床刀的刀片一般都不带后角，只能安装成具有负前角、负刃倾角的铣刀，具有抗冲击强和不易崩刃的优点，所以特别适宜于作强力铣削。

强力铣削时，机床—刀具—工件的工艺系统刚性要好，否则将引起剧烈振动，使铣削工作不能顺利进行。

第五节 难加工材料的铣削加工

随着科学技术和机械工业的不断发展，铣削加工中遇到的工件材料,其种类日益增多。有些材料比较难加工,即切削加工性较差,这类材料称为难加工材料。材料切削加工性差,主要表现为:刀具寿命低,刀具容易磨损、崩刃、打刀;难以获得所要求的加工表面的粗糙度和表层质量;断屑、卷屑、排屑困难。只要上述三个方面中有一项明显差,就可称为难加工材料,常见的难加工材料有:不锈钢、高锰钢、高强度钢、高温合金、钛及钛合金、难熔金属及其合金、喷涂(焊)材料、纯金属(如纯铜)等。

一、难加工材料的铣削特点

(1) 铣削力大。难加工材料一般强度较高,尤其是高温强度要比一般钢材大得多,再加上塑性变形大和加工硬化程度严重,因此铣削难加工材料的铣削力一般都要比铣削普通碳钢时大得多。如在相同条件下,铣削不锈钢时的铣削力要比铣削 45 钢大 50% 左右。

(2) 切屑变形系数大、加工硬化严重。难加工材料的变形系数一般都比较大,如不锈钢、钛合金和调高合金等,在铣削速度为 6m/min 左右时,切屑变形系数达到最大值。

由于难加工材料在铣削过程中的塑性变形大,故产生的硬化和强化现象严重,从而使切削力增大、刀具加快磨损,甚至产生崩刃。如高温合金和奥氏体不锈钢等奥氏体组织的材料,其硬化的严重程度和深度要比 45 钢大几倍。加工硬化使切屑强韧,在高温下,强韧的切屑流经前面时,容易产生粘结和熔焊等粘刀现象。粘刀不利于切屑的排除,并容易造成打刀,以及使刀具产生粘结磨损。另外,强韧的切屑呈锯齿形,容易损坏刀具刃口。

(3) 铣削温度高、铣刀寿命短。铣削难加工材料时,由于切屑变形系数大和铣削力大,故铣削温度高。使铣削温度高的原因还有:难加工材料的导热系数一般都较低(纯金属如纯铜等例外),切削热不易传散而使刀尖刀刃处温度升高。

难加工材料的调高强度(又称热强度)一般都比较高,如调高合金在 500~800℃ 时,抗拉强度在最高值。因此在铣削这类材料时,高速钢铣刀的铣削速度一般不宜超过 10m/min,否则刀具切入工件的切削阻力将更大,温度将更高。

由于难加工材料的强度和热强度高、变形系数大、铣削温度高及加工硬化，有些材料还有较强的化学亲和力并出现粘刀现象，所以铣刀的磨损速度较快，铣刀寿命短。如对于不锈钢，铣刀的寿命为 $90\sim150min$；对于高温合金和钛合金等材料，铣刀寿命还要短。

二、不锈钢的铣削加工

1. 不锈钢的铣削特点

（1）不锈钢的粘附性及熔着性强，切屑容易粘附在铣刀刀齿上，使切削条件恶化。

（2）逆铣时，刀齿在已经硬化的表面上滑行，增加了硬化的趋势。

（3）铣削时冲击、振动较大，使铣刀刀齿易崩刃和磨损，切屑不易卷曲或折断。

2. 铣刀的刀具材料、结构和几何参数

（1）铣削不锈钢时，钼系高速钢和钒系高速钢有良好的效果。以铣削 Cr17Ni2 不锈钢为例，采用 W6Mo5Cr4V3 高速钢工具钢，其刀具寿命为 W18Cr4V 高速钢工具钢的 $2\sim3$ 倍。

硬质合金 YW2、YG8、YG10H、YS25、813、798 等，适于制作铣削不锈钢的立铣刀和面铣刀。

（2）铣削不锈钢的铣刀几何角度的参考值见表 5-10。

3. 铣削用量

高速钢铣刀铣削不锈铁时的铣削用量见表 5-11。硬质合金铣刀铣削不锈钢时，切削速度 $v_c = 70\sim250m/min$，进给量为 $f = 37.5\sim150mm/min$。

表 5-10　　　　铣削不锈钢的铣刀几何角度的参考值

角度名称	角度数值		说　　明
	高速钢铣刀	硬质合金铣刀	
法前角 γ_n	$10°\sim20°$	$5°\sim10°$	硬质合金面铣刀前刀面上可磨出圆弧卷屑槽，前角可增大至 $20°\sim30°$，切削刃上应留 $0.05\sim0.2mm$ 宽的棱带

续表

角度名称	角度数值		说　　明
	高速钢铣刀	硬质合金铣刀	
法后角 α_n	面铣刀 $10°\sim20°$ 立铣刀 $15°\sim20°$	面铣刀 $5°\sim10°$ 立铣刀 $12°\sim16°$	
副刃法后角 α'_n	$6°\sim10°$	$4°\sim8°$	
主偏角 K_r	$60°$		面铣刀
副偏角 K'_r	$1°\sim10°$		立铣刀和面铣刀等
螺旋角 β	立铣刀 $35°\sim45°$ 波形刃立铣刀 $15°\sim20°$	立铣刀 $5°\sim10°$	铣削不锈钢时螺旋角应大;铣削薄壁零件时,宜采用波形刃立铣刀

表 5-11　　　　　高速钢铣刀铣削不锈钢时的铣削用量

铣刀种类	铣刀直径 d_0 (mm)	转速 n (r/min)	进给量 f (mm/min)	备　　注
立铣刀	$3\sim4$	$750\sim1180$	手动	(1) 当侧吃刀量和背吃刀量较小时,进给量取大值;反之取小值 (2) 三面刃铣刀可参考相同直径圆片铣刀选取切削速度和进给量 (3) 铣切 2Cr13 时,可根据材料的实际硬度调整切削用量 (4) 铣切耐浓硝酸不锈钢时,n 及 f 均应适当下降
	$5\sim6$	$475\sim750$	手动	
	$8\sim10$	$375\sim600$	手动	
	$12\sim14$	$235\sim375$	$30\sim37.5$	
	$16\sim18$	$235\sim300$	$37.5\sim47.5$	
	$20\sim25$	$190\sim235$	$47.5\sim60$	
	$32\sim36$	$150\sim190$	$47.5\sim60$	
	$40\sim50$	$118\sim150$	$47.5\sim75$	

铣刀种类	铣刀直径 d_0 (mm)	转速 n (r/min)	进给量 f (mm/min)	备 注
波形刃立铣刀	36	150～190	47.5～60	
	40	150～180	47.5～60	
	50	95～118	47.5～60	
	60	75～95	60～75	
圆片铣刀	75	150～235	23.5或手动	
	110	75～150	23.5或手动	
	150	60～95	23.5或手动	
	200	37.5～75	23.5或手动	

三、高温合金的铣削加工

1. 高温合金铣削加工的特点

高温合金塑性变形较大，高温强度很高，硬化严重，容易粘刀，导热性差。

2. 铣刀材料的选择

铣削高温合金时，所采用的刀具材料应具备以下三项基本性能。

（1）高的硬度，特别是高温硬度，对于高速钢，在600℃时的硬度应不低于54HRC；对于硬质合金，在800℃时的硬度应不低于58HRC。

（2）高的耐磨性。

（3）有足够高的强度和韧度。

此外，常用刀具材料仍以高速钢和硬质合金两大类为主。个别情况下，也可选用新型刀具材料，如粉末冶金高速钢、立方氮化硼（CBN）复合刀片等。

3. 铣削用量的选择

（1）面铣刀铣削部分高温合金时的铣削用量见表5-12。

（2）立铣刀铣削部分高温合金时的铣削用量见表5-13。

表 5-12 面铣刀铣削部分高温合金时的铣削用量

工件材料	刀具牌号	背吃刀量 a_p (mm)	每齿进给量 f_z (mm)	切削速度 v_c (m/min)	切削液
GH4037	W12Cr4V4Mo W2Mo9Cr4VCo8 W18Cr4V	1～3	0.1～0.15	9～15	防锈冷却液
GH2036	W18Cr4V	1～3	0.2～0.25	20～25	防锈冷却液
GH4049	W2Mo9Cr4VCo8 W6Mo5CrV2Al W18Cr4V	1～3	0.04～0.15	5～8	防锈冷却液
GH232 GH236	W2Mo9Cr4VCo8	1～4～8	0.13～0.2 ～0.25	5～9～18	防锈冷却液
K401	W2Mo9Cr4VCo8	0.5～0.55	0.06～0.1	3～5	防锈冷却液
K417	W2Mo9Cr4VCo8	1.5～5.5	0.06～0.1	3～5	

注 防锈切削液成分为三乙醇胺、癸二酸、亚硝酸钠、水。

表 5-13 立铣刀铣削部分高温合金时的铣削用量

工件材料	刀具牌号	背吃刀量 a_p (mm)	每齿进给量 f_z (mm/z) 铣刀直径 D (mm)		切削速度 v_c (m/min)	切削液
			<25	≥25		
GH4037	W12Cr4V4Mo W2Mo9Cr4VCo8 W6Mo5Cr4V2Al W18Cr4V	(0.5～1/3) D	0.05～0.12	0.005～0.20	5～11	透明冷却液
GH4049	W2Mo9Cr4VCo8 W18Cr4V	—		0.05～0.20	5～10	防锈冷却液
GH2036 GH2132	W2Mo9Cr4VCo8 W6Mo5Cr4V2Al	1～3	0.06～0.10	—	5～15	电解冷却液
GH2135	W2Mo9Cr4VCo8 W18Cr4V	1～3	0.05～0.1	—	2.5～6	乳化液
K401	YG8	0.5～2.0	0.02～0.08	—	6～16	乳化液
K417	W2Mo9Cr4VCo8	—	0.16		6	防锈冷却液

4. 铣削高温合金时应注意的事项

（1）铣削高温合金时除要求铣床工艺系统有足够的刚度外，对铣刀的结构也要求刚度好，强度高（特别是刀齿的强度），齿间要有足够的容屑空间，齿槽要光滑以利排屑。

（2）铣削高温合金时主要采用高速钢刀具（特别是成形铣刀），但也可以采用可转位硬质合金刀片的铣刀或机夹铣刀。

（3）铣刀的前角通常为 $5°\sim12°$（铣削变形高温合金）或 $0°\sim5°$（铣削铸造高温合金）；后角一般取 $13°\sim16°$。

（4）为了提高铣削时的稳定性和增大实际工作前角，圆柱铣刀可采用大螺旋角，一般为 $45°$；对于立铣刀，螺旋角不能过大，以免削弱刀齿强度，一般取 $25°\sim35°$。

（5）顺铣比逆铣可以提高工件加工表面的质量和铣刀寿命，但机床必须有消除间隙的顺铣机构。

（6）由于铣削是断续切削，所以铣削速度一般较低（$v_c=4\sim20\text{m/min}$），铣削铸造高温合金时取小值，铣削变形高温合金时取大值。每齿进给量一般为 $0.03\sim0.2\text{mm/z}$，精铣时取小进给量，粗铣时取大进给量。铣削的背吃刀量主要取决于工艺系统的刚度，且最大背吃刀量不大于 4mm。

（7）选取面铣刀的直径时，应使被铣表面宽度与铣刀直径之比在 $0.6\sim0.7$ 范围内。

（8）面铣时，后刀面的磨钝标准取 0.6mm。

（9）圆柱铣刀的后刀面磨损带应限制在 $0.3\sim0.4$ 范围内。

（10）采用错齿盘形铣刀在高温合金工件上切槽时，刀具材料可选用高速钢，前角取 $10°$，后角取 $15°\sim16°$，刃倾角取 $10°$。

四、钛合金的铣削加工

（1）钛合金切削加工的主要特征。钛合金材料强度高、热强度高、切削层变形小，冷硬现象严重，与碳化钛的亲和力强，易产生粘结，导热性差。

（2）铣刀材料的选择。铣削钛合金的常用刀具材料，以高速钢和硬质合金为主，高速钢宜选用含钴、含铝、含钒的高速钢，铣刀材料常用 W12Cr4Mo、W2Mo9Cr4V4Co8、W6Mo5Cr4V2Al 等；硬质合金应选用钨钴类（或含有少量其他碳化物）硬质合金，常用牌号为 YG8。涂层刀片和钨钛钴类硬质合金则不宜使用。

（3）铣刀结构及几何参数。铣削钛合金时，宜采用顺铣。顺铣

表 5-14　铣削钛合金时铣刀角度的几何参数推荐值

铣刀类型	前角 γ_0 (°)	背前角 γ_p (°)	侧前角 γ_f (°)	主偏角 K_r (°)	后角 α_0 (°)	副后角 α'_0 (°)	副偏角 K'_r (°)	刃倾角 λ_{1s} (°)	螺旋角 β (°)	刀尖圆弧半径 γ_ε (mm)
面铣刀（可转位式硬质合金刀片）		5~8	-17~-13	12~60						
立铣刀（镶硬质合金刀片）	0				12	5~8	3~5		30	0.5~1.0
盘铣刀（高速钢）	0							10		

表 5-15　采用各类铣刀铣削钛合金时的铣削用量

铣刀种类	刀具材料	工件材料 σ_b (MPa)	粗铣氧化皮				粗铣				精铣				切削液
			铣削速度 v_c (m/min)	每齿进给量 f_z (mm)	轴向背吃刀量 a_p (mm)	径向侧吃刀量 a_e (mm)	铣削速度 v_c (m/min)	每齿进给量 f_z (mm)	轴向背吃刀量 a_p (mm)	径向侧吃刀量 a_e (mm)	铣削速度 v_c (m/min)	每齿进给量 f_z (mm)	轴向背吃刀量 a_p (mm)	径向侧吃刀量 a_e (mm)	
面铣刀	硬质合金	≤1000	18~24	0.06~0.12	大于氧化层厚度	≤0.6	24~37	0.1~0.15	1.5~5	≤0.6	30~45	0.04~0.08	0.2~0.5		可用
		>1000	15~20	0.06~0.1		$d_0$①	20~24	0.08~0.12	1.5~5	d_0	24~30	0.04~0.06	0.2~0.5		可用 可不用

续表

铣刀种类	刀具材料	工件材料 σ_b (MPa)	粗铣氧化皮				粗铣				精铣				切削液
			铣削速度 v_c (m/min)	每齿进给量 f_z (mm)	轴向背吃刀量 a_p (mm)	径向侧吃刀量 a_e (mm)	铣削速度 v_c (m/min)	每齿进给量 f_z (mm)	轴向背吃刀量 a_p (mm)	径向侧吃刀量 a_e (mm)	铣削速度 v_c (m/min)	每齿进给量 f_z (mm)	轴向背吃刀量 a_p (mm)	径向侧吃刀量 a_e (mm)	
立铣刀	硬质合金						34~48	0.10~0.15	20	1~4					可用可不用
立铣刀	高速钢	≤1000	5~10	0.1~0.13	大于氧化层厚度	大于氧化层厚度②	12~19	0.08~0.1	(0.5~2)d_0	1.5~3	12~19	0.04~0.08	(0.5~2)d_0		乳化液
立铣刀	高速钢	>1000	4~8	0.1~0.13			7.5~15	0.08~0.1		1.5~3	7.5~15	0.03~0.08			乳化液
三面刃铣刀	高速钢	≤1000	7~14	0.06~0.08	大于氧化层厚度	6	11~22	0.06~0.08	(0.5~2)d_0	1.5~3	14~28	0.04~0.07	(0.5~2)d_0		乳化液
三面刃铣刀	高速钢	>1000	6~12	0.06~0.08		6	7~14	0.07~0.1		1.5~3	9~22	0.05~0.07			乳化液

① d_0 为铣刀直径。
② 铣周边。

时,由于刀齿切出时的切屑很薄,不易粘结在切削刃上。而逆铣时正相反,容易粘屑,当刀齿再次切入时,切屑被碰断,容易造成刀具崩刃。但顺铣时,由于钛合金弹性模量小,造成让刀现象,因此要求机床和刀具具有较强的刚性。铣削时,刀具与切屑接触长度小,卷屑不易,要求刀具具有较好的刀齿强度及较大的容屑空间。切屑堵塞会造成刀具剧烈磨损。

铣削钛合金时铣刀角度的几何参数见表 5-14。

（4）铣削用量的选择。采用不同刀具材料制成的各类铣刀,铣削各种钛合金材料时的铣削用量见表 5-15。

五、高锰钢的铣削加工

由于高锰钢的加工硬化严重,热导率较小,切削温度可高达 1000℃以上,比 45 钢的切削温度要高 100~200℃,导致切削刃磨损加剧,因此,刀具材料建议优先选用陶瓷材料（Al_2O_3-TiC 系为主）和涂层硬质合金 YB11（精铣、半精铣）;粗铣时选用非涂层硬质合金刀具材料,主要有 YC40、SC30;精铣、半精铣时选用涂层硬质合金刀具材料,主要有 SD15、YD10.2、YS25、YW3、813M、643、798 等。高速钢的刀具材料主要有 W2Mo9Cr4VCo8、W6Mo5Cr4V2Al 等。

铣削高锰钢时铣刀的主要角度见表 5-16。

采用面铣刀铣削时,铣削用量的选择见表 5-17。

表 5-16　　　　铣削高锰钢时铣刀的主要角度参考值

刀具材料	γ_0 (°)	α_0 (°)	λ_s (°)	K_r (°)	γ_s (mm)
硬质合金	$-5°\sim8°$	$6°\sim10°$	$-15°\sim0°$	$45°\sim90°$	$\geqslant0.3$
复合陶瓷	$-15°\sim-4°$	$4°\sim12°$	$-10°\sim0°$	$15°\sim90°$	$\geqslant0.5*$

表 5-17　　　　采用面铣刀铣削高锰钢时的铣削用量

加工方法	面 铣 刀					
刀具牌号	SD15			YD10.2		
f_z (mm/z)	0.4	0.2	0.1	0.4	0.2	0.1
v_c (m/min)	15	20	30	20	30	40

六、高强度钢的铣削加工

（1）铣削高强度钢的特征。铣削高强度钢时，铣削力大，容易引起硬质合金刀齿崩刃。

（2）铣削的刀具材料。对刀具材料的要求：红硬性、耐磨性、冲击韧度较高；不易产生粘结磨损和扩散磨损；有足够的抗热冲击韧度。

铣削宜选用非涂层硬质合金（精铣、半精铣），如 YS30、YC40、YC10、YD10.2、SD15、YC45、YC35、YS30、YS25、YS2、758、726、640、798、813、813M 等。

（3）铣刀的几何参数。铣刀几何角度的选择见表 5-18。

（4）切削用量的选择。铣削时，采用不同材料的刀具加工不同高强度钢时，铣削速度和铣削用量的选择见表 5-19 和表 5-20。

表 5-18　　　　　铣削高强度钢时铣刀角度的推荐值

铣刀		γ_0	λ_s	α_0	K_r	γ_p	γ_f	β
硬质合金	面铣刀	$-15°\sim$ $-6°$	$-12°\sim$ $-3°$	$8°\sim$ $12°$	$30°\sim$ $75°$	$-15°\sim$ $-6°$	$-12°\sim$ $-3°$	
	立铣刀			$4°\sim$ $10°$	$90°$	$-15°\sim$ $-5°$	$-10°\sim$ $-3°$	
高速钢	立铣刀			$7°\sim$ $10°$	$90°$		$3°\sim5°$	$30°\sim$ $35°$
Al_2O_3+TiC 热压陶瓷面铣刀		$-20°\sim$ $-8°$	$-12°\sim$ $-3°$	$4°\sim$ $10°$	$30°\sim$ $75°*$			

* 也可以采用圆刀片。

表 5-19　　　　　按工件强度选择铣削速度

工件	σ_b（MPa）	v_c（m/min）			
		$800\sim1200$	$1200\sim1500$	$1500\sim1800$	$1800\sim2100$
刀具	高速钢[1]	$10\sim30$	$7\sim12$	$3\sim8$	$2\sim4$
	硬质合金[2]	$60\sim120$	$25\sim80$	$8\sim42$	$\leqslant8$

[1] 取 $f_z\leqslant0.1$mm/z。

[2] 取 $f_z=0.08\sim0.4$mm/z。

七、纯铜的铣削加工

用于铣削纯铜的铣刀，其材料以高速钢为主，也可采用 K 类硬质合金。

表5-20   按工件硬度选择铣削用量

工件硬度 (HB)	用量	高速钢			硬质合金				陶瓷		
		面铣刀	圆柱铣刀	三面刃铣刀	面铣刀精铣	面铣刀粗铣	圆柱铣刀	三面刃铣刀	面铣刀	圆柱铣刀	三面刃铣刀
250~350	v_c (m/min)	10~18	10~15	10~15	84~127	70~100	61~100	61~100	100~300	100~300	100~300
	f_z (mm/z)	0.13~0.25	0.13~0.25	0.13~0.25	0.127~0.38	0.127~0.38	0.18~0.30	0.13~0.30	0.10~0.38	0.15~0.30	0.10~0.30
350~400	v_c (m/min)	6~10	6~10	6~10	60~90	53~76	46~76	46~76	80~180	80~180	80~180
	f_z (mm/z)	0.08~0.20	0.13~0.20	0.08~0.20	0.12~0.30	0.12~0.30	0.18~0.30	0.13~0.30	0.08~0.30	0.13~0.30	0.10~0.30

铣削纯铜等塑性大、硬度低、切削变形大和易粘刀的材料，铣刀的刃口一定要锋利，即前角应大，前刀面最好磨出大圆弧卷屑槽；铣刀前、后面和刃口的表面粗糙度值要小。采用高速钢铣刀铣削时，前角一般为 $20° \sim 35°$；后角为 $12° \sim 25°$；主偏角为 $45° \sim 90°$；副偏角也应大些，一般为 $5° \sim 10°$。若用 K 类硬质合金铣刀，则前角应比高速钢铣刀前角略小些。

采用高速钢铣刀铣削时，铣削速度为 $50 \sim 100\text{m/min}$；采用硬质合金铣刀时，铣削速度为 $100 \sim 200\text{m/min}$，且铣削速度应尽可能选大值，精铣时可提高 $30\% \sim 50\%$。在铣削之前，可先在工作表面涂抹一层乳化液，铣削时，可以用煤油与润滑油作为切削液，也可用润滑性能好的极压乳化液，并充分浇注，以获得较小的表面粗糙度值。

第六章

铣刀及其辅具

第一节 铣刀的类型、结构及几何参数

一、刀具材料简介

1. 刀具材料应具备的性能

金属切削过程中，刀具切削部分是在较大的切削力、较高的切削温度以及剧烈摩擦条件下工作的。在切削余量不均匀或断续的表面切削时，刀具还受到很大的冲击与振动，切削温度也在不断的变化。因此，刀具材料必须具备以下几方面的性能。

（1）高的硬度和耐磨性。刀具材料的硬度要高于被加工材料的硬度，一般都在 60HRC 以上。耐磨性是指材料抵抗磨损的能力，它一方面取决于材料的硬度，另一方面取决于材料的化学成分和显微组织。一般来说，刀具材料硬度越高，耐磨性越好。

（2）有足够的强度和韧性。在切削过程中，刀具会受到很大的力，所以刀具材料要具有足够的强度，否则会断裂和损坏。铣刀在切削时，还会受到冲击和振动，因此铣刀材料还应具有一定的韧性才不会崩刃和碎裂。刀具材料的强度一般用抗弯强度表示，韧性用冲击韧度表示，它们能反映刀具材料抗断裂、抗崩刃的能力。

（3）较高的耐热性和化学稳定性。耐热性是指刀具材料在高温下保持硬度、耐磨性、强度和冲击韧度的性能。化学稳定性是指刀具材料在高温下，不易与加工材料或周围介质发生化学反应的能力，包括抗氧化、粘结、扩散的性能。耐热性有时称为热稳定性，它是衡量刀具材料切削性能的主要指标。

（4）良好的工艺性能。刀具材料的工艺性能主要包括刀具材料的热处理性能、可磨削性能、可焊接性能（需焊接的）、锻造性能及高温塑性变形性能等。

此外，较好的导热性也是刀具材料应具备的性能。

常用的刀具材料有碳素工具钢、合金工具钢、高速钢、硬质合金、陶瓷 、立方氮化硼、金刚石等。

图 6-1 是几种常用刀具材料耐热性的比较，从图中可以看出，当把刀具材料按碳素工具钢—高速钢—硬质合金—陶瓷的顺序排列时，它们的耐热性是不断提高的，耐热性越高，则允许的切削速度越高。

图 6-2 是几种不同刀具材料允许的切削用量范围，由图可见，新型硬质合金、陶瓷等刀具材料允许很高的切削速度 ，但由于韧性较低，因而允许的进给量较小。

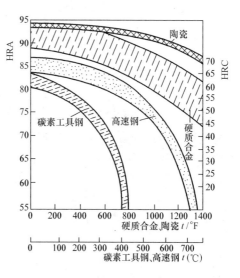

图 6-1　几种刀具材料的耐热性比较

2. 铣刀的常用材料

（1）合金工具钢。用作铣削刀具的合金工具钢主要有 CrW5。

（2）高速钢。高速钢的抗弯强度为一般硬质合金的 2～3 倍，冲击韧度也比硬质合金高几十倍，热处理后硬度为 63～69HRC，高速钢允许的最高温度为 500～600℃，切削速度一般为 16～35m/min，具有良好的切削性能，适用于制造各种铣刀，其中，由含钴、高碳高钒含钴、含钴超硬型高速钢制作的铣刀，特别适用于加工高温合金、高强度钢、不锈钢、钛合金等难加工材料（见第五章第五节）。

（3）硬质合金。硬质合金的硬度很高，可达 89～93HRA 或者 74～82HRC，耐磨性很好，耐热性也很高，可达 800～1000℃，切削速度一般为 80～120 m/min。因此，硬质合金的切削性能远远超

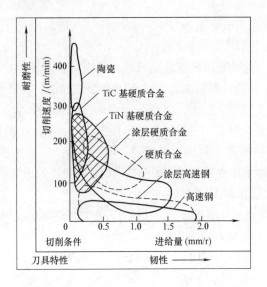

图 6-2　几种不同刀具材料允许的切削用量范围

过高速钢，刀具寿命可提高几倍到几十倍。大部分硬质合金适合制造铣刀（刀片），如 YG8、YT5、YT14 等适于不平整断面和间断切削时的粗铣；YG6、YT15 等适于连续断面的半精铣和精铣。

适合铣削难加工材料的硬质合金材料见第五章第五节。

专用于铣削的新牌号的硬质合金有 YTM30、YTS25、YT798等。此外，新牌号的超细晶粒硬质合金，如 YG10H、YGRM、YH1、YH2、YH3、YD10 等，由于切削刃强度高，也适合制作小尺寸的铣刀。钢结硬质合金，如 D1、T1 等，也适合制作加工有色金属及其合金、耐热合金、不锈钢的铣刀。

（4）涂层刀具材料。涂层刀具材料是指在硬质合金或高速钢刀具的表面上，涂一层几微米厚的高强度、高耐磨性的金属化合物。这种刀具材料既有基体的冲击韧度，又有很高的表面硬度，因而扩大了涂层刀片的适用范围，切削性能也大大地提高了。

（5）新型陶瓷刀具材料。新型陶瓷刀具材料按其主要成分可分为氧化铝系、氮化硅系和复合氮化硅—氧化铝系三大类。各类陶瓷刀具材料根据其成分与性能，只能适用于某一范围的切削加工。如铣削钢（硬度低于 35HRC）时只能选择热压陶瓷材料铣刀；铣削灰铸铁时，应首选 Sialon 陶瓷刀具材料（即复合 Si_3N_4-Al_2O_3 陶瓷刀具，它是由 Si—Al—O—N 系列元素所构成的多种化合物群的总称），其次是选热压陶瓷刀具材料；而铣削镍基合金（$a_p \leqslant 6.35mm$，$f = 0.13 \sim 0.30mm$）时，则选用 Sialon 陶瓷刀具更合适。

（6）超硬刀具材料。超硬刀具材料是金刚石和立方氮化硼的统称。

金刚石广泛应用于铣刀，主要加工各种有色金属、非金属材料及复合材料等。

立方氮化硼（CBN）主要用在面铣刀上，典型牌号有 LDP-J-CXF（复合聚晶刀块）。

二、铣刀的类型与用途

铣刀是一种多刃刀具，它使用广泛，种类与规格都很多。利用铣刀可以加工平面、沟槽、台阶、花键轴、齿轮、螺纹和各种成形表面。铣刀的类型及用途见图 6-3。

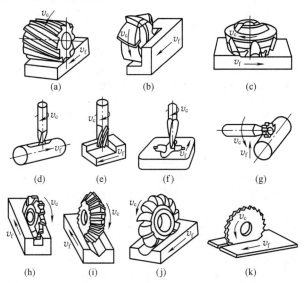

图 6-3　铣刀的类型及用途

（a）圆柱形铣刀；（b）、（c）面铣刀；（d）键槽铣刀；（e）立铣刀；
（f）模具铣刀；（g）半圆键铣；（h）错齿三面刃铣刀；
（i）双角度铣刀；（j）成形铣刀；（k）锯片铣刀

1. 铣刀的类型

（1）按铣刀刀齿的齿背形状，铣刀可分为尖齿铣刀和铲齿铣刀。尖齿铣刀重磨后刀面，具有加工表面质量好、刀具寿命长、切削效率高等优点；而铲齿铣刀则重磨前刀面，且重磨后铣刀刃形能保持不变，因此当铣刀具有复杂刃形时，可使制造容易，重磨简单方便，主要用于加工成形表面。

（2）按加工工件的表面形状，铣刀可分为平面铣刀、槽铣刀、角度铣刀、键槽铣刀、齿轮铣刀等。

（3）按铣刀刀齿（主切削刃）的分布，铣刀可分为圆柱铣刀、面铣刀、角度铣刀、组合铣刀（立铣刀、三面刃铣刀）等。

2. 铣刀的用途

各类铣刀的名称和用途见表 6-1。

表 6-1 　　　　　　　　　各类铣刀的名称和用途

分 类	铣 刀 名 称	用 途
加工平面用铣刀	圆柱铣刀，包括粗齿圆柱形铣刀、细齿圆柱形铣刀	粗、半精加工平面
	面铣刀，包括镶齿套式面铣刀、硬质合金面铣刀、可转位面铣刀	粗、半精加工和精加工各种平面
加工沟槽、台阶表面用铣刀	立铣刀，包括粗齿立铣刀、中齿立铣刀、细齿立铣刀、套式立铣刀、模具立铣刀	加工沟槽表面，粗、半精加工平面，加工台阶表面和各种模具表面
	三面刃铣刀、两面刃铣刀、直齿三面刃铣刀、错齿三面刃铣刀、镶齿三面刃铣刀	粗、半精加工沟槽表面
	锯片铣刀，包括粗齿、中齿、细齿锯片铣刀	加工窄槽表面，切断
	螺钉槽铣刀	加工窄槽、螺钉槽表面
	镶片圆锯	切断工件
	键槽铣刀，包括平键槽铣刀、半圆键槽铣刀	加工平键键槽、半圆键键槽表面

分　类	铣　刀　名　称	用　　途
加工沟槽、台阶表面用铣刀	T形槽铣刀	加工 T 形槽表面
	燕尾槽铣刀、反燕尾槽铣刀	加工燕尾槽表面
	角度铣刀，包括单角铣刀、对称双角铣刀、不对称双角铣刀	加工 18°～90°范围内的各种角度的沟槽表面
加工成形面用铣刀	成形铣刀，包括铲齿成形铣刀、尖齿成形铣刀、凸半圆铣刀、凹半圆铣刀、圆角铣刀	加工凸、凹半圆面和圆角及各种成形表面

三、铣刀的结构及几何参数

（1）铣刀的几何参数。铣刀的几何参数主要是指铣刀切削部分的角度，如图 6-4 所示。

（2）铣刀的规格。各类常用铣刀的规格，包括铣刀的名称、角度和尺寸见表 6-2。

表 6-2　　　　　　　常用标准铣刀的规格

铣刀名称	基 本 尺 寸					
	外径	长度（或宽度）	孔径（或直径）	齿数	莫氏号数	角度
粗齿圆柱形铣刀	63	50 63 80 100	27	6		
	80	63 80 100 125	32	8		
	100	80 100 125 160	40	10		

续表

铣刀名称	基本尺寸					
	外径	长度 (或宽度)	孔径 (或直径)	齿数	莫氏号数	角度
细齿圆柱形 铣刀	50	50 63 80	22	8		
	63	50 63 80 100	27	10		
	80	63 80 100 125	32	12		
	100	80 100 125 160	40	14		
套式面铣刀 (面铣刀)	63	40	27	10		
	80	45	32	10		
	100	50	32	12		
镶齿套式 面铣刀 (镶齿面 铣刀)	80	36	27	10		
	100	40	36	10		
	125	40	40	14		
	160	45	50	16		
	200	45	50	20		
	250	45	50	26		
直齿三面刃 铣刀	63	5 6 8 10 12 14 16	22	16		

续表

铣刀名称	基本尺寸					
	外径	长度（或宽度）	孔径（或直径）	齿数	莫氏号数	角度
直齿三面刃铣刀	80	6 8 10 12 14 16	27	18		
	100	8 10 12 14 16 18 20	32	20		
错齿三面刃铣刀	63	6 8 10	22	14		
		12 14 16		12		
	80	8 10 12	27	16		
		14 16 18 20		14		
	100	10 12 14	32	18		
		16 18 20 25		16		

铣刀名称	基本尺寸					
	外径	长度 (或宽度)	孔径 (或直径)	齿数	莫氏号数	角度
镶齿三面刃 铣刀	80	12 14 16 18 20	22	10		
	100	12 14 16 18	27	12		
		20 22 25		10		
	125	12 14 16 18	32	14		
		20 22 25		12		
	160	14 16 20	40	18		
		25 28		16		
	200	14	50	22		
		18 22		20		
		28 32		18		
	250	16 20	50	24		
		25 28 32		22		

铣刀名称	基 本 尺 寸					
	外径	长度 （或宽度）	孔径 （或直径）	齿数	莫氏号数	角度
镶齿三面刃 铣刀	315	20	50	26		
		25 32 36 40		24		
锯片铣刀	63	1.0	16	32		
		1 2.0		24		
		2.5		20		
	80	1	22	32		
		2.0 2.5 3.0		24		
	100	1	22 （27）	40		
		1.6 2.0 2.5		32		
		3.0 4.0 5.0		24		
	125	2.0	22 （27）	40		
		2.5 3.0 4.0		32		
		5.0 6.0	22	24		
	160	2.0 2.5 3.0	32	40		
		4.0 5.0 6.0		32		

续表

铣刀名称	基本尺寸					
	外径	长度 (或宽度)	孔径 (或直径)	齿数	莫氏号数	角度
锯片铣刀	200	3.0 4.0 5.0	32	40		
		6.0		32		
直柄立 铣刀	3	40	4			
	4	43	4			
	5	47	5			
	6	57	6			
	8	63	8	3		
	10	72	10			
	12	83	12			
	14	83	12			
	16	92	16			
	18	92	16			
	20	100	20			
锥柄立 铣刀	14	111				
	16	117		3	2	
	18	117				
	20	123				
	22	140				
	25	147		3	3	
	28	147				
	32	155				
	36			4	4	
	40	188				
	45					
	50	220		4	5	
直柄键槽 铣刀	2	30	3			
	3	32				

续表

铣刀名称	基本尺寸					
	外径	长度 （或宽度）	孔径 （或直径）	齿数	莫氏号数	角度
直柄键槽 铣刀	4	36	4	2		
	5	40	5			
	6	45	6			
	8	50	8			
	10	60	10			
	12	65	12			
	14	70	14			
	16	75	16			
	18	80	18			
	20	85	20			
锥柄键槽 铣刀	14	110		2	2	
	16	115				
	18	120				
	20	125				
	25	145			3	
	28	150				
	32	155				
	36	185			4	
	40	190				
	45	195				
盘形槽铣刀	63	4	22	16		
		5				
		6				
		8				
		10				
	80	6	27	18		
		8				
		10				
		12				
		14				
		16				

铣刀名称	基本尺寸					
	外径	长度 (或宽度)	孔径 (或直径)	齿数	莫氏号数	角度
盘形槽铣刀	100	8 10 12 14 16 20	32	20		
单角度铣刀	63	16	22	20		45° 55° 65° 70°
		20				75° 80° 85° 90°
	80	22	27	22		45°* 55° 60° 65° 70°
		24				75° 80° 85° 90°
	90 (老标准)	25	27	24		30°* 45°* 55° 60°
		30				65° 70° 75° 80° 85°

铣刀名称	基本尺寸						
	外径	长度 （或宽度）	孔径 （或直径）	齿数	莫氏号数	角度	
不对称双角 铣刀	63	10	22	20		55° 60° 65°	15°
		13	22	20		70° 75°	15°
		16	22	20		80° 85°	15°
						90° 100°	20° 25°
	80	13	27	22		50° 55°	
		16				60° 65°	15°
		20				70° 75° 80°	
		24				85°	
						90°	20°
对称双角 铣刀	63	8 10 14 20	22	20		30° 45° 60° 90°	
	80	12 18 22 40	27	22		30° 45° 60° 90° 120°*	
	100	14 25 32 45	27	24		30° 60° 90° 120°*	

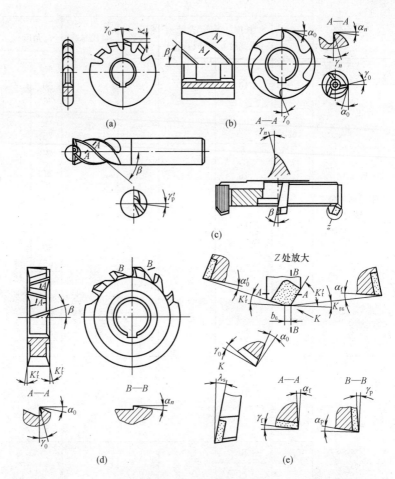

图 6-4　铣刀的几何参数

（a）凸半圆铣刀；（b）圆柱铣刀；（c）立铣刀；

（d）错齿三面刃铣刀；（e）面铣刀

γ_0—前角；γ_p—背前角；γ_f—侧前角；γ_n—法前角；γ'_p—副背前角；

α_0—后角；α_p—背后角；α_f—侧后角；α_n—法后角；α_ε—过渡刃后角；

K_r—主偏角；K'_r—副偏角；$K_{r\varepsilon}$—过渡刃偏角；λ_s—刃倾角；

β—刀体上刀齿槽斜角；b_ε—过渡刃宽度；K—铲背量

✔ 第二节　铣刀的磨损及寿命

一、刀具的磨损

1. 刀具磨损的原因

刀具磨损的原因很复杂，是机械、热、化学、物理等各种因素综合作用的结果。

（1）磨粒磨损。磨粒磨损又称机械磨损，虽然工件的硬度总是低于刀具硬度，但工件材料中的碳化物、氮化物、积屑瘤碎片以及其他杂质，这些物质的硬度较高，在机械擦伤的作用下，把铣刀前、后面刻划出许多沟纹而造成磨损。另外，较软的工件材料也能把铣刀前、后面上的"凸峰"（由表面粗糙度产生）以及刃口上强度低的部分擦掉，结果产生机械磨损。

（2）热磨损。铣削时，由于切削热的产生而使温度升高（尤其是刀刃刀尖附近的温度最高）。温度升高后，刀具材料将产生相变而硬度降低；刀具材料与切屑和工件相互粘结而被粘附带走；刀具材料中的几种元素向工件中扩散，而使切削刃附近的组织变化，以致硬度和强度降低；前、后刀面在热应力的作用下产生裂纹，温度升高时容易使表面产生氧化层等。这些由切削热和温度升高而使铣刀产生的磨损，统称为热磨损。

2. 刀具磨损的过程

图 6-5 是刀具磨损过程的典型曲线，可将此曲线划分为三个阶段。

（1）初期磨损阶段。如图 6-5 中的 AB 段所示，此阶段刀具磨损较快。这是因为新磨好的刀具表面存在微观粗糙度，即表面有砂轮磨痕产生的凸峰和刀刃处有毛刺，这些凸峰和毛刺很快会被磨平，之后刀面上很快出现磨损带。初期磨损量较小，一般为 0.05～0.1mm。

（2）正常磨损阶段。如图 6-5 中的 BC 段所示，这一阶段磨损速度已经减慢，磨损量随时间的增加均匀地增加，切削稳定，是刀具工作的有效阶段。直线 BC 的斜率表示磨损强度，它是比较刀具切削性能的重要指标之一，直线 BC 的倾斜度愈小，表示铣刀切削

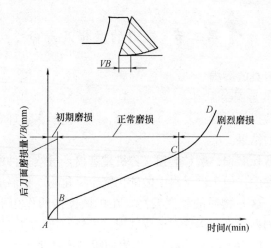

图 6-5　铣刀的磨损过程典型曲线

性能愈好、愈耐磨损。

(3) 急剧磨损阶段。如图 6-5 中的 *CD* 段所示。刀具经过正常磨损阶段进入 *C* 点之后，已经变钝，如果继续切削，温度剧增，切削力增大，刀具的磨损强度急剧增强。在这一阶段切削，不能保证加工质量，刀具材料消耗也多，甚至崩刃而完全丧失切削能力。使用刀具时应在这个阶段之前及时更换铣刀。

二、铣刀的磨钝标准及寿命

1. 铣刀的磨损、破损

(1) 铣刀的磨损。铣刀磨损的规律与车刀很相似。采用高速钢铣刀铣削工件时，当切削厚度较小，尤其是在逆铣时，刀齿对工件表面挤压、滑行较严重，所以铣刀磨损主要发生在后刀面。用硬质合金面铣刀铣削钢件时，切削速度高，面铣刀与工件接触弧长较长，切屑沿前刀面滑动的时间较长，因而前、后刀面同时磨损，但前刀面磨损较小，而以后刀面和切削刃边缘的磨损为主。

(2) 铣刀的破损。铣刀破损也是铣刀损坏的主要形式之一。以脆性大的刀具材料制成的刀具进行断续切削，或加工高硬度的工件材料，刀具的破损最为严重。据统计，硬质合金铣刀约有 50%～60% 是因为破损而损坏，陶瓷铣刀破损比例更高。

1）破损可分为脆性破损和塑性破损两大类。

a. 脆性破损：硬质合金和陶瓷刀具铣削时，在机械和热冲击作用下，在前、后刀面尚未发生明显的磨损（一般 $VB \leqslant 0.1mm$）前，就在切削刃处出现崩刃、碎断、剥落、裂纹等。

硬质合金面铣刀进行断续铣削，刀具刀齿不但承受到机械冲击，而且还受到由冷热变化产生的热冲击和热应力，其破损又可分为低速性破损、高速性破损和没有裂纹的崩刃。

切削速度较低或铣刀刚开始工作时，铣削温度较低，刀齿脆性较大，铣刀刀齿切入工作件受到机械冲击，易产生低速性破损。低速时，前刀面上容易粘附切屑，在刀齿下一次切入工件时，粘附的切屑被冲击脱落，也会产生低速性破损。高速性破损是铣刀经过相当长的切削时间以后，出现的疲劳破损，这是由于刀齿经过反复的机械冲击、热冲击，使刀具材料疲劳或热疲劳，从而产生裂纹引起破损。如果铣刀的几何角度和铣削用量选择不够合理或使用不当，刀齿的强度差或当刀齿承受很大的冲击力时，则往往产生没有裂纹的崩刃。

b. 塑性破损：切削时，由于高温、高压作用，有时在前、后刀面和切屑、工件的接触层上，刀具表层材料发生塑性流动而失去切削能力的破损形式，如高速钢铣刀的卷刃。

2）破损的预防措施。研究铣削过程中产生破损的原因，以及提出减少面铣刀破损的措施，是目前合理地使用硬质合金面铣刀所迫切需要解决的问题。实践证明，可以通过下列途径来减少铣刀的破损。

a. 合理地选择硬质合金铣刀刀片的牌号。应选择冲击韧度高、抗热裂纹敏感性小、具有较好耐热性和耐磨性的刀片材料。铣削钢件时，可选用 YS30、YS25 牌号的硬质合金，如在中速大进给量铣削合金钢和不锈钢时，与常用牌号相比，这些牌号可使刀具的寿命延长 3～5 倍。铣削铸铁时，可选用 YD15 硬质合金牌号，用它铣削各种硬度较高的合金铸铁、可锻铸铁、球墨铸铁时，切削效率可提高 50％，铣刀的寿命可延长几倍。

b. 合理地选择铣削用量。选择铣削用量时，应合理地组合 v_c

和 f_z 值，如图 6-6 所示，在一定的条件下，存在一个不产生破损的安全工作区域。在安全工作区域内，能保证面铣刀正常工作。若选择较低的切削速度和较小的进给量，则易产生低速性破损；而选择高的铣削速度和大的进给量时，则会产生高速性破损。

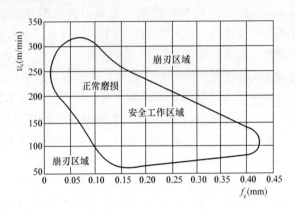

图 6-6　硬质合金面铣刀的安全工作区域

2. 铣刀的磨钝标准

刀具磨损到一定限度就不能再继续使用，这个磨损限度称为磨钝标准。

在评定刀具材料切削性能和研究实验中，通常都以刀具表面的磨损量作为衡量刀具的磨钝标准。由于一般刀具后刀面都发生磨损，而且测量也比较方便，因此国际标准（ISO）统一规定以后刀面上测定的磨损带的宽度 VB 作为刀具的磨钝标准。

但在实际生产中，不允许经常卸下刀具来测量磨损量，因而不能直接以刀具磨损量的大小作为磨钝标准，而是根据切削中发生的一些现象来判断刀具是否已经磨钝。例如粗加工时，可以观察工件加工表面是否出现光亮带，切屑颜色和形状是否发生变化，以及是否出现振动和不正常声音等；精加工时，可以观察加工表面粗糙度的变化以及测量加工工件的形状与尺寸精度等。当这些现象出现时，刀具可能已进入急剧磨损阶段，所以应经常对切削过程进行仔细的观察、比较，以便找出一个最可靠的征兆，作为判断刀具钝化的依据。各种铣刀的磨钝标准见表 6-3。

表 6-3　　　　　　　　　　各种铣刀的磨钝标准

一、高速钢铣刀

序号	铣刀种类		加工材料	加工性质	磨损简图	磨钝标准 VB（mm）
1	圆柱铣刀		钢	粗加工		0.4～0.6
2				半精加工		0.15～0.25
3			铸铁	粗加工		0.5～0.8
4				半精加工		0.2～0.3
5	面铣刀		钢和铸铁	粗加工		1.5～2.0
6				半精加工		0.3～0.5
7	立铣刀	$d_0<15$mm	钢	粗加工		0.15～0.2
8		$d_0>15$mm				0.3～0.5
9		$d_0<15$mm		半精加工		0.10～0.15
10		$d_0>15$mm				0.2～0.25
11	三面刃盘铣刀		钢和铸铁	粗加工		0.4～0.6
12				半精加工		0.15～0.2
13	沟槽铣刀和锯片铣刀		钢及铸铁	—		0.15～0.2
14	不铲齿的成形铣刀		钢	粗加工		0.6～0.7
15				半精加工		0.2～0.3

序号	铣刀种类	加工材料	加工性质	磨损简图	磨钝标准 VB(mm)
16	铲齿的成形铣刀	钢	粗加工		0.3~0.4
17			半精加工		0.2

二、硬质合金铣刀

顺序	铣刀种类	加工性质	加工材料				
			钢 σ_b(MPa)			灰铸铁及可锻铸铁	轻金属
			600~800	800~1000	1000~1200		
			VB(mm)				
1	面铣刀	粗铣	1.5~2.0	1.75~2.25	2~2.5	1~2*	—
		精铣	1.0	1.25	1.5	1~1.0	0.3
2	盘铣刀		—	1~1.25	1.5~2.0	1.5~2.0	1.5~2.0	—
3	圆柱形铣刀		—	0.5	0.5	0.6	0.3

* 在动力较小(5~6kW)的机床上，f_z>0.22mm 时，VB=1mm。

3. 铣刀的寿命

(1)刀具总寿命的概念。刀具总寿命是指一把新刀具从开始使用起，经过多次刃磨到报废为止的总的切削时间。刀具的寿命是指刀具在新刃磨好之后从开始使用到磨损量达到磨损标准为止的切削时间。

在磨钝标准确定后，刀具的寿命和磨损速度有关。磨损速度越慢，寿命越长。因此，凡影响刀具磨损的因素都影响刀具的寿命。为了延长刀具的寿命，一般可以从改善工件材料的加工性能、合理设计刀具的几何参数、改进刀具材料的切削性能、对刀具进行表面强化处理、采用优良的切削液、合理选择切削用量等方面着手。

（2）刀具寿命与切削用量的关系。在工件材料、刀具的材料、刀具几何参数及切削液等已确定的情况下，刀具的寿命还与切削用量有关。切削用量越大，则切削温度越高，刀具磨损也越快，刀具的寿命就越短。但切削速度 v_c、进给量 f 及背吃刀量 a_p 三者对切削温度的影响不同，因此对刀具寿命的影响也不同。通过实验得知：切削速度对刀具寿命的影响相当大，进给量次之，而背吃刀量对刀具寿命的影响较小。所以，一般在选择切削量时，首先应尽量选用大的背吃刀量，然后根据加工条件及加工要求选择尽可能大的进给量，最后才根据刀具寿命来选择切削速度。

（3）刀具寿命的确定。刀具寿命的高低与切削加工的成本有关。刀具寿命规定得高，则切削速度必然很低，加工的机动时间长，不利于提高生产率及降低加工成本。但也不能将刀具寿命规定得很低，因为这样虽然可以使切削速度提得很高，但由于刀具寿命低，需经常换刀，生产辅助时间又会增加，刀具消耗加大，同样会使生产率下降，加工成本增加。因此，从提高生产率或降低成本的角度来考虑，刀具寿命分别有一个合理的数值，能保证生产率最高的刀具寿命称为最大生产率寿命；而能使加工成本最低的刀具寿命称为经济寿命。一般在生产中，都取经济寿命，以使加工成本最低。

在确定刀具寿命时，应考虑以下几点。

1）刀具材料的切削性能越差，则切削速度对刀具寿命的影响越大，因此必须将刀具寿命规定得高一些，以降低切削速度。

2）对于制造及刃磨都比较复杂、价格昂贵的刀具，刀具寿命应规定得比简单而价廉的刀具高一些，这样可以减少刀具消耗，降低加工成本。

3）对于安装、调整比较复杂的刀具，为了节约换刀所花费的时间，刀具寿命应规定得高一些。反之，对一些换刀简单的刀具，可规定得低一些。

4）加工大型工件时，为了避免在切削行程中换刀，刀具寿命应规定得高一些。

（4）铣刀的寿命。各类铣刀寿命 T 的确定见表 6-4。

表6-4 　　　　　　　　　铣 刀 寿 命 T　　　　　　　　（min）

	铣刀直径 d_0（mm）≤	25	40	63	80	100	125	160	200	250	315	400
高速钢铣刀	细齿圆柱铣刀			—	120	180				—		
	镶齿圆柱铣刀					180						
	圆盘铣刀			—		120		150		180	240	—
	面铣刀	—	120			180				240		
	立铣刀	60	90	120			—					
	切槽铣刀、切断铣刀					60	75	120	150	180	—	
	成形铣刀、角度铣刀	—		120		180				—		
硬质合金铣刀	面铣刀					180				240	300	420
	圆柱齿刀					180						
	立铣刀	90	120	180			—					
	圆盘铣刀					120		150	180	240	—	

第三节　铣刀的安装与铣刀辅具

一、铣刀的安装

1. 硬质合金可转位铣刀刀片的夹紧形式

硬质合金可转位铣刀是将多边形的硬质合金刀片直接夹固在铣刀刀体上而组成的刀具（见图6-7）。使用时，当刀具的一个切削

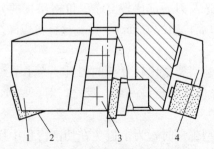

图6-7　硬质合金可转位铣刀的组成

1—刀体；2—刀片；3—楔块；4—刀垫

刃磨钝后，可直接在机床上转换切削刃或更换刀片，不必拆卸铣刀，因此可以节省许多辅助时间，减轻装卸铣刀盘的劳动量。

可转位铣刀刀片的夹紧形式很多，常用形式见表 6-5。

表 6-5　　　　　　　　　可转位铣刀刀片的夹紧形式

夹紧方法	结构简图	简要说明
上压夹紧	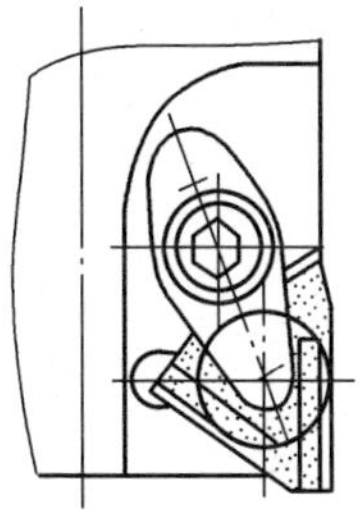	刀片由压板压紧在刀体槽内，结构简单，制造容易。刀片位置不可调整，尺寸精度差，大多用于立铣刀。压板形式有爪形、桥形或蘑菇头螺钉
螺钉夹紧	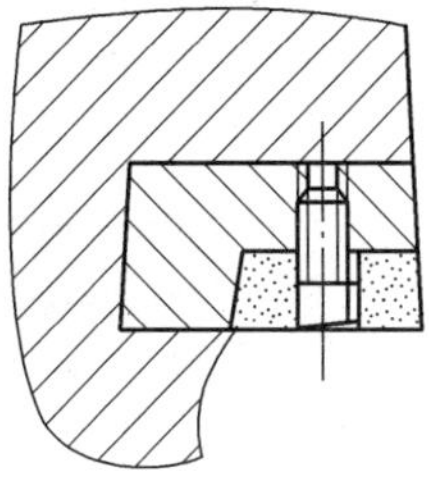	采用锥形沉头螺钉压紧，螺钉的轴线与刀片槽底面的法向有一定的倾角，旋紧螺钉时，其头部锥面将刀片压向刀片槽的底面及定位侧面。结构简单，适用于带孔的刀片
	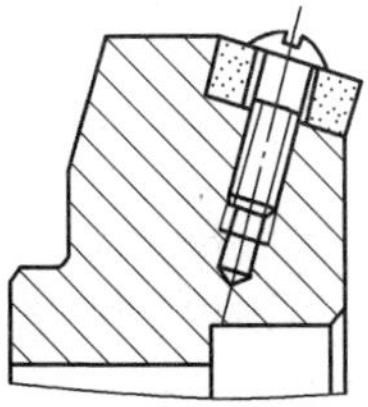	采用螺钉端面压紧，螺钉头部凸出于刀片之外，刀片采用立装式较多，适用于带孔的刀片
弹性壁夹紧	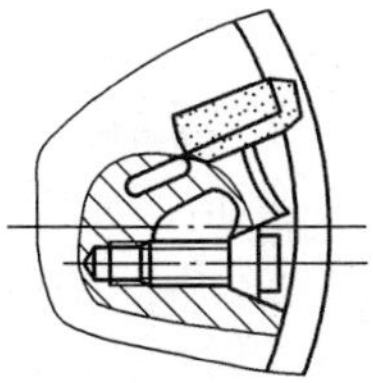	旋紧螺钉时，其头部锥体将刀体的弹性壁压向刀片面，将刀片压紧在刀片槽内 结构简单，便于制造，但刚性差，易损坏

夹紧方法	结构简图	简要说明
螺钉楔块夹紧	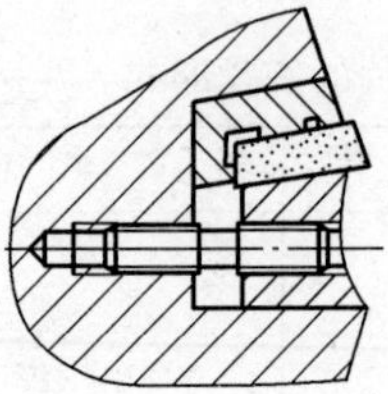	采用左、右旋双头螺栓、楔块夹紧，楔块在刀片前面，避免刀体与切屑的摩擦，定位精度受刀片厚度偏差的影响
	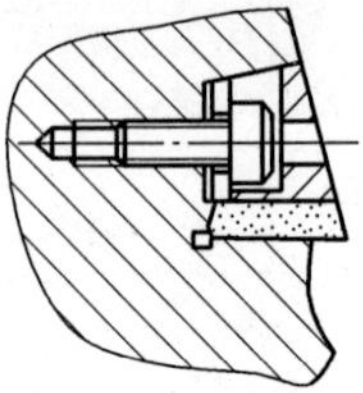	采用内六角螺钉楔块夹紧，楔块内部有T形槽，并承受切削力，要求夹紧力要大 刀片前面定位，精度高，可省去刀垫，结构简单
拉杆楔块夹紧	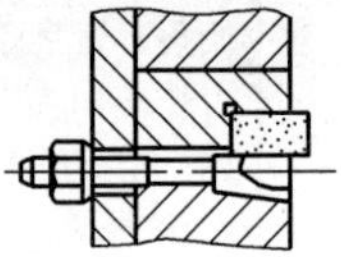	采用拉杆楔块夹紧，拉杆楔块为一整体，拧紧螺母即可将刀片夹紧在刀体上，夹紧可靠、制造方便、结构紧凑，适用于密齿面铣刀
楔块弹簧夹紧	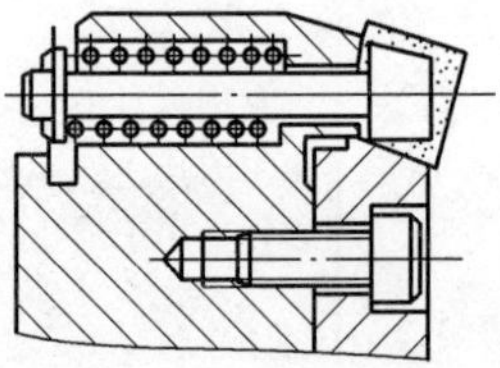	利用拉杆楔块和弹簧夹紧刀片，夹紧力稳定，刀体不易变形，压缩弹簧即可松开和更换刀片，结构紧凑，适用于密齿面铣刀
螺钉夹固	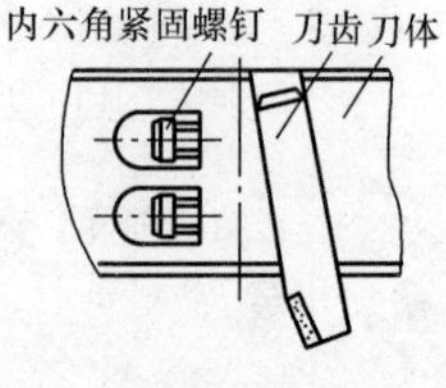 内六角紧固螺钉　刀齿刀体	结构简单可靠，刀齿拆装方便。每个刀齿所占的圆周位置大，限制了铣刀的刀齿数

夹紧方法	结构简图	简要说明
楔块夹固	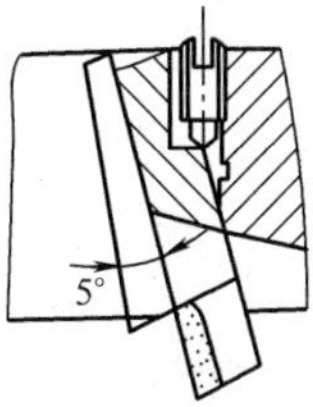	夹固可靠，刀齿拆装方便。但因楔块和刀齿接触面长，所以需要楔块、刀齿和刀齿的齿槽制造精度高
平面斜楔和齿纹夹固	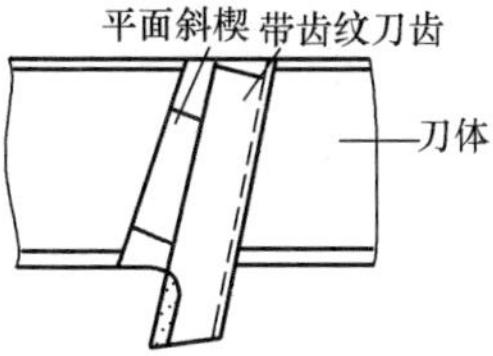	5°楔角的平面斜楔将刀齿夹固在刀体的刀槽内，并用齿纹防止刀齿径向移动和调节铣刀的直径。制造繁琐，故少用
⊓形楔块夹固	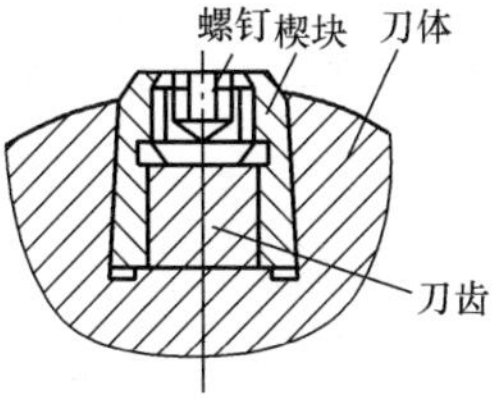	刀体的刀槽两侧做成5°的斜面和⊓形刀壳相配，当拧紧刀壳顶部的螺钉时，螺钉顶住刀齿，将刀壳提起，借助于两侧斜面使刀壳产生弹性变形而夹紧。夹固零件占用的位置小、刀齿的齿数多，但夹固牢度差，易产生轴向窜动
螺钉压板夹固	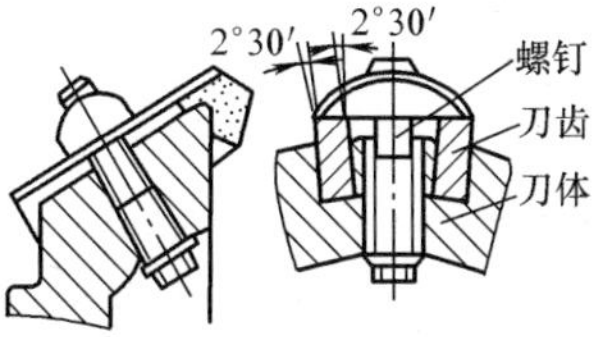	结构简单，占用位置少，在刀体上可安装较多的刀齿。因刀槽侧壁略有斜度，所以夹固可靠。卸刀齿时，因斜度楔角有自锁作用，所以需敲打卸刀齿
偏心夹固	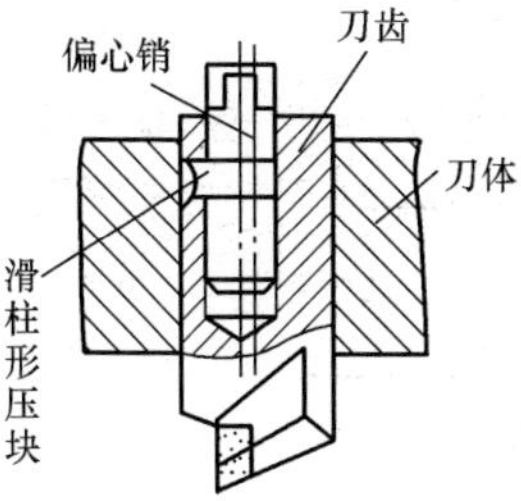	小刀齿是用光滑圆柱和刀体上的光滑圆孔相配合，在小刀齿体内做有与其外圆表面同心的圆柱孔，在这个孔中装有小偏心轴，另外在小齿上做一径向孔，其轴线和刀齿轴向相交，其中装有滑柱形压块。当转动偏心轴的方头时，滑柱形压块压向刀槽孔壁而夹固刀齿。结构紧凑，夹紧迅速可靠，铣刀体制造方便

夹紧方法	结构简图	简要说明
梯形楔块夹固	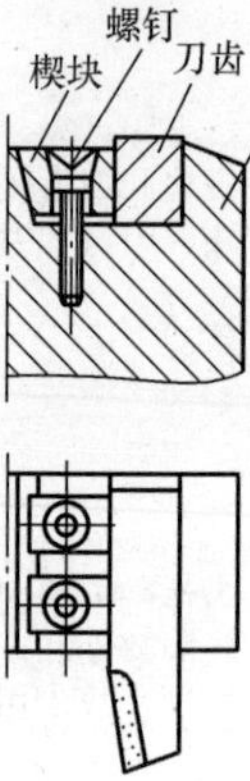	夹固可靠,刀齿的刚性也好,但螺钉孔、梯形块和刀齿安装基面之间的相互位置的精度必须保证,否则影响夹固的可靠性

2. 铣刀常用的连接形式

铣刀在铣床上的安装连接和紧固形式,由铣刀的类型、使用的机床以及工件的铣削部位所决定。常用的连接形式见表 6-6。

表 6-6　　　　铣刀常用的连接形式

连接形式简图	定位夹紧方式与适用范围
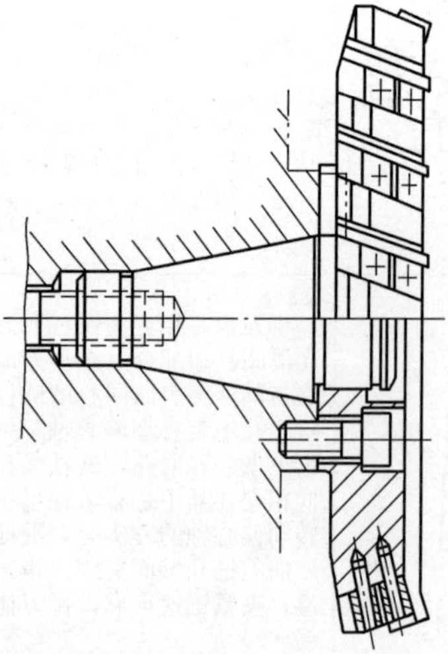	(1) 内孔与端面在心轴和铣床主轴上定位 (2) 用螺钉将铣刀紧固在铣床主轴端面上 (3) 由端面键传递铣削力矩 (4) 适用于多数面铣刀

连接形式简图	定位夹紧方式与适用范围
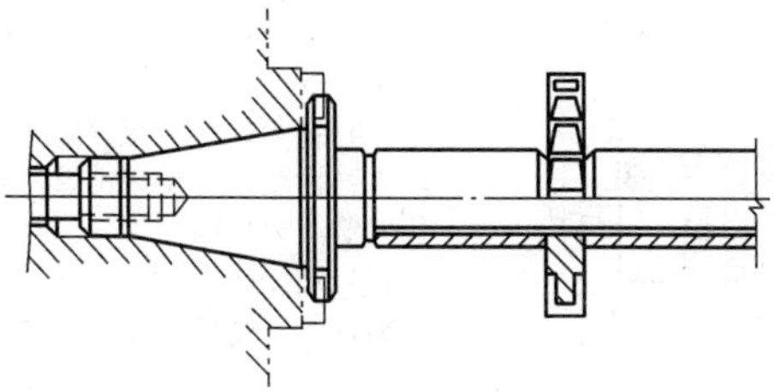	（1）内孔在刀杆上定位 （2）由刀杆末端的螺母紧固 （3）刀杆上的平键传递铣削力矩 （4）适用于三面刃铣刀、锯片铣刀、角度铣刀、半圆铣刀等 （5）铣刀安装应尽可能靠近主轴端面
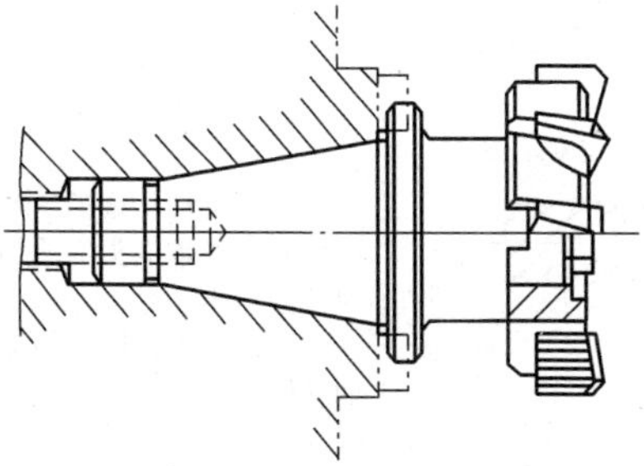	（1）内孔与端面在刀杆上定位 （2）用螺钉从孔的止口内端面将铣刀紧固在刀杆上 （3）端面键传递铣削力矩 （4）适用于套式立铣刀、小直径面铣刀
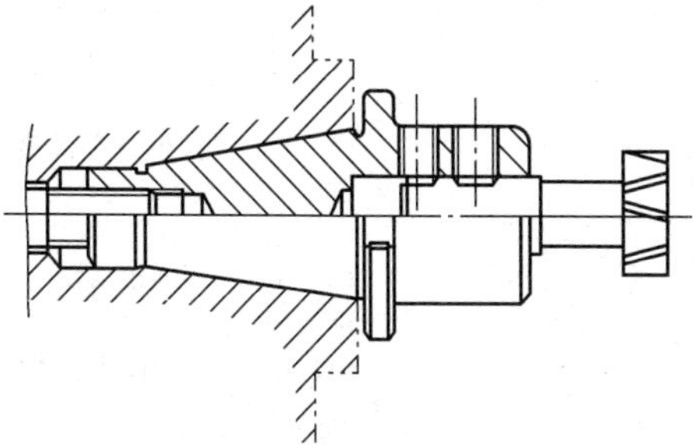	（1）柄部外径在夹头孔内定位 （2）用螺钉从柄部削平处将铣刀紧固在夹头孔内，并传递铣削力矩 （3）适用于直柄削平形的立铣刀、键槽铣刀、T形槽铣刀、燕尾槽铣刀
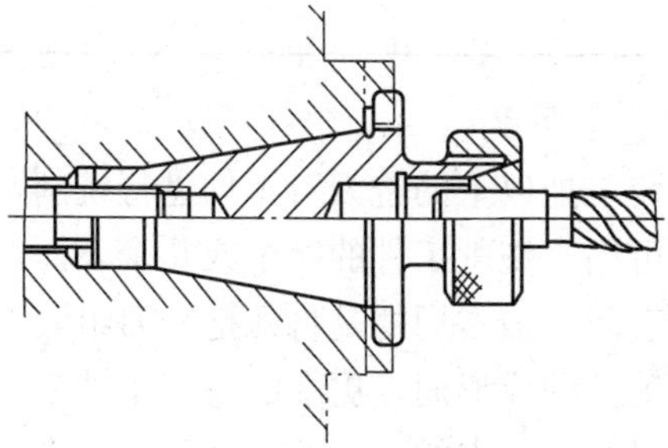	（1）柄部外径在弹性夹头孔内定位 （2）拧紧螺母迫使弹性夹头变形而将铣刀夹紧，并传递铣削力矩 （3）适用于直柄立铣刀、T形槽铣刀、键槽铣刀、半圆键铣刀、燕尾槽铣刀

连接形式简图	定位夹紧方式与适用范围
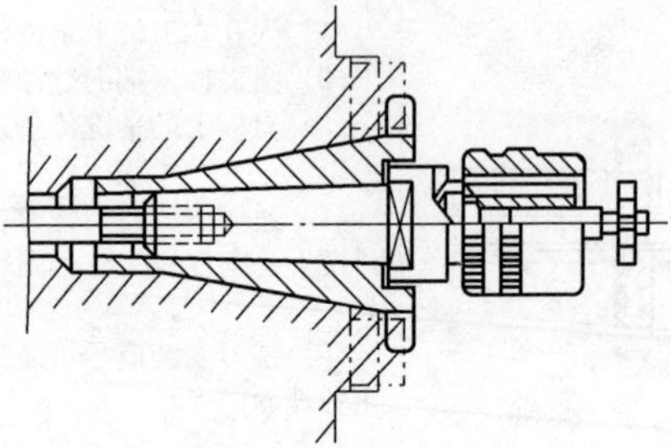	(1) 柄部在滚针式夹头孔内定位 (2) 拧紧螺母迫使滚针夹头产生弹性变形而夹紧铣刀，并传递铣削力矩 (3) 适用于直柄立铣刀、T形槽铣刀、键槽铣刀、半圆键铣刀等
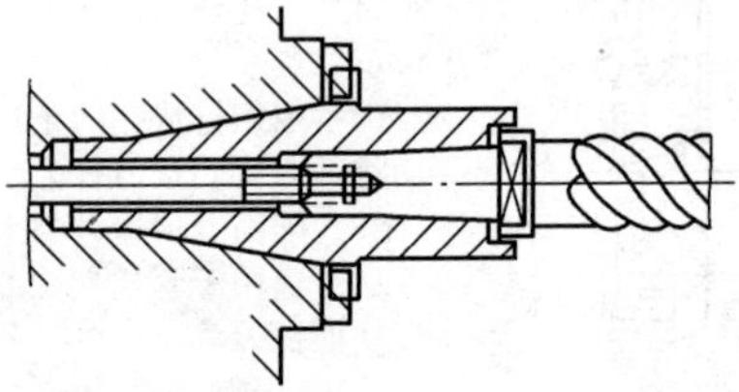	(1) 莫氏锥柄在中间套筒锥孔内定位 (2) 用螺杆从锥柄尾部拉紧 (3) 依靠锥柄头部的削扁传递铣削力矩 (4) 适用于带削扁的莫氏锥柄立铣刀
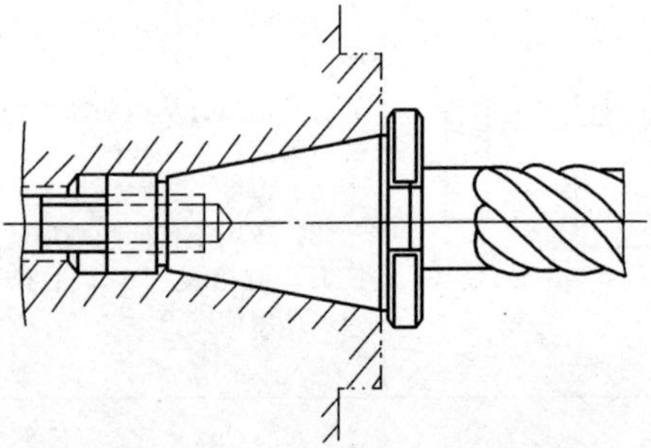	(1) 7：24锥柄或莫氏锥柄在铣床主轴孔内定位 (2) 用螺杆从锥柄尾部拉紧 (3) 由铣床主轴的端面键或圆锥上的摩擦力传递铣削力矩 (4) 适用于锥柄T形槽铣刀与立铣刀

3. 多刀铣削时铣刀的安装与调整

多刀铣削是在刀杆上安装一把以上的铣刀对工件进行铣削，这是较常用的一种铣削方法。可用于铣削工件的一个或几个表面，也可铣削几个相同工件的同一表面。最常用的是将几把铣刀组装在一起安装在同一根刀杆上铣削工件的成形面，更多的是用于铣削工件上几个有相互尺寸精度和位置精度要求的表面，可避免分几次铣削而形成找正误差。

多刀铣削时，应根据工件精度和加工工艺，提出对铣刀（如直径、长度尺寸、形状等方面）的精度要求，以及刀齿的相互位置关系要求。此外，还可采用不同的铣刀安装调整方法，以保证工件的加工精度。

多刀铣削时铣刀的安装与调整方法见表 6-7。

表 6-7　　　　　　多刀铣削时铣刀的安装与调整

调整方法	示　图	简要说明
按要求成套刃磨组装	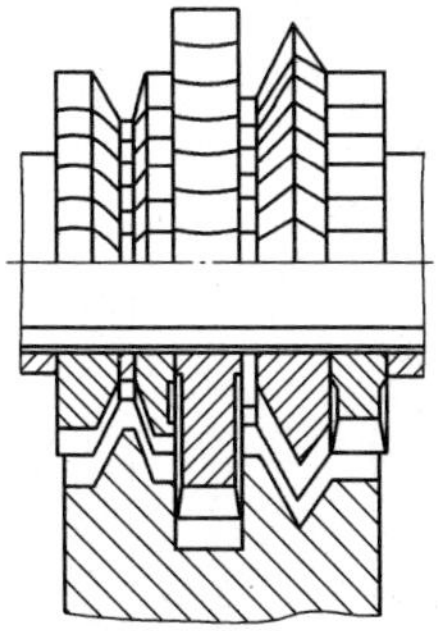	由 7 把铣刀组成，用于铣削导轨成形面，按要求尺寸和形状刃磨后组装。铣刀应做好标记，成套刃磨、保管和使用，以提高其使用寿命
组装后刃磨宽度	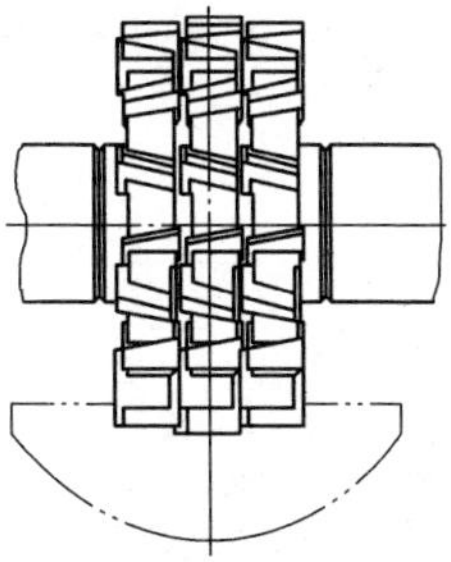	由三把三面刃铣刀组成，用于铣削平衡块凹槽。先刃磨外径及中间铣刀的宽度至要求尺寸，再将其组装到心轴上，刃磨左右两把铣刀的宽度
符合要求的铣刀与专用轴套组装	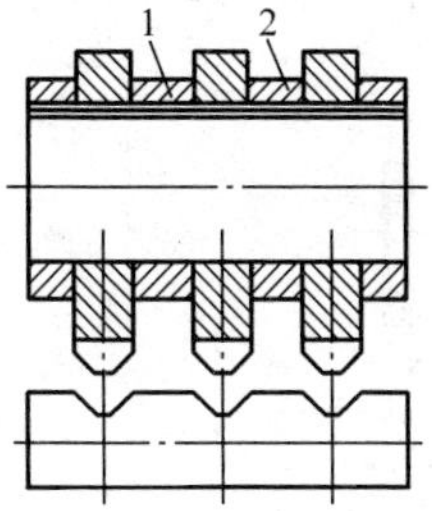	由三把成形铣刀组成，用于铣削轴端的定位槽。除制造时保证成形面对宽度的对称性外，须成套刃磨，保证直径一致。两把铣刀间配装固定长度的专用轴套 1、2，以保证两槽间的尺寸精度

调整方法	示　　图	简要说明
相等直径铣刀和专用轴套组装	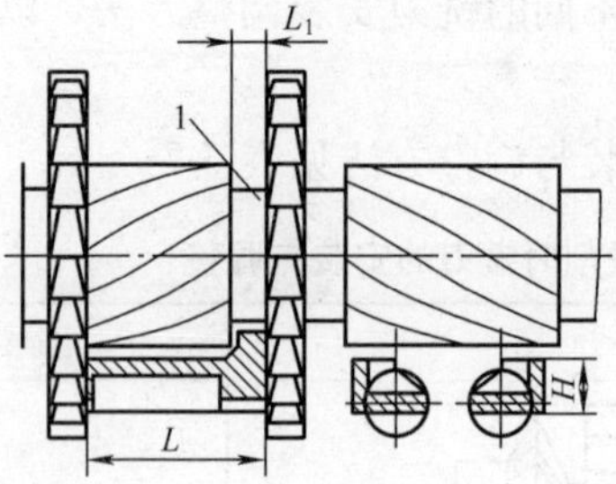	由 4 把铣刀组成，用于铣削三个工件的 5 个面。为保证工件高度 H，圆柱铣刀直径须一致，根据左边圆柱铣刀的长度，配装固定长度为 L_1 的专用轴套 1，以保证工件长度 L
相等直径和宽度的铣刀与专用轴套组装	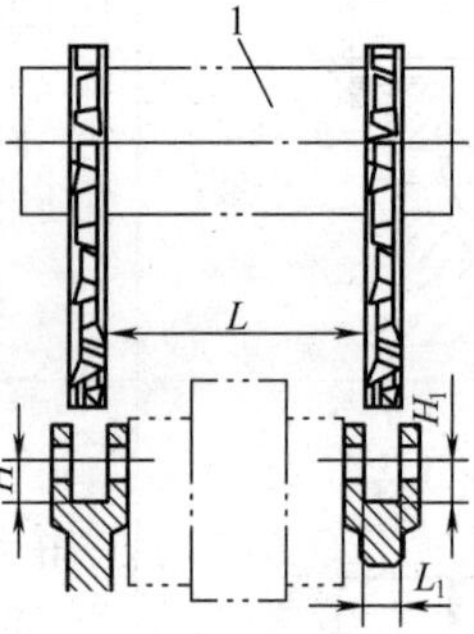	由两把三面刃铣刀组成，用于铣削 4 个相同工件两端的槽（图中只示出了两个工件），铣刀外径和宽度须一致，以保证槽深 H 和 H_1，以及槽宽 L_1，并配装与工件距离相等长度（L）的专用轴套 1
相等宽度的铣刀与相等长度的轴套组装	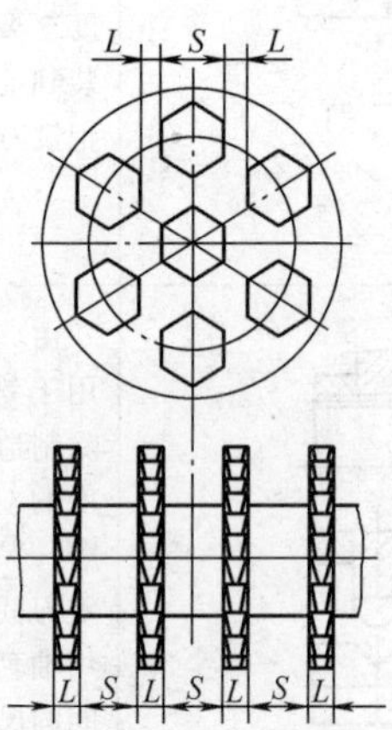	由 4 把铣刀组成，用于铣削 7 个六方工件的对边，铣刀宽度须与工件间的距离 L 相等，并配装三个与工件对边尺寸 S 相等长度的轴套 1

续表

调整方法	示　　图	简要说明
用微调轴套调整铣刀距离	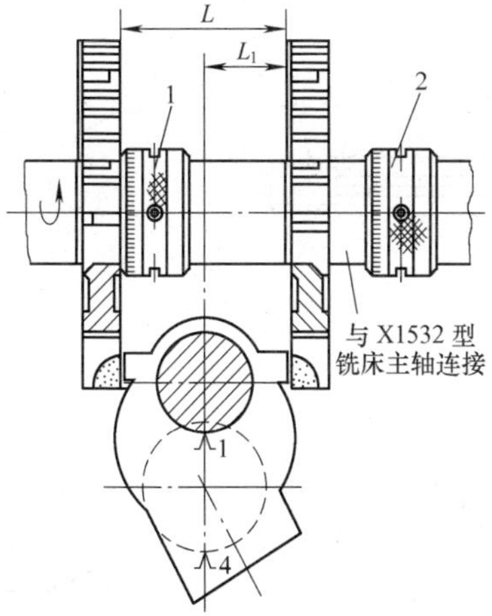 与 X1532 型铣床主轴连接	由两把铣刀组成，用于铣削工件上对称于轴线的定位基面。用微调轴套 1 调整铣刀（即工件的定位基面）的端面间距离 L。当铣床主轴（或工作台）无微量移动装置时，用微调轴套 2 调整右侧铣刀端面至工件轴线间的精确距离 L_1
用不等宽的垫圈和轴套调整	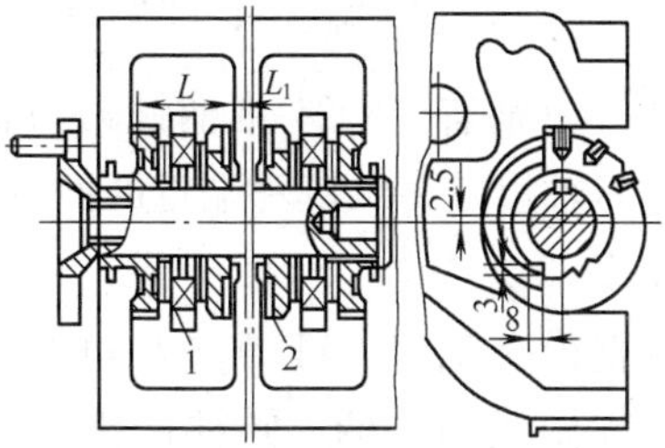	由 10 把铣刀组成（图中只示出了 7 把），用于铣削工件轴承处的两侧面及锁口槽。由于镶齿硬质合金铣刀宽度不相等，因此，根据铣刀的实际宽度，配以宽度不等的垫圈 1 和轴套 2，按工件所要求的距离 L、L_1 组装

二、铣刀辅具

铣刀辅具包括中间套筒、轴套、铣刀夹头以及铣刀刀轴等。

1. 铣刀刀轴

带孔铣刀借助于刀轴安装在铣床主轴上。根据铣刀孔径的大小，常用刀轴有 22mm、27mm、32mm 三种，刀轴上配有垫圈和紧刀螺母，如图 6-8 所示。刀轴左端是 7:24 的圆锥，与铣床主轴孔配合，锥度的尾端有内螺纹孔，通过拉紧螺杆将刀轴拉紧在主轴锥孔内。刀轴锥度前端有一凸缘，凸缘上有两个缺口，与主轴轴端的凸键配合。刀轴中间是光轴，用于安装铣刀和垫圈，轴上带有键槽，用来安装定位键，将扭矩传给铣刀。刀轴右端是螺纹和轴颈，螺纹用来安装紧刀螺母，紧固铣刀；轴颈用来与挂架轴承孔配合，支持刀轴外端。

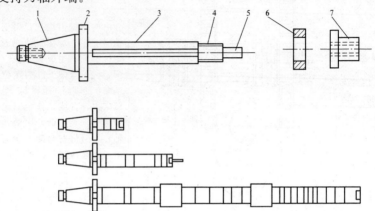

图 6-8　铣刀刀轴

1—锥柄；2—凸缘；3—刀轴；4—螺纹；5—配合轴颈；6—垫圈；7—紧刀螺钉

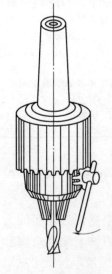

图 6-9　用钻夹头安装圆柱柄铣刀

铣刀刀轴有 7：24 锥柄铣刀刀轴、莫氏锥柄铣刀刀轴以及带纵键和端键的面铣刀刀轴等。

2. 铣刀夹头

小直径立铣刀、键槽铣刀和半圆键槽铣刀等刀具都做成圆柱柄。圆柱柄铣刀一般通过钻夹头（见图 6-9）或弹簧夹头（见图 6-10）安装在主轴的锥孔内。

3. 中间套筒

在安装锥柄铣刀时，如果铣刀柄部锥度与主轴锥孔锥度不同，则需要通过中间套筒来安装铣刀。中间锥套的外圆锥度和主轴锥孔的锥度相同，中间锥套的内孔锥度和铣刀锥柄的锥度相同，如图6-11所示，在 X62W 铣床的立铣头上安装直径为 20mm 的立铣刀，立铣头主轴

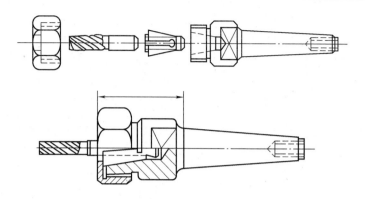

图 6-10 用弹簧夹头安装圆柱柄铣刀

锥孔为莫氏 4 号、铣刀锥柄为莫氏 3 号，这时应采用外圆锥莫氏 4 号、内锥孔莫氏 3 号的中间锥套来安装铣刀。

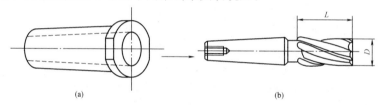

(a)   (b)

图 6-11 借助中间锥套安装立铣刀

(a) 中间锥套；(b) 立铣刀

第四节 铣刀的改进与先进铣刀简介

一、铣削的质量问题与解决措施

铣削加工中产生的质量问题，除与操作技术有关外，大部分因素来自铣刀。铣削加工中铣刀常见的问题及解决措施见表 6-8。

表 6-8   铣刀的质量问题及解决措施

序号	问题	产生原因	解决措施
1	前刀面产生月牙洼	刀片与切屑焊住	(1) 采用抗磨损刀片或涂层合金刀片 (2) 降低铣削背吃刀量或铣削负荷 (3) 用较大的铣刀前角

续表

序号	问题	产生原因	解 决 措 施
2	刃边粘切屑	变化振动负荷造成铣削力与温度增加	(1) 将刀尖圆弧或倒角处用油石研光 (2) 改变合金的牌号,增加刀片的强度 (3) 减少每齿进给量,铣削硬材料时,降低铣削速度 (4) 使用足够的具有润滑性能和冷却性能好的切削液
3	刀齿热裂	高温时温度迅速变化	(1) 改变合金的牌号 (2) 降低铣削速度 (3) 适量使用切削液
4	刀齿变形	过高的铣削温度	(1) 采用抗变形、抗磨损的刀片 (2) 适当使用切削液 (3) 降低铣削速度及每齿进给量
5	刀齿刃边缺口或下陷	刀片受到拉、压交变应力;铣削硬材料时,刀片被氧化	(1) 加大铣刀的切入角 (2) 将刀片切削刃用油石研光 (3) 降低每齿进给量

二、铣刀的改进途径

在实际生产中,根据加工要求和加工条件,对铣刀进行改进,能显著地提高切削效率,改善工件加工表面的质量,延长铣刀的寿命,从而提高生产率。

1. 铣刀的改进措施和方法

(1) 减少齿数、改进齿槽的槽形结构。粗加工时,适当减少齿数,可增强刀齿强度,增加容屑槽的空间,避免切屑堵塞和刀齿折损。另外,加大槽底圆弧的半径,把直线形和折线形齿背改为曲线形齿背,有利于切屑的卷曲和排出,并可减少切削阻力,使切削平稳。所以,现在的标准铣刀齿数比原来的标准铣刀齿数都适当地减少了。

(2) 开分屑槽或改变切削刃的形状。在圆柱铣刀、三面刃铣刀和成形铣刀的齿背和切削刃上开出分屑槽,可使原来宽而薄的切屑分成几条窄而厚的切屑,使切屑容易排出,切削力也比原来有所减小,切削平稳、轻快,铣削效率高。与普通铣刀相比,该法可使生产率提高3~4倍。

对于比较薄的三面刃铣刀和锯片铣刀，切削刃改为在左右间隔处倒角的方法，也能收到上述效果。

（3）增大螺旋角和刃倾角的绝对值。增大螺旋角和刃倾角和绝对值，能增强斜角切削的作用，使实际切削前角增大，改善排屑条件，提高铣削的平稳性，从而可提高生产率，减少加工面的表面粗糙度值。采用圆柱铣刀和立铣刀铣削钢件时，螺旋角 β 为 $60°$；铣削铸铁件时，β 可大至 $40°$，都能获得较好的效果，若 β 再增大，则效果将会降低。目前各工具刃具厂生产的标准圆柱铣刀和立铣刀，按最新国家标准，螺旋角均已适当增大。刃倾角的绝对值也有增大的趋势，最大者已达 $45°$，甚至更大。

（4）改磨前角和采用不等齿距。在铣削强度低、塑性较大的工件材料时，可将标准铣刀的前角适当修磨大些，可使切削刃锋利，减小铣削力，并能减小工件的表面粗糙度值。

平面粗铣时，从设计上改进铣刀的结构，增加楔角，以增加强度，可采用负前角或零前角铣刀，但此时要求机床—刀具—工件整个工艺系统要有足够的刚度。

近年来，在对铣刀结构的改进方面，采用不等齿距面铣刀，可以避免切入和切出时的冲击，改变铣削负荷的周期，因而可以降低铣削时的振动，避免发生共振，提高铣削过程的平稳性。不等齿距的方式有：交错式 $\left(即 \dfrac{360°}{z} \pm 3°\right)$、等差式和跳跃式。如 $z=8$，齿间角为 $42°$、$45°$、$43°$、$50°$ 的两组，即为跳跃式；齿间角为 $42°$、$44°$、$46°$、$48°$ 的两组则为等差式。

（5）改进刀齿的修光刃。

1）圆弧修光刃。在铣床精度较低的情况下，为了提高铣削精度，可在铣刀上安装圆弧修光刃刀齿。修光刃起刮削作用，用以切去铣削刀齿所留下的凸背，经修光刃刮削后的灰铸铁件，表面粗糙度值可达 $Ra0.8\mu m$。修光刃的布置与结构如图 6-12 所示，铣刀刀齿大于 30 片，修光刀齿为 4 片，切削齿和修光齿分布在不同的直径上。修光刃的圆弧半径为 $700\sim800mm$，比切削齿高出 $0.01\sim0.03mm$，其端而跳动量为 $0.005mm$，可通过调整方法达到。

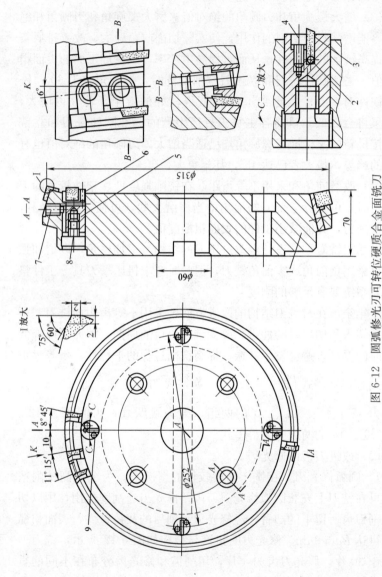

图 6-12 圆弧修光刀可转位硬质合金面铣刀

1—刀体；2—滚针；3—修光刀齿；4—偏心销；5—刀片座；6—挡销；7—压紧螺钉；8—差动调整螺钉；9—螺钉

304

修光刀齿的调整方法：将刀片座 5 预先调整好后安装到刀体 1 上，然后用不等螺距的差动调整螺钉 8 调整其相对于切削齿的高出量，以及 4 个修光齿高度的一致性，使之符合所要求的精度，最后用压紧螺钉 7 将刀片座 5 紧固，差动螺钉的微调精度为 0.01mm。粗铣时，可用差动调整螺钉 8 将修光刀齿后退，使其低于切削刀齿的高度，避免参加铣削。

2）两段偏角过渡的修光刃面铣刀。在机床精度较高的情况下，为了获得较高的铣削表面精度，可将铣刀刀齿磨成两段偏角过渡刃，如图 6-13 所示，即刀尖处磨成 C3 及 3°的两段偏角，还有一段在刀片宽度范围内外倾 0.005mm，作为修光过渡刃，其长度应大于每转进给量 f。由于倾角趋近于零，铣削时产生斜角切削，切屑沿前刀面坡度较小的地方流出，在铣削过程中起到增大前角的作用，可使刃口较锋利，因而切削轻快。

采用两段偏角过渡的修光刃面铣刀，可使主偏角变小，从而可提高刀齿强度，改善散热条件，提高铣刀寿命，使铣削厚度较薄，并起到一定的刮削作用，可降低被铣削表面的粗糙度值，铣削灰铸铁时，其表面粗糙度值可达 $Ra0.8\mu m$。

铣刀的精度，在直径大于 215mm、刀齿数大于 18 时，其端面跳动量应小于 0.03mm。

（6）采用新刀具材料。刀具材料对铣刀的切削性能和寿命有较大的影响，采用涂层硬质合金、立方氮化硼、陶瓷和金刚石等刀具材料，可以大大提高铣刀的寿命，如采用 YD15、YA3 铣削铸铁件，采用 726、YT04 铣削钢件，都有较好的效果。

2. 铣刀改进实例

（1）锯片铣刀的改进实例见表 6-9。

（2）三面刃铣刀的改进实例见表 6-10。

（3）T 形槽铣刀的改进实例见表 6-11。

（4）立铣刀的改进实例见表 6-12。

（5）面铣刀的改进实例见表 6-13。

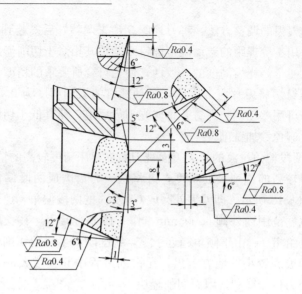

图 6-13　两段偏角过渡的修光刃

面铣刀的几何参数

表 6-9　　　　　　　　　锯片铣刀的改进实例

名称	改进实例图	改进说明及效果
疏齿强力锯片铣刀		(1) 用普通锯片铣刀改制而成。一个平齿一个尖齿，尖齿宽 $b = \dfrac{B}{3}$，两边皆为 $+5°$ 倒角 (2) 平齿比尖齿低 $0.5\sim0.6\text{mm}$，齿背改为 $R30$ 的圈弧形状，槽底为 $R6\text{mm}$ 的圆弧状 (3) 两端面齿有宽刃带 $1\sim2\text{mm}$，并对其磨薄 $0.3\sim0.5\text{mm}$，以减小与工件的摩擦 (4) 推荐用铣削速度为 $70\sim112\text{m/min}$、进给量为 $750\sim1180\text{mm/min}$、铣削吃刀量为 16mm，适合加工 45 钢以下的工件直槽 (5) 排屑容易，刀齿强度好，加工效率可提高许多

名　称	改 进 实 例 图	改进说明及效果
疏齿分屑锯片铣刀	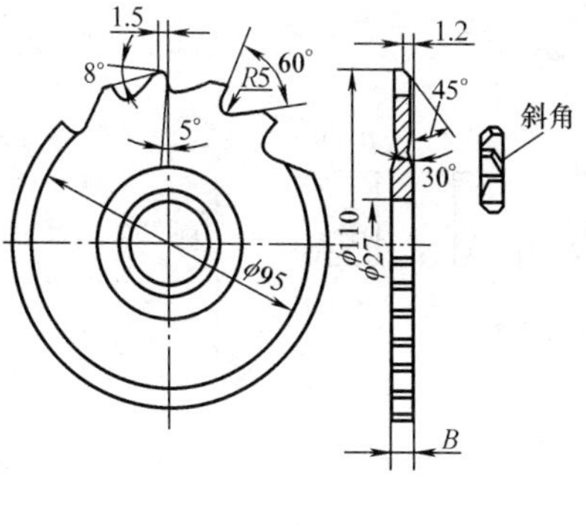 (b)	（1）将标准锯片铣刀的齿数减少一半 （2）使容屑槽加大，排屑容易，因而提高了切削用量 （3）一个齿倒左边角1.2mm×45°，下一个齿倒右边角1.2mm×45° （4）可使加工效率成倍提高

表 6-10　　　三面刃铣刀的改进实例

名　称	改进实例图	改进说明及效果
未开分屑槽的直齿三面刃铣刀	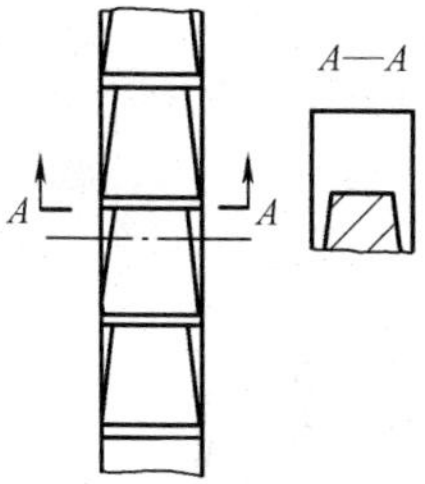 (a)	未开分屑槽的直齿三面刃铣刀[见图(a)]切削和工件的接触长度长，切屑较宽，效率低
开分屑槽的三面刃铣刀	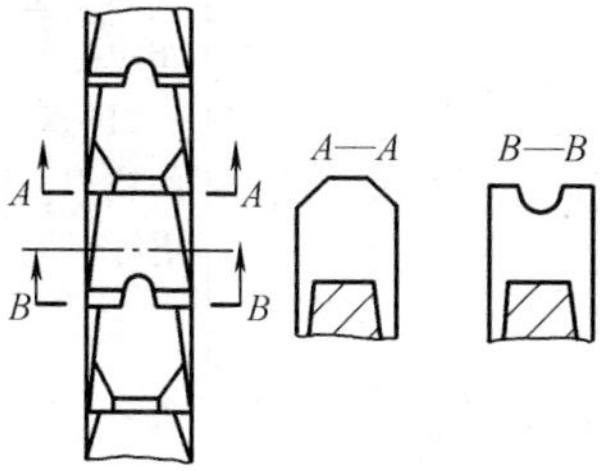 (b)	（1）图（b）是隔一个齿切削刃中部开成弧状槽，相邻齿刃长两端切去一段，以切去前一齿弧形槽未铣去的那部分金属，依此循环。由于切削刃变短，切屑变窄，便于碎屑和排屑，有利于提高铣刀的寿命，减少工件表面的粗糙度值

名　称	改进实例图	改进说明及效果
开分屑槽的三面刃铣刀	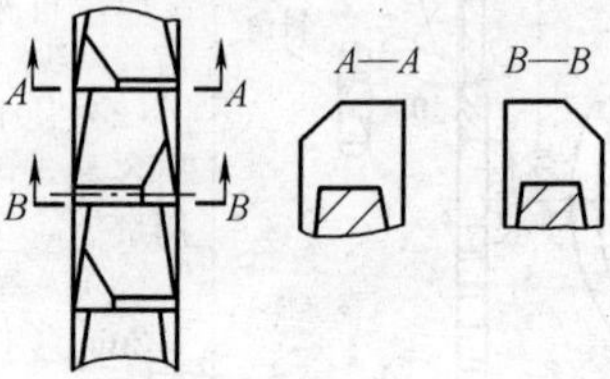 (c)	（2）图（c）是一个齿切削刃左端磨去一段，相邻下一齿切削刃右端磨去一段
双向斜齿三面刃铣刀	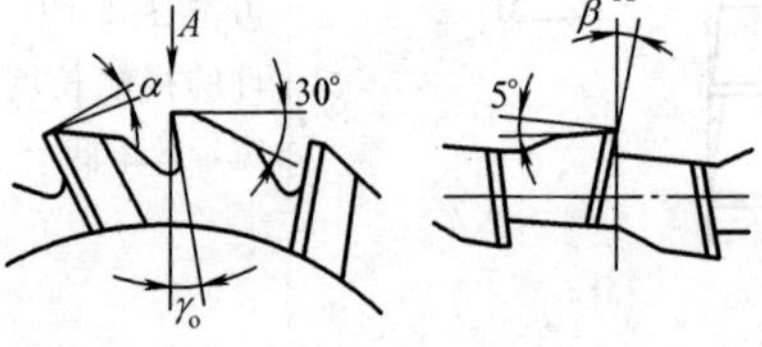 (d)	（1）标准双向斜齿三面刃铣刀的斜角 β 较小，因此铣削某些工件时，仍有排屑不畅、崩刃、打卸刀问题未根除 （2）图（d）为左双向螺旋角 $\beta=10°\sim15°$ 的交错齿铣刀，加工效率可提高 $1\sim5$ 倍；比普通三面刃铣刀的铣削过程平稳，铣削表面质量也有明显提高 （3）由于螺旋角较大，铣削平稳，切削刃寿命也相应提高 （4）对于螺旋角 $\beta>15°$ 的铣刀，铣削质量和效率更好

308

表6-11　T形槽铣刀的改进实例

名　称	改　进　实　例　图	改进说明及效果
硬质合金交错齿T形槽铣刀	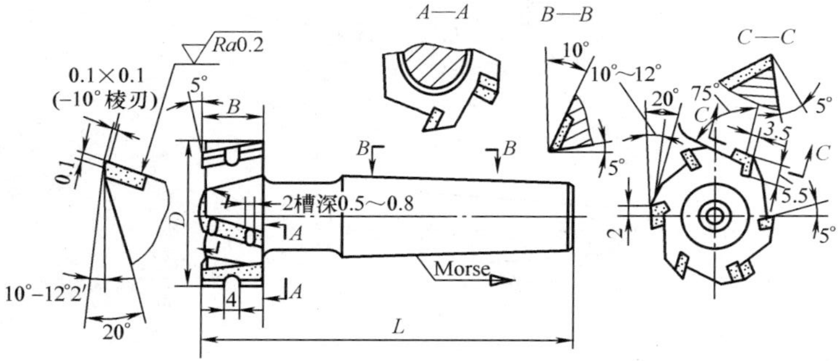 (a)	(1) 6个齿，一个向左斜、下一个向右斜 (2) 一个齿中间开一个槽、下一个齿开两个槽，与前一个槽错开，散热快、阻力小、利于排屑，切削刀寿命明显提高 (3) 加工效率可提高1倍以上

续表

名　称	改　进　实　例　图	改进说明及效果
大容屑槽 T 形槽铣刀	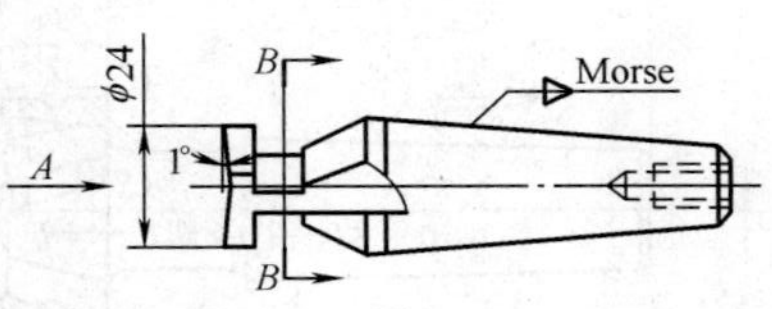 (a) 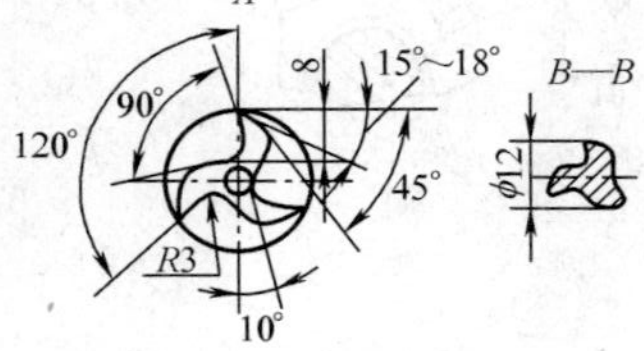 (b)	(1) 标准 T 形槽铣刀的齿数为 6，将其改为 3，于是容屑槽加大，改善了切削刃烧损和滑移现象。大大提高了切削刃的寿命 (2) 因颈部位锥柄也为齿形，T 形槽和键槽可一次铣成 (3) 可以使加工效率提高 1.5～2 倍

表6-12　　立铣刀的改进实例

名称	改进实例图	改进说明及效果
硬质合金螺旋立铣刀	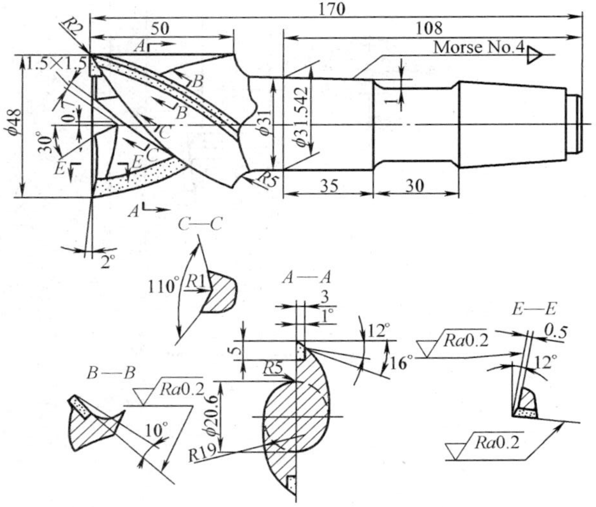	（1）由于改为硬质合金作刀部材料，切削刃的寿命比高速钢立铣刀显著提高，每班刃磨刀次数也大为减少 （2）由于改为硬质合金作刀部材料，铣削速度提高许多，生产率大幅度提高 （3）应继续提高硬质合金的焊接工艺水平和螺旋硬质合金的制造工艺水平

续表

名　称	改 进 实 例 图	改进说明及效果
机夹式硬质合金立铣刀	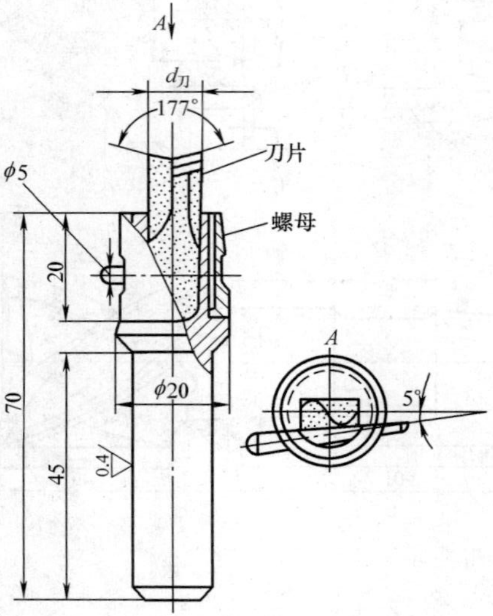	(1) 刀片材料为YT15, F211 (2) 用φ5mm钢针磨成5°斜面楔紧 (3) 前角 $\gamma_0=0°$, 后角 $\alpha_0=8°$, 螺旋角 $\beta=5°$ (4) 规格为: φ8mm, φ10mm (图中 $d_刀$) (5) 推荐用铣削速度为40m/min, 进给量为15m/min 和铣削吃刀量为0.5~1.5min (6) 适合加工淬火后的轴上键槽、滑槽、模具等 (7) 改变此种刀具一些参数, 也可铣削一般钢件

续表

名　称	改　进　实　例　图	改进说明及效果
轻合金立铣刀	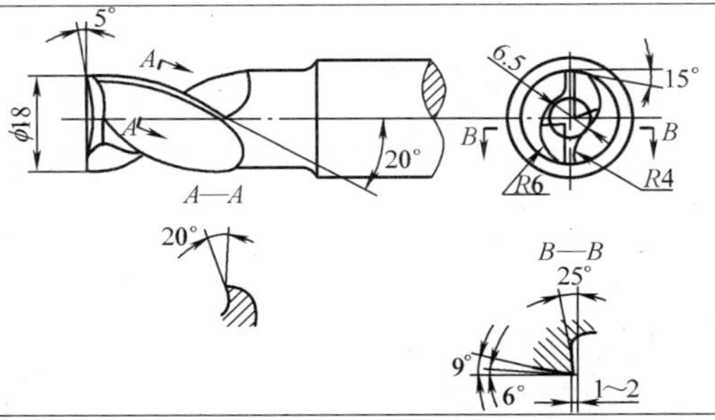	（1）前角 $\gamma_0=20°$，后角 $\alpha_0\approx15°$，切削刃锋利 （2）铣削工件的表面粗糙度 Ra 可达 $0.8\sim1.6\mu m$ （3）排屑容易，阻力较小 （4）可用键槽铣刀改磨而成
硬质合金立铣刀	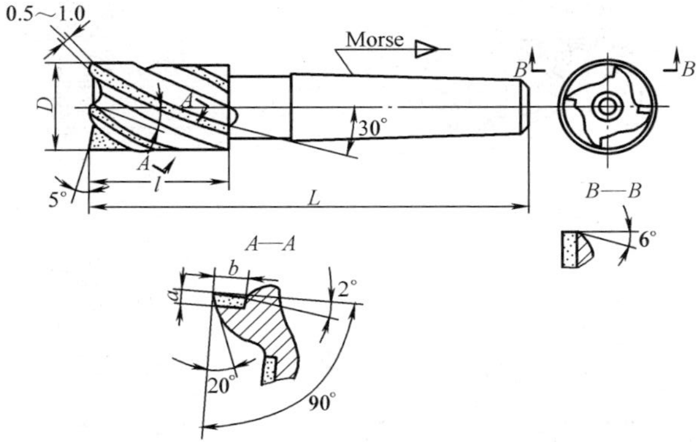	（1）将4个齿螺旋状硬质合金刀片镶焊成一体 （2）比高速钢立铣刀的寿命高7倍 （3）加工效率可提高 $2\sim6$ 倍

续表

名　称	改 进 实 例 图	改进说明及效果
硬质合金机夹式立铣刀	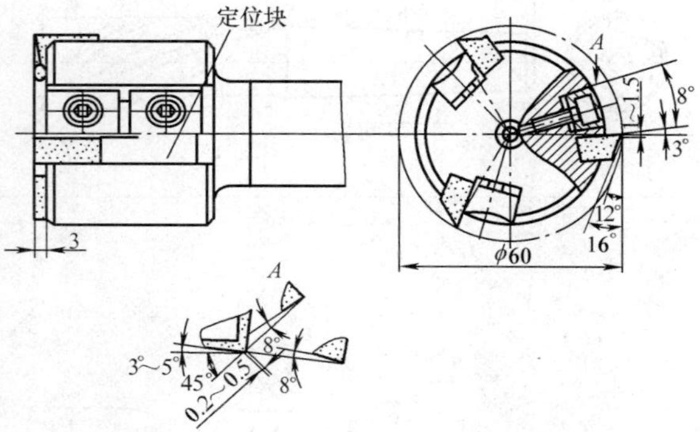	（1）结构简单、制造方便 （2）适合铣削宽度大、深度较浅的台阶和直槽，弥补了标准立铣刀的不足 （3）尺寸大小可调，重磨次数多，刀片利用率高 （4）比高速钢立铣刀的加工效率提高2～3倍

表 6-13　面铣刀的改进实例

名称	改进实例图	改进说明及效果
铣削铝合金工件的硬质合金精铣刀	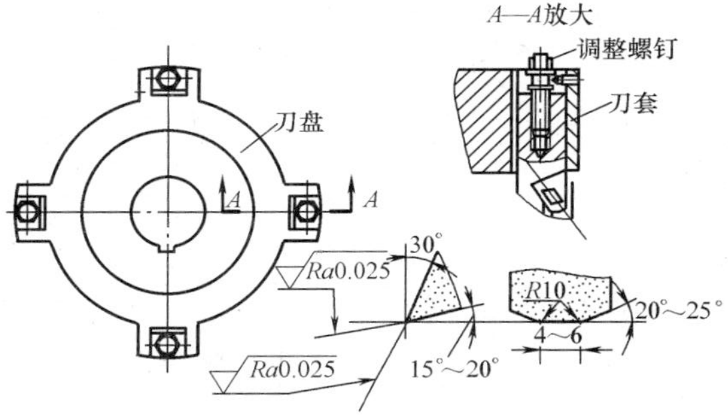	(1) 硬质合金材料为 YG8 (2) 切削刃前角 $\gamma_0 = 30°$、后角 $\alpha_0 = 15° \sim 20°$ (3) 大刀倾角 $\lambda_s = 30° \sim 45°$ (4) 图中 $4 \sim 6mm$ 为平直修光刃 (5) 铣削工件表面粗糙度值可达 $Ra = 0.63 \sim 0.2\mu m$，刃磨后经研磨切削刃可达 $Ra = 0.2 \sim 0.025\mu m$ (6) 精铣的铝合金平面，可代替磨削刃至研磨，可提高加工效率 $10 \sim 30$ 倍 (7) 若前角 $\gamma_0 = 48°$，刃倾角 λ_s 再大点，能铣深度为 $0.005 \sim 0.01mm$ 的工件
适合铣削铝合金的端齿铣刀	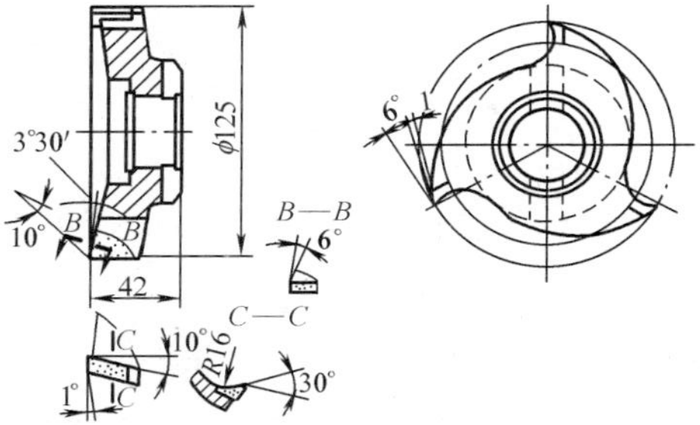	(1) 齿数少 ($z = 3$)、前角 $\gamma_0 = 30°$ (2) 推荐使用的铣削速度为 300m/min，进给量为 $600 \sim 700mm/min$，铣削吃刀量为 4mm

续表

名称	改进实例图	改进说明及效果
硬质合金端齿精铣刀	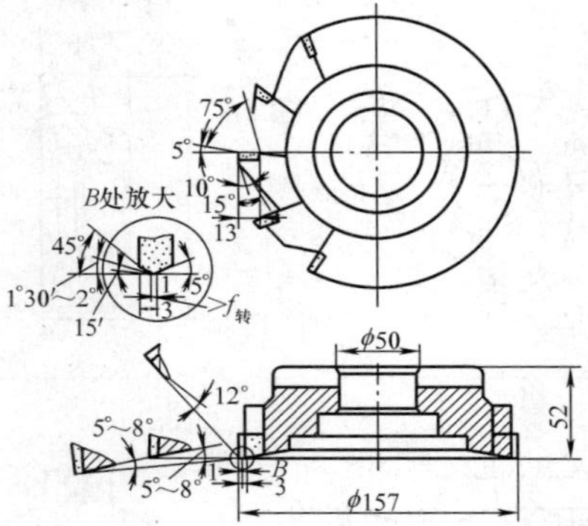	(1) 偏角由 1°30′~2°到 45°，可起修光、刮研作用 (2) 还有一段切削刃长大于 $f_转$，其偏角为 15′ (3) 铣削灰铸铁时，工件表面的粗糙度 Ra 可达 0.6~1.8μm (4) 推荐用切削速度为 60~70m/min，进给量为 125~200mm/min，铣削吃刀量为0.5~1.0mm
大前角铝合金精铣刀	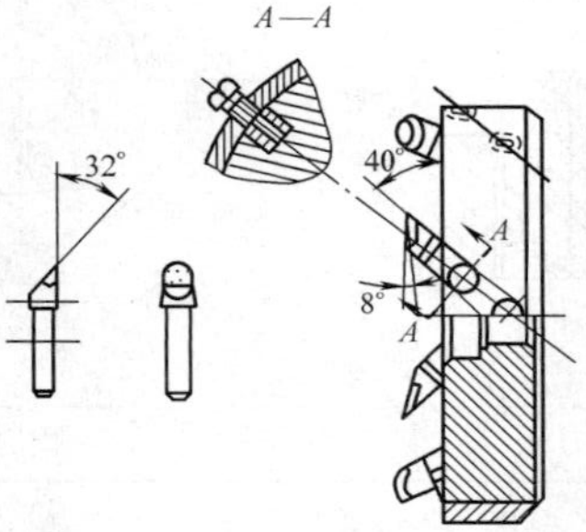	(1) 刃倾角 λ_s 大 (2) 以圆弧刃铣削 (3) 修光作用好 (4) 前角大，一般大于 30° (5) 推荐铣削用量：转速为 600~950r/min，进给量为 50~118mm/min，铣削吃刀量为 0.1~0.2mm (6) 工件表面粗糙度可达 Ra=0.8~1.6μm

三、先进铣刀简介

在生产实践中，为了提高生产率和产品质量，根据不同的加工要求和具体条件，人们创造了许多先进的铣刀，现简单介绍如下几种。

1. 硬质合金螺旋齿玉米铣刀

硬质合金玉米铣刀（见图 6-14）是在每个螺旋形刀齿上焊

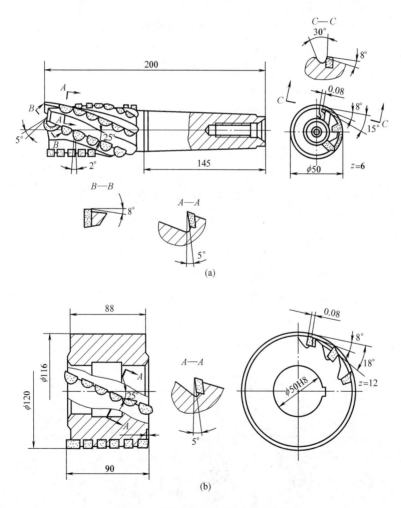

图 6-14　硬质合金螺旋齿玉米铣刀

（a）铣刀；（b）圆柱形铣刀

有若干个硬质合金刀片，相邻两排螺旋形刀齿上的硬质合金刀片既相互错位，又有一定的重叠，刀齿排列成玉米状。若将硬质合金刀片改用可转位刀片，则成为可转位玉米铣刀。硬质合金玉米铣刀的主要特点是：切削刃有分屑作用，刀齿采用硬质合金材料。

硬质合金玉米铣刀具有以下优点。

（1）分屑性能好，容屑空间大，切屑不易堵塞，适用于强力铣削，特别适用于数控铣床。

（2）由于刀片分布有间隔，切削液容易注入，能充分发挥冷却和润滑作用，从而提高铣削速度和进给速度。

（3）采用硬质合金材料，可进行高速铣削。当铣削速度不高时，可使铣刀寿命提高数倍，适用于数控铣床和流水线加工。

这种铣刀在制造和使用时应注意：立铣刀刀片在前端应伸出刀体1～1.5mm；刀片在外径上应高出刀体1.5～2mm，以便刃磨。铣削钢件时，在端刃上需磨出6°左右的负倒棱；在圆周刃上，用细油石璧出一小棱边，可防止崩刃并延长铣刀的寿命。

2. 波形刃立铣刀

波形刃立铣刀（见图6-15）是在普通高速钢立铣刀的螺旋齿铣刀前面上制成波形前面，又以波形前面定位，刃磨出后面的波形刃带，故在外圆柱面产生一条波形切削刃，并在切削刃的最高处（波峰）有一段较平的刃口，各条切削刃的波峰和波谷错开，可获得近似于玉米铣刀的切削情况。

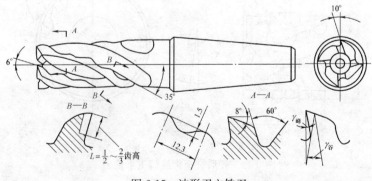

图6-15 波形刃立铣刀

波形刃铣刀具有下列优点。

（1）波形刃起分屑作用，而且切屑呈鳞状，变形小，切削省力，振动小。

（2）在波形刃上各点的螺旋角不相等，半径也不相等，故各点的前角和刃倾角也不相等，这样可显著地减轻铣削力变化的周期性，使铣削过程比较平稳。

（3）波形刃齿有利于切削液的渗入，使切削温度和铣削力降低，故波形刃铣刀更适宜于作强力铣削，且铣削效果好。

总之，波形刃铣刀比普通铣刀的生产率可提高几倍，甚至十倍以上；工件加工表面粗糙度值小，可使粗、精加工同时完成。但波形刃铣刀的刃磨要比普通铣刀困难和复杂，这也是目前还未能广泛采用的主要原因。

3. 立装不等齿距面铣刀（见图 6-16）

立装可转位铣刀，一般是利用内六角螺钉把刀片紧固在切向槽内，其结构和刀齿排列如图 6-16（a）所示，它具有以下几个特点。

（1）立装式可转位铣刀的刀片一般都不带后角，如四方形的刀片有 8 个切削刃可使用，利用率高，但只能安装在具有负前角、负刃倾角的铣刀上。

（2）由于刀片立装，刀片铣削时的承压厚度增加，如图 6-16（b）所示，有利于发挥硬质合金抗压强度高而抗弯强度差的特点，结合负前角和负刃倾角，可使铣刀具有抗冲击力强和不易崩刃的优点。

（3）由于刀齿呈不等齿距排列，可避免铣削时产生的周期性振动，特别是能消除铣削过程（尤其是龙门铣床铣削）的共振现象，因而可减小加工表面的粗糙度值，保证铣床的精度，延长铣刀的寿命。

（4）立装不等齿距面铣刀适宜于作强力铣削。立装式不等齿距铣刀，其刀片的定位和稳固性较差，不等齿距对密齿铣刀的作用不大。

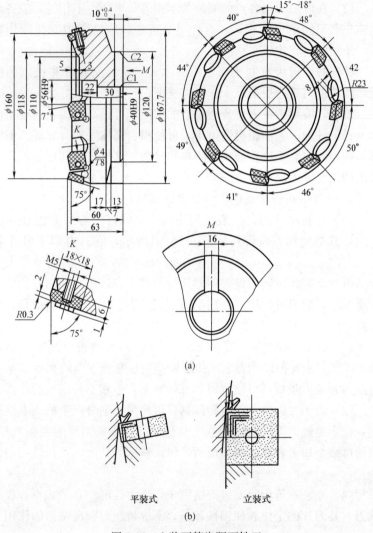

图 6-16　立装不等齿距面铣刀

(a) 铣刀结构；(b) 刀片切削情况

第七章

铣 床 夹 具

第一节 机 床 夹 具 概 述

一、机床夹具的定义

在机械制造的机械加工、检验、装配、焊接、切割和热处理等冷、热加工工艺过程中，使用着大量的夹具，用以装夹加工对象，使之占有正确的位置，以保证工件和产品的质量，改善劳动条件并提高劳动生产率和降低劳动成本。

在机床上加工工件时，为保证工件的加工精度，首先必须正确装夹工件，使其相对机床作切削成形运动，使刀具占有正确的位置，这一过程称为定位。工件定位后，为了不因受切削力、惯性力、重力等外力作用而破坏工件已定的正确位置，还必须对其施加一定的夹紧力，这一过程称为夹紧。

所谓机床夹具，就是机床上所使用的一种辅助设备，用它来准确地确定工件与刀具的相对位置，即将工件定位及夹紧，以完成加工所需要的相对运动。所以，机床夹具是用以使工件定位和夹紧的机床附加装置（以下简称夹具）。

二、机床夹具的作用

在机械加工中，机床夹具对保证工件的加工质量、提高加工效率、降低生产成本、改善劳动条件、扩大机床使用范围、缩短新产品试制周期等方面有着极其明显的经济效益。

图 7-1 是铣削轴端槽工序的图样；图 7-2 是铣削该工件用的铣床夹具。加工前，将夹具体 5 的底面放在卧式铣床工作台上，两定位键 6 嵌入到与纵向进给方向平行的工作台中央的 T 形槽中，并用

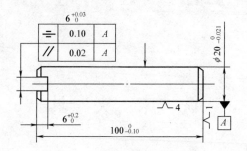

图 7-1　铣削轴端槽工序的图样

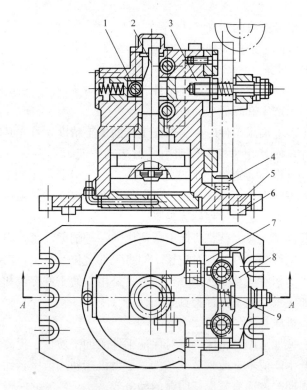

图 7-2　铣削轴端槽的夹具

1—滚子；2—活塞杆；3—拉杆；4—支承钉；5—夹具体；6—定位键；

7—V形块；8—压板；9—对刀块

T形螺钉夹紧。然后，用对刀塞尺调整好直角对刀块 9 与三面刃铣刀间的相对位置。之后，每次只需将两个工件安装在夹具中，开动机床一次就能加工出两个符合工序要求的工件。

小轴在夹具中的安装过程是：以外圆 $\phi 20_{-0.021}^{0}\,\mathrm{mm}$ 和一端面在 V 形块 7 及支承钉 4 上定位，操纵配气阀（图中未画出）使压缩空气由气缸下腔进入，活塞杆上移，通过斜楔推动滚子 1，迫使拉杆 3 带动压板 8 左移，便可同时夹紧两个工件。由于工件装夹正确，并有对刀装置准确地调整并引导刀具进行切削加工，所以用该夹具能稳定保证槽深、对称度和平行度等工序要求，槽宽则由铣刀宽度保证。

从机床夹具的使用情况可以看出，机床夹具的作用主要有下列几个方面。

（1）机床夹具。便于工件的正确定位，保证被加工工件表面的位置精度，稳定加工质量。使用夹具的主要作用是：保证工件上被加工表面的相互位置精度，如表面之间的位置尺寸、平行度、垂直度、位置度、同轴度、圆跳动等。只要夹具在机床上正确定位及固定以后，工件就很容易在夹具中正确定位并夹紧。这样，就保证了在加工过程中"同批"工件对刀具和机床保持确定的相对位置，这比划线找正的方法所能达到的精度要高。尤其在加工成批工件时，使用专用夹具可以使一批工件的加工精度都稳定、良好，不受或少受各种主观因素的影响，对保证产品质量及其稳定性起着重要作用。

（2）机床夹具。能实现快速夹紧，减少辅助时间，提高劳动生产率，降低加工成本。采用夹具以后，可省去既十分麻烦又不精确的划线、找正工序，使装夹工件迅速、方便。若实现多件、多工位装夹和采用气压、液压、快速联动夹紧装置，使装夹工件的辅助时间与机动时间重合等措施，能大大缩短辅助时间，既能降低劳动强度，又能提高劳动生产效率。采用夹具装夹工件，使工件夹紧牢靠，若利用辅助支承等，还可提高工件的刚度，有利于采用较大的切削用量。因此，采用与生产规模相适应的夹具，能使产品质量稳定，废品减少，可降低成本。

（3）机床夹具。能扩大机床的工艺范围，改变机床的用途。每台通用机床，可利用其附件（通用夹具）对各种不同的工件进行加工，但其所完成的主要工件种类是有一定范围的，并且也只能达到一定的加工精度。若采用夹具后，则能扩大机床的使用范围。在车床的刀架上装上夹具后，就可利用主轴带动镗刀或铣刀，使车床具有镗床或铣床的功能。对于某些结构的工件，其本身很难在通用机床上加工，必须采用夹具，才能在原有机床上完成加工，从而可使机床"一机多能"。

（4）机床夹具。能减轻操作者的劳动强度，保障生产安全。由于夹具中的夹紧机构可以采用扩力机构来减小操作的原始力，而且有时还可采用各种机动夹紧装置，故可使操作者减轻劳动强度。根据加工条件，还可设计防护装置，确保操作者安全。

三、机床夹具的分类

在实际生产中，由于工件是各式各样的，因此夹具形式繁多，结构各不相同。随着机械制造业发展的需要，新型夹具的结构不断出现，机床夹具的形式越来越多，分类方法也有多种。机床夹具按照各种不同的特点进行分类，如图 7-3 所示。

四、机床夹具的组成

夹具是由具有各种不同作用的夹具元件组成的。所谓夹具元件，是指夹具上用来完成一定作用的一个零件或一个简单的部件。生产中应用的夹具形式多种多样，新型夹具又不断出现，但若将作用相同的元件归纳在一起，则夹具元件的分类并不多。这些部分各自有其独立的作用，但又彼此相互联系。

根据夹具元件在结构中所起作用的不同，可将夹具元件分为下列几类。

（1）定位元件及定位装置。用来确定工件在夹具中位置的元件（或部件）称为定位元件。有些夹具还采用由一些零件组成的定位装置。

（2）夹紧装置。在夹具中起夹紧作用的一些元件或部件，用于紧固工件在定位后的位置。

（3）对刀及导引元件。对刀元件的作用是确定夹具相对刀具的

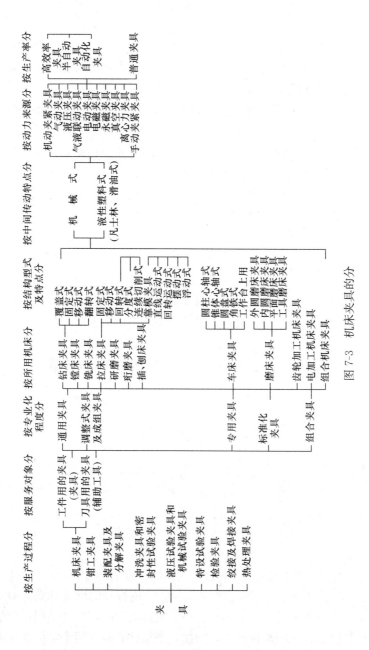

图 7-3　机床夹具的分

325

位置；导引元件的作用是确定刀具相对于工件的正确位置，并引导刀具进行加工。

（4）夹具本体。用来连接夹具上的所有元件，使其和装置成为一个夹具整体，是夹具的基础件，并借助它与机床连接，以确定夹具相对于机床的位置。

（5）自动定心装置。可同时起定位与夹紧作用的一些元件或部件。

（6）分度装置。用于改变工件与刀具的相对位置，以获得多个工位的一种装置，它可作为某些夹具的一部分。

（7）其他元件及装置。包括与机床连接用的零件、各种连接件、特殊元件及其他辅助装置等。

（8）靠模装置。是用来加工型面的一种特殊装置。

（9）动力装置。在非手动夹具中，作为产生动力的部分，如气缸、液压缸、电磁装置等。

上述各类元件并非所有夹具都有，而定位元件、夹紧装置和夹具本体，则是每一种夹具都不可缺少的组成部分。

第二节 铣床夹具常用的元件和装置

铣床夹具是指用于各类铣床上装夹工件的机床夹具，这类夹具都安装在铣床工作台上，并随着铣床工作台作进给运动。

铣床夹具常用的元件和装置有：定位元件和装置、夹紧元件和装置、自动定心装置、分度装置、对刀元件及装置、动力装置。本节主要介绍铣床夹具中最常用的定位、夹紧元件及装置以及对刀装置等。

一、铣床夹具常用的定位元件及定位装置

1. 限制工件自由度与加工要求的关系

（1）定位和夹紧符号及标注。在机械制造企业的工装设计及工艺规程中，经常要使用定位、夹紧符号。定位符号的画法如图 7-4(a)所示，当一个工件表面上不止有一个定位支承时，允许采用在定位符号右侧加数字的简化画法，例如一个工件表面有两个定位支承用

2 表示，有三个定位支承用 3 表示，如图 7-4(b)所示。夹紧符号的
画法如图 7-5 所示。

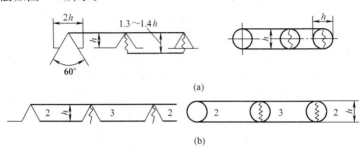

图 7-4 定位符号的画法

（a）定位符号的画法之一；（b）定位符号的画法之二

注：h 应和工艺图中数字的高度一致

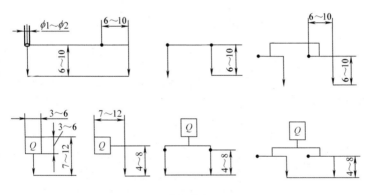

图 7-5 夹紧符号的画法

定位和夹紧符号标准见表 7-1。定位及夹紧符号应用举例见表 7-2。

表 7-1   定位和夹紧符号标准

分类	标注位置	独 立		联 动	
		标注在视图轮廓线上	标注在视图正面上	标注在视图轮廓线上	标注在视图正面上
主要定位支承	固定式	⋀	◯	⋀⋀	◯◯
	活动式	⟁	◍	⟁⟁	◍◍

327

续表

标注位置 分类	独 立		联 动	
	标注在视图 轮廓线上	标注在视 图正面上	标注在视图 轮廓线上	标注在视 图正面上
辅助 (定位) 支承			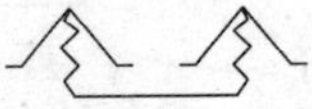	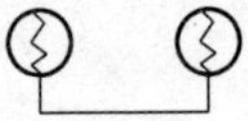
手动夹紧		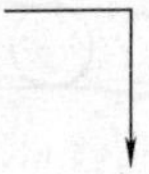	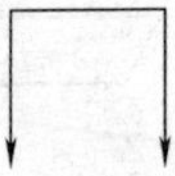	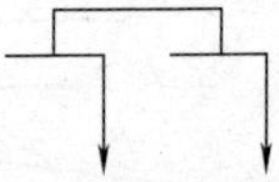
液压夹紧	 Y	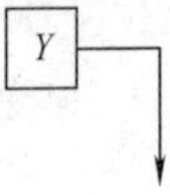 Y	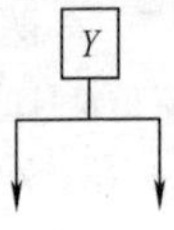 Y	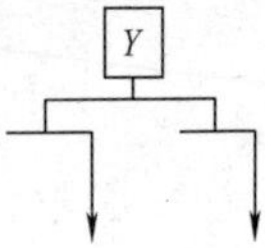 Y
气动夹紧	 Q	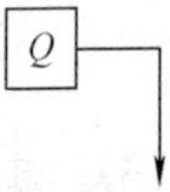 Q	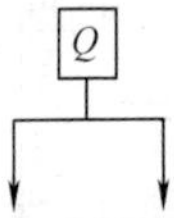 Q	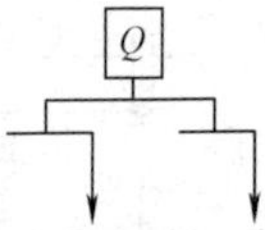 Q
电磁夹紧	 D	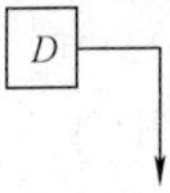 D	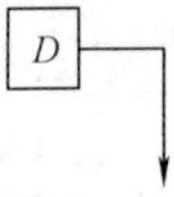 D	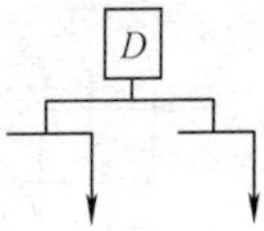 D

表 7-2 　　　　　　　　　 定位及夹紧符号举例

序号	说　明	定位、夹紧符号标注示意图	装置、符号标注示意图
1	铁爪定位夹紧 (薄壁零件)	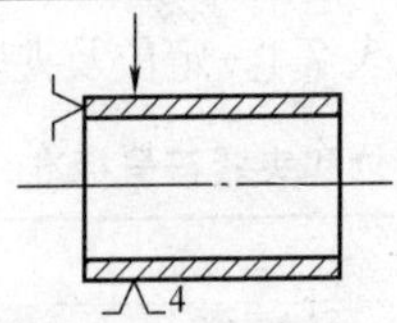 (a)	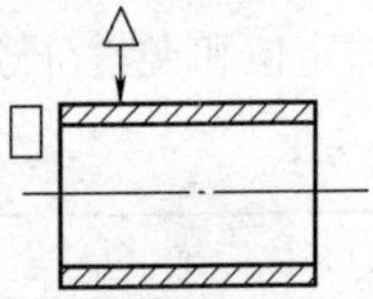 (b)
2	床头伞形顶尖、 床尾伞形顶尖定 位,拨杆夹紧(筒 类零件)	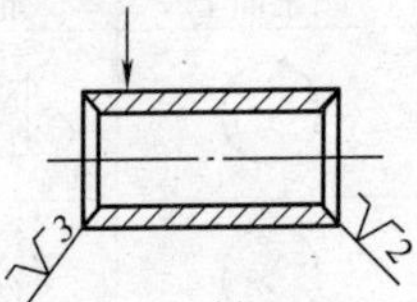 (a)	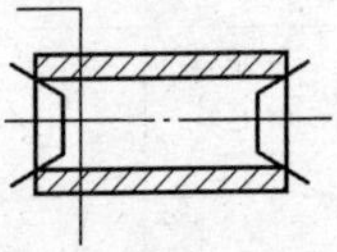 (b)

序号	说　　明	定位、夹紧符号标注示意图	装置、符号标注示意图
3	床头中心堵、床尾中心堵定位拨杆夹紧（筒类零件）	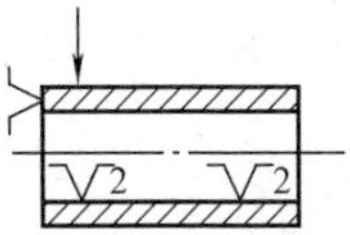 (a)	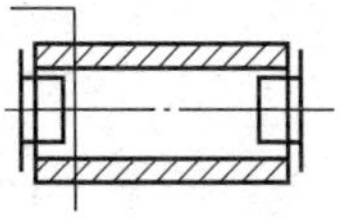 (b)
4	角铁及可调支承定位、联动夹紧	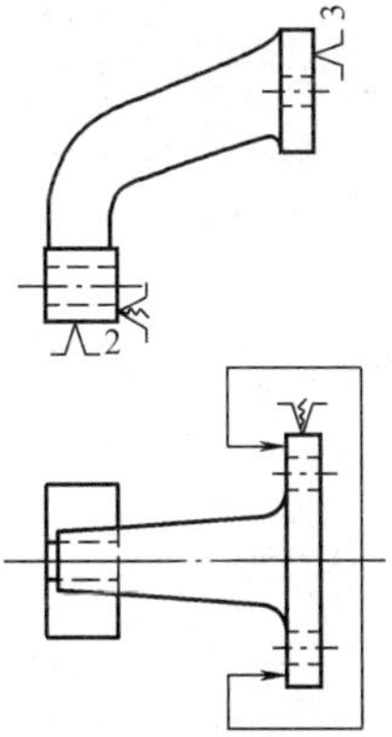 (a)	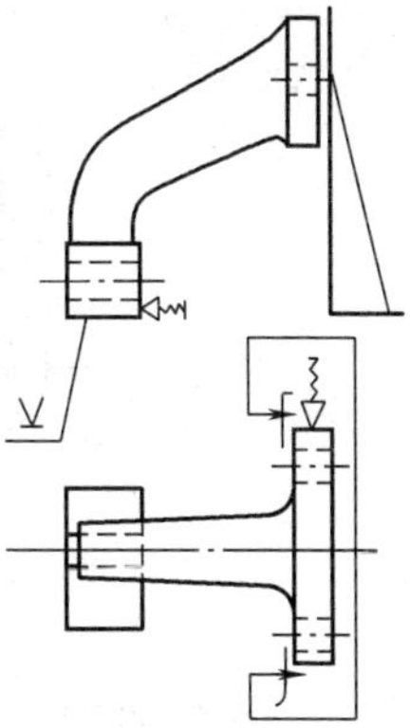 (b)
5	一端固定 V 形块、下平面垫铁定位 一端可调 V 形块定位夹紧	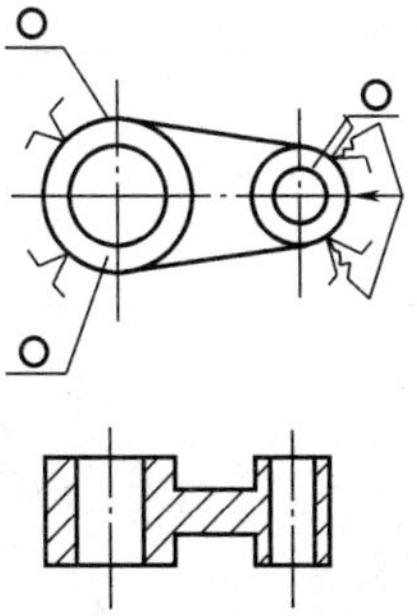 (a)	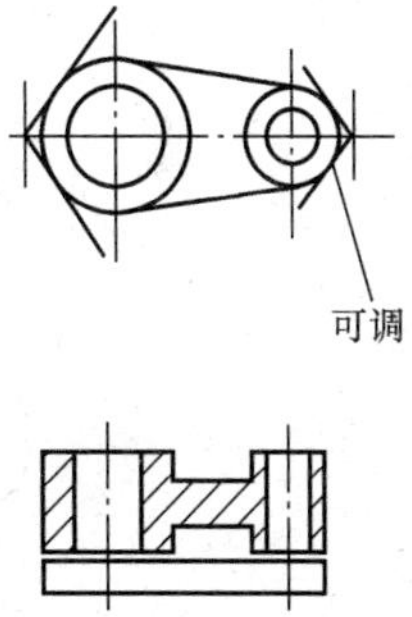 可调 (b)

（2）常见加工方式所需限制的自由度。实际生产中，工件加工时并非一定要求限制 6 个自由度才能满足定位要求，而应根据工件的不同结构和加工方式，限制它的某几个或全部自由度。常见加工方式所需限制的自由度数目见表 7-3。

表 7-3   常见加工方式所需限制的自由度数

工 序 简 图	需要限制的自由度
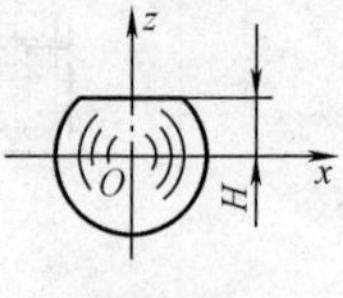	$\vec{z}$
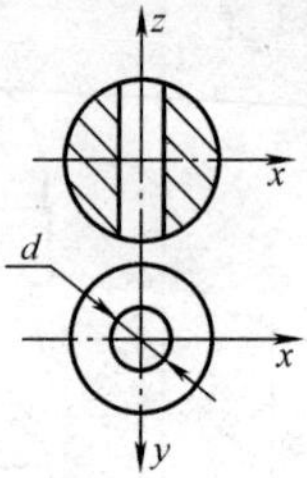	$\vec{x}\ \vec{y}$
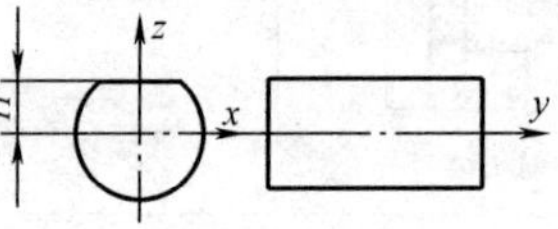	$\hat{y}\ \vec{z}$
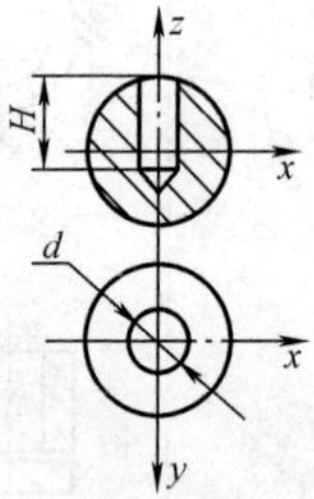	$\vec{x}\ \vec{y}\ \vec{z}$
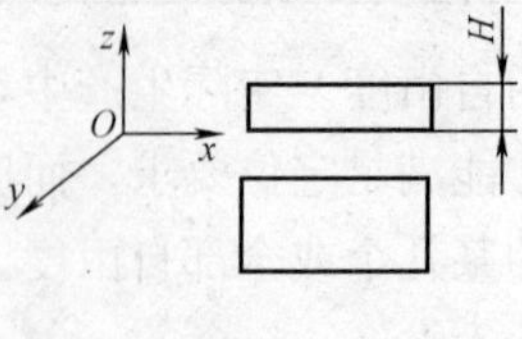	$\vec{z}\ \hat{x}\ \hat{y}$

工 序 简 图	需要限制的自由度
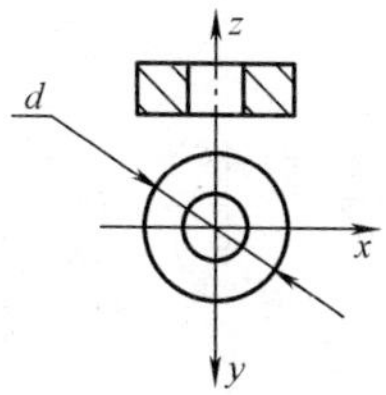	$\vec{x}$ $\vec{y}$ $\hat{x}$ $\hat{y}$
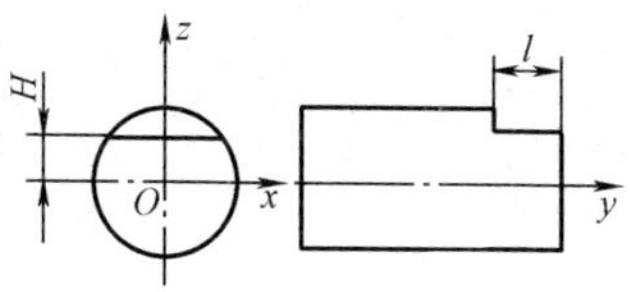	$\vec{y}$ $\vec{z}$ $\hat{x}$ $\hat{z}$
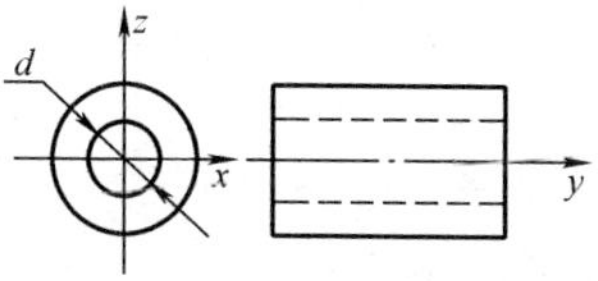	$\vec{x}$ $\vec{z}$ $\hat{x}$ $\hat{z}$
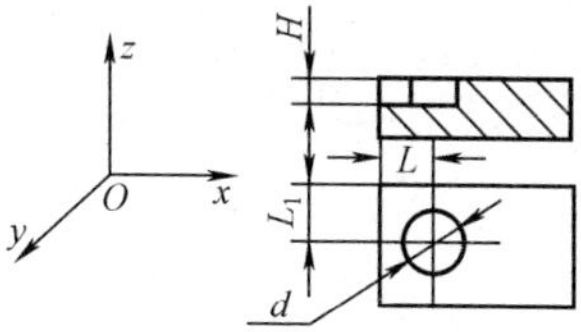	$\vec{x}$ $\vec{y}$ $\vec{z}$ $\hat{x}$ $\hat{y}$ $\hat{z}$
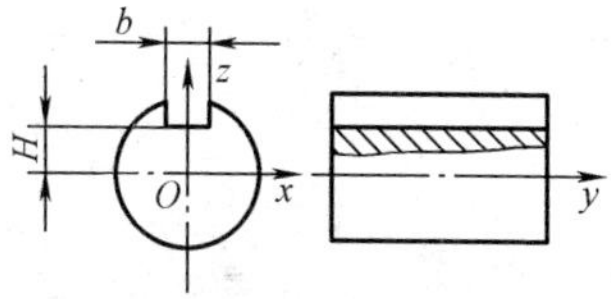	$\vec{x}$ $\vec{z}$ $\hat{x}$ $\hat{z}$
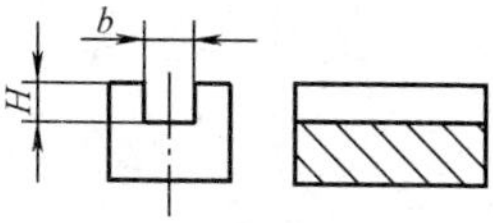	$\vec{x}$ $\vec{z}$ $\hat{x}$ $\hat{y}$ $\hat{z}$

工 序 简 图	需要限制的自由度
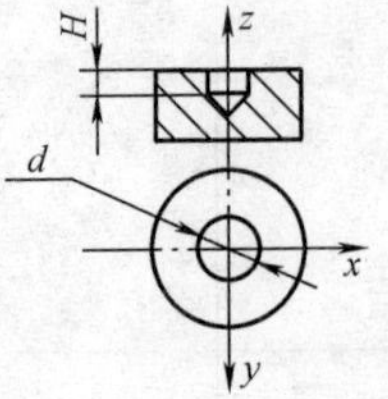	$\vec{x}\ \vec{y}\ \vec{z}$ $\hat{x}\ \hat{y}$
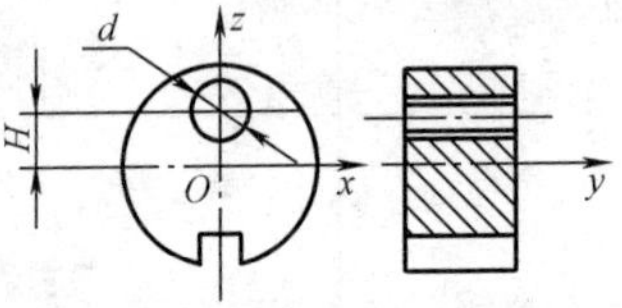	$\vec{x}\ \vec{z}$ $\hat{x}\ \hat{y}\ \hat{z}$
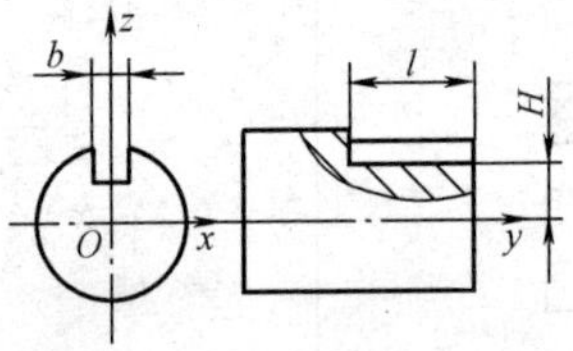	$\vec{x}\ \vec{y}\ \vec{z}$ $\hat{x}\ \hat{z}$
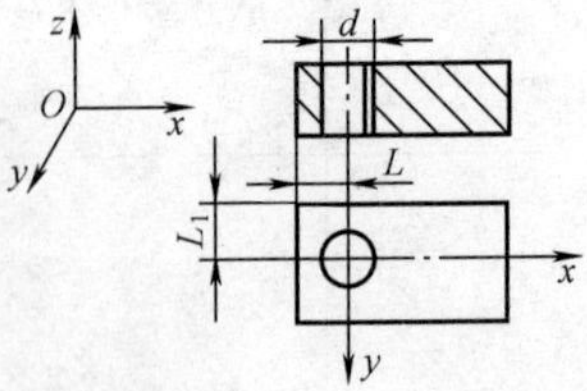	$\vec{x}\ \vec{y}$ $\hat{x}\ \hat{y}\ \hat{z}$

工　序　简　图	需要限制的自由度
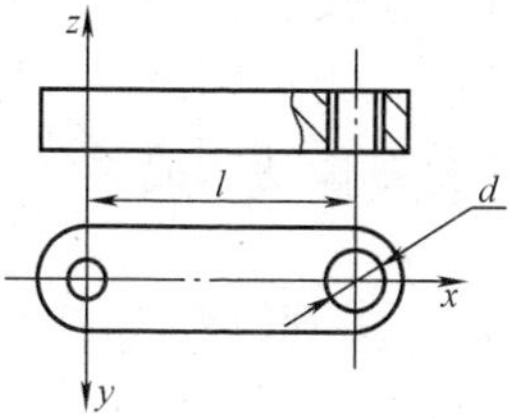	$\bar{x}\ \bar{y}$ $\hat{x}\ \hat{y}\ \hat{z}$
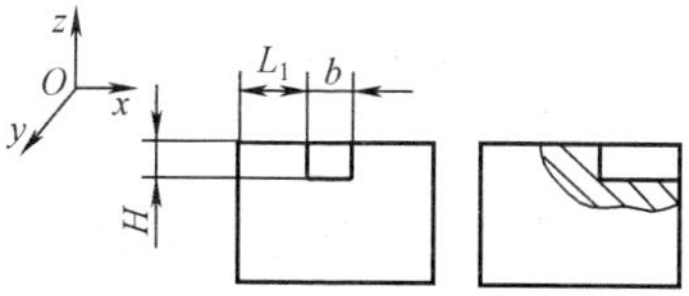	$\bar{x}\ \bar{y}\ \bar{z}$ $\hat{x}\ \hat{y}\ \hat{z}$
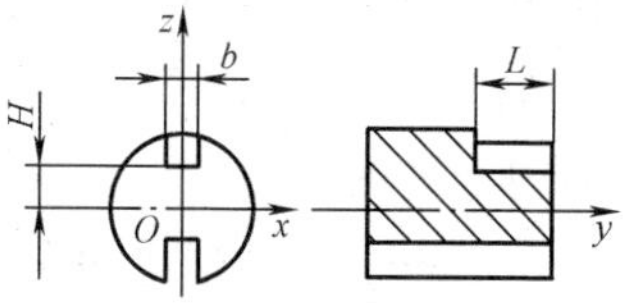	$\bar{x}\ \bar{y}\ \bar{z}$ $\hat{x}\ \hat{y}\ \hat{z}$

2. 铣床夹具常用的定位元件

工件的定位，除根据工件的加工要求选择合适的表面作定位基面外，还必须选择正确的定位方法，将定位基面支承在适当分布的定位支承点上，然后将各支承点按定位基面的具体结构形状，再具体化为定位元件。这种定位元件起主要定位作用，故称为主要支承。

（1）工件以平面定位时的定位元件。工件以平面为定位基面时，定位元件一般不用完整的平面作工作表面，常用三个支承钉或两个以上支承板组成的平面进行定位。各支承钉（板）的距离应尽量大，使得定位稳定可靠。当工件很薄、很小，不得不用平面作定位元件时，也应去掉中间部分或开若干小槽，以提高定位精度和便于清除切屑、污物。常用的定位元件有以下几种。

1）固定支承。常用的固定支承有支承钉和支承板两大类。

  a. 支承钉见表 7-4。其中 A 型为平头支承钉，多用于已经加工过的精基准定位；B 型为球头支承钉，C 型为齿纹支承钉，这两种支承钉适用于粗基准定位，可减少接触面积，以便与粗基准有稳定的接触。球头支承钉较易磨损而失去精度。齿纹支承钉能增大接触面间的摩擦力，防止工件受力移动，但落于齿纹中的切屑不易清除，故多用于侧面定位。

  支承钉与夹具体孔的配合为 H7/r6 或 H7/n6。若支承钉需要经常更换时，可加衬套，其外径与夹具体孔的配合也为 H7/r6 或 H7n6，内孔与支承钉的配合为 H7/js6。当使用几个 A 型支承钉（处于同一平面）时，装配后应一次磨平工作表面，以保证平面度。

  b. 支承板见表 7-5，它主要适用于已经加工过的精基准定位。A 型支承板的结构简单、紧凑，但切屑易落入螺钉头周围 1~2mm 的圆坑缝隙中，不易清除切屑，因此，多用于侧面和顶面的定位。B 型支承板在工作表面螺钉处开有 45°斜槽，且能保持与工件基面连续接触，清除切屑方便，所以多用于平面定位。

  支承板和螺钉紧固在夹具体上，当一个平面采用两个以上支承板定位时，装配后应一次磨平工作表面，保证其平面度。

  2）调节支承。调节支承是指高度可以调节的支承，如图 7-6 所示，该结构适用于形状、尺寸变化较大的粗基准定位，也可用于同一夹具加工形状相同而尺寸不同的工件，或用在可调整夹具和成组夹具中。其中图（a）所示的支承可用手直接调整或用扳手拧动进行调节，适用于小型工件；图（b）、（c）所示的支承具有衬套，可防止磨损夹具体；图（d）所示的支承可用扳手进行调节，后三种适用于较重的工件。

  常用的调节支承元件见表 7-6~表 7-10。

  3）自动定位支承（自位支承）。自位支承是在工件定位过程中，能随工件定位基面位置的变化而自动与之适应的多点接触的浮动支承。其作用仍相当于一个定位支承点，限制工件的一个自由度。由于接触点的增多，可提高工件的支承刚度和定位的稳定性，适用于粗基准定位或工件刚度不足的定位情况，如图 7-7 所示，其中图(a)、(b)所示为两点浮动，图(c)、(d)所示为三点浮动。

表 7-4　　　　　　　　支　承　钉

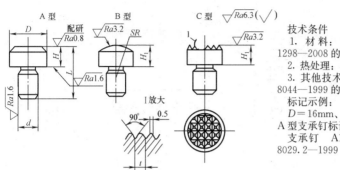

技术条件
1. 材料：T8 按 GB/T 1298—2008 的规定
2. 热处理：55～60HRC
3. 其他技术条件按 JB/T 8044—1999 的规定

标记示例：
$D=16$mm，$H=8$mm 的 A 型支承钉标记为
支承钉　A16×8　JB/T 8029.2—1999

D	H	H_1		L	d		SR	t
		基本尺寸	极限偏差 h11		基本尺寸	极限偏差 r6		
5	2	2	0 −0.060	6	3	+0.016 +0.010	5	1
	5	5		9				
6	3	3	0 −0.075	8	4	+0.023 +0.015	6	
	6	6		11				
8	4	4	0 −0.090	12	6		8	
	8	8		16				
12	6	6	0 −0.075	16	8	+0.028 +0.019	12	1.2
	12	12	0 −0.110	22				
16	8	8	0 −0.090	20	10		16	
	16	16	0 −0.110	28				1.5
20	10	10	0 −0.090	25	12	+0.034 +0.023	20	
	20	20	0 −0.130	35				
25	12	12	0 −0.110	32	16		25	
	25	25	0 −0.130	45				2
30	16	16	0 −0.110	42	20	+0.041 +0.028	32	
	30	30	0 −0.130	55				
40	20	20		50	24			
	40	40	0 −0.160	70			40	

表 7-5 支 承 板

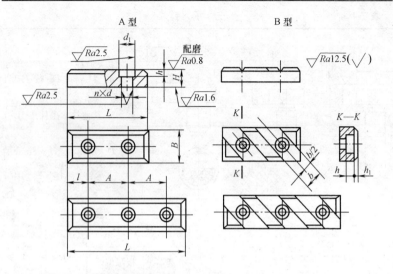

标记示例

$H=16mm$、$L=100mm$ 的 A 型支承板标记为

支 承 板 A16 × 100 JB/T 8029.1—1999

技术条件

1. 材料：T8 按 GB/T 1298—2008 的规定

2. 热处理：55~60HRC

3. 其他技术条件：按 JB/T 8044—1999 的规定

H	L	B	b	l	A	d	d_1	h	h_1	孔数 n
6	30	12	—	7.5	15	4.5	8	3	—	2
	45									3
8	40	14		10	20	5.5	10	3.5		2
	60									3
10	60	16	14	15	30	6.6	11	4.5	1.5	2
	90									3
12	80	20	17	20	40	9	15	6	1.5	2
	120									3
16	100	25								2
	160				60					3
20	120	32	20	30		11	18	7	2.5	2
	180									3
25	140	40			80					2
	220									3

表 7-6　　　　　　　　　六 角 头 支 承

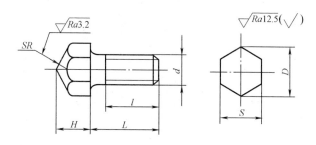

技术条件

1. 材料:45 钢按 GB/T 699—1999 的规定

标记示例

d＝M10、L＝25mm 的六角头支承标记为

支承 M10×25　JB/T 8026.1—1999

2. 热处理:$L \leqslant 50$mm 的支承全部为 40～55HRC;$L > 50$mm 的支承头部为 40～50HRC

3. 其他技术条件按 JB/T 8044—1999 的规定

d	M5	M6	M8	M10	M12	M16	M20	M24	M30	M36
$D \approx$	8.63	10.89	12.7	14.2	17.59	23.35	31.2	37.29	47.3	57.7
H	6	8	10	12	14	16	20	24	30	36
SR	5						12			
S 基本尺寸	8	10	11	13	17	21	27	34	41	50
S 极限偏差	0 −0.220		0 −0.270			0 −0.330			0 −0.620	

L					l					
	M5	M6	M8	M10	M12	M16	M20	M24	M30	M36
15	12	12								
20	15	15	15							
25	20	20	20	20						
30		25	25	25	25					
35			30	30	30	30				
40			35				30			
45				35	35	35		30		
50				40	40	40	35	35		
60					45	45	40	40	35	

续表

d	M5	M6	M8	M10	M12	M16	M20	M24	M30	M36
L						l				
70						50	50	50	45	45
80						60		55	50	
90							60	60		50
100							70	70	60	
120								80	70	60
140									100	90
160										100

表 7-7   顶 压 支 承

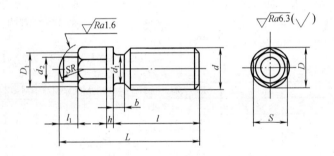

标记示例

d＝Tr16×4LH、L＝65mm 的顶压支承标记为

支 承 Tr16 × 4LH × 65   JB/T 8026. 2—1999

技术条件

1. 材料：45 钢按 GB/T 699—1999 的规定

2. 热处理：40～45HRC

3. 其他技术条件按 JB/T 8044—1999 的规定

d	$D\approx$	L	S 基本尺寸	S 极限偏差	l	l_1	$D_1\approx$	d_1	d_2	b	h	SR
Tr16×4 左	16. 2	55	13	0 −0. 270	30	8	13. 5	10. 9	10	5	3	10
		65			40							
		80			55							
Tr20×4 左	19. 6	70	17		40	10	16. 5	14. 9	12			12
		85			55							
		100			70							

续表

d	$D\approx$	L	S 基本尺寸	S 极限偏差	l	l_1	$D_1\approx$	d_1	d_2	b	h	SR
Tr24×5 左	25.4	85	21		50	12	21	17.4	16	6.5	4	16
		100			65							
		120		0	85							
Tr30×6 左	31.2	100	27	−0.330	65	15	26	22.2	20			20
		120			75					7.5	5	
		140			95							
Tr36×6 左	36.9	120	34	0	65	18	31	28.2	24			24
		140		−0.620	85							
		160			105							

表 7-8 圆柱头调节支承

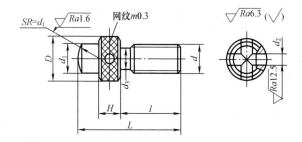

标记示例

$d=M10$、$L=45mm$ 的圆柱头调节支承标记为

支承 M10×45 JB/T 8026.3—1999

技术条件

1. 材料：45 钢按 GB/T 699—1999 的规定

2. 热处理：$L\leqslant50mm$ 的支承全部为 40～45HRC；$L>50mm$ 的支承头部为 40～45HRC

3. 其他技术条件按 JB/T 8044—1999 的规定

d	M5	M6	M8	M10	M12	M16	M20
D(滚花前)	10	12	14	16	18	22	28
d_1	5	6	8	10	12	16	20
d_2		3		4	5	6	8
d_3	3.7	4.4	6	7.7	9.4	13	16.4

续表

d	M5	M6	M8	M10	M12	M16	M20
H		6		8	10	12	14
L				l			
25	15						
30	20	20					
35	25	25	25				
40	30	30	30	25			
45	35	35	35	30			
50		40	40	35	30		
60			50	45	40		
70				55	50	45	
80					60	55	50
90						65	60
100						75	70
120							90

表 7-9   **调 节 支 承**

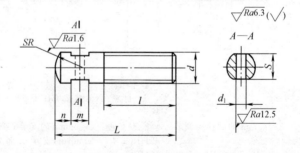

标记示例

$d=$ M12、$L=$ 50mm 的调节支承标记为

支承 M12×50　JB/T 8026.4—1999

技术条件

1. 材料：45 钢按 GB/T 699—1999 的规定

2. 热处理：$L \leqslant 50$mm 的支承全部为 40～45HRC；$L > 50$mm 的支承头部为 40～45HRC

3. 其他技术条件按 JB/T 8044—1999 的规定

d	M5	M6	M8	M10	M12	M16	M20	M24	M30	M36
n	2	3		4	5	6	8	10	12	18
m	4		5		8	10	12	14	16	18
S 基本尺寸	3.2	4	5.5	8	10	13	16	18	27	30
S 极限偏差	0 / −0.180			0 / −0.220		0 / −0.270		0 / −0.330		
d_1	2	2.5	3	3.5	4	5	—			
SR	5	6	8	10	12	16	20	24	30	36
L	l									
20	10	10								
25	12	12	12							
30	16	16	16	14						
35		18	18	16						
40			20	20	18					
45			25	25	20					
50			30	30	25	25				
60					30	30				
70					35	40	35			
80						50	45	40		
100							50	60	50	
120									70	60
140							80		90	80
160										
180								90		100
200										
220									100	
250										
280										150
320										

表 7-10 支 板

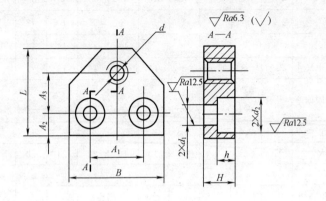

标记示例

d＝M8、L＝30mm 的支板标记为

支板 M8×30　JB/T 8030—1999

技术条件

1. 材料：45 钢按 GB/T 699—1999 的规定

2. 热处理：35～40HRC

3. 其他技术条件按 JB/T 8044—1999 的规定

d	L	B	H	A_1	A_2	A_3	d_1	d_2	h
M5	18	22	8	11	5.5	8	4.5	8	5
	24					14			
M6	24	28	10	15	6.5	12	5.5	10	6
	30					18			
M8	30	35	12	20	8	14	6.6	11	7
	38					22			
M10	38	45	15	25	10	18	9	15	9
	48					28			
M12	44	55	18	32	12	18	11	18	11
	58					32			
M16	52	75	22	48	14	22	13.5	20	13
	68					38			

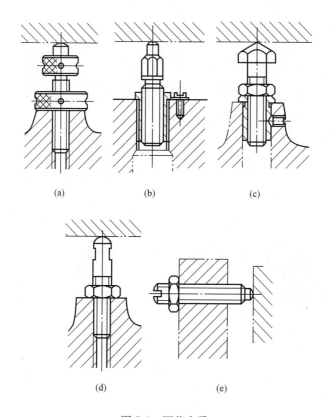

图 7-6 调节支承

(a) 圆螺母锁紧；(b)、(c) 衬套式；

(d) 六角螺母锁紧；(e) 侧面支承

　　(2) 工件以外圆柱面定位时的定位元件。工件以外圆柱面为定位基面时，通常采用以下定位方式和定位元件。

　　1) 在圆孔中定位时的定位元件。如图 7-8 所示，其中图 (a) 是工件以大端面在定位套大端面上定位，以较短的外圆柱面在孔中定位 (定心)。图 (b) 是以工件较长的外圆柱面在定位套的孔中定心，并确定轴心线的方向。为便于装入工件，在定位件孔口端应有 15°或 30°的倒角或倒圆。

　　常用的标准定位衬套的结构见表 7-11。

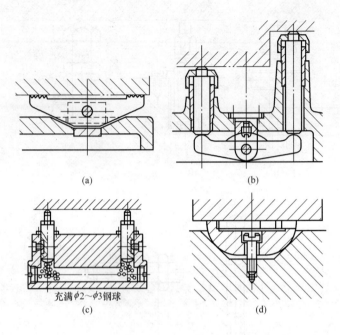

图 7-7　自位支承

（a）、（b）两点浮动（一）；（c）、（d）三点浮动

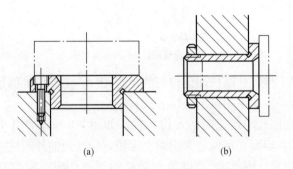

图 7-8　圆孔定位

（a）短孔定位；（b）长孔定位

表 7-11　　　　　　　　　　　　定 位 衬 套

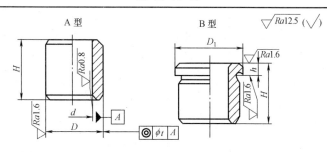

A 型　　　　　　　　　B 型　　　$\sqrt{Ra12.5}$ $(\sqrt{})$

标记示例

$d=22$mm、公差带为 H6、$H=20$mm 的 A 型定位衬套标记为

定位衬套　A22H6×20　JP/T 8013.1—1999

技术条件

1. 材料：$d \leqslant 25$mm，T8 钢按 GB/T 1298—2008 的规定

　　　　　$d > 25$mm，20 钢按 GB/T 699—1999 的规定

2. 热处理：T8 钢为 55～60HRC；20 钢渗碳深度为 0.8～1.2mm，硬度为55～60HRC

3. 其他技术条件按 JB/T 8044—1999 的规定

| d | | | | D | | | | ϕt | |
基本尺寸	极限偏差 H6	极限偏差 H7	H	基本尺寸	极限偏差 n6	D_1	h	用于 H6	用于 H7
3	+0.006 0	+0.010 0	8	8	+0.019 +0.010	11	3	0.005	0.008
4	+0.008 0	+0.012 0	10	10		13			
6									
8	+0.009 0	+0.015 0	12	12	+0.023 +0.012	15			
10			12	15		18			
12	+0.011 0	+0.018 0	12	18	+0.023 +0.012	22	4	0.005	0.008
15			16	22		26			
18				26	+0.028 +0.015	30			
22	+0.013 0	+0.021 0	20	30		34	5	0.008	0.0012
26				35	+0.033 +0.017	39			
30			25	42		46			
			45						

d			H	D		D_1	h	ϕt	
基本尺寸	极限偏差H6	极限偏差H7		基本尺寸	极限偏差n6			用于H6	用于H7
35			25	48	+0.033	52			
			45		+0.017		5		
42	+0.016 0	+0.025 0	30	55		59		0.008	0.012
			56						
48			30	62	+0.039	66			
			56		+0.020				
55			30	70		74			
			56						
62	+0.019 0	+0.030 0	35	78		82	6		
			67					0.025	0.040
70			35	85	+0.045	90			
			67		+0.023				
78			40	95		100			
			78						

2）在锥孔中定位的定位元件。如图 7-9 所示，工件以外圆面的端部在圆锥孔中定位，该定位元件一般常成对使用（一个固定，一个可动）。

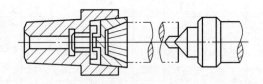

图 7-9　圆锥孔定位

3）在半圆孔上定位的定位元件。如图 7-10 所示，定位元件为半圆形衬套，下半圆孔固定在夹具体上，起定位作用，其最小直径应取工作定位基面（外圆）的最大直径。上半圆起夹紧作用，适用

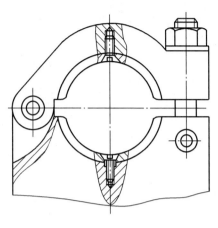

图 7-10 半圆孔定位

于大型轴类工件。

4）在 V 形块上定位的定位元件。V 形块是由两个斜面组成的槽形定位元件，具有良好的对中性，能使工件的定位基准（轴线）处在 V 形块的对称平面上，不受定位基面直径误差的影响，且装夹方便，可用于粗、精基准面，整圆柱面或部分圆柱面的定位。

常用 V 形块的结构见表 7-12～表 7-15；与活动 V 形块配套使用的导板见表 7-16。

设计非标准 V 形块时，可按表 7-17 计算。

表 7-12 V 形 块

图 例

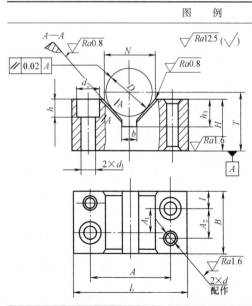

标记示例

$N=24$mm 的 V 形块标记为

V 形块 24 JB/T 8018.1—1999

技术条件

1. 材料：20 钢按 GB/T 699—1999 的规定

2. 热处理：渗碳深度为 0.8～1.2mm，硬度为 58～64HRC

3. 其他技术条件按 JB/T 8044—1999 的规定

注：尺寸 T 按下式计算

$$T=H+0.707D-0.5N$$

N	D	L	B	H	A	A₁	A₂	b	l	d 基本尺寸	d 极限偏差 H7	d₁	d₂	h	h₁
9	5~10	32	16	10	20	5	7	2	5.5	4		4.5	8	4	5
14	>10~15	38	20	12	26	6	9	4	7	4		5.5	10	5	7
18	>15~20	46	25	16	32	9	12	6	8	5	+0.012 0	6.6	11	6	9
24	>20~25	55	25	20	40	9	12	8	8	5	+0.012 0	6.6	11	6	11
32	>25~35	70	32	25	50	12	15	12	10	6		9	15	8	14
42	>35~45	85	40	32	64	16	19	16	12	8		11	18	10	18
55	>45~60	100	40	35	76	16	19	20	12	8	+0.015 0	11	18	10	22
70	>60~80	125	50	42	96	20	25	30	15	10		13.5	20	12	25
85	>80~100	140	50	50	110	20	25	40	15	10		13.5	20	12	30

表 7-13　　　　　　　　　　　固定 V 形块

图　　例

A 型

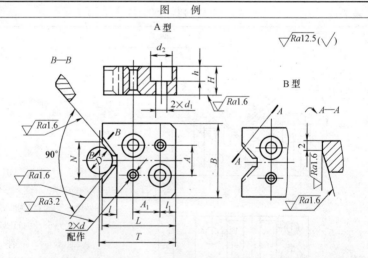

90°

标记示例

$N=18$mm 的 A 型固定 V 形块标记为

V形块 A18 JB/T 8018.2—1999

技术条件

1. 材料：20 钢按 GB/T 699—1999 的规定

2. 热处理：渗碳深度为 $0.8\sim1.2$mm，硬度为 $58\sim64$HRC

3. 其他技术条件按 JB/T 8044—1999 的规定

续表

N	D	B	H	L	l	l₁	A	A₁	d 基本尺寸	d 极限偏差 H7	d₁	d₂	h
9	5～10	22	10	32	5	6	10	13	4	+0.012 / 0	4.5	8	4
14	>10～15	24	12	35	7	7	10	14	5		5.5	10	5
18	>15～20	28	14	40	10	8	12	14	5		6.6	11	6
24	>20～25	34	16	45	12	10	15	15	6		6.6	11	6
32	>25～35	42	16	55	16	12	20	18	8	+0.015 / 0	9	15	8
42	>35～45	52	20	68	20	14	26	22	8		9	15	8
55	>45～60	65	20	80	25	15	35	28	10	+0.015 / 0	11	18	10
70	>60～80	80	25	90	32	18	45	35	12	+0.018 / 0	13.5	20	12

注 尺寸 T 按公式计算：$T = L + 0.707D - 0.5N$。

表 7-14   **调整 V 形块**

图 例

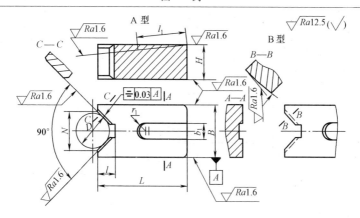

标记示例

$N=18mm$ 的 A 型调整 V 形块

标记为

V 形块 A18 JB/T 8018.3—1999

技术条件

1. 材料：20 钢按 GB/T 699—1999 的规定

2. 热处理：渗碳深度为 0.8～1.2mm，硬度为 HRC58～64

3. 其他技术条件按 JB/T 8044—1999 的规定

续表

N	D	B		H		L	l	l_1	r_1
		基本尺寸	极限偏差 f7	基本尺寸	极限偏差 f9				
9	5～10	18	−0.016 −0.034	10	−0.013 −0.049	32	5	22	4.5
14	>10～15	20	−0.020 −0.041	12		35	7		
18	>15～20	25		14	−0.016 −0.059	40	10	26	
24	>20～25	34	−0.025 −0.050	16		45	12	28	5.5
32	>25～35	42				55	16	32	
42	>35～45	52	−0.030 −0.060	20	−0.020 −0.072	70	20	40	6.5
55	>45～60	65				85	25	46	
70	>60～80	80		25		105	32	60	

表 7-15 　　　　　　　　　活动 V 形块

图　　例

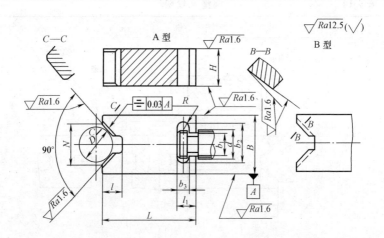

标记示例

　　N＝18mm 的 A 型活动 V 形块标记为

　　V 形块 A18 JB/T 8018.4—1999

技术条件

　　1. 材料：20 钢按 GB/T 699—1999 的规定

　　2. 热处理：渗碳深度为 0.8～1.2mm，硬度为 HRC58～64

　　3. 其他技术条件按 JB/T 8044—1999 的规定

续表

N	D	B		H		L	l	l_1	b_1	b_2	b_3	相配件 d
		基本尺寸	极限偏差 f7	基本尺寸	极限偏差 f9							
9	5～10	18	−0.016 −0.034	10	−0.013 −0.049	32	5	6	5	10	4	M6
14	＞10～15	20	−0.020	12		35	7	8	6.5	12	5	M8
18	＞15～20	25	−0.041	14	−0.016 −0.059	40	10	10	8	15	6	M10
24	＞20～25	34	−0.025	16		45	12	12	10	18	8	M12
32	＞25～35	42	−0.050			55	16	13	13	24	10	M16
42	＞35～45	52		20	−0.020 −0.072	70	20					
55	＞45～60	65	−0.030 −0.060			85	25	15	17	28	11	M20
70	＞60～80	80		25		105	32					

表 7-16　　　　　　　　　导　　板

图　　例

$\sqrt{Ra12.5}(\sqrt{\ })$

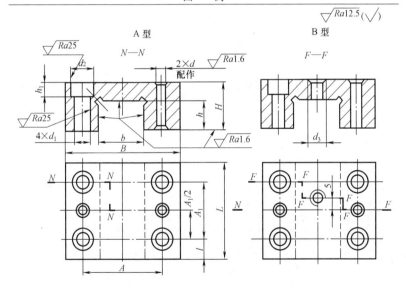

A 型　　　　　　　　　　　　　　　　B 型

技术条件

1. 材料：20 钢按 GB/T 699—1999 的规定

2. 热处理：渗碳深度为 0.8～1.2mm，硬度为 HRC58～64

3. 其他技术条件按 JB/T 8044—1999 的规定

标记示例

$b=20$mm 的 A 型导板标记为

导板　A20　JB/T 8019—1999

b		h		B	L	H	A	A₁	l	h₁	d		d₁	d₂	d₃
基本尺寸	极限偏差 H7	基本尺寸	极限偏差 H8								基本尺寸	极限偏差 H7			
18	+0.018 0	10	+0.022 0	50	38	18	34	22	8	6	5	+0.012 0	6.6	11	M8
20	+0.021 0	12		52	40	20	35		9						
25		14	+0.027 0	60	42	25	42	24			6				
34	+0.025 0	16		72	50	28	52	28	11	8			9	15	M10
42				90	60	32	65	34	13		8	+0.015 0			
52		20		104	70	35	78	40	15	10			11	18	
65	+0.030 0		+0.033 0	120	80		90	48	15.5		10				M12
80		25		140	100	40	110	66	17	12	12	+0.018 0	13.5	20	

表 7-17 V 形块的尺寸计算

图　例

计算项目	计 算 公 式			
V 形块的工作角度 α	α	60°	90°	120°
V 形块的标准定位高度 T	$T=H+\dfrac{1}{2}\times\left(\dfrac{D}{\sin\frac{\alpha}{2}}-\dfrac{N}{\tan\frac{\alpha}{2}}\right)$	$T=H+D$ $-0.866N$	$T=H+0.707D$ $-0.5N$	$T=H+0.577D$ $-0.289N$
V 形块的开口尺寸 N	$N=2\times\tan\dfrac{\alpha}{2}$ $\times\left(\dfrac{D}{2\sin\frac{\alpha}{2}}-a\right)$	$N=1.15D$ $-1.15a$	$N=1.41D-2a$	$N=2D-3.46a$
参数 a	$a=(0.14\sim0.16)D$			

注　D——V 形块检验心轴的直径，即工件定位的基准直径，mm。

　　H——V 形块的高度，mm，用大直径定位时，取 $H\leqslant0.5D$；用小直径定位时，取 $H\leqslant1.2D$。

（3）工件以圆孔定位时的定位元件。工件以孔的轴线为定位基准，常在圆柱体（定位销、心轴等）、圆锥体及定心夹紧机构中定位。常用的定位元件有以下几种。

1）定位销。定位销是短小的圆柱形定位元件，其工作部分的直径可根据工件定位基面的尺寸和装卸的方便，按 g5、g6、f6、f7 制造，其基本结构有以下几种。

a. 固定式定位销：是直接用过盈配合（H7/r6 或 H7/n6）安装在夹具体上的定位销，其标准结构见表 7-18 和表 7-19。

表 7-18 小 定 位 销

图　例

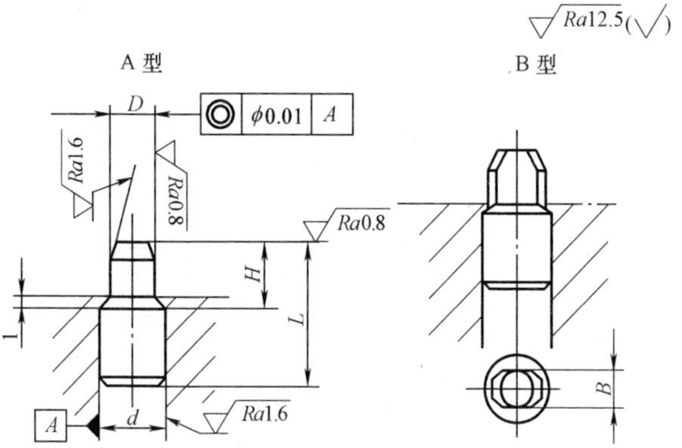

标记示例

$D=2.5\mathrm{mm}$、公差带为 f7 的 A 型小定位销标记为

定位销　A2.5f7　JB/T 8014.1—1999

技术条件

1. 材料：T8 钢按 GB/T 1298—2008 的规定

2. 热处理：HRC55～60

3. 其他技术条件按 JB/T 8044—1999 的规定

D	H	d		L	B
		基本尺寸	极限偏差 r6		
1～2	4	3	+0.016 +0.010	10	$D-0.3$
>2～3	5	5	+0.023 +0.015	12	$D-0.6$

注　D 的公差按设计要求决定。

    b. 可换定位销。在大批量生产时，因装卸工件频繁，定位销易磨损，往往丧失定位精度，所以常采用可换式定位销。此时，衬套外径与夹具体的配合为 H7/n6，内径与可换定位销的配合为 H7/n6或 H7/h5。

表 7-19   固 定 式 定 位 销

图　例

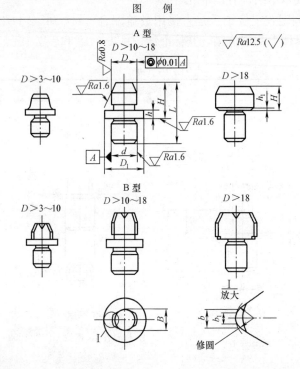

标记示例

$D=11.5$mm、公差带为 f7、$H=14$mm 的 A 型固定式定位销标记为

定位销　A11.5f7×14　JB/T 8014.2—1999

技术条件

1. 材料：$D\leqslant18$mm 时，T8 钢按 GB/T 1298—2008 的规定

    $D>18$mm 时，20 钢按 GB/T 699—1999 的规定

2. 热处理：T8 钢的硬度为 HRC55～60；20 钢的渗碳深度为 0.8～1.2mm，硬度为 HRC55～60

3. 其他技术条件按 JB/T 8044—1999 的规定

续表

D	H	基本尺寸	极限偏差 r6	D_1	L	h	h_1	B	b	b_1
>3~6	8	6	+0.023 +0.015	12	16	3		D−0.5	2	1
	14				22	7				
>6~8	10	8		14	20	3		D−1	3	2
	18		+0.028 +0.019		28	7				
>8~10	12	10		16	24	4	—			
	22				34	8				
>10~14	14	12	+0.034 +0.023	18	26	4		D−2	4	3
	24				36	9				
>14~18	16	15		22	30	5				
	26				40	10				
>18~20	12	12			26		1	D−2	4	
	18				32					
	28				42					3
>20~24	14		+0.034 +0.023		30			D−3		
	22				38					
	32	15		—	48	—	2		5	
>24~30	16				36			D−4		
	25				45					
	34				54					
>30~40	18	18			42			D−5	6	4
	30				54					
	38		+0.041 +0.028		62		3			
>40~45	20	22			50				8	5
	35				65					
	45				75					

注　D 的公差带按设计要求决定。

355

可换定位销的标准结构见表 7-20；定位插销的标准结构见表 7-21。

表 7-20 　　　　　　　　 **可 换 定 位 销**

图　　例

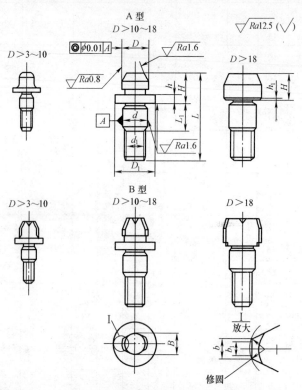

标记示例

$D=12.5$mm，公差带为 f7、$H=14$mm 的 A 型可换定位销标记为

定位销：A12.5f7×14　JB/T 8014.3—1999

技术要求

1. 材料：$D \leqslant 18$mm 时，T8 钢按 GB/T 1298—2008 的规定

　　$D>18$mm 时，20 钢按 GB/T 699—1999 的规定

2. 热处理：T8 钢的硬度为 HRC55～60；20 钢的渗碳深度为 0.8～1.2mm，硬度为 HRC5560

3. 其他技术条件按 JB/T 8044—1999 的规定

续表

D	H	d 基本尺寸	d 极限偏差 h6	d₁	D₁	L	L₁	h	h₁	B	b	b₁
>3~6	8	6	0 −0.008	M5	12	26	8	3	—	D−0.5	2	1
	14					32		7				
>6~8	10	8	0 −0.009	M6	14	28	8	3		D−1	3	2
	18					36		7				
>8~10	12	10		M8	16	35	10	4	—	D−2	4	3
	22					45		8				
>10~14	14	12	0 −0.011	M10	18	40	12	4				
	24					50		9				
>14~18	16	15		M12	22	46	14	5				
	26					56		10				
>18~20	12	12		M10	—	40	12	—	1	D−2	4	3
	18					46						
	28					55						
>20~24	14	15	0 −0.011	M12		45	14		2	D−3	5	
	22					53						
	32					63						
>24~30	16					50	16			D−4		
	25					60						
	34					68						
>30~40	18	18	0 −0.013	M16		60	20		3	D−5	6	4
	30					72						
	38					80						
>40~50	20	22		M20		70	25				8	5
	35					85						
	45					95						

注　D 的公差带按设计要求决定。

表 7-21

定 位 插 销

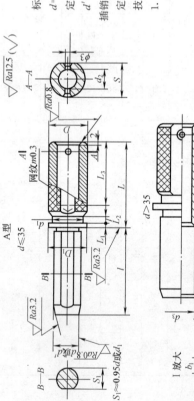

标记示例

$d=10\text{mm}$，$l=40\text{mm}$ 的 A 型定位插销标记为

定位插销　A10×40　JB/T 8015—1999

$d'=12.5\text{mm}$，公差带为 h6，$l=50\text{mm}$ 的 A 型定位插销标记为

定位插销　A12.5h6×50　JB/T 8015—1999

技术条件

1. 材料：$d\leqslant10\text{mm}$ 时，T8 钢按 GB/T 1298—2008 的规定

$d>10\text{mm}$ 时，20 钢按 GB/T 699—1999 的规定

2. 热处理：T8 钢的硬度为 HRC55～60；20 钢的渗碳深度为 0.8～1.2mm，硬度为 HRC55～60

3. 其他技术条件按 JB/T 8044—1999 的规定

续表

基本尺寸 d	3	4	6	8	10	12	15	18	22	26	30	35	42	48	55	62	70	78
极限偏差 f7	−0.006 / −0.016	−0.010 / −0.022		−0.013 / −0.028		−0.016 / −0.034			−0.020 / −0.041			−0.025 / −0.050			−0.030 / −0.060			
d'	2~3	>3~4	>4~6	>6~8	>8~10	>10~12	>12~15	>15~18	>18~22	>22~26	>26~30	>30~35	>35~42	>42~48	>48~55	>55~62	>62~70	>70~78
D（滚花前）	6	8	10	12	14	16	19	22			36				40			$d+5$
D_1	6	8	10	12	14	16	19	22	30	36	36	40	47	53	60	67	75	$d'+5$
d_1	5	6	7	8	10	12	15	18	26	32	36							
d_2				—		—	14	18	20	25	32				36			
d_3													25	30	35	40	45	50
L	30			40			50		60		80				90			
L_1	2			3			4		5				6					
L_2	3			4			6					8						
L_3	—			—			35		45		60				39			
S	5	7	9	11	13	15	18	21	23	29	35							
B	2.7	3.5	5.5	7	9	10	13	16	19	23	26	30						
B'	$d'-0.3$	$d'-0.5$		$d'-1$		$d'-2$		$d'-3$		$d'-4$	$d'-5$							
a	0.25			0.5							1							
b					2			3				4						
b_1	1.5	2							3						4			
b_2	1			2				3		5								

续表

基本尺寸 d	3	4	6	8	10	12	15	18	22	26	30	35	42	48	55	62	70	78
极限偏差 f7	-0.006 -0.016	-0.010 -0.022	-0.010 -0.022	-0.013 -0.028	-0.013 -0.028	-0.016 -0.034	-0.016 -0.034	-0.016 -0.034	-0.020 -0.041	-0.020 -0.041	-0.020 -0.041	-0.025 -0.050	-0.025 -0.050	-0.025 -0.050	-0.030 -0.060	-0.030 -0.060	-0.030 -0.060	-0.030 -0.060
l = 20	20	20	20	20														
25	25	25	25	25														
30	30	30	30	30														
35	35	35	35	35	35	35												
40	40	40	40	40	40	40	40											
45	45	45	45	45	45	45	45											
50		50	50	50	50	50	50	50										
60		60	60	60	60	60	60	60	60	60								
70			70	70	70	70	70	70	70	70	70							
80				80	80	80	80	80	80	80	80							
90					90	90	90	90	90	90	90	90						
100					100	100	100	100	100	100	100	100	100					
120						120	120	120	120	120	120	120	120					
140							140	140	140	140	140	140	140	140				
160								160	160	160	160	160	160	160	160			
180									180	180	180	180	180	180	180	180	180	180
200										200	200	200	200	200	200	200	200	200
220										220	220	220	220	220	220	220	220	220
250										250	250	250	250	250	250	250	250	250
280											280	280	280	280	280	280	280	280
320											320	320	320	320	320	320	320	320

c. 圆锥定位销。如图 7-11 所示，其中图（a）用于粗基面定位；图（b）用于精基面定位。若工件用单个圆锥销定位，则易倾斜，故应按图（c）、（d）所示成对使用定位销或与其他定位元件组合使用。

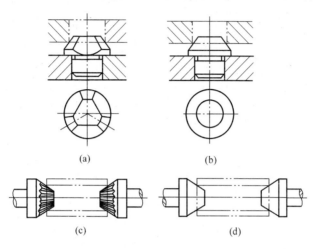

(a)　　　　　　　　　(b)

(c)　　　　　　　　　(d)

图 7-11　圆锥定位销

（a）粗基面定位；（b）精基面定位

2）心轴。心轴的结构形式很多，应用也非常广泛。心轴常用的结构如图 7-12 所示，其中图（a）为间隙配合心轴，工作部分一般按基孔制 h6、g6 或 f7 制造，装卸工件较方便，但定心精度较差。图（b）为过盈配合心轴，引导部分 1 按 e8 制造，其长度约为基准孔长度的 $\frac{1}{2}$。当工作部分 2 与工件的配合长度小于孔径时，按 r6 制造；与工件的配合长度大于孔径时，工作部分应制成锥形，前端按 h6 制造，后端按 r6 制造。心轴的末端设有传动部分 3。心轴上的凹槽供车削工件端面时退刀用。这种心轴制造简单，定心精确，但装卸工件不方便，且易损伤工件的基准孔，多用于定心精度要求较高的场合。图（c）为定心夹紧心轴，是利用心轴的转动推动钢球外移，迫使薄壁套外张，使工件基准孔定心夹紧。图（d）为锥度心轴，工件楔紧在心轴上，定心精度较高，但轴向位移较大。工件是靠基准孔与心轴表面的弹性变形来夹紧的，故传递的转矩较小，适于精加工或检验工序。基准孔的精度不低于 IT7 级。

361

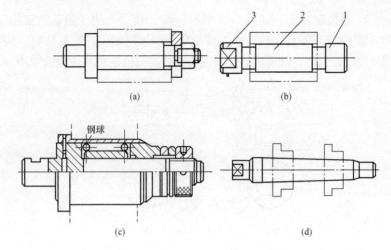

图 7-12　心轴

(a) 间隙配合心轴；(b) 过盈配合心轴；(c) 定心夹紧心轴；(d) 锥度心轴

（4）工件以特殊表面定位时的定位元件或装置。工件以特殊表面定位的形式很多，采用的定位元件和装置如下。

1）V 形导轨槽定位。车床床鞍等部件常以 V 形导轨槽作定位基准，可采用如图 7-13 所示的短圆柱—V 形座定位装置。在一个

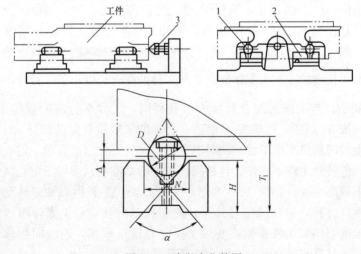

图 7-13　床鞍定位简图

1—短圆柱；2—V 形座；3—调节支承

导轨槽中设置两个短圆柱 1，限制工件的 4 个自由度；其转动自由度由设置在活动导轨槽中的短圆柱—V 形座 2 限制；调节支承 3 可限制一个移动自由度。

2）燕尾导轨面定位。燕尾导轨面定位元件的定位方法如下。

a. 采用圆棒或两个短圆柱—支座与一平面作为定位元件，限制工件的 5 个自由度，如图 7-14（a）所示。

当燕尾面夹角为 55°时，夹具尺寸 a（mm）的计算公式为

$$a = b + u - \frac{d}{2}$$
$$= b + \frac{d}{2}\cot 27°30' - \frac{d}{2}$$
$$= b + 0.4605d$$

b. 以对应的燕尾面定位。如图 7-14（b）所示，其中一个燕尾件是可移动的。

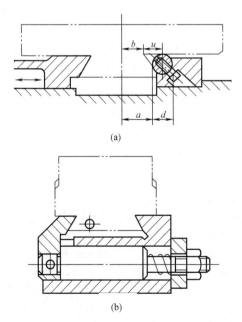

(a)

(b)

图 7-14　燕尾导轨面定位

（a）圆柱支座与平面定位；（b）以对应的燕尾面定位

3）齿形表面定位。齿轮淬火后，为使磨削齿面的余量均匀，常以齿轮的分度圆定位来磨削其内孔。分度圆定位常用三个滚柱（或钢球）均布在齿槽内，再一起装夹在定心夹紧装置中，实现分度圆定位，以保证内孔与分度圆的同轴度。

（5）工件以组合表面定位时的定位元件。工件以两个或两个以上的表面作为定位基面时，称为组合表面定位。对于这种定位，夹具要有相应的定位元件组合来实现对工件的定位。由于工件定位基准之间、夹具定位元件之间都有一定的位置误差，所以必须注意工件的"过定位"问题。为此，定位元件的结构、尺寸和布置方式，必须满足工件的定位要求。

若工件以"两孔一面"实现组合定位时，为补偿工件两定位孔直径和中心距误差及夹具两定位销直径和中心距误差。削边销的设计计算按表 7-22 进行；定位销高度的计算见表 7-23。

表 7-22　　　　　　　　　　削边销的设计计算

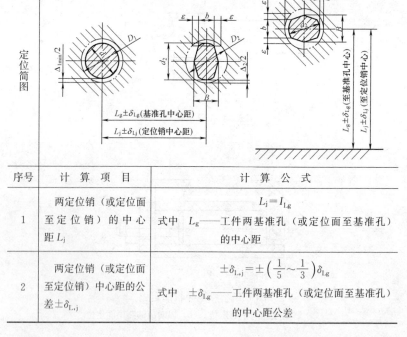

序号	计 算 项 目	计 算 公 式
定位简图		
1	两定位销（或定位面至定位销）的中心距 L_j	$L_j = I_{Lg}$ 式中　L_g——工件两基准孔（或定位面至基准孔）的中心距
2	两定位销（或定位面至定位销）中心距的公差 $\pm\delta_{L,j}$	$\pm\delta_{L,j} = \pm\left(\dfrac{1}{5} \sim \dfrac{1}{3}\right)\delta_{Lg}$ 式中　$\pm\delta_{Lg}$——工件两基准孔（或定位面至基准孔）的中心距公差

续表

序号	计 算 项 目	计 算 公 式
3	圆柱销最大直径 d_1	$$d_1 = D_1$$ 式中　D_1——第一基准孔最小直径，公差取 g5、g6 或 17
4	补偿值 ε	$$\varepsilon = \delta_{Lg} + \delta_L - \frac{1}{2}\Delta_{1min}$$ 式中　Δ_{1min}——第一基准孔与圆柱销间的最小配合间隙，精度要求不高时可以不予考虑

序号	计 算 项 目							
5	削边销宽度 b、B	D_2	>3~6	>6~8	>8~20	>20~24	>24~30	>30~40	>40~50

序号	计算项目	D_2	>3~6	>6~8	>8~20	>20~24	>24~30	>30~40	>40~50
5	削边销宽度 b、B	b	2	3	4	5	5	6	8
		B	$D-0.5$	$D-1$	$D-2$	$D-3$	$D-4$	$D-5$	$D-5$

序号	计 算 项 目	计 算 公 式
6	削边销与基准孔的最小配合间隙 Δ_{2min}	$$\Delta_{2min} = \frac{2b\varepsilon}{D_2}$$ 式中　D_2——第二基准孔最小直径
7	削边销的最大直径 d_2	$$d_2 = D_2 - \Delta_{2min}$$ 公差取 h5 或 h6

表 7-23　　　　　　　定位销高度的计算

定位方式	简 图	计 算 公 式
用一个定位销定位		$$H = \frac{l + 0.5D}{D}\sqrt{2D\Delta_{min}}$$
用两个定位销定位		$$H = \frac{L + l + 0.5D}{L + D}\sqrt{2(L+D)\Delta_{min}}$$

注　式中　L——工件两定位孔的距离；

　　　　l——工件定位孔到端面间的距离；

　　　　D——工件定位孔的最小直径；

　　　　Δ_{min}——工件定位孔与定位销间的最小间隙；

　　　　H——定位销的最大允许高度。

（6）常用定位元件所能限制的工件自由度见表 7-24。

表 7-24 常用定位方法和定位元件所能限制的工件自由度

工件的定位基面	定位元件	工件定位简图	定位元件的特点	能限制的工件自由度
平面	支承钉	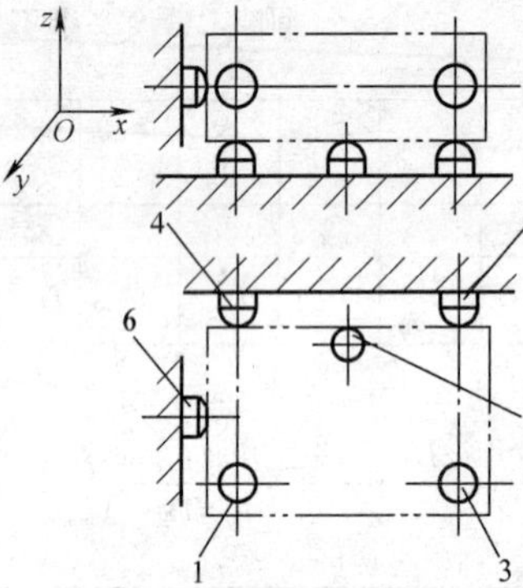		1、2、3— $\vec{z}$、$\vec{x}$、$\vec{y}$ 4、5— $\vec{y}$、$\vec{z}$ 6— $\vec{x}$
	支承板	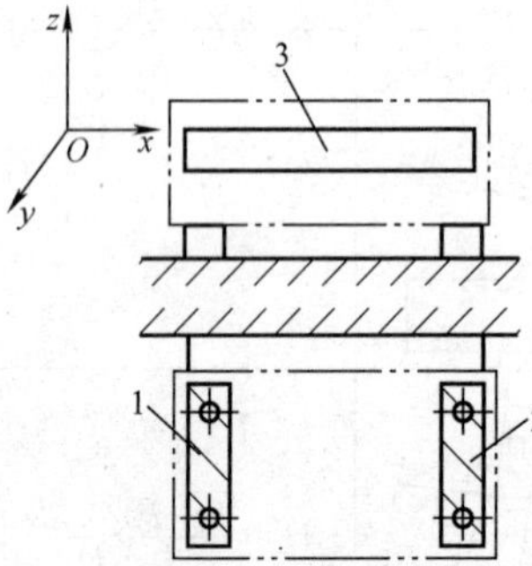		1、2— $\vec{z}$、$\hat{x}$、$\hat{y}$ 3— $\vec{y}$、$\hat{z}$
外圆柱面	支承板	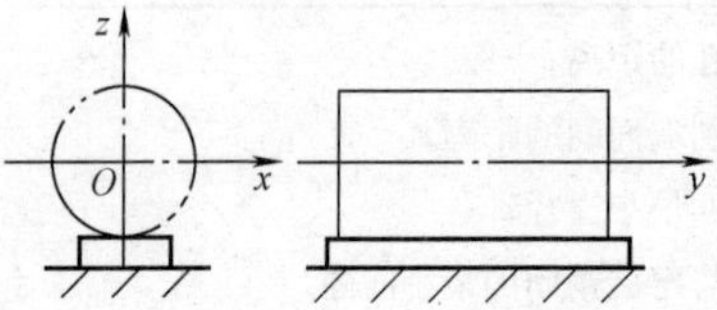		$\vec{z}$、$\hat{x}$

工件的定位基面	定位元件	工件定位简图	定位元件的特点	能限制的工件自由度
外圆柱面	定位套	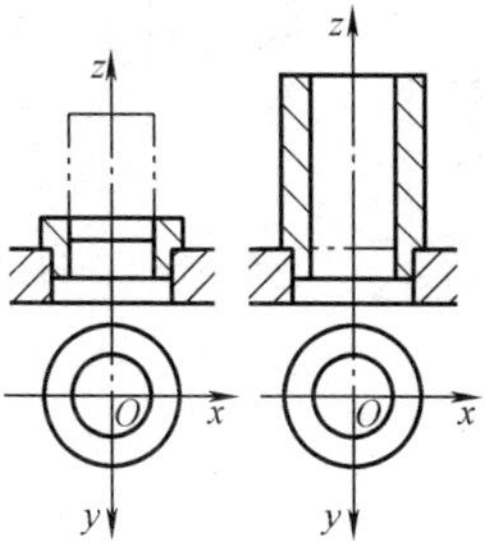	短套	$\vec{x}$、$\vec{y}$
			长套	$\vec{x}$、$\vec{y}$ $\hat{x}$、$\hat{y}$
	V形块	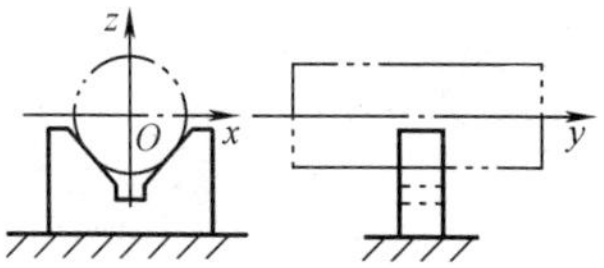	短V形块	$\vec{x}$、$\vec{z}$
	V形块	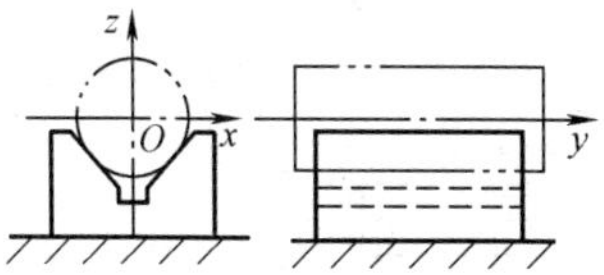	长V形块	$\vec{x}$、$\vec{z}$ $\hat{x}$、$\hat{z}$
	锥套	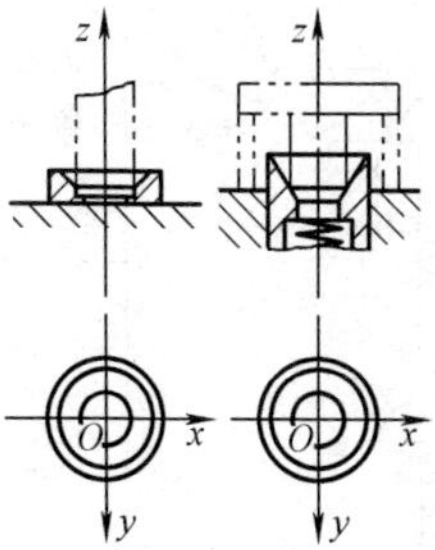	固定锥套	$\vec{x}$、$\vec{y}$、$\vec{z}$
			活动锥套	$\vec{x}$、$\vec{y}$

367

续表

工件的定位基面	定位元件	工件定位简图	定位元件的特点	能限制的工件自由度
圆孔	定位销	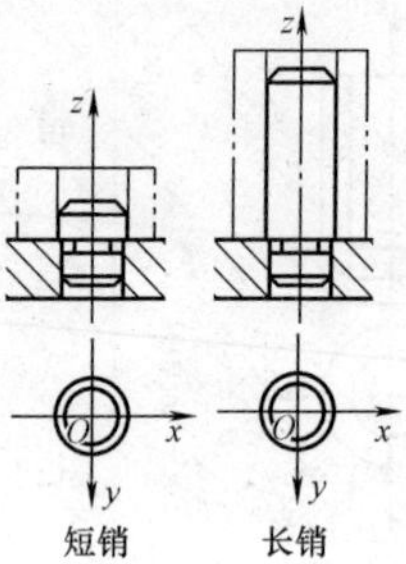短销　长销	短销	$\vec{x}$、$\vec{y}$
			长销	$\vec{x}$、$\vec{y}$ $\widehat{x}$、$\widehat{y}$
	心轴	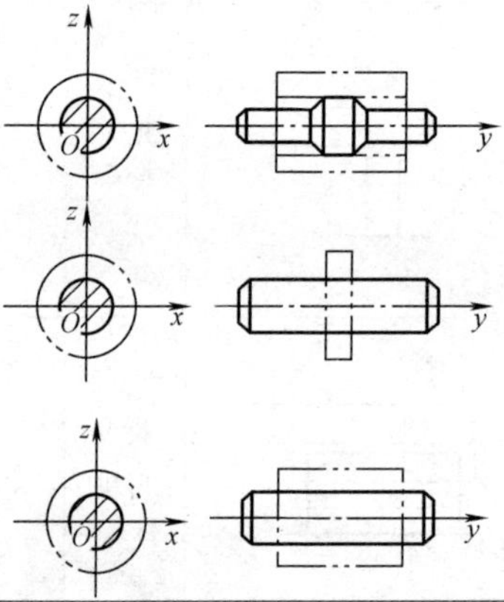	短心轴	$\vec{x}$、$\vec{z}$
			长心轴	$\vec{x}$、$\vec{z}$ $\widehat{x}$、$\widehat{z}$
	锥销	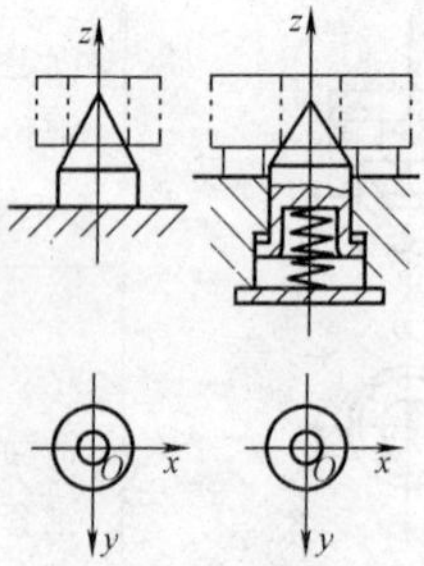固定锥销　活动锥销	固定锥销	$\vec{x}$、$\vec{y}$、$\vec{z}$
			活动锥销	$\vec{x}$、$\vec{y}$

续表

工件的定位基面	定位元件	工件定位简图	定位元件的特点	能限制的工件自由度
圆孔	锥形心轴	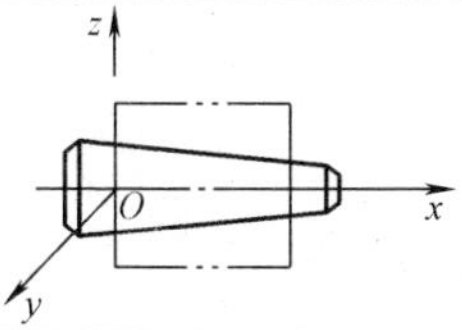	小锥度	$\vec{x}$、$\vec{y}$、$\vec{z}$ $\hat{y}$、$\hat{z}$
	削边销	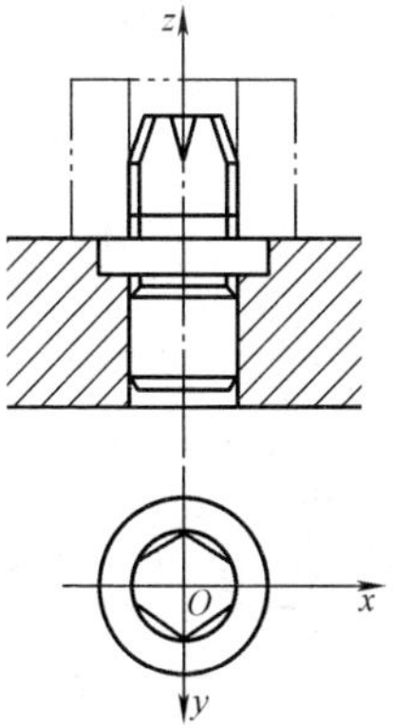	削边销	$\vec{x}$
二锥孔组合	顶尖	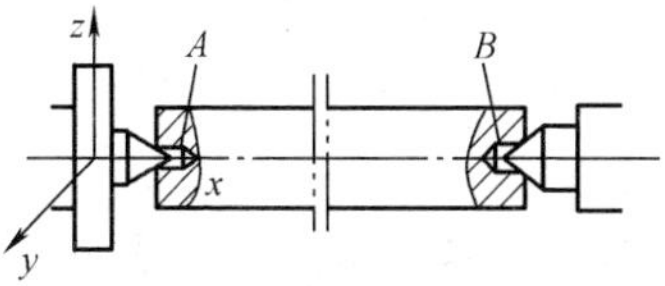	一个固定顶尖与一个活动顶尖组合	$\vec{x}$、$\vec{y}$、$\vec{z}$ $\hat{y}$、$\hat{z}$
平面和孔组合	支承板短销和挡销	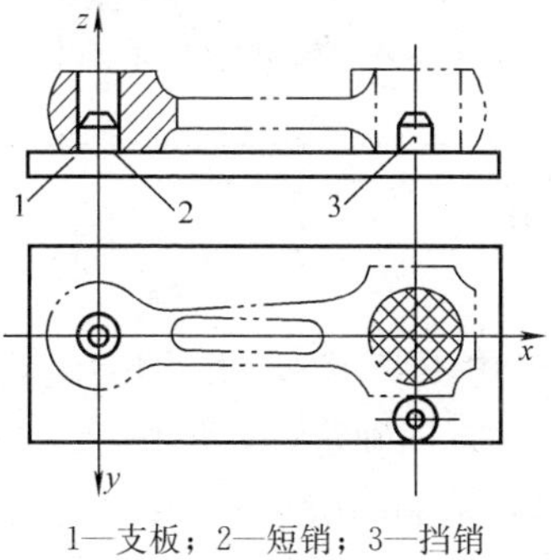	支承板、短销和挡销的组合	$\vec{x}$、$\vec{y}$、$\vec{z}$ $\hat{x}$、$\hat{y}$、$\hat{z}$

1—支板；2—短销；3—挡销

工件的定位基面	定位元件	工件定位简图	定位元件的特点	能限制的工件自由度
平面和孔组合	支承板和削边销	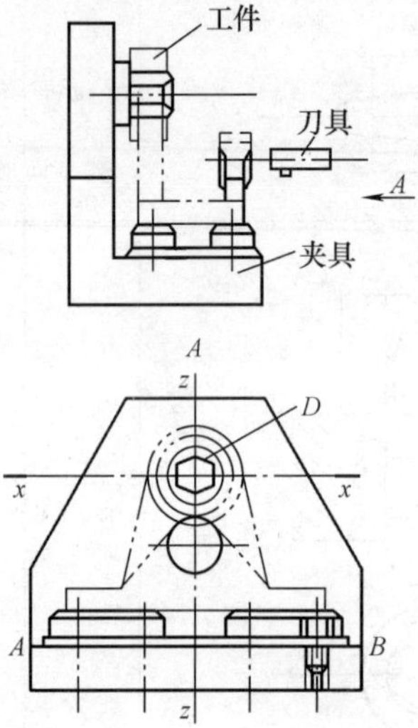	支承板和削边销的组合	$\vec{x}$、$\vec{y}$、$\vec{z}$ $\hat{x}$、$\hat{y}$、$\hat{z}$
V形面和平面组合	定位圆柱、支承板和支承钉	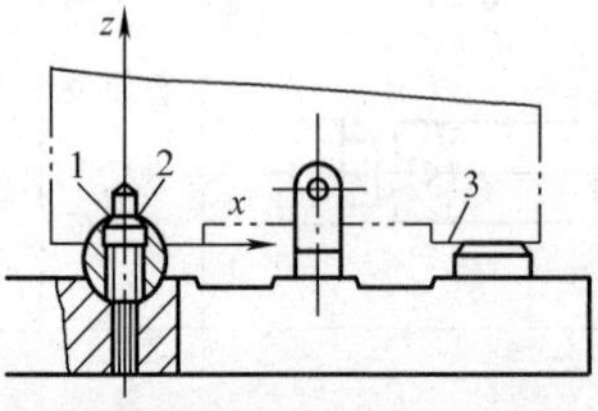 (过定位，用于定位基面1、2、3精度较高时)	定位圆柱、支承板和支承钉的组合	定位圆柱—$\vec{x}$、$\vec{z}$、$\hat{x}$、$\hat{z}$ 支承板—$\hat{x}$、$\hat{y}$ 挡销—$\vec{y}$ $\hat{x}$—定位圆柱和支承板重复限制

二、辅助支承及其应用

1. 辅助支承的作用

工件在夹具中的位置是由主要支承（起定位作用的支承）按工件的加工要求和工件的定位原理确定的，但由于工件结构形状复杂、刚度较差或定位基面较小，在切削力或夹紧力等力的作用下，单纯由主要支承定位，工件会产生变形或定位不稳定。因此，需增设辅助支承，以提高工件的定位稳定性和支承刚度。辅助支承的任务是承受工件的重力、切削力或夹紧力，对工件不起定位作用，即不限制工件的自由度。

2. 辅助支承的典型结构

辅助支承的典型结构、特点及使用说明见表 7-25。标准的自动调节辅助支承的结构及主要参数见表 7-26。

3. 辅助支承的使用方法

使用辅助支承时，工件必须首先在主要支承上定位之后才能参与工作，即辅助支承的位置是由工件位置确定的，而不是辅助支承确定工件的位置。因此，辅助支承的点数可视需要确定，而与工件的定位无关。使用辅助支承时，必须控制其施力大小，绝不允许施力过大以至破坏了主要支承应起的定位作用。所以，辅助支承在每次卸下工件后，必须松开，使其处于非工作状态，待装夹好工件后再调整、锁紧。

表 7-25 辅助支承的典型结构及使用说明

名　称	典　型　结　构	结构特点及使用说明
自动调节的辅助支承（又称自位辅助支承）	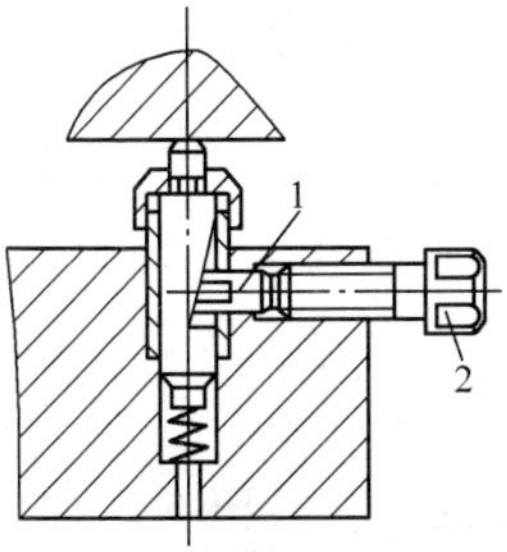	支承的高度高于主要支承，当工件装夹在主要支承上后，支承销被工件压下，并与工件保持接触，然后锁紧。适用于工件较轻、垂直切削力较小的场合 拧紧螺钉 2 时，滑块 1 起锁紧作用
与夹紧联动的自位辅助支承	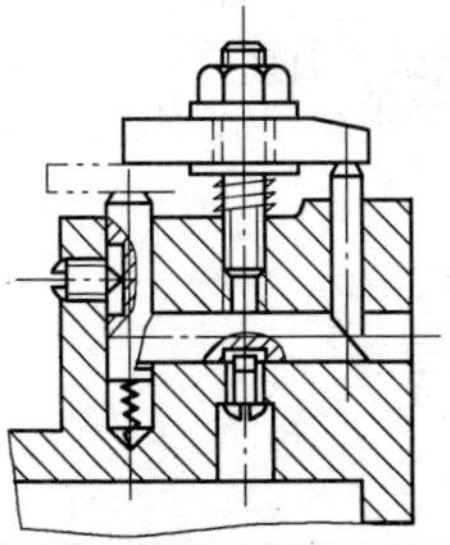	辅助支承和夹紧联动的结构

名　称	典　型　结　构	结构特点及使用说明
两点联动 自位辅助 支承		两个辅助支承点联动锁紧的结构
液压夹紧 的自位辅助 支承		通过螺纹与夹具体连接，需有液压动力源
推引辅助 支承		支承销的高度低于主要支承，当工件装在主要支承上后，推动手柄使支承销与工件接触，然后转动手柄迫使两半圆块外张，锁紧斜楔。适用于工件较重、垂直切削力较大的场合 斜面角为 $8° \sim 10°$

名　　称	典　型　结　构	结构特点及使用说明
多点联动推引辅助支承	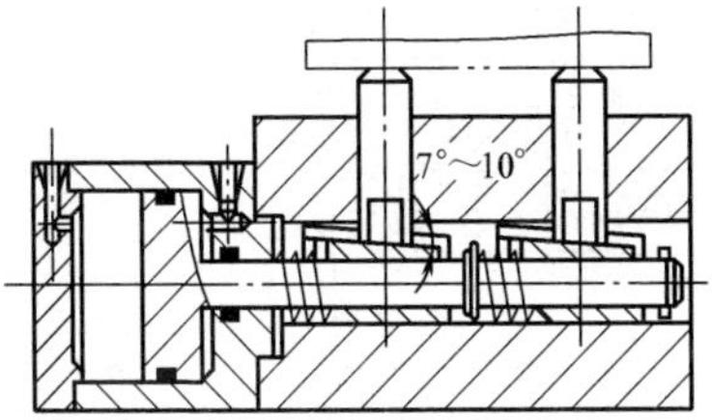	气动多点推引辅助支承，不工作时，活塞左移，使斜面滑块移向左侧，支承下缩。工作时，活塞移至图示位置，弹簧推动滑块右移，直至各辅助支承点与工件接触为止，滑块的斜面角度一般取 $7°\sim10°$，保证自锁
螺旋辅助支承	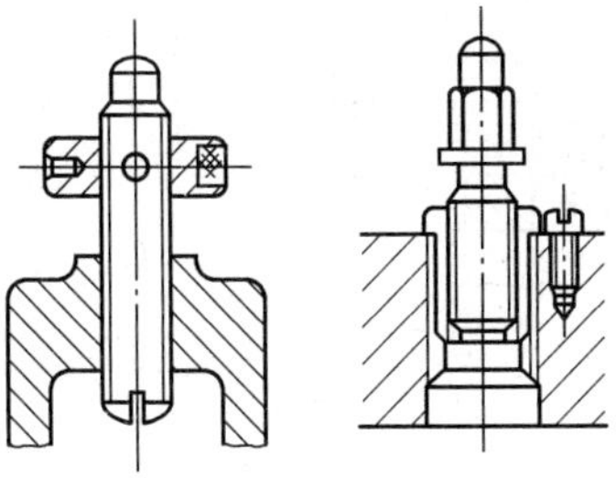	使用时，必须逐个进行调整，以适应工件支承面的位置，用毕需旋下该支承，待装夹工件时再调整使用。该支承结构简单，但效率较低
	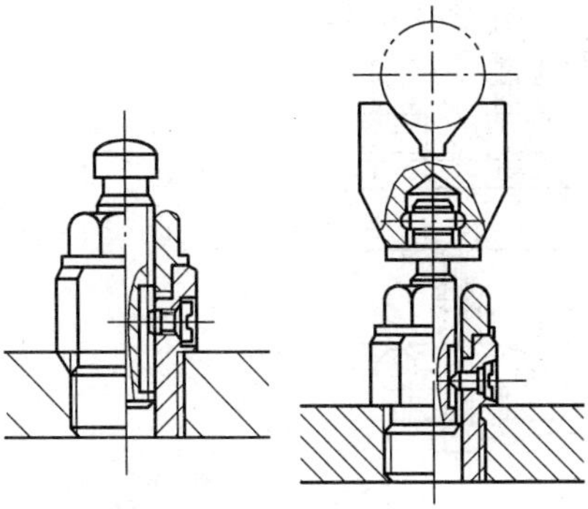	旋动上面的螺母，圆柱支承销（或 V 形块）可做轴向移动

名　　称	典　型　结　构	结构特点及使用说明
螺母斜楔推引辅助支承	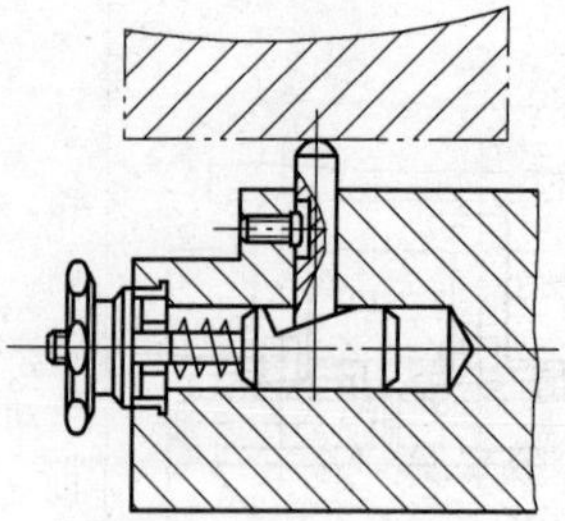	拧紧螺母，可使斜楔推动支柱并锁紧
	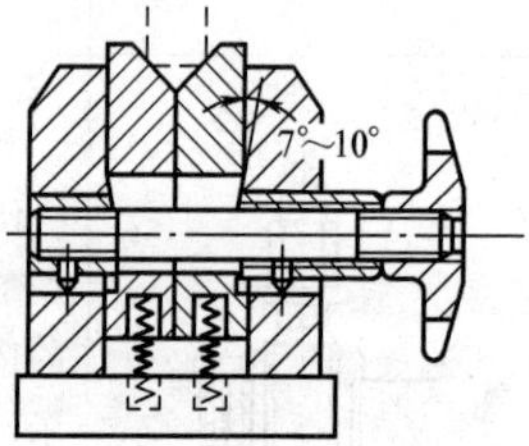	旋转手柄螺母，推动两侧的斜面套筒，将两支承斜面锁紧
自位辅助支承	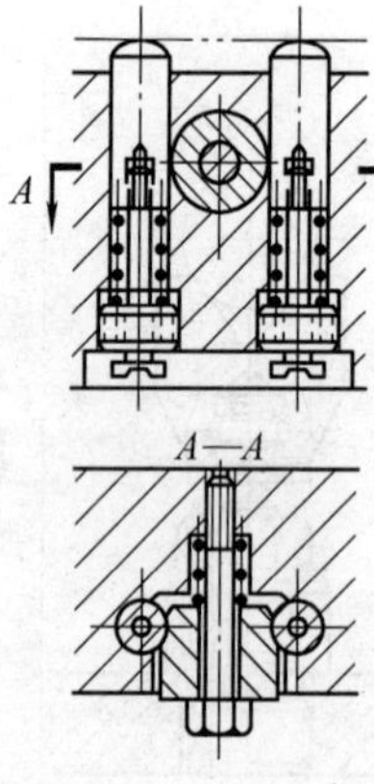	拧动螺栓，推动锥体，将两支柱锁紧

374

表 7-26   自动调节支承

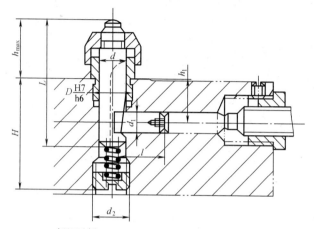

标记示例

$d=12$mm、$H=45$mm 的自动调节支承标记为

支承 12×45 JB/T 8026.7—1999

d	$H\approx$	h_{max}	L	D	d_1	d_2	h_1	l
12	45	32	58	16	10	M18×1.5	16	18.2
	49		62				20	
	55		68				26	
16	56	36	65	22	12	M22×1.5	18	22.3
	66		75				28	
	76		85				38	
20	72	45	85	26	16	M27×1.5	25	30.6
	82		95				35	
	92		115				45	

三、铣床夹具的夹紧机构及装置

铣床夹具的夹紧机构种类繁多，但其基本类型为斜楔、螺旋和圆偏心夹紧。由它们所组成的如螺旋压板、斜楔、铰链杠杆、偏心压板等复合夹紧机构是比较常见的。此外，还有联动夹紧机构、定心夹紧机构、铰链杠杆增力机构等。

1. 斜楔夹紧机构

利用斜楔的斜面移动产生楔紧力，直接或间接对工件夹紧的机构，称为斜楔夹紧机构。铣床夹具直接使用斜楔夹紧工件的夹具较小，它常与其他机构联合使用，如图 7-15 所示，有手动 [见图 7-15 (a)]和机动 [见图 7-15 (b)、(c)] 两种结构形式。生产中机动的夹紧机构广泛采用气动和液动两种方式，以改变原动力的方向和大小，这是一种很好的增力机构，在自动定心夹紧机构中经常应用。

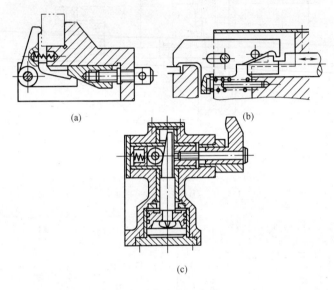

(a)

(b)

(c)

图 7-15　斜楔夹紧机构

2. 螺旋夹紧机构

使用螺栓直接或间接夹紧工件的机构，称为螺栓夹紧机构，其中，包括螺栓夹紧机构和螺母夹紧机构，如图 7-16 和图 7-17 所示。这类夹紧机构结构简单，夹紧可靠，通用性大，在生产中获得了广泛应用。其中有关元件和结构多数已标准化、规格化和系列化，其主要缺点是夹紧和松开工件比较费时费力。

3. 偏心夹紧机构

偏心夹紧是指由偏心轮或凸轮实现夹紧的夹紧机构，常用的偏心机构见图 7-18。常见的偏心压板机构见图 7-19。该机构结构简单，制造容易，夹紧迅速，操作方便，但夹紧行程小，增力比小，自锁性差。

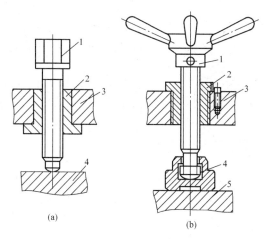

图 7-16 螺栓夹紧机构

（a）螺钉夹紧机构；（b）带压螺钉夹紧机构

1—螺钉；2—螺母；3—夹具体；4—压块；5—工件

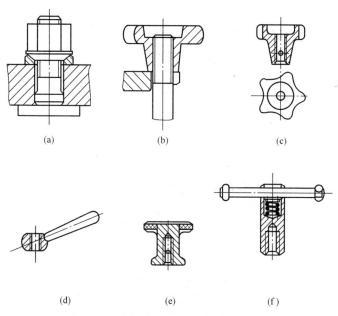

图 7-17 螺母夹紧机构

（a）带球面螺母；(b)、(c)五星螺母；(d)滚花螺母；(e)手柄螺母；(f)带柄螺母

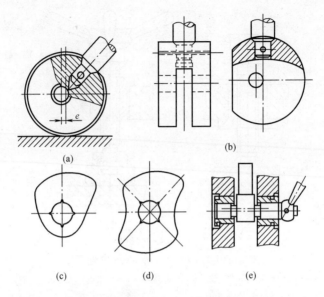

图 7-18　偏心夹紧机构

(a)、(b) 带有手柄的偏心轮；(c)、(d) 偏心凸轮；(e) 偏心轴

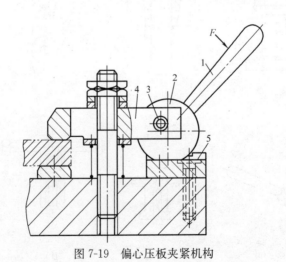

图 7-19　偏心压板夹紧机构

1—手柄；2—偏心轮；3—轴；4—压板；5—垫板

4. 铰链夹紧机构

铰链夹紧机构为一增力机构，增力倍数大，广泛应用于气压夹具中，图 7-20 所示的是其中的三种基本结构。

5. 联动夹紧机构

由一个原始作用力来完成若干夹紧动作的机构，称为联动夹紧机构。联动夹紧机构的特点，其一是保证在多点、多向或多件上同时均匀地夹紧工件；其二是各点的夹紧动作是同时的，缩短了夹紧时间，提高了生产率；其三是结构较为复杂，所需的原始作用力也

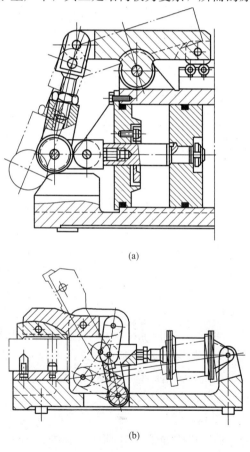

(a)

(b)

图 7-20 铰链夹紧机构（一）

（a）单臂铰链夹紧机构；（b）双臂单作用铰链夹紧机构

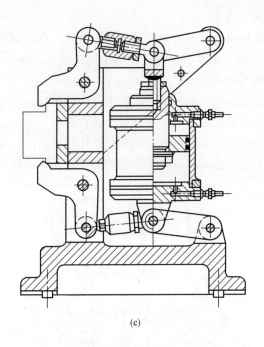

(c)

图 7-20　铰链夹紧机构（二）

（c）双臂双作用铰链夹紧机构

大，故设计时应尽量简化结构并考虑是否经济合理。

（1）多点联动夹紧机构。这种夹紧机构的原始作用力可分为一个以上的夹紧点，夹紧点的施力方向可以相互平行、相对、相互交叉等，其典型结构见表 7-27。

（2）多件联动夹紧机构：指由一个原始作用力同时夹紧多个工件的联动夹紧机构，按夹紧力的施力方式，可分为连续式、对向或反向式、平行式和组合式等结构，见表 7-28。

（3）夹紧与其他动作的联动机构见表 7-29。

6. 定心夹紧机构

常见的定心夹紧机构如图 7-21 所示，其中，图 7-21(a)、（b）、（c）所示为刚性定心夹紧，其特点是夹紧行程大、定心精度低，常用于粗加工。图 7-21(d) 所示为弹性定心夹紧，其特点如下。

（1）夹紧行程小，定心精度高，常用于精加工。

（2）定位元件和夹紧元件合二为一，称为定位、夹紧元件。

（3）能实现自动定心。

弹性定心夹紧机构包括弹簧夹头、弹性盘、液性塑料、波纹套、碟形弹簧片和 V 形弹性盘等定心夹具。

表 7-27　　　　　　　　多点联动夹紧机构示例

简　图	说　明
浮动压头的多点夹紧 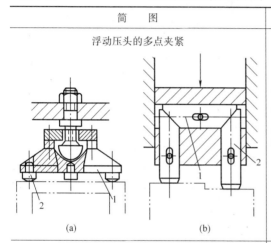 (a)　　　　　　(b)	图（a）：带有三个均布于圆周上支承钉 2 的压头 1 与螺杆用球面连接，施力点作用于工件刚度较好的部位，防止工件变形 图（b）：件 1 为浮动件，件 2 为滑柱，斜面角须大于摩擦角
二力平行的联动夹紧 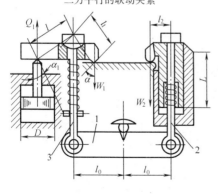	平衡板 1 与支点为球面连接，形成浮动件。拉杆 2、3 与件 1 均采用铰链连接 当活塞上移时，两压板同时夹紧工件，其夹紧力为 $$W_1 = Q\frac{l}{l_1}\frac{\cos\alpha}{\cos\alpha_1}\eta$$ $$W_2 = Q\frac{l+l_1}{l_1\left(1+\dfrac{3l_2}{L}f\right)}$$ 式中　f——摩擦因数 　　　　$f=0.10$ 　　　η——效率， 　　　　$\eta=0.95$

续表

简　图	说　明
二力对向的联动夹紧 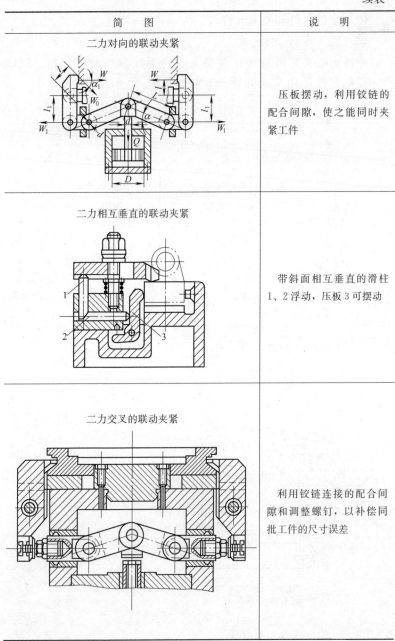	压板摆动，利用铰链的配合间隙，使之能同时夹紧工件
二力相互垂直的联动夹紧	带斜面相互垂直的滑柱1、2浮动，压板3可摆动
二力交叉的联动夹紧	利用铰链连接的配合间隙和调整螺钉，以补偿同批工件的尺寸误差

简 图	说 明
三力平行的联动夹紧 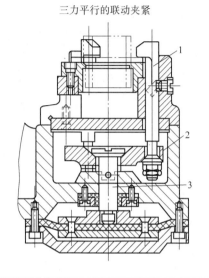	活塞杆 3、钩形压板 1 和平衡板 2 的相应孔为间隙配合，并用球面或球面垫圈连接，同时夹紧工件
主、辅联动夹紧 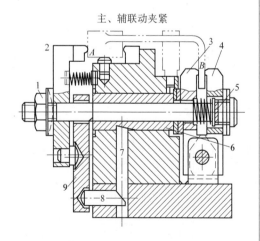	联动夹紧过程：拧紧螺母 1 后，压板 2 在工件 A 处夹紧（主夹紧）压板 2 下端→摆杆 9 上端→套筒 6→压板 3→接触工件 B 部，同时拉杆 5 左移，使均衡压板 3 和 4 对向夹紧工件 B 部，起辅助夹紧和支承作用 摆杆 9 下端→滑柱 8→7→6，将套筒锁紧在夹具体中

简　图	说　明
四力交叉的联动夹紧 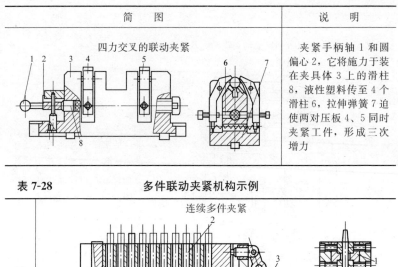	夹紧手柄轴1和圆偏心2，它将施力于装在夹具体3上的滑柱8，液性塑料传至4个滑柱6，拉伸弹簧7迫使两对压板4、5同时夹紧工件，形成三次增力

表 7-28　　　　　　　多件联动夹紧机构示例

简 图	连续多件夹紧 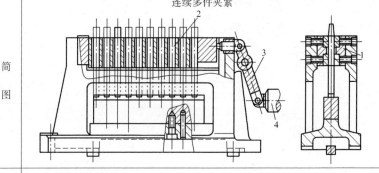
说 明	工件位于导轨1可移动的 V 形块2中，定位夹紧时，夹紧力顺次连续传递。每个工件的夹紧力应等于总夹紧力，但实际上，距原始作用力远者，夹紧力较小。工件的误差也依次传递，逐个积累，故该装置适于加工表面和夹紧力同向的场合，杆3下端为椭圆孔，与活塞杆4铰链连接
简 图	对向—反向多件夹紧 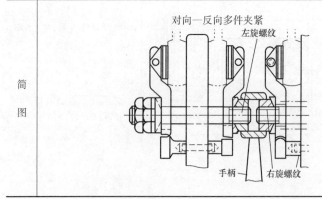

说明	用一个手柄使正反螺纹同时夹紧三个工件，螺杆两端用球面连接
简 图	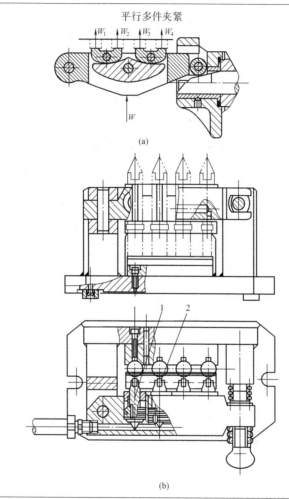

平行多件夹紧

(a)

(b)

| 说明 | 图（a）：用两个浮动压板同时夹紧4个工件，而两个压板之间用浮动压板连接，可补偿同批工件的尺寸误差。每个工件受到的夹紧力为

$$W_1 = \frac{W_{总}}{n} \quad (n\text{——工件数})$$

图（b）：气—液增压器传动的多件加工夹具，通过活塞1和压板2同时夹紧工件，本结构也可改用液性介质传递压力，使各滑柱夹紧工件 |

简 图	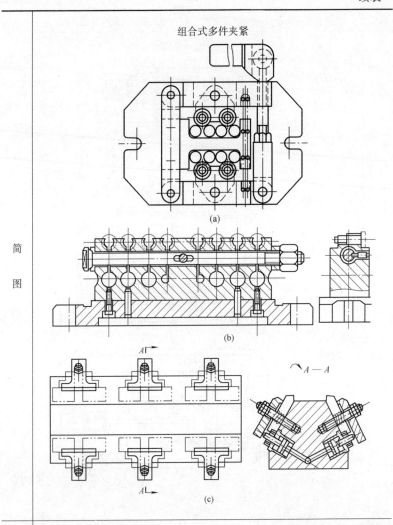 组合式多件夹紧 (a) (b) (c)
说明	图（a）：液压驱动各工作液压缸，各夹紧力既平行又相互交叉，可同时夹紧 12 个工件，加工完毕后，对调两排工件即可加工另一斜面 图（b）：连续一对向式的多件加工夹具，拧紧螺母，利用弹性变形将工件压向中央的固定部分而实现同时夹紧 图（c）：平行一对向夹紧方式，两对向力互相平衡，夹具体的垂直壁不致变形

表 7-29　　　　　　　夹紧与其他动作的联动机构示例

简图	夹紧与移动压板联动	夹紧与锁紧辅助支承联动

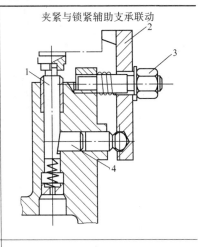

	夹紧与移动压板联动	夹紧与锁紧辅助支承联动
说明	夹紧前，拨销 1 在椭圆孔中，逆时针转动圆偏心轮，拨销将压板顶入夹紧位置。偏心件将工件夹紧后，拨销脱离椭圆孔，弹簧片 2 保持压板与偏心件接触	工件定位后，辅助支承与工件接触，拧转螺母 3，压板 2 将工件压紧。同时通过滑柱 4 将辅助支承 1 锁紧

简图	先定位后夹紧联动

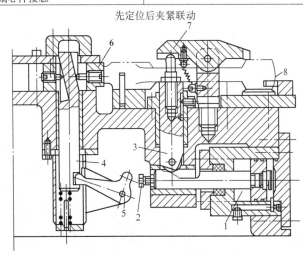

说明	液压油进入液压缸 1 左腔时，螺钉 2 和拨杆 5 脱离，换向推杆 4 使活块 6 动作，将工件压向 V 形块 8 而定位，然后推杆 3 顶起压板 7，将工件夹紧。反向运动，即松开工件

7. 典型的夹紧机构及其应用（见表 7-30）

表 7-30　　　　　　　　典型夹紧机构及其应用

夹紧机构	图　　示
（1）移动式平压板	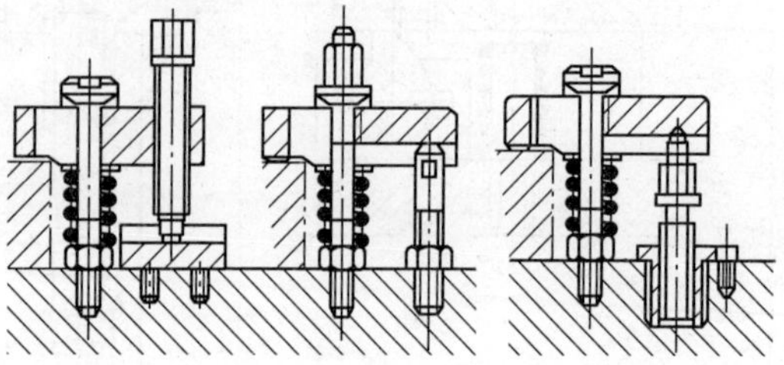
（2）快速螺旋压紧的压块	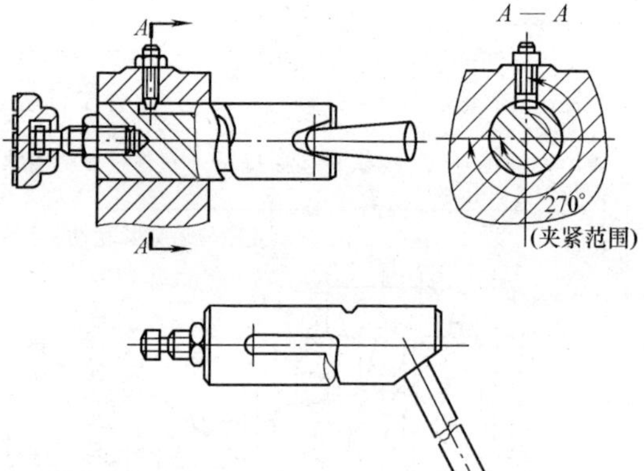
（3）快速铰链压紧的压块	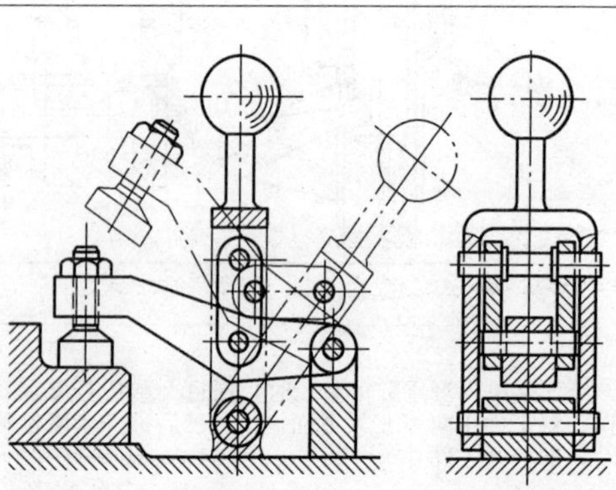

夹紧机构	图示
（4）带有球形操纵手柄的、可退出工件的压板	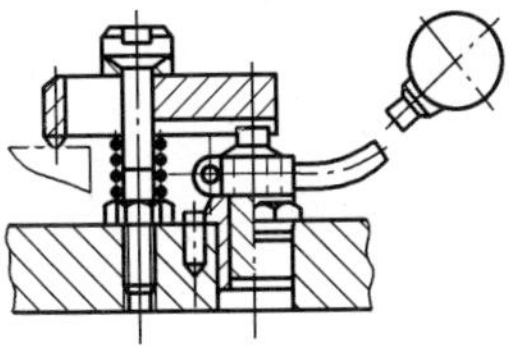
（5）在压紧处有钻模板或夹具的墙板时，为了保证精度，使其不承受压紧力，通过顶销压紧工件	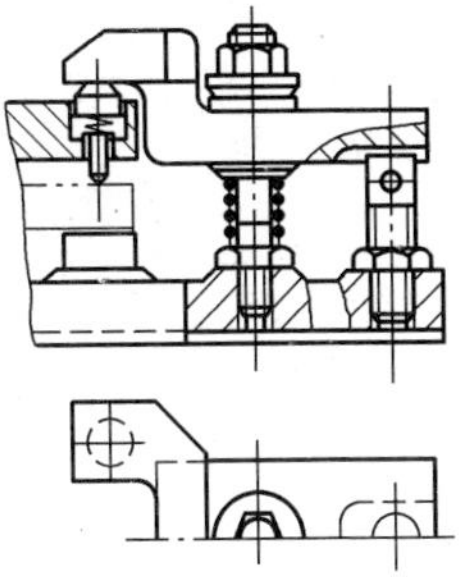
（6）更换工件时，把压板退向另一边；回转时，必须把螺钉的端面部分移开支承座	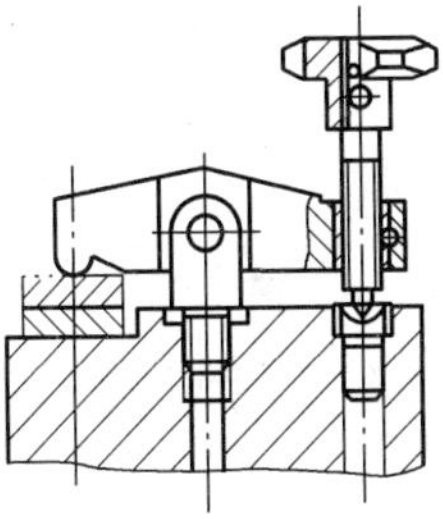
（7）防止夹具体变形的压板压紧结构	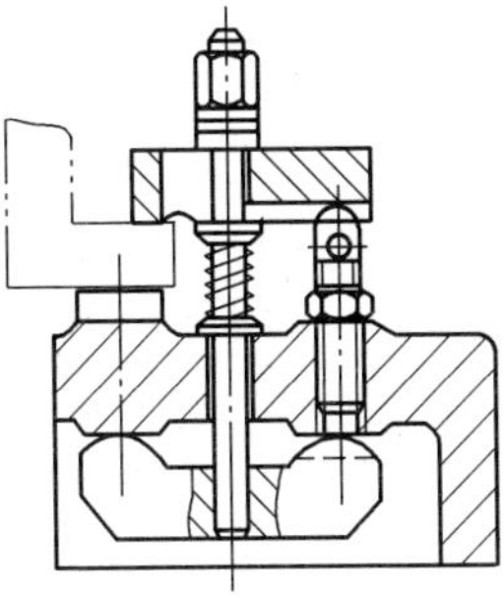
（8）适用于封闭型夹具，其上部不承受压紧力	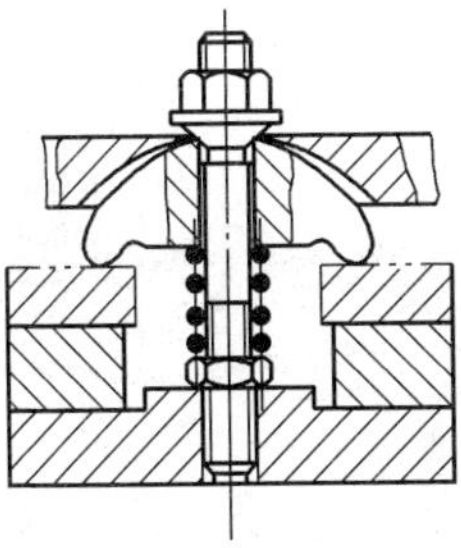
（9）此结构适用于夹紧未经加工的毛坯表面	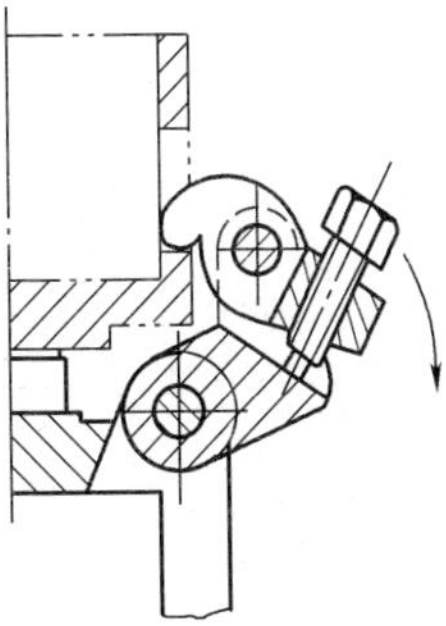

续表

夹紧机构	图　　示
（10）旋松螺母后可使螺钉转到下面，便于取出工件 （11）角形转动压板	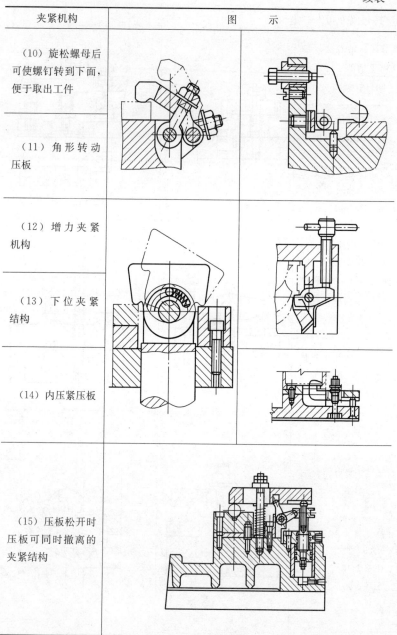
（12）增力夹紧机构 （13）下位夹紧结构 （14）内压紧压板 （15）压板松开时压板可同时撤离的夹紧结构	

夹紧机构	图　　示
（16）斜楔式带侧面的压紧机构	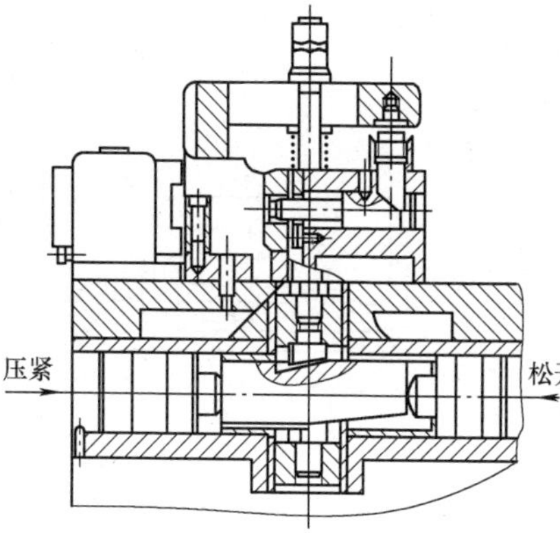 压紧　　松开
（17）夹爪 1 安装在轴 2 上，当拉杆 3 运动时带动夹爪，使之夹紧和松开	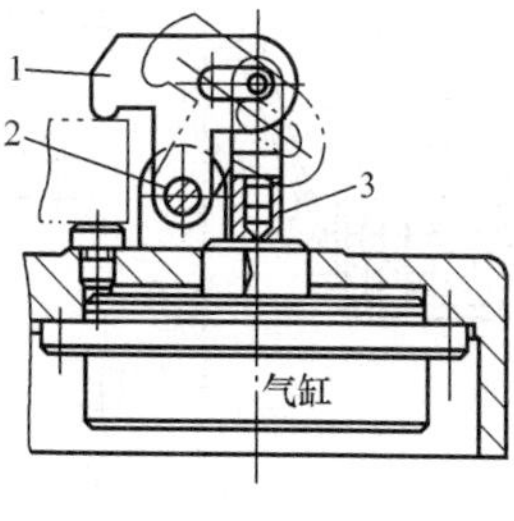
（18）回转式外压紧压板。当压板向上时，自动转开，便于装卸工件	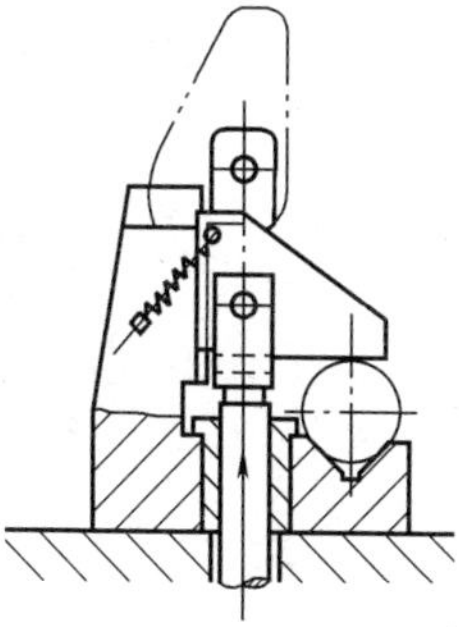
（19）回转式外夹紧结构（图中左面为松开时压板转开的位置）	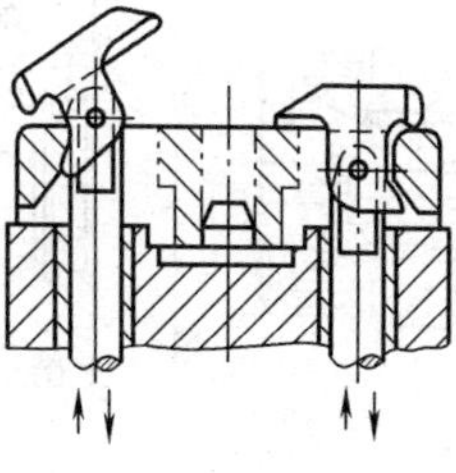
（20）从背面控制的转动压板	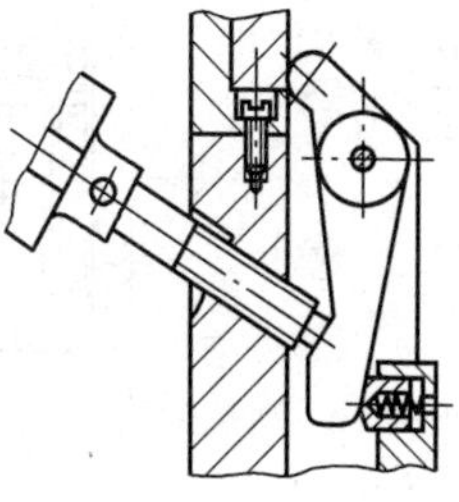

夹紧机构	图　示
（21）不需要退出压板时使用该装置，通过更换垫圈来调整夹压工件的高度	
（22）压板可移动的偏心轮夹紧结构	
（23）压板可转动的偏心轮夹紧结构	
（24）用以只能从侧面夹紧工件的偏心夹紧装置	
（25）手动螺母的内外锥夹紧结构，可借弹簧力松开	
（26）具有手动顶出机构的手动螺母内外锥夹紧结构	

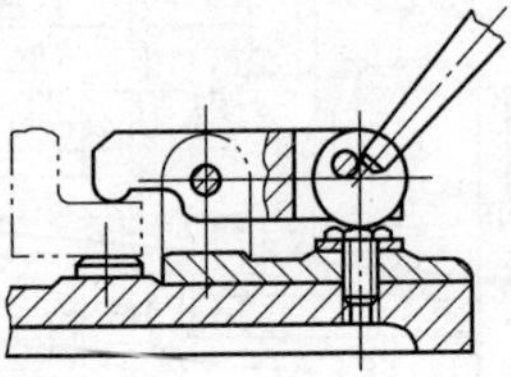

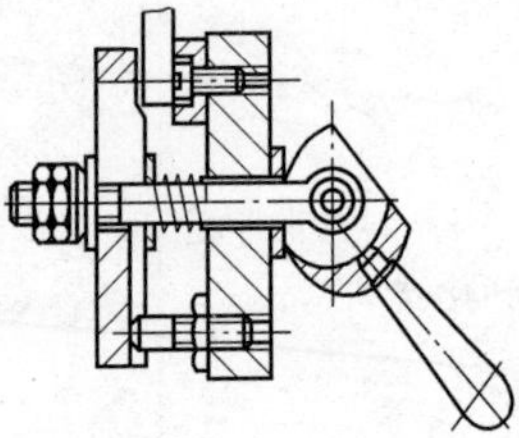

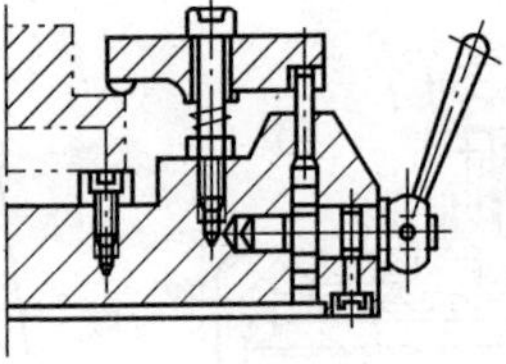

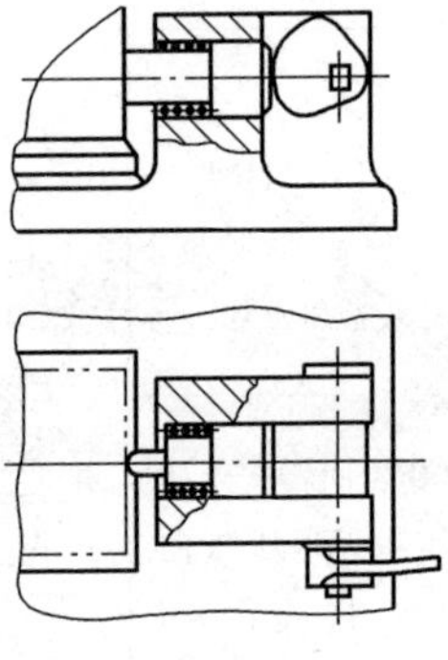

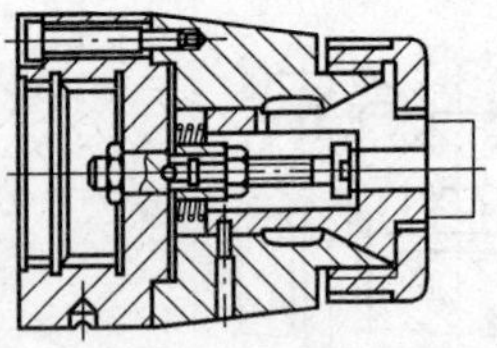

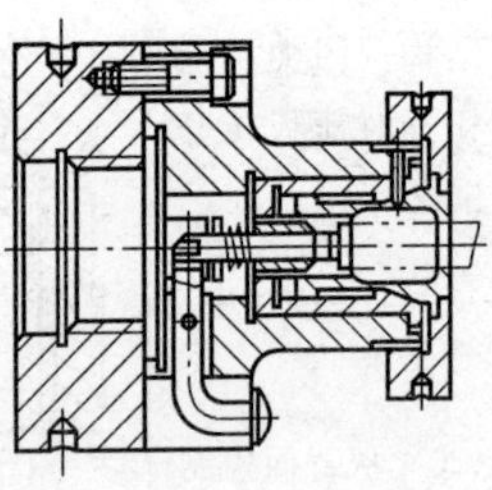

夹紧机构	图 示
（27）具有定位环的气动内外锥夹紧结构	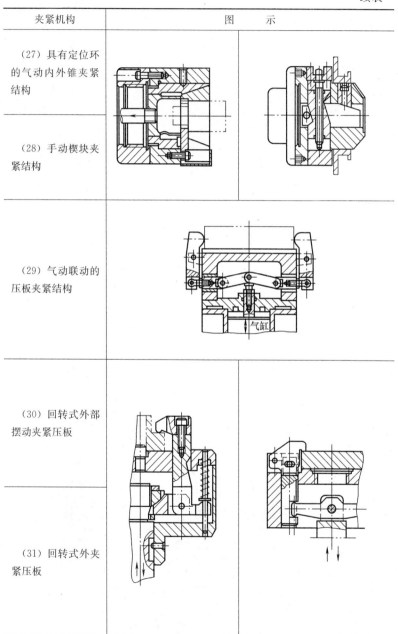
（28）手动楔块夹紧结构	
（29）气动联动的压板夹紧结构	
（30）回转式外部摆动夹紧压板	
（31）回转式外夹紧压板	

夹紧机构	图　示
（32）双联压板的偏心轮夹紧结构	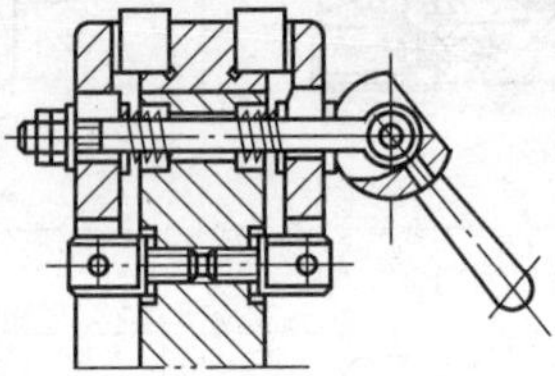
（33）工件由夹爪1来夹紧，该夹爪与轴套2连接在一起，当偏心轮3回转时移动轴套，夹爪上的导槽保证夹爪接连不断地落下并回转至夹紧位置	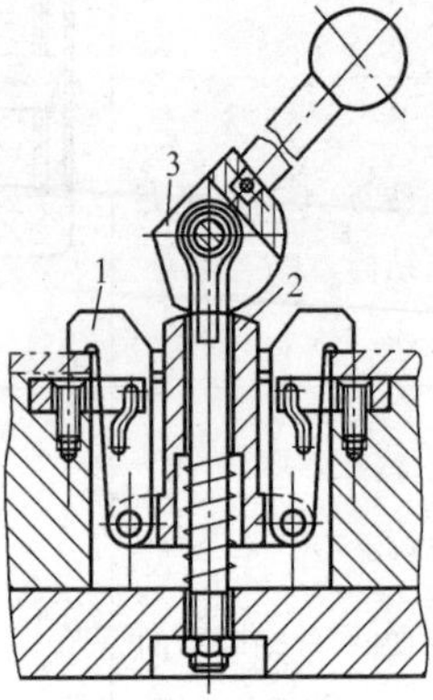
（34）双偏心轮的双面夹紧结构	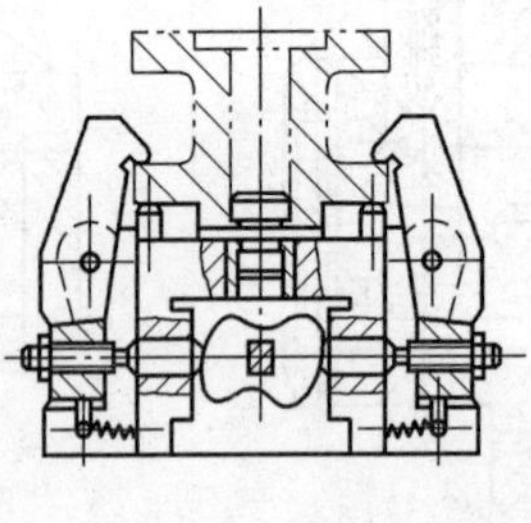
（35）用偏心轮传动的双向压板夹紧结构	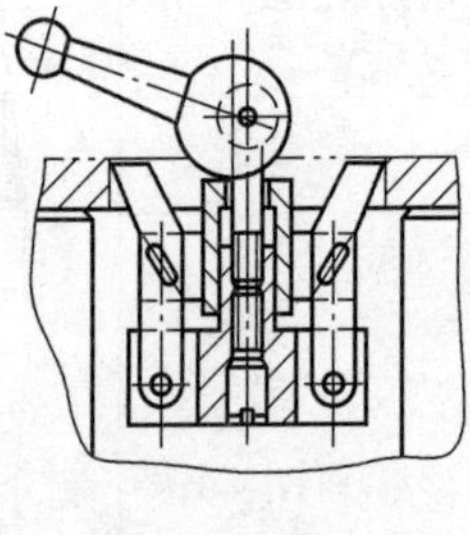

夹紧机构	图　　示
（36）带有端面凸轮的靴式夹紧结构，钩形支承杆的移动量根据端面轮升角来决定	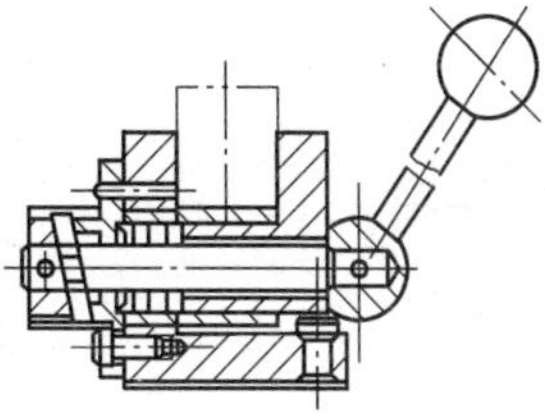 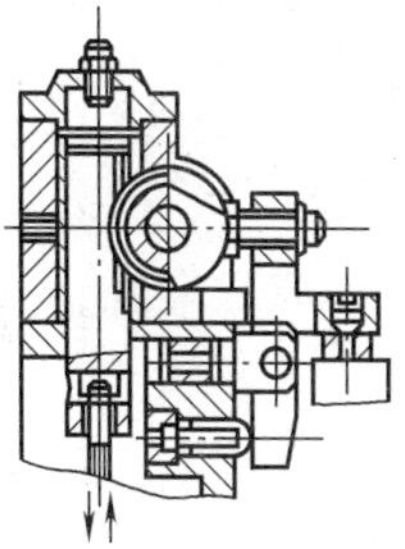
（37）压板侧面夹紧结构	
（38）偏心轮夹紧结构，工作行程取决于偏心距的大小，该结构不能产生大的夹紧力	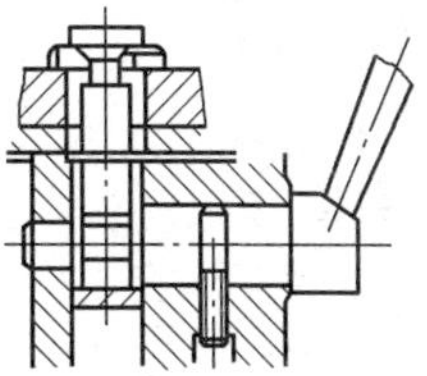 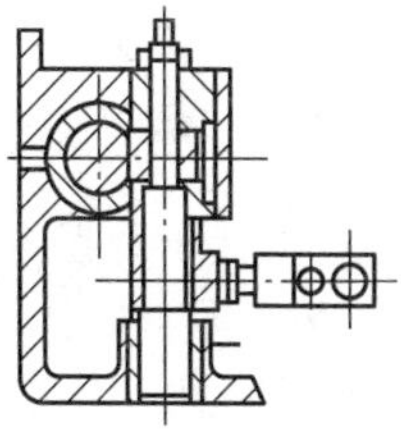
（39）移动压板带自撤离机构的偏心轮夹紧结构，移距由压板上的螺钉调整	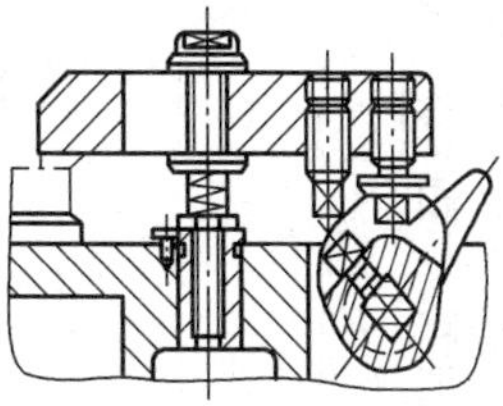 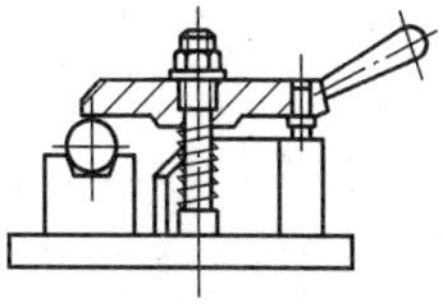
（40）压板有操纵手柄的平面螺旋夹紧结构	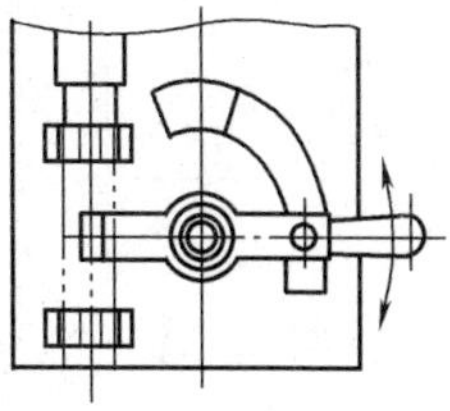
（41）钩形压板用偏心轮夹紧的结构	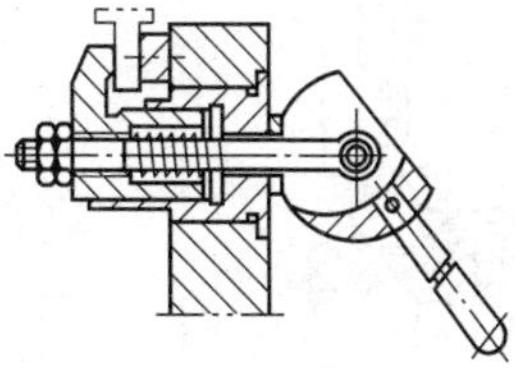

夹紧机构	图　　示
（42）双向夹紧结构	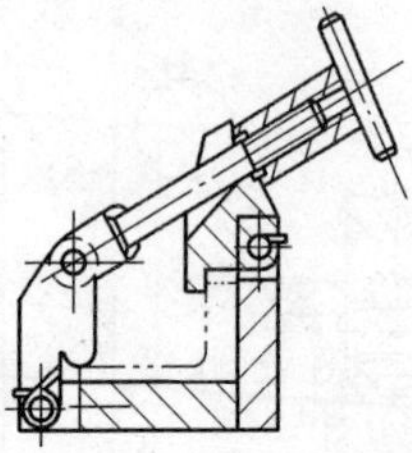
（43）双向夹紧结构	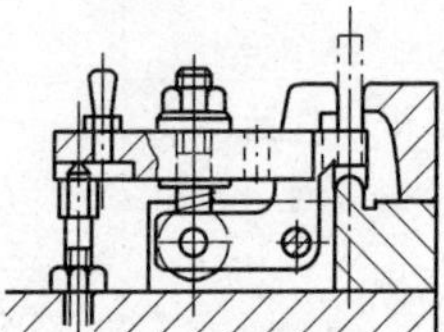
（44）带球面活动压块的铰链联动压板	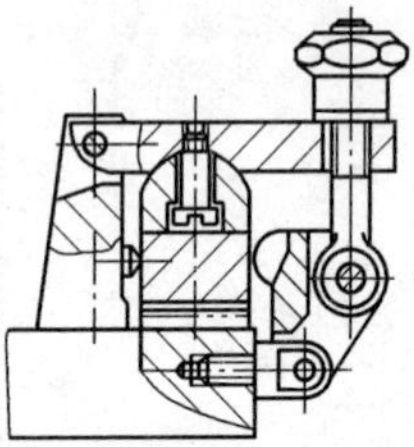
（45）用铰链杠杆传动、带活动压块的铰链联动压板	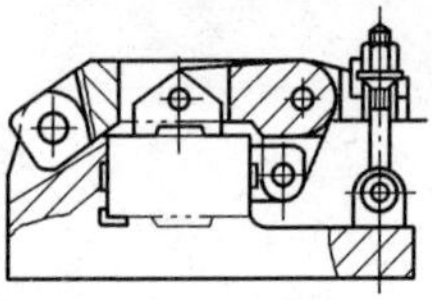
（46）双位式内压紧结构（用于长孔和有几个内表面须在两个位置上夹紧的机构）	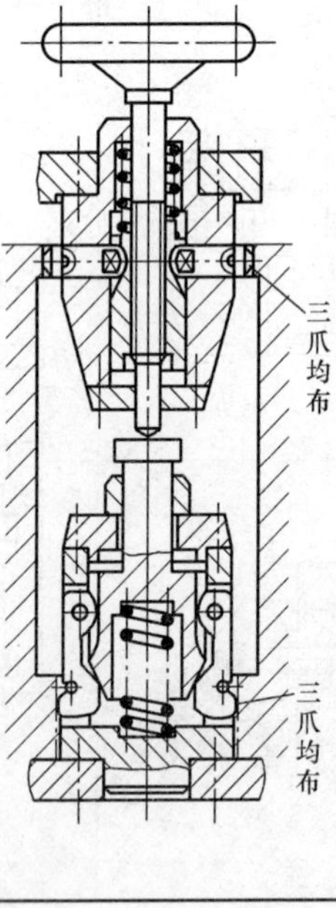
（47）带浮动凸轮的均压式外夹紧结构	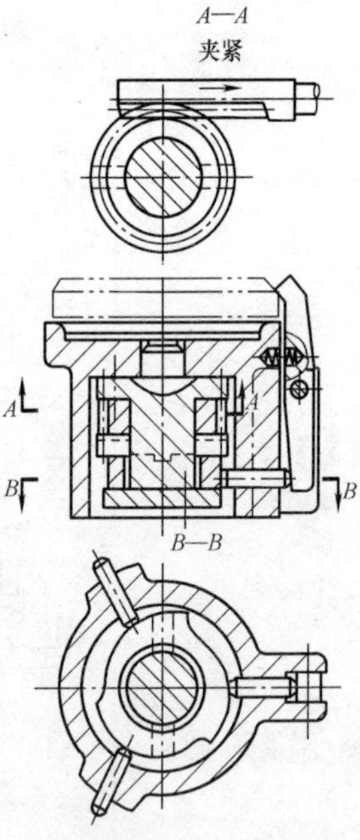

续表

夹紧机构	图　示
（48）拉扣式内夹紧结构（松开时拉钩内缩）	
（49）端面斜楔式三爪内夹紧结构	
（50）斜楔式三爪内夹紧结构	
（51）双爪均压拉扣式内压紧结构（松开时拉爪缩回，取出工件）	

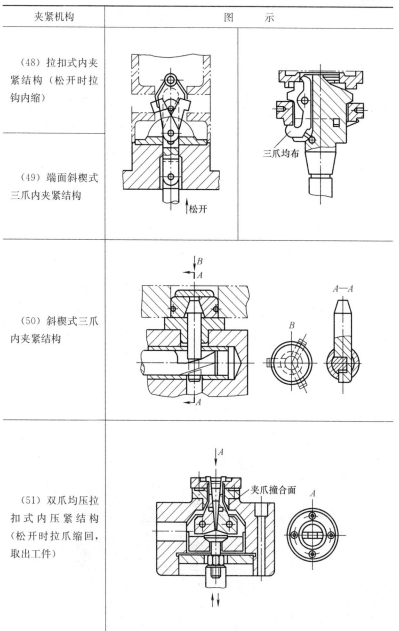

夹紧机构	图　　示

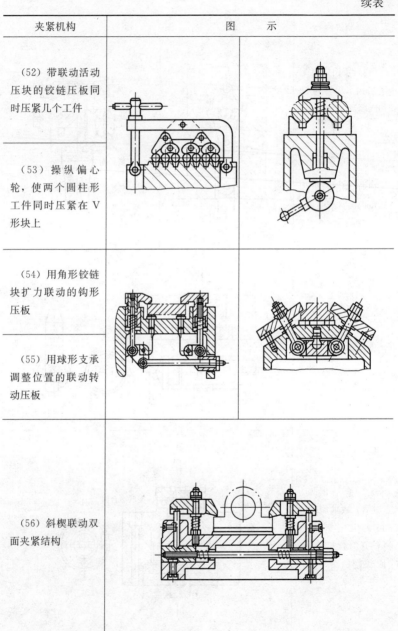

（52）带联动活动压块的铰链压板同时压紧几个工件

（53）操纵偏心轮，使两个圆柱形工件同时压紧在 V 形块上

（54）用角形铰链块扩力联动的钩形压板

（55）用球形支承调整位置的联动转动压板

（56）斜楔联动双面夹紧结构

续表

夹紧机构	图 示
（57）可调整夹压高度的通用压板	
（58）可调整高度的通用压板	
（59）通用的弓形压板	
（60）可调整夹压高度的压板	
（61）楔形斜块压紧结构	
（62）用于夹紧垂直方向的毛坯表面，拧紧螺母2，夹爪1起紧固作用，松开时由弹簧3把夹爪顶开	

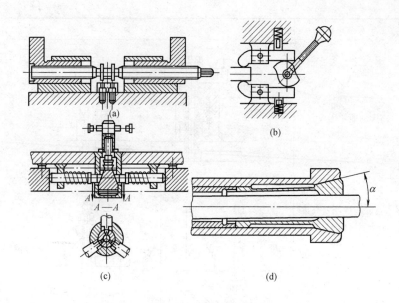

图 7-21　定心夹紧机构

(a)、(b)、(c) 刚性定心夹紧机构；(d) 弹性定心夹紧机构

四、铣床夹具常用的对刀元件和对刀装置

对刀装置是用来确定夹具与刀具相对位置的装置。对于精加工的夹具或工件外形复杂，而无直接基准面可供测量，或者不易校正铣刀位置，甚至不能测量加工的尺寸时，为了保证工件尺寸和相对位置的要求，需要借助夹具上安装的对刀装置，以保证铣刀调整到相对工件指定的位置加工，使铣刀的找正迅速可靠。

1. 对刀元件

对刀装置是由对刀块和塞尺等元件组成的。

(1) 对刀块。表 7-31 所示为几种常用对刀块的结构，可结合工件的具体加工要求选用。

(2) 塞尺。用对刀块对刀时，一般不允许刀具与对刀块直接接触，而是通过塞尺来校准其间的相对位置。否则，容易损伤刀具刃口和对刀块的工作表面，而使其丧失精度。表 7-32 所示为常用塞尺的结构。

表 7-31 　　　　　　　　　　　**常用对刀块的结构**

（1）圆形对刀块（摘自 JB/T 8031.1—1999）	（2）方形对刀块（摘自 JB/T 8031.2—1999）

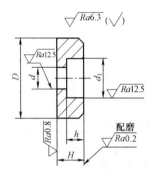

标记示例

$D=25mm$ 的圆形对刀块标记为

对刀块　25 JB/T 8031.1—1999

D	H	h	d	d_1
16	10	6	5.5	10
25		7	6.6	11

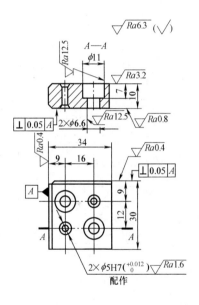

标记示例

方形对刀块标记为

对刀块 JB/T 8031.2—1999

（3）直角对刀块（摘自 JB/T 8031.3—1999）

（4）侧装对刀块（摘自 JB/T 8031.4—1999）

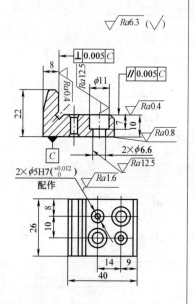

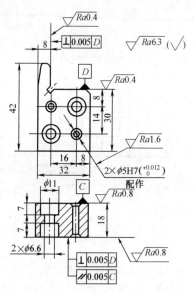

标记示例

直角对刀块标记为

对刀块 JB/T 8031.3—1999

标记示例

侧装对刀块标记为

对刀块 JB/T 8031.4—1999

表 7-32   **常用塞尺的结构**

类 型	图 示 及 说 明
对刀平塞尺（JB/T 8032.1 — 1999）	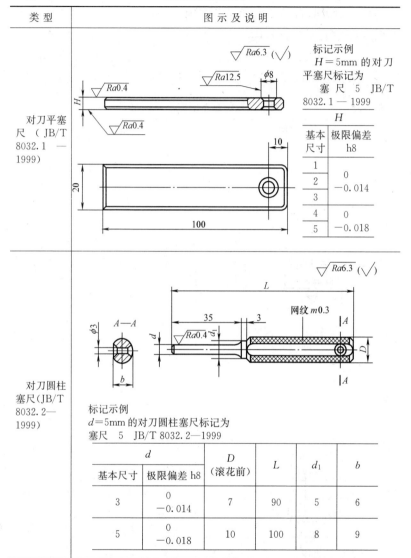

标记示例

$H=5$mm 的对刀平塞尺标记为

塞尺 5 JB/T 8032.1 — 1999

	H	
基本尺寸	极限偏差 h8	
1	0	
2	−0.014	
3		
4	0	
5	−0.018	

标记示例

$d=5$mm 的对刀圆柱塞尺标记为

塞尺 5 JB/T 8032.2—1999

d		D（滚花前）	L	d_1	b
基本尺寸	极限偏差 h8				
3	0 −0.014	7	90	5	6
5	0 −0.018	10	100	8	9

注   1. 材料：T8 钢按 GB/T 1298—2008 的规定。

     2. 热处理：55～60HRC。

     3. 其他技术条件按 JB/T 8044—1999 的规定。

2. 对刀装置的选择及分析计算

(1) 对刀装置的基本形式及应用。设计、选用对刀装置时，应根据工件加工表面的形状，确定对刀块的结构和所用塞尺的形式，见表 7-33。使用时，将塞尺放在刀具和对刀块之间，凭抽动的松紧感觉来判断，以适度为宜。

表 7-33　　　　　　　　对刀装置的基本形式及其应用

简　　图	应　用　说　明
(1) 高度对刀装置 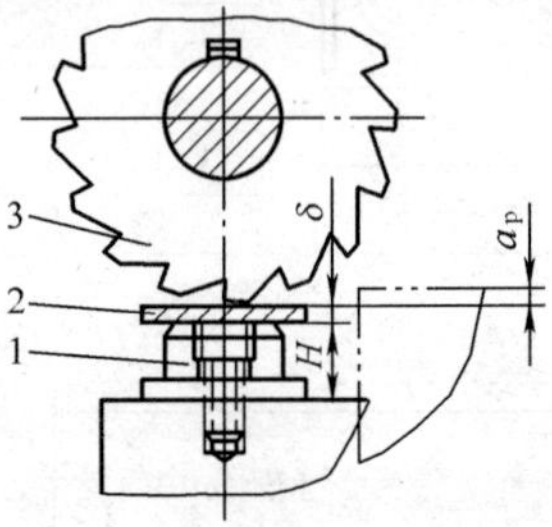 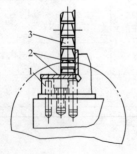 H—对刀块的高度；δ—塞尺的厚度； a_p—背吃刀量	用对刀块及平塞尺来控制铣刀的位置，保证加工面到定位面间的距离要求
(2) 直角对刀装置	用对刀块及平塞尺来控制铣刀的高度及水平位置，保证加工面到定位面间的距离要求

简　图	应 用 说 明
（3）V形对刀装置 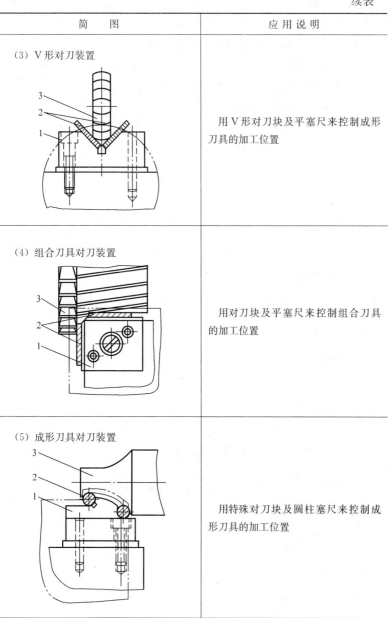	用 V 形对刀块及平塞尺来控制成形刀具的加工位置
（4）组合刀具对刀装置	用对刀块及平塞尺来控制组合刀具的加工位置
（5）成形刀具对刀装置	用特殊对刀块及圆柱塞尺来控制成形刀具的加工位置

注　1—对刀块；2—塞尺；3—铣刀。

　　当同时将几把铣刀安装在同一铣刀杆上进行铣削时,只需一把铣刀用对刀块。因各铣刀在铣刀杆上的相对位置,可凭借定位尺寸的调整垫圈来保证。如果加工工件的几把铣刀是分别安装在各主轴上,则校准每把铣刀时需分别有对刀块。当个别铣刀加工同一表面时,分粗、精两道工序的情况下,则调整铣刀仍在同一对刀块上,采用厚度或直径不同的对刀塞尺。

　　(2) 对刀块工作表面到定位基准的尺寸计算。对刀块工作表面到定位基准尺寸计算的精度,直接影响工件的加工精度。表 7-34 中列出了一般夹具的对刀块工作表面到工件在夹具上的定位基准间的公称尺寸 H' 的计算公式。

表 7-34　　　　对刀块工作表面到定位基准的尺寸计算

加工工件简图	夹具简图	计算公式
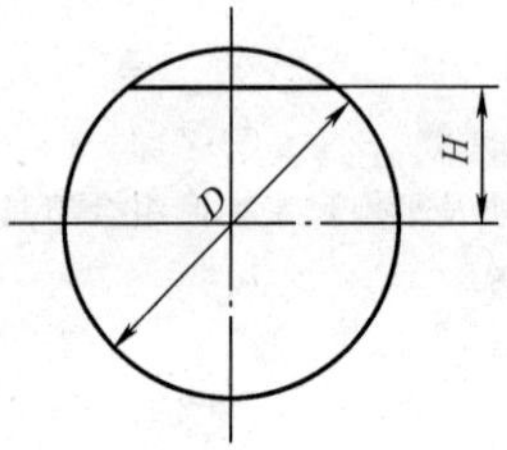		$H' = H - \delta$
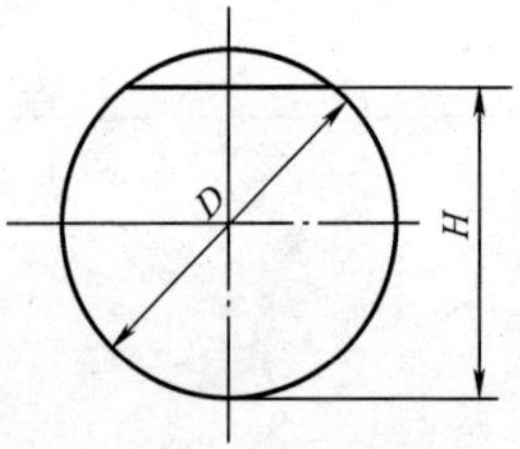	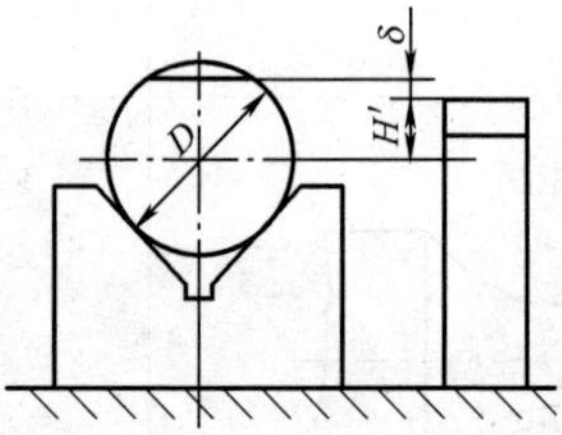	$H' = H - \dfrac{D}{2} - \delta$
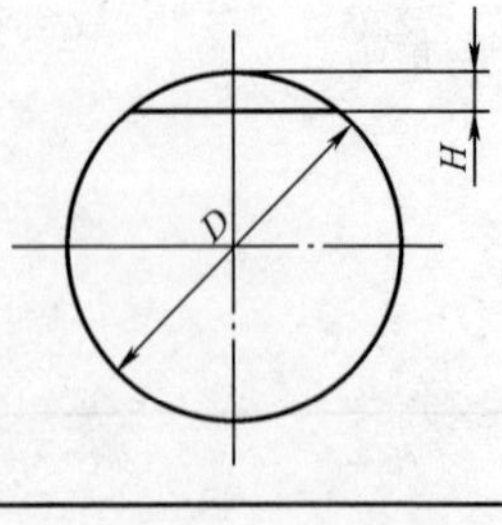		$H' = \dfrac{D}{2} - H - \delta$

续表

加工工件简图	夹具简图	计算公式
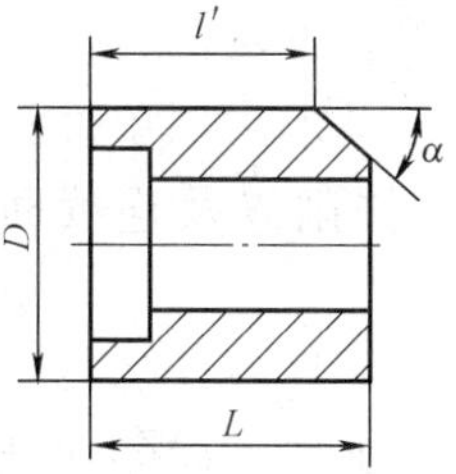	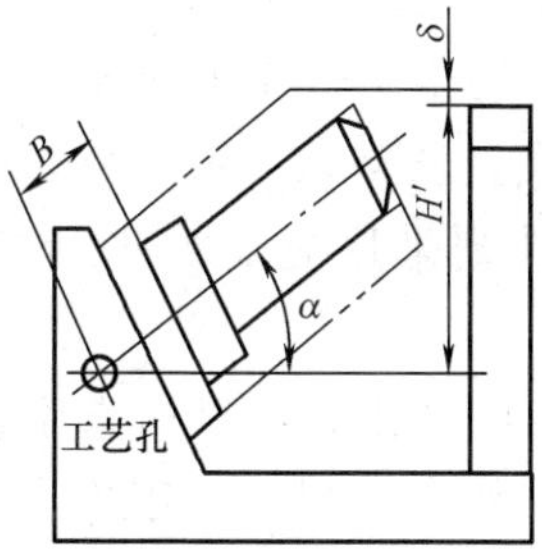	$H' = (l' + B)$ $\sin\alpha + \dfrac{D}{2}$ $\cos\alpha - \delta$

第三节　铣床夹具的典型结构

铣床夹具按进给方式的不同，可分为直线进给铣床夹具、圆周进给铣床夹具和沿曲线（靠模）进给铣床夹具。

一、铣床夹具的基本要求

（1）为了承受较大的铣削力和断续切削所产生的振动，铣床夹具要有足够的夹紧力、刚度和强度，具体要求如下。

1）夹具的夹紧装置尽可能采用扩力机构。

2）夹紧装置的自锁性要好。

3）着力点和施力方向要恰当，如用夹具的固定支承、虎钳的固定钳口承受铣削力等。

4）工件的加工表面尽量不超出工作台。

5）尽量降低夹具高度，高度 H 与宽度 B 的比例应满足：$H : B \leqslant 1 \sim 1.25$。

6）要有足够的排屑空间。

（2）为了保证夹具相对于机床的准确位置，铣床夹具底面应设置定位键，具体要求如下。

1）定位键应尽量布置得远些。

2）小型夹具可只用一个矩形长键。

3）铣削没有相对位置要求的平面时，一般不需设置定位键。

407

（3）为了便于找正工件与刀具的相对位置，通常均设置对刀块。

二、铣床夹具的设计要求

（1）铣削加工的生产效率取决于铣削的工艺方法，并据此确定夹具的结构形式。通常，大型工件的铣床夹具多采用单件的铣削方案，小型工件则采用先后或平行的多件铣削以及连续回转铣削。

（2）设计时，应收集并掌握所选定机床与夹具设计的有关技术资料，如机床工作台的尺寸、工作台在三个坐标方向的移动范围、工作台 T 形槽的中心间距和槽的尺寸、所采用刀具的型式和尺寸、伸出长度、夹持部分的结构尺寸、在机床主轴上的安装方式及进给方向等，以免在铣削工作行程中刀具的轴套或螺母干涉夹具本身的零件，尤其是宽压板。不允许在刀具下面进行装夹操作，应适当保留更换刀具的空间，以免干扰夹具在工作台上已找正的位置。

（3）生产批量较大时，可以通过缩短辅助时间和刀具切入、切出的辅助时间，以及使辅助时间与基本时间重合的方法来实现生产率的提高。例如，采用多件平行加工的工艺方案，辅以快速夹紧或自动夹紧联动装置和多工位转盘的加工。当装夹程序简单、加工精度要求较低的工件时，可采用连续铣削的加工方案，实现自动进给加工。

（4）成套组铣刀加工或单个铣刀加工平行顺序装夹的工件，刀具的径向和轴向尺寸在磨损和调整的情况下，应不影响工件的尺寸精度。

（5）加工中小型外形简单的工件，推荐采用弹仓式多件加工铣床夹具（见图 7-22）和机床用平口虎钳，可不必设计制造复杂的专用夹具，以便尽快地完成生产技术的准备工作和产品改型的转换工作。

（6）根据生产类型的条件，尽可能为一个工件的几道铣削工序设计一种夹具。

（7）在下列情况下，可采用逆铣。

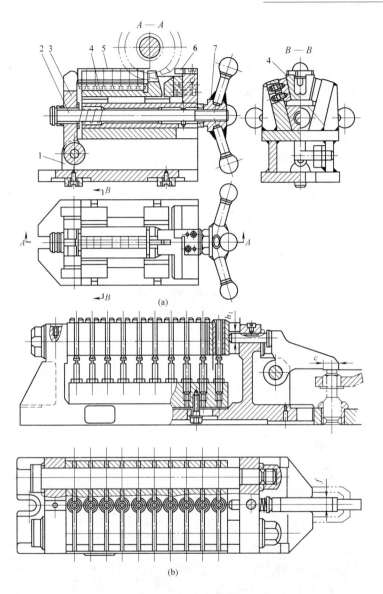

图 7-22 弹仓式多件加工铣床夹具

(a) 加工矩形工件用；(b) 加工圆柱形工件用

1—夹具体；2—夹紧螺栓；3—铰链压板；4—可换料仓；

5—工件；6—对刀块；7—螺母

1）铣床工作台丝杠与螺母间隙较大，又不便于调整时。

2）铣削表面有硬质层、积渣或硬度不均匀时。

3）铣削表面有显著的凹凸不平时。

4）工件材料过硬时。

5）阶梯铣削时。

6）背吃刀量较大时。

（8）在下列情况下，可采用顺铣。

1）铣削不易夹紧或铣削薄而长的工件时。

2）精铣工序时。

3）铣削胶木、塑料、有机玻璃等材料时。

三、铣床夹具的技术条件

铣床夹具的技术条件见表 7-35。

表 7-35　　　　　　　　铣床夹具的技术条件

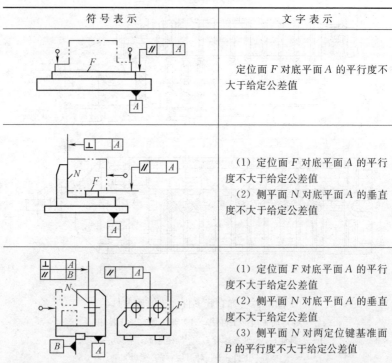

符 号 表 示	文 字 表 示
	定位面 F 对底平面 A 的平行度不大于给定公差值
	（1）定位面 F 对底平面 A 的平行度不大于给定公差值 （2）侧平面 N 对底平面 A 的垂直度不大于给定公差值
	（1）定位面 F 对底平面 A 的平行度不大于给定公差值 （2）侧平面 N 对底平面 A 的垂直度不大于给定公差值 （3）侧平面 N 对两定位键基准面 B 的平行度不大于给定公差值

符 号 表 示	文 字 表 示

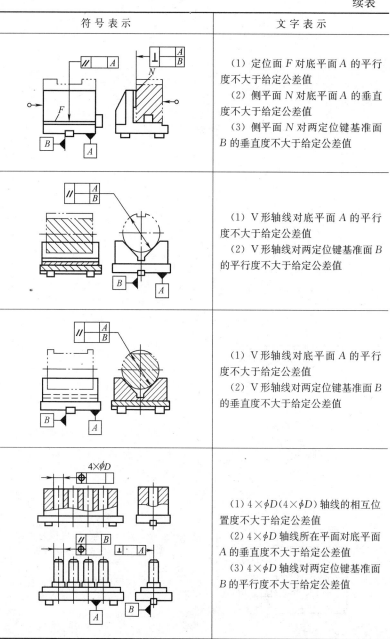

(1) 定位面 F 对底平面 A 的平行度不大于给定公差值

(2) 侧平面 N 对底平面 A 的垂直度不大于给定公差值

(3) 侧平面 N 对两定位键基准面 B 的垂直度不大于给定公差值

(1) V 形轴线对底平面 A 的平行度不大于给定公差值

(2) V 形轴线对两定位键基准面 B 的平行度不大于给定公差值

(1) V 形轴线对底平面 A 的平行度不大于给定公差值

(2) V 形轴线对两定位键基准面 B 的垂直度不大于给定公差值

(1) $4\times\phi D$($4\times\phi D$)轴线的相互位置度不大于给定公差值

(2) $4\times\phi D$ 轴线所在平面对底平面 A 的垂直度不大于给定公差值

(3) $4\times\phi D$ 轴线对两定位键基准面 B 的平行度不大于给定公差值

符 号 表 示	文 字 表 示
	（1）定位面 F 对底平面 A 的平行度不大于给定公差值 （2）定位孔 ϕD（定位轴 ϕd）的母线对底平面 A 的跳动量不大于给定公差值
	（1）"4V 形"轴线的相互位置度不大于给定公差值 （2）"4V 形"轴线所构成的平面对底平面 A 的平行度不大于给定公差值 （3）"4V 形"轴线所构成的平面对两定位键基准面 B 的垂直度不大于给定公差值
	（1）"4V 形"轴线的相互位置度不大于给定公差值 （2）"4V 形"轴线所在平面对底平面 A 的垂直度不大于给定公差值 （3）"4V 形"轴线所在平面对两定位键基准面 B 的平行度不大于给定公差值
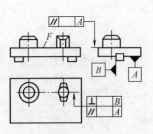	（1）定位面 F 对底平面 A 的平行度不大于给定公差值 （2）两定位销轴线所在的平面对底平面 A 的垂直度不大于给定公差值 （3）两定位销轴线所在的平面对两定位键基准面 B 的平行度不大于给定公差值

符号表示	文字表示
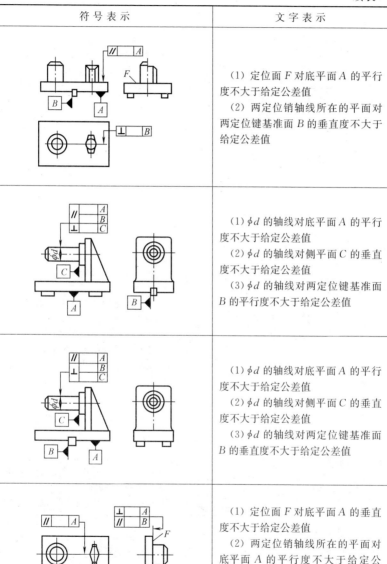	（1）定位面 F 对底平面 A 的平行度不大于给定公差值 （2）两定位销轴线所在的平面对两定位键基准面 B 的垂直度不大于给定公差值
	（1）ϕd 的轴线对底平面 A 的平行度不大于给定公差值 （2）ϕd 的轴线对侧平面 C 的垂直度不大于给定公差值 （3）ϕd 的轴线对两定位键基准面 B 的平行度不大于给定公差值
	（1）ϕd 的轴线对底平面 A 的平行度不大于给定公差值 （2）ϕd 的轴线对侧平面 C 的垂直度不大于给定公差值 （3）ϕd 的轴线对两定位键基准面 B 的垂直度不大于给定公差值
	（1）定位面 F 对底平面 A 的垂直度不大于给定公差值 （2）两定位销轴线所在的平面对底平面 A 的平行度不大于给定公差值 （3）定位面 F 对两定位键基准面 B 的平行度不大于给定公差值

续表

符 号 表 示	文 字 表 示
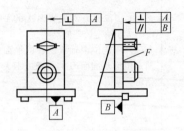	(1) 定位面 F 对底平面 A 的垂直度不大于给定公差值 (2) 两定位销轴线所在的平面对底平面 A 的垂直度不大于给定公差值 (3) 定位面 F 对两定位键基准面 B 的平行度不大于给定公差值
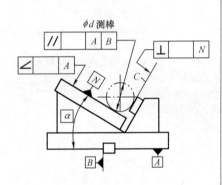	(1) 斜面 N 对底平面 A 的倾斜度不大于给定公差值 (2) 斜面 C 对斜面 N 的垂直度不大于给定公差值 (3) 测棒 ϕd 的轴线对底平面 A、两定位键基准面 B 的平行度不大于给定公差值
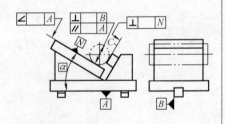	(1) 斜面 N 对底平面 A 的倾斜度不大于给定公差值 (2) 斜面 C 对斜面 N 的垂直度不大于给定公差值 (3) 测棒 ϕd 的轴线对底平面 A 的平行度不大于给定公差值 (4) 测棒 ϕd 的轴线对两定位键基准面 B 的垂直度不大于给定公差值

续表

符 号 表 示	文 字 表 示
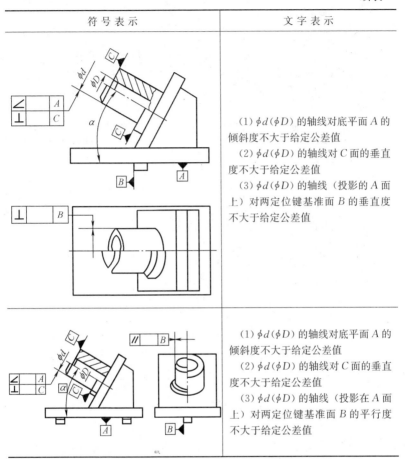	（1）$\phi d(\phi D)$ 的轴线对底平面 A 的倾斜度不大于给定公差值 （2）$\phi d(\phi D)$ 的轴线对 C 面的垂直度不大于给定公差值 （3）$\phi d(\phi D)$ 的轴线（投影的 A 面上）对两定位键基准面 B 的垂直度不大于给定公差值
	（1）$\phi d(\phi D)$ 的轴线对底平面 A 的倾斜度不大于给定公差值 （2）$\phi d(\phi D)$ 的轴线对 C 面的垂直度不大于给定公差值 （3）$\phi d(\phi D)$ 的轴线（投影在 A 面上）对两定位键基准面 B 的平行度不大于给定公差值

四、铣床夹具的典型结构

1. 直线进给铣床夹具

这类夹具既可用于大型工件的加工，也可用于中小型工件的加工；既适用于中小批量的生产，也适用于大批量的生产。

（1）切开连杆夹具如图 7-23 所示。4 个连杆顺次交叉套装在心轴 1、4、5 上，插上开口垫圈 2，拧紧螺母 3，便可铣切。切开一侧后，工作台退回原位，扳动手柄 6，使插销 7 脱开分度盘 8，用手柄 9 将心轴连同工件一起回转 180°，定位后铣切另一侧。

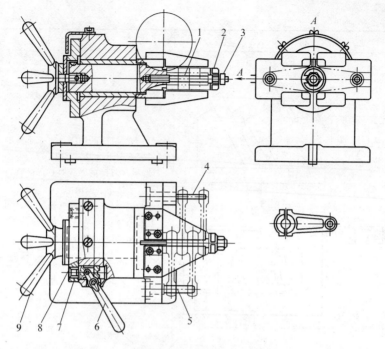

图 7-23 切开连杠夹具

1、4、5—心轴;2—开口垫圈;3—螺母;6—手柄;7—插销;8—分度盘;9—手柄

（2）铣削万向接头圆弧的夹具如图 7-24 所示。该夹具用于飞机起落架缓冲器上某零件的外形圆弧面的铣削。用底板 1 上的圆柱销 6 与转盘中心孔相配，以确定工件的回转中心。工件以孔和底面在夹具的底板 1 和定位销 2 上定位，挡销 3 用来承受加工的转矩。

（3）铣削床身平面的回转夹具如图 7-25 所示。该夹具用于立式铣床上半精铣纵切自动车床床身的相互垂直的各平面及燕尾槽等。工件用已加工的底平面、侧面和端面在回转板 2 上的定位板 6、7、9、10 及支承杆 3 上定位。先拧两个螺栓 11，使两个压块 12 推动工件，使其紧靠在定位板 6、7 的两个垂直面上，再用 4 块压板 8 将工件夹紧。回转板 2 可绕支架 1、5 的转轴旋转。铣削顶面各面时，回转板 2 靠在两支架的 M 平面上定位，用铰链螺钉锁紧。铣削完毕后，回转板 2 转动 90°，靠在两支架的 N 平面上定位，用铰链螺钉锁紧，铣削另一面。4 为对刀块。

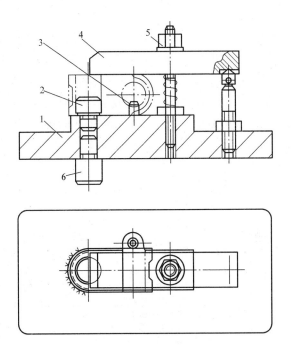

图 7-24 铣削万向接头圆弧的夹具

1—底板；2—定位销；3—挡销；4—压板；5—螺母；6—圆柱销

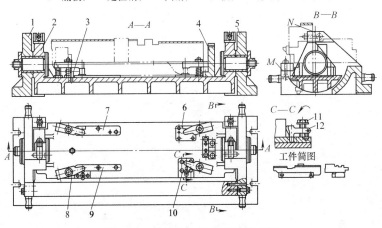

图 7-25 铣削床身平面的回转夹具

1、5—支架；2—回转板；3—支承杆；4—对刀块；

6、7、9、10—定位板；8—压板；11—螺栓；12—压块

2. 圆周进给铣床夹具

圆周进给铣床夹具多与机床附件与万能转台一起使用。夹具安装在转盘上,通过蜗轮蜗杆转动使工件作圆周进给运动。

图 7-26 所示为用于大批量生产的铣削夹具,能同时加工 8 个工件。工件借助压板 2 在夹具中定位夹紧,并与夹具一起随转盘转动,完成连续的进给运动。它可以实现不停速的连续加工,使装夹工件的辅助时间与机动时间重合,可提高生产效率。

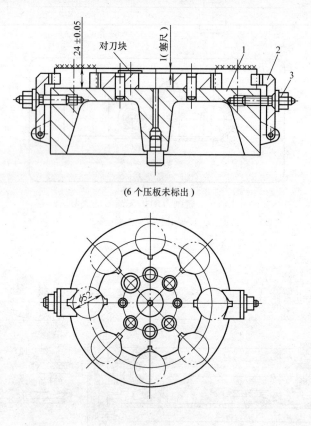

图 7-26 连续铣削的夹具

1—夹具体;2—压板;3—螺母

3. 靠模进给铣床夹具

工件上的各种直线成形面和立体成形面可以在专用的靠模铣床

上进行加工，也可以设计靠模夹具在一般的万能铣床上加工。靠模夹具的作用是使主进给运动和由靠模获得的辅助运动形成加工所需的仿形运动。按照进给运动方式的不同，靠模进给夹具大致可分为直线进给和圆周进给两种，下面介绍一种圆周进给铣削靠模夹具。

图 7-27 所示为铣削圆柱凸轮的靠模夹具。工件以内孔装夹在弹簧夹头 7 上，拧紧螺母 8，通过拉杆 6 使其定位胀紧。旋转蜗杆4 上的手轮（图中未画出）通过键 5 带动心轴 3 旋转。在滚轮 1 和靠模 2 的作用下，心轴 3 带动工件一面旋转，一面作左右往复运动，铣削出曲线轮廓。该夹具用于立式铣床上，也可用于卧式铣床上，铣削圆柱凸轮和圆柱端面凸轮。更换靠模 2、弹簧夹头 7，可对不同工件进行加工。

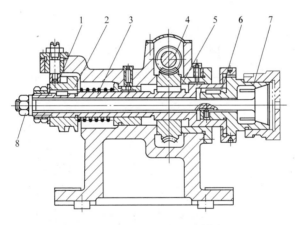

图 7-27　铣削圆柱凸轮的靠模夹具

1—滚轮；2—靠模；3—心轴；4—蜗杆；5—键；6—拉杆；7—弹簧夹头；8—螺母

第四节　铣床的通用夹具

通用夹具是指已经标准化的、在一定范围内可用于加工两种或两种以上不同工件的同一夹具。这类夹具的通用性强，由专门厂家生产，其中有的已经作为机床附件随主机配套供应。若将夹具的个别元件进行调整或更换，即可成为加工形状相似、尺寸相近、加工工艺相似的多种工件的通用可调整夹具。应用于成组技术加工工艺的可调整夹具，则称为成组夹具。

一、铣床常见的通用夹具

（1）机床用平口虎钳。这种虎钳已作为机床的常用附件安装在铣床工作台上，可用来加工各种外形简单的工件。它也是同类通用可调整夹具的通用基本部分。

手动机床用平口虎钳的结构如图 7-28 所示，由固定部分 2、活动部分 5 以及两个圆柱形导轨 6 等主要部分组成。在固定部分及活动部分上分别安装钳口 3、4，整个虎钳靠分度底座 7 固定在水平面上的任一角度位置。当操纵手柄转动螺杆 1 时，即可通过圆柱形螺母 8 带动活动部分 5 作夹紧或松开移动。

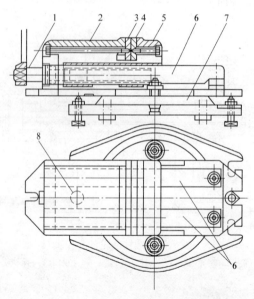

图 7-28　手动机床用平口虎钳

1—螺杆；2—固定部分；3、4—钳口；5—活动部分；
6—导轨；7—分度底座；8—圆柱形螺母

此外，还有一种可倾式机床用平口虎钳，钳口可倾斜一定的角度，铣削带一定倾斜角度的小型工件。机床用平口虎钳的规格见表 7-36。

表 7-36		机床用平口虎钳的规格							
外 形 图	规格名称	规 格							应用范围
		100	125	136	160	200	250		
普通平口钳	钳口宽度	100	125	136	160	200	250		适用于以平面定位和夹紧的中小型工件
	钳口最大张开量	80	100	110	125	160	200		
	钳口高度	38	44	36	50(44)	60(56)	56(60)		
	定位键宽度	14	14	12	18(14)	18	18		
可倾式平口钳	钳口宽度	100	125						适用于以平面定位和夹紧、具有一定倾斜角且切削力较小的小型工件
	钳口最大张开量	80	100						
	钳口高度	36	42						
	定位键宽度	14	14						

（2）V 形钳口自定心虎钳的结构和夹持范围见图 7-29。

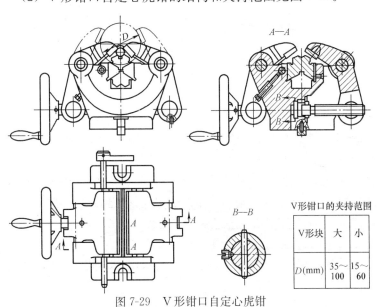

V形块	大	小
D(mm)	35～100	15～60

V形钳口的夹持范围

图 7-29　V 形钳口自定心虎钳

（3）三向虎钳的结构和尺寸系列见图 7-30。

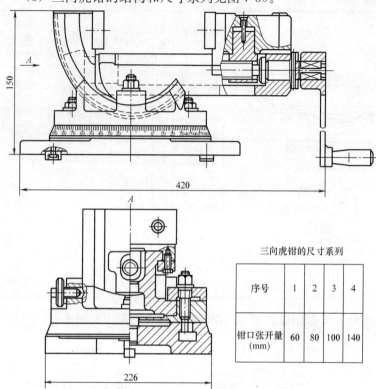

三向虎钳的尺寸系列

序号	1	2	3	4
钳口张开量 (mm)	60	80	100	140

图 7-30　三向虎钳

（4）万能分度头。分度头是铣床的主要附件，而万能分度头则是铣床上最常用的一种分度头，如 F11125 型万能分度头。铣床上常用的万能分度头的规格见表 7-37。

（5）回转工作台。铣床常用的回转工作台的规格见表 7-38。铣床通用的回转工作台已标准化，其上面应设计中心销（或孔）、T 形槽，以便专用夹具与专用夹具联合使用。

二、铣床通用可调整夹具

通用可调整夹具是在通用夹具的基础上发展而来的，如机床用机用虎钳、铣床回转工作台和分度台等，都可设计成可调整夹具。

表 7-37   万能分度头的规格

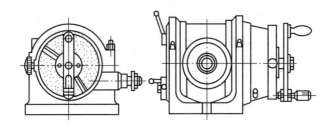

型 号 规格名称	F1180	F11100A	F11125A	F11160A
中心高	80	100	125	160
主轴锥孔号（莫氏）	3	3	4	4
主轴与水平位置的倾斜角	$-6°\sim90°$	$-6°\sim90°$	$-5°\sim95°$	$-5°\sim95°$
蜗轮副的传动比	$1:40$	$1:40$	$1:40$	$1:40$
定位键的宽度	14	14	18	18
主轴法兰盘定位短锥的直径	36.541	41.275	53.975	53.975

应用范围：（1）能使工件绕本身的轴线进行等分或不等分分度。

（2）可将工件相对于铣床工作台台面扳成所需要的角度。

（3）铣削螺旋槽或凸轮时，能配合工作台的移动，使工件作连续旋转

表 7-38 铣床用回转工作台的规格

示 图	规格名称	规 格				应用范围
		250	320	400	500	
手动回转工作台 手动机动回转工作台	工作台直径	250	320	400	500	回转工作台主要辅助铣床完成中小型工件的曲面加工和分度加工。机动回转工作台配上万向节，可实现自动进给运动
	中心孔的锥度号（莫氏）	4	4	4	5	
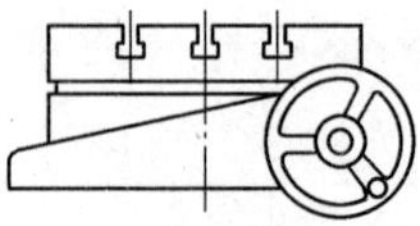	蜗轮副的传动比	1∶90	1∶90	1∶120	1∶120	
	蜗杆圆环的刻度	120×2′	120×2′	90×2′	90×2′	
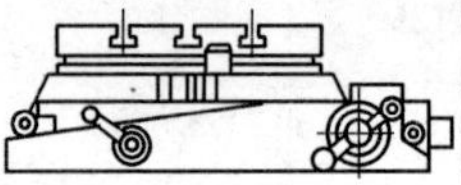	工作台圆周的刻度	360×1°	360×1°	360×1°	360×1°	
	定位键的宽度	14	18	18	22（18）	
	T 形槽的宽度	12	14	14	18	
	T 形槽的间距	60	80	100	150（125）	
	底面至台面的高度	100	140	140	155	

1. 采用专用钳口夹紧的平口虎钳

由于机床用机用虎钳是平口虎钳，所以一般只能加工外形比较规则的工件。将其固定钳口做成各种可换钳口，可适应不同工件的形状、尺寸、加工特性和毛坯表面状态，则通用夹具即变成了通用可调整夹具，用定向键将虎钳相对机床工作台的进给方向安装，应用情况见表 7-39。

表 7-39   采用专用钳口夹紧的平口虎钳

简　　图	说　　明
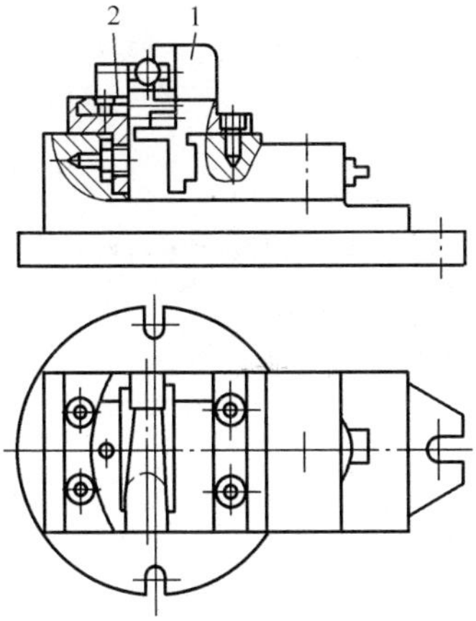	采用标准偏心虎钳夹紧工件的方法铣削平面。活动钳口 1 用于工件的安装和定位，可摆动的固定钳口 2 能保证夹紧可靠
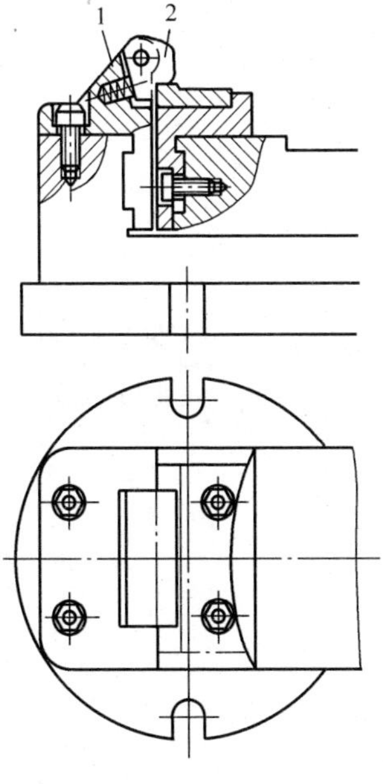	采用螺旋夹紧的平口虎钳夹紧工件的方法进行铣削。紧固在固定钳口 1 上的双向压板 2 可夹紧工件的上面和侧面

续表

简　　图	说　　明
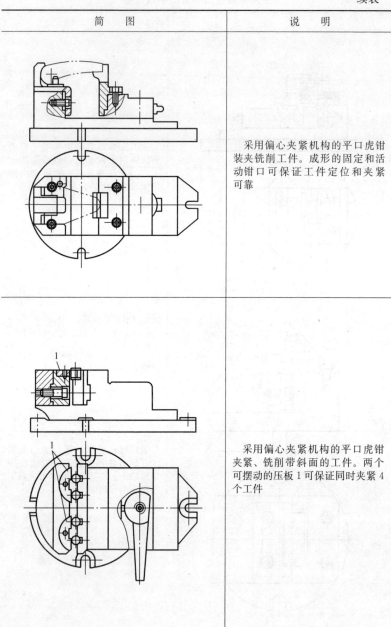	采用偏心夹紧机构的平口虎钳装夹铣削工件。成形的固定和活动钳口可保证工件定位和夹紧可靠
	采用偏心夹紧机构的平口虎钳夹紧、铣削带斜面的工件。两个可摆动的压板 1 可保证同时夹紧 4 个工件

简　图	说　明
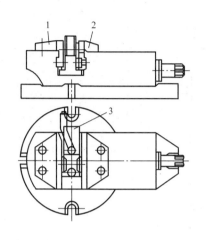	采用螺旋夹紧的平口虎钳,用于夹紧被铣削的摇臂的两个侧面。工件以定位孔安装在固定钳口 1 和活动钳口 2 的圆柱凸肩上。垫块 3 用于下面的支承
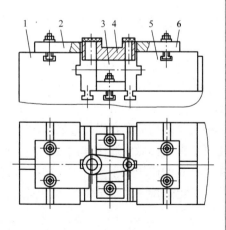	在立式铣床上,用平口虎钳夹紧连杆形锻件,铣削顶面。两个 V 形块 2 和 6 分别紧固在固定钳口座 1 和活动钳口座 5 上。工件 4 在支承垫 3 上定位

简　图	说　明
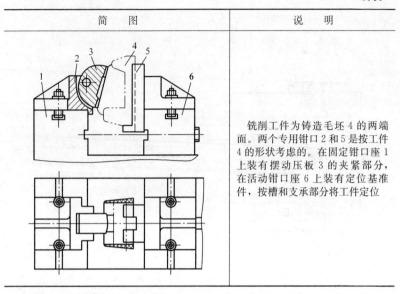	铣削工件为铸造毛坯 4 的两端面。两个专用钳口 2 和 5 是按工件 4 的形状考虑的。在固定钳口座 1 上装有摆动压板 3 的夹紧部分，在活动钳口座 6 上装有定位基准件，按槽和支承部分将工件定位

2. 多件装夹夹具

除前面介绍的加工中小型、外形简单工件的弹仓式多件加工铣床夹具外，下面再介绍一种常用的多件装夹铣削夹具，如图 7-31 所示。将工件的圆柱部分 φ14h9 放在弹性滑块 2 的槽中定位，并以 φ16mm 的台阶面靠在弹性滑块的端面上，限制工件的 5 个自由度。旋紧右上方的夹紧螺杆，推动压块 3，使压块压向弹性滑块，从而把 10 个工件连续均匀地夹紧。其中，支座 1 相当于固定钳口；压板 6 与夹具体上平面组成燕尾形导轨，使弹性滑块沿其滑移；定位键 7 用以安装夹具的定位。这种夹具结构简单，操作方便，由于采用多件装夹，生产效率高。还可把夹具体做成通用件，定位元件根据工件情况可更换，因而提高了夹具的使用效率。若将夹紧部分改装成气动或气动—液压夹紧装置，更适用于大批量生产。

3. 换盒式夹具

如图 7-32 所示，工件装夹在料盒 5 中，以外圆和端面在 V 形块 7 中定位。料盒 5 安放在夹具上的 4 个支承钉 4 上，并由 4 个支柱 3 挡住两侧面。夹紧时，活塞左移，活塞杆 2 上的斜面经滚轮和

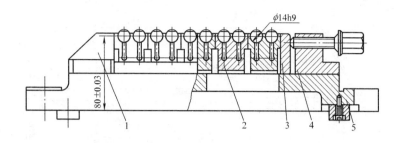

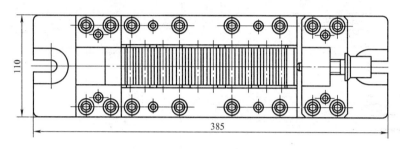

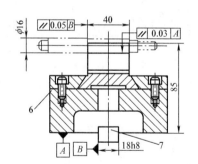

图 7-31 多件装夹铣削夹具

1—支座；2—弹性滑块；3—压块；4—螺杆支架；

5—夹具体；6—压板；7—定位键

杠杆 1，将工件连同料盒 5 推向挡块 6 一起夹紧。料盒 5（一式两个，交替使用）根据工件的需要可设计成各种形式，当工件有凸肩要求时，可设计成如件 8 形式的浮动支承。

4. 铣削六方回转夹具（见图 7-33）

该夹具与立轴锥面的锁紧分度台配合使用。工件以外圆和端面定位，由气缸驱动，使弹簧夹头下移，将工件夹紧。铣床上安装 6

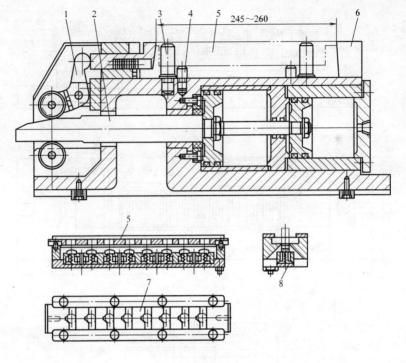

图 7-32　换盒式夹具

1—杠杆；2—活塞杆；3—支柱；4—支承钉；5—料盒；
6—挡块；7—V形块；8—浮动支承

把铣刀，可同时铣削 6 个工件的两个面。每进给一次，夹具回转 120°，回转 3 次，工件的 6 个面即可铣削完毕。更换弹簧夹头，可加工不同直径的工件。

5. 铣削半圆键用的夹具（见图 7-34）

该夹具用于卧工铣床。工件从料仓 4 进入，装在铣刀杆上的带轮 1 带动带轮 9，经过蜗杆 10、蜗轮 11 减速，使凸轮 6 旋转，由于凸轮 6 螺旋线的作用，滚轮 8、滚轮轴 7 即带动滑板 5 作左右往复运动。工件由推杆 3 逐个推入到定位套 2 内，并推向旋转着的铣刀，实现进给运动。被铣削完成的两个半圆工件依靠自重落入料盘内。铣削各种不同规格的半圆键时，只需更换相应的定位套 2、推杆 3 和料仓 4 即可。

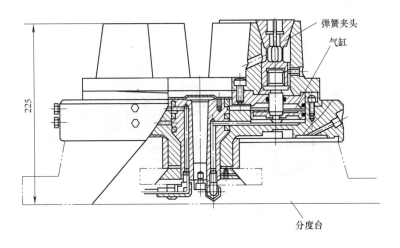

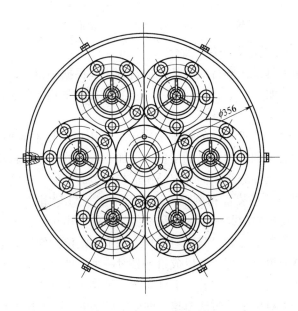

图 7-33 铣削六方回转夹具

431

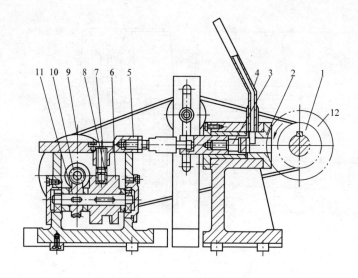

图 7-34　铣半圆键用的夹具

1、9—带轮；2—定位套；3—推杆；4—料仓；5—滑板；6—凸轮；

7—滚轮轴；8—滚轮；10—蜗杆；11—蜗轮；12—铣刀

三、铣床类成组夹具简介

成组夹具是在推行成组技术的过程中，根据一组(或几组)工件的相似性的加工而设计制造的夹具，是推行成组加工的重要物质基础。

1. 铣床类成组夹具的特点

在多品种成批生产的铣削加工中，采用成组技术的加工方法，可把多种类型和系列产品的工件，按加工所用的铣床刀具和夹具等工艺装备的共性分组。同一组结构形状相似的工件，在同一台铣床上用共同的工艺装备和调整方法进行加工。与专用夹具的不同之处，在于使用对象是一组或一组相似的工件。当从一种工件转变加工同组另一种工件时，只需对夹具上的个别定位元件或夹紧元件做一点调整或更换即可。所以成组夹具对一个工件组而言，是专门化可调整夹具，而对组内各个工件而言，又是通用可调整夹具。成组夹具的加工对象是通过成组技术的原则确定的；而通用可调整夹具的加工对象，是按一般原则组合的。夹具的结构偏重于可调，而成组夹具则同时可调可换，工艺性更为广泛，针对性更强。

432

成组夹具兼有专用夹具精度高、装夹快速和通用夹具多次重复使用的优点，一般不受产品改型的限制，故成组夹具具有较好的适应性和专用性，其适应性仅次于组合夹具，且又具有现场调整迅速、操作简单等优点。成组夹具能补偿组合夹具在结构、刚度和精度等方面的不足，但制造成本较高，生产管理较繁杂。

成组夹具的形式很多，但基本结构都是由基础（固定）部件、可调整部件和可更换部件组成的。基础部件包括夹具体和中间传递装置，作为夹具的通用部分。当加工工件的成组批量足够满足铣床负荷时，基础部件经安装校正后可长期固定在铣床工作台上，不必因产品轮番生产而更换。可更换的部件和可调整的部件有定位元件、夹紧元件、导向元件和对刀元件等，这些部件是根据铣削加工工件的具体结构要素、定位夹紧方式及工序加工要求而专门设计的，是成组夹具的专用元件，当更换加工工件时，通过更换和调整某些元件，即可满足新的一组工件的加工工艺要求。

多品种成批生产的工件加工，采用成组夹具，可克服使用专用夹具时的设计制造工作量大、成本高和生产技术准备周期长等缺点。表 7-40 所示为成组铣削夹具与其相应的专用夹具的经济效果比较。

表 7-40　　　　成组夹具与专用铣削夹具的经济效果比较

项目内容		夹具形式		节省成本和工时
		专用夹具	成组夹具	
工件的种类数		800	800	
夹具的套数		552	22	
每套的平均成本	夹具	80元	177元	74%
	可换衬垫	—	16元	
每套的设计工时	夹具	20h	115h	59%
	可换衬垫	—	5h	
可换衬垫数		—	475	

2. 铣床类成组夹具的典型结构

（1）成组钳口。有不少形状复杂的工件，如连杆、托架、拨叉等，需要在铣床用机用虎钳上铣削加工，但一般的钳口只能装夹形状比较规则的工件,对于形面复杂、基面不规则的工件,则装夹困难。针对上述情况,可根据工件的形状、大小、结构及材质等进行分类分组,设计几种钳口。

这几种钳口可以单独使用,也可以互相配合使用。现分别将各种钳口及其应用范围简单介绍如下。

1) 多用钳口如图 7-35 所示。多用钳口是由两块外形相似的钳口组成,钳口上有各种台阶和圆弧。其中,台阶用于薄形工件的定位,可以对各种薄形工件的端面、长孔、圆弧以及凸轮面进行铣削;圆弧用于加工圆形薄工件的凸台端面和连杆等。

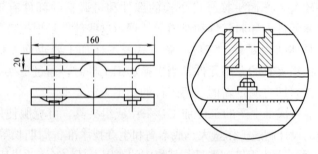

图 7-35　多用钳口的外形

2) 活动钳口如图 7-36 所示,活动钳口用于加工带有斜度和角度的工件,如连杆或斜度大小不同的楔铁工件等。

活动钳口由摆动件、固定件和销轴组成。使用时,将固定件安

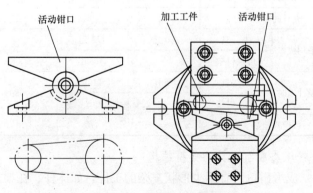

图 7-36　活动钳口的外形

装在铣床用机用虎钳的活动钳体上，摆动件可通过销轴与固定件连接。在装夹工件时，其旋转角最大为 6°，如加工斜度超过自锁角的工件时，可在工件上加垫，以适当扩大其自锁范围。这种钳口能自动旋转夹紧工件，具有夹紧力均匀、可靠等特点。

3）圆弧钳口如图 7-37 所示。圆弧钳口由三段圆弧组成，两边圆弧的半径相等，中间圆弧的半径稍大。两边的圆弧与活动钳口相配合使用，可多件装夹。其特点是定位准确，并可缩短工件装夹和找正的时间，配用一定的定位元件，可省去划线工序。

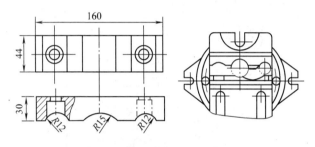

图 7-37 圆弧钳口的外形

4）端面齐头钳口如图 7-38 所示。这种钳口制造简单，夹紧力

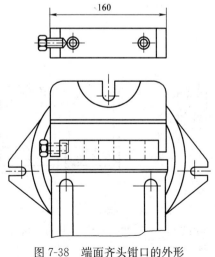

图 7-38 端面齐头钳口的外形

大，适用于加工各种方形和长方形工件的端面。钳口的左面用螺钉使工件紧贴于右侧定位面上，工件靠虎钳夹紧。

5）可换钳口如图 7-39 所示。图（a）是用 V 形块及平板作可换钳口加工小圆柱工件的实例；图（b）是夹紧小圆柱工件时，使其同时受到向下的夹紧力所用的可换钳口；图（c）是夹紧较小工件时，使其得到一定的倾斜角度所用的可换钳口；图（d）是同时夹紧三个工件时用的可换钳口，滑柱 3、小圆柱体 4 及斜

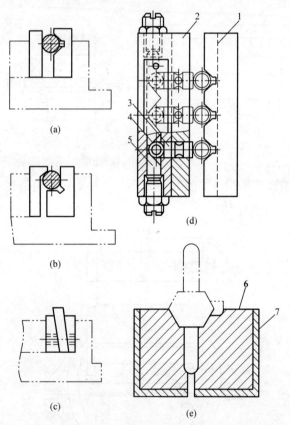

图 7-39　可换钳口的外形

1—固定钳口；2—活动钳口；3—滑柱；4—小圆柱体；

5—斜面滑柱；6—塑料；7—可换钳口的壳体

面滑柱 5 作为自动调节以保证三个工件同时夹紧；图（e）是用塑料制成的活动钳口，塑料中可加进金属或其他添加剂，用以提高塑料的抗磨损性能。添加剂与塑料 6 在冷却状态下混合在一块，然后加热倾注到可换钳口的壳体 7 中，铸成与工件外形相吻合的钳口形状。

在铣削工作中，使用专用的可换钳口和铣床机用虎钳，可扩大加工领域，实践表明，可完成 60%～70% 的外形简单工件的加工。因此，设计和使用可换钳口和可换衬垫（见图 7-40），应当成为设计在铣床上加工中小型工件用的成组夹具的主要方向，其成本只有专用夹具的几分之一，而且还能提高劳动生产率。

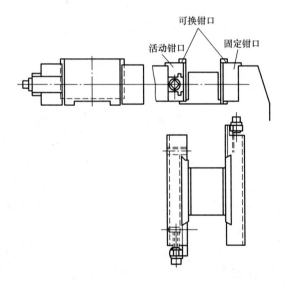

图 7-40　带可换钳口和衬垫的成组铣床夹具

（2）成组等分铣削夹具（见图 7-41）

1）结构特点。

a. 本夹具利用偏心进行分度自锁，结构简单，操作方便，可作 2、3、4、6 等分铣削。

b. 在分度心轴上加过渡接盘后，可安装三爪自定心卡盘，利用分度心轴的莫氏 3 号锥孔，也可安装各种带锥柄的夹头。

437

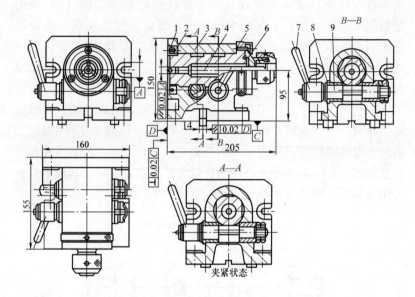

图 7-41　成组等分铣削夹具

1—螺母；2—垫圈；3—底座；4—定位杆；5—分度心轴；

6—夹头组件；7—手柄；8—衬套；9—偏心轴

c. 底座为卧立两用结构。

2）适用范围。

a. 可加工本工件组中工件端部的十字槽、六角、四方或外径上的各种形状的通槽。

b. 以孔定位的薄形工件可用心轴装夹，进行多件加工。

c. 基体底座加上垫块使基体与顶针座等高后，可代替分度头使用。

图 7-42（a）～（f）所示为成组等分铣削夹具加工工件组简图。

（3）成组铣削轴端槽或扁面夹具如图 7-43 所示。该夹具适用于加工小轴端部的槽或扁面。V 形块可按工件直径范围变换。定位钉座上的螺钉可按工件长度调整高度，也可拆去定位钉座，改用定高的垫块。

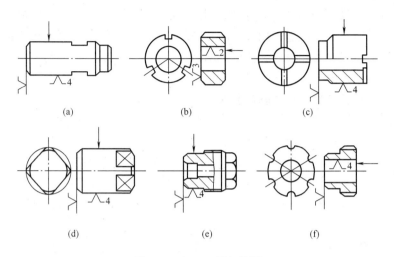

(a)　　　　　(b)　　　　　(c)

(d)　　　　　(e)　　　　　(f)

图 7-42　加工工件组简图

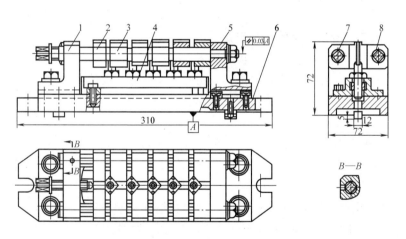

图 7-43　成组铣削轴端槽或扁面夹具
1、5—支承；2—压紧块；3—V 形块；4—定位钉座；6—底板；7—削边销；8—销

第五节　铣床的专用夹具

专用夹具是指为某一工件的某道工序而专门设计制造的夹具。专用夹具一般在一定的批量生产中应用，或者是为了确保工件加工

质量而设计制造的。在小批量生产中，由于每个品种的工件数较少，所以设计制造专用夹具的经济效益很差。因此，在多品种小批量生产中，往往设计和使用可调整夹具、组合夹具及其他易于更换产品品种的夹具，而不采用专用夹具。

一、专用夹具的基本要求

对机床专用夹具的基本要求可归纳为以下 4 个方面。

(1) 稳定地保证工件的加工精度。

(2) 提高机械加工的劳动生产率和降低工件的制造成本。

(3) 结构简单，操作方便，省力和安全，便于排屑。

(4) 具有良好的结构工艺性，便于制造、装配、检验、调整与维修。

在设计过程中，首先必须保证工件的加工要求，同时应根据具体情况综合处理好加工质量、生产率、劳动条件和经济性等方面的关系。

二、专用夹具的设计步骤

专用夹具的主要设计步骤如下。

(1) 收集并分析原始资料，明确设计任务。设计夹具时，必要的原始资料是指工件的有关技术文件、本工序所用机床的技术特性、夹具零部件的标准及夹具结构图册等。

首先根据设计任务书，分析研究工件的工作图、毛坯图、有关部件的装配图、工艺规程等，明确工件的结构、材料、年产量及其在部件中的作用，深入了解本工序加工的技术要求、前后工序的联系、毛坯（或半成品）的种类、加工余量和切削用量等。

为使夹具的设计符合本厂的实际情况，还要熟悉本工序所用的设备、辅助工具中与设计夹具有关的技术性能和规格、安装夹具部位的基本尺寸、所用刀具的有关参数，本厂工具车间的技术水平及库存材料情况等。

(2) 拟定夹具的结构方案，绘制结构草图。此阶段主要应解决的问题大致顺序是：依照六点定位原则，确定工件的定位方式，并设计相应的定位元件；确定刀具的导引方案，设计对刀装置；研究确定工件的夹紧部位和夹紧方法，设计可靠的夹紧装置；确定其他元件或装置的结构形式，如定向键、分度装置等；考虑各种装置和元件的布局，确定夹具体和夹具的总体结构。

设计时，最好考虑不同的几个方案，分别画出草图，通过工序精度和结构形式的综合分析、比较和计算，以及粗略的经济分析，选出最佳方案。与此同时，设计人员还应广泛听取工艺部门、制造部门和使用车间有关人员的意见，以使夹具设计方案进一步完善。

（3）绘制夹具的总装配图。夹具的总装配图应按国家标准绘制，比例尽量选用 1:1，必要时也可采用 1:2、1:5 或 2:1、5:1 等。在能够清楚地表达夹具的工作原理、整体结构和各种装置、元件之间相互位置关系的前提下，应使总装配图中的视图数量尽量少，并应尽量选择面对操作者的方向作为主视图。

绘制夹具总装配图的顺序如下。

1）用双点划线或红色铅笔绘出工件的轮廓外形（定位面、夹紧面、待加工表面），并用网线表示加工余量。

2）视工件轮廓为透明体，按工件的形状和位置，依次绘出定位、对刀导引、夹紧元件及其他元件或装置，最后绘制夹具体，形成一个夹具整体。绘图后，还要对夹具零件进行编号，并填写零件明细表和标题栏。

3）标注有关尺寸和夹具的技术条件。

（4）绘制夹具的零件图。夹具总装配图中的非标准件，都要绘制零件图。在确定夹具零件的尺寸、公差和技术要求时，要考虑满足夹具总装配图中规定的精度要求，夹具的精度通常是在装配时获得的。

三、铣床专用夹具的典型结构

采用铣床专用夹具时，一般都用调整法加工。为了预先调整刀具的位置，在夹具上设有确定铣刀位置或方向的对刀块。在专用夹具中，铣床专用夹具中占有较大的比例，下面介绍的两种夹具是铣床专用夹具的典型结构。

1. 杠杆两斜面铣床专用夹具

图 7-44 所示为在标杆工件上铣削两斜面的工序图，工件的形状较特殊，刚性较差。图 7-45 所示为成批生产杠杆时加工该工序

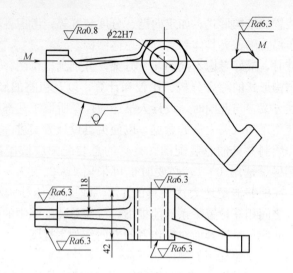

图 7-44　杠杆加工的工序图

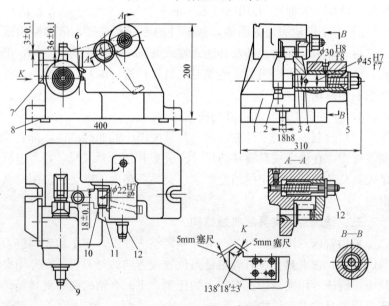

图 7-45　杠杆斜面铣床夹具

1—夹具体；2、3—卡爪；4—连接杆；5—锥套；6—可调支承；

7—对刀块；8—定向键；9、12—螺母；10—定位销；11—钩形压板

的单件铣床专用夹具。工件以已精加工过的孔 φ22H7 和端面在定位销 10 的外圆和台阶上定位，以圆弧面在可调支承 6 上定位，实现完全定位。拧紧螺母 12，使钩形压板 11 将工件压紧，为了增强工件的刚性，在接近加工表面处采用了浮动的辅助夹紧机构，当拧紧该机构的螺母 9 时，卡爪 2 和 3 相向移动，同时将工件夹紧。在卡爪 3 的末端开有三条轴向槽，形成三片簧瓣，继续拧紧螺母 9，锥套 5 即迫使簧瓣胀开，使卡爪 3 锁紧在夹具体中，从而增加夹紧刚性，以免铣削时产生振动。

该夹具通过两个定向键 8 与铣床工作台的 T 形槽相配合，采用两把角度铣刀同时进行加工，由于夹具上的角度使对刀块 7 与定位销 10 的台阶面有一定的尺寸联系〔即（18±0.1）mm〕，而定位销的轴线与定向键的侧面垂直，所以通过用塞尺对刀，即可使夹具相对于机床和刀具获得正确的加工位置，从而保证加工要求。

2. 射油泵传动轴铣削键槽夹具

如图 7-46 所示为射油泵传动轴，轴上有两条半圆键槽和一条与垫圈内舌相配的槽。两条半圆键槽之间的夹角为 60°；螺纹处与

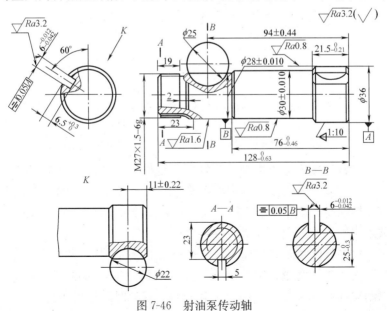

图 7-46　射油泵传动轴

内舌相配的槽,其位置只要与 $\phi25$mm 的键槽错开一定角度即可。

在铣削螺纹处的槽和第一条半圆键槽($\phi25$)时,需限制工件的 5 个自由度。在铣削 $\phi22$mm 的半圆键槽时,由于两键槽之间有 60°夹角要求,故需采用完全定位。现用图 7-47 所示的夹具装夹,铣削三条键槽。

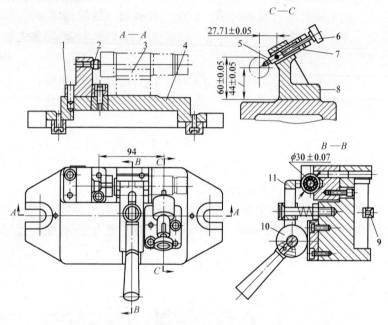

图 7-47 射油泵传动轴铣削键槽的夹具

1—后座;2、5—定位销;3—V 形块;4—夹具体;6—捏手;
7—弹簧;8—定位销座;9—定位键;10—偏心轮;11—压板

在铣削螺纹处和槽和 $\phi25$ 的半圆键槽时,可把定位销座 8 卸下,工件以外圆放在夹具中的 V 形块 3 上,限制工件的 4 个自由度;锥端端面紧靠在定位销 2 上,限制工件沿轴向移动的自由度,共限制工件的 5 个自由度。

在夹具体底面上开有一条与 V 形槽平行的键槽,两个定位键 9 分别安装在其两端,定位键的下部嵌入机床工作台的 T 形槽内,以利夹具对机床工作台的定位和安装。装夹时,先把工件放入 V

形槽内，并与定位销 2 贴紧，然后扳动偏心轮 10 的手柄，带动压板 11 将工件夹紧。

铣削时，先把一批工件螺纹处的槽加工完后，再调换铣刀和调整纵向位置，加工 $\phi25$ 的半圆键槽。每个工件装夹两次。在加工 $\phi22$ 的半圆键槽时，应安装上定位销座 8，利用其与垂直线呈 $60°$ 并通过工件轴心的定位销 5，限制工件绕轴线旋转的（最后一个）自由度。操作时，也像铣削 $\phi25$mm 的半圆键槽一样，先提起揑手 6，把工件放入夹具内，再放松揑手 6，定位销在弹簧 7 的作用下，插入工件 $\phi25$ 的半圆键槽内，然后把工件夹紧。

定位销的轴心线的高低和前后位置，由于在设计制造时无法测量，所以在定位销座上设置了一个 $\phi6$ 的工艺孔，并在夹具上直接标注此工艺孔至 V 形槽对称中心（即通过工件轴心）的距离 K。当工件中心高为 44mm、工艺孔至定位销座底面高度为 60mm 时，K 值为 $K = (60 - 40)\tan 60° \text{mm} = 27.71\text{mm}$。

✤ 第六节　铣床组合夹具简介

一、组合夹具的特点

组合夹具是一种标准化、系列化和通用化较高的机床夹具，它是由一套预先制造好的不同形状、不同规格、不同尺寸、具有完全互换性和高耐磨性、高精度的标准元件及其合件，根据不同工件的加工要求组装而成的夹具，故称为组合夹具。组合夹具使用后，可将夹具拆卸成元件并清洗，以备再次组装重复使用。

组合夹具的设计、制造、组装与使用过程，与专用夹具明显不同。由图 7-48 可以看出，专用夹具在使用后，由于产品更新换代或精度损失就得报废；而组合夹具则可在使用后将元件拆散，需要时再进行组合，元件能反复使用，从而大大提高了组合夹具的技术—经济效益［见图 7-48（b）］。

组合夹具与专用夹具相比，具有如下特点。

（1）组合夹具既灵活多变又易于掌握。一个拥有两万个左右元件的组合夹具组装站，每月可组装出各类组合夹具 400 多套，以适

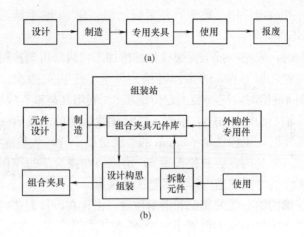

图 7-48　专用夹具与组合夹具的区别

(a) 专用夹具；(b) 组合夹具

应千变万化的被加工工件的需要。

(2) 可缩短产品的生产准备周期。设计、组装组合夹具工时短，可大大地缩短产品的生产准备周期。通常一套较复杂的专用夹具，经设计到制造需要一个月左右的时间，而组装一套中等复杂程度的组合夹具只要几个小时，从而可使生产准备期缩短 90% 以上。

(3) 可降低材料消耗和节约人力。由于组合夹具元件可长期反复使用，因而大大地节省了专用夹具设计和制造的工作量，节省了制造专用夹具的材料。制造一套中等复杂程度的专用夹具，约需金属材料 10～30kg，而组合夹具每次使用仅折旧消耗 0.3～1kg，从而可节约 95% 以上的材料。

(4) 可以提高工艺装备水平和系数。由于组装站可以为用户迅速而及时地提供（或出租）组合夹具，使多品种、小批量企业的工艺装备情况可达到大批量生产的水平，从而提高了生产率，降低了生产成本。

(5) 可减少夹具的存放面积。由于组合夹具元件可以循环使用，可减少逐年积累的专用夹具的数量，从而可减少车间存放夹具的面积。

由于组合夹具具有以上优点，因而在多品种、小批量生产的企业中得到了有效的应用，特别在新产品试制阶段，使用组合夹具可以取得明显的技术—经济效益。应当指出的是，组合夹具也有缺点，使其应用受到一定的限制，主要表现在以下几个方面。

1) 初期投资费用高。由于组合夹具元件和组合件需要较大数量的储备，而这些元件和组合件的精度和表面质量要求较高，工艺复杂，材料多为合金钢。因此，开始制造时比较困难，成本也较高。

2) 体积大、结构复杂。在组装用于加工较复杂工件的夹具时，夹具元件和组合件的数量和层次较多，它们之间是借助于键和螺钉连接起来的，在运输和使用过程中不能受过大的冲击力，而且体积要比专用夹具要大，重量也要重些。

3) 管理工作量大。组合元件的储备量大，需要有专人负责管理、维护，而且组装夹具也需要专人进行。

二、组合夹具元件的分类

组合夹具大致可分为槽系列和孔系列两大类。槽系组合夹具主要通过键与槽确定元件之间的相互位置；孔系组合夹具主要通过销和孔确定元件之间的相互位置。我国在生产中普遍使用的组合夹具大多是槽系列。

根据组合夹具连接部结构要素的承效能力和适应工件外形尺寸的大小，又可分为大、中、小三个系列，大型组合夹具适用于较大零件的加工；中型组合夹具适用于中等尺寸零件的加工；而小型组合夹具适用于仪器仪表制造业。

组合夹具元件按用途可分为 8 大类，每一类又有多个品种和多种规格。这些品种、规格不同的元件，其区别在于外形尺寸和相应的螺钉直径、定位键宽度的不同。组合元件的类别、品种和规格见表 7-41。

表 7-41　　　　　　　组合元件的类别、品种和规格

序号	类别	品　种　数			规　格　数		
		大型	中型	小型	大型	中型	小型
1	基础件	3	9	8	9	39	35

序号	类别	品 种 数			规 格 数		
		大型	中型	小型	大型	中型	小型
2	支承件	17	24	34	105	230	186
3	定位件	7	25	27	30	335	236
4	导向件	6	12	17	16	406	300
5	压紧件	6	9	11	13	32	31
6	紧固件	15	16	18	96	143	133
7	其他件	8	18	13	25	135	74
8	组合件	2	6	11	4	13	22

下面主要介绍我国槽系组合夹具各类元件中一些主要品种的外观形状，而孔系组合夹具的元件分类与槽系基本相同。各类元件及其主要用途如下。

第一类基础件：基础件主要作夹具体用，也是各类元件安装的基础。通过定位键和槽用螺栓可定位安装其他元件，组成一个统一的整体。基础件有方形基础板、长方形基础板、圆形基础板和角尺形基础板等结构形式，如图7-49所示。其中圆形基础板还可作简单的分度。角尺形基础板可作弯板及较强的支柱，也可作钻模、铣削夹具的夹具体。

第二类支承件：它是组合夹具的骨架元件，各种夹具结构的组成都少不了它。支承件用作不同高度的支承和各种定位支承平面。它还起上下连接作用，即把上面的合件及定位、导向等元件通过它与其下面的基础板连成一体。它包括各种垫片、垫板、支承、角铁垫板、菱形板、V形块等，如图7-50所示。

第三类定位件：定位件如图7-51所示，有定位键、定位销、定位盘、各种定位支承、定位支座、镗孔支承、对位轴及各种顶尖等。定位元件主要用在组装时确定各元件之间或元件与工件之间的相对位置，用于保证夹具中各元件的定位精度、连接强度及整个夹具的刚度。

第四类导向件：导向元件主要用来确定孔加工时刀具与工件的

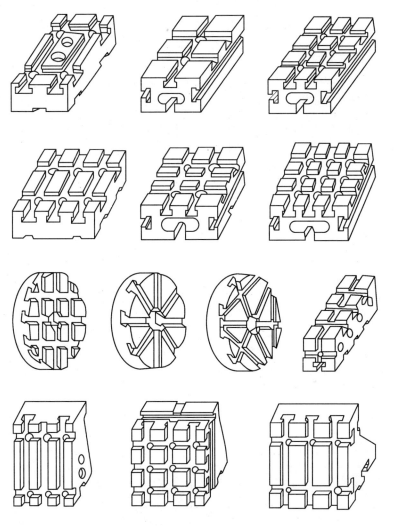

图 7-49　组合夹具的基础件

相对位置，有的导向件可作工件定位用，有的也可起引导刀具的作用。如图 7-52 所示，导向件包括各种结构和规格的钻模板、钻套和导向支承等。

第五类压紧件：压紧件用于保证工件定位后的正确位置。各种压板的主要面都需磨削，因此常用它作为定位挡板、连接板和其他

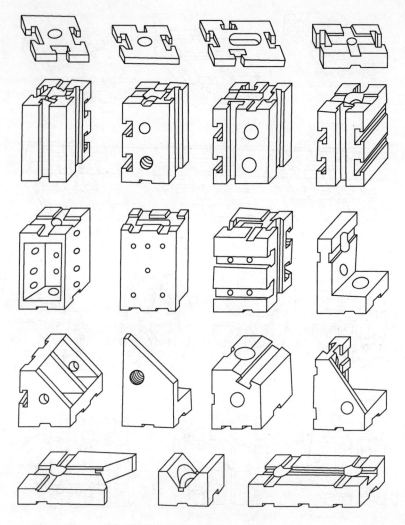

图 7-50 组合夹具的支承件

用途。压紧件包括各种压板，用以压紧工件，如图 7-53 所示。

第六类紧固件：紧固元件包括各种螺栓、螺钉、螺母和垫圈等，它用于连接组合夹具中的各种元件及紧固被加工工件，它在一定程度上影响着整个夹具的刚性。组合夹具使用的螺栓和螺母，一般要求强度高、寿命长、体积小，如图 7-54 所示。

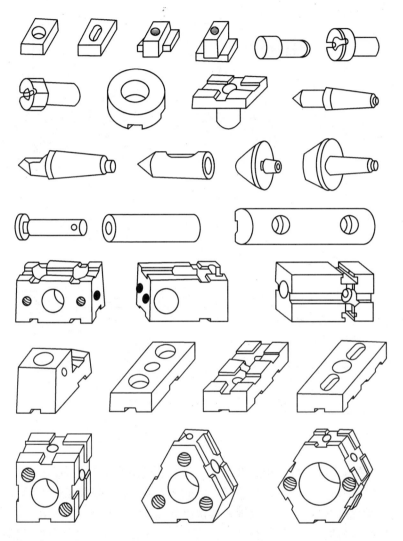

图 7-51　组合夹具的定位件

　　第七类其他件：这类元件是在组合夹具的元件中难以列入上述几类元件的，统一并入其他件。包括：连接板、回转压板、浮动块、各种支承钉、支承帽、支承环、二爪支承、三爪支承等，其用途各不相同，它们在夹具中主要起辅助作用，如图 7-55 所示。

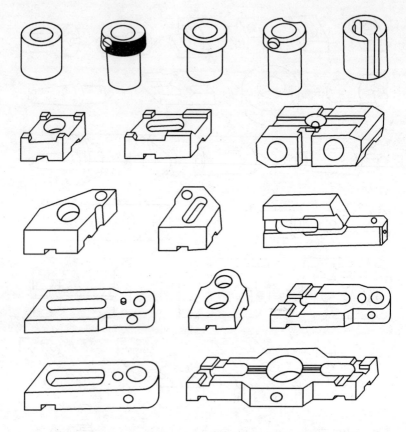

图 7-52　组合夹具的导向件

第八类组合件：组合件是指由几个元件组成的单独部件，在使用过程中以独立部件参加组装，一般不允许拆散。它能提高组合夹具的万能性，扩大使用范围，加快组装速度，简化夹具结构等。常见的组合件分为：分度合件、支承合件、定位合件、夹紧合件、钻模用合件、组装工具等，如图 7-56 所示。

三、组合夹具的组装

把组合夹具的元件和合件，按一定的步骤和要求组合成加工所需的夹具，这就是组装工作。组合夹具的组装，是夹具设计和装配统一的过程。正确的组装过程，一般按下列步骤进行。

图 7-53　组合夹具的压紧件

图 7-54　组合夹具的紧固件

（1）熟悉工件的加工工艺和技术要求。因为组合夹具是为加工某工件的一个工序服务的，因此在组装前必须对这个工件的工艺规程和工件图样上的技术要求有所了解，特别是对本工序所要求达到的技术要求要了解透彻。此外，还应掌握组合夹具现有各类元件的结构和规格等情况。

（2）拟定组装方案。在熟悉了加工工件的工艺和技术要求后，

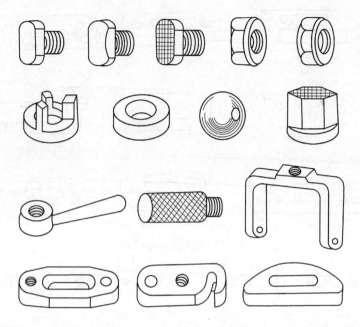

图 7-55　组合夹具的其他件

经过分析，可按工件的定位基准来选择定位元件，并考虑其如何固定和调整。同时，按工件的形状、夹紧部位来选择夹紧元件，确定夹紧装置的结构。此外，还应考虑有哪些特殊要求需要保证，采用哪些元件来实现这些特殊要求等。最后，还应大体上设想一下整个夹具的总体布置情况。

（3）试装。在有了上述初步设想后，就可着手进行试装，即按设想的夹具结构，先摆个样子，不予固定。其目的在于验证设想的夹具结构是否合理，能否实现，通过试装，可以按具体情况进行修正，以避免在正式组装时出现较多的返工。

（4）组装和调整。在拟定方案和试装的基础上，可以进行正式组装，组装时一般是按照由夹具的内部到外部，由下部至上部的顺序进行元件的组装和调整。其间，两者往往是交叉进行的，即边组装、边测量、边调整。调整是组装工作中相当重要的环节。在连接元件和紧固元件时，应该保证元件定位和紧固的可靠性，以免在使用过程中发生事故。

图 7-56　组合夹具的组合件

（5）检查。当夹具元件全部紧固后，应仔细地进行一次检查，例如检查结构是否合理、工件夹紧是否可靠、夹具尺寸能否保证加工的技术要求等。如果认为已完善无误，则可交付使用。

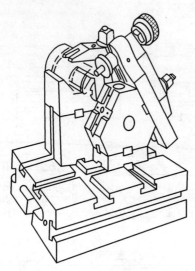

图 7-57　铣削射油泵传动轴
上半圆键槽的组合夹具

四、铣床组合夹具的应用实例

在新产品试制阶段，由于工件加工件数不多，而且要迅速提供合适的夹具，此时可用组合夹具的元件组装成符合要求的一台夹具。

仍以图 7-46 所示的射油泵传动轴为例，轴上的三条槽都需要铣削加工。螺纹处与垫圈内舌相配的槽和与之错开一定角度的第一条半圆键槽装夹加工比较方便。由于第二条半圆键槽与第一条半圆键槽之间有 60°夹角

要求，夹具设计较复杂，技术要求较高，现可采用图 7-57 所示的组合夹具装夹铣削第二条半圆键槽。

图 7-57 中，底座为矩形基础件；定位元件 V 形架与基础件之间是矩形支承件，其间用键固定相互位置，再用紧固件连接紧固；合件弹簧插销固定在扇形板上，并一起固定在六角形的支承件上；在六角形支承件的内侧安装一个定位支承钉与工件端面定位；六角形支承件与其下面的矩形支承件，通过键和紧固件螺栓固定在底座（基础件）上；最后把插销的位置调整好，再用螺栓、压板等夹紧件紧固即成。在铣削前面两条槽时，可将扇形板拆下。

第八章

典型工件的铣削加工

铣削是以铣刀旋转作主运动,工件或铣刀作进给运动的切削加工方法。

第一节 平面的铣削

一、平面的技术要求及铣削方法

1. 平面的技术要求

平面质量的好坏,由平面度和表面粗糙度来衡量,如图 8-1 所示。

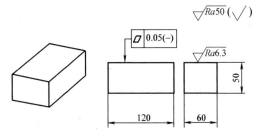

图 8-1 平面度和表面粗糙度

2. 平面的铣削方法

在铣床上铣削平面的方法有两种,即周边铣削(简称周铣)和端面铣削(简称面铣),这两种铣削方法的特点如下。

(1)周边铣削。周边铣削是指用铣刀的周边齿刃进行的铣削,如图 8-2 所示。当工件在铣刀下以直线运动作进给时,工件表面就被铣削出一个平面来。由于圆柱形铣刀是由若干个切削刃组成的,所以铣削出的平面有微小的波纹。要使被加工件表面获得小的表面粗糙度值，工件的进给速度要慢一些，而铣刀的转速要适当快一些。

用周边铣削的方法铣削出的平面，其平面度的好坏主要取决于铣刀的圆柱度。若铣刀磨成略带圆锥形时，则铣削出的表面与工作台面倾斜一定的角度；若铣刀磨成中间直径大、两端直径小时，则会铣削出一个凹面；若铣刀磨成中间直径小、两端直径大时则会铣削出一个凸面。因此，在精铣平面时，要保证铣刀的圆柱度。

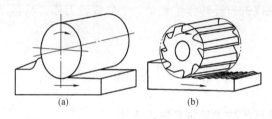

(a)　　　　　　　　(b)

图 8-2　周边铣削

（2）端面铣削。端面铣削是指用铣刀的端面齿刃进行的铣削。铣削平面时是利用分布在铣刀端面上的刀尖来形成平面，如图 8-3 所示。用端面铣削的方法铣削出的平面，也有一条条刀纹，刀纹的粗细（即表面粗糙度值的大小）与工件的进给速度和铣刀的转速等

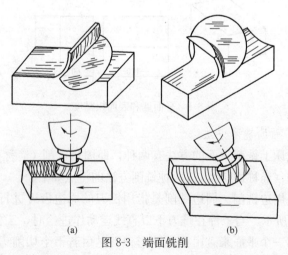

(a)　　　　　　　　(b)

图 8-3　端面铣削

许多因素有关。

用端面铣削的方法铣削出的平面，其平面度的好坏主要取决于铣床主轴轴线与进给方向的垂直度。

（3）周边铣削和端面铣削的比较。周边铣削和端面铣削两种铣削方法，在铣削单一平面时是分开的；在铣削台阶和沟槽等组合面时，则往往是同时存在的。现就铣削单一平面的情况，对端面铣削和周边铣削分析比较如下。

1）端面铣削时，由于端铣刀的刀杆短、刚性好，同时工作的刀齿多，故振动小，铣削平稳，效率高。

2）面铣刀的刀片安装方便，刚性好，适宜进行高速铣削和强力铣削，可提高生产效率，减少表面粗糙度值。

3）面铣刀的直径最大可达 1m 左右，故一次能铣削出较宽的表面。

4）面铣刀的刃磨不像圆柱形铣刀要求那么严格。在一把面铣刀上，若各个刀齿刃磨得高低不平，在半径方向上也出入不等，但对铣出平面的平面度是没有影响的，只对表面粗糙度有影响。

5）零件上的平面，从使用情况上看，大都只允许凹不允许凸。用端面铣削获得的平面，只可能产生凹，不可能产生凸；而用周边铣削获得的平面，则凸和凹都可能产生。

6）周边铣削和端面铣削在相同的铣削层宽度、背吃刀量和每齿进给量的条件下，以及面铣刀不采用修光刃和高速铣削等措施的情况下进行铣削时，用周边铣削加工出的平面表面粗糙值要小。

7）周边铣削时，能一次切除较大的铣削层深度。

目前平面加工，尤其是加工大平面时，一般都采用端面铣削的方法。

二、铣削平面

零件上的平面，按其和基准面之间的位置关系可分为三类。

平行面——和基准面相互平行的平面。

垂直面——和基准面相互垂直的平面。

斜面——和基准面既不平行又不垂直的平面。

1. 平行面的铣削

(1) 工件的装夹方法分析。

1) 用机床用平口虎钳装夹工件。虎钳的水平导轨面与固定钳口面相垂直，且与虎钳底面平行，所以可用和基准面相垂直的面作为定位表面，和固定钳口贴合。有时需要铣削平行面，而工件上又没有一个和基准面相垂直的面作为定位表面时，则需用机床用平口虎钳的水平导轨面作为主要的定位支承面，此时应在两钳口上放置圆棒，如图 8-4 所示。此外，为了使工件和水平导轨面相贴合，在夹紧工件时，可用铜锤轻轻敲打工件。

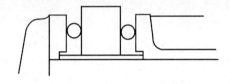

图 8-4 用两根圆棒使基准面贴合

如果工件的厚度小于钳口的高度，则可在工件下面垫上经过磨削的且厚度合适的平行垫铁，并使定位基准面与垫铁紧密贴合，如图 8-5 所示。

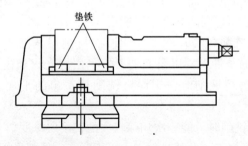

图 8-5 用垫铁垫高工件

如果工件比虎钳钳口长很多，则可用划线盘（或者杠杆百分表）找正基准面，如图 8-6 所示。

2) 在铣床工作台上装夹工件。如果工件能直接用压板装夹在铣床工作台上，则铣削时既方便又准确，如图 8-7 所示。

3) 在卧式铣床上用组合铣刀铣削平行面。这种加工方法可一

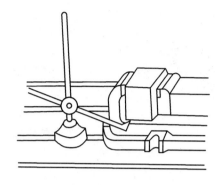

图 8-6　用划线盘找正基准面

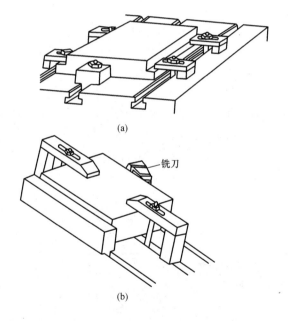

(a)

铣刀

(b)

图 8-7　将工件装夹在工作台上铣削平行面

（a）在立式铣床上铣削平行面；（b）在卧式铣床上铣削平行面

次铣削两个平面，并且两平面互相平行，如图 8-8 所示。

（2）平行面的铣削质量分析。铣削平行面时，造成平行度误差超差的原因主要有以下几个方面。

1）在卧式铣床上进行周边铣削时，铣刀杆与工作台台面不

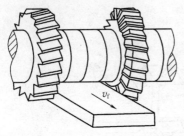

图 8-8　用组合铣刀铣削平行面

平行。

2）周边铣削时圆柱铣刀（或立铣刀）有锥度。

3）基准面或工作台台面未擦干净。

4）立式铣床主轴"零位"不准或万能卧式铣床工作台"零位"不准。

5）用机床用平口虎钳装夹工作时，虎钳导轨面与工作台台面不平行或与平行垫铁不平行。

6）基准面与平行垫铁贴合不好。

7）工件上同固定钳口贴合的平面与其基准面的垂直度有误差。

8）机床用平口虎钳固定钳口面与工作台台面不垂直。

9）机床进给系统有"让刀"现象。

2. 垂直面的铣削

在卧式铣床上用圆柱铣刀铣削出的平面，都与工作台台面平行，故只需将基面安装成与工作台台面垂直即可。

（1）在卧式铣床上用机床用平口虎钳装夹进行铣削。铣削垂直面的情况如图 8-9 所示。

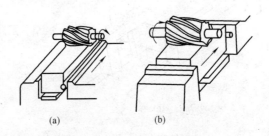

（a）　　　　　　　（b）

图 8-9　用机床用平口虎钳装夹铣削垂直面

（a）钳口与铣床主轴垂直；（b）钳口与铣床主轴平行

（2）用角铁装夹进行铣削。对于基准面比较宽而加工面比较窄的工件，在铣削垂直面时，可利用角铁来装夹，如图 8-10 所示。

（3）用立铣刀进行铣削。对于基准面宽而长、加工面又较窄的

工件，可以在立式铣床上用立
铣刀铣削，如图 8-11 所示。

3. 斜面的铣削

在铣床上铣削斜面的方法
有：工件倾斜铣削斜面、铣刀
倾斜铣削斜面和用角度铣刀铣
削斜面三种。

（1）利用工件倾斜铣削
斜面。

1）根据划线装夹工件铣削
斜面。在毛坯件上按图样要求

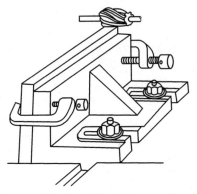

图 8-10　用角铁装夹铣削垂直面

划出斜面的轮廓线，按划线找正工件的位置，然后进行铣削加工，
如图 8-12 所示。

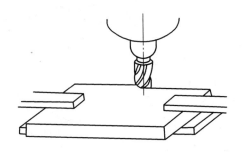

图 8-11　用立铣刀铣削垂直面

图 8-12　根据划线装夹工件铣削斜面

2）利用虎钳扳转角度铣削斜面，如图 8-13 所示。虎钳转动角度的大小应该遵循下列原则：当加工平面与基准面垂直时［见图（a）］，虎钳转动角度 $\alpha=90°-\beta$（β 为工件斜角）；当加工平面与基准面平行时［见图（b）］，则 $\alpha=\beta$（β 为工件斜角）。

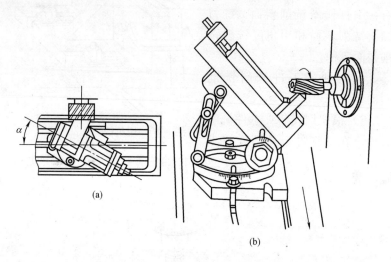

图 8-13　利用虎钳扳转角度铣削斜面
（a）用虎钳转角度铣削斜面；（b）用可倾虎钳转角度铣削斜面

3）利用可倾工作台铣削斜面，如图 8-14 所示。工作台的倾角 $\alpha=\beta$（β 为工件倾角）。

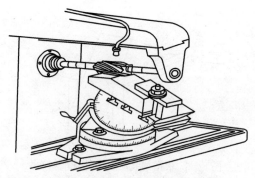

图 8-14　利用可倾工作台铣削斜面

4）利用倾斜垫铁和专用夹具铣削斜面，如图 8-15 所示。利用倾斜垫铁铣削斜面，适用于单件或小批量生产。而成批或大批量生产时，则采用专用夹具装夹来铣削斜面，这样可保证加工质量，提高生产效率。

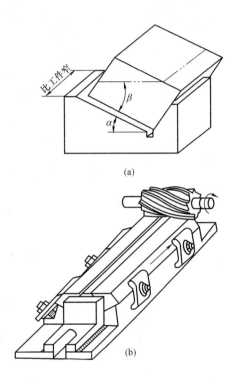

(a)

(b)

图 8-15　利用倾斜垫铁和专用夹具铣削斜面

5）利用万能分度头铣削斜面，如图 8-16 所示。

6）利用回转工作台铣削斜面，如图 8-17 所示。

（2）利用铣刀倾斜铣削斜面。

1）利用面铣刀倾斜铣削斜面，如图 8-18（a）、（b）所示。立铣头需转动的角度 α 与工件斜角 β 相同，即 $\alpha=\beta$。

2）利用立铣刀圆柱面切削刃倾斜铣削斜面，如图 8-19（a）、（b）所示。立铣头需转动的角度 $\alpha=90°-\beta$（β 为工件倾角）。

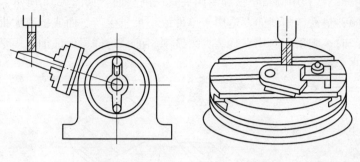

图 8-16　利用万能分度头铣削斜面　图 8-17　利用回转工作台铣削斜面

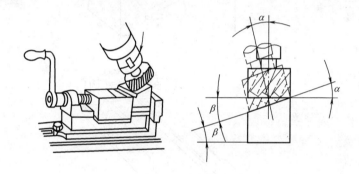

图 8-18　利用面铣刀铣削斜面

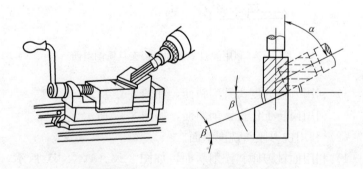

图 8-19　利用立铣刀周边铣削斜面

在立式铣床上铣削斜面时，立铣头的倾斜角度见表 8-1。

表 8-1   铣削斜面时立铣头的转角

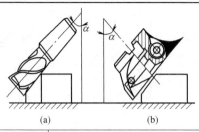

（a）   （b）

工件角度的标注形式	立铣头倾斜角度 α	
	用立铣刀周边铣削[见图(a)]	用立铣刀或面铣刀平面铣削[见图(b)]
![β]	$\alpha=90°-\beta$	$\alpha=\beta$
![β]	$\alpha=90°-\beta$	$\alpha=\beta$
![β]	$\alpha=\beta$	$\alpha=90°-\beta$
![β]	$\alpha=\beta$	$\alpha=90°-\beta$
![β]	$\alpha=\beta-90°$	$\alpha=180°-\beta$
![β]	$\alpha=180°-\beta$	$\alpha=\beta-90°$

（3）利用角度铣刀铣削斜面。角度铣刀可分单角铣刀和双角铣刀两种，如图 8-20（a）、（b）所示。

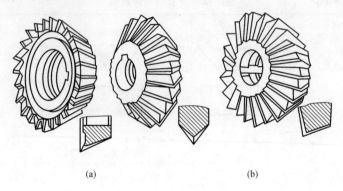

（a）　　　　　　　　　　　　　　（b）

图 8-20　角度铣刀
（a）单角度铣刀；（b）双角度铣刀

在工件数量较多的情况下，为了提高生产效率和保证质量，可以用两把规格相同、切削刃相反的单角度铣刀同时进行铣削，如图 8-21 所示。

角度铣刀一般只用来铣削较窄的斜面。铣削时，应采用较小的铣削用量。在铣削碳钢工件时，应加注充分的切削液。

三、平面工件的检验

（1）检验工件的垂直度。工件垂直面与基面之间的垂直度一般都用 90°角尺来检验。

（2）检验工件的平行度和尺寸精度。采用图 8-22 所示的方法，可同时检验工件的尺寸精度和平行度。检验时，把工件放在百分表下移动，根据百分表的读数，便可测出工件的尺寸误差及平行度误差。

采用千分尺或游标卡尺测量工件的四角及中部，观察各部分尺寸的差值，这个差值就是工件的平行度误差。

（3）检验工件斜面。检验方法主要有以下三种。

1）采用游标万能角度尺检验。当对工件的精度要求不高时，可用游标万能角度尺来直接量得斜面与基面之间的夹角。

2）采用正弦规检验。当对工件的精度要求很高时，可用正弦规并配合百分表和量块来检验，如图 8-23 所示。

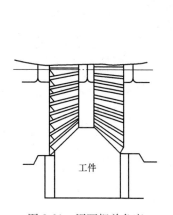

图 8-21　用两把单角度
铣刀铣削斜面

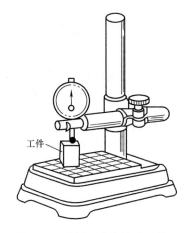

图 8-22　采用百分表检验工件的
平行度和尺寸精度

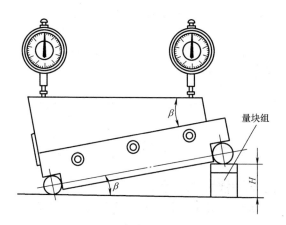

图 8-23　采用正弦规检验工件斜面

3）采用角度样板检验。当工件成批大量生产时，可用角度样板检验斜面。

四、平面的铣削质量

铣削平面的质量不仅与铣削时所用的铣床、夹具和铣刀的好坏有关，还与铣削用量和合理选用切削液等很多因素有关。铣削平面的质量问题及原因分析见表 8-2。

表 8-2 铣削平面的质量问题及原因分析

质量问题	原 因 分 析
影响工件表面 粗糙度的因素	(1) 铣刀刃口变钝 (2) 铣削时有振动 (3) 铣削时进给量太大；铣削余量太多 (4) 铣刀几何参数选择不当 (5) 铣削时有拖刀现象 (6) 切削液选用不当 (7) 铣削时有积屑瘤产生，或切屑有粘刀现象 (8) 在铣削过程中进给停顿而产生"深啃"现象
影响工件平面 度的因素	(1) 用周边铣削时，铣刀的圆柱度差 (2) 用平面铣削时，铣床主轴轴线与进给方向不垂直 (3) 铣床工作台进给运动的直线性差 (4) 铣床主轴轴承的径向和轴向间隙大 (5) 工件在夹紧力和铣削力的作用下产生变形 (6) 工件由于存在应力，使表层切除后产生变形 (7) 由于铣削热产生的变形 (8) 由于接刀而产生接刀痕

第二节 台阶、沟槽的铣削

一、台阶和沟槽的技术要求

组成台阶和沟槽的平面，要求具有较好的平面度和较小的表面粗糙度值。此外，台阶和沟槽还应满足以下技术要求。

(1) 尺寸精度。对于大多数台阶和沟槽，要求与其他零件相配合，所以对尺寸公差（主要是配合尺寸公差）要求较高。

(2) 形状和位置精度。台阶和沟槽的形状（如矩形）、直线度等，应具有一定的要求。

台阶和沟槽对工件的侧面和底面要求平行。对于斜槽与侧面成一定夹角的台阶，则还有倾斜度和对称度的要求。

二、铣削台阶

（1）铣削台阶用的铣刀。在卧式铣床上铣削尺寸不太大（宽度＜25mm）的台阶，一般都采用三面刃铣刀加工。

三面刃铣刀有普通直齿和错齿（又称交错齿）两种，如图8-24所示。直径大的错齿三面刃铣刀，大都是镶齿的。

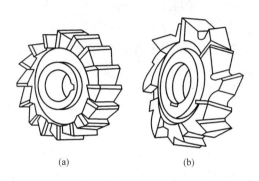

(a)　　　　　　　　　(b)

图 8-24　三面刃铣刀

（a）直齿三面刃铣刀；（b）错齿三面刃铣刀

整体的三面刃铣刀有普通级和精密级两种。镶齿三面刃铣刀的精度一般较低。

在立式铣床上铣削台阶时，一般都采用立铣刀铣削。对于尺寸较大的台阶，大都采用立铣刀来铣削，可提高生产率。

（2）校正夹具和装夹工件。铣削台阶时，夹具必须校准，否则铣削出来的台阶位置就不准确。夹具可用百分表或划针来校正。

（3）用一把铣刀铣削台阶。如图 8-25 所示是用一把三面刃铣刀铣削台阶。

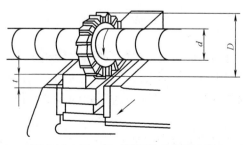

图 8-25　用一把三面刃铣刀铣削台阶

471

1) 铣刀的选择。选择铣刀时，三面刃铣刀的宽度应大于台阶的宽度；铣刀的直径按下式确定

$$D > 2t + d \qquad (8\text{-}1)$$

式中　D——铣刀的直径，mm；

　　　d——刀轴垫圈的直径，mm；

　　　t——台阶的深度，mm。

2) 铣削方法。采用机床用平口虎钳装夹工件时，应校正固定钳口与铣床主轴轴心线垂直。工件的侧面应靠向固定钳口，工件的底面靠向钳体导轨平面，铣削的台阶底面应高出钳口上平面。装夹并校正工件后，摇动各进给手柄，使铣刀侧面刃轻轻划着工件侧面，如图 8-26（a）所示。然后降落垂直进给，如图 8-26（b）所示。移动横向进给手柄，进给一个台阶宽度的距离，将横向进给紧固，上升工作台，使铣刀圆周刃轻轻划着工件，如图 8-26（c）所示。摇动纵向进给手柄，使铣刀退出工件，上升工作台一个台阶的深度，摇动纵向进给手柄，使工件靠近铣刀，扳动自动进给手柄，铣削台阶，如图 8-26（d）所示。

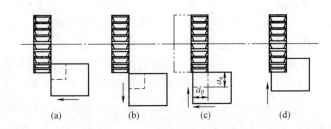

图 8-26　铣削台阶

（4）用组合的三面刃铣刀铣削台阶。对于生产数量较多的双面台阶工件，可用组合的三面刃铣刀加工，如图 8-27 所示。铣削时，用卡尺测量调整两把三面刃铣刀内侧间的距离，使其等于凸台的宽度。

（5）用面铣刀铣削台阶。对于宽度较宽、深度较浅的台阶，可

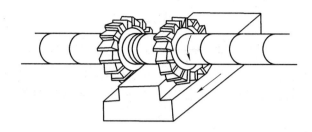

图 8-27　用组合铣刀铣削台阶

用面铣刀加工，如图 8-28 所示。

（6）用立铣刀铣削台阶。对于较深的台阶，可用立铣刀铣削，如图 8-29 所示。

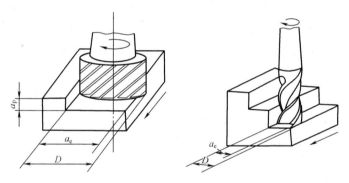

图 8-28　用面铣刀铣削台阶　　图 8-29　用立铣刀铣削台阶

三、铣削沟槽

沟槽分为直角沟槽、轴上键槽、T 形槽、V 形槽、燕尾槽等几类。

1. 铣削直角沟槽

直角沟槽有通槽、半通槽、封闭槽，如图 8-30 所示。

（1）用三面刃铣刀铣削通槽。三面刃铣刀适用于加工宽度较窄、深度较深的通槽，如图 8-31 所示。

1）铣刀的选择。三面刃铣刀的宽度 B 应等于或小于所加工的沟槽宽度 B'；直径 D 应大于刀轴垫圈的直径 d 加两倍的沟槽深度 H。

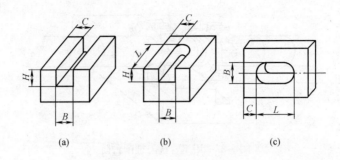

图 8-30 直角沟槽的种类

(a) 通槽；(b) 半通槽；(c) 封闭槽

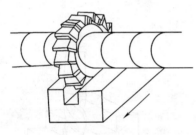

图 8-31 用三面刃铣刀铣削直通槽

2）工件的装夹和找正。工件一般采用机床用平口虎钳装夹。在窄长件上铣削长的直角沟槽时，虎钳的固定钳口应与铣床主轴的轴心线垂直安装，如图 8-32 (a) 所示；在窄长件上铣削短的直角沟槽时，虎钳的固定钳口应与铣床主轴的轴心线平行安装，如图 8-32 (b) 所示。

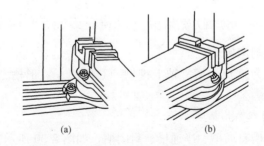

图 8-32 铣削沟槽时虎钳的安装

(a) 固定钳口与铣床主轴的轴心线垂直安装；

(b) 固定钳口与铣床主轴的轴心线平行安装

3）对刀方法。对刀方法有划线对刀和侧面对刀两种。

（2）用立铣刀铣削半通槽和封闭槽。用立铣刀削半通槽时，所选择的立铣刀直径应等于或小于沟槽的宽度。当沟槽较深时，应分数次进给，铣削到要求的槽深，以免损坏刀具。铣削时，不能来回切削工件，只能由沟槽的外端铣向沟槽的里端，如图 8-33 所示。

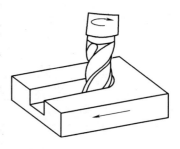

图 8-33　用立铣刀铣削半通槽

用立铣刀铣削穿通的封闭沟槽时，铣削前应在工件上划出沟槽的尺寸位置线，并在划沟槽长度线的一端预钻一个小于槽宽的落刀圆孔，如图 8-34 所示。

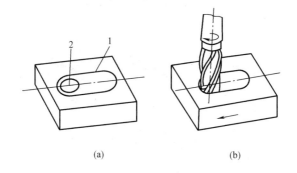

(a)　　　　　　　　　　(b)

图 8-34　用立铣刀铣削封闭槽

(a) 工件外形；(b) 铣削操作

1—沟槽加工线；2—预钻的落刀孔

（3）用键槽铣刀铣削半通槽和封闭槽。对于铣削精度要求较高、深度较浅的半通槽和封闭通槽，可采用键槽铣刀，如图 8-35 所示。

2. 铣削轴上的键槽

轴上的键槽有通槽、半通槽、封闭槽几种，如图 8-36 所示。通槽大都采用盘形铣刀铣削；半通槽和封闭槽一般采用键槽铣刀铣削。

（1）铣刀的选择。铣削轴上的通槽和槽底为圆弧的半通槽时，

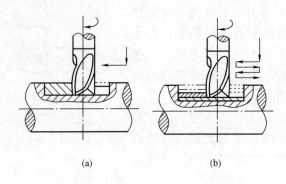

图 8-35　用键槽铣刀铣削半通槽

（a）一次铣准深度法；（b）分层铣削法

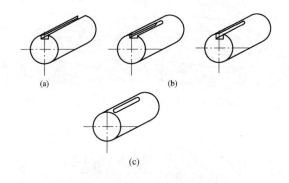

图 8-36　轴上键槽的种类

（a）通槽；（b）半通槽；（c）封闭槽

一般采用盘形槽铣刀，沟槽的宽度由铣刀的宽度来保证。铣削半通槽时，铣刀的半径应与图样上规定的槽底圆弧半径一致。

铣削轴上的封闭槽或槽底一端为直角的半通槽时，采用键槽铣刀，键槽的宽度由铣刀的直径来保证。

（2）常用的铣削方法。轴上键槽常用的铣削方法有以下几种。

1）用机床用平口虎钳装夹工件。用键槽铣刀铣削轴上的键槽，如图 8-37 所示，采用机床用平口虎钳装夹工件时，应校正固定钳口与铣床纵向进给方向平行。装夹工件后，应找正工件母线与工作台台面平行。铣削轴上的键槽时，通过对刀调整，应使键槽铣刀的回转中心线通过工件的轴心线。常用的对中心的方法有：切痕对中心、用游标卡尺测量对中心和用杠杆百分表测量对中心三种方法，见表 8-3。

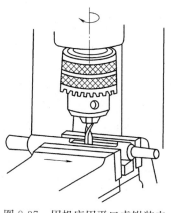

图 8-37 用机床用平口虎钳装夹工件铣削轴上的键槽

表 8-3 对中心的方法

简 图	方 法	说 明
	切痕对中心	装夹并找正工件后，使铣刀的中心线大致对准工件的中心，开动机床，在工件上铣出一个宽约等于铣刀直径的小平面，使平面两边的台阶高度一致
	用游标卡尺测量对中心	装夹并找正工件后，用钻夹头夹持与铣刀直径相同的圆棒，用游标卡尺测量圆棒圆周边与两钳口间的距离，若 $a = a'$，则表示对好了中心
	用杠杆百分表测量对中心	把杠杆百分表固定在立铣头主轴的下端，用手转动主轴，适当调整横向工作台，若百分表的读数在钳口两内侧一致，则表示对好了中心

铣削键槽的方法有分层铣削法、扩刀铣削法和粗精铣削法三种，如表 8-4 所示。

表 8-4   轴上键槽的铣削方法

简　图	方　法	说　　明
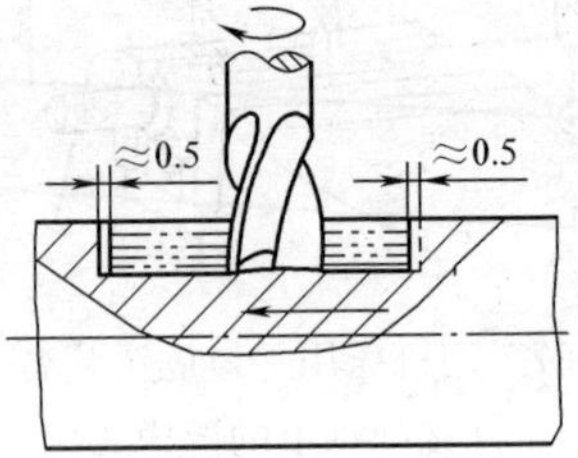	分层铣削法	根据铣刀直径的大小（键槽的宽度），选择每次的背吃刀量，使其在 0.15～1mm 之间，键槽的两端各留有 0.5mm 的余量，手动进给由键槽的一端铣向另一端，以较快的速度手动退至原位，再进刀，仍由原来一端铣向另一端。逐次铣削到要求的深度后，再同时铣削到要求的长度
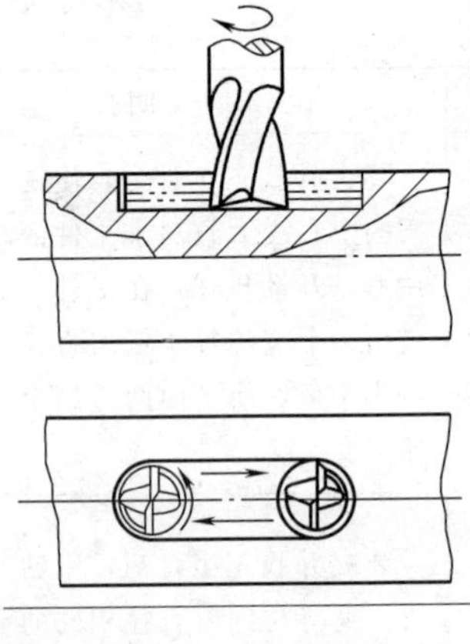	扩刀铣削法	先用直径小于键槽宽度 0.3～0.5mm 的铣刀铣削到要求的深度，键槽两端各留 0.5mm 的余量，再由键槽中心对称扩至要求的宽度，并铣削到要求的长度
	粗精铣削法	用两把铣刀，一把用于粗铣，一把用于精铣。粗铣刀的直径小于键槽宽度尺寸 0.3～1mm，精铣刀的尺寸要符合要求

2）用 V 形块装夹工件铣削轴上的键槽。应选择两块等高的 V 形块，由压板和螺栓配合将工件夹紧，如图 8-38 所示。V 形块安装后，应选择标准的圆棒或经检测后直径公差符合要求的工件，将其放入到两 V 形块的 V 形槽内，用百分表校正圆棒或工件的上母线与工作台台面平行，再校正圆棒或工件的侧母线与工作台纵向进

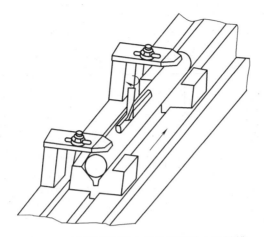

图 8-38　用 V 形块装夹工件铣削轴上的键槽

给方向平行，如图 8-39 所示。铣削键槽时应对准中心。

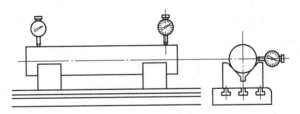

图 8-39　用百分表校正 V 形块

3）用盘形槽铣刀铣削长轴上的键槽，如图 8-40 所示。

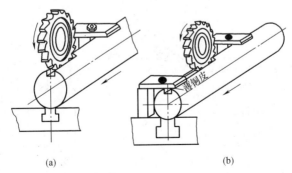

(a)　　　　　　　　　　　　(b)

图 8-40　用盘形槽铣刀铣削长轴上的键槽

（a）由工件端部铣出一段槽长；（b）垫铜皮夹紧工件后完成铣削

铣削时，应使盘形槽铣刀宽度的中心通过工件轴心，常用的对中心的方法见表 8-5。

表 8-5 盘形槽铣刀对中心的方法

简 图	方 法	说 明
B	切痕对中心	在工件母线上铣削出一个约等于键槽宽度的椭圆小平面，用肉眼观察，使铣刀的两侧刃对准椭圆的两边
A *A′*	测量对中心	工件装夹后，用游标卡尺测量铣刀侧面与 90°角尺尺苗内侧面间的距离，若 $A=A'$，则表示对好了中心

（3）检验方法。轴上键槽的检验包括下列内容。

1）用塞规或塞块检测键槽的宽度，如图 8-41 所示。

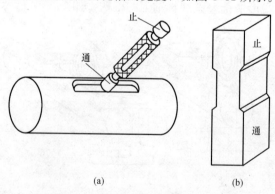

图 8-41 用塞规和塞块检测键槽的宽度

(a) 塞规；(b) 塞块

2）用游标卡尺、千分尺、深度尺检测槽的其他尺寸。键槽的长度尺寸用游标卡尺测量；键槽深度尺寸的检测方法如图 8-42 所示。

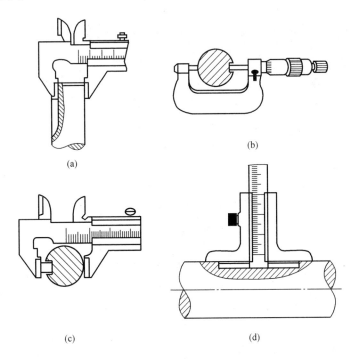

(a)

(b)

(c)

(d)

图 8-42　键槽深度的测量方法

3）用百分表检测键槽两侧与工件轴心线的对称度，如图 8-43 所示。

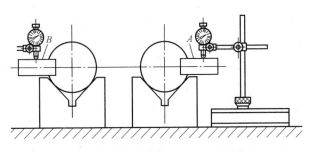

图 8-43　用百分表检测键槽两侧对称度

481

3. 铣削 T 形槽

(1) 一般 T 形槽的铣削方法。先在立式铣床上用立铣刀,或在卧式铣床上用三面刃铣刀铣削出直槽,而后在立式铣床上安装 T 形槽铣刀铣削出 T 形槽,最后用角度铣刀在槽口倒角,如图 8-44 所示。选择 T 形槽铣刀时,应根据 T 形槽的尺寸选用。

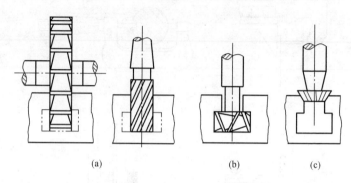

图 8-44 T 形槽的铣削步骤

(a) 铣直槽;(b) 铣底槽;(c) 槽口倒角

(2) 两端不穿通的 T 形槽的铣削方法。先在 T 形槽的一端顶钻落刀孔,如图 8-45 所示,落刀孔的直径应大于 T 形槽铣刀切削部分的直径。铣削出直槽后,在落刀孔处落刀铣削出 T 形槽。

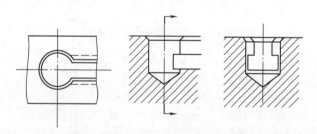

图 8-45 在 T 形槽的一端顶钻落刀孔

4. 铣削 V 形槽

(1) 用双角铣刀铣削 V 形槽。V 形槽一般都采用与其角度相同的对称双角铣刀加工。若无合适的双角铣刀,则可用两把刃口相反、规格相同的单角铣刀组合起来进行铣削,其铣削方法如图 8-46 所示。

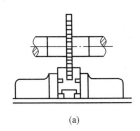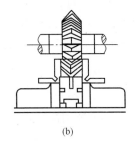

(a)　　　　　　　　　　(b)

图 8-46　用双角铣刀铣削 V 形槽

（a）用锯片铣刀铣削直槽；（b）用双角铣刀铣削 V 形槽

也可用一把单角铣刀来铣削 V 形槽，其方法是先铣削一面，然后将工件转 180°后，再铣削另一面。

（2）用立铣刀铣削 V 形槽。对于尺寸较大、夹角大于或等于 90°的 V 形槽，可调整立铣头的角度，用立铣刀加工，如图 8-47 所示。铣削时，先用短刀轴安装锯片铣刀，铣削出窄槽，然后调整立铣头的角度，安装立铣刀铣削 V 形槽。铣削 V 形槽时，先铣出一个 V 形面，然后将工件松开调整 180°，再铣削出另一个 V 形面。

（3）用倾斜工件的方法铣削 V 形槽。对于尺寸不大的工件的 V 形槽，可采用倾斜工件的方法加工，如图 8-48 所示。铣削时，先用锯片铣刀铣削出窄槽，然后将工件倾斜，铣削出 V 形槽。

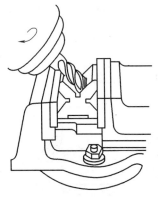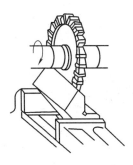

图 8-47　在立式铣床上　　　　图 8-48　用倾斜工件的

铣削 V 形槽　　　　　　　方法铣削 V 形槽

483

（4）在圆盘上铣削 V 形槽。可用双角铣刀铣削，也可用角度与 V 形槽相等的单角铣刀铣削。当 $\theta=90°$ 时，还可用三面刃铣刀或立铣刀铣削，此时只需使铣刀的侧面切削刃偏移工件中心一个距离 s 即可，如图 8-49（a）、（b）所示。

$$s=a\sin\frac{\theta}{2} \tag{8-2}$$

式中　s——铣刀侧刃的偏移距离，mm；

　　　a——槽底至中心的距离，mm；

　　　θ——V 形槽的夹角，(°)。

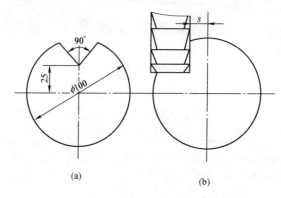

图 8-49　在圆盘上铣削 V 形槽

5. 铣削燕尾槽

燕尾槽的铣削方法分为两个步骤，如图 8-50 所示。第一步，

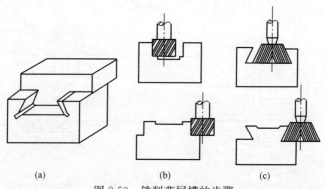

图 8-50　铣削燕尾槽的步骤

（a）带燕尾槽和燕尾块的工件；（b）铣削直槽；（c）铣削燕尾槽

先在立式铣床上用立铣刀或面铣刀铣削出直槽；第二步，再用专用的燕尾槽铣刀铣削出燕尾。燕尾槽的角度一般为 55°或 60°。

在单件生产时，若没有合适的燕尾槽铣刀，可用与燕尾槽角度相等的单角铣刀来铣削，如图 8-51 所示。

铣削带有斜度的燕尾槽（见图 8-52），一般分为两个步骤：首先铣削出不带斜度的一侧，然后将工件按图样规定的方向和斜度调整至与工作台的进给方向存在一定的斜度，铣削出带斜度的一侧。

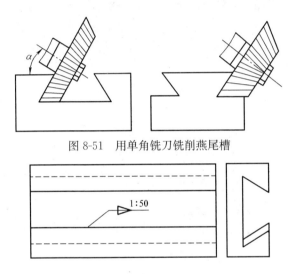

图 8-51　用单角铣刀铣削燕尾槽

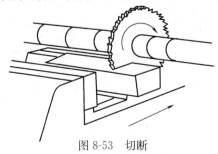

图 8-52　带斜度的燕尾槽

四、切断

在铣床上切断时采用锯片铣刀，如图 8-53 所示。锯片铣刀有粗齿、中齿和细齿之分。粗齿刀切断时的宽度尺寸精度较低；细齿

图 8-53　切断

刀切断时的宽度尺寸精度最高。切削时，主要是选择锯片铣刀的直径和厚度。铣刀直径按下式确定

$$D > d + 2t \qquad (8\text{-}3)$$

式中　D——铣刀的直径，mm；

　　　d——刀轴垫圈的直径，mm；

　　　t——切断时的深度，mm。

一般情况下，铣刀厚度可取 2～5mm。铣刀直径大时，取较厚的铣刀。在满足式（8-3）的情况下，铣刀直径应尽量小。

切断薄板料时，可用压板将工件夹紧在工作台台面上，压板的夹紧点要尽量靠近铣刀，切缝置于工作台的 T 形槽间，防止损伤工作台面，如图 8-54 所示。

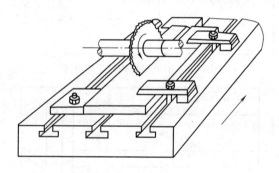

图 8-54　切断薄板料

切断带孔工件时，将机床平口虎钳的固定钳口与铣床主轴的轴心线平行安装，夹持工件的两端面，将工件切透，如图 8-55 所示。

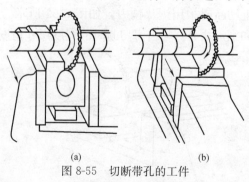

(a)　　　　　　　　　　　(b)

图 8-55　切断带孔的工件

（a）错误操作；（b）正确操作

五、台阶、沟槽的铣削质量

台阶、沟槽的铣削质量问题及原因分析见表 8-6。

表 8-6　　　　　　台阶、沟槽的铣削质量问题及原因分析

质量问题	原　因　分　析
键槽的宽度尺寸超差	(1) 铣刀宽度或直径未选对 (2) 三面刃铣刀端面圆跳动过大 (3) 铣刀磨损
键槽对称度超差	(1) 对刀不准 (2) 铣削时产生"让刀"现象 (3) 工作台横向未紧固
槽侧偏斜	固定钳口与进给方向不平行
键槽底与轴线不平行	(1) 工件圆柱面上的素线与工作台面不平行 (2) 垫铁不平行
键槽深度超差	(1) 铣削层深度调整有误 (2) 工件未夹紧，铣削时工件被拉起 (3) 工件直径不准确
台阶位置不准	(1) 夹具未校正，对刀不准 (2) 工件装夹不紧固
V 形槽角度超差	(1) 双角铣刀的角度不对 (2) 单角铣刀的角度不对 (3) 立铣刀的转角不对 (4) 工件的转角不对

第三节　分度头及其使用

一、万能分度头及其附件

1. 万能分度头的型号、代号和主要功能

(1) 常用万能分度头的型号。常用的万能分度头有 F1163、F1180、F11100、F11125、F11200、F11250 共 6 种。这 6 种分度头的传动原理相同。

(2) 万能分度头代号的表示方法。例如：F11125 型万能分度头是铣床最常用的一种，其代号表示方法如下。

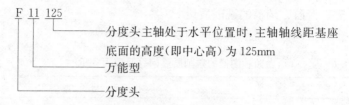

F 11 125
分度头主轴处于水平位置时,主轴轴线距基座
底面的高度(即中心高)为 125mm
万能型
分度头

（3）F11125 型万能分度头的主要功能。

1）能够把工件装置成水平、垂直和倾斜的位置。

2）能够使工件作任意的圆周等分或直线移距分度。

3）通过交换齿轮，可使分度头主轴随纵向工作台的进给运动作连续旋转，以铣削螺旋面和等速凸轮的型面。

2. 分度头的结构和传动系统

（1）分度头的结构。F11125 型万能分度头的外形如图 8-56 所示。分度头主轴是空心的，两端均为莫氏 4 号锥孔，前锥孔是用来安装带有拨盘的顶尖用的，后锥孔可安装心轴，作为差动分度或作直线移距分度和加工小导程螺旋面时安装交换齿轮用的。主轴前端外部有一段定位锥体，用来安装三爪自定心卡盘的连接盘。

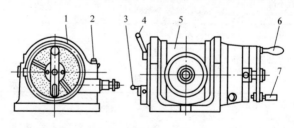

图 8-56 万能分度头的外形
1—分度盘；2—螺钉；3—脱落蜗杆手柄；4—主轴锁紧手柄；
5—球形回转体；6—分度手柄；7—定位销

主轴可随回转体在分度头基座的环形导轨内转动。因此，主轴除安装成水平位置外，还能转成倾斜（−6°～90°）的位置，调整角度前应松开基座上部靠近主轴后端的两个螺母，调整之后再予以紧固。主轴的前端还固定一个刻度盘，可与主轴一起旋转，刻度盘上有 0°～360°的刻度，可以用来作直接分度。

F11125 型万能分度头共备有两块分度盘，分度盘上有几圈在圆周上均布的定位孔，它们是进行各种分度计算的依据。在分度盘左侧有一分度盘紧固螺钉 2，当工件需要微量转动时，可松开此螺钉，用手轻敲分度手柄 6，使分度手柄连同分度盘 1 一起转动一个很小的角度，然后再紧固分度盘。在分度头的后侧有两个手柄：一个是主轴紧固手柄 4，另一个是脱落蜗杆手柄 3，它可使蜗轮和蜗杆脱开或啮合。蜗轮和蜗杆的啮合间隙可用螺母调整。

（2）分度头的传动系统。分度头内部的传动系统如图 8-57 所示。转动手柄时，通过一对传动比为 1∶1 的直齿圆柱齿轮及一对传动比为 1∶40 的蜗轮蜗杆副，使主轴旋转。此外，右侧还有一根安装交换齿轮用的轴 5（侧轴），它通过一对 1∶1 的螺旋齿轮和空套在分度手柄上的分度盘相联系。

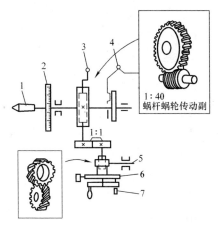

图 8-57　万能分度头的传动系统

1—主轴；2—刻度盘；3—脱落蜗杆手柄；4—主轴锁紧手柄；
5—交换齿轮轴；6—分度盘；7—定位销

在分度头基座下面的槽里，固定有两块定位键，可与铣床工作台面的 T 形槽相配合，以便安装分度头时，使主轴轴线准确地平行于工作台的纵向进给方向。

3. 分度头附件

（1）三爪自定心卡盘的结构。如图 8-58 所示，它用连接盘安

489

装在分度头主轴上,用来夹持工件。当扳手方榫插入到小锥齿轮 2 的方孔 1 中转动时,小锥齿轮 2 就带动大锥齿轮 3 转动。大锥齿轮 3 的背面有平面螺纹 4,与三个卡爪 5 的齿牙相啮合,因此当平面螺纹 4 转动时,三个卡爪 5 就同时向心(或离心)移动。

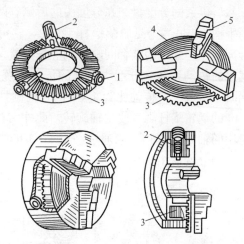

图 8-58　三爪自定心卡盘的结构图

1—方孔;2—小锥齿轮;3—大锥齿轮;4—平面螺纹 5—卡爪

　　(2) 前顶尖、拨盘和鸡心夹。如图 8-59 所示,它们是用来支承和装夹较长的工件用的。使用时,卸下三爪自定心卡盘,将带有拨盘的前顶尖插入到分度头主轴的锥孔中 [见图(a)]。图(b)是拨盘,用来使工件和分度头主轴一起转动。图(c)是鸡心夹,将工件插入孔中,用螺钉紧固。

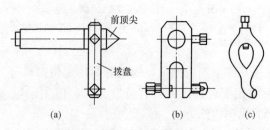

图 8-59　前顶尖、拨盘和鸡心夹

(a) 前顶尖;(b) 拨盘;(c) 鸡心夹

（3）心轴。如图 8-60 所示，它是用来支承和安装带孔工件的，其形式有以下两种。

1）带有挡肩的心轴［见图（a）］。工件的内孔套在心轴 3 的光整部分上，端面紧靠挡肩 1，用螺母 4 压紧，当铣削力很大时，可利用键 2 来固定工件。

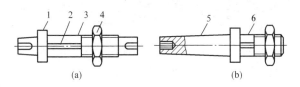

图 8-60　心轴的结构

（a）带有挡肩的心轴；（b）带有锥柄和挡肩的心轴

1—挡肩；2—键；3、6—心轴；4—螺母；5—锥柄

2）带有锥柄和挡肩的心轴［见图 8-60（b）］。这种心轴适用于不需要后顶尖支承的工件。锥柄 5 插入到分度头主轴的锥孔中，并用拉紧螺杆拉紧。工件的内孔套在心轴 6 的圆柱部分，用螺母压紧。

（4）千斤顶。如图 8-61 所示，为了使细长轴在加工时不发生弯曲，在工件下面可以支撑千斤顶，转动螺母 3，可使螺杆 4 上下移动，螺钉 1 是用来紧固螺杆 4 的。

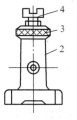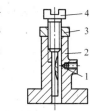

图 8-61　千斤顶

1—螺钉；2—千斤顶座；

3—螺母；4—螺杆

（5）交换齿轮。用于分度头上的交换齿轮是成套的，常用的一套，其齿数分别为：25（2 只）、30、35、40、50、55、60、70、80、90、100。

（6）尾架。与分度头联合使用，一般用来支承较长的工件。在尾架上有一后顶尖，如图 8-62 所示，与分度头的前顶尖一起支承工件。转动尾架手轮，后顶尖就可以进退，以便装卸工件。后顶尖连同其架体可以倾斜一个不大的角度，它由侧面的紧固螺母固定在所需要的位置上，顶尖的高低也可以调整。尾架底座下有两个定位键盘块，用来保持后顶尖轴线与纵向进给方向一致。

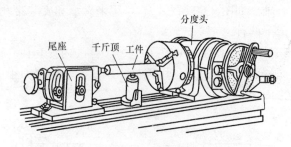

图 8-62　用分度头及其附件装夹工件的方法

4. 分度头及其附件的使用方法

（1）工件直接装夹在三爪自定心卡盘和尾座顶尖之间（见图8-62）。

（2）工件固定在心轴上，心轴安装在分度头和尾架顶尖之间，由拉紧螺母拉紧。

（3）工件固定在心轴上，心轴安装在分度头主轴的锥孔内。

（4）工件装夹在三爪自定心卡盘上。

二、简单分度法

用简单分度法分度时，应先将分度盘固定，通过手柄的转动，使蜗杆带动蜗轮旋转，从而带动主轴和工件转过一定的度数。

1. 分度原理

由图 8-57 所示的 F11125 型万能分度头传动系统可知，分度手柄转过 40r，主轴转 1r，即传动比为 1：40，"40" 叫作分度头的定数。其他各种型号的万能分度头基本上都采用这个定数。其分度手柄的转数和工件的等分数关系为

$$1：40=\frac{1}{z}：n$$

即
$$n=\frac{40}{z} \tag{8-4}$$

式（8-4）为简单分度法的计算公式。当算得的 n 不是整数而是分数时，可用分度盘上的孔数来进行分度（可把分子和分母根据分度盘上的孔圈数，同时扩大或缩小某一倍数）。

【例 8-1】　在 F11125 分度头上铣削一个八边形工件，试求每铣削一边后分度手柄的转数。

解 将 $z=8$ 代入式（8-4）得

$$n=\frac{40}{z}=5 \ (\text{r})$$

即每铣削完一边后，分度手柄应转过5r。

【例8-2】 若铣削一个60齿的齿轮，分度手柄应摇几转后再铣削第二齿？

解 将 $z=60$ 代入式（8-4）得

$$n=\frac{40}{z}=\frac{40}{60}=\frac{2}{3}=\frac{44}{66} \ (\text{r})$$

即手柄应摇过44/66r，这时工件转过1/60r。

虽然在分度盘上没有三个孔的孔圈，但是在30孔的一圈内转过20个孔距也是一样的。所以，在计算时，可使分子、分母同时扩大或缩小一个整数，最后得到的分母值即为分度盘上的孔圈数。

2. 分度盘和分度叉的使用

（1）分度盘。分度盘用于解决分度手柄不是整转数的分度，其形状如图8-56中的件号1所示。

F11125型万能分度头备有两块分度盘，其正反面都有数圈均布的孔圈。常用分度盘的孔圈数如表8-7所示。

表8-7 　　　　　　　　　　分度盘的孔圈数

分度头的型式	分 度 盘 的 孔 数		
带一块分度盘	正面：24、25、28、30、34、37、38、39、41、42、43 反面：46、47、49、51、53、54、57、58、59、62、66		
带二块分度盘	第一块	正面：24、25、28、30、34、37	
		反面：38、39、41、42、43	
	第二块	正面：46、47、49、51、53、54	
		反面：57、58、59、62、66	

（2）分度叉。分度叉两叉之间的夹角，可以松开螺钉进行调整，使分度叉之间的孔数比需要摇的孔数多一孔，因为第一孔是定位起始孔，是以0来计数的。图8-63中是每次分度摇5个孔距的情况。分度叉受到弹簧的压力，可以紧贴在分度盘

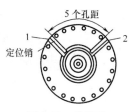

图8-63　分度叉

上而不致走动。在第二次摇动分度手柄前，需拔出定位销才能转动分度手柄，并使定位销落入到紧靠分度叉 2 一侧的孔内，然后将分度叉 1 的一侧拨到紧靠定位销即可。

三、角度分度法

从分度头结构可知，分度手柄摇过 40r，分度头主轴带动工件转 1r，也就是转了 360°。所以，分度手柄转 1r，工件只转过 9°，根据这种关系，就可以得出下列计算公式

$$n = \frac{\theta°}{9°} \qquad (8\text{-}5)$$

或

$$n = \frac{\theta'}{540'} \qquad (8\text{-}6)$$

式中　n——分度手柄的转数，r；

　　　θ——工件所需要的角度（°）或（'）。

【例 8-3】　若在圆形工件上铣削两条夹角为 116° 的槽，求分度手柄的转数。

解　根据式（8-5）得

$$n = \frac{\theta°}{9°} = \frac{116°}{9°} = 12\frac{8}{9}r = 12\frac{48}{54}r$$

如果工件所需的角度带有分或秒数值时，借助表 8-8，采用计算和查表相结合的方法，可迅速地选择分度盘的孔数和分度手柄的转数。

【例 8-4】　采用分度头和三爪自定心卡盘装夹工件，铣削时要求转过 21°4'48"，求分度手柄的转数。

解　根据式（8-5）得

$$n = \frac{\theta°}{9°} = \frac{21°4'48"}{9°} = 2r \ 余 \ 3°4'48"$$

其中余下的 3°4'48"，可以从表 8-8 中查得与之相接近的角度值，即 3°4'44"，对应的分度盘是 38，孔距数是 13，即工件转 21°4'44" 时，分度手柄转过

$$n = 2\frac{13}{38}r$$

其误差为 3°4'48" − 3°4'44" = 4"。

表 8-8 角 度 分 度 表

分度头主轴的转角			分度盘的孔数	转过的孔距数	折合成手柄的转数
(°)	(′)	(″)			
0	8	11	66	1	0.0152
		43	62	1	0.0161
	9	9	59	1	0.0169
		19	58	1	0.0172
	9	28	57	1	0.0175
	10	0	54	1	0.0185
		11	53	1	0.0189
		35	51	1	0.0196
	11	1	49	1	0.0204
		29	47	1	0.0213
		44	46	1	0.0217
	12	34	43	1	0.0233
		51	42	1	0.0238
	13	10	41	1	0.0244
		51	39	1	0.0256
	14	10	38	1	0.0263
		36	37	1	0.0270
	15	53	34	1	0.0294
	16	22	66	2	0.0303
	17	25	62	2	0.0323
	18	0	30	1	0.0333
		18	59	2	0.0339
		37	58	2	0.0345
		57	57	2	0.0351
	19	17	28	1	0.0357
	20	0	54	2	0.0370
		23	53	2	0.0377
	21	11	51	2	0.0392
		36	25	1	0.0400
	22	2	49	2	0.0408

分度头主轴的转角			分度盘的孔数	转过的孔距数	折合成手柄的转数
(°)	(′)	(″)			
0	22	30	24	1	0.0417
		59	47	2	0.0426
	23	29	46	2	0.0435
	24	33	66	3	0.0455
	25	7	43	2	0.0465
		43	42	2	0.0476
	26	8	62	3	0.0484
		21	41	2	0.0488
	27	27	59	3	0.0508
		42	39	2	0.0513
		56	58	3	0.0517
	28	25	38	2	0.0526
			57	3	0.0526
	29	11	37	2	0.0541
	30	0	54	3	0.0556
		34	53	3	0.0566
	31	46	34	2	0.0588
			51	3	0.0588
	32	44	66	4	0.0606
	33	4	49	3	0.0612
	34	28	47	3	0.0638
		50	62	4	0.0645
	35	13	46	3	0.0652
	36	0	30	2	0.0667
		37	59	4	0.0678
	37	14	58	4	0.0690

分度头主轴的转角			分度盘的孔数	转过的孔距数	折合成手柄的转数
(°)	(′)	(″)			
0	37	40	43	3	0.0698
		54	57	4	0.0702
	38	34	28	2	0.0714
			42	3	0.0714
	39	31	41	3	0.0732
	40	0	54	4	0.0741
		45	53	4	0.0755
		55	66	5	0.0758
	41	32	39	3	0.0769
	42	21	51	4	0.0784
		38	38	3	0.0789
	43	12	25	2	0.0800
		33	62	5	0.0806
		47	37	3	0.0811
	44	5	49	4	0.0816
	45	0	24	2	0.0833
		46	59	5	0.0847
		57	47	4	0.0851
	46	33	58	5	0.0862
		57	46	4	0.0870
	47	22	57	5	0.0877
		39	34	3	0.0882
	49	5	66	6	0.0909
	50	0	54	5	0.0926
		14	43	4	0.0930
		57	53	5	0.0943

分度头主轴的转角			分度盘的孔数	转过的孔距数	折合成手柄的转数
(°)	(′)	(″)			
0	51	26	42	4	0.0952
	52	15	62	6	0.0968
		41	41	4	0.0976
		56	51	5	0.0980
	54	0	30	3	0.1000
		55	59	6	0.1017
	55	6	49	5	0.1020
		23	39	4	0.1026
		52	58	6	0.1034
	56	51	38	4	0.1053
			57	6	0.1053
	57	16	66	7	0.1061
		27	47	5	0.1064
		51	28	3	0.1071
	58	23	37	4	0.1081
		42	46	5	0.1087
1	0	0	54	6	0.1111
		58	62	7	0.1129
	1	8	53	6	0.1132
	2	47	43	5	0.1163
	3	32	34	4	0.1176
			51	6	0.1176
	4	4	59	7	0.1186
		17	42	5	0.1190
		48	25	3	0.1200
	5	1	58	7	0.1207
		27	66	8	0.1212

分度头主轴的转角			分度盘的孔数	转过的孔距数	折合成手柄的转数
(°)	(′)	(″)			
1	5	51	41	5	0.1220
	6	7	49	6	0.1224
		19	57	7	0.1228
	7	30	24	3	0.1250
	8	56	47	6	0.1277
	9	14	39	5	0.1282
		41	62	8	0.1290
	10	0	54	7	0.1296
		26	46	6	0.1304
		38	38	5	0.1316
	11	19	53	7	0.1321
	12	0	30	4	0.1333
		58	37	5	0.1351
	13	13	59	8	0.1356
		38	66	9	0.1364
	14	7	51	7	0.1373
		29	58	8	0.1379
	15	21	43	6	0.1395
		47	57	8	0.1404
	17	9	28	4	0.1429
			42	6	0.1429
			49	7	0.1429
	18	23	62	9	0.1452
	19	1	41	6	0.1463
		25	34	5	0.1471
	20	0	54	8	0.1481

分度头主轴的转角			分度盘的孔数	转过的孔距数	折合成手柄的转数
(°)	(′)	(″)			
1	20	26	47	7	0.1489
	21	31	53	8	0.1509
		49	66	10	0.1515
	22	10	46	7	0.1522
		22	59	9	0.1525
	23	5	39	6	0.1538
		48	58	9	0.1552
	24	42	51	8	0.1569
	25	16	38	6	0.1579
			57	9	0.1579
	26	24	25	4	0.1600
	27	6	62	10	0.1613
		34	37	6	0.1622
		54	43	7	0.1628
	28	10	49	8	0.1633
	30	0	30	5	0.1667
			42	7	0.1667
			54	9	0.1667
			66	11	0.1667
	31	32	59	10	0.1695
		42	53	9	0.1698
		55	47	8	0.1702
	32	12	41	7	0.1707
	33	6	58	10	0.1724
		55	46	8	0.1739
	34	44	57	40	0.1754

分度头主轴的转角			分度盘的孔数	转过的孔距数	折合成手柄的转数
(°)	(′)	(″)			
1	35	18	34	6	0.1765
			51	9	0.1765
		48	62	11	0.1774
	36	26	28	5	0.1786
		55	39	7	0.1795
	38	11	66	12	0.1818
	39	11	49	9	0.1837
		28	38	7	0.1842
	40	0	54	10	0.1852
		28	43	8	0.1860
		41	59	11	0.1864
	41	53	53	10	0.1887
	42	10	37	7	0.1892
		25	58	11	0.1897
		51	42	8	0.1905
	43	24	47	9	0.1915
	44	13	57	11	0.1930
		31	62	12	0.1935
	45	22	41	8	0.1951
		39	46	9	0.1957
		53	51	10	0.1961
	46	22	66	13	0.1970
	48	0	25	5	0.2000
			30	6	0.2000
	49	50	59	12	0.2034
	50	0	54	11	0.2037

分度头主轴的转角			分度盘的孔数	转过的孔距数	折合成手柄的转数
(°)	(′)	(″)			
1	50	12	49	10	0.2041
		46	39	8	0.2051
	51	11	34	7	0.2059
		43	58	12	0.2069
	52	5	53	11	0.2075
		30	24	5	0.2083
	53	1	43	9	0.2093
		14	62	13	0.2097
		41	38	8	0.2105
			57	12	0.2105
	54	33	66	14	0.2121
		54	47	10	0.2128
	55	43	28	6	0.2143
			42	9	0.2143
	56	28	51	11	0.2157
		45	37	8	0.2162
	57	23	46	10	0.2174
	58	32	41	9	0.2195
		59	59	13	0.2203
2	0	0	54	12	0.2222
	1	2	58	13	0.2241
		13	49	11	0.2245
		56	62	14	0.2258
	2	16	53	12	0.2264
		44	66	15	0.2273
	3	9	57	13	0.2281

分度头主轴的转角			分度盘的孔数	转过的孔距数	折合成手柄的转数
(°)	(′)	(″)			
2	4	37	39	9	0.2308
	5	35	43	10	0.2326
	6	0	30	7	0.2333
		23	47	11	0.2340
	7	4	34	8	0.2353
			51	12	0.2353
		54	38	9	0.2368
	8	8	59	14	0.2373
		34	42	10	0.2381
	9	8	46	11	0.2391
		36	25	6	0.2400
	10	0	54	13	0.2407
		21	58	14	0.2414
		39	62	15	0.2419
		55	66	16	0.2424
	11	21	37	9	0.2432
		42	41	10	0.2439
	12	15	49	12	0.2449
		27	53	13	0.2453
		38	57	14	0.2456
	15	0	28	7	0.2500
			24	6	0.2500
	17	17	59	15	0.2542
		39	51	13	0.2549
		52	47	12	0.2553
	18	8	43	11	0.2558
		28	39	10	0.2564
	19	5	66	17	0.2576

分度头主轴的转角			分度盘的孔数	转过的孔距数	折合成手柄的转数
(°)	(′)	(″)			
2	19	21	62	16	0.2581
		39	58	15	0.2586
	20	0	54	14	0.2593
		52	46	12	0.2609
	21	26	42	11	0.2619
	22	6	38	10	0.2632
			57	15	0.2632
		39	53	14	0.2642
		56	34	9	0.2647
	23	16	49	13	0.2653
	24	0	30	8	0.2667
		53	41	11	0.2683
	25	57	37	10	0.2703
	26	26	59	16	0.2712
	27	16	66	18	0.2727
	28	4	62	17	0.2742
		14	51	14	0.2745
		58	58	16	0.2759
	29	22	47	13	0.2766
	30	0	54	15	0.2778
		42	43	12	0.2791
	31	12	25	7	0.2800
		35	57	16	0.2807
	32	18	39	11	0.2821
		37	46	13	0.2826
		50	53	15	0.2830

续表

分度头主轴的转角			分度盘的孔数	转过的孔距数	折合成手柄的转数
(°)	(′)	(″)			
2	34	17	28	8	0.2857
			42	12	0.2857
			49	14	0.2857
	35	27	66	19	0.2879
		36	59	17	0.2881
	36	19	38	11	0.2895
		46	62	18	0.2903
	37	30	24	7	0.2917
	38	3	41	12	0.2927
		17	58	17	0.2931
		49	34	10	0.2941
			51	15	0.2941
	40	0	54	16	0.2963
		32	37	11	0.2973
		51	47	14	0.2979
	41	3	57	17	0.2982
	42	0	30	9	0.3000
	43	1	53	16	0.3019
		15	43	13	0.3023
		38	66	20	0.3030
	44	21	46	14	0.3043
		45	59	18	0.3051
	45	18	49	15	0.3061
		20	62	19	0.3065
	46	9	39	12	0.3077
	47	9	42	13	0.3095

分度头主轴的转角			分度盘的孔数	转过的孔距数	折合成手柄的转数
(°)	(′)	(″)			
2	47	35	58	18	0.3103
	49	25	51	16	0.3137
	50	0	54	17	0.3148
		32	38	12	0.3158
			57	18	0.3158
	51	13	41	13	0.3171
		49	66	21	0.3182
	52	20	47	15	0.3191
		48	25	8	0.3200
	53	12	53	17	0.3208
		34	28	9	0.3214
		54	59	19	0.3220
	54	12	62	20	0.3226
		42	34	11	0.3235
	55	8	37	12	0.3243
		49	43	14	0.3256
	56	5	46	15	0.3261
		20	49	16	0.3265
		54	58	19	0.3276
3	0	0	30	10	0.3333
			42	14	0.3333
			54	18	0.3333
			66	22	0.3333
	2	54	62	21	0.3387
	3	3	59	20	0.3390
		24	53	18	0.3396

分度头主轴的转角			分度盘的孔数	转过的孔距数	折合成手柄的转数
(°)	(′)	(″)			
3	3	50	47	16	0.3404
	4	23	41	14	0.3415
		44	38	13	0.3421
	6	12	58	20	0.3448
	7	21	49	17	0.3469
	7	50	46	16	0.3478
	8	11	66	23	0.3485
		22	43	15	0.3488
	9	28	57	20	0.3509
		44	37	13	0.3514
	10	0	54	19	0.3519
		35	34	12	0.3529
			51	18	0.3529
	11	37	62	22	0.3548
	12	12	59	21	0.3559
		51	28	10	0.3571
			42	15	0.3571
	13	33	53	19	0.3585
		51	39	14	0.3590
	14	24	25	9	0.3600
	15	19	47	17	0.3617
		31	58	21	0.3621
	16	22	66	24	0.3636
	17	34	41	15	0.3659
	18	0	30	11	0.3667
		22	49	18	0.3673
		37	38	14	0.3684

续表

分度头主轴的转角			分度盘的孔数	转过的孔距数	折合成手柄的转数
(°)	(′)	(″)			
3	18		57	21	0.3684
	19	34	46	17	0.3696
	20	0	54	20	0.3704
		19	62	23	0.8710
		56	43	16	0.3721
	21	11	51	19	0.3725
		21	59	22	0.3729
	22	30	24	9	0.3750
	23	46	53	20	0.3774
	24	19	37	14	0.3784
		33	66	25	0.3788
		50	58	22	0.3793
	25	43	42	16	0.3810
	26	28	34	13	0.3824
		49	47	18	0.3830
	27	42	39	15	0.3846
	28	25	57	22	0.3860
	29	2	62	24	0.3871
		23	40	19	0.3878
	30	0	54	21	0.3889
		31	59	23	0.3898
		44	41	16	0.3902
	31	18	46	18	0.3913
		46	51	20	0.3922
	32	9	28	11	0.3029
		44	66	26	0.3939
	33	9	38	15	0.3947
		29	43	17	0.3953
		58	53	21	0.3962

分度头主轴的转角			分度盘的孔数	转过的孔距数	折合成手柄的转数
(°)	(′)	(″)			
3	34	8	58	23	0.3966
	36	0	25	10	0.4000
			30	12	0.4000
	37	45	62	25	0.4032
		54	57	23	0.4035
	38	18	47	19	0.4043
		34	42	17	0.4048
		55	37	15	0.4054
	39	40	59	24	0.4068
	40	0	54	22	0.4074
		25	49	20	0.4082
		55	66	27	0.4091
	41	33	39	16	0.4103
	42	21	34	14	0.4118
			51	21	0.4118
	43	2	46	19	0.4130
		27	58	24	0.4138
		54	41	17	0.4146
	44	9	53	22	0.4151
	45	0	24	10	0.4167
	46	3	43	18	0.4186
		27	62	26	0.4194
	47	22	38	16	0.4211
			57	24	0.4211
	48	49	59	25	0.4237
	49	5	66	28	0.4242
		47	47	20	0.4255
	50	0	54	23	0.4259
	51	26	28	12	0.4286

分度头主轴的转角			分度盘的孔数	转过的孔距数	折合成手柄的转数
(°)	(′)	(″)			
3	51		42	18	0.4286
			49	21	0.4286
	52	46	58	25	0.4310
		56	51	22	0.4314
	53	31	37	16	0.4324
	54	0	30	13	0.4333
		20	53	23	0.4340
		47	46	20	0.4348
	55	10	62	27	0.4355
		23	39	17	0.4359
	56	51	57	25	0.4386
	57	4	41	18	0.4390
		16	66	29	0.4394
		36	25	11	0.4400
		58	59	26	0.4407
	58	14	34	15	0.4412
		36	43	19	0.4419
4	0	0	54	24	0.4444
	1	17	47	21	0.4468
		35	38	17	0.4474
	2	4	58	26	0.4483
		27	49	22	0.4490
	3	32	51	23	0.4510
		52	62	28	0.4516
	4	17	42	19	0.4524
		32	53	24	0.4528
	5	27	66	30	0.4545
	6	19	57	26	0.4561
		31	46	21	0.4565

续表

分度头主轴的转角			分度盘的孔数	转过的孔距数	折合成手柄的转数
(°)	(′)	(″)			
4	7	7	59	27	0.4576
		30	24	11	0.4583
	8	6	37	17	0.4595
	9	14	39	18	0.4615
	10	0	54	25	0.4630
		15	41	19	0.4634
		43	28	13	0.4643
	11	10	43	20	0.4651
		23	58	27	0.4655
	12	0	30	14	0.4667
		35	62	29	0.4677
	12	46	47	22	0.4681
	13	28	49	23	0.4694
		38	66	31	0.4697
	14	7	34	16	0.4706
			51	24	0.4706
		43	53	25	0.4717
	15	47	38	18	0.4737
		47	57	27	0.4737
	16	16	59	28	0.4746
	17	9	42	20	0.4762
	18	16	46	22	0.4783
	19	12	25	12	0.4800
	20	0	54	26	0.4815
		41	58	28	0.4828
	21	17	62	30	0.4839
		49	66	32	0.4848
	22	42	37	18	0.4865
	23	5	39	19	0.4872

续表

分度头主轴的转角			分度盘	转过的	折合成手
(°)	(′)	(″)	的孔数	孔距数	柄的转数
4	23	25	41	20	0.4878
		43	43	21	0.4884
	24	15	47	23	0.4894
		29	49	24	0.4898
		42	51	25	0.4902
		54	53	26	0.4906
	25	16	57	28	0.4912
		25	59	29	0.4915
	30	0	66	33	0.5000
			42	21	0.5000
	34	35	59	30	0.5085
		44	57	29	0.5088
	35	6	53	27	0.5094
		18	51	26	0.5098
		31	49	25	0.5102
		45	47	24	0.5106
	36	17	43	22	0.5116
		35	41	21	0.5122
		55	39	20	0.5128
	37	18	37	19	0.5135
	38	11	66	34	0.5152
		43	62	32	0.5161
	39	19	58	30	0.5172
		35	54	28	0.5185
	40	48	25	13	0.5200
	41	44	46	24	0.5217
4	42	51	42	22	0.5238
	43	44	59	31	0.5254

分度头主轴的转角			分度盘的孔数	转过的孔距数	折合成手柄的转数
(°)	(′)	(″)			
5	44	13	38	20	0.5263
			57	30	0.5263
	45	17	53	28	0.5283
		53	34	18	0.5294
			51	27	0.5294
	46	22	66	35	0.5303
		32	49	26	0.5306
	47	14	47	25	0.5319
		25	62	33	0.5323
	48	0	30	16	0.5333
		37	58	31	0.5345
		50	43	23	0.4349
	49	17	28	15	0.5357
		45	41	22	0.5366
	50	0	54	29	0.5370
		46	39	21	0.5385
	51	54	37	20	0.5405
	52	30	24	13	0.5417
		53	59	32	0.5424
	53	29	46	25	0.5435
		41	57	31	0.5439
	54	33	66	36	0.5455
	55	28	53	29	0.5472
		43	42	23	0.5476
4	56	8	62	34	0.5484
		28	51	28	0.5490
	57	33	49	27	0.5510
		56	58	32	0.5517

分度头主轴的转角			分度盘的孔数	转过的孔距数	折合成手柄的转数
(°)	(′)	(″)			
5	58	25	38	21	0.5526
		43	47	26	0.5532
5	0	0	54	30	0.5556
	1	24	43	24	0.5581
		46	34	19	0.5588
	2	2	59	33	0.5593
		22	25	14	0.5600
		44	66	37	0.5606
		56	41	23	0.5610
	3	9	57	32	0.5614
	4	37	39	22	0.5641
		50	62	35	0.5645
	5	13	46	26	0.5652
		40	53	30	0.5660
	6	0	30	17	0.5667
		29	37	21	0.5676
	7	4	51	29	0.5686
		14	58	33	0.5690
	8	34	28	16	0.5714
			42	24	0.5714
			49	28	0.5714
	10	0	54	31	0.5741
5	10	13	47	27	0.5745
		54	66	38	0.5758
	11	11	59	34	0.5763
	12	38	38	22	0.5789
			57	33	0.5789
	13	33	62	36	0.5806

分度头主轴的转角			分度盘的孔数	转过的孔距数	折合成手柄的转数
(°)	(′)	(″)			
5		57	43	25	0.5814
	15	0	24	14	0.5833
		51	53	31	0.5849
	16	6	41	24	0.5854
		33	58	34	0.5862
		57	46	27	0.5870
	17	39	34	20	0.5882
		51	51	30	0.5882
	18	28	39	23	0.5897
	19	5	66	39	0.5909
		36	49	29	0.5918
	20	0	54	32	0.5926
		20	59	35	0.5932
	21	5	37	22	0.5946
		26	42	25	0.5952
		42	47	28	0.5957
	22	6	57	34	0.5965
		15	62	37	0.5968
	24	0	25	15	0.6000
			30	18	0.6000
5	25	52	58	35	0.6034
	26	14	53	32	0.6038
		31	43	26	0.6047
		51	38	23	0.6053
	27	16	66	40	0.6061
		51	28	17	0.6071
	28	14	51	34	0.6078
		42	46	28	0.6087

续表

分度头主轴的转角			分度盘的孔数	转过的孔距数	折合成手柄的转数
(°)	(′)	(″)			
5	29	16	41	25	0.6098
		30	59	39	0.6102
	30	0	54	33	0.6111
		37	49	30	0.6122
		58	62	38	0.6129
	31	35	57	35	0.6140
	32	18	39	24	0.6154
	33	12	47	29	0.6170
		32	34	21	0.6176
	34	17	42	26	0.6190
	35	10	58	36	0.6207
		27	66	41	0.6212
		41	37	23	0.6216
	36	14	53	33	0.6220
	37	30	24	15	0.6250
	38	39	59	37	0.6271
		49	51	32	0.6275
	39	4	43	27	0.6279
5	39	41	62	39	0.6290
	40	0	54	34	0.6296
		26	46	29	0.6304
	41	3	38	24	0.6316
			57	36	0.6316
		28	49	31	0.6327
		42	30	19	0.6333
	42	26	41	26	0.6341
	43	38	66	42	0.6364
	44	29	58	37	0.6379

分度头主轴的转角			分度盘的孔数	转过的孔距数	折合成手柄的转数
(°)	(′)	(″)			
5		41	47	30	0.6383
	45	36	25	16	0.6400
	46	9	39	25	0.6410
		25	53	34	0.6415
	47	9	28	18	0.6429
			42	27	0.6429
		48	59	38	0.6441
	48	23	62	40	0.6452
	49	25	34	22	0.6471
			51	33	0.6471
	50	0	54	35	0.6481
		16	37	24	0.6486
		32	57	37	0.6491
	51	38	43	28	0.6512
		49	66	43	0.6515
	52	10	46	30	0.6522
5	52	39	49	32	0.6531
	53	48	58	38	0.6552
	55	16	38	25	0.6579
		37	41	27	0.6585
	56	10	47	31	0.6596
		36	53	35	0.6604
	56	57	59	39	0.6610
	57	6	62	41	0.6613
6	0	0	30	20	0.6667
			42	28	0.6667
			54	36	0.6667
			66	44	0.6667

分度头主轴的转角			分度盘的孔数	转过的孔距数	折合成手柄的转数
(°)	(′)	(″)			
6	3	6	58	39	0.6724
		40	49	33	0.6735
		55	46	31	0.6739
	4	11	43	29	0.6744
		52	37	25	0.6757
	5	18	34	23	0.6765
		48	62	42	0.6774
	6	6	59	40	0.6780
		26	28	19	0.6786
		48	53	36	0.6792
	7	12	25	17	0.6800
		40	47	32	0.6809
	8	11	66	45	0.6818
		47	41	28	0.6829
6	9	28	38	26	0.6842
			57	30	0.6842
	10	0	54	37	0.6852
		35	51	35	0.6863
	12	25	58	40	0.6897
		51	42	29	0.6908
	13	51	39	27	0.6923
	14	31	62	43	0.6935
		42	49	34	0.6939
	15	15	59	41	0.6949
	15	39	46	32	0.6957
	16	22	66	46	0.6970
		45	43	30	0.6977
		59	53	37	0.6981

分度头主轴的转角			分度盘的孔数	转过的孔距数	折合成手柄的转数
(°)	(′)	(″)			
6	18	0	30	21	0.7000
		57	57	40	0.7018
	19	9	47	33	0.7021
		28	37	26	0.7027
	20	0	54	38	0.7037
	21	11	34	24	0.7059
			51	36	0.7059
		43	58	41	0.7069
		57	41	29	0.7073
	22	30	24	17	0.7083
	23	14	62	44	0.7097
		41	38	27	0.7105
6	24	24	59	42	0.7119
		33	66	47	0.7121
	25	43	28	20	0.7143
			42	30	0.7143
			49	35	0.7143
	27	10	53	38	0.7170
		23	46	33	0.7174
		42	39	28	0.7179
	28	25	57	41	0.7193
		48	25	18	0.7200
	29	18	43	31	0.7209
	30	0	54	39	0.7222
		38	47	34	0.7234
	31	2	58	42	0.7241
		46	51	37	0.7255
		56	62	45	0.7258

续表

分度头主轴的转角			分度盘的孔数	转过的孔距数	折合成手柄的转数
(°)	(′)	(″)			
6	32	44	66	48	0.7273
	33	34	59	43	0.7288
	34	3	37	27	0.7297
	35	7	41	30	0.7317
	36	0	30	22	0.7333
		44	49	36	0.7347
	37	4	34	25	0.7353
		22	53	39	0.7358
		54	38	28	0.7368
			57	42	0.7368
6	38	34	42	31	0.7381
	39	8	46	34	0.7391
	40	0	54	40	0.7407
		21	58	43	0.7414
		39	62	46	0.7419
		55	66	49	0.7424
	41	32	39	29	0.7336
		52	43	32	0.7442
	42	8	47	35	0.7447
		21	51	38	0.7451
		43	59	44	0.7458
	45	0	28	21	0.7500
	47	22	57	43	0.7544
		33	53	40	0.7547
		45	19	37	0.7551
	48	18	41	31	0.7561
		39	37	28	0.7568
	49	5	66	50	0.7576

续表

分度头主轴的转角			分度盘的孔数	转过的孔距数	折合成手柄的转数
(°)	(′)	(″)			
6		21	62	47	0.7581
		39	58	44	0.7586
	50	0	54	41	0.7593
		24	25	19	0.7600
		52	46	35	0.7609
	51	26	42	32	0.7619
		52	59	45	0.7627
	52	6	38	29	0.7632
		56	34	26	0.7647
6	52		51	39	0.7647
	53	37	47	36	0.7660
	54	0	30	23	0.7667
		25	43	33	0.7674
	55	23	39	30	0.7692
	56	51	57	44	0.7719
	57	16	66	51	0.7727
		44	53	41	0.7736
	58	4	62	48	0.7742
		47	49	38	0.7755
		58	58	43	0.7414
7	0	0	54	42	0.7778
	1	1	59	46	0.7797
		28	41	32	0.7805
	2	37	46	36	0.7826
	3	15	37	29	0.7838
		32	51	40	0.7843
	4	17	28	22	0.7857
			42	33	0.7857

分度头主轴的转角			分度盘的孔数	转过的孔距数	折合成手柄的转数
(°)	(′)	(″)			
7	5	6	47	37	0.7872
		27	66	52	0.7379
	6	19	38	30	0.7895
			57	45	0.7895
		46	62	49	0.7903
		59	43	34	0.7907
	7	30	24	19	0.7917
7	7	55	53	42	0.7925
	8	17	58	46	0.7931
		49	34	27	0.7941
	9	14	39	31	0.7949
		48	49	39	0.7959
	10	0	54	43	0.7963
		10	59	47	0.7966
	12	0	30	24	0.8000
	13	38	66	53	0.8030
	14	7	51	41	0.8039
		21	46	37	0.8043
		58	41	33	0.8049
	15	29	62	50	0.8065
		47	57	46	0.8070
	16	36	47	38	0.8085
	17	9	42	34	0.8095
		35	58	47	0.8103
		50	37	30	0.8108
	18	7	53	43	0.8113
	19	19	59	48	0.8136
		32	43	35	0.8140

分度头主轴的转角			分度盘的孔数	转过的孔距数	折合成手柄的转数
(°)	(′)	(″)			
7	20	0	54	44	0.8148
		32	38	31	0.8158
		40	49	40	0.8163
	21	49	66	54	0.8182
	23	5	39	32	0.8205
7	23	34	28	23	0.8214
	24	12	62	51	0.8226
		42	34	28	0.8235
			51	42	0.8235
	25	16	57	47	0.8246
	26	5	46	38	0.8261
		54	58	48	0.8276
	27	48	41	34	0.8293
	28	5	47	39	0.8298
		18	53	44	0.8302
		28	59	49	0.8305
	30	0	30	25	0.8333
			42	35	0.8333
			54	45	0.8333
			66	55	0.8333
	31	50	49	41	0.8367
	32	6	43	36	0.8372
		26	37	31	0.8378
		54	62	52	0.8387
	33	36	25	21	0.8400
	34	44	38	32	0.8421
			57	48	0.8421
	35	18	51	43	0.8431

分度头主轴的转角			分度盘的孔数	转过的孔距数	折合成手柄的转数
(°)	(′)	(″)			
7	36	12	58	49	0.8448
		55	39	33	0.8462
	37	38	59	50	0.8475
7	37	50	46	39	0.8478
	38	11	66	56	0.8485
		29	53	45	0.8491
	39	34	47	40	0.8511
	40	0	54	46	0.8519
		35	34	29	0.8529
		59	41	35	0.8537
	41	37	62	53	0.8548
	42	51	28	24	0.8571
			42	36	0.8571
			49	42	0.8571
	44	13	57	49	0.8596
		39	43	37	0.8605
	45	31	58	50	0.8621
		53	51	44	0.8627
	46	22	66	57	0.8636
		47	59	51	0.8644
	47	2	37	32	0.8649
	48	0	30	26	0.8667
		41	53	46	0.8679
		57	38	33	0.8684
	49	34	46	40	0.8696
	50	0	54	47	0.8704
		19	62	54	0.8710
		46	39	34	0.8718

分度头主轴的转角			分度盘的孔数	转过的孔距数	折合成手柄的转数
(°)	(′)	(″)			
7	51	4	47	41	0.8723
7	52	30	24	21	0.8750
	53	41	57	50	0.8772
		53	49	43	0.8776
	54	9	41	36	0.8780
		33	66	58	0.8788
		50	58	51	0.8793
	55	12	25	22	0.8800
		43	42	37	0.8810
		56	59	52	0.8814
	56	28	34	36	0.8824
			51	45	0.8824
	57	13	43	38	0.8837
	58	52	53	47	0.8868
		59	62	55	0.8871
8	0	0	54	48	0.8889
	1	18	46	41	0.8913
		37	37	33	0.8919
	2	9	28	25	0.8929
		33	47	42	0.8936
		44	66	59	0.8939
	3	9	38	34	0.8947
			57	51	0.8947
	4	8	58	52	0.8966
		37	39	35	0.8974
		54	49	44	0.8980
	5	5	59	53	0.8983
8	6	0	30	27	0.9000

分度头主轴的转角			分度盘的孔数	转过的孔距数	折合成手柄的转数
(°)	(′)	(″)			
8	7	4	51	46	0.9020
		19	41	37	0.9024
		44	62	56	0.9032
	8	34	42	38	0.9048
	9	3	53	48	0.9057
		46	43	39	0.9070
	10	0	54	49	0.9074
		55	66	60	0.9091
	12	21	34	31	0.9118
		38	57	52	0.9123
	13	3	46	42	0.9130
		27	58	53	0.9138
	14	3	47	43	0.9149
		14	59	54	0.9153
	15	0	24	22	0.9167
		55	49	45	0.9184
	16	13	37	34	0.9189
		27	62	57	0.9194
		48	25	23	0.9200
	17	22	38	35	0.9211
		39	51	47	0.9216
	18	28	39	36	0.9231
	19	5	66	61	0.9242
		15	53	49	0.9245
	20	0	54	50	0.9259
8	20	29	41	38	0.9268
	21	25	28	26	0.9286
			42	39	0.9286

分度头主轴的转角			分度盘的孔数	转过的孔距数	折合成手柄的转数
(°)	(′)	(″)			
8	22	6	57	53	0.9298
		20	43	40	0.9302
		46	58	54	0.9310
	23	23	59	55	0.9322
	24	0	30	28	0.9333
		47	46	43	0.9348
	25	10	62	58	0.9355
		32	47	44	0.9362
	26	56	49	46	0.9388
	27	16	66	62	0.9394
	28	14	34	32	0.9412
			51	48	0.9412
	29	26	53	50	0.9434
	30	0	54	51	0.9444
		49	37	35	0.9459
	31	35	38	36	0.9474
			57	54	0.9474
	32	4	58	55	0.9483
		18	39	37	0.9487
		33	59	56	0.9492
	33	40	41	39	0.9512
		52	62	59	0.9516
	34	17	42	40	0.9524
8	34	53	43	41	0.9535
	35	27	66	63	0.9545
	36	31	46	44	0.9565
	37	1	47	45	0.9574
		30	24	23	0.9583

续表

分度头主轴的转角			分度盘的孔数	转过的孔距数	折合成手柄的转数
(°)	(′)	(″)			
8	37	58	49	47	0.9592
	38	24	25	24	0.9600
		44	51	49	0.9608
	39	37	53	51	0.9623
	40	0	54	52	0.9630
		43	28	27	0.9643
	41	3	57	55	0.9649
		23	58	56	0.9655
		42	59	57	0.9661
	42	0	30	29	0.9667
		35	62	60	0.9677
	43	38	66	64	0.9697
	44	7	34	33	0.9706
	45	24	37	36	0.9730
		47	38	37	0.9737
	46	1	39	38	0.9744
		50	41	40	0.9756
	47	9	42	41	0.9762
		27	43	42	0.9767
	48	16	46	45	0.9783
		31	47	46	0.9787
8	48	59	49	48	0.9796
	49	25	51	50	0.9804
		49	53	52	0.9811
	50	0	54	53	0.9815
		32	57	56	0.9825

分度头主轴的转角			分度盘的孔数	转过的孔距数	折合成手柄的转数
(°)	(′)	(″)			
8		41	58	57	0.9828
		51	59	58	0.9831
	51	17	62	61	0.9839
		49	66	65	0.9848
9	0	0			1.0000

四、差动分度法

1. 差动分度法的原理

简单分度法虽然解决了大部分的分度问题，但有时会遇到工件的等分数 z 和 40 不能相约，如 $z=109$，或者工件的等分数 z 和 40 相约后，分度盘上没有所需要的孔圈，如 $z=126$。像 61、63、79、101、109、126、127 等这一类数，由于受到分度盘孔圈的限制，就不能使用简单法，此时可采用差动分度法来解决。

差动分度法采用交换齿轮（图 8-64 中的 z_1、z_2、z_3、z_4 等齿轮组成的轮系）把分度头主轴和侧轴连接起来，并松开分度盘的紧固螺钉，这样当分度手柄转动的同时，分度盘随着分度手柄以相同（或相反）的方向转动，因此分度手柄的实际转数是分度手柄相对分度盘的转数与分度盘本身转数之和（或差）。

例如，设工件的等分数 $z=109$，按简单分度公式，分度手柄

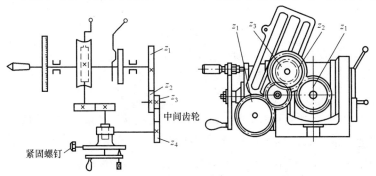

图 8-64　差动分度的传动系统及交换齿轮的安装方法

应转过 $n = \dfrac{40}{z} = \dfrac{40}{109} r$，但此时既不能约简，分度盘也没有孔数为 109 的孔圈，所以要采用差动分度。其方法是：先取一个与 z 相近又能作简单分度的假定等分数 z_0（此例可取 $z_0 = 105$），然后按 z_0 选择孔圈，并使分度手柄相对分度盘转过

$$n_0 = \frac{40}{z_0}$$

此时，工件应转过 $1/z$ r，其差值可由主轴经交换齿轮传动孔盘，使其倒转

$$n_盘 = \frac{1}{z} \cdot \frac{z_1 \times z_3}{z_2 \times z_4}$$

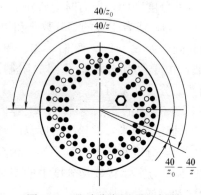

图 8-65　差动分度原理示意图

转后得到。这时候分度手柄的实际转数 n 应当是 n_0 及 $n_盘$ 的合成，如图 8-65 所示。由此可列出等式

$$n = n_0 + n_盘$$

$$\frac{40}{z} = \frac{40}{z_0} + \frac{1}{z} \times \frac{z_1 \times z_3}{z_2 \times z_4}$$

移项整理后可得到交换齿轮的传动比为

$$\frac{z_1 \times z_3}{z_2 \times z_4} = \frac{40(z_0 - z)}{z_0}$$

$$(8\text{-}7)$$

式中　z_1、z_3——主动交换齿轮的齿数；

　　　z_2、z_4——被动交换齿轮的齿数；

　　　z——实际的等分数；

　　　z_0——假定的等分数。

由式（8-7）可知，当 $z_0 < z$ 时，交换齿轮传动比是负值；反之为正值。式中的正负号仅说明孔盘的转向与分度手柄的转向是相同还是相反。采用差动分度法时，孔盘的转向极为重要，否则将产生废品。若 $z_0 < z$，两者转向相反；若 $z_0 > z$，两者转向相同。当

使用 F11125 型分度头时，转向的调整取决于交换齿轮中加不加中间轮，中间齿轮的齿数并不影响交换齿轮传动比的数值，但中间齿轮的个数却能改变从动齿轮（即分度盘）的转向。

2. 差动分度的计算

现以两个实例简介如下。

【例 8-5】　若把工件分成 109 等份，试选取交换齿轮的齿数和分度盘的孔圈，并确定手柄的转数。

解　设假定等分数 $z_0 = 105$

则

$$n_0 = \frac{40}{z_0} = \frac{40}{105} = \frac{8}{21} = \frac{16}{42}\,(\text{r})$$

即每分度一次，分度手柄相对分度盘在 42 孔的孔圈上转过 16 个孔距，分度叉之间包括 17 个孔。

$$\frac{z_1 z_3}{z_2 z_4} = \frac{40(z_0 - z)}{z_0} = \frac{40 \times (105 - 109)}{z_0} = -\frac{160}{105} = -\frac{40 \times 80}{70 \times 30}$$

即主动轮 $z_1 = 40$，$z_3 = 80$；从动轮 $z_2 = 70$，$z_4 = 30$。负号表示分度盘和分度手柄的转向相反。

【例 8-6】　若把工件分成 83 等分，试选取交换齿轮的齿数和分度盘的孔圈，并确定手柄的转数。

解　设假定等分数 $z_0 = 80$

$$n_0 = \frac{40}{z_0} = \frac{40}{80} = \frac{27}{54}(\text{r})$$

即每分度一次，分度手柄相对分度盘在 54 孔的孔圈上转过 27 个孔距，分度叉之间包括 28 个孔。

$$\frac{z_1 z_3}{z_2 z_4} = \frac{40(z_0 - z)}{z_0} = \frac{40 \times (80 - 83)}{80} = -\frac{120}{80} = -\frac{90}{60}$$

即主动轮 $z_1 = 90$，从动轮 $z_4 = 60$，负号表示分度盘和分度手柄的转向相反。

实际使用差动分度法时，可在表 8-9 中直接查取所需的数据，此表所列的数据，均按 $z_0 < z$ 计算，它可应用于定数为 40 的任何型号的万能分度头，但在配置中间轮时，应使孔盘和分度手柄的转向相反。

3. 差动分度的注意事项

（1）工件的等分数凡能用简单分度法分度的，就不要用差动分度法。

（2）差动分度时，必须预先松开孔盘左侧的紧固螺钉。

（3）差动分度法的交换齿轮、孔圈、孔距调整好后，可先用切痕法检验分度是否正确，待检查分度无误后，才可对工件进行正式铣削。

表 8-9　　　　　　差动分度表（分度头的传动定数为 40）

图　例

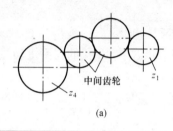 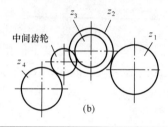

(a)	(b)

工件的等分数	假定的等分数	分度盘的孔数	转过的孔距数	交换齿轮				F11250 型分度头交换齿轮的型式
				z_1	z_2	z_3	z_4	
61	60	30	20	40			60	a
63	60	30	20	60			30	a
67	64	24	15	90	40	50	60	b
69	66	66	40	100			55	a
71	70	49	28	40			70	a
73	70	49	28	60			35	a
77	75	30	16	80	60	40	50	b
79	75	30	16	80	50	40	30	b
81	80	30	15	25			50	a
83	80	30	15	60			40	a
87	84	42	20	50			35	a
89	88	66	30	25			55	a
91	90	54	24	40			90	a
93	90	54	24	40			30	a
97	96	24	10	25			60	a
99	96	24	10	50			40	a
101	100	30	12	40			100	a
103	100	30	12	60			50	a
107	100	30	12	70			25	a

工件的等分数	假定的等分数	分度盘的孔数	转过的孔距数	交换齿轮				F11250 型分度头交换齿轮的型式
				z_1	z_2	z_3	z_4	
109	105	42	16	80	30	40	70	b
111	105	42	16	80			35	a
113	110	66	24	60			55	a
117	110	66	24	70	55	50	25	b
119	110	66	24	90	55	60	30	b
121	120	54	18	30			90	a
122	120	54	18	40			60	a
123	120	54	18	25			25	a
126	120	54	18	50			25	a
127	120	54	18	70			30	a
128	120	54	18	80			30	a
129	120	54	18	90			30	a
131	125	25	8	80	50	30	25	b
133	125	25	8	80	50	40	25	b
134	132	66	20	50	55	40	60	b
137	132	66	20	100	25	55	30	b
138	135	54	16	80			90	a
139	135	54	16	80	30	40	90	b
141	140	42	12	40			70	b
142	140	42	12	40	50	25	70	a
143	140	42	12	30			35	a
146	140	42	12	60			35	a
147	140	42	12	50			25	a
149	140	42	12	90	25	50	70	b
151	150	30	8	40	50	30	90	b
153	150	30	8	40			50	a
154	150	30	8	40	60	80	50	b
157	150	30	8	70	30	40	50	b
158	150	30	8	80	30	40	50	b
159	150	30	8	90	30	40	50	b
161	160	28	7	25			100	a
162	160	28	7	25			50	a
163	160	28	7	30			40	a
166	160	28	7	60			40	a
167	160	28	7	70			40	a
169	160	28	7	90			40	a

工件的等分数	假定的等分数	分度盘的孔数	转过的孔距数	交换齿轮				F11250 型分度头交换齿轮的型式
				z_1	z_2	z_3	z_4	
171	168	42	10	50			70	a
173	168	42	10	100	35	25	60	b
174	168	42	10	50			35	a
175	168	42	10	50			30	a
177	176	66	15	40	55	25	80	b
178	176	66	15	40	55	50	80	b
170	176	66	15	60	55	50	80	b
181	180	54	12	40	90	25	50	b
182	180	54	12	40			90	a
183	180	54	12	40			60	a
186	180	54	12	40			30	a
187	180	54	12	40	60	70	30	b
189	180	54	12	50			25	b
191	180	54	12	80	60	55	30	b
193	192	24	5	30	90	50	80	b
194	192	24	5	25			60	a
197	192	24	5	100	30	25	80	b
198	192	24	5	50			40	a
199	192	24	5	70	30	50	80	b

五、直线移距分度法

直线移距分度法就是把分度头主轴或侧轴和纵向工作台丝杆用交换齿轮连接起来，移距时只要转动分度手柄，通过齿轮传动，使工作台作精确的移距。直线移距分度法可分为主轴交换齿轮法和侧轴法。

1. 主轴交换齿轮法

主轴交换齿轮法主要是利用分度头的减速作用，从分度头主轴后锥孔插入安装交换齿轮的心轴，通过齿轮传动，传至纵向工作台丝杆，使工作台产生移距，如图 8-66 所示。这样，当分度手柄转了若干转后，纵向工作台才移动一个短短的距离。这种移距方法适用于间隔距离较小或移距精度要求较高的工件，交换齿轮的计算公

式由图 8-66 可知

$$n \times \frac{1}{40} \times \frac{z_1 \times z_3}{z_2 \times z_4} P_{丝} = L_{工}$$

$$i = \frac{z_1 \times z_3}{z_2 \times z_4} = \frac{40L_{工}}{nP_{丝}} \qquad (8\text{-}8)$$

式中　z_1、z_3——主动轮的齿数；

　　　z_2、z_4——被动轮的齿数；

　　　40——分度头的定数；

　　　$L_{工}$——工件每格的距离，mm；

　　　$P_{丝}$——纵向工作台丝杆的螺距，mm；

　　　n——每次分度手柄的转数，r。

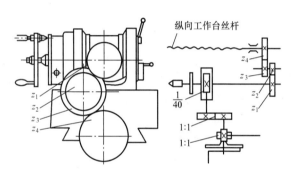

图 8-66　主轴交换齿轮法

　　式（8-8）中有 n 和 i 两个未知数，n 值虽然可以任意选取，但要保证计算的结果（即交换齿轮的传动比）不大于 2.5，以使交换齿轮传动平稳。n 值应在 1～10 之间的整数范围内选取。

　　【例 8-7】　在 X62W 型万能铣床上进行刻线，工件每格距离 $L_{工}=0.35$mm，纵向工作台丝杆的螺距 $P_{丝}=6$mm，求分度手柄的转数和交换齿轮的齿数。

　　解　取分度手柄的转数 $n=1$，根据式（8-8）得

$$\frac{z_1 \times z_3}{z_2 \times z_4} = \frac{40L_{工}}{nP_{丝}} = \frac{40 \times 0.35}{1 \times 6} = \frac{14}{6} = \frac{14 \times 5}{6 \times 5} = \frac{70}{30}$$

　　即主动轮 $z_1=70$，被动轮 $z_4=30$。每次分度时只要拔出定位销，将分度手柄摇 1r，再把定位销插入即可。

2. 侧轴交换齿轮法

对于移距间隔较大的工件,如采用主轴交换齿轮分度,则每次分度时手柄需转很多圈,操作不便。若改用侧轴交换齿轮法,即将交换齿轮配置在分度头侧轴和纵向工作台丝杆之间,这样,就可不经过蜗轮蜗杆传动副,无1:40的减速作用,分度盘转过较小转数时,即可取得较大的移距量,如图8-67所示。移距前,要先将分度头主轴锁紧,则分度手柄固定,以手柄上的定位销作孔盘转动多少的依据,并松开孔盘左侧的紧固螺钉。移距时,用扳手转动分度头的侧轴,通过其左端的一对斜齿轮带动孔盘相对手柄定位销旋转;同时,侧轴右端的交换齿轮带动纵向丝杆旋转,使工作台获得纵向移距。交换齿轮的计算公式为

$$n \frac{z_1 \times z_3}{z_2 \times z_4} P_{丝} = L_工$$

即
$$\frac{z_1 \times z_3}{z_2 \times z_4} = \frac{L_工}{nP_{丝}} \tag{8-9}$$

式中　z_1、z_3——主动轮的齿数;

　　　z_2、z_4——被动轮的齿数;

　　　　$L_工$——工件每格的距离,mm;

　　　　$P_{丝}$——纵向工作台丝杆的螺距,mm;

　　　　n——每次分度手柄的转数,r。

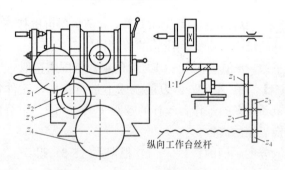

图 8-67　侧轴交换齿轮法

n 的选取范围和主轴交换齿轮法相同,一般取小于 10 的整数,并要保证交换齿轮的传动比不大于 2.5。

【例 8-8】 在 X62W 型万能铣床上铣削模数 $m=6\text{mm}$ 的直齿条，其节距 $L_\text{工}=6\pi\approx6\times\dfrac{22}{7}\text{mm}$，如采用侧轴交换齿轮法移距分度，试求分度手柄的转数和交换齿轮的齿数。

解　取分度手柄的转数 $n=3$，根据式（8-9）得

$$\frac{z_1\times z_3}{z_2\times z_4}=\frac{L_\text{工}}{nP_\text{丝}}=\frac{6\pi}{6\times3}=\frac{6\times\dfrac{22}{7}}{18}=\frac{2\times11}{3\times7}=\frac{80\times55}{60\times70}$$

即主动轮 $z_1=80$，$z_3=55$；被动轮 $z_2=60$，$z_4=70$，每次分度时分度手柄摇 3r。

第四节　多面体的铣削

具有四方、六方的机械零件在机器制造中应用非常广泛，这些多面体一般是在铣床上利用分度头或专用夹具加工的。下面就使用分度头和回转工作台加工多面体的操作步骤和方法介绍如下。

一、铣削方式的选择

多面体的铣削有垂直铣削和水平铣削两种方式。

1. 垂直铣削

在卧式铣床上铣削带有凸肩的多面体时，一般采用垂直铣削，即分度头主轴处于和铣床工作台台面垂直的位置，大的工件可装夹在回转工作台上，使工作台作纵向进给，如图 8-68 所示。垂直铣削的缺点是进给行程较长，因此生产效率较低，另外，对长的工件也不适用。

2. 水平铣削

在立式或卧式铣床上铣削无凸肩的多面体时，可采用水平铣削，如图 8-69 所示，即把分度头主轴旋转面位于水平位置，仍使工作台作纵向进给。水平铣削的特点是

开缝套筒工件

图 8-68　在卧式铣床上用组合铣削法铣多面体

进给行程短,与垂直铣削相比,生产效率较高,因此,对于无肩和长的多面体工件,应尽量采用水平铣削的方式。

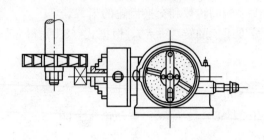

图 8-69　在立式铣床上用三面刃铣刀铣四方

二、工件的安装

一般圆柱柄工件可将工件装夹在分度头的三爪自定心卡盘内。如果工件为螺钉,当工件的夹持部分有螺纹时,为了不致夹坏螺纹,可在螺纹部分外面套一只开缝的铸铁(或纯铜)衬套。衬套有无肩(见图 8-68)和有肩(见图 8-69)两种,当衬套外径大于三爪自定心卡盘内孔时,可采用无肩衬套;否则,应采用有肩衬套,以防止松开的工件衬套落入分度头主轴孔内。

如果工件是螺母,可先将螺纹的心轴夹持在三爪自定心卡盘上,然后将工件旋在心轴上,铣好后将工件从心轴上拆下来,再换上另一工件。

三、铣刀的选择与安装

在立式或卧式铣床上都可以用盘形铣刀铣削多面体。由于多面体铣削时铣刀是单边工作的,因此当工件每边的加工余量较小时,宜采用直齿三面刃铣刀,这样同时工作的齿数多些,切削较平稳;而当工件每边加工余量较大时,可采用错齿三面刃铣刀。但必须注意:如果采用两把错齿三面刃铣刀组合铣削时,一把刀的右齿要和另一把刀的左齿对齐,这样可使两把刀的轴向力相互平衡,避免铣削时工件有左右转动的趋势。

有些较长的多面体,如六角条或套装在心轴上的成串螺母,则可在立式铣床上用面铣刀铣削。

四、对刀

在实际生产中，采用两把盘形铣刀组合铣多面体的方法应用很普遍。此时，一般都用试切法对刀，即先将两把铣刀的轴向间距调整到等于多面体的对边尺寸 s，然后由操作者目测把试件调整到组合铣刀的中间位置，并在试件的顶端适量地铣去一些后，退出工件，旋转 $180°$再铣一刀，若其中有一把刀切下了切屑，则说明对刀不准。这时。可测量第二次铣削后试件的尺寸 s'，然后将横向工作台向第二次未铣到试件的铣刀一侧移动，移动的距离 e 可按下式计算（见图 8-70）

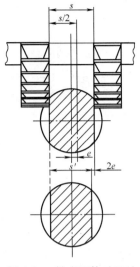

图 8-70 铣多面体对刀时横向工作台的移动量

$$e = \frac{s - s'}{2} \qquad (8\text{-}10)$$

对刀结束后，应将横向工作台紧固，然后卸下试件，换上工件，即可开始正式铣削。

第五节 外花键的铣削

一、外花键的技术要求

1. 外花键的种类及定心方式

外花键是机械传动中广泛应用的零件，机床、汽车、拖拉机等的变速箱内，大都采用花键齿轮套与花键轴配合的滑移作变速传动。

（1）外花键的种类。外花键的种类较多，按齿廓的形状可分为矩形齿、梯形齿、渐开线齿和三角形齿等。

（2）外花键的定心方式。外花键的定心方式如图 8-71 所示，有外径定心、内径定心和键侧定心三种。

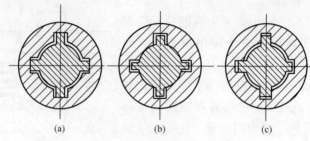

图 8-71　花键轴的定心方式

(a) 外径定心；(b) 内径定心；(c) 键侧定心

2. 外花键的技术要求（见图 8-72）

（1）花键轴的各键应等分工件的圆周。

（2）花键的键侧要对称于工件的轴心线，并且平行于工件的轴心线。

（3）花键的键宽及大径、小径尺寸应符合图样规定的尺寸精度要求。

（4）各加工表面，应符合图样规定的表面粗糙度要求。

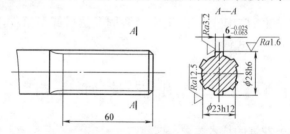

图 8-72　矩形外花键

二、用单刀铣削矩形齿外花键

在铣床上用单刀铣削花键，如图 8-73 所示，主要适用于单件或设备的维修加工，其加工方法如下。

1. 工件的安装和校正

工件可通过三爪自定心卡盘的后顶尖将工件装夹在分度头和尾架顶尖之间，然后用百分表对以下三个方面进行校正，如图 8-74 所示。

（1）工件两端的径向圆跳动量。

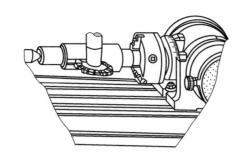

图 8-73 在立式铣床上用单刀铣花键

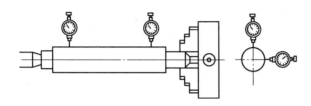

图 8-74 外花键铣削前工件的校正

（2）工件的上母线相对于工作台台面的平行度。

（3）工件的侧母线相对于纵向工作台移动方向的平行度。

对细长的花键轴，在校正后还应在工件长度的中间位置下面用千斤顶支承。

2. 铣刀的选择和安装

花键两侧面的表面粗糙度一般都要求在 $R_a1.6\sim3.2$ 左右，可选用三面刃铣刀，外径应尽可能小些，以减少铣刀端面的跳动量，保证键侧的表面粗糙度。

花键的槽底圆弧面可用厚度为 $2\sim3$mm 的细齿锯片铣刀来粗铣，再用成形铣刀头精铣。

3. 对刀

对刀时，必须使三面刃铣刀的侧面刀刃和花键键侧重合，才能保证花键的宽度及键侧的对称性，因此，对刀是一道很主要的操作步骤。对刀的方法很多，常用的有以下几种。

（1）侧面对刀法。先使铣刀侧面刀刃微微接触工件的外圆表面，然后垂直向下退出工件，再使横向工作台朝铣刀方向移动一个

距离 S

$$S = \frac{D-b}{2} \tag{8-11}$$

式中　S——工作台横向移动的距离，mm；

　　　D——工件的外径，mm；

　　　b——花键的键宽，mm。

这种对刀方法虽简单，但有一定的局限性，即当工件外径较大时，由于受铣刀直径的限制，刀杆可能会和工件相碰，因此就不能采用这种方法对刀。

(2) 划线法。采用此法对刀时，先要在工件上划出中心线。划线的方法是：用高度划线尺在工件外圆柱面的两侧(比中心高键宽的一半)各划一条线，然后通过分度头将工件转过 180°，再用高度尺划一次，观察两次所划线之间的宽度是否等于键宽，如不等，应调整高度尺的高度尺划，直到划出正确的宽度为止。尺寸线划好后，再通过分度头将工件转过 90°，使划线部分外圆朝上，并用高度尺在工件端面上划出花键的深度线(比实际深度深 0.5mm 左右)。

在铣削时，只要使铣刀的侧面刀刃对准键侧线，圆周刀刃对准深度线，就可铣出正确的花键。

(3) 试切法。试切法可在上述两种对刀方法的基础上进一步提高对刀精度，其具体的做法是：在分度头的三爪自定心卡盘与尾座之间装夹一根直径与工件大致相同的试件，先用上述的任一种对刀方法初步对刀，并在试件上铣出适当长度的花键键侧 1，退出工件，经过 180°分度，再铣出键侧 2[见图 8-75(a)]；接着移动横向工作台，铣出另一键侧 3[见图 8-75(b)]；然后退出工件，使工件转过 90°，用杠杆百分表比较测量键侧 1 和 3 的高度[见图 8-75(c)]。若高度一致，说明花键的对称性很好，如高度不一致，则可根据键侧 1、3 的高度差的一半，重新调整横向工作台的位置，并使工件转过一个齿距，继续试切、测量，直到花键对称性达到要求为止。在校正花键对称性的同时，还应测量控制键侧 2、3 之间的宽度 b 是否合格。当对称性及键宽 b 都符合图样要求后，即对刀完毕，可正式换上工件进行铣削。

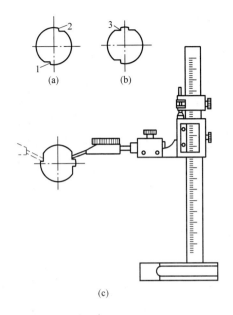

图 8-75　试切法对刀的步骤

(a)铣键侧 1 和 2；(b)铣键侧 3；(c)比较测量键侧 1 和 3 的高度

4. 铣键侧和槽底

花键的铣削顺序如图 8-76
所示。

（1）铣键侧。对刀之后，
可以先依次铣完花键的一侧，
如图 8-76（a）所示，然后再移
动横向工作台，依次铣花键的
另一侧，如图 8-76（b）所示，
工作台应向铣刀方向移动，移
动的距离 S 可按下式计算

$$S = B + b \qquad (8\text{-}12)$$

式中　B——铣刀的宽度,mm；

　　　b——花键的键宽，mm。

在铣削花键的另一侧时，

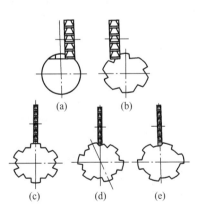

图 8-76　外花键的铣削顺序

(a) 铣花键的右侧；　(b) 铣花键的左侧；
(c) 锯片铣刀对准中心；(d) 开始铣槽底
的圆弧面；(e) 槽底的圆弧面铣毕

543

应在铣削第一条花键一小段后,测量一下键宽的尺寸是否符合图样要求。

(2) 铣槽底的圆弧面。键盘侧铣削好后,槽底的凸起余量就可用装在同一根刀杆上的锯片铣刀铣掉。铣削前应使铣刀对准中心〔见图8-76 (c)〕,然后使工件转过一个角度,调整好铣削深度,如图8-76 (d) 所示,就可开始铣削槽底的圆弧面了,每铣好一刀后,应使工件转过一些,再铣一刀,这样铣出的槽底是呈多边形的,因此,每铣一刀后工件转过的角度越小,铣削的次数越多,槽底就越接近一个圆弧,如图8-76 (e) 所示。

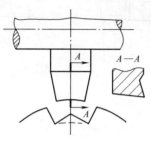

图 8-77 用成形单刀头
铣削槽底的圆弧

除了用锯片铣刀铣削槽底外,也可采用凹圆弧形的成形单刀头将槽底一次铣出 (见图8-77)。但必须注意,使用这种方法铣削槽底时,对刀不准会使铣出的槽底圆弧中心和工件不同心。对刀的方法是:先转动刀轴使铣刀处于最下方圆弧处,若缝隙一致,即对好中心。

三、组合铣削法铣外花键

1. 用两把三面刃铣刀组合铣削外花键

当工件数量较多时,可采用组合铣削法铣外花键,即在刀杆上安装两把三面刃铣刀,将外花键的左右键侧同时铣出。这样不仅可提高生产效率,还可简化操作步骤。

用组合铣削法铣外花键时,工件的安装、调整与用单刀铣花键时相同,但在选择和安装铣刀时,应注意下列几点。

(1) 两把铣刀的直径应相同。

(2) 两把铣刀的间距应等于花键的键宽,这可以由铣刀之间的垫圈或垫片的厚度来保证。

(3) 对刀方法可用组合铣削法铣多面体时的试切法 (见图8-70),这是一种较简便而有效的对刀方法。

对刀结束后,紧固横向工作台,换上工件,调整好铣削深度,即可开始铣削。采用组合铣削法铣花键、键侧和槽底时,可将工件两次安装，分别铣削，这样可避免每铣一根花键轴都要移动横向工作台和调整铣削深度的麻烦。

2.用硬质合金组合铣削刀盘精铣花键

用高速钢铣刀铣削花键轴，切削效率较低，其键侧表面粗糙度值也较大。目前，有些工厂在加工数量较多的花键轴时，用硬质合金组合刀盘铣削。

图8-78所示是精铣花键键侧的硬质合金组合刀盘，刀盘上共有两组刀，其中一组刀（共两把）为铣花键两侧用，另一组刀（也是两把）为加工花键两侧倒角用。每组刀的左右刀齿间的距离均可根据键宽或花键倒角的大小随意调整。使用这种刀盘精铣花键时，切削速度可达120m/min以上，进给速度可达375mm/min，每侧的精铣余量一般为0.15～0.20mm。经精铣后的键侧表面粗糙度达$Ra1.6～0.8\mu m$，在一定程度上代替了花键磨床，如果加工时再配合自动分度头，还可减轻操作者的劳动强度。

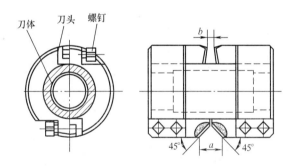

图8-78　用硬质合金组合铣削刀盘精铣花键

四、用成形铣刀铣花键

对于大批量的花键轴可采用刀齿形状与花键槽形一致的成形铣刀一次铣出花键槽。与单刀或组合铣削法相比，成形铣刀铣削花键具有生产效率高、操作简单的特点。

目前生产中多数是使用铲齿类的成形铣刀[见图8-79（a）]，它能保证沿刀齿前面重磨后，刀齿形状不变。但对一些没有铲齿铣刀的工厂，可将三面刃铣刀改磨成尖齿成形铣刀[见图8-79（b）]。此外，镶硬质合金的铣刀或尖齿成形铣刀[见图 8-79(c)、(d)]可大幅度地提高生产效率，在生产上的使用也日益普遍。

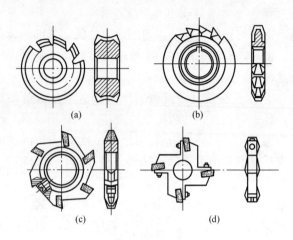

(a)　　　　　　　　　　　(b)

(c)　　　　　　　　　　　(d)

图 8-79　外花键成形铣刀

采用硬质合金成形铣刀铣花键时，铣刀转速极高，应将挂架轴承改成滚动轴承（见图 8-80），以消除轴承的间隙及防止高速运转时轴承咬死。

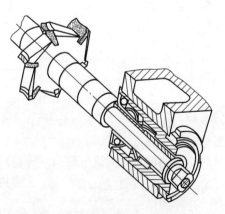

图 8-80　适用于高速运转的滚动轴承挂架

成形铣刀的对刀方法较简单，可先目测使铣刀尽量对准工件中心，然后开动铣床，逐渐升高工作台。通常移动横向工作台，使成

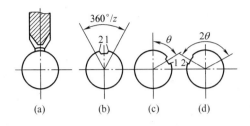

图 8-81　成形外花键铣刀的对刀步骤

形铣刀的两尖角同时接触工件的外圆表面〔见图 8-81（a）〕后，按花键深度的四分之三铣一刀，如图 8-81（b）所示，退出工件，检查花键的对称性。检查的方法是：使工件沿顺时针方向转动一个角度 θ，如图 8-81（c）所示，θ 角的计算为

$$\theta = 90^\circ - \frac{180^\circ}{z} \tag{8-13}$$

式中　z——花键的齿数。

接着用杠杆百分表测量键侧 1 的高度后，再使工件沿逆时针方向转过 2θ 角，用杠杆百分表测量键侧 2 的高度，如图 8-74（d）所示。若键侧 1、2 的高度一致，说明花键的对称性很好；如键侧 1、2 的高度不等，说明对刀不准，应作微量调整。若测量的结果键侧 1 比键侧 2 高 Δx，则应将横向工作台移动一个距离 S，使键侧 1 向铣刀靠拢。移动的距离 S 可按下式计算

$$S = \frac{\Delta x}{2\cos\dfrac{180^\circ}{z}} \tag{8-14}$$

为了便于计算，也可将式（8-14）改写成

$$S = \Delta x K \tag{8-14(a)}$$

$$K = \frac{1}{2\cos\dfrac{180^\circ}{z}}$$

式中　K——系数。

为方便起见，K 可根据花键齿数 z 在表 8-10 中查出。在实际生产中，只要记住 K 值，就可迅速地算出横向工作台的移距 S。

表 8-10　　　　　　　　　成形铣刀铣花键的系数 K

花键齿数 z	3	4	6	8	10	16
系数 K	1	0.707	0.577	0.540	0.526	0.501

五、外花键的检验

对于外花键各要素偏差的测量，在单件和小批量生产中，一般使用通用量具（游标卡尺、千分尺和百分表等），测量项目如下。

（1）用千分尺测量外花键的键宽与底径的尺寸是否符合图样要求。

（2）用百分表测量外花键键侧与轴线的平行度和键侧两平面与轴线的对称度。

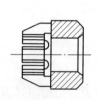

非工作表面　工作表面

图 8-82　外花键的综合量规

在成批和大量生产中，则可用键宽极限量规及外花键综合量规（见图 8-82）进行检验，以检验花键的各部几何形状表面和相互位置偏差，若综合量规能均匀通过，则被检零件为合格。

对于外花键对称性的检验，可用与检验键槽相同的方法进行。

六、外花键的质量分析

在铣床上用三面刃铣刀或成形铣刀铣花键时，要认真地对待每一道加工步骤，才能加工出合格的工件。但在实际操作中，由于操作者的疏忽大意，或未掌握要领，难免会出现一些问题。其中较为突出的和经常遇到的是键侧产生波纹、表面粗糙度差、花键的位移度超差等。这些疵病发生的原因及防止方法见表 8-11。

表 8-11　　　　　　　花键铣削时常见的质量问题及防止方法

铣刀类型	质量问题	产生原因	现 象	防止方法
成形铣刀	键侧产生波纹	刀轴与挂架轴承配合间隙过松，并缺少润滑油	铣削时挂架轴承部分发出不正常的声音	调整间隙，加注润滑油或改装滚动轴承挂架

续表

铣刀类型	质量问题	产生原因	现　　象	防止方法
成形铣刀或三面刃铣刀	花键轴中段产生波纹	花键轴太细长，刚性差	铣至中段时工件发生振动	花键轴中段用千斤顶支承
成形铣刀	键侧及槽底有深啃现象	铣削时中途停刀		中途不能停止自动进给
成形铣刀或三面刃铣刀	花键的两端底径不一致	工件的上母线与工件台台面不平行		重新校正工件与母线相对于工作台台面的平行度
成形铣刀或三面刃铣刀	花键对称度超差	对刀不准		重新对刀
三面刃铣刀或成形铣刀	花键键侧两端不平行	工件侧母线与纵向工作台进给方向不平行		重新校正工件侧母线相对于纵向工作台进给方向的平行度
成形铣刀	键宽超差及两端不一致	分度头尾架顶尖松紧不一致，及分度头摇动时有间隙		保持尾架顶针松紧一致，及摇分度手柄时注意间隙
三面刃铣刀	键宽超差	单刀铣削时横向未摇准及垫圈不平铣刀侧面摆差	组合铣削法	摇时横向要计算，摇准、调换平行垫圈
成形铣刀或三面刃铣刀	花键等距超差	花键轴同心度未校正，分度头位置摇错		花键轴同心度重新校正，及摇分度头时要细心
成形铣刀或三面刃铣刀	键侧表面粗糙度值大	刀轴弯曲或刀轴垫圈不平行引起铣刀轴向摆动	切削不平稳	校直刀轴，修整垫圈的平行度

✿ 第六节 牙嵌式离合器的铣削

牙嵌式离合器按其齿形可分为矩形齿（矩形牙嵌离合器）、梯形齿（梯形牙嵌离合器）、尖齿（正三角形牙嵌离合器）和锯齿形齿（锯齿形牙嵌离合器）等几种（见图 8-83）。这些离合器通常可在卧式或立式铣床上铣削。

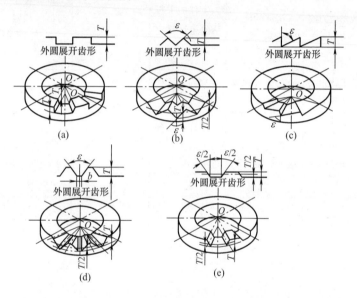

图 8-83 牙嵌式离合器的齿形

（a）矩形齿；（b）尖齿；（c）锯齿形齿；（c）梯形收缩齿；（d）梯形等高齿

一、矩形齿离合器的铣削

根据离合器的齿数，离合器可分为奇数齿和偶数齿两种。但是不论离合器的齿数如何，每一个齿的侧面都必须通过轴的中心，也就是说齿侧必须是径向的，因为只有这样才能保证两离合器的准确结合。

1. 奇数齿离合器的铣削

铣削奇数齿离合器的主要步骤如下。

（1）刀具的选择。铣削奇数齿离合器可用三面刃铣刀或立铣刀，为了不致切到相邻齿，盘形铣刀的宽度（或立铣刀的直径）应

当等于或小于齿槽的最小宽度 b，从图 8-84 中可得

$$b = \frac{d_1}{2}\sin\alpha = \frac{d_1}{2}\sin\frac{180°}{z} \qquad (8-15)$$

式中　d_1——离合器齿部的孔径，mm；

　　　α——齿槽角，（°）；

　　　z——离合器的齿数。

离合器的齿侧按上式算得的 b 若不是整数或不符合铣刀的宽度标准，这时就选靠近的铣刀的规格。例如按计算所得的 b 为 8.9，则三面刃铣刀的宽度 B 应取 8mm。

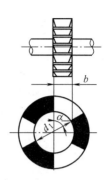

图 8-84　三面刃铣刀的宽度计算

（2）工件的安装。工件安装在分度头或回转工作台的三爪自定心卡盘上（见图 8-85），并用百分表校正离合器外圆。

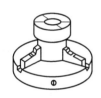

图 8-85　离合器的装夹

（3）对刀。使旋转的盘铣刀的侧面刀刃（或立铣刀的圆周刀刃）与工件圆周表面刚刚接触；下降工作台，使工件向着铣刀横向移动一段距离，这段距离应等于工件的半径，这时侧刀刃就通过工件中心。铣刀对好中心后，按齿深 T 调整工作台的垂直距离，并将横向和升降工作台紧固，同时，将对刀时切伤的部分转至齿槽位置即可铣削。

（4）铣削方法。图 8-86 所示为用盘形铣刀铣削奇数齿离合器的情况。铣削时，铣刀每次进给（图中的 1、2、3）可以穿过离合器的整个端面，每铣一刀，铣出两个齿的各一个侧面。所以铣刀的进给次数恰好等于离合器的齿数。

铣三齿离合器时，作三次进给，如 $z=3$ 时，每铣一刀，分度时手柄的转数 n 为

$$n = \frac{40}{3} = 13\frac{1}{3} = 13\frac{13}{39}(\text{r})$$

铣五齿离合器时，作 5 次进

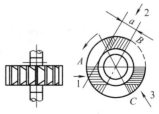

图 8-86　奇数齿离合器的铣削顺序

给,每次分度手柄应转$\frac{40}{5}=8(r)$。

为了使离合器工作时能顺利结合和脱开,离合器的齿侧应有一定的间隙。为此,可在对刀时使铣刀的侧面刀刃向齿侧方向偏过工件中心 0.1～0.5mm [见图 8-87 (a)]。这种方法虽可使离合器齿略为减小,但由于齿侧面不通过轴线,使齿侧面工作时的接触面减小,影响承载能力。如按图 8-87 (b) 所示的方法,在离合器铣成后,将工件转动 2°～4°再铣一次,这样既可使离合器齿的尺寸小于齿槽,又能保证齿侧仍通过轴心的径向平面,齿侧面贴合较好,其缺点是需要增加铣削次数,所以,一般用于要求较高的离合器。

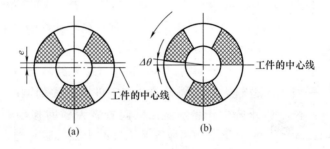

图 8-87　获得齿侧间隙的方法

(a) 偏移中心法; (b) 偏转角法

2. 偶数齿离合器的铣削

图 8-88 所示为铣削偶数齿离合器的示意图。偶数齿离合器两个相对齿槽的同名侧面在同一个通过轴心的平面上。在铣削时,不

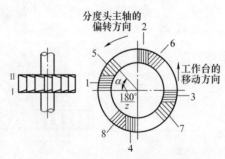

图 8-88　偶数齿离合器的铣削顺序

但铣刀不能通过整个端面，并且还要防止切伤对面的齿。因此，铣削偶数齿离合器时，铣刀的选择和加工方法与铣削奇数齿离合器略有不同。

（1）刀具的选择。盘形铣刀铣削时，铣刀宽度 B 的选择与奇数齿离合器相同。由于铣奇数齿离合器时铣刀可以通过整个端面，所以盘形铣刀的直径不受限制；但是在铣削偶数齿离合器时，为了保证铣刀不切伤对面的齿，其直径 D 有一定限制，所以，铣刀直径应满足

$$D \leqslant \frac{T^2 + d_1^2 - 4B^2}{T} \qquad (8\text{-}16)$$

式中　　d_1——离合器齿部的内径，mm；

B——铣刀的宽度，mm；

T——离合器的齿深，mm。

如果上述条件无法满足，则应改用立铣刀在立式铣床上加工。立铣刀直径的选择可采用选择盘形铣刀宽度的方法。

（2）铣削方法。偶数齿离合器在铣削过程中，要经过两次调整才能铣出准确的齿形。铣削四齿离合器的情形，如图 8-88 所示，第一次调整铣刀侧刃Ⅰ，使其对准工件的中心，通过逐次分度铣出各齿槽的右侧面 1、2、3 和 4；为了铣削各齿槽的左侧面 5、6、7 和 8，必须进行第二次调整，这时应将横向工作台移动一个距离（该距离等于工件上的槽宽），使铣刀侧刃Ⅱ对准工件中心，同时工件转过一个齿槽角 $\frac{180^\circ}{z}$（见图 8-88），然后再逐次分度，依次铣出齿槽的左侧面 5、6、7 和 8。

为了保证偶数齿离合器的齿侧留有一定的间隙，一般齿槽角比齿角大 $2^\circ \sim 4^\circ$。

比较奇数、偶数齿离合器的加工方法可知，奇数齿离合器有较好的工艺性，所以被广泛采用。

二、尖齿离合器的铣削

尖齿离合器的特点是整个齿形（包括齿的两侧面、齿顶及槽底）向轴线上的一点收缩，如图 8-83（b）、（c）所示，在铣削时，

分度头主轴必须倾斜一个 α 角，如图8-89所示。如果不倾斜这个 α 角，那么铣出来的齿槽如图 8-90（b）所示，这样的离合器在结合时，齿面仅在靠近外圆处接触，影响其使用寿命。以下是铣尖离合器的主要操作步骤和方法。

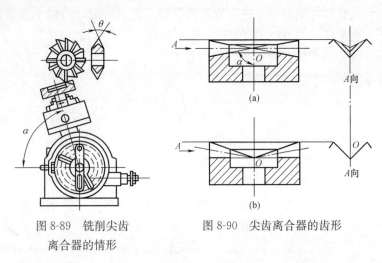

图 8-89　铣削尖齿
离合器的情形

图 8-90　尖齿离合器的齿形

1. 选择铣刀

尖齿离合器是用对称双角铣刀铣削的，双角铣刀的角度应和离合器的齿形角相等。一般在尖齿离合器的工作图上，齿形角 ε 都标注在离合器外圆柱的展开面上（见图8-83），而实际上当双角铣刀工作时，其廓形将在垂直于槽底的截面内和齿侧面贴合。因此，严格地说，铣刀的廓形角 θ 并不等于离合器的齿形角 ε，但它们之间的差别很小，而且一对离合器是用同一把双角铣刀铣削的，因此完全可保证加工后齿面良好接触。所以，在选择双角铣刀时，可取 $\theta=\varepsilon$。

2. 对刀

在铣尖齿离合器时，必须使双角铣刀的刀尖通过工件的轴线，在实际生产中，一般都采用试切法对刀。

先使刀尖大致对准工件的中心，在工件表面铣出一条浅印，退出工件，使工件转过180°，再铣一条浅印，如两条浅印不重合，就调整横向工作台，摇过一齿再铣浅印，直到两条浅印重合为止。

3. 分度头主轴倾斜角的计算

分度头主轴倾斜角 α 的值可按下式计算

$$\cos\alpha = \tan\frac{90°}{z}\cot\frac{\varepsilon}{2} \tag{8-17}$$

式中　α——分度头主轴相对于工作台台面的倾斜角，（°）；

　　　z——离合器的齿数；

　　　ε——离合器的齿形角，（°）。

【例 8-9】　铣削齿形角 $\varepsilon=60°$、齿数 $z=60$ 的尖齿离合器，试确定分度头主轴的倾斜角 α。

解　选取双角铣刀的廓形角 $\theta=\varepsilon=60°$

$$\cos\alpha = \tan\frac{90°}{z}\cot\frac{\varepsilon}{2} = \tan\frac{90°}{60}\cot\frac{60°}{2} = 0.0454$$

即　　　　　　　　　$\alpha = 87°24'$

分度头主轴应与工作台台面倾斜成 $87°24'$。为了方便起见，α 值也可从表 8-12 查出。

表 8-12　　铣等边尖齿离合器和梯形离合器时分度头的倾斜角 α 值

要铣的离合器的齿数	铣削离合器用的双角铣刀的角度（θ）		要铣的离合器的齿数	铣削离合器用的双角铣刀的角度（θ）	
	60°	90°		60°	90°
8	*69°51'	78°30'	26	84°01'	86°32'
9	72°13'	79°51'	27	84°13'	86°39'
10	74°05'	80°53'	28	84°25'	86°46'
11	75°35'	81°53'	29	84°37'	86°53'
12	76°50'	82°26'	30	84°47'	85°59'
13	77°52'	83°02'	31	84°57'	87°05'
14	78°45'	83°32'	32	85°06'	87°11'
15	79°31'	83°58'	33	85°16'	87°16'
16	80°11'	84°21'	34	85°25'	87°21'
17	80°46'	84°41'	35	85°32'	87°26'
18	81°17'	84°59'	36	85°40'	87°30'
19	81°45'	85°15'	37	85°47'	87°34'
20	82°10'	85°29'	38	85°54'	87°38'
21	82°34'	85°42'	39	86°00'	87°42'
22	82°53'	85°54'	40	86°06'	87°45'
23	83°12'	86°05'	41	86°12'	87°48'
24	83°29'	86°15'	42	86°17'	87°51'
25	83°45'	86°24'	43	86°22'	87°54'

要铣的离合器的齿数	铣削离合器用的双角铣刀的角度（θ）		要铣的离合器的齿数	铣削离合器用的双角铣刀的角度（θ）	
	60°	90°		60°	90°
44	86°27′	87°57′	53	87°03′	88°18′
45	86°32′	88°0′	54	87°7′	88°20′
46	86°37′	88°3′	55	87°10′	88°22′
47	86°41′	88°5′	56	87°14′	88°24′
48	86°45′	88°8′	57	87°16′	88°25′
49	86°49′	88°10′	58	87°19′	88°27′
50	86°53′	88°12′	59	87°24′	88°30′
51	86°56′	88°14′	60	87°24′	88°30′
52	87°00′	88°16′			

4. 铣削方法

铣削尖齿离合器时，不论其齿数是奇数还是偶数，每分度一次只能铣出一条齿槽。调整铣削深度，应该按大端齿深在外径处进行。为了防止齿形太尖，当一对离合器接合时，齿顶与槽底接触，所以，往往采用试切法调整铣削的深度，使在端齿顶留有 0.2～0.3mm 的平面，以保证齿形工作面接触。

三、梯形齿离合器的铣削

梯形牙嵌式离合器可分为尖梯形牙嵌式离合器（收缩齿）（见图 8-91 (a)）和正梯形牙嵌式离合器（等高齿）[见图 8-91 (b)]。这两种离合器的铣削方法是完全不同的。

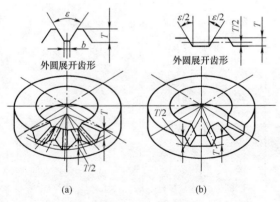

图 8-91　梯形齿离合器
（a）梯形收缩齿离合器；（b）梯形等高齿离合器

1. 铣梯形收缩齿离合器

这种离合器的齿形实际上就是把尖齿离合器的齿顶和槽底，分别用于平行于齿顶线或槽底线的平面截去了一部分。它的齿顶及槽底在齿长方向都是等宽的，并且它们的中线都通过离合器的轴线〔见图 8-91 (a)〕。因此，梯形收缩齿离合器的铣削方法和步骤与铣削尖齿离合器基本相同。铣削时，分度头主轴的倾斜角 α（见图8-92）的计算公式与铣尖齿离合器时相同。

铣削梯形收缩齿离合器与铣削尖齿离合器所不同的地方如下。

（1）选择铣刀。梯形收缩齿离合器是用梯形槽成形铣刀（见图 8-93）铣削的。铣刀的廓形角 θ 可等于离合器的齿形角 ε，齿顶宽度 B 应等于离合器的槽底宽度 b，

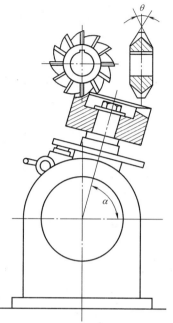

图 8-92　铣梯形离合器时分度头
主轴的倾斜角

而铣刀廓形的有效工作高度 H 必须大于离合器的外圆处齿高 T。当缺少这种成形铣刀时，可利用和离合器齿形角相同的双角铣刀改制，把双角铣刀的刀尖磨去，使铣刀的齿顶宽度 B 等于离合器的槽底宽度 b 即可。

（2）对刀。对刀时，应使梯形槽铣刀廓形的对称线通过工件中心。当对刀结束后，把分度头主轴扳转 α 角，并调整好铣削深度就可开始铣削。

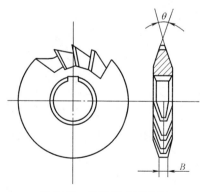

图 8-93　梯形槽成形铣刀

557

2. 铣梯形等高齿离合器

这种离合器的齿形特点是齿顶面与底面平行，并且垂直于离合器轴线。因此，齿侧的高度是不变的；所有齿侧的中性线（齿深$\frac{1}{2}$高度处的线）必须通过离合器的轴线 [见图 8-83 (d)]。梯形等高齿的铣削方法不同于梯形收缩齿，其铣削方法因选用刀具的不同，分为下面两种。

（1）用成形铣刀铣削。用成形铣刀铣削时，一般在卧式铣床上进行，并使分度头或回转工作台主轴处于垂直位置，铣削步骤和方法与铣直齿离合器基本相同，只是铣刀和对刀稍有区别。

1）选择铣刀。在生产量较大时，应采用专用铣刀铣削，也可用三面刃铣刀改制，改制时，应使铣刀的廓形角等于离合器的齿形角；铣刀廓形的有效工作高度 H 大于离合器的齿高 T；而铣刀的齿顶宽度 B 应小于齿槽的最小宽度。

2）对刀。铣削时为了保证齿侧中性线通过离合器的轴线，应

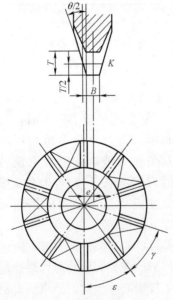

图 8-94　铣削等高梯形齿离合器
时铣刀的工作位置

使铣刀侧刃上离刀齿顶$\frac{T}{2}$处的 K 点（见图 8-94）通过离合器的轴线。其对准方法是：先用试切法使铣刀处于工件的中心位置，然后再移动横向工作台，使铣刀偏离工件轴心一段距离 e，由图 8-94 可计算出 e 值。

$$e = \frac{B}{2} + \frac{T}{2}\tan\frac{\theta}{2} \qquad (8-18)$$

式中　B——铣刀的齿顶宽度，mm；

　　　T——离合器的齿高，mm；

　　　θ——铣刀刀刃的夹角，(°)。

（2）用三面刃铣刀铣削。加工零件数量不多时，也可在立式铣床上用三面刃铣刀和立式铣刀来铣削梯形等高离合器。这种方法是利用

立铣头倾斜角度铣削斜面的原理，因此，铣削过程必须分铣底槽和铣齿侧斜面两步进行。

1）铣梯形齿底槽。在立式铣床上铣削梯形齿离合器的底槽，如图 8-95 所示。此时，立铣头的主轴处于垂直位置，分度头的主轴处于水平位置，工作台作横向进给。铣削方法与铣直齿离合器基本相同，只是使三面刃铣刀的侧面刃偏离工件中心一个距离 e，由图 8-95 可知

$$e = \frac{T}{2}\tan\frac{\varepsilon}{2} \tag{8-19}$$

式中　e——铣刀侧刃偏离工件中心的距离，mm；

　　　T——梯形等高齿离合器的齿深，mm；

　　　ε——梯形等高齿离合器的齿形角，(°)。

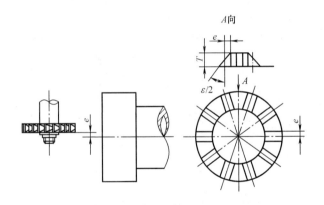

图 8-95　铣削梯形等高齿离合器的底槽

2）铣梯形齿齿侧斜面。铣好工件上的全部底槽后，将立铣头倾斜一个角度 α，α 应等于齿形角的一半 $\left(\alpha = \dfrac{\varepsilon}{2}\right)$，对于图样上要求的齿槽角 ε 大于齿面角 γ，齿侧有啮合间隙的梯形等高齿离合器，齿槽铣削完后，用偏转角度法，将工件偏转 $\dfrac{\varepsilon - \gamma}{2}$ 角，铣出齿侧间隙（见图 8-87）。

四、锯齿形齿离合器的铣削

和尖齿离合器一样，锯齿形齿离合器的齿形也是向轴线上的一

点收缩，铣削的方法和步骤与加工尖齿离合器基本相同，只是所使用的铣刀和分度头主轴倾斜角 α 的计算有所不同。

锯齿形齿离合器的齿形角一般有 60°、70°、80°、85°等几种。

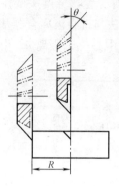

图 8-96　铣锯齿形齿离合器的对刀方法

1. 选择铣刀

锯齿形齿离合器的一侧齿面为向心平面，所以一般都选用单角铣刀铣削，铣刀的刀刃夹角 θ 也可等于离合器的齿形角 ε。

2. 对刀

对刀时，应使单角铣刀的端面侧刃准确地通过工件的中心。在实际操作时，除了采用铣削尖齿离合器时的试切法对刀外，还可采用如图 8-96 所示的对刀方法。

3. 计算分度头主轴的倾斜角 α

铣削锯齿形齿离合器和尖齿离合器一样，也应使分度头主轴倾斜一个 α 角，其计算公式为

$$\cos \alpha = \tan \frac{180°}{z} \cot \varepsilon \qquad (8\text{-}20)$$

式中　α——分度头主轴的倾斜角，(°)；

　　　z——锯齿形齿离合器的齿数；

　　　ε——齿形角，(°)。

为了方便起见，α 角可从表 8-13 中查得。

表 8-13　　　　铣削锯齿形齿离合器时分度头的倾斜角 α 值

离合器的齿数 z	单角铣刀的廓形角 θ（=工件的齿形角 ε）						
	45°	50°	60°	70°	75°	80°	85°
10	71°02′	74°10′	79°11′	83°12′	85°00′	86°42′	88°22′
12	74°27′	77°00′	81°06′	84°24′	85°53′	87°17′	88°39′
15	77°43′	79°43′	82°57′	85°33′	86°44′	87°51′	88°56′
16	78°31′	80°23′	83°24′	85°50′	86°56′	87°59′	89°00′
20	80°53′	82°21′	84°45′	86°41′	87°34′	88°23′	89°12′
22	81°44′	83°04′	85°14′	87°00′	87°47′	88°32′	89°16′
24	82°26′	83°39′	85°38′	87°15′	87°58′	88°40′	89°20′
25	82°44′	83°54′	85°49′	87°21′	88°03′	88°43′	89°22′
28	83°31′	84°34′	86°16′	87°38′	88°16′	88°51′	89°26′
30	83°58′	84°56′	86°31′	87°48′	88°23′	88°56′	89°28′
32	84°20′	85°15′	86°44′	87°56′	88°29′	89°00′	89°30′

离合器的齿数	单角铣刀的廓形角 θ（＝工件的齿形角 ε）						
z	45°	50°	60°	70°	75°	80°	85°
35	84°50′	85°40′	87°01′	88°07′	88°37′	89°05′	89°32′
36	84°58′	85°47′	87°06′	88°10′	88°39′	89°06′	89°33′
38	85°14′	86°00′	87°15′	88°16′	88°43′	89°09′	89°35′
40	85°29′	86°12′	87°23′	88°21′	88°47′	89°12′	89°36′
45	85°59′	86°38′	87°41′	88°32′	88°55′	89°17′	89°38′
50	86°23′	86°58′	87°55′	88°41′	89°02′	89°21′	89°41′

五、牙嵌式离合器的检验和质量分析

1. 检验内容

牙嵌式离合器的检验内容主要有以下几项。

（1）齿形：包括齿形角、底槽倾角和齿深。

（2）同轴度：是指齿形汇交轴与离合器装配基准孔轴线的偏移。

（3）等分度：包括对应齿侧的等分和齿面或齿形所占的圆心角。

（4）表面粗糙度：包括齿侧面和槽底面的表面粗糙度。

2. 检验方法

（1）检验齿深。对于齿顶面与槽底面平行的等高齿离合器，可直接用深度量具测量齿深；对于齿顶面与槽底面不平行的收缩齿离合器，可将钢尺平放在外圆处的齿顶面上，然后用游标卡尺的内径量爪测量槽底到钢尺的距离，也可以测量出齿顶到工件底面的距离，再减去槽底到底面的高度尺寸。

（2）检验齿形角。用角度量具直接测出齿形角的数值或用角度样板透光检验齿形是否正确。对于梯形收缩齿的槽底倾角，可直接用角度量具测量其角度数值。在无法直接测量时，可先校平某一齿形与基准面平行，然后测量外圆柱与基准面之间的角度值。

（3）检验齿形的同轴度。对于尖齿的离合器，可将离合器以装配基准孔套在心轴上，用百分表逐次校平尖齿侧面，并记下每次百分表的读数，并与基准孔的中心位置比较。对于斜齿侧面，可将斜面与齿顶面或槽底面的交线沿径向校平，然后逐齿测出底面处和顶面处的高度读数，算出中性线的高度，再与离合器基准孔的中心位置比较。

（4）检验离合器接触齿数和贴合面积。离合器的接触齿数和贴合面积是在成批生产中常用的一种综合检验方法。检验时，将一对离合器同时以装配基准孔套在标准心轴上，接合后用厚薄规或涂色法检查其接触齿数和贴合面积。一般接触齿数不少于整个齿数的一半，贴合面积不少于 60%。在生产中用这种方法检验，可以节省大量的工时，但当出现废品时，还需要用上述方法逐项检验找出原因。

3. 质量分析

齿式离合器的铣削，实际上是对位置精度要求较高的特形沟槽进行铣削。在铣削过程中，若调整不当，铣出的离合器齿形将不能相互嵌入，或出现接触齿数不够，贴合面太少等现象。齿式离合器在铣削中常见的质量问题及原因分析见表 8-14。

表 8-14　　　　　　　　　牙嵌式离合器的质量分析

现　象	齿　形	产　生　原　因
齿侧工作面表面粗糙度差	各种齿形	（1）铣刀不锋利；用盘形铣刀或角度铣刀时径向跳动或轴间跳动太大 （2）装夹不稳固 （3）进给量太大 （4）传动系统间隙过大 （5）切削液不充分
槽底未接平，有较明显的凸台	矩形齿、梯形等高齿	（1）盘铣刀柱面齿刃口缺陷；立铣刀端刃缺陷或立铣头的轴线与工作台面不垂直 （2）分度头主轴与工作台台面不垂直 （3）升降工作台走动，刀轴松动或刚度差
各齿在外圆处的弦长不等	矩形齿、梯形齿、尖齿、梯形收缩齿、锯齿形齿	（1）分度不均匀 （2）分度装置精度太低 （3）工件装夹时不同轴
一对离合器接合后接触齿数太少或无法嵌入	矩形齿、梯形齿、尖齿、梯形收缩齿、锯齿形齿	（1）分度错误 （2）齿槽角铣得太小 （3）工件装夹不同轴 （4）对刀不准
		各螺旋面起始位置不准或各螺旋面不等高

现　象	齿　形	产　生　原　因
一对离合器接合后贴合面积不够	各种齿形	(1) 工件装夹不同轴 (2) 对刀不准
	齿面齿形	分度头主轴与工作台台面不垂直或不平行
	斜齿面齿形	刀具廓形角不符或分度头仰角计算、调整错误
一对尖齿或锯齿形齿离合器接合后齿侧不贴合	尖齿　锯齿形齿	(1) 铣得太深,造成齿顶过尖,使齿顶搁在槽底,齿侧不能贴合 (2) 分度头仰角计算或调整错误

第七节　螺旋槽的铣削

一、圆柱螺旋槽的铣削

圆柱螺旋槽是由若干段圆柱螺旋线组合而成的,即动点沿圆柱面上的一条母线作等速移动,而该母线又绕圆柱面的轴线作等角速旋转运动,动点在圆柱面上的运动轨迹,称为圆柱螺旋线。

根据圆柱螺旋线的形成原理,在铣床上加工圆柱螺旋槽,是在工作台作进给运动的同时,通过丝杆与分度头之间的交换齿轮,带动分度头主轴和工件作旋转运动来获得的,如图 8-97 所示。

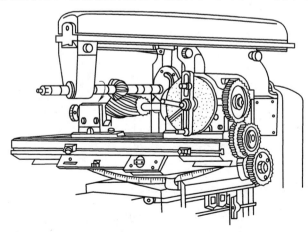

图 8-97　铣削圆柱螺旋槽时的运动

这样，工件一方面作等速直线运动，另一方面作等速旋转运动。

1. 交换齿轮的计算及调整

图 8-98 所示为铣削圆柱螺旋槽的传动系统。铣削圆柱螺旋槽时，工件每转过一个单位角（角位移），工件需沿轴向移动一个相等的距离（轴向位移）。导程不变，角位移与轴向位移的比值也不变；导程不同，这个比值也不同。不同的比值是靠传动系统中交换齿轮的传动比 i 来获得的。根据导程的定义：当工件和分度头主轴转一转时，工件和工作台应纵向移动一个导程 p_h，即工作台丝杠转 $P_h/P_丝$ 转。由图中的传动关系可知

$$\frac{P_h}{P_丝} \times \frac{z_1}{z_2} \times \frac{z_3}{z_4} \times \frac{1}{1} \times \frac{1}{1} \times \frac{1}{40} = 1$$

因此

$$i = \frac{z_1 z_3}{z_2 z_4} = \frac{40 P_丝}{P_h} \tag{8-21}$$

式中　　40——分度头的定数；

$P_丝$——铣床工作台丝杆的螺距，mm；

P_h——待加工工件螺旋线的导程，mm；

z_1、z_3——主动交换齿轮的齿数；

z_2、z_4——从动交换齿轮的齿数。

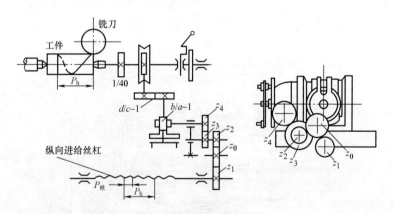

图 8-98　铣削圆柱螺旋槽的传动系统

为了减少计算，在实际生产中可根据 P_h 或传动比 i，查表8-15直接得出交换齿轮的齿数。

表 8-15　　　　交换齿轮的速比、导程、齿数

（$P_{丝}=6mm$，分度头定数为 40）

交换齿轮的速比 i	导程 P_h (mm)	交　换　齿　轮			
		z_1	z_2	z_3	z_4
14.40000	16.67	100	25	90	25
12.80000	18.75	100	25	80	25
12.00000	20.00	100	25	90	30
11.52000	20.83	90	25	80	25
11.20000	21.43	100	25	70	25
10.66667	22.50	100	25	80	30
10.28517	23.33	100	25	90	35
10.08000	23.81	90	25	70	25
9.60000	25.00	100	25	60	25
9.33333	25.71	100	25	70	30
9.14286	26.25	100	25	80	35
9.00000	26.67	100	25	90	40
8.96000	26.79	80	25	70	25
8.80000	27.27	100	25	55	25
8.64000	27.78	90	25	60	25
8.57143	28.00	100	30	90	35
8.40000	28.57	90	25	70	30
8.22857	29.17	90	25	80	35
8.00000	30.00	100	25	80	40
7.92000	30.30	90	25	55	25
7.68000	31.25	80	25	60	25
7.61905	31.50	100	30	80	35
7.50000	32.00	100	30	90	40
7.46667	32.14	80	25	70	30
7.33333	32.73	100	25	55	30
7.20000	32.33	100	25	90	50
7.04000	34.09	80	25	55	25
7.00000	34.29	100	25	70	40
6.85714	35.00	100	25	60	35
6.72000	35.71	70	25	60	25
6.66667	36.600	100	30	80	40
6.60000	36.36	90	25	55	30
6.54545	36.67	100	25	90	55
6.42857	37.33	100	35	90	40
6.40000	37.50	100	25	80	50

交换齿轮的速比 i	导程 P_h (mm)	交 换 齿 轮			
		z_1	z_2	z_3	z_4
6.30000	38.10	90	25	70	40
6.28571	38.18	100	25	55	35
6.17143	38.89	90	25	60	35
6.16000	38.96	70	25	55	25
6.00000	40.00	100	25	90	60
5.86667	40.91	80	25	55	30
5.83333	41.14	100	30	70	40
5.81818	41.25	100	25	80	55
5.76000	41.67	90	25	80	50
5.71429	42.00	100	35	80	40
5.65714	42.42	90	25	55	35
5.60000	42.86	100	25	70	50
5.50000	43.64	100	25	55	40
5.48571	43.75	80	25	60	35
5.45455	44.00	100	30	90	55
5.40000	44.44	90	25	60	40
5.33333	45.00	100	25	80	60
5.28000	45.45	60	25	55	25
5.25000	45.71	90	30	70	40
5.23810	45.82	100	30	55	35
5.23636	45.83	90	25	80	55
5.14286	46.67	100	25	90	70
5.13333	46.75	70	25	55	30
5.12000	46.88	80	25	40	25
5.09091	47.14	100	25	70	55
5.04000	47.62	90	25	70	50
5.02857	47.73	80	25	55	35
5.00000	48.00	100	30	90	60
4.95000	48.48	90	25	55	40
4.84848	49.50	100	30	80	55
4.80000	50.00	100	25	60	50
4.76190	50.40	100	30	50	35
4.71429	50.91	90	30	55	35
4.67532	51.33	100	35	90	55
4.66667	51.43	100	25	70	60

交换齿轮的速比 i	导程 P_h (mm)	交　换　齿　轮			
		z_1	z_2	z_3	z_4
4.58333	52.36	100	30	55	40
4.58182	52.38	90	25	70	55
4.57143	52.50	100	25	80	70
4.50000	53.33	100	25	90	80
4.48000	53.57	80	25	70	50
4.44444	54.00	100	30	80	60
4.40000	54.55	100	25	55	50
4.36364	55.00	100	25	60	55
4.32000	55.56	90	25	60	50
4.28571	56.00	100	30	90	70
4.26667	56.25	80	25	40	30
4.24242	56.57	100	30	70	55
4.20000	57.14	90	25	70	60
4.19048	57.27	80	30	55	35
4.16667	57.60	100	30	50	40
4.15584	57.75	100	35	80	55
4.12500	58.18	90	30	55	40
4.11429	58.33	90	25	80	70
4.09091	58.67	100	40	90	55
4.07273	58.93	80	25	70	55
4.00000	60.00	100	25	90	90
3.96000	60.61	90	25	55	50
3.92857	61.09	100	35	55	40
3.92727	61.11	90	25	60	55
3.92000	61.22	70	25	35	25
3.83839	61.71	100	30	70	60
3.85714	62.22	90	35	60	40
3.85000	62.34	70	25	55	40
3.84000	62.50	80	25	60	50
3.81818	62.86	90	30	70	55
3.80952	63.00	100	30	80	70
3.77143	63.64	60	25	55	35
3.75000	64.00	100	30	90	80
3.74026	64.17	90	35	80	55
3.73333	64.29	80	25	70	60

续表

交换齿轮的速比 i	导程 P_h (mm)	交 换 齿 轮			
		z_1	z_2	z_3	z_4
3.67347	65.33	100	35	90	70
3.66667	65.45	100	25	55	60
3.65714	65.63	80	25	40	35
3.63636	66.00	100	40	80	55
3.60000	66.67	100	25	90	100
3.57143	67.20	100	35	50	40
3.55556	67.50	100	25	80	90
3.53571	67.88	90	35	55	40
3.52000	68.18	80	25	55	50
3.50000	68.57	100	25	70	80
3.49091	68.75	80	25	60	55
3.42857	70.00	100	25	60	70
3.39394	70.71	80	30	70	55
3.36000	71.43	70	25	60	50
3.33333	72.00	100	30	90	90
3.30000	72.73	90	25	55	60
3.27273	73.33	100	50	90	55
3.26667	73.47	70	25	35	30
3.26531	73.50	100	35	80	70
3.21429	74.67	100	35	90	80
3.20833	74.81	70	30	55	40
3.20000	75.00	100	25	80	100
3.18182	75.43	100	40	70	55
3.15000	76.19	90	25	70	80
3.14286	76.36	100	25	55	70
3.11688	77.00	100	35	60	55
3.11111	77.14	100	25	70	90
3.08571	77.78	90	25	60	70
3.08000	77.92	70	25	55	50
3.05556	78.55	100	30	55	60
3.05455	78.57	70	25	60	55
3.04762	78.75	80	30	40	35
3.03030	79.20	100	30	50	55
3.00000	80.00	100	30	90	100
2.96296	81.00	100	30	80	90

568

交换齿轮的速比 i	导程 P_h (mm)	交 换 齿 轮			
		z_1	z_2	z_3	z_4
2.93878	81.67	90	35	80	70
2.93333	81.82	80	25	55	60
2.91667	82.29	100	30	70	80
2.90909	82.50	100	50	80	55
2.88000	83.33	90	25	80	100
2.86364	83.81	90	40	70	55
2.85714	84.00	100	35	90	90
2.82857	84.85	90	25	55	70
2.81250	85.33	100	40	90	80
2.80519	85.56	90	35	60	55
2.80000	85.71	100	25	70	100
2.77778	86.40	100	30	50	60
2.75000	87.27	100	25	55	80
2.74286	87.50	80	25	60	70
2.72727	88.00	100	55	90	60
2.70000	88.89	90	25	60	80
2.66667	90.00	100	30	80	100
2.64000	90.91	60	25	55	50
2.62500	91.43	90	30	70	80
2.61905	91.64	100	30	55	70
2.61818	91.67	90	50	80	55
2.59740	92.40	100	35	50	55
2.59259	95.57	100	30	70	90
2.57143	93.33	100	35	90	100
2.56667	93.51	70	25	55	60
2.56000	93.75	80	25	40	50
2.54545	94.29	100	50	70	55
2.53968	94.50	100	35	80	90
2.52000	95.24	90	25	70	100
2.51429	95.45	80	25	55	70
2.50000	96.00	100	40	90	90
2.49351	96.25	80	35	60	55
2.48889	96.43	80	25	70	90
2.47500	96.97	90	25	55	80
2.45455	97.78	90	40	60	55

交换齿轮的速比 i	导程 P_h (mm)	交 换 齿 轮			
		z_1	z_2	z_3	z_4
2.45000	97.96	70	25	35	40
2.44898	98.00	100	35	60	70
2.44444	98.18	100	25	55	90
2.42424	99.00	100	55	80	60
2.40000	100.00	100	25	60	100
2.38095	100.80	100	30	50	70
2.35714	101.82	90	30	55	70
2.33766	102.67	100	55	90	70
2.33333	102.86	100	30	70	100
2.32727	103.13	80	25	40	55
2.29167	104.73	100	30	55	80
2.29091	104.76	90	50	70	55
2.28571	105.00	100	35	80	100
2.27273	105.60	100	40	50	55
2.25000	106.67	100	40	90	100
2.24490	106.91	100	35	55	70
2.24000	107.14	80	25	70	100
2.22222	108.00	100	40	80	90
2.20408	108.89	90	35	60	70
2.20000	109.09	100	25	55	100
2.18750	109.71	100	40	70	80
2.18182	110.00	100	50	60	55
2.16000	111.11	90	25	60	100
2.14286	112.00	100	60	90	70
2.13889	112.21	70	30	55	60
2.13333	112.50	80	25	60	90
2.12121	113.14	100	55	70	60
2.10000	114.29	90	30	70	100
2.09524	114.55	80	30	55	70
2.08333	115.20	100	30	50	80
2.07792	115.50	100	55	80	70
2.07407	115.71	80	30	70	90
2.06250	116.36	90	30	55	80
2.05714	116.67	90	35	80	100
2.04545	117.33	100	55	90	80

交换齿轮的速比 i	导程 P_h (mm)	交 换 齿 轮			
		z_1	z_2	z_3	z_4
2.04167	117.55	70	30	35	40
2.04082	117.60	100	35	50	70
2.03704	117.82	100	30	55	90
2.03636	117.86	80	50	70	55
2.02041	118.79	90	35	55	70
2.00000	120.00	100	50	90	90
1.98000	121.21	90	25	55	100
1.96875	121.90	90	40	70	80
1.96429	122.18	100	35	55	80
1.96364	122.22	90	50	60	55
1.96000	122.45	70	25	35	50
1.95918	122.50	80	35	60	70
1.95556	122.73	80	25	55	90
1.94444	123.43	100	40	70	90
1.93939	123.75	80	30	40	55
1.92857	124.44	90	35	60	80
1.92500	124.68	70	25	55	80
1.92000	125.00	80	25	60	100
1.90909	125.71	90	55	70	60
1.90476	126.00	100	60	80	70
1.88571	127.27	60	25	55	70
1.87500	128.00	100	60	90	80
1.87013	128.33	90	55	80	70
1.86667	128.57	80	30	70	100
1.85185	129.60	100	30	50	90
1.83673	130.67	90	35	50	70
1.83333	130.91	100	30	55	100
1.82857	131.25	80	25	40	70
1.81818	132.00	100	55	90	90
1.80000	133.33	100	50	90	100
1.79592	133.64	80	35	55	70
1.78571	134.40	100	35	50	80
1.78182	134.69	70	25	35	55
1.77778	135.00	100	50	80	90
1.76786	135.76	90	35	55	80

交换齿轮的速比 i	导程 P_h (mm)	交 换 齿 轮			
		z_1	z_2	z_3	z_4
1.76000	136.36	80	25	55	100
1.75000	137.14	100	40	70	100
1.74603	137.45	100	35	55	90
1.74545	137.50	80	50	60	55
1.71875	139.64	100	40	55	80
1.71429	140.00	100	35	60	100
1.71111	140.26	70	25	55	90
1.69697	141.43	80	55	70	60
1.68750	142.22	90	40	60	80
1.68000	142.86	70	25	60	100
1.66667	144.00	100	60	90	90
1.66234	144.38	80	35	40	55
1.65000	145.45	90	30	55	100
1.63636	146.67	100	55	90	100
1.63333	146.94	70	25	35	60
1.63265	147.00	100	35	40	70
1.62963	147.27	80	30	55	90
1.61616	148.50	100	55	80	90
1.60714	149.33	100	70	90	80
1.60417	149.61	70	30	55	80
1.60000	150.00	100	50	80	100
1.59091	150.86	100	55	70	80
1.58730	151.20	100	35	50	90
1.57500	152.38	90	40	70	100
1.57143	152.73	100	35	55	100
1.56250	153.60	100	40	50	80
1.55844	154.00	100	55	60	70
1.55556	154.29	100	50	70	90
1.54688	155.15	90	40	55	80
1.54286	155.56	90	35	60	100
1.54000	155.84	70	25	55	100
1.52778	157.09	100	40	55	90
1.52727	157.14	70	50	60	55
1.52381	157.50	80	35	60	90
1.51515	158.40	100	55	50	60

交换齿轮的速比 i	导程 P_h （mm）	交换齿轮			
		z_1	z_2	z_3	z_4
1.50000	160.00	100	60	90	100
1.48485	161.63	70	30	35	55
1.48148	162.00	100	60	80	90
1.46939	163.33	90	35	40	70
1.46667	163.64	80	60	55	100
1.45833	164.57	100	30	70	80
1.45455	165.00	100	55	80	100
1.44000	166.67	90	50	80	100
1.43182	167.62	90	55	70	80
1.42857	168.00	100	70	90	90
1.42593	168.31	70	30	55	90
1.42222	168.75	80	25	40	90
1.41429	169.70	90	35	55	100
1.41414	169.71	100	55	70	90
1.40625	170.67	90	40	50	80
1.40260	171.11	90	55	60	70
1.40000	171.43	100	50	70	100
1.39683	171.82	80	35	55	90
1.38889	172.80	100	40	50	90
1.37500	174.55	100	40	55	100
1.37143	175.00	80	35	60	100
1.36364	176.00	100	55	60	80
1.36111	176.33	70	30	35	60
1.35000	177.78	90	40	60	100
1.34694	178.18	60	35	55	70
1.33333	180.00	100	60	80	100
1.32000	181.82	30	25	55	100
1.31250	182.86	90	60	70	80
1.30952	183.27	100	60	55	70
1.30909	183.33	90	55	80	100
1.30012	183.75	80	35	40	70
1.29870	184.80	100	55	50	70
1.29630	185.14	100	60	70	90
1.28571	186.67	100	70	90	100
1.28333	187.01	70	30	55	100

交换齿轮的速比 i	导程 P_h (mm)	交 换 齿 轮			
		z_1	z_2	z_3	z_4
1.28000	187.50	80	25	40	100
1.27273	188.57	100	55	70	100
1.26984	189.00	100	70	80	90
1.26000	190.48	90	50	70	100
1.25714	190.91	80	35	55	100
1.25000	192.00	100	80	90	90
1.24675	192.50	80	55	60	70
1.24444	192.86	80	50	70	90
1.23750	193.94	90	40	55	100
1.22727	195.56	90	55	60	80
1.22500	195.92	70	25	35	80
1.22449	196.00	100	35	30	70
1.22222	196.36	100	50	55	90
1.21212	198.00	100	55	60	90
1.20313	199.48	70	40	55	80
1.20000	200.00	100	50	60	100
1.19048	201.60	100	60	50	70
1.18519	202.50	80	30	40	90
1.17857	203.64	90	60	55	70
1.16833	205.33	90	55	50	70
1.16667	205.71	100	60	70	100
1.16364	206.25	80	50	40	55
1.14583	209.46	100	60	55	80
1.14545	209.52	90	55	70	100
1.14286	210.00	100	70	80	100
1.13636	211.20	100	55	50	80
1.13131	212.14	80	55	70	90
1.12500	213.33	100	80	90	100
1.12245	213.82	55	35	50	70
1.12000	214.29	80	50	70	100
1.11364	215.51	70	40	35	55
1.11111	216.00	100	80	80	90
1.10204	217.78	90	35	30	70
1.10000	218.18	100	50	55	100
1.09375	219.43	100	40	35	80

交换齿轮的速比 i	导程 P_h (mm)	交　换　齿　轮			
		z_1	z_2	z_3	z_4
1.09091	220.00	100	55	60	100
1.08889	220.41	70	25	35	90
1.08000	222.22	90	50	60	100
1.07143	224.00	100	70	60	80
1.06944	224.42	70	40	55	90
1.06667	225.00	80	50	60	90
1.06061	226.29	100	55	35	60
1.05000	228.57	90	60	70	100
1.04762	229.09	80	60	55	70
1.04167	230.40	100	60	50	80
1.03896	231.00	100	55	40	70
1.03704	231.43	80	60	70	90
1.03125	232.73	90	60	55	80
1.02857	233.33	90	70	80	100
1.02273	234.67	90	55	50	80
1.02083	235.10	70	30	35	80
1.02041	235.20	100	35	25	70
1.01852	235.64	100	60	55	90
1.01818	235.71	80	55	70	100
1.01587	236.25	80	35	40	90
1.01010	237.60	100	55	50	90
1.00000	240.00	100	90	90	100
0.99000	242.42	90	50	55	100
0.98438	243.81	90	40	35	80
0.98214	244.36	100	70	55	80
0.98182	244.44	90	55	60	100
0.98000	244.90	70	25	35	100
0.97959	245.00	80	35	30	70
0.97778	245.45	80	50	55	90
0.97222	246.86	100	80	70	90
0.96970	247.50	80	55	60	90
0.96429	248.89	90	70	60	80
0.96250	249.35	70	40	55	100
0.96000	250.00	80	50	60	100
0.95455	251.43	90	55	35	60
0.95238	252.00	100	70	60	90
0.94286	254.55	60	35	55	100

交换齿轮的速比 i	导程 P_h (mm)	交 换 齿 轮			
		z_1	z_2	z_3	z_4
0.93750	256.00	100	40	30	80
0.93506	256.67	90	55	40	70
0.93333	257.14	80	60	70	100
0.92593	259.20	100	60	50	90
0.91837	261.33	90	35	25	70
0.91667	261.82	100	60	55	100
0.91429	262.50	80	35	40	100
0.90909	264.00	100	55	50	100
0.90741	264.49	70	30	35	90
0.90000	266.67	90	80	80	100
0.89796	267.27	55	35	40	70
0.89286	268.80	100	70	50	80
0.89091	269.39	70	50	35	55
0.88889	270.00	100	90	80	100
0.88393	271.52	90	70	55	80
0.88000	272.73	80	50	55	100
0.87500	274.29	100	80	70	100
0.87302	274.91	100	70	55	90
0.87273	275.00	80	55	60	100
0.85938	279.27	55	40	50	80
0.85714	280.00	100	70	60	100
0.85556	280.52	70	50	55	90
0.84848	282.86	80	55	35	60
0.84375	284.44	90	40	30	80
0.84000	285.71	70	50	60	100
0.83333	288.00	100	80	60	90
0.83117	288.75	80	55	40	70
0.82500	290.91	90	60	55	100
0.81818	293.33	90	55	50	100
0.81667	293.88	70	30	35	100
0.81633	294.00	80	35	25	70
0.81481	294.55	80	60	55	90
0.80808	297.00	100	55	40	90
0.80357	298.67	90	70	50	80
0.80208	299.22	70	60	55	80
0.80000	300.00	100	50	40	100
0.79545	301.71	100	55	35	80

交换齿轮的速比 i	导程 P_h (mm)	交 换 齿 轮			
		z_1	z_2	z_3	z_4
0.79365	302.40	100	70	50	90
0.78750	304.76	90	80	70	100
0.78571	305.46	100	70	55	100
0.78125	307.20	100	40	25	80
0.77922	308.00	100	55	30	70
0.77778	308.57	100	90	70	100
0.77143	311.11	90	70	60	100
0.77000	311.69	70	50	55	100
0.76563	313.47	70	40	35	80
0.76389	314.18	100	80	55	90
0.76364	314.29	70	55	60	100
0.76190	315.00	80	70	60	90
0.75758	316.80	100	55	25	60
0.75000	320.00	100	80	60	100
0.74242	323.27	70	55	35	60
0.74074	324.00	100	60	40	90
0.73469	326.67	60	35	30	70
0.73333	327.27	80	60	55	100
0.72917	329.14	100	60	35	80
0.72727	330.00	100	55	40	100
0.72000	333.33	90	50	40	100
0.71591	335.24	90	55	35	80
0.71429	336.00	100	70	50	100
0.71296	336.62	70	60	55	90
0.71111	337.50	80	50	40	90
0.70707	339.43	100	55	35	90
0.70313	341.33	90	40	25	80
0.70130	342.22	90	55	30	70
0.70000	342.86	100	50	35	100
0.69841	343.64	80	70	55	90
0.69444	345.60	100	80	50	90
0.68750	349.09	100	80	55	100
0.68571	350.00	80	70	60	100
0.68182	352.00	100	55	30	70
0.68056	352.65	70	40	35	90
0.67500	355.56	90	80	60	100
0.67347	356.36	55	35	30	70
0.66667	360.00	100	90	60	100

交换齿轮的速比 i	导程 P_h (mm)	交 换 齿 轮			
		z_1	z_2	z_3	z_4
0.66000	363.64	60	50	55	100
0.65625	365.71	90	60	35	80
0.65476	366.55	55	60	50	70
0.65455	366.67	90	55	40	100
0.64935	369.60	100	55	25	70
0.64815	370.29	100	60	35	90
0.64646	371.25	80	55	40	90
0.64286	373.33	90	70	50	100
0.64167	374.03	70	60	55	100
0.64000	375.00	80	50	40	100
0.63636	377.14	100	55	35	100
0.63492	378.00	100	70	40	90
0.63000	380.95	90	50	35	100
0.62857	381.82	80	70	55	100
0.62500	384.00	100	80	50	100
0.62338	385.00	80	55	30	70
0.62222	385.71	80	90	70	100
0.61875	387.88	90	80	55	100
0.61364	391.11	90	55	30	80
0.61250	391.84	70	40	35	100
0.61224	392.00	60	35	25	70
0.61111	392.73	100	90	55	100
0.60606	396.00	100	55	30	90
0.60156	398.96	55	40	35	80
0.60000	400.00	100	50	30	100
0.59524	403.20	100	60	25	70
0.59259	405.00	80	60	40	90
0.58929	407.27	60	70	55	80
0.58442	410.67	90	55	25	70
0.58333	411.43	100	60	35	100
0.58182	412.50	80	55	40	100
0.57292	418.91	55	60	50	80
0.57273	419.05	90	55	35	100
0.57143	420.00	100	70	40	100
0.56818	422.40	100	55	25	80
0.56566	424.29	80	55	35	90
0.56250	426.67	90	80	50	100

续表

交换齿轮的速比 i	导程 P_h （mm）	交 换 齿 轮			
		z_1	z_2	z_3	z_4
0.56122	427.64	55	35	25	70
0.56000	428.57	80	50	35	100
0.55682	431.02	70	55	35	80
0.55556	432.00	100	90	50	100
0.55000	436.36	90	90	55	100
0.54688	438.86	70	40	25	80
0.54545	440.00	100	55	30	100
0.54444	400.82	70	50	35	90
0.54000	444.44	90	50	30	100
0.53571	448.00	100	70	30	80
0.53472	448.83	70	80	55	90
0.53333	450.00	80	90	60	100
0.53030	452.57	70	55	25	60
0.52500	457.14	90	60	35	100
0.52381	458.18	60	70	55	90
0.52083	460.80	100	60	25	80
0.51948	462.00	80	55	25	70
0.51852	462.86	80	60	35	90
0.51563	465.45	55	40	30	80
0.51429	466.67	90	70	40	100
0.51136	469.33	90	55	25	80
0.51042	470.20	70	60	35	80
0.51020	470.40	50	35	25	70
0.50926	471.27	55	60	50	90
0.50909	471.43	80	55	35	100
0.50794	472.50	80	70	40	90
0.50505	475.20	100	55	25	90
0.50000	480.00	100	80	40	100
0.49495	484.90	70	55	35	90
0.49107	488.73	55	70	50	80
0.49091	488.89	90	55	30	100
0.49000	489.80	70	50	35	100
0.48980	490.00	40	35	30	70
0.48889	490.91	80	90	55	100
0.48611	493.71	100	80	35	90
0.48485	495.00	80	55	30	90
0.48214	497.78	90	70	30	80

交换齿轮的速比 i	导程 P_h (mm)	交 换 齿 轮			
		z_1	z_2	z_3	z_4
0.48125	498.70	70	80	55	100
0.48000	500.00	80	50	30	100
0.47727	502.86	70	55	30	80
0.47619	504.00	100	70	30	90
0.47143	509.09	60	70	55	100
0.46875	512.00	90	60	25	80
0.46753	513.33	60	55	30	70
0.46667	514.29	80	60	35	100
0.46296	518.40	100	60	25	90
0.45833	523.64	60	80	55	90
0.45714	525.00	80	70	40	100
0.45455	528.00	100	55	25	100
0.45370	528.98	70	60	35	90
0.45000	533.33	90	80	40	100
0.44643	537.60	100	70	25	80
0.44545	538.78	70	55	35	100
0.44444	540.00	100	90	40	100
0.44000	545.45	55	50	40	100
0.43750	548.57	100	80	35	100
0.43651	549.82	55	70	50	90
0.43636	550.00	80	55	30	100
0.42969	558.55	55	40	25	80
0.42857	560.00	100	70	30	100
0.42778	561.04	70	90	55	100
0.42424	565.72	70	55	30	90
0.42000	571.43	70	50	30	100
0.41667	576.00	100	80	30	90
0.41250	581.82	60	80	55	100
0.40909	586.67	90	55	25	100
0.40833	587.76	70	60	35	100
0.40816	588.00	40	35	25	70
0.40741	589.09	55	60	40	90
0.40404	594.00	80	55	25	90
0.40179	597.33	90	70	25	80
0.40104	598.44	55	60	35	80
0.40000	600.00	90	90	40	100
0.39773	603.43	70	55	25	80
0.39683	604.80	100	70	25	90

交换齿轮的速比 i	导程 P_h (mm)	交　换　齿　轮			
		z_1	z_2	z_3	z_4
0.39375	609.52	90	80	35	100
0.39286	610.91	55	70	50	100
0.39063	614.40	50	40	25	80
0.38961	616.00	60	55	25	70
0.38889	617.14	100	90	35	100
0.38571	622.22	90	70	30	100
0.38500	623.38	55	50	35	100
0.38194	628.36	55	80	50	90
0.38182	628.57	70	55	30	100
0.38095	630.00	80	70	30	90
0.37879	633.60	50	55	25	60
0.37500	640.00	100	80	30	100
0.37037	648.00	80	60	25	90
0.36667	654.55	60	90	55	100
0.36458	658.29	70	60	25	80
0.36364	660.00	80	55	25	100
0.36000	666.67	60	50	30	100
0.35714	672.00	100	70	25	100
0.35648	673.25	55	60	35	90
0.35556	675.00	80	90	40	100
0.35354	678.86	70	55	25	90
0.35000	685.71	90	90	35	100
0.34921	687.27	55	70	40	100
0.34722	691.20	100	80	25	90
0.34375	698.18	55	80	50	100
0.34286	700.00	80	70	30	100
0.34091	704.00	60	55	25	80
0.34028	705.31	70	80	35	90
0.33750	711.11	90	80	30	100
0.33333	720.00	100	90	30	100
0.33000	727.27	55	50	30	100
0.32813	731.43	35	40	30	80
0.32738	733.09	55	60	25	70
0.32727	733.33	60	55	30	100
0.32468	739.20	50	55	25	70
0.32407	740.57	70	60	25	90
0.32143	746.67	90	70	25	100
0.32083	748.05	55	60	35	100

交换齿轮的速比 i	导程 P_h (mm)	交 换 齿 轮			
		z_1	z_2	z_3	z_4
0.31818	754.29	70	55	25	100
0.31746	756.00	80	70	25	90
0.31429	763.64	55	70	40	100
0.31250	768.00	100	80	25	100
0.31169	770.00	40	55	30	70
0.31111	771.43	80	90	35	100
0.30625	783.67	70	80	35	100
0.30612	784.00	30	35	25	70
0.30556	785.45	55	90	50	100
0.30303	792.00	60	55	25	90
0.30000	800.00	90	90	30	100
0.29762	806.40	50	60	25	70
0.29464	814.55	55	70	30	80
0.29167	822.86	70	80	30	90
0.28646	837.82	55	60	25	80
0.28571	840.00	80	70	25	100
0.28409	844.80	50	55	25	80
0.28283	848.57	40	55	35	90
0.28125	853.33	90	80	25	100
0.28000	857.14	40	50	35	100
0.27778	864.00	100	90	25	100
0.27500	872.73	55	80	40	100
0.27344	877.71	35	40	25	80
0.27273	880.00	60	55	25	100
0.27222	881.63	70	90	35	100
0.26786	896.00	60	70	25	80
0.26736	897.66	55	80	35	90
0.26667	900.00	80	90	30	100
0.26515	905.14	35	55	25	60
0.26250	914.29	70	80	30	100
0.26190	916.36	55	70	30	90
0.26042	921.60	50	60	25	80
0.25974	924.00	40	55	25	70
0.25926	925.71	40	60	35	90
0.25714	933.33	60	70	30	100
0.25510	940.80	25	35	25	70
0.25463	942.55	55	60	25	90
0.25455	942.86	40	55	35	100

交换齿轮的速比 i	导程 P_h （mm）	交　换　齿　轮			
		z_1	z_2	z_3	z_4
0.25253	950.40	50	55	25	90
0.25000	960.00	90	90	25	100
0.24554	977.45	55	70	25	80
0.24444	981.82	55	90	40	100
0.24306	987.43	70	80	25	90
0.24242	990.00	40	55	30	90
0.24063	997.40	55	80	35	100
0.24000	1000.00	40	50	30	100
0.23864	1005.70	35	55	30	80
0.23810	1008.00	60	70	25	90
0.23571	1018.20	55	70	30	100
0.23438	1024.00	30	40	25	80
0.23333	1028.59	70	90	30	100
0.23148	1036.81	50	60	25	90
0.22917	1047.26	55	80	30	90
0.22727	1056.00	50	55	25	100
0.22500	1066.67	60	80	30	100
0.22321	1075.22	50	70	25	80
0.22222	1080.00	80	90	25	100
0.21875	1097.14	70	80	25	100
0.21825	1099.66	55	70	25	90
0.21818	1100.00	40	55	30	100
0.21429	1120.00	60	70	25	100
0.21389	1122.07	55	90	35	100
0.21212	1131.44	35	55	30	90
0.21000	1142.86	35	50	30	100
0.20833	1152.00	60	80	25	90
0.20625	1163.64	55	80	30	100
0.20202	1188.00	40	55	25	90
0.20000	1200.00	60	90	30	100
0.19886	1206.88	35	55	25	80
0.19841	1209.62	50	70	25	90
0.19643	1221.81	55	70	25	100
0.19531	1228.82	25	40	25	80
0.19481	1232.00	30	55	25	70
0.19444	1234.31	70	90	25	100
0.19097	1256.74	55	80	25	90
0.19091	1257.14	35	55	30	100

交换齿轮的速比 i	导程 P_h (mm)	交 换 齿 轮			
		z_1	z_2	z_3	z_4
0.19048	1260.00	40	70	30	90
0.18939	1267.23	25	55	25	60
0.18750	1280.00	60	80	25	100
0.18519	1296.00	40	60	25	90
0.18333	1309.11	55	90	30	100
0.18229	1316.58	35	60	25	80
0.18182	1320.00	40	55	25	100
0.17857	1344.00	50	70	25	100
0.17677	1357.70	35	55	25	90
0.17500	1371.43	40	80	35	100
0.17361	1382.41	50	80	25	90
0.17188	1396.32	55	80	25	100
0.17143	1400.00	40	70	30	100
0.17045	1408.00	30	55	25	80
0.16667	1440.00	60	90	25	100
0.16234	1478.38	25	55	25	70
0.16204	1481.12	35	60	25	90
0.15909	1508.58	35	55	25	100
0.15873	1512.00	40	70	25	90
0.15625	1536.00	50	80	25	100
0.15556	1542.81	40	90	35	100
0.15278	1570.89	55	90	25	100
0.15152	1584.00	30	55	25	90
0.15000	1600.00	40	80	30	100
0.14881	1612.79	25	60	25	70
0.14583	1645.75	35	80	30	90
0.14286	1680.00	40	70	25	100
0.14205	1689.55	25	55	25	80
0.13889	1728.00	50	90	25	100
0.13636	1760.00	30	55	25	100
0.13393	1792.00	30	70	25	80
0.13333	1800.00	40	90	30	100
0.13125	1828.57	35	80	30	100
0.13021	1843.18	25	60	25	80
0.12626	1900.84	25	55	25	90
0.12500	1920.00	40	80	25	100
0.12153	1974.82	35	80	25	90

交换齿轮的速比 i	导程 P_h (mm)	交 换 齿 轮			
		z_1	z_2	z_3	z_4
0.11905	2016.00	30	70	25	90
0.11667	2057.08	35	90	30	100
0.11574	2073.61	25	60	25	90
0.11364	2111.93	25	55	25	100
0.11161	2150.35	25	70	25	80
0.11111	2160.00	40	90	25	100
0.10938	2194.19	35	80	25	100
0.10714	2240.00	30	70	25	100
0.10417	2303.93	30	80	25	90
0.09921	2419.11	25	70	25	90
0.09722	2468.63	35	90	25	100
0.09375	2560.00	30	80	25	100
0.08929	2687.87	25	70	25	100
0.08681	2764.66	25	80	25	90
0.08333	2880.12	30	90	25	100
0.07813	3071.80	25	80	25	100
0.06944	3456.22	25	90	25	100

注 1. 本表所列导程数值只适用于图 8-98 这种配置方式，其他方式不适用。其数值系按定数为 40、丝杠螺距为 $P_\text{丝} = 6mm$ 计算出来的。

2. 表中交换齿轮 z_1 与 z_2、z_3 与 z_4、z_2 与 z_3、z_1 与 z_4 的齿数若相同（即速比为 1），可将齿数一样的那对齿轮去掉。

3. 若交换齿轮配置方式不同于图 8-98，可按速比 i 查用本表交换齿轮齿数。

4. 主、从动齿轮不可颠倒用。但主动交换齿轮 z_1、z_3 可换位，从动交换齿轮 z_2、z_4 也可换位。

5. 可在交换齿轮之间安装中间轮，以满足工件转向需要。

2. 工作台方向的调整

铣削螺旋槽时，若用指形铣刀铣削，则工作台不需扳转角度。所以用立铣刀铣削矩形圆柱螺旋槽时，不论在立式铣床上还是在万能升降台铣床上加工，工作台均不需扳动角度，如图 8-99 所示。

若用盘形铣刀铣削，必须将万能升降台铣床的纵向工作台在水平面内旋转一个螺旋角 β，如图 8-100 所示。

3. 圆柱螺旋槽的铣削步骤

铣削圆柱螺旋槽时，一般按下列步骤进行。

（1）装夹工件。找正分度头，尾座两顶尖的轴线与工作台的台面平行，与纵向进给方向平行。然后，用鸡心夹头把工件装夹于两

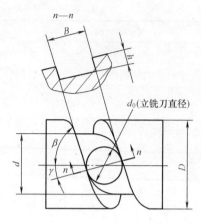

图 8-99　用立铣刀铣削螺旋槽

顶尖之间，并应找正使工件外圆与分度头主轴线同轴。

（2）选择并安装铣刀。铣刀应根据螺旋槽的槽形和尺寸以及精度进行选择。铣刀安装于铣床主轴上。

（3）选择并安装交换齿轮。选择交换齿轮的方法有两种：一是计算方法；二是查表方法。交换齿轮安装的啮合间隙要适当，不能过紧或过松。

（4）对中心。采用试切与划线相结合的方法，使工件的轴心线与铣刀的廓形中线重合。

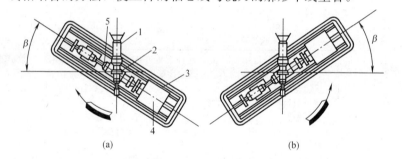

图 8-100　工作台的转角

（a）铣削左旋工件；（b）铣削右旋工件

1—铣刀刀轴；2—铣刀；3—铣床工作台；4—分度头；5—工件

（5）转动纵向工作台的角度。若用盘形铣刀铣削，应将工作台在水平面内旋转一个螺旋角 β。

（6）调整背吃刀量，吃刀后开车铣削。

4. 铣削圆柱螺旋槽时的干涉现象

根据螺旋角的计算公式 $\tan\beta = \dfrac{\pi D}{P_h}$ 可知，在导程 P_h 不变的情况下，直径 D 越大，螺旋角 β 也越大；D 减小，β 也减小。因此，在一条螺旋槽上，自槽口到槽底，不同直径处的螺旋角是不相等的。由于螺旋角 β 的大小不同，在同一截面上切线的方向也不同，在切削过程中会把不应切去的部分切去，而使槽的截面形状产生偏差，这一现象称为干涉现象，如图 8-101（a）、（b）所示。

此外，由于圆柱螺旋槽上的螺旋线是一条曲线，当盘形铣刀旋

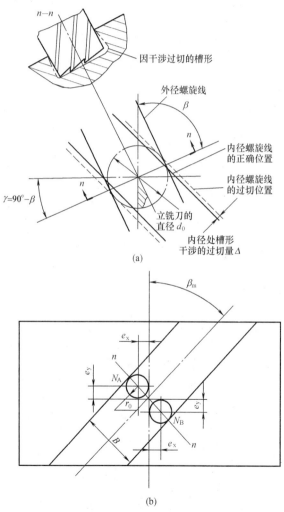

(a)

(b)

图 8-101 用立铣刀铣削矩形螺旋槽时的干涉现象

转、由齿刃形成的旋转表面与螺旋线不相吻合时，在切削过程中也会产生干涉现象，如图 8-102 所示。

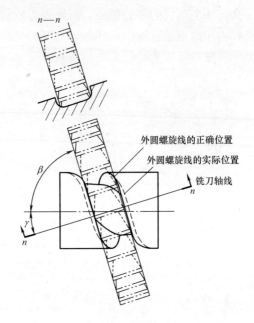

图 8-102　用三面刃铣刀铣削矩形螺旋槽时的
干涉现象

二、圆柱螺旋槽的铣削质量

铣削圆柱螺旋槽时，在计算和操作方面，与铣削其他工件相比，都是比较复杂的，铣削过程中产生的质量问题及原因分析见表 8-16。

表 8-16　　圆柱螺旋槽铣削的质量问题及原因分析

质量问题	原 因 分 析
表面粗糙度值大	（1）铣刀不锋利，立铣刀刚性差或安装不妥，铣床悬梁、支架和刀杆轴承套之间间隙过大 （2）进给量过大 （3）精铣时加工余量大 （4）工件装夹刚性差，切削时振动较大 （5）传动系统间隙过大 （6）纵向工作台塞铁调整过松，进给时工作台晃动

质量问题	原　因　分　析
加工表面有"深啃"	进给中途曾停刀
导程或升高量不准确	（1）导程、交换齿轮比、分度头仰角计算有错误 （2）交换齿轮配置有错误 （3）分度头仰角、立铣头转角及立铣刀切削位置调整精度差
螺旋槽干涉量过大	（1）铣刀直径过大 （2）工作台扳转角度不准 （3）计算直径选择不当

第八节　齿轮、齿条和链轮的铣削

齿轮是机械传动中应用最广泛的零件之一。齿轮具有传动平稳、传动速比准确、转矩大和承载能力强等特点。

齿轮齿形的加工方法基本上可分为两大类：一是成形法，二是展成法。成形法是利用切削刃形状和齿槽形状完全相同的刀具在普通铣床上铣削齿形的方法，如图 8-103 所示。采用成形法加工齿轮，其精度比展成法加工出来的齿轮精度低，但它不需要专用机床和价格昂贵的刀具，因此适用于精度不高的齿轮，以及单件和小批量的生产。

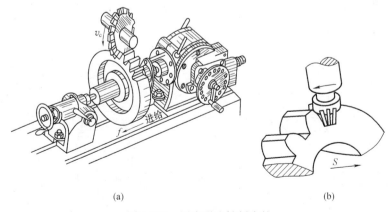

图 8-103　用成形法铣削齿轮

（a）用齿轮盘铣刀铣削齿轮；（b）用指形铣刀铣削齿轮

展成法是根据啮合原理，在专用机床上利用刀具和工件具有严格速比的相对运动来铣削齿形的方法，如图 8-104 所示 。这种加工方法的特点是效率高、精度好。如在插齿机上插齿[见图 8-104(a)]和在滚齿机上滚齿[见图 8-104(b)]均属展成法，是目前加工齿轮主要采用的方法。

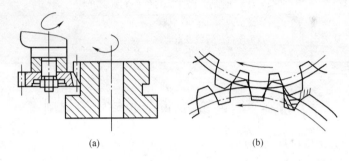

(a)　　　　　　　　　　　　　　(b)

图 8-104　用展成法加工齿轮

(a) 插齿；(b) 滚齿

本节主要介绍用成形法铣削标准齿轮齿形的加工方法。

一、圆柱齿轮的铣削

按照轮齿与轴线的关系，圆柱齿轮可分为直齿圆柱齿轮（俗称直齿轮）和斜齿圆柱齿轮（俗称斜齿轮）。直齿圆柱齿轮的轮齿与轴线平行，如图 8-105 所示。斜齿圆柱齿轮的轮齿与轴线面成一螺旋角 β，如图 8-106 所示。

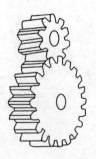

图 8-105　直齿圆柱齿轮

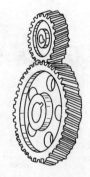

图 8-106　斜齿圆柱齿轮

1. 直齿圆柱齿轮的铣削

（1）渐开线齿形曲线。机械传动中使用的齿轮齿形曲线有渐开线、摆线、圆弧线等几种，其中应用最广泛的齿形曲线是渐开线，如图 8-107 所示。因为这种齿形的齿轮具有传动平稳、制造和装配简便等优点。

（2）齿轮盘铣刀的构造和选择。在铣床上采用成形法加工齿轮，其原理是利用切削刃形状和齿槽形状相同的刀具来切制齿形。因此，了解铣刀

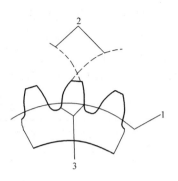

图 8-107　渐开线齿形
1—基圆；2—渐开线；3—非渐开线

的结构和掌握选择方法很重要。图 8-108 所示为一组 8 把的齿轮盘铣刀的刀齿截形。

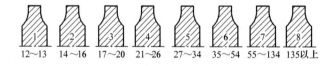

1	2	3	4	5	6	7	8
12～13	14～16	17～20	21～26	27～34	35～54	55～134	135以上

图 8-108　直齿圆柱齿轮铣刀的刀齿截形（一组 8 把）

由渐开线性质可知：渐开线的形状与基圆大小有关，而基圆的直径又与模数 m、齿数 z 和齿形角 α 有关，其关系是

$$基圆直径 = 模数 \times 齿数 \times 齿形角的余弦$$

$$d_b = mz\cos\alpha \tag{8-22}$$

齿形角 $\alpha = 20°$ 是标准值，因此，基圆直径的大小只与齿轮的模数和齿数有关。从理论上讲，每一个模数、每一种齿数，应制造一把铣刀，这是相当麻烦的。而实际生产中比较合理的办法是：把铣刀铣削的齿数按照它们的齿形曲线接近的情况划分成段，每一段是一号数，且以该段中最小齿数的齿形作为铣刀的齿形，以避免发生干涉。实践证明：它的齿形误差极微。

直齿圆柱齿轮铣刀，在同一个模数中分成 8 个号数或 15 个号数，每号铣刀所铣齿数的范围是不同的。齿轮齿数越少，相邻齿数

齿形的误差越大；齿数越多，相邻齿数齿形的误差越小。

表 8-17 是一组 8 把铣刀的号数；表 8-18 所示是一组 15 把铣刀的号数。前者的精度比后者的低。选择铣刀时，先按所铣削齿轮的齿数，从表中查得铣刀的号数，再选择与工件相同模数的铣刀。

表 8-17　　　　　　　　　　一组 8 把铣刀的号数

所铣齿刀的齿数	12～13	14～16	17～20	21～25	26～34	35～54	55～134	135～∞
铣刀的号数	1	2	3	4	5	6	7	8

注　适用于 $m=1\sim8$mm 的齿轮。

表 8-18　　　　　　　　　　一组 15 把铣刀的号数

所铣齿轮的齿数	12	13	14	15～16	17～18	19～20	21～22	23～25
铣刀的号数	1	$1\frac{1}{2}$	2	$2\frac{1}{2}$	3	$3\frac{1}{2}$	4	$4\frac{1}{2}$
所铣齿轮的齿数	26～29	30～34	35～41	42～54	55～79	80～134	135～∞	
铣刀的号数	5	$5\frac{1}{2}$	6	$6\frac{1}{2}$	7	$7\frac{1}{2}$	8	

注　适用于 $m=9\sim16$mm 的齿轮。

（3）直齿圆柱齿轮的测量。

1）齿厚的测量。测量齿厚是生产现场经常需要进行的，分为分度圆弦齿厚测量法和固定弦齿厚测量法，测量仪器为齿厚游标卡尺。现将测量方法分别介绍如下。

a. 分度圆弦齿厚的测量。采用齿厚游标卡尺，按图 8-109 所示的方法测得分度圆的弦齿厚。为了使卡尺爪尖在分度圆上，还需要准确确定垂直的弦齿高 $\bar{h}_a$ 的数值。弦齿高 $\bar{h}_a$（mm）的计算公式为

$$\bar{h}_a = m\left[1 + \frac{z}{2}\left(1 - \cos\frac{90°}{z}\right)\right] \qquad (8\text{-}23)$$

式中　　m——齿轮的模数，mm；

　　　　z——齿轮的齿数。

测量时，根据计算的弦齿高数值调整好垂直尺的游标，而后调

整水平尺的游标位置，即可量得弦齿厚 $\bar{s}$。若量得的弦齿厚与计算的弦齿厚 $\bar{s}$ 及公差（精度等级）相符，则弦齿厚准确。否则，就要补充进刀或将齿轮报废。弦齿厚 $\bar{s}$（mm）的计算公式为

$$\bar{s} = mz\sin\frac{90°}{z} \tag{8-24}$$

式中　m——齿轮的模数，mm；

z——齿轮的齿数。

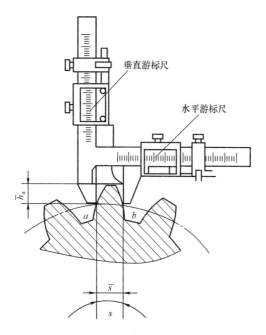

图 8-109　测量分度圆的弦齿厚

实际生产中，为了省去烦琐的计算，常用查表法求得弦齿厚 $\bar{s}$ 和弦齿高 $\bar{h}_a$。表 8-19 所示是 $m=1$mm 时，分度圆的弦齿厚 $\bar{s}$ 和弦齿高 $\bar{h}_a$ 的数值。设 $m=1$mm 时的弦齿厚为 $\bar{s}^*$，弦齿高为 $\bar{h}_a^*$，根据齿数 z 从表中查得 $\bar{s}^*$ 和 $\bar{h}_a^*$ 的值之后，按下式计算其他模数齿轮的弦齿厚 $\bar{s}$ 和弦齿高 $\bar{h}_a$

$$\bar{s} = m\bar{s}^* \tag{8-25}$$

$$\bar{h}_a = m\bar{h}_a^* \tag{8-26}$$

式中 m——被测齿轮的模数，mm；

$\bar{s}$——被测齿轮的弦齿厚，mm；

$\bar{h}_a$——被测齿轮的弦齿高，mm。

表 8-19　　分度圆的弦齿厚 $\bar{s}^*$ 和弦齿高 $\bar{h}_a^*$ （$m=1$mm）　　（mm）

齿数 z	齿厚 $\bar{s}^*$	齿高 $\bar{h}_a^*$	齿数 z	齿厚 $\bar{s}^*$	齿高 $\bar{h}_a^*$
12	1.5663	1.0513	51	1.5705	1.0121
13	1.5669	1.0474	52	1.5706	1.0119
14	1.5675	1.0440	53	1.5706	1.0116
15	1.5679	1.0411	54	1.5706	1.0114
16	1.5683	1.0385	55	1.5706	1.0112
17	1.5686	1.0363	56	1.5706	1.0110
18	1.5688	1.0342	57	1.5706	1.0108
19	1.5690	1.0324	58	1.5706	1.0106
20	1.5692	1.0308	59	1.5706	1.0104
21	1.5693	1.0294	60	1.5706	1.0103
22	1.5694	1.0280	61	1.5706	1.0101
23	1.5695	1.0268	62	1.5706	1.0100
24	1.5696	1.0257	63	1.5706	1.0098
25	1.5697	1.0247	64	1.5706	1.0096
26	1.5698	1.0237	65	1.5706	1.0095
27	1.5699	1.0228	66	1.5706	1.0093
28	1.5699	1.0220	67	1.5706	1.0092
29	1.5700	1.0212	68	1.5706	1.0091
30	1.5701	1.0205	69	1.5706	1.0089
31	1.5701	1.0199	70	1.5706	1.0088
32	1.5702	1.0193	71	1.5707	1.0087
33	1.5702	1.0187	72	1.5707	1.0086
34	1.5702	1.0181	73	1.5707	1.0084
35	1.5703	1.0176	74	1.5707	1.0083
36	1.5703	1.0171	75	1.5707	1.0082
37	1.5703	1.0167	76	1.5707	1.0080
38	1.5703	1.0162	77	1.5707	1.0080
39	1.5704	1.0158	78	1.5707	1.0079
40	1.5704	1.0154	79	1.5707	1.0078
41	1.5704	1.0150	80	1.5707	1.0077
42	1.5704	1.0146	81	1.5707	1.0076
43	1.5705	1.0144	82	1.5707	1.0075
44	1.5705	1.0140	83	1.5707	1.0074
45	1.5705	1.0137	84	1.5707	1.0073
46	1.5705	1.0134	85	1.5707	1.0073
47	1.5705	1.0131	86	1.5707	1.0072
48	1.5705	1.0128	87	1.5707	1.0071
49	1.5705	1.0126	88	1.5707	1.0070
50	1.5705	1.0124	89	1.5707	1.0069

续表

齿数 z	齿厚 $\overline{s}{}^{*}$	齿高 $\overline{h}_a^{*}$	齿数 z	齿厚 $\overline{s}{}^{*}$	齿高 $\overline{h}_a^{*}$
90	1.5707	1.0069	110	1.5708	1.0056
91	1.5707	1.0068	115	1.5708	1.0054
92	1.5707	1.0067	120	1.5708	1.0051
93	1.5707	1.0066	125	1.5708	1.0049
94	1.5707	1.0065	127	1.5708	1.0048
95	1.5707	1.0065	130	1.5708	1.0047
96	1.5707	1.0064	135	1.5708	1.0046
97	1.5707	1.0064	140	1.5708	1.0044
98	1.5707	1.0063	145	1.5708	1.0042
99	1.5707	1.0062	150	1.5708	1.0041
100	1.5707	1.0062	齿条	1.5708	1.0000
105	1.5708	1.0059			

注　1. 对于斜齿圆柱齿轮和锥齿轮，本表也可使用，但要用当量齿数查表。
　　2. 如果当量齿数带小数，就要采用比例插入法，把小数部分考虑进去。
　　3. 如果考虑到齿顶圆制造误差，要根据查表计算所得 h_a 减去修正值 Δh。

b. 固定弦齿厚的测量。其测量方法与分度圆弦齿厚的测量方法相同，只是所测部位不同，如图 8-110 所示。

所谓固定弦齿厚是指标准齿条的齿形和齿轮齿形相切时，两切

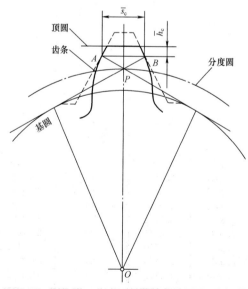

图 8-110　固定弦齿厚的测量

点 A、B 之间的距离，如图 8-110 所示。AB 的长度仅与齿轮的模数和齿形角有关，其计算公式为

$$\bar{s}_c = \frac{\pi m}{2} \cos^2 \alpha \tag{8-27}$$

$$\bar{h}_c = m\left(1 - \frac{\pi}{8}\sin 2\alpha\right) \tag{8-28}$$

式中　$\bar{s}_c$——固定弦齿厚，mm；

　　　$\bar{h}_c$——固定弦齿高，mm；

　　　m——齿轮的模数，mm；

　　　α——标准齿形角，(°)。

当 $\alpha = 20°$ 时

$$\bar{s}_c = 1.3871m$$

$$\bar{h}_c = 0.7476m$$

实际生产中，当 $\alpha = 20°$ 时，根据模数 m 的值查表 8-20，即得出固定弦齿厚 $\bar{s}_c$ 和固定弦齿高 $\bar{h}_c$ 的值。

表 8-20　　　固定弦齿厚 $\bar{s}_c$ 和固定弦齿高 $\bar{h}_c$（$\alpha = 20°$）

模数 m	固定弦齿厚 $\bar{s}_c$	固定弦齿高 $\bar{h}_c$	模数 m	固定弦齿厚 $\bar{s}_c$	固定弦齿高 $\bar{h}_c$
1	1.3871	0.7476	6	8.3223	4.4854
1.25	1.7338	0.9344	6.5	9.0158	4.8592
1.5	2.0806	1.1214	7	9.7093	5.2330
1.75	2.4273	1.3082	7.5	10.4029	5.6068
2	2.7741	1.4951	8	11.0964	5.6068
2.25	3.1209	1.6820	9	12.4834	6.7282
2.5	3.4677	1.8680	10	13.8705	7.4757
2.75	3.8144	2.0558	11	15.2575	8.2233
3	4.1612	2.2427	12	16.6446	8.9709
3.25	4.5079	2.4296	13	18.0316	9.7185
3.5	4.8547	2.6165	14	19.4187	10.4661
3.75	5.2017	2.8034	15	20.8057	11.2137
4	5.5482	2.9903	16	22.1928	11.9612
4.25	5.8950	3.1772	18	24.9669	13.4564
4.5	6.2417	3.3641	20	27.7410	14.9515
4.75	6.5885	3.5510	22	30.5151	16.4467
5	6.9353	3.7379	24	33.2892	17.9419
5.5	7.6288	4.1117	25	34.6762	18.6895

注　对于标准斜齿圆柱齿轮，按法向模数查表。

2）公法线长度的测量。齿轮上相隔若干个齿的两外侧与两平行平面相切时，两平行平面之间的垂直距离，称为该齿轮公法线的长度，用 W_k 表示。公法线长度内所跨的齿数 k，称为跨越齿数。跨越齿数 k 与齿轮的齿数 z 和齿形角 α 有关，标准直齿（$\alpha = 20°$）的跨越齿数 k 由下式计算，并四舍五入取整数

$$k = 0.111z + 0.5 \qquad (8\text{-}29)$$

式中　z——齿轮的齿数。

跨越齿数计算出后，用千分尺或普通游标卡尺测量公法线的长度，如图 8-111 所示。

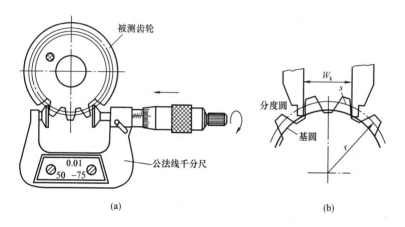

(a)　　　　　　　　　　　(b)

图 8-111　公法线长度的测量
（a）用千分尺测量；（b）用游标卡尺测量

齿轮的公法线长度 W_k 由下式计算

$$W_k = m[2.9521(k - 0.5) + 0.014z] \qquad (8\text{-}30)$$

式中　m——齿轮的模数，mm；

z——齿轮的齿数；

k——跨越齿数。

实际生产中，用查表的方法得出跨越齿数 k 和模数 $m = 1\text{mm}$ 时的不同齿数的公法线长度 W。查出的 W 值乘以被测齿轮的模数值，便是被测齿轮的公法线长度。若测量结果与计算结果和查表结

果不符，则齿轮需要补充进给量或者报废。表 8-21 所示是标准直齿圆柱齿轮的跨越齿数和公法线长度。

表 8-21　　　标准直齿圆柱齿轮的公法线长度（$m=1\text{mm}$，$\alpha=20°$）

被测齿轮总齿数 z	跨越齿数 k	公法线长度值 W(mm)	被测齿轮总齿数 z	跨越齿数 k	公法线长度值 W(mm)	被测齿轮总齿数 z	跨越齿数 k	公法线长度值 W(mm)
10		4.5683	46		16.8810	82		29.1937
11		4.5823	47		16.8950	83		29.2077
12		4.5963	48		16.9090	84		29.2217
13		4.6103	49		16.9230	85		29.2357
14	2	4.6243	50	6	16.9370	86	10	29.2497
15		4.6383	51		16.9510	87		29.2637
16		4.6523	52		16.9650	88		29.2777
17		4.6663	53		16.9790	89		29.2917
18		4.6803	54		16.9930	90		29.3057
19		7.6464	55		19.9591	91		32.2719
20		7.6604	56		19.9732	92		32.2859
21		7.6744	57		19.9872	93		32.2999
22		7.6884	58		20.0012	94		32.3139
23	3	7.7025	59	7	20.0152	95	11	32.3279
24		7.7165	60		20.0292	96		32.3419
25		7.7305	61		20.0432	97		32.3559
26		7.7445	62		20.0572	98		32.3699
27		7.7585	63		20.0712	99		32.3839
28		10.7246	64		23.0373	100		35.3500
29		10.7386	65		23.0513	101		35.3641
30		10.7526	66		23.0653	102		35.3781
31		10.7666	67		23.0793	103		35.3921
32	4	10.7806	68	8	23.0933	104	12	35.4061
33		10.7946	69		23.1074	105		35.4201
34		10.8086	70		23.1214	106		35.4341
35		10.8226	71		23.1354	107		35.4481
36		10.8367	72		23.1494			
37		13.8028	73		26.1155	108		38.4142
38		13.8168	74		26.1295	109		38.4282
39		13.8308	75		26.1435	110		38.4422
40		13.8448	76		26.1575	111		38.4563
41	5	13.8588	77	9	26.1715	112	13	38.4703
42		13.8728	78		26.1855	113		38.4843
43		13.8868	79		26.1995	114		38.4983
44		13.9008	80		26.2135	115		38.5123
45		13.9148	81		26.2275	116		38.5263
						117		38.5403

续表

被测齿轮总齿数 z	跨越齿数 k	公法线长度值 W(mm)	被测齿轮总齿数 z	跨越齿数 k	公法线长度值 W(mm)	被测齿轮总齿数 z	跨越齿数 k	公法线长度值 W(mm)
118		41.5064	145		50.7410	172		59.9755
119		41.5205	146		50.7550	173		59.9895
120		41.5344	147		50.7690	174		60.0035
121		41.5484	148		50.7830	175		60.0175
122	14	41.5625	149	17	50.7970	176	20	60.0315
123		41.5765	150		50.8110	177		60.0456
124		41.5905	151		50.8250	178		60.0596
125		41.6045	152		50.8390	179		60.0736
126		41.6185	153		50.8530	180		60.0876
127		44.5846	154		53.8192	181		63.0537
128		44.5986	155		53.8332	182		63.0677
129		44.6126	156		53.8472	183		63.0817
130		44.6266	157		53.8612	184		63.0957
131	15	44.6406	158	18	53.8752	185	21	63.1097
132		44.6546	159		53.8892	186		63.1237
133		44.6686	160		53.9032	187		63.1377
134		44.6826	161		53.9172	188		63.1517
135		44.6966	162		53.9312	189		63.1657
136		47.6628	163		56.8973	190		66.1319
137		47.6768	164		56.9113	191		66.1459
138		47.6908	165		56.9254	192		66.1599
139		47.7048	166		56.9394	193		66.1739
140	16	47.7188	167	19	56.9534	194	22	66.1879
141		47.7328	168		56.9674	195		66.2019
142		47.7468	169		56.9814	196		66.2159
143		47.7608	170		56.9954	197		66.2299
144		47.7748	171		57.0094	198		66.2439
						199	23	69.2101
						200		69.2241

补充进给量的计算：铣削齿轮时，为了把齿轮铣削光洁，保证齿厚的尺寸精度，一般精铣时进给量的确定应在齿厚测量或公法线长度测量之后确定。如需补充进给量，可按下式计算。

a. 弦齿厚测量的补充进给量 $\Delta \bar{s}$，当齿形角 $\alpha = 20°$ 时

$$\Delta \bar{s} = 1.37(\bar{s}_{测} - \bar{s}) \tag{8-31}$$

b. 公法线长度测量的补充进给量 ΔW，当齿形角 $\alpha = 20°$ 时

$$\Delta W = 1.462(W_{k测} - W_k) \tag{8-32}$$

式中　$\bar{s}_{测}$、$W_{k测}$——测量值；

$\bar{s}$、W_k——计算值或查表值。

3）齿圈径向跳动量的测量。齿轮加工完成后，除测量齿厚和公法线长度外，还应测量齿圈的径向跳动量。齿圈径向跳动是指在齿轮转动一周的范围内，百分表测量触头在齿槽内或轮齿上，与齿高中部双面接触，测头相对于齿轮轴线的最大变动量，如图 8-112 所示。

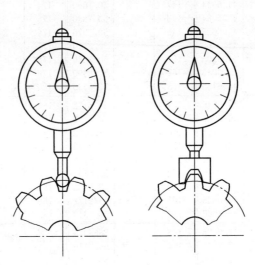

图 8-112　齿圈径向跳动量的测量

齿圈径向跳动允差 F_r，可查表 8-22。

表 8-22　　　　　　　齿圈径向跳动允差 F_r

分度圆直径（mm）		法向模数	精　度　等　级					
大于	到	m_n（mm）	7	8	9	10	11	12
—	125	≥1～3.5	36	45	71	100	125	160
		>3.5～6.3	40	50	80	125	160	200
		>6.3～10	45	56	90	140	180	224
125	400	≥1～3.5	50	63	80	112	140	180
		>3.5～6.3	56	71	100	140	180	224
		>6.3～10	63	86	112	160	200	250
		>10～16	71	90	125	180	224	280
		>16～25	80	100	160	224	280	355

（4）直齿圆柱齿轮的铣削步骤。在铣床上采用成形法铣削圆柱

齿轮时，齿形曲线靠齿轮铣刀来保证，齿距的均匀性用分度头分度来保证，如图 8-113 所示。

1）选择齿轮铣刀。根据齿轮的模数、齿形角及齿轮齿数，从表 8-17 或表 8-18 中选择合适的铣刀刀号。

2）检查齿坯。根据公式 $d_a = m(z+2)$，计算齿顶圆的直径，并用游标卡尺测量，是否与齿坯外径相符。用百分表检查齿坯外圆和端面跳动量是否符合图样要求，如图 8-114 所示。

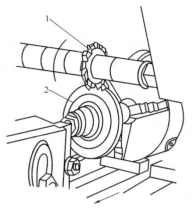

图 8-113　用成形法铣削直齿圆柱齿轮
1—齿轮铣刀；2—工件

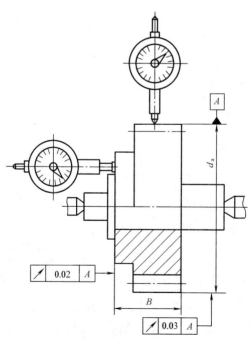

图 8-114　齿坯外圆和端面跳动量的检查

3）安装校正分度头及尾架。

4）装夹并找正工件。工件装夹后，要找正其顶圆与分度头主轴轴心的同轴度是否符合图样精度要求。

5）分度头分度手柄转数的计算和调整。为保证齿距的正确和均匀，计算和调整分度头手柄的转数一定要准确无误。

6）安装铣刀并对中心。将选好的铣刀，安装于铣刀刀轴上，位置应尽量靠近主轴，以增加铣刀安装的刚性。然后对中心，使铣刀齿形对称中心线对准齿轮坯的中心，若中心对不准，则会影响齿轮加工后的质量，即铣削出的齿形会出现倒牙现象，如图 8-115 所示。

对中心的方法有划线试切对中法和利用圆柱测量法两种。

a. 划线试切对中法。在齿坯上划出中心线后，移动工作台，使齿坯的划线与铣刀廓形中心基本重合，然后在齿坯划线处铣削出一浅印（小椭圆形）。依此浅印，判断铣刀廓形是否与工件的轴心线重合，如图 8-116 所示。

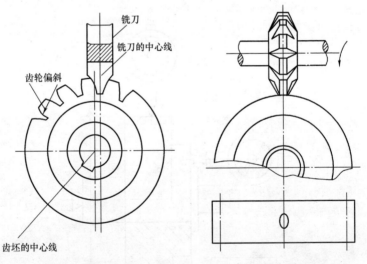

图 8-115　中心对不准时产生的倒齿现象　　图 8-116　划线试切对中

b. 利用圆柱测量法。如图 8-117 所示，将初步对中心的齿坯铣削出一浅槽（一般为 1.5m），然后将一长度大于齿坯厚度、直径近似等于模数 m 的圆柱置于浅槽中，摇动分度头的分度手柄，使分度头主轴旋转 90°，浅槽处于水平位置，然后利用百分表测量圆柱的两端，并记下读数。再将分度头主轴转 180°，使浅槽处于另一侧，并水平移动百分表，使表触头与圆柱接触，这时再看表上的读数是否与原读数相同。如果相同，则说明铣刀廓形中心与齿坯轴心线重合；如读数不同，其差值的 1/2 即是轴心线的偏移量。

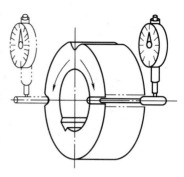

图 8-117　圆柱验证对中

按偏移量移动横向工作台，即可使中心对准。

7）选择切削速度、进给量及切削液。切削速度与齿坯材料有关，此外还与刀具的几何形状有关，具体数值可查表 8-23，数值查取后再乘以 0.75～0.85 的修正系数。

表 8-23　　　　　　　铣削直齿圆柱齿轮时的切削速度

齿轮材料	45 钢	40Cr	20Cr	铸铁、硬青铜	中等硬青铜、黄铜
切削速度（m/min）	粗　铣				
	32	30	22	25	40
	精　铣				
	40	37.5	27	31	50

进给量与齿坯材料、模数大小、机床刚性、夹具、刀具等因素有关，其中与齿坯材料的关系最大。粗加工时进给量取较大值，精加工时取较小些。粗加工钢料时，应选用乳化油、肥皂水或轻柴油等切削液。精加工时，可选用柴油和锭子油混合而成的切削液。铣削铜和铸铁件时，通常不使用切削液。

8）开车铣削。对于齿面表面粗糙度要求不高的齿槽或模数较小的齿槽，可一次进给铣削出全齿深（2.25m）。在实际生产中，为保证齿面的表面粗糙度和齿厚精度要求，往往分粗铣和精铣两次铣削。精铣时，要对补充进给量进行计算。

2. 斜齿圆柱齿轮的铣削

斜齿圆柱齿轮的轮齿与轴线相交一个螺旋角 β。在单件生产

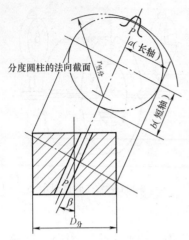

图 8-118 斜齿圆柱齿轮的法向齿形

（修理配件）及精度要求不高的情况下，可在铣床上用铣削螺旋线的方法铣削。对于批量生产及精度要求高时，应在滚齿机上进行。

（1）当量齿数与铣刀的选择。如图 8-118 所示，在垂直螺旋齿方向 P 点处将齿轮切开，得一椭圆，这个椭圆便是法向中的分度圆。在此椭圆上 P 点附近的齿形就是斜齿轮法向的齿形。若作形状（曲率半径）与 P 点附近的椭圆形状近似的圆代替 P 点处的椭圆，以此圆当作齿轮的分度圆，按法向齿形布满此分度圆的齿数，就称为当量齿数 $z_当$（或称假想齿数）。当量齿数 $z_当$ 的计算公式为

$$z_当 = \frac{z}{\cos^3\beta} \tag{8-33}$$

式中　z——斜齿轮的实际齿数；

　　　β——斜齿轮的螺旋角，(°)。

斜齿轮的法向齿形不属于渐开线齿形。实践证明，用当量齿轮的渐开线齿形铣刀铣削齿轮的法向齿形时，其齿形误差微小。

为简化计算，可查表 8-24 得出 K 值，再乘以实际齿数，就得到当量齿数 $z_当$，即

$$z_当 = Kz \tag{8-34}$$

式中　z——斜齿轮的实际齿数。

有了当量齿数，就可根据表 8-17 或表 8-18 来选取铣刀的刀号。

采用盘形铣刀铣削斜齿圆柱齿轮，其齿形是近似的，齿形表面在靠近齿顶和齿根处都要产生干涉现象。齿轮的螺旋角 β 越大，过切量也大，当 $\beta>20°$ 时，建议采用下列精确公式来计算当量齿数 $z_当$

表 8-24   求当量齿数的 K 值

β	K	β	K	β	K
5°	1.011	24°30′	1.328	44°	2.687
5°30′	1.013	25°	1.344	44°30′	2.756
6°	1.016	25°30′	1.360	45°	2.828
6°30′	1.019	26°	1.377	45°30′	2.904
7°	1.022	26°30′	1.395	46°	2.983
7°30′	1.026	27°	1.414	46°30′	3.066
8°	1.030	27°30′	1.434	47°	3.152
8°30′	1.034	28°	1.454	47°30′	3.242
9°	1.038	28°30′	1.474	48°	3.336
9°30′	1.042	29°	1.495	48°30′	3.436
10°	1.047	29°30′	1.517	49°	3.540
10°30′	1.052	30°	1.540	49°30′	3.650
11°	1.057	30°30′	1.563	50°	3.767
11°30′	1.062	31°	1.588	50°30′	3.887
12°	1.068	31°30′	1.613	51°	4.012
12°30′	1.074	32°	1.640	51°30′	4.144
13°	1.080	32°30′	1.667	52°	4.284
13°30′	1.087	33°	1.695	52°30′	4.433
14°	1.094	33°30′	1.724	53°	4.586
14°30′	1.102	34°	1.755	53°30′	4.750
15°	1.110	34°30′	1.787	54°	4.925
15°30′	1.118	35°	1.819	54°30′	5.107
16°	1.127	35°30′	1.853	55°	5.295
16°30′	1.136	36°	1.889	55°30′	5.497
17°	1.145	36°30′	1.926	56°	5.710
17°30′	1.154	37°	1.966	56°30′	5.940
18°	1.163	37°30′	2.003	57°	6.190
18°30′	1.172	38°	1.044	57°30′	6.447
19°	1.182	38°30′	2.086	58°	6.720
19°30′	1.193	39°	2.130	58°30′	7.010
20°	1.204	39°30′	2.177	59°	7.321
20°30′	1.216	40°	2.225	59°30′	7.650
21°	1.228	40°30′	2.275	60°	8.000
21°30′	1.241	41°	2.326	60°30′	8.380
22°	1.254	41°30′	2.380	61°	8.780
22°30′	1.268	42°	2.436	61°30′	9.209
23°	1.282	42°30′	2.495	62°	9.685
23°30′	1.297	43°	2.557	62°30′	10.160
24°	1.312	43°30′	2.621		

$$z_当 = \frac{z}{\cos^3\beta} + \frac{d_c}{m_n}\tan^2\beta \tag{8-35}$$

$$d_c = d_刀 - 2.4 m_n \tag{8-36}$$

式中　z——被加工齿轮的齿数；

　　m_n——被加工齿轮的法向模数，mm；

　　β——被加工齿轮的螺旋角，(°)；

　　d_c——盘形齿轮铣刀的中径，mm；

　　$d_刀$——盘形齿轮铣刀的外径，mm。

此外，铣刀的刀号也可根据铣削齿轮的螺旋角和齿数直接从图 8-119 中查出。

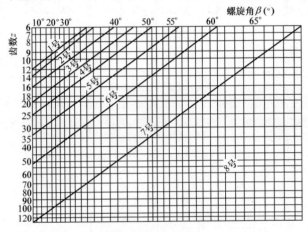

图 8-119　铣削斜齿轮铣刀刀号数的选用图

（2）斜齿圆柱齿轮的测量。

1）齿厚的测量。斜齿圆柱齿轮应在法向截面内测量法向弦齿厚，如图 8-120 所示。

a. 固定弦齿厚的测量。斜齿圆柱齿轮固定弦齿厚 s_{cn} 和固定弦齿高 h_{cn} 的测量方法与直齿圆柱齿轮相同。当 $\alpha_n = 20°$ 时，其计算公式为

$$\bar{s}_{cn} = 1.387 m_n \tag{8-37}$$

$$\bar{h}_{cn} = 0.7476 m_n \tag{8-38}$$

式中　$\bar{s}_{cn}$——斜齿圆柱齿轮固定弦齿厚，mm；

　　　$\bar{h}_{cn}$——斜齿圆柱齿轮固定弦齿高，mm；

　　　m_n——法向模数，mm。

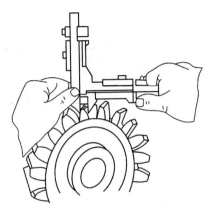

图 8-120　测量法向弦齿厚

为简化计算，实际生产中可直接从表 8-25 中查得固定弦齿厚 $\bar{s}_{cn}$ 和固定弦齿高 $\bar{h}_{cn}$。

表 8-25　　　　固定弦齿厚和固定弦齿高（$\alpha = 20°$）　　　　（mm）

模数 m	固定弦齿厚 $\bar{s}_{cn}$	固定弦齿高 $\bar{h}_{cn}$	模数 m	固定弦齿厚 $\bar{s}_{cn}$	固定弦齿高 $\bar{h}_{cn}$
1	1.3871	0.7476	4.75	6.5885	3.5510
1.25	1.7338	0.9344	5	6.9353	3.7379
1.5	2.0806	1.1214	5.5	7.6288	4.1117
1.75	2.4273	1.3082	6	8.3223	4.4854
2	2.7741	1.4951	6.5	9.0158	4.8592
2.25	3.1209	1.6820	7	9.7093	5.2330
2.5	3.4677	1.8689	7.5	10.4029	5.6068
2.75	3.8144	2.0558	8	11.0964	5.9806
3	4.1612	2.2427	9	12.4834	6.7282
3.25	4.5079	2.4296	10	13.8705	7.4757
3.5	4.8547	2.6165	11	15.2575	8.2233
3.75	5.2017	2.8034	12	16.6446	8.9709
4	5.5482	2.9903	13	18.0316	9.7185
4.25	5.8950	3.1772	14	19.4187	10.4661
4.5	6.2417	3.3641	15	20.8057	11.2137

模数 m	固定弦齿厚 $\overline{s}_{cn}$	固定弦齿高 $\overline{h}_{cn}$	模数 m	固定弦齿厚 $\overline{s}_{cn}$	固定弦齿高 $\overline{h}_{cn}$
16	22.1928	11.9612	22	30.5151	16.4467
18	24.9669	13.4564	24	33.2892	17.9419
20	27.7410	14.9515	25	34.6762	18.6895

注 1. 对于标准斜齿圆柱齿轮，按法向模数查表。

2. 对于直齿锥齿轮，按大端模数查表。

b. 分度圆弦齿厚的测量。斜齿圆柱齿轮分度圆弦齿厚的测量方法与直齿圆柱齿轮相同。其计算公式为

$$\overline{s}_n = m_n z_{当} \sin \frac{90°}{z_{当}} \tag{8-39}$$

$$\overline{h}_{an} = m_n \left[1 + \frac{z_{当}}{2} \left(1 - \cos \frac{90°}{z_{当}} \right) \right] \tag{8-40}$$

式中 $\overline{s}_n$——法向分度圆的弦齿厚；

$\overline{h}_{an}$——法向分度圆的弦齿高。

2) 公法线长度的测量。斜齿圆柱齿轮公法线的长度应在法向上测量，其近似计算公式为

$$W_{kn} = m_n \cos\alpha_n \left[\pi(k - 0.5) + z in v\alpha_t \right] \tag{8-41}$$

式中 W_{kn}——公法线的长度，mm；

m_n——法向模数，mm；

α_n——斜齿圆柱齿轮法向齿形角，(°)；

$in v\alpha_t$——端面齿形角的渐开线函数值，$in v\alpha_t = \tan\alpha_t - \alpha_t$；

k——跨越齿数，$k = \frac{\alpha_t}{180°} z_{当} + 0.5$。

在生产中，常采用查表计算法和近似计算法计算公法线的长度。

a. 查表计算法。式（8-41）可简化成下面的计算公式

$$W_{hn} = m_n(A + zB) \tag{8-42}$$

式中 A——$\cos\alpha_n \pi (k - 0.5)$；

B——$\cos\alpha_t in v\alpha_t$。

A、B 值可分别通过查表 8-26 和表 8-27 求得。

查表和计算斜齿圆柱齿轮公法线的步骤为：先按图 8-121 查出跨越齿数 k，然后按表 8-26 查出计算系数 A 的值；再按表 8-27 查

出计算系数 B 的值，将 A、B 值代入式（8-42）中计算，即可求得斜齿圆柱齿轮公法线的长度 W_{kn}。

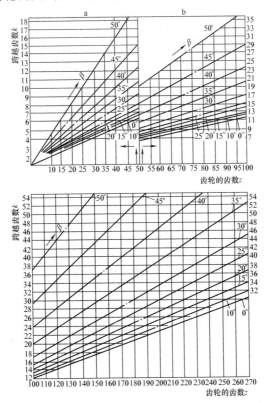

图 8-121　斜齿圆柱齿轮公法线长度测量的跨越齿数

表 8-26　　　　斜齿圆柱齿轮公法线长度的计算系数 A（$\alpha = 20°$）

k	A	k	A	k	A	k	A	k	A
1	1.4761	9	25.0931	17	48.7102	25	72.3272	33	95.9443
2	4.4282	10	28.0452	18	51.6623	26	75.2794	34	98.8964
3	7.3803	11	30.9974	19	54.6144	27	78.2315	35	101.8485
4	10.3325	12	33.9495	20	57.5666	28	81.1836	36	104.8007
5	13.2846	13	36.9016	21	60.5187	29	84.1357	37	107.7528
6	16.2367	14	39.8538	22	63.4708	30	87.0879	38	110.7049
7	19.1889	15	42.8059	23	66.4230	31	90.0400	39	113.6571
8	22.1410	16	45.7580	24	69.3751	32	92.9921	40	116.6092

表 8-27　　　　　斜齿圆柱齿轮公法线长度的计算系数 B $(\alpha=20°)$

β	B	β	B	β	B
0°0′	0.014006	15°30′	0.015566	31°0′	0.021680
0°30′	0.014007	16°0′	0.015676	31°30′	0.022005
1°0′	0.014012	16°30′	0.015790	32°0′	0.022341
1°30′	0.014019	17°0′	0.015908	32°30′	0.022689
2°0′	0.014130	17°30′	0.016031	33°0′	0.023049
2°30′	0.014044	18°0′	0.016159	33°30′	0.023422
3°0′	0.014061	18°30′	0.016292	34°0′	0.023808
3°30′	0.014080	19°0′	0.016429	34°30′	0.024207
4°0′	0.014103	19°30′	0.016572	35°0′	0.024620
4°30′	0.014030	20°0′	0.016720	35°30′	0.025049
5°0′	0.014159	20°30′	0.016874	36°0′	0.025492
5°30′	0.014191	21°0′	0.017033	36°30′	0.025951
6°0′	0.014227	21°30′	0.017198	37°0′	0.026427
6°30′	0.014266	22°0′	0.017368	37°30′	0.026920
7°0′	0.014308	22°30′	0.017545	38°0′	0.027431
7°30′	0.014353	23°0′	0.017728	38°30′	0.027961
8°0′	0.014402	23°30′	0.017917	39°0′	0.028510
8°30′	0.014454	24°0′	0.018113	39°30′	0.029080
9°0′	0.014510	24°30′	0.018316	40°0′	0.029671
9°30′	0.014569	25°0′	0.018526	40°30′	0.030285
10°0′	0.014631	25°30′	0.018743	41°0′	0.030921
10°30′	0.014697	26°0′	0.018967	41°30′	0.031582
11°0′	0.014767	26°30′	0.019199	42°0′	0.032269
11°30′	0.014840	27°0′	0.019439	42°30′	0.032982
12°0′	0.014917	27°30′	0.019687	43°0′	0.033723
12°30′	0.014998	28°0′	0.019944	43°30′	0.034493
13°0′	0.015082	28°30′	0.020210	44°0′	0.035294
13°30′	0.015171	29°0′	0.020484	44°30′	0.036127
14°0′	0.015264	29°30′	0.020768	45°0′	0.036994
14°30′	0.015360	30°0′	0.021062		
15°0′	0.015461	30°30′	0.021366		

　　b. 近似计算法。先计算出当量齿数 $z_{当}$，然后按 $z_{当}$ 查表 8-21（标准直齿圆柱齿轮的公法线长度表），再用法向模数乘以表中查出

的值，即得斜齿圆柱齿轮的公法线长度 W_{kn}。

应当指出的是，当螺旋角 β 较大、齿数较多时，W_{kn} 值的计算误差太大，故不宜使用此法。

当齿坯宽度 B 小于公法线长度 W_{kn} 的 $\sin\beta$ 倍时，卡尺一足会落入齿轮的外边，如图 8-122 所示，这时应改用固定弦齿厚测量或分度圆弦齿厚测量。

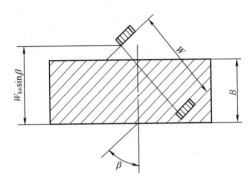

图 8-122 无法测量公法线的长度

（3）斜齿圆柱齿轮的铣削步骤。

斜齿圆柱齿轮的铣削步骤与直齿圆柱齿轮相同。

1）检查齿坯。操作者要仔细检查齿坯的尺寸精度、几何形状精度和位置精度。

2）计算。分别计算导程、交换齿轮、分度、当量齿数（并选择铣刀的刀号）、铣削背吃刀量及刻度格数等。

3）安装、调整分度头及尾架。

4）装夹工件。装夹工件的方法应根据工件的几何形状特点而定。工件的找正方法与直齿圆柱齿轮相同。

5）计算、安装交换齿轮。计算交换齿轮的方法与铣削螺旋槽时相同。计算交换齿轮时，首先应计算出斜齿圆柱齿轮的导程，导程的计算应以分度圆直径代入。计算导程 P_z 的公式为

$$P_z = \frac{\pi m z}{\sin\beta} \qquad (8\text{-}43)$$

6）安装交换齿轮，并检查导程和分度头主轴的转向。

7）调整工作台的转向。工作台转角 β 的大小和方向与工件的螺旋角 β 相同。扳转工作台角度后，工作台与床身之间应留有适当的距离，以免工作台碰到床身，如图 8-123 所示。

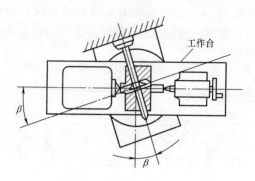

图 8-123　调整工作台的位置

8）安装铣刀。安装铣刀的位置应适中。

9）对中心。先对中心后再扳转工作台的角度，或者先扳转工作台后再对中心，一般情况下，前者比后者好。

10）选择铣削用量。铣削斜齿轮时的铣削用量比铣削同模数的直齿圆柱齿轮时应略低些。

11）铣削标记。

12）试铣。

二、齿条的铣削

当圆柱齿轮的渐开线基圆直径无限大时，齿廓的渐开线即变成直线，齿条便是基圆直径无限大时圆柱齿轮的一段。齿条的齿顶圆、分度圆和齿根圆均成直线，故分别改称为齿顶线、分度线和齿根线，如图 8-124 所示。

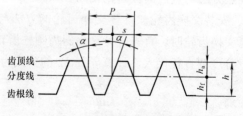

图 8-124　直齿条各部分的名称

1. 直齿条的铣削

通常情况下，在卧式铣床上，采用盘形铣刀铣削直齿条，如图 8-125 所示。对于大模数的直齿条，可在立式铣床上采用指状铣刀加工。

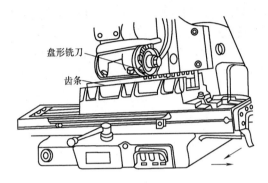

图 8-125 在卧式铣床上铣削直齿条

（1）齿条各部分的名称、代号和计算公式。齿条各部分的名称、代号和计算公式见表 8-28。

表 8-28　　　　齿条各部分的名称、代号和计算公式

名　称	代　号	计算公式
齿顶圆	h_a^*	$h_a = h_a m = m$
齿根圆	h_f	$h_f = (h_a + c) = 1.25m$
全齿高	h	$h = h_a + h_f = 2.25m$
齿　距	p	$p = \pi m$
齿　厚	s	$s = p/2 = \pi m/2$
齿间宽	e	$e = p/2 = \pi m/2 = s$
顶　隙	c	$c = 0.25m$
模　数	m	$m = L/\pi z$
齿　数	z	$z = L/\pi m$
齿条长度	L	$L = \pi mz$

（2）齿条的铣削方法。

1）短齿条的铣削。

a. 装夹工件和选择铣刀。把工件装夹在机床用平口虎钳内或把工件直接压紧在工作台面上。工件数量较多时，可采用专用夹具夹持工件进行铣削。齿条坯件的齿顶面与工作台台面平行；工件一侧的定位表面与工作台横向进给方向平行。

铣削齿条的铣刀都用 8 把为一组中的 8 号直齿圆柱齿轮铣刀。对于精度要求较高的齿条，可采用专用齿条铣刀。

b. 控制齿距的方法。铣削完一个齿后，将工作台横向移动一个齿距，称为移距。移距的方法常有如下几种。

① 刻度盘法：利用横向手柄刻度盘转过一定格数。这种方法仅适用于数量不多、精度不高的短齿条。刻度盘转过的格数度 n 按下式计算

$$n = \frac{\pi m}{F} \qquad (8\text{-}44)$$

式中　m——齿条的模数，mm；

　　　F——刻度盘每格代表的值，mm/格。

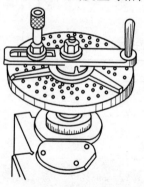

② 分度盘法：将分度头的分度盘和分度手柄改装在横向工作台丝杠的头部，如图 8-126 所示，铣削好一齿后，将分度手柄转过一定的转数，其计算公式为

$$n = \frac{\pi m}{P_{\underline{44}}} \qquad (8\text{-}45)$$

式中　n——分度盘手柄应转过的转数；

　　　m——齿条的模数，mm；

图 8-126　用分度盘法
移动齿距

　　　$P_{\underline{44}}$——铣床横向工作台丝杠的螺距，mm。

③ 百分表与量块结合移距法。

2) 长齿条的铣削。

a. 装夹工件。在加工长齿条时，横向工作台移距不够，因此，要求工件一侧的定位表面和工作台纵向进给方向平行。工件可直接压在工作台台面上或用专用夹具夹紧。

b. 安装铣刀。加工长齿条时，必须用铣床纵向丝杠来控制齿距，故卧铣时原刀轴方向不能满足加工要求，必须使刀轴方向与工作台纵向进给方向平行，即要对铣床主轴进行改装。较简单的方法是将万能立铣头转过一个角度，使立铣头主轴线平行于工作台纵向运动方向。然后加上一个专用铣头，铣头的轴线同样平行于工作台纵向运动方向，以克服因万能铣头外形较大而影响铣刀铣削，如图 8-127 所示。

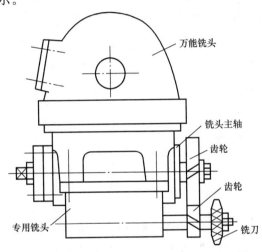

图 8-127　用万能立铣头和专用铣头改装铣床铣长齿条

若无上述立铣头和专用铣头，也可以用如图 8-128 所示的横向刀架，它用一个横向托架，通过一对螺旋齿轮使刀轴转过 90°，使铣刀的旋转平面和齿条的齿槽一致。

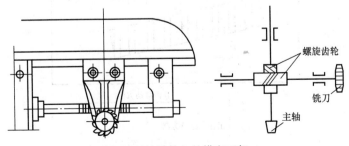

图 8-128　卧铣上的横向刀架

安装刀架时，先将一个螺旋角为 45°的螺旋齿轮套在铣床主轴刀杆上，再将装好刀轴的托架装在铣床横梁上，并使两螺旋齿轮啮合，最后装上挂架并加以紧固。这样，铣床主轴的运动通过这套装置而使铣刀旋转。

3) 齿条的测量。铣削齿条时，必须保证齿距和齿厚的尺寸精度。测量齿条时，先把游标卡尺的垂直主尺调整到齿顶高，然后用水平主尺测出两个齿形间的距离 T，再测量一个齿厚 s，如图8-129所示。由此得出实际齿距 $P = T - s$，将 P 值与计算齿距 P（$P = \pi m$）比较，便知实际齿距 P 正确与否。

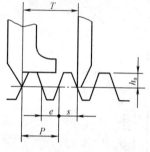

图 8-129　齿条测量方法

2. 斜齿条的铣削

斜齿条的各部分几何尺寸计算与斜齿圆柱齿轮相同。其铣削方法与铣削直齿条时基本相同，只是在铣削时，工件相对刀具转过一个螺旋角 β。其铣削方法有如下两种。

(1) 倾斜工件装夹法。如图 8-130 所示，其工件端面与工作台的移动方向成一螺旋角 β。每铣削完一齿后，每次移距等于斜齿条的法向齿距 P_n。这种方法适用于铣削螺旋角 β 较小的齿条。

(2) 工作台转动法。如图 8-131 所示。这种方法适用于在万能

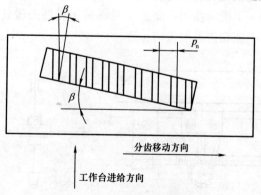

图 8-130　倾斜装夹工件铣削斜齿条

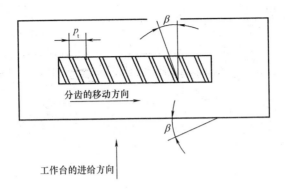

图 8-131　转动工作台铣削斜齿条

铣床上铣削较长的斜齿条。工件的侧面与纵向工作台移距方向平行，同时使工作台转过一个 β 角。每铣削完一齿后，纵向工作台移动一个端面齿距 P_t，P_t 按下式计算

$$P_t = \frac{P_n}{\cos\beta} \qquad (8-46)$$

式中　P_n——斜齿条的法向齿距，mm；

　　　　β——斜齿条的螺旋角，(°)。

斜齿条的测量方法与直齿条一样，是在法向齿面上测量。

三、直齿锥齿轮的铣削

直齿锥齿轮简称锥齿轮，用于传递两相交轴之间的回转运动。在通常情况下，两轴夹角为 90°，也有大于或小于 90°的，如图 8-132所示。

对于精度要求高的直齿锥齿轮，通常在刨齿机上采用展成法加工；对于精度要求不高和单件生产时，可在普通铣床上采用成形铣刀法加工。

1. 直齿锥齿轮铣刀及其选择

直齿锥齿轮铣刀的齿形曲线按大端设计，铣刀的厚度按小端齿槽宽度设计。锥齿轮铣刀与普通圆柱齿轮铣刀不同，因此在锥齿轮铣刀侧面印有伞形等标记，以防选错。

直齿锥齿轮铣刀的齿形曲线是根据直齿锥齿轮的当量齿数 z_v 设计的，在同一模数中按齿数划分号数，因此铣刀号数必须根据当

617

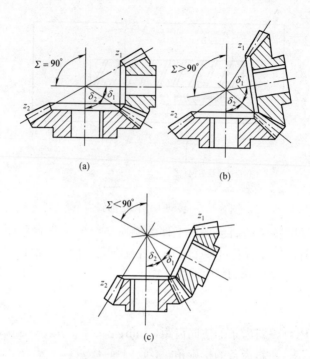

(a)

(b)

(c)

图 8-132　直齿锥齿轮传动

量齿数选用。当量齿数 z_v 与锥齿轮的实际齿数 z 的关系为

$$z_v = \frac{z}{\cos\delta} \tag{8-47}$$

式中　z——锥齿轮的实际齿数；

　　　　δ——锥齿轮的分锥角，(°)。

　　锥齿轮铣刀根据每一模数齿形曲线的弯曲程度不同，而分为 8 个刀号，每一号数的齿形是根据其所加工齿数范围内的最小齿数设计的，以免发生干涉，齿轮铣刀的号数见表 8-29。

表 8-29　　　　　　8 把一套齿轮铣刀号数表

刀号	1	2	3	4	5	6	7	8
所铣削齿轮的齿数	12 ～ 13	14 ～ 16	17 ～ 20	21 ～ 25	26 ～ 34	35 ～ 54	55 ～ 134	135 ～ ∞

2. 直齿锥齿轮的铣削步骤

（1）直齿锥齿轮铣削应达到的工艺要求。直齿锥齿轮铣削应达到下列工艺要求。

1）大端齿形要求准确。

2）齿圈径向跳动误差要在允许范围内。

3）齿轮齿距的误差要在允许范围内。

4）大端和小端的齿厚误差要在允许范围内。

5）齿向误差要在允许范围内。

6）齿面的表面粗糙度要满足要求。

（2）检查齿坯。在铣削前，齿坯的检验项目如下。

1）用万能角度尺检查齿坯角（顶锥角）和背锥角。

2）检验端平面与轴心线的垂直度。

3）检验齿坯的外径。

（3）安装分度头。

（4）装夹齿坯。齿坯的装夹方法如图 8-133 所示。先把心轴锥柄插入到分度头的主轴孔中，校正后用拉杆螺栓拉紧，装夹齿坯，将分度头主轴扳起一个根锥角 δ_f（俗称铣削角）。

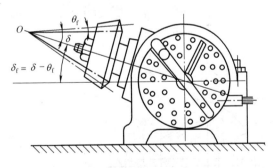

图 8-133　锥齿坯的装夹

（5）铣刀的选择、安装和对中心。计算出当量齿数后，确定相应模数的铣刀号数。铣刀的安装与铣削直齿圆柱齿轮相同，一般采用划线试切法对中心。

（6）铣削齿槽中部、调整铣削的背吃刀量。直齿锥齿轮要分几次进给才能铣削出合格的齿形。第一次铣削应铣够深度，粗铣出齿槽中部;第二次和第三次铣削应分别扩铣出大端齿槽两侧,使齿侧由小端往大端逐渐多铣去一些。

铣削齿槽中部时,对好中心后开动机床,使铣刀的刀尖刚刚擦着大端的外径,按大端全齿高上升垂向工作台,依次分度将全部齿槽的中部铣削出来。

(7)扩铣齿槽的两侧。为了达到将大端齿槽两侧多铣削去一定余量的目的,可采用以下两种偏移铣削法。

1)偏移工作台,扩铣大端齿槽两侧。工作台偏移量 s 按下式计算

$$s = \frac{mb}{2R} \tag{8-48}$$

式中　m——模数,mm;

　　　　b——宽度,mm;

　　　　R——锥距,mm。

2)采用将分度头在水平面内偏转角度与工作台横向移动相结合的方法进行铣削,分度头的转角 λ 按下式计算(见图 8-134)。

$$\sin\lambda = \frac{B_{大} - B_{小}}{2b} \tag{8-49}$$

式中　$B_{大}$——锥齿轮大端的齿槽宽度,mm;

　　　　$B_{小}$——锥齿轮小端的齿槽宽度,mm;

　　　　b——锥齿轮的宽度,mm。

直齿锥齿轮的铣削过程如图 8-135 所示。

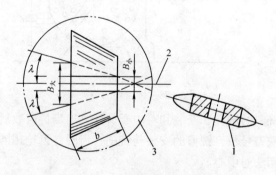

图 8-134　偏移角的计算
1—铣刀;2—齿坯轴心线;3—圆转台

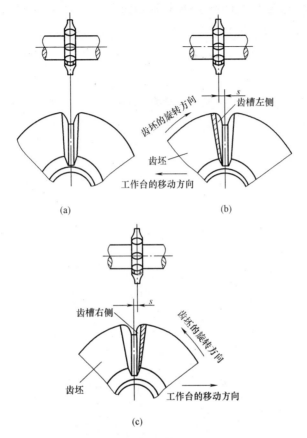

图 8-135　铣削直齿锥齿轮

（a）铣削齿槽中部；（b）扩铣齿槽左侧；（c）扩铣齿槽右侧

3. 直齿锥齿轮的测量

（1）齿厚的测量。用齿厚游标卡尺测量分度圆的弦齿厚和固定弦齿厚，其计算方法与直齿圆柱齿轮相同。查表时，公式中的齿数必须是锥齿轮的当量齿数。测量时，卡尺必须在齿轮大端上测量。

（2）齿深的测量。一般用游标卡尺的深度尺在齿轮大端上测量全齿深。

四、链轮的铣削

链轮分为两类，一类是滚子链和套筒链链轮；另一类是齿形链

链轮。滚子链和套筒链链轮的齿形如图 8-136 所示，齿槽形状主要
由齿沟圆弧 r_i 和齿面圆弧 r_e 组成。

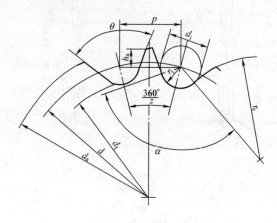

图 8-136　滚子链和套筒链链轮的齿槽形状

齿形链链轮的齿形如图 8-137 所示 。

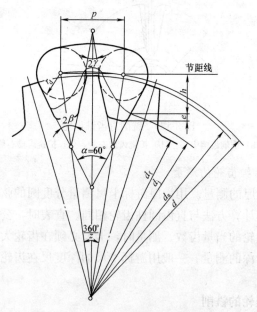

图 8-137　齿形链链轮的齿形

1. 链轮的检测及技术要求

(1) 滚子链链轮的测量。主要检测齿根圆直径，测量方法有直接测量法和用测量柱间接测量法两种。

1) 直接测量法。对于精度要求不高的链轮，可用游标卡尺直接测量齿根圆直径。对于精度要求高的链轮，则应采用齿根圆千分尺测量。

当链轮的齿数为偶数时，最大齿根测量距 $M=d_f$；齿数为奇数时，则 $M = d_f\cos\dfrac{90°}{z}$，如图 8-138（a）所示。

2) 间接测量法。对精度要求高，并满足 $\dfrac{d_R}{2} > h_a$ 时（d_R 为测量柱的直径），一般用测量柱间接测量，如图 8-138（b）所示。

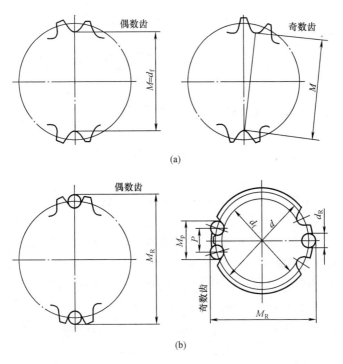

(a)

(b)

图 8-138 d_f 的测量

(a) 直接测量；(b) 间接测量

测量偶数齿时，测量柱的量距 $M_p = d_f + 2d_R$

测量奇数齿时，$M_R = d\cos\dfrac{90°}{z}d_R$

（2）齿形链链轮的测量。如图 8-138（b）所示，M_R 的值按下式计算

测量偶数齿时：

$$M_R = d - \frac{0.125p}{\sin\left(30° - \dfrac{180°}{z}\right)} + d_R \tag{8-50}$$

式中　d——分度圆的直径，mm；

　　　p——分度圆的节距，mm；

　　　z——齿数；

　　d_R——测量柱的直径，mm。

测量奇数齿时：

$$M_R = \cos\frac{90°}{z}\left(d - \frac{0.125p}{\sin\left(30° - \dfrac{180°}{z}\right)}\right) + d_R \tag{8-51}$$

式中　b——分度圆的直径，mm；

　　　p——分度圆的节距，mm；

　　　z——齿数；

　　d_R——测量柱直径，mm。

（3）节距 p 的测量。节距 p 一般采用间接测量法，如图 8-138（b）所示，测量距 $M_p = p + d_R$。

（4）链轮的技术要求。在铣削链轮时，对装夹和控制尺寸的有关技术有如下要求。

1）齿顶圆直径（轮坯外径）d_a 的偏差一般为 h11。

2）链轮孔径 d_k 的偏差一般为 H8。

3）齿根圆的径向跳动量一般不超过 10 级；外端面圆跳动量也不超过 10 级。

4）齿根圆直径 d_f 和测量柱量距 M_R 的偏差一般为 h11。

5）节距 p 的偏差一般为 h11。

2. 链轮的铣削方法

成批生产链轮时，一般采用链轮滚刀在滚齿机上加工，或采用冲制方法加工。单件或小批量生产时，一般在铣床上铣削。

（1）滚子链链轮的铣削。铣削精度要求较高、件数较多的链轮时，常采用专用的链轮铣刀加工。铣削同一节距和滚子直径的链轮铣刀，根据工件齿数的不同，分为 5 个号数，见表 8-30，其铣削方法和铣削直齿圆柱齿轮基本相同。

表 8-30　　　　　　　　滚子链链轮铣刀号数表

铣刀的号数	1	2	3	4	5
铣齿范围	7~8	9~11	12~17	18~35	35 以上

1）直线形齿面链轮的铣削。在没有专用铣刀的条件下，对于直线形齿面的链轮，可用通用铣刀加工，其加工步骤如下。

a. 用键槽铣刀或立铣刀和凸半圆铣刀铣削齿沟圆弧，如图 8-139（a)所示。铣刀直径（或凸半圆直径）d_0 和铣削深度 H

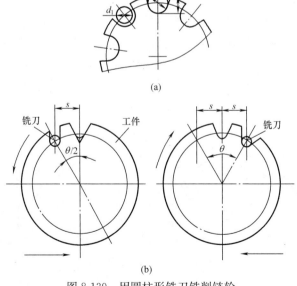

(a)

(b)

图 8-139　用圆柱形铣刀铣削链轮

（a）铣削齿沟圆弧；（b）铣削齿槽两侧

的计算公式分别为

$$d_0 = 1.005 d_1 + 0.10 \qquad (8\text{-}52)$$

$$H = \frac{d_a - d_f}{2} \qquad (8\text{-}53)$$

式中　d_1——滚子或套筒的直径，mm；

　　　d_a——齿顶圆直径，mm；

　　　d_f——齿根圆直径，mm。

b. 用立铣刀或键槽铣刀铣削齿沟后，再用原来的铣刀铣削齿槽的两侧，如图 8-139（b）所示。在铣削齿沟圆弧时，铣刀轴心与工件中心的连线与进给方向（一般为纵向）是一致的。在铣削完各齿的齿沟圆弧后，退出铣刀，把工件转过 $\theta/2$ 角度，并将工作台偏移一个距离 s，铣去齿的一侧余量。偏移量 s 可按下式计算

$$s = \frac{d}{2} \sin \frac{\theta}{2} \qquad (8\text{-}54)$$

式中　d——分度圆直径，mm；

　　　θ——齿槽角，（°）。

齿槽的一侧铣完后，把工件反转 θ 角度，工作台反向移动 $2s$ 距离，铣削齿槽的另一侧。

在加工第二个及以后几个工件时，可把第一刀铣齿沟圆弧的步骤省去，如图 8-140 所示。铣削时，工件与铣刀的相对位置应与加工第一件时相同。若第一件就采用两次进给铣削，则在铣刀对准中心后，把工作台横向偏移 S 以及纵向移动 L，然后进行铣削，纵向移动量 L 应按下式计算，S 值仍按式（8-54）计算。

$$L = \frac{d}{2} \cos \frac{\theta}{2} \qquad (8\text{-}55)$$

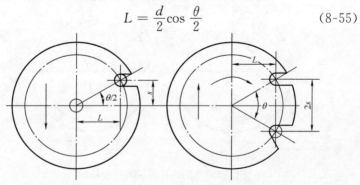

图 8-140　用两次进给铣削链轮齿槽

若用凸圆弧铣刀铣削齿沟圆弧后，再用三面刃铣刀铣削齿槽的两侧，如图 8-141 所示。

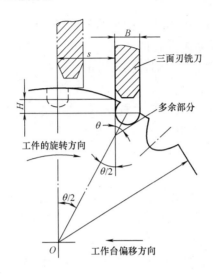

图 8-141　用三面刃铣刀铣削齿槽的两侧

2）圆弧形齿面链轮的铣削。在单件和小批量生产时，可用展成法加工，尤其对节距大的链轮更为合适。其工作原理是把立铣刀看作相当于与链轮啮合的链条滚子，如图 8-142 所示，其铣削步骤如下。

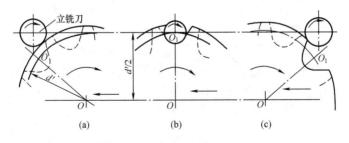

图 8-142　用展成法铣削滚子链链轮

（a）铣刀开始切入；（b）铣至齿槽中部；（c）铣刀切出工件

a. 用立铣刀或键槽铣刀铣削，铣刀直径可按式（8-52）计算。

b. 用回转工作台或分度头装夹工件，交换齿轮的齿数按式

（8-56）计算

$$i = \frac{z_1 z_3}{z_2 z_4} = \frac{kP_{丝}}{\pi d} x \qquad (8\text{-}56)$$

式中　k——回转工作台或分度头的定数；

$P_{丝}$——机床纵向丝杠的螺距（一般为 6mm）；

d——链轮的分度圆直径，mm；

x——修正系数。

式（8-56）中引入了修正系数 x，是为了将链轮齿顶部分略微多铣去一些，使链轮滚子能更平稳地进入和退出。x 的值与链轮的齿数有关，当 $z \leqslant 12$ 时，$x=1.05$；当 $z=14 \sim 16$ 时，$x=1.04$；当 $z \geqslant 17$ 时，$x=1.03$。

c. 铣刀与工件的相对位置，应保证铣刀与工件轴线间的距离在横向方向等于 $d/2$。铣削时，先使铣刀在纵向处于工件的外面，接着开动机床进行铣削，一直到铣刀切出工件为止，即铣削好一个齿槽。然后把工作台退回到原处，并利用回转工作台或分度头进行分齿。每分度一个齿，作一次进给和铣削，一直到全部铣削完毕。

若在回转工作台上加工，需在工件下面增加一块专用分度盘作直接分度；若在分度头上加工，则在侧轴上要装接长杆。

（2）齿形链链轮的铣削。在工件件数较多时，一般也采用成形铣刀加工。用成形铣刀加工，一次进给可铣出两个齿槽不同方向的一个侧面，效率高，且易保证质量。在件数不太多及没有专用成形铣刀的时候，可采用单角铣刀或三面刃铣刀来加工。

1）用两把单角铣刀组合铣削齿形链链轮的情况如图 8-143 所示，铣刀之间的垫圈厚度，应使两角度铣刀刀尖（也可以是端面刀刃）之间的尺寸等于 s，s 为

$$s = 1.273p - 1.155 \qquad (8\text{-}57)$$

铣削完各齿后，需用窄的三面刃铣刀切除槽底的剩余部分。

2）用三面刃铣刀铣削齿形链链轮的情况如图 8-144 所示。先使铣刀像铣削键槽一样对中心，然后把工作台横向偏移一个距离 s，并上升一个高度 H。s 和 H 可按下式计算

$$s = \frac{d_\text{f}}{2}\sin\theta + \frac{B}{2} \qquad (8\text{-}58)$$

$$H = \frac{d_\text{a}}{2} - \frac{d_\text{f}}{2}\cos\frac{\theta}{2} \qquad (8\text{-}59)$$

式中 d_f——齿根圆直径，mm；

$\quad\quad B$——铣刀的宽度，mm；

$\quad\quad d_\text{a}$——齿顶圆直径，mm；

$\quad\quad \theta$——齿槽角，(°)。

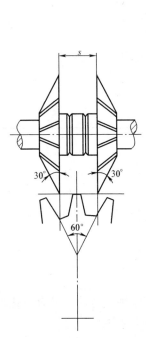

图 8-143 用单角铣刀组
合铣削齿形链链轮

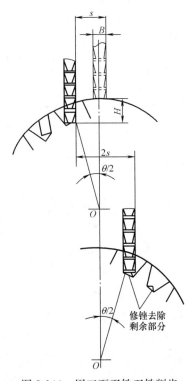

图 8-144 用三面刃铣刀铣削齿
形链链轮

三面刃铣刀的宽度 B 不应大于槽底宽度。铣完各个齿的一侧后，把工件回转 θ 角度，工作台反向在横向方向移动 $2s$ 的距离，铣削齿的另一侧。齿的两侧加工完毕后，还需用原来的铣刀切除槽底的残留部分。

3. 链轮的铣削质量

铣削链轮时，经常遇到的质量问题及原因分析见表 8-31。

表 8-31　　　　　　　链轮铣削的质量问题及原因分析

质量问题	原　因　分　析
齿形不准	(1) 成形铣削时，铣刀的刀号不对 (2) 用通用铣刀加工时，偏移量不准确；工件回转角度不准确；用角度铣刀加工时，铣刀角度不准确；对刀时不准确 (3) 用展成法加工时，交换齿轮的计算不准确；主动轮和从动轮挂错
齿圈径向跳动和端面圆跳动误差大	(1) 装夹时，齿坯内孔与分度头或回转工作台不同轴 (2) 装夹时，校正基准选择不当 (3) 装夹时找正不精确
链轮节距超差	(1) 分度不准确 (2) 工件与分度头或回转工作台不同轴 (3) 工件装夹不牢或分度头主轴未紧固
齿根圆直径超差	(1) 铣削深度不准确 (2) 测量柱的尺寸不对 (3) 测量不准确

第九节　凸轮的铣削

凸轮是凸轮机构的主要零件。凸轮机构广泛地应用于现代工业的各个领域及人们的日常生活中。

一、凸轮的分类

1. 按凸轮的形状分类

(1) 盘形凸轮。这种凸轮是一个绕固定轴线转动并具有变化半径的盘形零件，如图 8-145 所示，是凸轮的最基本形式。

(2) 移动凸轮。如图 8-146 所示，凸轮相对机架作直移运动，这种凸轮称为移动凸轮。

(3) 圆柱凸轮。这种凸轮可认为是将移动凸轮卷成圆柱体而演化成的，如图 8-147 所示。

2. 按从动体的运动规律分类

(1) 等速运动凸轮。凸轮运动时，驱动从动件相对机架作等速

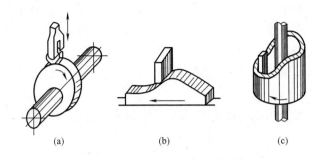

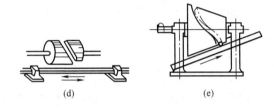

图 8-145　凸轮机构的分类

（a）盘形凸轮；（b）移动凸轮；（c）端面圆柱凸轮；

（d）圆柱凸轮；（e）圆锥凸轮

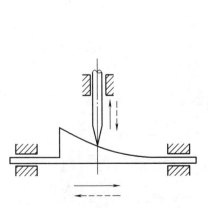

图 8-146　移动凸轮

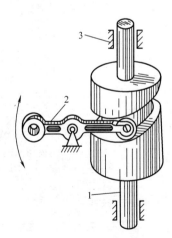

图 8-147　圆柱凸轮

1—圆柱凸轮；2—从动件；3—机架

运动。工业生产中,最常见的是等速盘形凸轮和等速圆柱凸轮。

(2) 等加速、等减速运动凸轮。凸轮运动时,驱动从动件相对于机架作等加速、等减速运动。

(3) 简谐运动凸轮。凸轮运动时,驱动从动件相对于机架作简谐运动。

(4) 摆线运动。凸轮运动时,驱动从动件相对于机架作摆线运动。

二、等速盘形凸轮的铣削

等速盘形凸轮的外廓是一平面螺旋线,其铣削方法根据凸轮的生产数量而定,如成批生产,则采用靠模铣削;若单件小批生产,最常见的铣削方法有垂直铣削法和倾斜铣削法。

1. 垂直铣削法

工件和立铣刀的轴线都与工作台台面相垂直的铣削方法,称为垂直铣削法,如图 8-148 所示。这种铣削方法适宜加工只有一条工作曲线,或者虽然有几条工作曲线,但它们的导程都相等的盘形凸轮。其具体的操作步骤及其注意事项如下。

(1) 划线。在凸轮的坯件上,划出凸轮的外形,并打上样冲

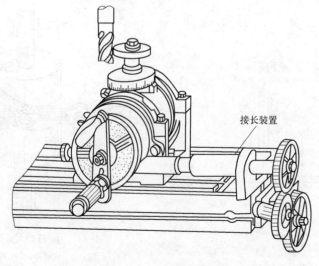

接长装置

图 8-148　垂直铣削法

眼，以便控制凸轮各段曲线的起点和终点以及铣削后的校验。

（2）粗加工。凸轮的加工余量是不均匀的，应预先用锯削或铣削等方法除去大部分余量，使凸轮型面的加工余量尽可能地均匀一致，一般周边外留 2mm 左右的余量。

（3）选择铣刀。铣刀直径应等于从动件（滚子）的直径。若凸轮从动件是触头式的，可选用直径较大的立铣刀。

（4）计算凸轮的导程及安装交换齿轮。等速盘形凸轮的外廓是一条平面螺旋线，平面螺旋线可用三个要素表示。

1）升高量 H：凸轮某段等速螺旋线部分的工作曲线最大半径和最小半径之差。

2）升高率 h：凸轮工作曲线转过单位角度时沿径向所移动的距离，若凸轮圆周按 360°角等分时，升高率用下式计算

$$h = \frac{H}{\theta} \tag{8-60}$$

式中 θ——工作曲线在圆周上所占的度数，（°）。

若凸轮圆周按 100 格等分，升高率可按下式计算

$$h = \frac{H}{z} \tag{8-61}$$

式中 z——工作曲线上圆周上所占的等分格数。

3）导程 P_z：凸轮工作曲线按一定的升高率在转过一周时的升高量。若凸轮圆周按 360°角等分时，导程 P_z（mm）用下式计算

$$P_z = \frac{360°H}{\theta} \tag{8-62}$$

若凸轮圆周按 100 格等分，导程 P_z 用下式计算

$$P_z = \frac{100H}{z} \tag{8-63}$$

凸轮的导程按式（8-62）或式（8-63）计算，若有若干条不同升高量的曲线时，应按公式分别计算各个导程。

4）交换齿轮的计算和安装：与铣削螺旋线时交换齿轮的计算和安装方法基本相同。采用垂直铣削法时，应按凸轮平面螺旋线的实际导程来计算交换齿轮，计算公式为

$$i = \frac{z_1 z_3}{z_2 z_4} = \frac{40P}{P_z} \tag{8-64}$$

式中　P——铣床纵向进给丝杆的螺距;

P_z——凸轮的导程;

z_1、z_3——主动齿轮的齿数,应装于工作台丝杆的一端;

z_2、z_4——被动齿轮的齿数,应装于分度头的侧轴上。

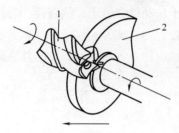

图 8-149　确定铣削凸轮时
的铣削方向
1—铣刀;2—凸轮

（5）铣削方向的选择。铣削凸轮时,工件相对铣刀的总的进给运动是由纵向工作台的直线进给运动与分度头的圆周运动复合而成的,这个复合运动应处于逆铣方式下进行。故必须使工件的旋转方向与铣刀的转向相同,并且应从凸轮的小半径铣向凸轮的大半径,如图 8-149 所示。

（6）对刀。铣刀铣削位置与凸轮传动从动件的（滚子）位置应一致。若从动件与凸轮是对心移动 [见图 8-150 (a)],对刀时应使铣刀和工件的连心线与纵向工作

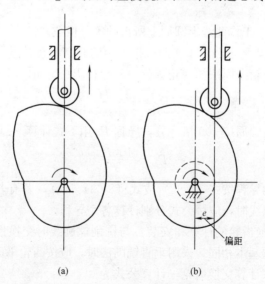

(a)　　　　　　　　(b)

图 8-150　等速盘形凸轮
(a) 对心直动盘形凸轮;(b) 偏置直动盘形凸轮

台的进给方向相平行；若偏动时［见图 8-150 （b）］，则应利用横向工作台使铣刀中心偏移工件中心，偏移的距离必须等于从动件的偏距 e，并且偏移的方向也必须和从动件的偏置方向一致。

（7）装夹工件。工件一般可通过心轴装夹在分度头上，当用分度头铣削时，分度头仰角应等于 90°，使其主轴和工作台台面垂直。此外，为了防止凸轮在铣削过程中工件转动，在工件与心轴之间用平键连接进行角向定位。

（8）进刀后开车铣削。当以上各步骤完成以后，就可开始铣削，但要注意进刀和退刀的方法。

进刀时，应将分度头手柄的定位销拔出，然后摇动纵向工作台手轮（当导程较小、工作台手轮摇不动时，可转动分度盘），使纵向工作台移动。这时，工件不转动，只是直线运动，向铣刀靠近，待铣刀切入工件到预定的深度时，再将分度手柄定位销插入到分度盘的孔眼内。接着就可摇动分度手柄，使工件在转动的同时沿纵向移动，进行铣削。

退刀时，可移动横向工作台，使工件离开铣刀，再反向摇动分度手柄（手柄上的定位销不拔出），使工件反向旋转，退回到起始切削位置。第二次进刀前，就将横向工作台退回到原来位置。这样经过几次铣削，便可将凸轮的平面螺旋线加工出来。

垂直铣削法的优点是铣床调整计算简单，操作方便，铣刀伸出长度较短，但有以下不足之处。

1）交换齿轮是直接按凸轮的平面螺旋线的导程来计算的，交换齿轮所保证的导程又是一个近似值，因而影响凸轮的加工精度。

2）当凸轮具有几段导程不同的平面螺旋线时，必须计算几组交换齿轮，每铣削一段螺旋线都要更换交换齿轮。

3）为了保证铣刀能触及工件，分度头不能安装在工作台的右端尽头，必须增设交换齿轮轴的接长装置，如图 8-148 所示。

4）当用分度头作垂直铣削时，工件的装夹高度大，有时会出现即使将升降台下降至最低位置，也无法铣削的情况。

2. 倾斜铣削法

垂直铣削法铣削凸轮存在着很多不足之处，因此实际生产中常采用倾斜铣削法来铣削凸轮。所谓倾斜铣削法，是指加工时使分度头主轴在水平方向倾斜一定的角度后进行铣削的方法，如图 8-151 所示。

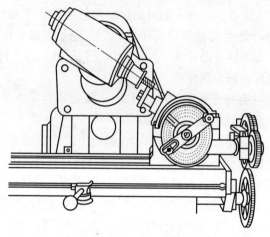

图 8-151　倾斜铣削法

倾斜铣削法的原理如图 8-152 所示。当分度头主轴仰起 α 角后，立铣头也必须相应转动一个 β 角，以使分度主轴与立铣头主轴相互平行。此时，如果分度头的交换齿轮是按某一假定的导程 P'_h 来计算的，则工件每转过一转，工作台将带着工件水平移动一个

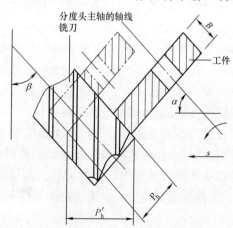

图 8-152　倾斜铣削法的原理

P'_h 的距离。但由于铣刀和工件轴线的位置是倾斜关系，铣刀仅切入工件一个小于 P'_h 的距离，该距离应当等于凸轮的导程 P_h，由图 8-152 可得

$$P_z = \sin\alpha P'_h \qquad (8-65)$$

式中　α——分度头的仰角，(°)；

　　　P'_h——假定的交换齿轮的导程，mm。

而立铣床头的转角 β 为

$$\beta = 90° - \alpha \qquad (8-66)$$

在铣削前需要预算一下铣刀切削刃的长度 l，可按下式进行计算

$$l = B + H\cot\alpha + 10 \qquad (8-67)$$

式中　B——凸轮的厚度，mm；

　　　H——被加工凸轮曲线的升高量，mm；

　　　α——分度头仰角，(°)。

当铣床的主轴能随主轴套筒伸缩时，则铣刀切削刃的长度可小于 l。

倾斜铣削法的具体操作方法与垂直铣削法基本相同。与垂直铣削法相比，倾斜铣削法具有下列优点。

（1）采用倾斜铣削法，只需选择一个适当的假定导程，换一次交换齿轮即可。当曲线的导程不同时，只需改变分度头和立铣头的倾斜角就可进行铣削。

（2）倾斜铣削法可以弥补垂直铣削法受机床行程限制的缺陷。

（3）用倾斜铣削法铣削凸轮，只需操纵升降台即可实现进刀和退刀。

（4）对于一些导程是大质数或带小数值的凸轮，用垂直法加工时，交换齿轮的搭配较困难。而采用倾斜法铣削时，可将 P'_h 选择为整数值，然后通过计算，按所得的倾斜角 α 和 β 值分别调整分度头和立铣头，即可铣削出所要求的凸轮。

3. 等速盘形凸轮铣削时的注意事项

（1）铣削等速盘形凸轮时，铣床主轴与工件回转中心相对位置

的准确性是非常重要的，否则不但影响曲线的位置，还影响曲线的形状。

（2）铣削凸轮的刀具，除了外径必须与从动件的滚子直径相等并有足够的长度外，还应选择具有较大螺旋角的立铣刀进行铣削。

（3）采用倾斜法铣削凸轮时，分度头仰角的准确性将影响凸轮的导程，故调整时应特别注意。必要时，可采用正弦规对分度头主轴进行校正。

（4）对刀后，当工作台和分度头启动时，要注意传动系统的间隙。

三、等速圆柱凸轮的铣削

1. 等速圆柱凸轮导程的计算

等速圆柱凸轮导程的计算与一般螺旋槽工件导程的计算基本相同，在实际操作中，常用的计算方法有以下两种。

（1）一般计算法：按图样直接标注的螺旋角 β 计算导程 P_h，即

$$\cot\beta = \frac{P_h}{\pi D}$$

（2）作图放大法。用一定的放大比例，将凸轮外圆柱面展开成平面图，用量角器测出螺旋角 β，然后根据 β 值计算出导程。

2. 等速圆柱凸轮的铣削方法

等速圆柱凸轮一般是在立铣或万能铣床上进行铣削的。铣削方法与铣削螺旋槽工件基本相似，但加工要复杂些。铣削圆柱凸轮的方法有分度头主轴交换齿轮法和仿形铣削法。

（1）分度头主轴交换齿轮法。此法是采用分度头装夹工件，配置一组交换齿轮进行铣削，通过各种不同的交换齿轮比，来达到不同的导程要求，如图 8-153 所示。

（2）仿形铣削法。在成批大量生产时，凸轮铣削应采用仿形法，如图 8-154 所示。用仿形法铣削凸轮时，具有质量稳定、生产效率高、操作简便等优点。

必须指出：采用立铣刀铣削圆柱凸轮的实质与采用立铣刀铣削

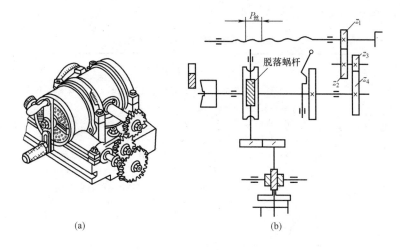

图 8-153　分度头主轴交换齿轮法铣削小导程凸轮

（a）交换齿轮法；（b）传动系统图

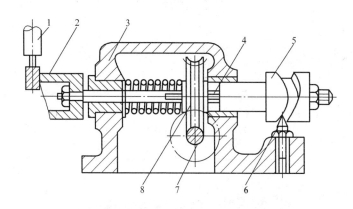

图 8-154　用仿形法铣削圆柱端面凸轮

1—立铣刀；2—工件；3—夹具体；4—心轴 5—模型；6—插销；

7—蜗杆；8—蜗轮

螺旋槽的情况是一样的，因此，干涉现象也必然存在。

四、凸轮的铣削质量

凸轮的铣削过程是比较复杂的，在铣削过程中，往往因为计算不准和操作不当而引起一些质量问题，现将铣削过程中常见的质量问题及原因分析列于表 8-32。

表 8-32　　　　　　凸轮铣削质量问题及原因分析

质量问题	原因分析
表面粗糙度值大	(1) 铣刀不锋利，立铣刀刚性差或装夹不妥，铣床横梁挂架和刀杆轴承套之间间隙过大 (2) 进给量过大 (3) 精铣时加工余量大 (4) 工件装夹刚性差，切削时振动较大 (5) 传动系统间隙过大 (6) 纵向工作台塞铁调整过松，进给时工作台幌动
加工表面有"深晴"	进给中途曾停刀
导程或升高量不准确	(1) 导程、交换齿轮比、分度头仰角计算错误 (2) 交换齿轮配置错误（如主被动交换齿轮颠倒） (3) 调整精度差：如分度头仰角、立铣头转角及立铣刀切削位置
螺旋槽干涉量过大	(1) 铣刀直径过大 (2) 工作台扳转角度不准 (3) 计算直径选择不当
盘形凸轮工作曲线误差大	(1) 未区别不同类型螺旋面，铣刀切削位置不准确 (2) 立铣刀刀刃部位呈锥度或母线不直 (3) 分度头和立铣头相对位置不准

第十节　钻孔、铰孔和镗孔

铣床和镗床的主运动和进给运动很相似，所以镗孔工作也可在铣床上进行。需要时也可在铣床上钻孔和铰孔。在铣床上，主要加工中小型工件的孔和相互位置不太复杂的多孔零件。

一、钻孔

1. 钻头的装卸

钻孔时，钻头要依靠钻夹头或锥管过渡套紧固于铣床主轴的锥孔中，如图 8-155 所示。

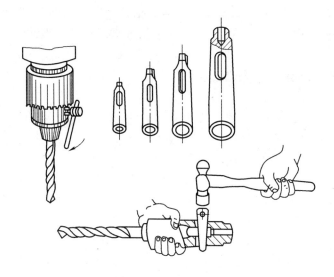

图 8-155 钻头的装卸

钻孔完毕后，将斜铁置于锥套的卸钻槽中，用手锤敲击斜铁，即可卸下钻头。

2. 钻孔的切削用量及钻头直径的选择

（1）钻削速度的选择。主要根据被钻孔工件的材料、钻孔的表面粗糙度要求以及钻头的寿命来确定钻孔的速度。一般在铣床上钻孔，由于工件作进给运动，因此钻削速度应选低些。另外当钻孔直径较大时，钻削速度也应在规范内选低些，具体选择见表 8-33。

表 8-33   钻削速度选用表   （m/min）

加工材料	钻削速度	加工材料	钻削速度
低碳钢	25～30	铸铁	20～25
中、高碳钢	20～25	铝合金	40～70
合金钢、不锈钢	15～20	铜合金	20～40

（2）进给量的选择。与钻孔的质量、工件材料以及孔径大小有关。在铣床上，一般用手动进给，但也可采用机动进给。每转进给量：加工铸铁和有色金属时为 0.15～0.5mm/r，加工钢材时为

0.1~0.35mm/r。

（3）钻头直径的确定。在铣床上钻孔，当孔径小于 25mm 时，应选与钻孔直径相等的钻头，一次钻孔至要求尺寸。当钻孔直径大于 25mm 时，可先用直径为 15mm 的钻头钻底孔，然后再用等直径钻头扩钻孔至要求尺寸。

（4）钻孔的方法。

1）在多面体上钻孔。在多面体上钻孔时，应先在工件上划出孔的中心位置线，并以中心位置划出几个同心圆，以备纠正钻孔位置用，并在各线上及中心位置处打样冲。较小的多面体工件可用平口钳装夹，较大的多面体工件应用压板螺栓装夹。如果钻有中心距尺寸要求的几个孔时，可利用纵、横工作台的刻度盘确定其位置，然后钻出各孔。

2）利用分度头或回转工作台装夹工件钻孔。当圆盘类工件有圆周等分或角度位置要求时，可在分度头上或回转工作台上进行钻孔，如图 8-156 和图 8-157 所示。

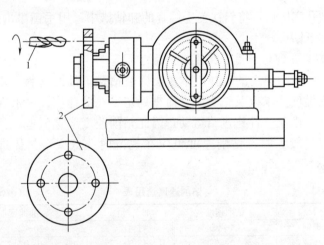

图 8-156　用分度头装夹钻孔
1—钻头；2—工件

（5）钻孔的质量。钻孔时，经常遇到的质量问题及原因分析见表 8-34。

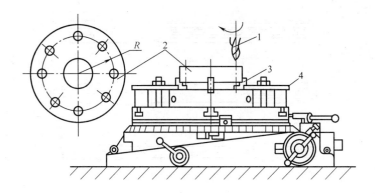

图 8-157　在回转工作台上钻孔

1—钻头；2—工件；3—三爪自定心卡盘；4—压板

表 8-34　　　　　　　　　钻孔的质量问题及原因分析

质 量 问 题	原 因 分 析
孔的位置偏移	(1) 划线不准确 (2) 打样冲不准确 (3) 钻头横刃太长
孔壁表面粗糙度值大	(1) 进给量过大 (2) 钻头刃磨不合格 (3) 切削液使用不当

二、铰孔

铰孔是用铰刀对已粗加工后的孔进行精加工，如图 8-158 所示。

1. 铰刀的种类和作用

按其使用方式的不同，铰刀可分为手用铰刀和机用铰刀，如图 8-159 所示。在铣床上铰孔则使用机用铰刀。

2. 铰刀的选择和铰孔余量的确定

（1）铰刀的选择。铰刀应根据铰孔的精度来确定。同一

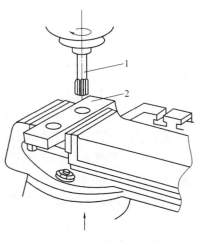

图 8-158　在铣床上铰孔

1—铰刀；2—工件

643

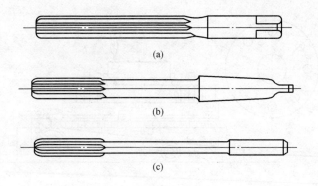

图 8-159　铰刀的种类

(a) 手用铰刀；(b) 锥柄机用铰刀；(c) 直柄机用铰刀

直径的标准铰刀，根据其偏差不同，可分为一号、二号和三号，分别适用于铰削精度为 H6、H7、H8、H9 的孔。

(2) 铰削余量的确定。铰削余量应根据铰孔精度、孔的表面粗糙度、孔径大小和工件材料来确定。表 8-35 可供确定铰孔余量时参考。

表 8-35　　　　　　　　　　铰 孔 余 量 表

工件材料	孔　　径			
	<5	5～20	21～32	33～50
钢材	0.12～0.25	0.25～0.35	0.35	0.50
铸铁	0.10～0.20	0.20～0.30	0.30	0.50

(3) 铰孔的切削用量。铰孔时，切削速度不能过高，要适当，一般为 5m/min 左右，进给量可取大些，一般为 0.4～0.6mm/r。在铣床上铰孔也常用手动进给。

(4) 切削液的选用。铰钢件时可选用乳化液、切削油、工业用豆油等。铰铸铁时则用煤油。

(5) 铰孔的方法。铰孔的工艺过程是：先钻孔，再扩孔或镗孔，最后铰孔。

1) 试铰孔。铰孔时，应先在废件上试铰一孔，测量孔径尺寸，检查孔壁的表面粗糙度等是否符合图样技术要求，合格后再正式铰削工件。新铰刀的直径公差大多为上偏差，所以需研磨铰刀直径，合格后再投入使用。

2) 精铰孔。将已粗加工后的孔清除切屑后，按选定的切削用量进行铰孔，铰孔时应使用切削液。

铰孔不能改变孔的直线度精度，只能改变孔径的尺寸大小和降低孔的表面粗糙度值。

3. 铰孔的质量

铰孔的质量问题及原因分析见表 8-36。

表 8-36　　　　　铰孔的质量问题及原因分析

质量问题	原　因　分　析
表面粗糙度达不到要求	(1) 铰刀刃口不锋利或有崩裂，铰刀切削部分和修正部分不光洁 (2) 切削刃上有积屑瘤，容屑槽内切屑过多 (3) 铰削余量太大或太小 (4) 切削速度过高，以致产生积屑瘤 (5) 切削液浇注不充足或选择不当 (6) 铰刀偏摆过大
孔径扩大	(1) 铰刀与孔的中心不重合，偏摆大 (2) 进给量和铰削余量太大 (3) 切削速度太高，使铰刀温度上升，直径增大 (4) 操作者未仔细检查铰刀的直径和孔径
孔径缩小	(1) 铰削钢料时加工余量太大，铰削后内孔弹性复原而孔径缩小 (2) 铰削铸铁时加了煤油
孔中心不直	(1) 预加工孔不直，铰小孔时铰刀的刚度差 (2) 铰刀的切削锥角太大，导向不良，使铰削时发生偏歪
孔呈多棱形	(1) 铰削余量太大，铰刀刃不锋利，使铰刀发生"啃切"现象，产生振动而出现多棱形 (2) 预加工孔径不圆，铰刀发生弹跳现象 (3) 钻床主轴振摆太大

三、镗孔

在铣床上镗孔，可达到较高的精度和低的表面粗糙度值，特别是容易控制孔的中心距，故适于镗削轴线相互平行的孔系零件。

1. 镗刀及其选用

镗刀的分类方法很多，按刀头的装夹形式，可分为机械固定式和浮用式镗刀；按刀头的结构，可分为单刃、双刃和多刃镗刀。在铣床上大多采用单刃镗刀镗削,有时也采用双刃镗刀。

(1)镗刀几何角度的选用。镗刀几何角度的选用见表8-37。

表 8-37 镗刀几何角度的选取参数表

工件材料	前角 γ_0	后角 α_0	刃倾角 λ_s	主偏角 K_τ	副偏角 K'_τ	刀尖圆弧半径 γ_ε
铸铁 40Cr 45 铝合金	5°～10° 10° 10°～15° 25°～30°	6°～12° 粗镗时取大值 精镗时取小值 孔径大取小值 孔径小取大值	0°～5° 通孔精镗时取 －(5°～15°)	镗通孔时取 60°～75° 镗台阶孔 时取 90°	15°	粗镗取 0.5～1 精镗取 0.3

(2)镗刀杆和刀体尺寸的选用。镗刀杆直径和镗刀体截面尺寸的选用见表8-38。

表 8-38 镗刀杆的直径和镗刀体的截面尺寸

孔径 D	30～40	40～50	50～70	70～90	90～120
镗刀杆的直径 d	20～30	30～40	40～50	50～65	65～90
刀体的截面尺寸 $a \times a$	8×8	10×10	12×12	16×16	16×16 20×20

当孔径小于 30mm 时,最好采用与刀杆一体的镗刀,并用可调镗刀架装夹进行加工。对于直径大于 120mm 的孔,镗刀杆直径可不必太大,只要刀杆和刀体的刚性足够即可。

另外,孔的深度越大,镗刀杆直径应选得大些;孔的深度越小,镗刀杆直径应选得小些。

2. 切削用量的选择

切削用量随刀具材料、工件材料和粗镗及精镗的不同而有所区别。粗镗时,切削层的深度主要根据加工余量和刀杆、刀体、机床主轴和夹具,以及装夹后的稳定情况等工艺系统的刚性来确定。精镗时,若采用高速钢镗刀,加工余量最好控制在 0.1～0.5mm 范围内;若采用硬质合金镗刀,加工余量最好控制在 0.3～1mm 范围内。每转的进给量,粗镗时为 0.2～1mm/r;精镗时为 0.05～0.5mm/r。镗孔时的切削速度可比铣削时略高一些,但在加工钢件等塑性较好的金属材料时,应充分浇注切削液,以降低温度,提高加工质量。

3. 镗孔

（1）镗单孔。镗单孔的步骤如下。

1）选择镗刀、镗刀杆及切削用量。

2）对刀。在铣床上镗孔时，铣床主轴的轴线与所镗孔的轴线必须重合。

3）开动机床，按所选择的切削用量镗孔。

（2）镗圆周等分孔。镗圆周等分孔时，可将工件装夹在分度头或回转工作台上，如图 8-160 所示。

镗削时，先把工件校成与回转工作台或分度头主轴同轴，再调整好铣床主轴与工件（也即回转工作台）轴线同轴，然后移动铣床工作台，移动距离等于分布圆周的半径，开动铣床镗削。每镗好一个孔后，转动分度手柄，使工件转过一个孔距（一个等分），再镗削下一个孔。

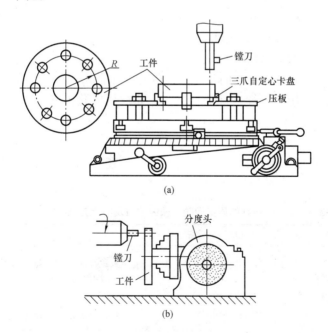

(a)

(b)

图 8-160 在分度头和回转工作台上镗孔

（3）镗平行孔系。对于具有平行孔系的零件，除孔本身有精度要求外,孔的轴线之间的尺寸也有精度要求。因此,对平行孔系的加工,在掌握了单孔零件的镗削后,主要掌握孔中心距的控制方法。控制孔的中心距有下列几种方法。

1)按划线控制。

2)利用铣床手柄处的刻度盘来控制。

3)利用百分表和量块来控制。

4)用试切法控制。

5)利用量柱来控制。

6)用镗模和镗套来控制。

(4)镗精度高的孔。精密镗削时,进给量和背吃刀量都很小,在镗削过程中,机床、刀具和夹具等工艺系统的振动和产生的弹性位移均应极小,其措施如下。

1)调整机床间隙。

2)提高工件和刀具装夹的刚性。

3)选择合适的镗刀杆型式。

4)采取抗振措施。

5)合理选择镗刀的几何参数和镗削用量。

6)采用润滑性良好的切削液,如极压乳化液和浓乳化液等,并应充分浇注。

4.镗孔的质量

在铣床上镗孔时,常见的镗孔质量问题、原因分析及防止方法见表8-39。

表8-39　　　　镗孔的质量问题、原因分析及防止方法

质量问题	原 因 分 析	防 止 方 法
表面粗糙度差	(1)刀尖角或刀尖圆弧太小 (2)进给量过大 (3)刀具已磨损 (4)切削液使用不当	(1)修磨刀具,增大刀尖半径 (2)减小进给量 (3)修磨刀具 (4)合理使用切削液
孔呈椭圆形	立铣头零位不正,并用工作台垂向进给	重新找正零位

续表

质量问题	原　因　分　析	防　止　方　法
孔壁有振纹	(1) 刀杆悬伸太长，刚性差 (2) 工作台进给爬行 (3) 工件夹持不当	(1) 选择合适的镗刀杆，刀杆另一端尽可能加支承 (2) 调整机床镶条并润滑导轨 (3) 改进夹持方法或增加支承面积
孔壁有划纹	(1) 退刀时刀尖背向操作者 (2) 主轴未停稳，快速退刀	(1) 退刀时拔转刀尖朝向 (2) 主轴停转后再退刀
孔径超差	(1) 镗刀回转半径调整不当 (2) 测量不准确 (3) 镗刀偏让	(1) 重新调整镗刀的回转半径 (2) 仔细测量 (3) 增加镗刀杆的刚性
孔呈锥形	(1) 切削过程中刀具磨损 (2) 镗刀松弛	(1) 修磨刀具，合理选择切削速度 (2) 安装刀头时要紧固螺钉
轴线歪斜 （与基准 面的垂直 度超差）	(1) 工件的定位基准选择不当 (2) 装夹工件时，清洁工作未做好 (3) 采用主轴进给时，零位未找正	(1) 选择合适的定位基准 (2) 装夹时做好基准面和工作台面的清洁工作 (3) 重新找正主轴零位
圆度超差	(1) 工件装夹变形 (2) 主轴回转精度不好 (3) 立镗时纵横工作台未紧固 (4) 刀杆刀具弹性变形，钻孔时圆度超差	(1) 装夹松紧要适当，精镗时，应重新压紧，并注意减小压紧力 (2) 检查机床，调整主轴精度 (3) 不进给的工作台应予以紧固 (4) 选择合理的切削用量，增加刀杆与刀具的刚性
平行度超差	(1) 没有在一次装夹中镗几个平行孔 (2) 在钻孔和粗镗时，孔已不平行。精镗时，刀杆产生弹性偏让 (3) 定位基准面与进给方向不平行	(1) 尽量采用同一基准面 (2) 提高粗加工精度，或提高镗刀杆的刚性 (3) 精确找正基准面

649

第九章

刻线及成形表面的铣削

第一节 刻 线

一、刻线刀具及其安装

1. 刻线刀具

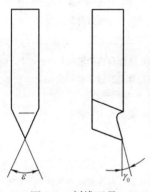

图 9-1 刻线刀具

刻线一般可以在铣床上加工，刻线刀具多用高速钢制成，也可用废旧的立铣刀或钻头改制而成，其几何形状如图 9-1 所示。

刻线刀具的前角 γ_0 可取 $0° \sim 10°$，若工件材料软，γ_0 可取大些；若工件材料硬，则 γ_0 应取小些，刀尖角 ε 一般为 $45° \sim 60°$。

刻线刀具的刃磨方法和顺序如图 9-2 所示。刃磨后，要用油石修磨前、后刀面，以提高刃口质量。刃磨后要求刃口锋利，角度对称。

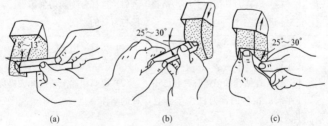

图 9-2 刻线刀具的刃磨方法和顺序

(a) 刃磨前角；(b) 刃磨偏角；(c) 磨成刀尖

2. 刻线刀具的安装

刻线刀具的安装方法见表 9-1。

表 9-1 刻线刀具的安装方法

刀 具 结 构 图	结 构 说 明
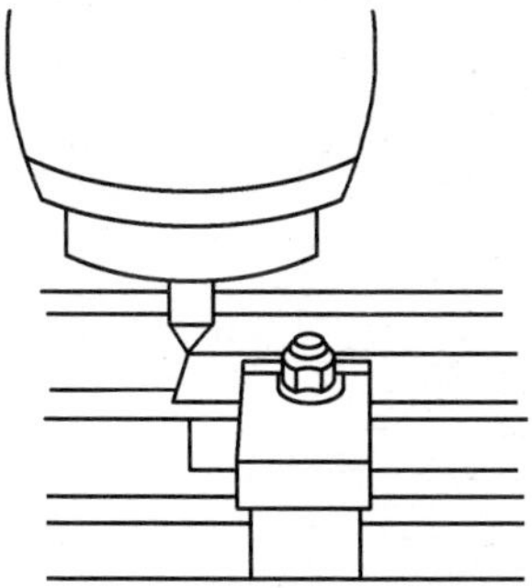	用废旧立铣刀改制的刻线刀,可直接安装在铣床主轴孔内,安装时使其前刀面与刻线进给方向垂直
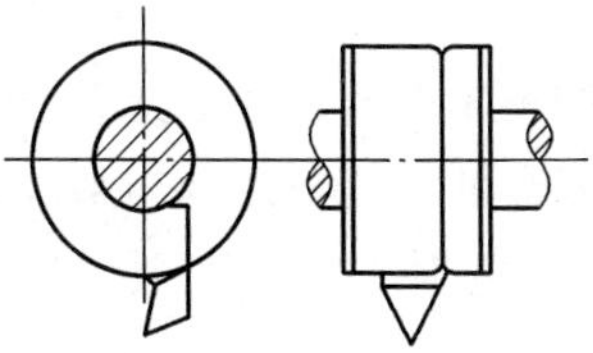 （a） 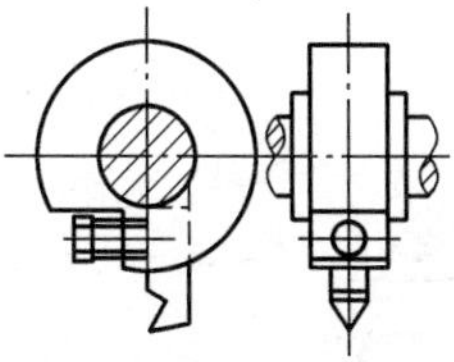 （b） 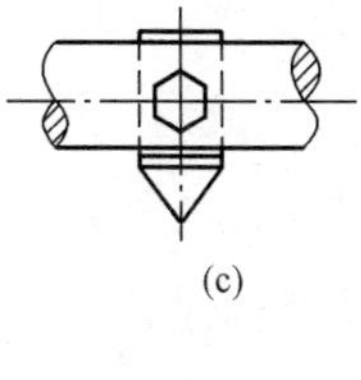 （c）	用高速钢磨成的刻线刀,可根据加工的具体情况选用左图的装夹方法:图（a）为用夹紧刀盘安装;图（b）为用紧固盘安装;图（c）为用方孔刀杆安装

二、刻直尺的尺寸线

1. 工件的装夹与找正

刻直尺工件的尺寸线时，可用压板将工件夹紧在工作台上（见图 9-3），或用机床用平口虎钳夹紧。用压板夹紧时，应将长度方向的基准侧面找正，与工作台纵向进给方向平行。用机床用平口虎钳装夹工件时，应找正固定钳口与工作台纵向进给方向平行。

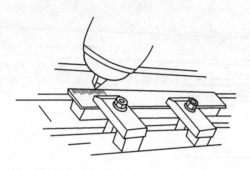

图 9-3　刻直尺尺寸线时工件的装夹

2. 刻线方法

（1）侧面对刀。工件装夹找正后，调整工作台，使刻线刀的刀尖与工件的侧面对齐，调整横向进给刻度盘的零线，使其与基准线对齐，并紧固刻度盘，在刻度盘上记下长短刻线的刻度数，如图 9-4 中的 a 所示。

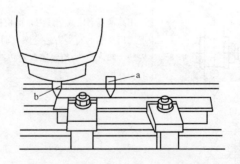

图 9-4　刻直尺工件尺寸线时的对刀

（2）端面对刀。侧面对刀后，将工件端面移至刻线刀尖处，使工作台向刻线的分度方向移动，使刻线刀的刀尖与工件端面对齐，

调整到间隔纵向刻度盘零线与基准线对齐，将刻度盘固定，如图
9-4 中的 b 所示。对刀过程中，注意消除工作台丝杆和螺母间的传
动间隙，以防止间隔出现误差。

（3）试刻。对好刀后，手动纵向进给手柄，用纵向刻度盘分一
个间隔，手动垂向进给手柄，使刻线刀与工件轻轻接触，记下刻度
盘上的刻度数，退出工件，上升工作台少许，摇动横向进给手柄，
刻出一条符合长度要求的刻线，观察所刻线条的粗细是否合适。如
果试刻合格，即可继续将尺寸刻完。否则需进一步调整刻度线的深
度，使刻线符合要求后再继续完成。

三、刻圆柱面、圆锥面的等分线

1. 工件的装夹和找正

如图 9-5 所示，在工件的圆柱面上刻线时，分度头水平安装。
在带孔的盘类工件上刻线时，可用心轴装夹工件，轴类工件刻线时
可用三爪自定心卡盘装夹。用心轴装夹工件时，应先找正心轴与分
度头主轴的同轴度，然后再装夹工件，并找正工件外圆柱面的径向
圆跳动误差，使其在允许范围内。用三爪自定心卡盘装夹工件时，
可直接找正工件圆柱面的径向圆跳动误差。

在工件的圆锥面上刻线时，工件的装夹与圆柱面工件的装夹基
本相同，如图 9-6 所示，只是将分度头的主轴倾斜一个锥面角 θ，
使圆锥面的母线处于水平位置。

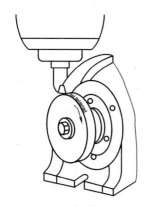

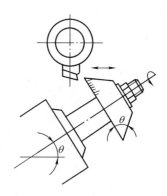

图 9-5   在工件的圆柱面上刻线   图 9-6   在工件的圆锥面上刻线

2. 刻线的方法

（1）刻线对中心。在工件的圆周面和端面上划出中心线，使刻线刀的刀尖对准划出的中心线，并紧固横向工作台。

（2）调整刻线的长度。使刻线刀的刀尖刚刚与工件端面对齐，将纵向进给刻度盘的零线与基准线对齐，将刻度盘紧固，下降工作台，摇动纵向进给手柄，在刻度盘上记下长短刻线在刻度盘上的位置。

（3）计算分度手柄的转数。工件的刻线间隔以格为单位时，可用简单分度计算公式计算分度手柄的转数；工件的刻线以角度为单位时，用角度分度计算公式计算分度手柄的转数。

（4）试刻。调整纵向与垂向工作台，使刻线刀与工件外圆刚刚接触，记下垂向刻度盘的刻度数，降下工作台，退出工件，上升垂向工作台少许，按照图样要求的长度刻出一条线，观察所刻线的粗细与刻线间隔是否符合，如试刻合格则继续刻完；否则需进一步调整刻度线的深度，使刻线符合要求后再继续完成。

3. 刻直径较大工件圆周上的径向线条

刻直径较大工件圆周上的径向线条时，工件可用压板装夹在回转工作台上，如图 9-7 所示，通过回转工作台上的刻度进行分度；大圆盘工件刻径向线时，也可以用三爪自定心卡盘的反爪来装夹。

四、刻线移距的方法

1. 刻度盘法移距刻线（见图 9-8）

适合用刻度盘法移距刻线的情况如下。

（1）每条刻线的间距为整数值。

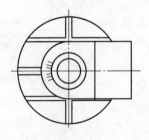

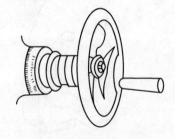

图 9-7　刻直径较大工件圆周上的径向线条　　图 9-8　刻度盘法移距刻线

（2）每条刻线的间距是刻度盘上每一小格移距数值的整数倍。

（3）精度要求不太高。

工件刻度移距值与刻度盘刻线的关系为：

$$n = \frac{t}{s_1} \tag{9-1}$$

式中　t——每两条刻线的间距数值；

$\qquad s_1$——刻度盘每转 1 小格，工件移距的数值；

$\qquad n$——手轮应转过的格数。

2. 主轴交换齿轮法移距刻度

主轴交换齿轮法移距刻线的传动系统如图 9-9 所示，是在分度头主轴后的锥孔内插入交换齿轮的心轴，在心轴和工作台丝杆上安装交换齿轮，并使其啮合，构成一个传动系统来完成移距。

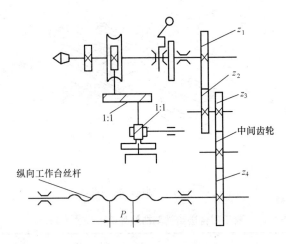

图 9-9　主轴交换齿轮法移距刻线的传动系统

交换齿轮的齿数及分度手柄转数的计算公式为

$$\frac{z_1 z_3}{z_2 z_4} = \frac{40t}{nP} \tag{9-2}$$

式中　z_1、z_3——主动齿轮的齿数；

$\qquad z_2$、z_4——从动齿轮的齿数；

t——直线间隔的距离，mm；

P——纵向工作台丝杆的螺距，mm；

n——每次分度手柄的转数，取 $n=1\sim8$ 为好。

第二节　成形面和球面的铣削

一、用双手配合进给铣削曲线外形

（1）双手配合进给铣削曲线外形。在立式铣床上，可用双手分别控制纵、横向进给来铣削曲线外形，如图 9-10 所示，具体操作方法见表 9-2。

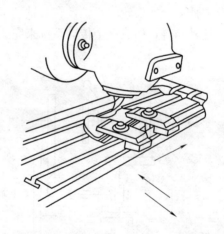

图 9-10　双手控制进给铣削曲线外形

表 9-2　　双手配合进给铣削曲线外形的操作方法

工艺过程	操 作 内 容
铣刀的选择	铣削凸圆弧时，立铣刀直径不受限制；铣削凹弧时，立铣刀半径应等于或小于工件最小的凹圆弧半径，否则曲线外表面将被铣伤 为保证铣刀有足够的刚性，在条件允许的情况下，尽量选择直径较大的立铣刀

续表

工艺过程	操 作 内 容
工件的装夹	（1）在工件装夹前，先在工件上划出加工部位的外形轮廓线，并在线的中间打上样冲眼 （2）用压板将工件夹紧在工作台台面上，为了不使铣刀铣坏工作台表面，工件下面要垫平行垫铁
铣削方法	铣削时，双手同时操纵铣床的纵向和横向手柄，要思想集中，配合协调，使铣刀切削刃与工件划线部位相切，以保证铣去样冲眼的一半 工件余量大时，应分粗铣和精铣两步完成。粗铣时，应留下精铣余量，使余量分布均匀。精铣后，可进行必要的修整，使铣削出的曲线光滑。精铣时，铣刀转速要高，以便提高加工表面的质量 铣削过程中，必须使铣刀在工作台的纵向和横向进给时保持逆铣，否则会因顺铣使铣刀对工作台产生窜动而折断铣刀

（2）双手配合进给铣削曲线外形的实例见表 9-3。

表 9-3　　　　　双手配合进给铣削曲线外形的实例

工 件 图 样	加 工 步 骤
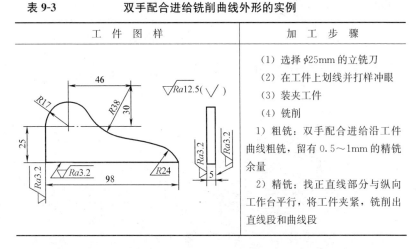	（1）选择 $\phi25$mm 的立铣刀 （2）在工件上划线并打样冲眼 （3）装夹工件 （4）铣削 　1）粗铣：双手配合进给沿工件曲线粗铣，留有 0.5～1mm 的精铣余量 　2）精铣：找正直线部分与纵向工作台平行，将工件夹紧，铣削出直线段和曲线段

（3）铣削过程中容易产生的问题和注意事项如下

1）铣削出的曲线部分表面粗糙度不符合要求，这是由于双手配合不协调、进给速度不均匀等原因造成的。

2）内、外圆弧相切处有凸起或深啃现象，其原因是铣刀铣削至内、外圆弧相切处时，进给变换方向没有掌握好。

3)铣削前应调整好工作台斜铁的松紧度,使工作台运动灵活,便于双手操作。

4)工件装夹位置要靠近操纵手柄的位置,以便双手配合操作。

二、用回转工作台铣削曲线外形

(1)回转工作台的结构见表9-4。

表 9-4　　　　　　　　回转工作台的结构

结构类型	结 构 图	结 构 说 明
手动回转工作台	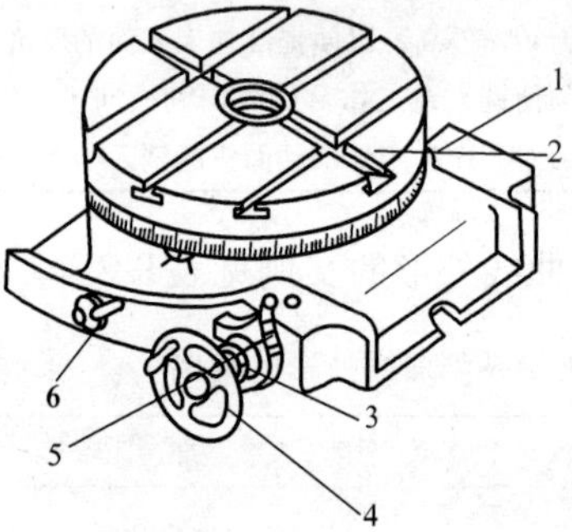 1—底座；2—转台；3—传动轴； 4—手轮；5—插销；6—紧固手柄	底座1的U形槽供安放T形螺钉,用于夹紧回转工作台,转台上的T形槽供安放T形螺钉,用于夹紧工件或工具,转台2圆周面上刻有360°的刻度,可作为分度的依据;回转工作台主轴是带台阶的莫氏4号锥孔轴。传动轴3连接手轮4,可使回转工作台转动。拔出插销5,转动偏心套,可使蜗轮蜗杆啮合或脱开。紧固手柄6可将转台2锁紧
机动回转工作台	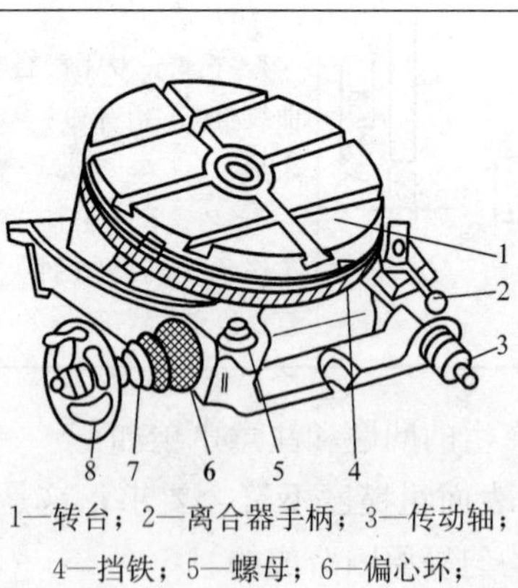 1—转台；2—离合器手柄；3—传动轴； 4—挡铁；5—螺母；6—偏心环； 7—手轮轴；8—手轮	机动回转工作台与手动回转工作台的结构基本相同,其差别主要在于传动轴3能与铣床传动装置相连接,使回转工作台实现机动进给。离合器手柄2可改变转台1的旋转方向和停止转台的机动进给。回转角度的大小可通过挡铁来控制

（2）工件在回转工作台上的装夹和找正。

1）装夹。装夹前，先在工件上划出加工部位的外形轮廓线，一般工件装夹时须在工件下面垫上平行垫铁，用压板将工件压紧在回转工作台上。平行垫铁不应露出到工件的加工线以外，工件的装夹位置、T形螺钉的高度及平行垫铁的长度和宽度都要合适，以免妨碍铣削。

2）工件的找正。工件的找正见表9-5。

表 9-5 工件的找正

找正方法	结 构 图	结 构 说 明
用钢直尺和划针确定工件圆弧的位置	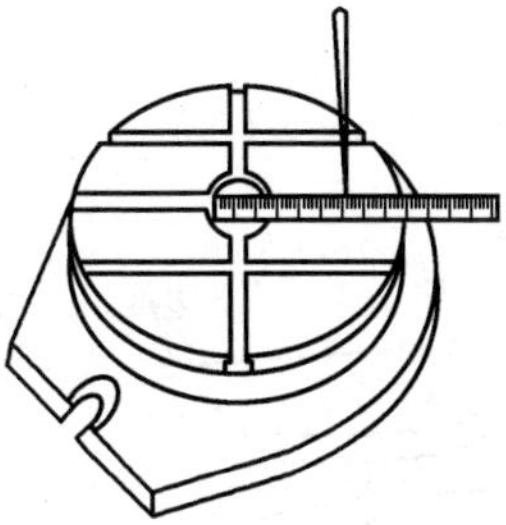 (a) 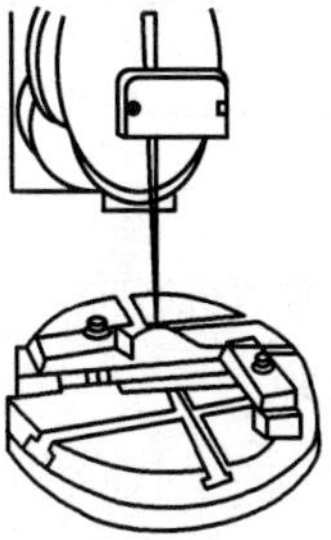 (b)	如图（a）所示，使钢直尺侧面通过回转工作台的回转中心，以圆台内孔为基准，测出加工工件的圆弧半径。然后在立铣头上安装划针，转动各进给手柄，使划针的针尖对准钢直尺上所示的工件圆弧半径的尺寸线，将工作台紧固，再装夹工件，使工件上所划的圆弧线正好对准针尖，则工件圆弧的圆心大致上对准了工作台的回转中心 摇动回转工作台的手柄，适当左右调整工件，用肉眼观察，使划针的运动轨迹与工件上所找正部位的圆弧相吻合，如图（b）所示，这样就找正好了。压紧工件，再复校一次

续表

找正方法	结 构 图	结 构 说 明
用心轴定位找正工件圆弧	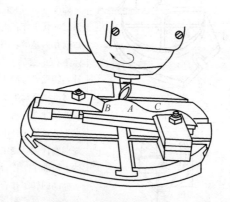 心轴	在带孔的工件上加工与孔的圆心同心的圆弧表面时,在回转工作台的锥孔内放入锥度心轴或台阶心轴,使心轴的圆柱部分与工件的孔配合定位,达到使工件的内孔与回转工作台的圆心同心的目的,铣削出工件上的圆弧部分

(3) 用回转工作台铣削曲线外形的方法。

1) 用回转工作台铣削曲线外形,如图 9-11 所示,其操作方法见表 9-6。

2) 用回转工作台铣削曲线外形的实例见表 9-7。

图 9-11 用回转工作台铣削曲线外形

3) 容易产生的问题和注意事项。

a. 工件在回转台上装夹时,应便于找正和夹紧。

b. 在回转工作台上铣削时,应始终采用逆铣,以免损坏铣刀。

c. 为了使圆弧与圆弧、圆弧与直线连接的光滑,在找正时,应在回转工作台的刻度上作标记。

d. 在回转工作台上铣削工件的直线部分时,应将回转工作台的坚固手柄锁紧。

表 9-6   **用回转工作台铣削曲线外形的操作方法**

工艺过程	操作说明
铣刀的选择	铣削凸圆弧时,立铣刀的直径不受限制;铣削凹圆弧时,立铣刀的半径应等于或小于工件最小的凹圆弧半径,否则曲线外表面将被铣伤 为保证铣刀有足够的刚性,在条件允许的情况下尽量选择直径较大的立铣刀
铣削方法	如图 9-11 所示,铣完 A、C 段圆弧后,装夹并找正工件的 A、B 圆弧部分,由内、外圆弧的切点 A 落刀,铣削出 A、B 段外圆弧。铣削时应采用逆铣,不使用的进给机构应锁紧
铣削曲线外形的顺序	(1) 凸圆弧与凹圆弧相切的工件,应先加工凹圆弧面 (2) 凸圆弧与凸圆弧相切的工件,应先加工半径较大的凸圆弧面 (3) 凹圆弧与凹圆弧相切的工件,应先加工半径较小的凹圆弧面 (4) 凸圆弧与直线相切的工件,应先加工直线再加工圆弧面 (5) 凹圆弧与直线相切的工件,应先加工凹圆弧面再加工直线

表 9-7   **用回转工作台铣削曲线外形的实例**

工 件 图 样	加 工 步 骤
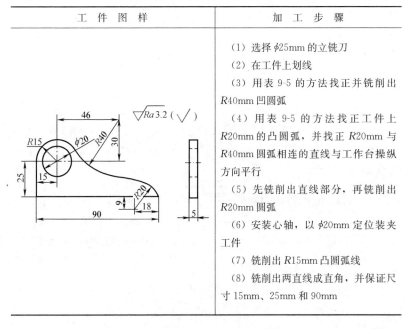	(1) 选择 $\phi25mm$ 的立铣刀 (2) 在工件上划线 (3) 用表 9-5 的方法找正并铣削出 $R40mm$ 凹圆弧 (4) 用表 9-5 的方法找正工件上 $R20mm$ 的凸圆弧,并找正 $R20mm$ 与 $R40mm$ 圆弧相连的直线与工作台操纵方向平行 (5) 先铣削出直线部分,再铣削出 $R20mm$ 圆弧 (6) 安装心轴,以 $\phi20mm$ 定位装夹工件 (7) 铣削出 $R15mm$ 凸圆弧线 (8) 铣削出两直线成直角,并保证尺寸 15mm、25mm 和 90mm

三、成形面的铣削

1. 用仿形法铣削曲面

（1）用仿形法铣削曲面的操作方法见表 9-8。

表 9-8 用仿形法铣削曲面的操作方法

工艺过程	结构图	操作说明
仿形手动进给铣削曲面	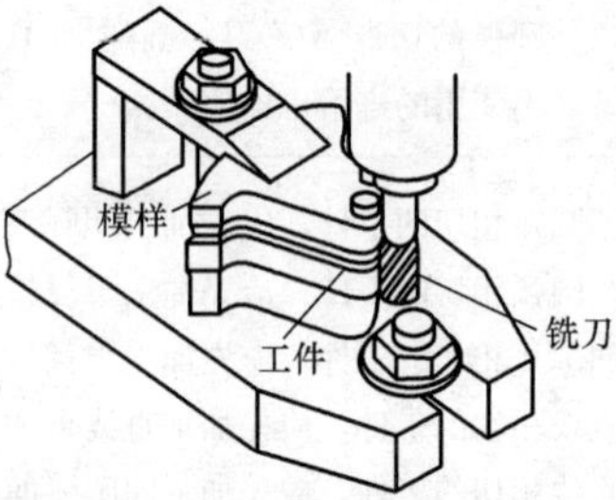 模样 铣刀 工件	左图所示为按模样手动操纵进给铣削曲面的情况。这种方法是将工件和模样一起装夹在夹具上或直接装夹在工作台上，然后用手动进给，使立铣刀的柄部外圆始终与模样型面相接触，铣刀圆柱面齿刃就可将工件的曲面逐渐铣成 粗铣时，铣刀柄部外圆不直接和模样接触，而使柄部外圆始终和模样型面保持大致均等的距离，以便使曲面留下一定的精铣余量
用附加仿形装置铣削曲面	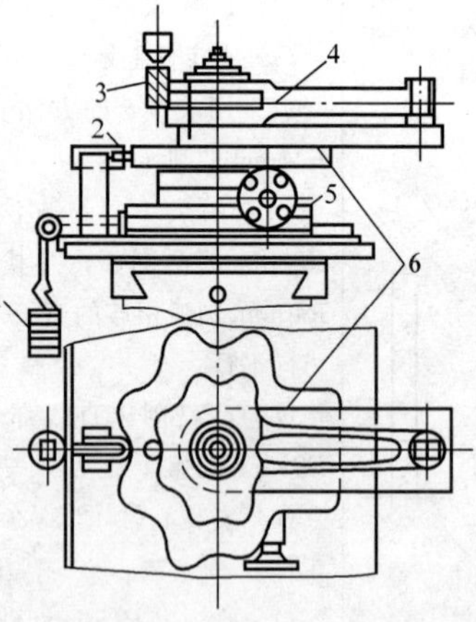 1—重锤；2—滚轮；3—铣刀；4—连杆；5—工作台；6—模样	左图是用仿形法铣削连杆大头外形时用的回转工作台配合附加仿形装置，这套装置除了采用仿形外，还用了滚轮和重锤。滚轮2在重锤1的作用下，始终压着模样6，模样6牢固地安装在模样装置的活动工作台5上，要铣削的连杆4就固定在工作台5上。当连杆随回转工作台手轮转动而作周向进给时，铣刀3就将连杆铣出与模样相同的曲线外形

（2）用仿形法铣削曲面时的注意事项。

1）精铣时，铣刀的直径及铣刀、滚轮和模样之间的相对位置和中心距，都必须与设计时的预定数据相符（一般应将铣刀、滚轮和模样的中心找正在同一直线上），否则无法加工出正确的型面。

2）刀柄（或滚轮）与模样之间的压力要适当，只要能保证它们之间相互接触即可。压力过大会增加模样的磨损，引起铣刀折断或损伤滚轮和销轴；压力过小会使铣削过程发生振动。

3）铣削时，要防止切屑嵌入模样与刀杆之间，以免模样和刀杆过早磨损，影响加工精度。

2. 用成形法铣削成形面

图 9-12 所示为用成形铣刀铣削成形面。

（1）铣削成形面的特点及注意事项。

1）铣削成形面的铣刀。铣削成形面用的铣刀俗称成形铣刀，其切削刃的形状和工件的成形面完全一样，其刀齿做成铲背齿形，以保证铣刀齿形刃磨后的刀齿仍保持原有的截面形状，刃磨时磨刀齿的前面。

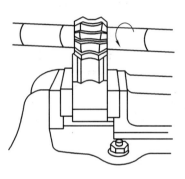

图 9-12　用成形铣刀铣削成形面

2）使用时应注意，当工件的加工余量很大时，用普通铣刀粗铣后再用成形铣刀精铣。使用成形铣刀时，背吃刀量比普通铣刀要适当降低，铣刀用钝后要及时刃磨，以保证刀具的成形面精度，减少刃磨时的刃磨余量，延长刀具的使用寿命。

（2）用成形法铣削成形面的操作方法见表 9-9。

（3）用成形法铣削成形面的实例见表 9-10。

四、球面的铣削

1. 铣削外球面

（1）铣削两端圆柱柄直径相等的球面，见表 9-11。

（2）铣削一端带圆柱的球面，见表 9-12。

（3）球面的检验方法如下。

表 9-9　　　　　用成形法铣削成形面的操作方法

工艺过程	结　构　图	操作说明
铣削成形面的方法	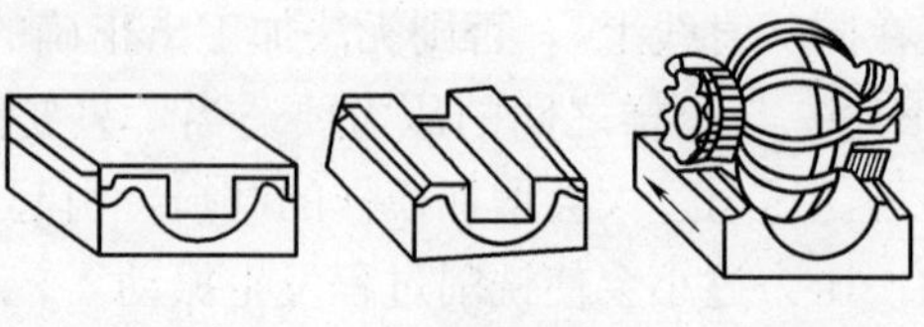 (a) 坯件　　(b) 粗铣后的形状　　(c) 精铣	（1）划出成形面的加工线 （2）安装、找正夹具和工件 （3）用普通铣刀粗铣 （4）用成形铣刀精铣 （5）检验工件的铣削质量
成形表面的检验	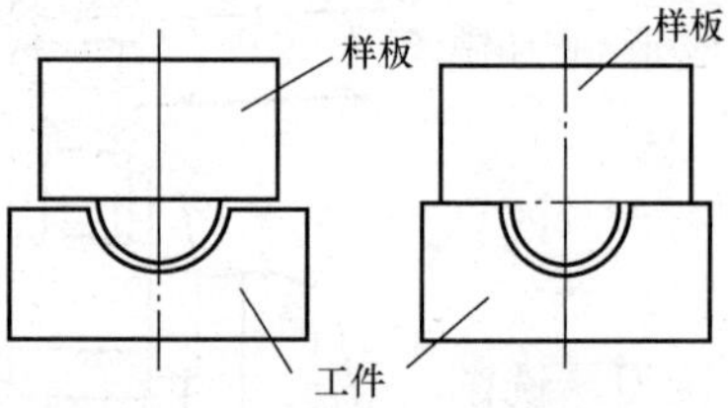 (a) 铣削深度不够　　　(b) 铣削过深	成形面的精度一般由铣刀保证，检验时用样板检验（左图所示为用凸圆弧样板检验工件）
注意事项	（1）粗铣前，工件应划好加工线，防止将工件铣坏 （2）粗铣时，要留有足够的精铣余量 （3）精铣时，铣刀切入时的进给速度要慢，防止铣刀振动，损坏刀齿	

表 9-10　　　　　用成形法铣削成形面的实例

工　件　图　样	加　工　步　骤
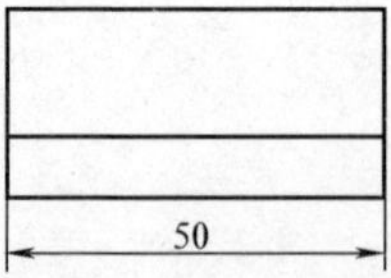 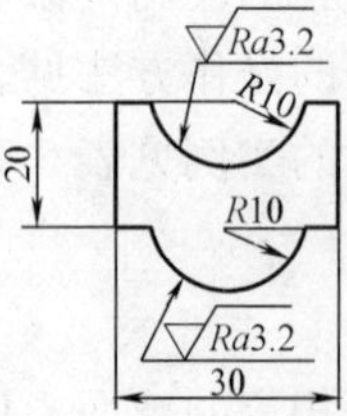	（1）选择并安装铣刀。选择 $\phi80mm \times 12mm$ 三面刃铣刀及 $R10mm$ 凸、凹圆弧铣刀 （2）安装并找正工件 （3）用三面刃铣刀粗铣 $R10mm$ 的凸半圆弧部分 （4）用凸半圆铣刀铣削 $R10mm$ 凹半圆至要求尺寸 （5）用凹半圆铣刀铣削 $R10mm$ 凸半圆至要求尺寸 （6）检验工件的质量

表 9-11　　　　　　　　　铣削两端圆柱柄直径相等的球面

工艺过程	结 构 图	操 作 说 明
工件的装夹和找正	主轴　工件　铣刀	铣削两端圆柱柄直径相等的球面，装夹工件时，一端用三爪自定心卡盘夹持，另一端用尾座顶尖夹持，工件装夹后，先找正柄部外圆直径的径向跳动，再找正其上母线与工作台的平行，找正其侧母线与工作台纵向进给方向平行
刀具尺寸的计算和调整	d_0　e　SR　D	刀具的直径尺寸可按下式计算 $$d_0 = \sqrt{4R^2 - D^2}$$ 式中　R——球面半径，mm D——柄部直径，mm
对中心的方法	刀盘　中心量棒　球面工件毛坯　d a A b c	工件装夹、找正后，在工件上划出两条互相垂直线 ab 和 cd 交于 A 点，然后将工件转 90°，使 A 点转至上方与铣床主轴中心相对。在刀盘的中心孔内装一个中心量棒，使顶尖对准 A 点，则铣床主轴中心线通过工件的球心，紧固纵、横向工作台
铣削方法		对好中心后，适当地调整主轴转速。在立式铣床上铣削球面时，用垂向进给调整背吃刀量，转动分度手柄，带动工件转动进行切削，工件每转一转调整背吃刀量一次。转动分度手柄时，转速应均匀，快慢应适当，铣削完最后一刀时，应先降下工作台，再停止摇动工件，以免啃伤工件表面 在卧式铣床上用面铣刀铣削球面时，用横向进给调整背吃刀量，工件转一转，调整背吃刀量一次。铣削时的切削力应朝向工作台面

表 9-12 铣削一端带圆柱柄的球面

工艺过程	结 构 图	操 作 说 明
工件装夹时，分度头倾斜角度和刀具直径尺寸的计算	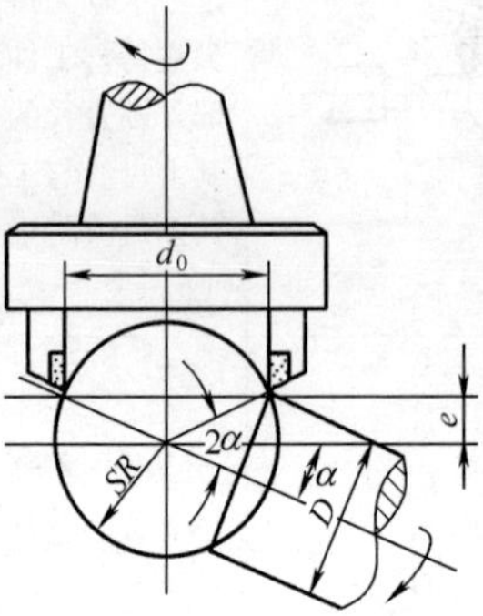	铣削一端带圆柱柄的球面时，工件可装夹在分度头的三爪自定心卡盘上，工件装夹找正后，应将分度头主轴倾斜一个角度 α，其值按下列公式计算 $$\sin 2\alpha = \frac{D}{2SR}$$ 或 $\quad \alpha = \frac{1}{2}\arcsin\left(\frac{D}{2SR}\right)$ 式中 SR——球面半径，mm $\quad\quad D$——柄部直径，mm 铣刀的直径尺寸按下式计算 $$d_0 = 2SR\cos\alpha$$ 式中 SR——球面半径，mm $\quad\quad \alpha$——分度头主轴的倾斜角度 计算好后按图中所示调整
对中心的方法	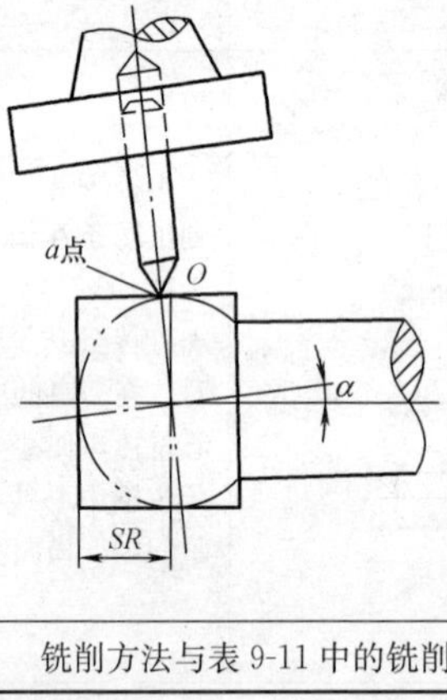	以球面半径 SR 为距离，在球面毛坯四周划线相交于一点 O，将 O 点转 $90°$，与主轴相对，用中心量棒的尖端对准 O 点，然后将纵向工作台移动一个距离 Oa，使棒尖对准 a 点，即球面圆心与铣刀圆心同心。Oa 的距离用下式计算 $$Oa = \tan\alpha SR$$ 式中 SR——球面半径，mm $\quad\quad \alpha$——分度头主轴的倾斜角度
铣削方法	铣削方法与表 9-11 中的铣削方法相同	

1）用目测法，根据已加工表面切削纹路来判断球面表面的质量，如果切削纹路是交叉的，即表示球面形状是正确的。

2）用内孔直径等于 $0.75SD$ 的套筒，将套筒套在球的表面，观察套筒孔与球面之间缝隙的大小，可以方便地测出球面的精度见图 9-13(a)。

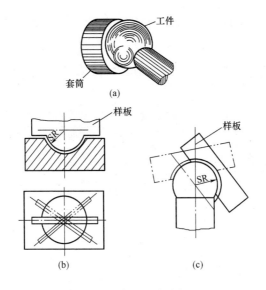

(a)

(b)　　　　　　　　　(c)

图 9-13　球面的检验方法

(a) 用套筒测量外圆表面；(b)、(c) 用样板测量外圆表面

3）用样板检验球面［见图 9-13（b）、（c）］。检验时，应使样板曲线所在平面通过球面中心，并垂直于球心，以减少检验误差。

（4）铣削外球面的加工实例见表 9-13。

表 9-13　　　　　　　　铣削外球面的实例

工 件 图 样	加 工 步 骤
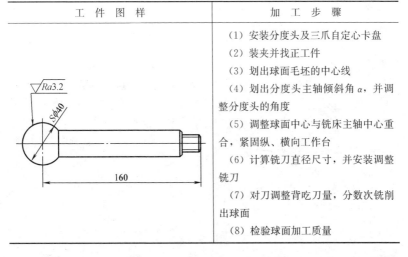	（1）安装分度头及三爪自定心卡盘 （2）装夹并找正工件 （3）划出球面毛坯的中心线 （4）划出分度头主轴倾斜角 α，并调整分度头的角度 （5）调整球面中心与铣床主轴中心重合，紧固纵、横向工作台 （6）计算铣刀直径尺寸，并安装调整铣刀 （7）对刀调整背吃刀量，分数次铣削出球面 （8）检验球面加工质量

（5）容易出现的质量问题和原因分析。球面加工容易出现的质量问题和原因分析见表 9-14。

表 9-14　　　球面加工容易出现的质量问题和原因分析

质量问题	原因分析
球面不圆，形状成橄榄形	铣刀轴线与工件球面球心不同心
球面半径不符合要求	铣刀刀尖回转半径不正确，因此要精确计算和调整铣刀的直径
球面表面粗糙度不符合要求	铣刀几何角度刃磨不正确，铣刀磨损，背吃刀量过大，进给量不均匀，分度头主轴松动等

2. 铣削内球面

内球面可用立铣刀或镗刀加工。立铣刀适用于铣削半径较小的内球面，而镗刀能加工半径较大的球面，加工方法见表 9-15。

表 9-15　　　　　　　　铣 削 内 球 面

铣削方法	结 构 图	操 作 说 明
用立铣刀加工	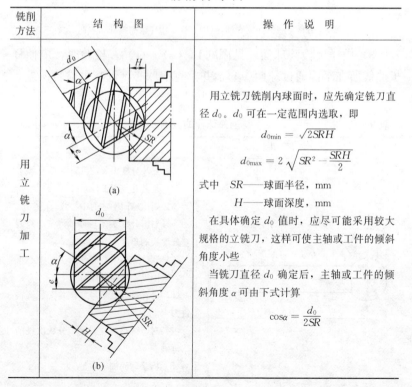	用立铣刀铣削内球面时，应先确定铣刀直径 d_0。d_0 可在一定范围内选取，即 $$d_{0min} = \sqrt{2SRH}$$ $$d_{0max} = 2\sqrt{SR^2 - \frac{SRH}{2}}$$ 式中　SR——球面半径，mm　　　　H——球面深度，mm 在具体确定 d_0 值时，应尽可能采用较大规格的立铣刀，这样可使主轴或工件的倾斜角度小些 当铣刀直径 d_0 确定后，主轴或工件的倾斜角度 α 可由下式计算 $$\cos\alpha = \frac{d_0}{2SR}$$

铣削方法	结 构 图	操 作 说 明
用镗刀加工	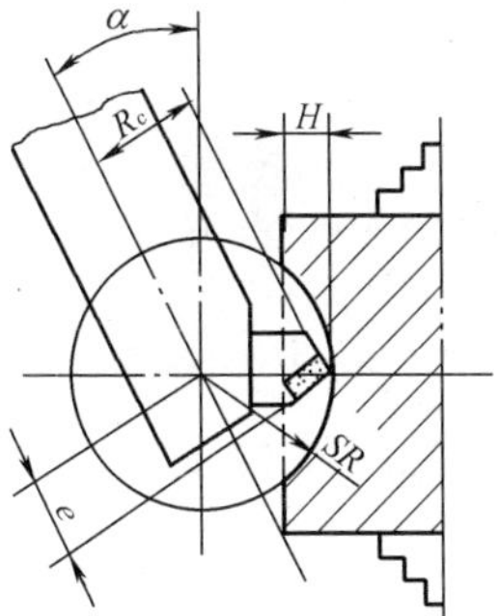 (a) 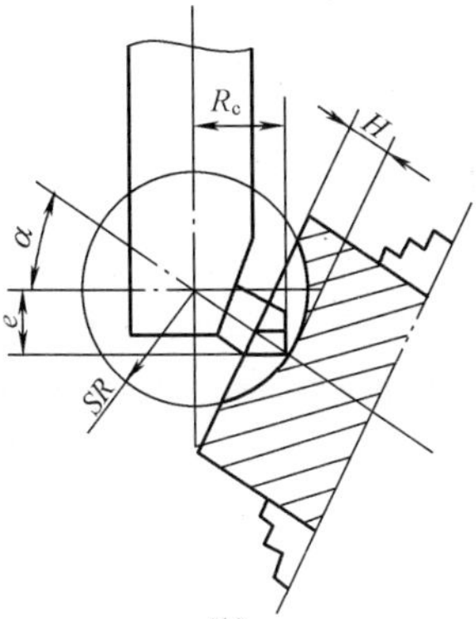 (b)	用镗刀加工内球面时，应先确定倾斜角 α。在具体确定时，必须保证能将所需的球面加工出来，因而当球面半径 SR 和深度 H 均不太大时，其最小值可取 $0°$，最大值可按下式计算 $$\sin\alpha_{max}=\sqrt{1-\dfrac{H}{2SR}}$$ 确定倾斜角 α 值时应尽可能取小值，但要注意镗杆与工件不能相碰。α 值确定之后，可按下式计算镗刀刀尖的半径 R_c $$R_c = SR\cos\alpha$$

第十章

典型工件的铣削工艺分析

第一节　铣削工艺规程的制订

一、工艺规程的基本概念

机械加工工艺规程是规定产品或零部件制造工艺过程和操作方法等的工艺文件。它由一系列工序组成，毛坯依次通过各工序而变成零件。每个工件的加工工序又可细分为装夹和工步等。

1. 工序

工序是指一个（或一组）工人，在一个工作地对同一个或同时对几个工件的连续完成的那一部分工艺过程。工序是机械加工工艺过程的基本组成单元。一个工件的铣削加工部分，可以由一道工序完成，也可以由几道工序来完成。例如，加工图 10-1 所示的样板，铣削时的工艺过程可分为以下三种。

若为单个样板工件，装夹后先铣削外形，换装夹再铣削圆弧槽，直到将工件的全部表面铣削完为止，然后再加工另一个工件。这样，这个样板的全部加工就在一个工序中完成了。

若为一小批样板工件，应先铣削好各个工件的外形，再铣削各个工件的圆弧槽。这时，对其中任何一个工件来说，加工外形和加工圆弧槽是不连续的，即加工外形是第一个工序，加工圆弧槽是第二个工序，因此是两个工序。

若此批样板数量很多，加工时可先用两把三面刃铣刀，在卧式铣床上铣削各个工件的外形直线部分，然后再在立式铣床上利用回转工作台铣削各件的外形圆弧部分，最后铣削各件的圆弧槽。这种加工方法显然是用三个工序来完成的，三个工序的加工情况如

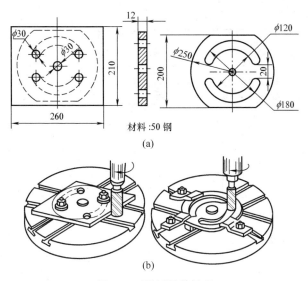

材料:50 钢

(a)

(b)

图 10-1　样板及其铣削

（a）样板；（b）铣削样板

图 10-2 所示。

2. 装夹

工件经一次装夹后所完成的那一部分工序，称为装夹。

在一道工序中，可包括一次或数次装夹。如上述样板的第一种加工方法，在一道工序中要经过两次装夹，而后两种加工方法，则在一道工序中都只有一次装夹。

工件在加工时，增加装夹次数，往往会降低加工的位置精度，同时增加装卸时间，所以对相对位置精度要求高的工件，在精加工时以采用一次装夹为好。

3. 工位

为了完成一定的工序部分，在一次装夹后，工件与夹具或设备的可动部分一起相对刀具或设备的固定部分所占据的每一个位置，叫做工位。例如，在分度头上铣削多面体，每铣削一面，分度头将工件转过一位置，这样就由上一工位变成了下一工位，所以，铣削六面体时就有 6 个工位。又如，铣削样板的两条圆弧槽，有两个工位。

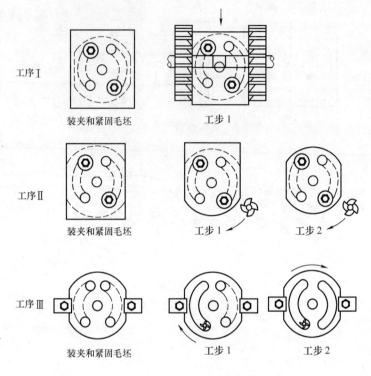

图 10-2　用三道工序铣削样板

4. 工步

在加工表面和加工工具不变的情况下，所连续完成的那一部分工序，叫做工步。在一道工序中，可包括一个或数个工步，所以工步是工序的一部分。例如，上述样板的第一种加工方法中，在第一次装夹中有 4 个工步；在第二次装夹中有两个工步。

在工艺过程卡片中，对工步和工位一般不作严格区别，即往往把工位作为工步，如在第二次装夹中，铣削完第一条圆弧槽后，把工件转过一个位置，再铣削第二条圆弧槽，此时工件的加工表面改变了，因此也可以说是两个工步。又如在分度头上铣削六面体时，往往称有 6 个工步。

5. 进给

在一个工步中，如果加工余量很大，不能一次切除，则可分成几次切削，每切削一次称为一次进给。

二、铣削工艺过程的安排

在安排某一工件的加工工艺过程时，应按下列几个原则进行。

1. 划分加工阶段

对于加工质量要求高的工件，其加工过程一般应划分为三个阶段，即粗加工阶段、半精加工阶段及精加工阶段。划分加工阶段，则能合理地使用设备。例如，用功率大、精度低的铣床作粗加工，用精度高的铣床作精加工，而高精度的量具只能在精加工和光整加工时才可使用等。但不是所有工件都需要划分三个阶段，例如重大的工件和精度要求不高的工件，往往把粗、精加工安排在一起进行。

（1）粗加工阶段。粗加工的主要任务有两个方面：一方面是以最快的速度切除大部分的加工余量，减小工件的内应力，为精加工阶段做好准备；另一方面是可及时发现毛坯的缺陷，如锻件的裂纹和铸铁件的夹砂、缩孔等。

（2）半精加工阶段。半精加工一般安排在粗加工和热处理之间，或安排在热处理与精加工之间。对于毛坯余量较大的工件，在精加工之前也可安排半精加工，以确保工件的加工质量。

（3）精加工阶段。精加工后的工件基本上已达到图样上规定的尺寸。若工件某些表面的精度要求很高，则还需要精细的光整加工，此时在精加工时还应留一些余量。

2. 加工顺序的安排

（1）应先加工作为精基准的表面，以利于后道工序的正确定位。

（2）对精度要求高的表面作粗加工和半精加工，以便在精加工时有合理的加工余量及减小内应力。

（3）对工件上刚性低、强度差的表面，以及对装夹有影响的表面，应后加工，其目的是在加工其他表面时能保证有较好的刚性。例如，为了增加加工时的刚性而设的工艺性筋，以及装夹用的搭子，应在后面切除。又如斜面等也应放在后面加工，以免影响工件的顺利装夹。

3. 工序的集中和分散

工序的集中和分散，是拟定工艺路线的两种不同的原则。

（1）工序集中法的特点。工序集中法是在加工工件的每道工序中，尽可能地多加工几个表面。工序集中到最少时，是一个工件的全部加工在一道工序内完成。工序集中法有以下特点。

1）有利于采用高生产率的专用设备和工艺装备，以提高劳动生产率。

2）减少了工序项目，缩短了工艺路线，从而简化了生产计划工作和生产组织工作。

3）减少了设备数量，相应地减少了生产场地和搬运时间。

4）减少了工件的装夹次数，在一次装夹中加工较多的表面，容易保证这些表面的相对位置精度。

（2）工序分散法的特点。工序分散法是使每个工序的工作量尽量地减少，甚至每道工序只加工某一个表面。工序分散法有以下特点。

1）一般都利用普通机床和通用的工艺装备。

2）生产工人掌握容易，产品变换也容易。

3）流水线式生产方式就是采用工序分散法。

工序集中法和工序分散法各有其优缺点，在一个工艺过程中，可能某几个工序用高生产率机床集中加工，某几个工步则分散成几个工序用流水线式生产方法进行加工。

4. 加工余量

确定合理的加工余量，对保证加工质量、提高生产率、节约材料和降低零件成本有着极其重要的意义。

加工余量可分为加工总余量和工序余量两种。

（1）加工总余量及其公差。毛坯尺寸与零件图设计尺寸之差，称为加工总余量，又称毛坯余量。加工总余量是工序余量的总和。

毛坯余量的公差称毛坯公差，它是用双向公差表示的。毛坯余量越少，则毛坯公差越小，毛坯制造的要求越高。但毛坯余量和公差过大，会使机械加工过程复杂化，及毛坯材料的消耗增加。另外，由于工件加工的第一道工序是利用粗基准面定位的，毛坯公差过大时，往往只能采用低生产率（如按划线找正）的定位和装夹方法，因此在大批量生产和采用专用夹具装夹时，必须设法减少毛坯余量和公差，以提高生产率、减少材料消耗和降低成本。

（2）工序余量及其公差。工件在机械加工时，相邻两工序的工序尺寸之差，称为工序余量。工序余量 a 不应小于上道工序留下的表面粗糙度 H_a 与表面缺陷和变形层深度 T_a（见图 10-3）之和。另外还要考虑零件弯曲和轴线偏移等形位误差引起的偏差。

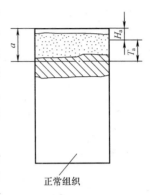

正常组织

图 10-3 工序余量示意图

工序余量公差又称为工序尺寸的公差，一般是单向地注向金属层内部，即按"向体"原则标注。故对于被包容面（如轴），工序尺寸就是最大尺寸，而对包容面（如孔），则是最小尺寸。

平面和沟槽的工序余量及其公差见表 10-1。

表 10-1　　　　　　铣削平面和沟槽时的工序余量　　　　　　（mm）

加工性质	加工面的长度	加工面的宽度					
		≤100		>100～300		>300～100	
		余量	偏差(一)	余量	偏差(一)	余量	偏差(一)
粗加工后精铣	≤300	1.0	0.3	1.5	0.5	2	0.7
	>300～1000	1.5	0.5	2	0.7	2.5	1.0
	>1000～2000	2	0.7	2.5	1.2	3	12
精铣后磨削（工件在装夹时未经找正）	≤300	0.3	0.1	0.4	0.12	—	
	>300～1000	0.4	0.12	0.5	0.15	0.6	0.15
	>1000～2000	0.5	0.15	0.6	0.15	0.7	0.15
精铣后磨削（工件装夹在夹具内或用百分表找正）	≤300	0.2	0.1	0.25	0.12	—	
	>300～1000	0.25	0.12	0.3	0.15	0.4	0.15
	>1000～2000	0.3	0.15	0.4	0.15	0.4	0.15

加工性质	沟槽长度	沟槽宽度（宽度余量）					
		>3～10		>10～50		>50～120	
		余量	偏差(一)	余量	偏差(一)	余量	偏差(一)
粗铣后精铣	<80	2	0.7	3	1.2	4	1.5
精铣后磨削	<80	0.7	0.12	1	0.17	1	0.2

加工余量可分为单边余量和对称余量两种。在加工旋转表面（如外圆，内圆等）时，其加工余量以对称余量计算；依次加工各个平面时，其加工余量以单边余量计算；同时加工一组对称表面时，其加工余量有时也以对称余量计算。

在工厂中，加工余量一般是根据查表法（可参考有关手册）结合经验确定的。

第二节 定位基准的选择

一、基准的分类

所谓基准，就是用来确定生产对象上几何要素间的几何关系所依据的那些点、线、面，它是计算和测量某些点、线、面位置尺寸的起点。

基准分为设计基准和工艺基准两大类。

1. 设计基准

设计图样上所采用的基准，称为设计基准，设计基准一般是零件图样上标注尺寸的起点或对称点，如齿轮的轴线或孔中心线等。矩形零件和箱体零件则以底面为设计基准。

2. 工艺基准

在工艺过程中所采用的基准，称为工艺基准。工艺基准包括：工序基准、定位基准、测量基准、装配基准和辅助基准。

（1）工序基准：在工序图上用来确定本工序所加工表面加工后的尺寸、形状、位置的基准。

（2）定位基准：在加工中用作定位的基准，用以确定加工表面与刀具切削位置之间的相互关系，如圆柱齿轮的内孔等。由于在加工时，要求工件能稳定和承受较大的力，所以大都以面作为定位基准面，平时把定位基准称为基准面就是这个原因。

（3）测量基准：测量时所采用的基准，用以测量工件各表面的相互位置、形状和尺寸。测量基准往往就是设计基准。

（4）装配基准：装配时用来确定零件或部件在产品中的相对位置所采用的基准。如圆柱齿轮的内孔就是装配基准。

（5）辅助基准：为满足工艺需要，在工件上专门设计的定位面。

二、定位基准的选择原则

选择定位基准是加工前的一个重要问题，定位基准选择得正确与否，对加工质量和加工时的难易程度有很大的影响，这也必然会影响到产品的加工成本。所以，选择定位基准时，主要应掌握保证加工精度和使装夹方便两个原则。

1. 粗基准的选择

以毛坯上未经加工过的表面作基准，称为粗基准。粗基准的选择原则如下。

（1）当工件上所有表面都需要加工时，应选择余量最小的表面作为粗基准。例如加工如图 10-4 所示的六角四方台阶工件，从图中知道，四方对边的尺寸为 $22_{-0.10}^{\ 0}$ mm，加工余量比较小。而毛坯在锻打时，$\phi 32$mm 与 $\phi 46$mm 两圆柱的同轴度偏差可能较大，此时若以直径为 $\phi 46$mm 的圆柱表面作基准先铣削四方，由于四方对角线的余量只有 1mm，当毛坯的同轴偏差大于 0.5mm 时，就铣削不出四面宽度都是 $22_{-0.10}^{\ 0}$mm 的四方来。若以直径为 $\phi 32$mm 的圆柱面作粗基准先铣削六角，则六角对角线的余量有 4.5mm，只要同轴度偏差在 2.25mm 以内，就能加工出来。在以 $\phi 32$mm 圆柱面作基准时，铣出的六角必定与 $\phi 32$mm 的圆柱同轴，再以铣削好的六角作基准，铣削四方时就不会因毛坯的位置不准而铣削不出合乎尺寸要求的四方了。

（2）若工件必须首先保证某重要表面的加工余量均匀，则应选

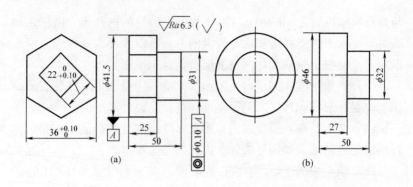

图 10-4　六角四方台阶

(a) 工件图样；(b) 工件毛坯图样

择该表面作为粗基准。如车床床身的导轨面等，在以导轨面作粗基准时，会使导轨的加工余量均匀而较小，使其表面的金相组织基本一致。

（3）工件上各个表面不需要全部加工时，应以不加工的面作粗基准。以图 10-5（a）所示的情况为例：若以面 1 作为粗基准，铣削面 2，铣削出的面 2 必定与面 1 有良好的位置关系（采用机床用平口虎钳加工，保证面 2 与面 1 垂直）。再以面 2 作基准加工出的其他各面也必然间接地与面 1 有良好的位置关系，因此能加工出如图中所示的矩形。反之，若不以面 1 作粗基准，而以面 2 作基准铣

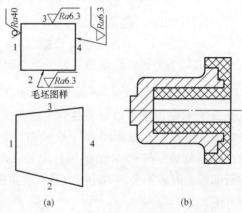

图 10-5　以不加工的表面作为粗基准

削面 3，当面 3 铣削好后，面 3 是最光洁平整的平面，因此在加工面 2 和面 4 时必定以面 3 作基准。在这种情况下，面 1 与面 2 位置不准的现象一直保持到加工结束而没有改善的机会。又如加工图 10-5（b）所示的工件，若以不加工的外圆柱面为基准，则加工出的各表面与圆柱面有较好的同轴度，因此壁厚等也较均匀。

（4）尽量选择光洁、平整和幅度大的表面作粗基准，以便定位准确、夹紧可靠。

（5）粗基准一般只能使用一次，尽量避免重复使用。因粗基准的表面粗糙度和精度都很差，在第二次装夹时，即使装夹的条件相同，也不易使工件精确地处在原来的位置，因此必然会产生定位误差。

2. 精基准的选择

以已加工过的表面作为定位基准，称为精基准。精基准的选择原则如下。

（1）采用基准重合的原则。此原则就是尽量采用设计基准、装配基准和测量基准作为定位基准。如齿轮的孔及其中心线是设计基准，在加工时采用孔来定位，它又是定位基准，即设计基准与定位基准重合，同时也是装配基准。这是因为这些基准有一个共同的作用，就是满足零件的用途要求。当然，若设计基准是一个点或一条线时，就不宜作定位基准和装配基准了。又如当设计基准的位置不宜和不能作定位基准时，它们也只好不相重合，但要对实际加工时的尺寸进行换算，而且加工时的尺寸公差也必然会减小。

（2）采用基准统一的原则。当零件上有几个相互位置精度要求高、关系比较复杂的表面，而且这些表面又不能在一次装夹中加工出来时，那么在加工过程的各次装夹中应该采用同一个定位基准。另外，在加工过程中，采用同一个定位基准，可使各道工序的夹具结构基本相同，甚至就是采用同一夹具，以减少制造夹具的费用。

（3）定位基准应能保证工件在定位时具有良好的稳定性，并尽量使夹具的结构简单。

（4）定位基准应保证工件在受到夹紧力和铣削力等外力作用时，引起的变形量最小。

在实际工作中，选择定位基准时，运用上面的几项原则有时会产生矛盾。如选择精基准的第一条中，有时为了使夹具结构简单而放弃基准重合的原则。因此，选择定位基准必须根据具体情况，仔细地分析和比较，以选择出最合理的定位基准。

🛠 第三节　铣削加工的质量分析

一、铣削的加工精度

加工精度包括工件的尺寸精度、表面几何形状精度和相互位置精度三个方面。影响加工精度的因素有下列几个方面。

1. 机床误差

由于机床几何精度有误差而影响工件的加工精度。如主轴轴承的径向和轴向间隙太大，使主轴产生径向偏让、摆动和轴向窜动；工作台导轨的平直度不好以及间隙太大，使工作台运动的几何精度有误差及产生晃动，以及工作台台面的平面度误差等，对工件的加工精度都有很大的影响。

2. 工艺系统弹性变形引起的误差

工艺系统中的机床、夹具、刀具和工件等，在受到铣削力和夹紧力时，都要产生弹性变形。在加工过程中，工艺系统弹性变形所引起的加工误差，对加工精度有着重大的、有时甚至是决定性的影响。

在精加工之前，若留有较大的形状和位置误差，如表面有较明显的"深啃"现象等，在精加工的过程中，当铣刀切到"深啃"处时，由于切削量减小，而刀轴等处的弹性变形也减小，此时会在"深啃"处再留下一个比原来较小的凹坑，这种现象称为"误差的复映"，如图10-6所示。在加工过程中，复映后产生的误差小于原来的误差。所以，把精度要求高的部分分成粗加工、半精加工和精加等多道工序，就是这个缘故。经过多次铣削，可使"误差的复映"逐次减小，以至消失。

3. 夹具、刀具及量具的误差

由于夹具、刀具在制造时本身已存在误差，以及在使用过程

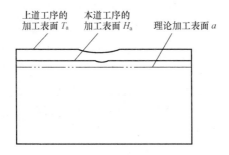

图 10-6　形状误差的复映

中，由于磨损而使精度降低，在这种条件下，有时也会影响加工精度。如立铣刀的圆柱度误差较大，则会影响矩形槽的形状精度和尺寸精度。

4. 理论误差

用近似的加工方法和形状近似的刀具加工而产生的误差，称为理论误差。如利用滚齿刀滚齿时，由于刀齿间断地切削齿面，所切出的齿形，实质上是由许多短线段所组成的近似渐开线的折线，而不是一条光滑的渐开线。滚刀的齿数越少，组成折线的线段越长，精度就越差。因此，采用大直径密齿的滚齿刀加工能提高加工精度。

在铣床上采用仿形法铣削齿时，由于铣刀规格受到限制，所以在理论上也会产生误差。

5. 装夹误差

工件在夹具中装夹时，会产生定位误差和夹紧误差，其中包括基准不重合、工件的定位基准精度不够，以及工件与夹具的基准不贴合等。

6. 温度引起的误差

在铣削过程中，由于切削热等因素，使工艺系统温度升高而产生膨胀，在加工以后，工艺系统因温度降低而产生收缩，这样也会影响工件的加工精度。因此，在精加工时，一方面要充分使用切削液；另一方面一定要等工件冷到接近室温时再测量；以及采用恒温装置等，否则不可能获得准确的尺寸和形状。

7. 内应力引起的误差

工件在毛坯制造和热处理过程中，由于冷却收缩不均匀，塑性变形不均匀或金属组织变化不均匀等原因，工件内部往往存在内应力，其表面层金属切去后，会产生变形。另外，在铣削过程中，由于铣削的表面和不铣削的表面温度不同等原因，也会产生内应力；工件从夹具上取下时，也会产生变形。这种现象，在加工铝、铜等有色金属时更为显著。

8. 其他误差

在操作过程中，因调整不当，或用力不当和视差等，也会产生误差，从而影响工件的加工精度。

二、铣削的表面质量

表面质量包括表面粗糙度和表面层的物理、力学性能两个方面。

1. 影响表面粗糙度的因素

影响表面粗糙度的因素很多，如铣削用量、工件材料、刀具的几何角度、切削液和工艺系统的振动等。

2. 影响表面物理、力学性能的因素

影响表面物理、力学性能的主要因素有表面粗糙度和加工表面的冷硬层，这两种因素对零件的使用主要有如下影响。

（1）对零件耐磨性能的影响。机械零件的耐磨性能是与加工表面的粗糙度有直接关系的。这是由于加工表面的微观形状是有峰有谷的粗糙表面，因而当摩擦副的两个滑动表面配合在一起时，它们之间的接触仅仅是峰与峰之间的接触，由于实际接触面积与理想接触面积相差很大，因此零件所承受的载荷只有很小的实接触面积来承担，使单位面积上的载荷增大，这就加快了接触表面的磨损。表面的冷硬层能提高零件的耐磨性能。

（2）对耐腐蚀性的影响。表面粗糙度对加工表面的耐腐蚀性能也有影响。这是由于腐蚀性物质附着于粗糙面的谷部，会起到腐蚀作用。另外，这些物质与水形成电解物，会形成电解腐蚀，所以粗糙度值小的零件的耐腐蚀性能较好。

（3）对耐疲劳性的影响。表面粗糙度在一定程度上影响零件的疲劳强度。这是由于表面粗糙，在其谷部形成应力集中，在交变载荷的作用下，谷部因应力集中而首先产生疲劳裂纹，最后发展到导致整个零件的破坏。此外，表面若存在残留拉应力，也易产生裂纹，从而降低零件的疲劳强度。但当表面层存在残留压应力时，又可提高零件的疲劳强度。

（4）对配合性能的影响。表面粗糙度值大的配合，实际接触面积比较少，故两配合零件之间的接触刚性就差。若两表面之间要求贴合好、刚性好，则应减小表面粗糙度值。另外，若两配合面的表面粗糙度值大，在开始配合时，间隙大小在要求范围内。在使用较短的一段时期后，表面的"峰"将很快磨去，此时的间隙将增大到超出允许范围，从而影响配合精度。其他情况如零件由于内应力产生变形时，则也会影响配合精度。

第四节　典型零件的铣削工艺

一、方刀架的加工工艺

方刀架如图 10-7 所示，在每台车床上只有一件，数量不会很多，属于小批量生产，加工工艺如下。

（1）毛坯材料及其制造。中小型车床的方刀架一般是采用 45 钢制造的。大型车床的方刀架多采用 60 钢制造。

由于是小批量生产，故可采用自由锻造来制造毛坯，材料经过锻打后组织紧密，能提高刚性。

（2）热处理。小型方刀架的毛坯大多采用正火处理；中、大型的方刀架则多采用调质处理。

（3）车床加工。

1）利用四爪单动卡盘装夹，车削顶面（车光为止）。

2）利用四爪单动卡盘装夹，钻 $\phi25H7$mm 孔至 $\phi23$mm。

3）利用四爪单动卡盘装夹，粗、精镗 $\phi36$mm 孔（工艺要求提高精度至 $\phi36H9$mm），内孔倒角。切孔内槽 $\phi37$mm×3mm ［孔深由 $39_{-0.3}^{\ 0}$mm 车至 (39 ± 0.1)mm］。

4）利用四爪单动卡盘装夹，调头车削底面（高度留余量为

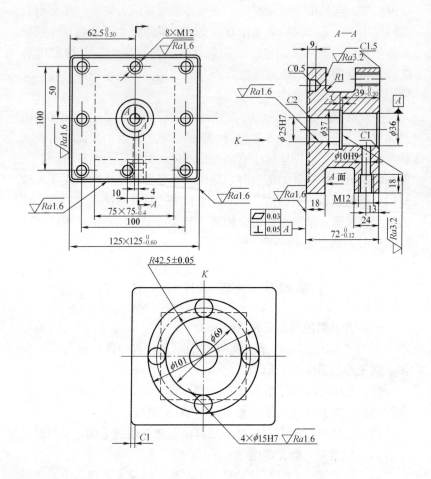

图 10-7　方刀架

1~1.5mm）。

（4）铣床加工。

1）以孔 $\phi36$mm 的一平面定位，用专用夹具装夹，以 $\phi36$H9mm 和顶面定位，铣削 4 个侧面 125mm×125mm，铣至（125±0.10）mm，去毛刺。

2）以 $\phi36$H9 孔和顶面定位，铣削四侧的压刀槽（本工序应首先保证尺寸 24mm），A 面留 0.2~0.3mm 的余量。

3）精铣 A 面，去毛刺。

4）用专用夹具装夹，用角度铣刀铣削，倒 4 边角 C1 为 C1.3，倒上端角 C1.5 为 C1.8。

（5）热处理。A 面经高频淬火（硬化层深不大于 3mm）。

（6）车床加工。

1）以 $\phi36$mm 孔和一平面定位，用四爪单动卡盘找正 $\phi36$mm 孔，车削顶面（在高度上留余量 0.3～0.4mm），并切环形槽（深为 1.25～1.35mm）。

2）粗、精镗 $\phi25$H7mm 孔，倒角 C2。

（7）钻孔和攻螺纹。

1）以 $\phi25$H7mm 孔及底面定位，利用钻模钻 $\phi15$H7mm 至 $\phi14.8$mm（共 4 个）。

2）粗、精铰 $\phi15$H7mm 孔（共 4 个）。

3）利用钻模钻 M12 螺纹孔至 $\phi10.1$mm（共 8 个）。

4）利用钻模钻侧面 M12 底孔和 $\phi10$H9mm 孔至 $\phi9.8$mm。

5）铰 $\phi10$H9mm 孔（1 个）。

6）利用钻模钻侧面 M12 螺孔至 $\phi10.1$mm（1 个）。

7）倒孔端角 C1。

8）攻所有的螺孔。

（8）磨床加工。

1）磨削 4 个侧面 125mm×125mm。

2）磨削顶平面，保证孔深 $39_{-0.3}^{0}$mm。

3）磨削底平面，保证高度 $72_{-0.12}^{0}$mm。

（9）最后检验入库。

二、精密台阶、沟槽工件的加工工艺

具有较高精度的台阶、沟槽类工件，如图 10-8 所示。当这类工件数量很少，以单件生产的方式加工时，一般是用通用铣刀和通用夹具进行加工。台阶尺寸也可在平面磨床上加工。若工件数量很多，以大量生产的方式进行加工时，则以铣削加工的生产率较高，其加工工艺如下。

（1）毛坯。由于是大量生产，因此对毛坯的要求比较高。根据

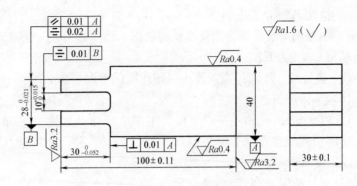

图 10-8　精密台阶、沟槽类工件（定位片）

图样尺寸，采用 44mm×34mm 的条形方钢，在锯床上锯成 104mm 长。对性能要求高时，需进行调质处理。

（2）选择基准面。根据图示尺寸的标注情况可知，A 是设计基准和测量基准，因此，选择 A 面为加工时的定位基准。

（3）精铣基准面。以尺寸 34mm 的平面为粗基准，在双轴铣床上用多位夹具精铣两平面（见图 10-9），留 0.2mm 的磨削余量。

由于毛坯是精轧的方钢，故可直接进行精铣。对于精度较高的轧制方钢，甚至可不经精铣而直接进行磨削。

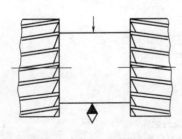

图 10-9　精铣基准面

（4）精铣两侧面。以 A 为基准，利用多位夹具，精铣两侧面，将尺寸铣准，加工情况与图 10-9 完全相同。

（5）磨削基准面。在平面磨床上磨基准面及其对面，将尺寸磨准。

（6）铣准两端面。以 A 面为基准，利用多位夹具，在双轴铣床上铣准长度（见图 10-10）。铣出的端面，要求与基准面和另外两侧面垂直。加工好的工件应分批分开安放好。

（7）粗铣阶台和沟槽。以 A 面为基准，利用多位夹具，在卧式铣床上用组合铣刀粗铣，尺寸每面留 0.5mm 的余量，加工情况如图 10-11 所示。

（8）精铣台阶和沟槽。以 A 面为基准，利用多位夹具，在精加工卧式铣床上用组合铣刀精铣，加工方法与图 10-11 所示的情况完全相同。但由于尺寸精度和位置精度要求很高，故在铣削时应注意下列几个问题。

1）一定要根据铣准长度时的一批一批的工件加工，否则不能保证台阶和沟槽深度 $30_{-0.052}^{0}$ mm 的尺寸公差。

2）组合铣刀的调整是一项非常精细的工作，槽宽 $10_{0}^{+0.015}$ mm 的精度由铲齿槽铣刀加工获得。

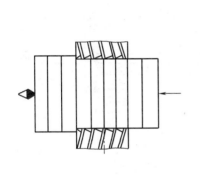

图 10-10　铣准两端面　　　　图 10-11　粗铣台阶和沟槽

3）在加工如此精密的工件时，对夹具的刚性和夹紧力的大小都有严格要求。当夹具的刚性不够或夹紧力的大小不合理时，则会产生如图 10-12 所示的情况。当夹紧力以箭头方向夹紧工件时，夹具的定位面像双点划线所表示的那样，向外弯曲变形，造成其中几个工件报废。

4）调整组合铣刀之间的尺寸（$28_{-0.021}^{0}$）及槽铣刀和组合铣刀的位置时，都应用试件进行试铣，一般要经多次调整和试铣，才能达到

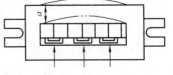

图 10-12　夹具定位面的变形

要求。

三、外花键的加工工艺

中小型的外花键一般都采用外径定心。按外径定心的外花键，由于花键孔是用拉刀拉削加工的，拉削时孔的硬度要求较低（一般要求小于 23HRC），而拉好后的孔不能再进行淬火，所以花键孔的硬度一般都比较低。因此外花键的硬度也不需要很高，目前普遍采用调质处理，将硬度控制在 280～320HBS 之间。

图 10-13 所示为按外径定心的外花键零件图，其加工工艺，按工件数量的不同而有以下几种加工方案。

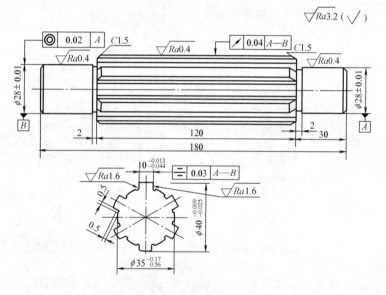

图 10-13　以外径定心的外花键

1. 单件生产的步骤

在无花键磨床等设备的条件下，单件生产的加工工艺如下。

（1）将直径为 45mm 的圆钢锯成长 185mm，并作调质处理。

（2）车准长度并钻中心孔，再粗车外圆至直径为 42mm。

（3）精车工件的各表面，以两顶尖孔为定位基准。若车床的三爪自定心卡盘精度较高，则在精车时允许一端用三爪自定心卡盘装夹，另一端用后顶尖顶牢进行加工。在注有 $Ra0.4\mu m$ 的表面上留

0.3～0.5mm（直径）的磨削余量，其他尺寸均车准。

（4）磨准外圆，以两顶尖孔为基准，磨准（$\phi28\pm0.01$）mm和 $\phi40^{-0.009}_{-0.025}$ mm 的三处尺寸。若无磨床，也可在高精度的车床上加工。

（5）铣准键的宽度，以两顶尖孔为基准，在铣床上利用分度头装夹，用一把三面刃铣刀或两把三面刃铣刀组合，铣准键的宽度和深度。

（6）铣削花键齿槽底径，以两顶尖孔为基准，在铣床上利用分度头装夹，用一把锯片铣刀，利用分度头的微量转动，把根部修圆。对少量的修配工件，也允许用一把宽度小于 8mm 大于 6mm的盘铣刀，把工件的槽底铣平。

2. 成批生产时的加工步骤

当工件为成批生产时，其加工工艺如下。

（1）用直径为 42mm 的精制棒料做毛坯，锯成长 183mm 并作调质处理。

（2）车准长度，并打两顶尖孔。

（3）精车各尺寸。以两顶尖孔为基准，车准各尺寸，在$R_a0.4\mu m$ 处留 0.3～0.5mm 的磨削余量。

（4）以两顶尖孔为基准，磨准三处外圆尺寸。

（5）滚花键，以两顶尖孔为基准，用花键滚刀滚切花键。

✂ 第五节　提高铣削效率的途径

铣削效率是指单位时间内，在铣床上生产的合格产品的数量，或是指用于生产单件产品所消耗的加工时间。提高铣削效率，就必须采用高效率的先进铣刀、夹具和工艺方案，以及合理的工艺参数和高生产率的先进机床和工艺装备。

提高铣削效率应以保证产品质量为前提，同时应考虑降低成本，以及减轻工人的劳动强度。

一、改进铣刀的基本途径

为保证产品的加工质量，提高生产率和降低生产成本，常用的改进铣刀的方法除了采用高性能的刀具材料外，还可改善其几何参数和改进刀具的结构。

1. 改善铣刀的几何参数

（1）减少铣刀的齿数，增大容屑空间。为提高铣削效率，可以加大每齿进给量 f_z，这就需要有较大的容屑空间，可采取适当减少齿数的办法增大容屑空间。将锯片铣刀的齿数由 50 齿减到 18 齿，改直线齿背为曲线齿背，采用 $R=5mm$ 的曲线前刀面，前角由 10°增大到 25°，即可达到增大容屑空间的目的，如图 10-14 所示。改进后与改进前相比，铣削铜和铝合金时，效率提高了 20 多倍，刀具的寿命也延长了 20 倍左右。

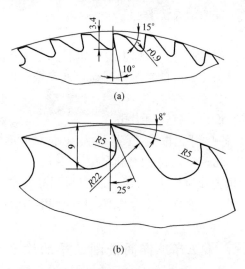

图 10-14 锯片铣刀的改进
(a) 改进前；(b) 改进后

（2）增大铣刀的螺旋角 β。增大铣刀的螺旋角 β，可增大实际前角，减少切削变形和能量消耗，提高铣削的平稳性，改善切削条件。标准圆柱铣刀和立铣刀已增大到 $\beta=30°\sim45°$，但某些标准铣刀的 β 角仍然较小。例如 $\phi75mm$ 的普通单角铣刀，其齿数 $z=22$，螺旋角 $\beta=0°$，这种铣刀齿密、槽浅、螺旋角小，提高铣削用量受到限制。经改进，如图 10-15 所示，$z=10$，$\beta=45°$，以切削 45 钢为例，切削轻快，工作平稳，铣刀磨损均匀。改进后与改进前相比，刀具的寿命延长了 2 倍以上。但螺旋角并非越大越好，研究表明：铣削加工钢件时 $\beta=60°$，铣削铸铁时 $\beta=45°$，此时刀具的综合效果最佳。

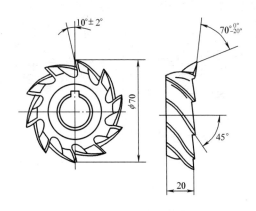

图 10-15　疏齿等螺旋角单角铣刀

（3）采取分屑措施。铣刀是属于半封闭和封闭（槽铣刀及锯片铣刀）切削方式的刀具，因此切屑卷曲和排出较困难。为了使切屑能顺利地形成、卷曲和排出，使切削轻快，提高生产率，常采取分屑措施，其方法有以下几种。

1）开分屑槽。主要用于圆柱形铣刀和立铣刀，在其齿背上开出相互错开的分屑槽，如图 10-16（a）、（b）所示，相邻刀齿的分屑槽轴向错开 P/z，P 为分屑槽的齿距，z 为铣刀的齿数。

玉米状齿硬质合金螺旋铣刀就是利用上述原理制成的一种先进的分屑铣刀。它的最大特点是硬质合金刀片沿螺旋槽错齿排列，形成自然的分屑槽［见图 10-16（c）］。

2）做成波形刃。波形刃铣刀是新型的分屑铣刀，如图 10-17所示，它分为前刀面波形和后刀面波形两种。

前刀面波形铣刀适用于尖齿铣刀，其特点是将前刀面做成波形面，即在螺旋槽表面加上一个正弦波。

后刀面波形铣刀适用于铲齿铣刀，其特点是将后刀面做成波形面，按螺旋铲齿法铲出后刀面。

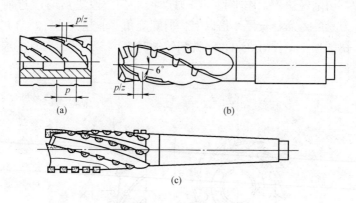

图 10-16　带分屑槽的铣刀

（a）分屑圆柱铣刀；（b）分屑立铣刀；（c）玉米铣刀

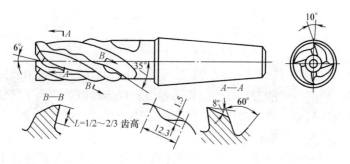

图 10-17　波形刃立铣刀

　　波形刃铣刀不仅起到了分屑的作用，与普通铣刀相比，由于切削刃比较长，平均负荷减少，有利于散热，刀具寿命长，在刀齿强度不减弱的情况下，增大了前角，切削轻快，可使切削用量提高4～5倍。

　　3）间隔去齿法。这种方法适用于三面刃铣刀和锯片铣刀等切槽铣刀，如图 10-18 所示，将相邻刀齿交错地磨去一部分切削刃，使每个刀齿的切削宽度减小一半，可显著地改善排屑条件，提高生产效率。

　　2. 改进刀具结构

　　（1）采用可转位铣刀。硬质合金铣刀采用可转位刀片，在立铣

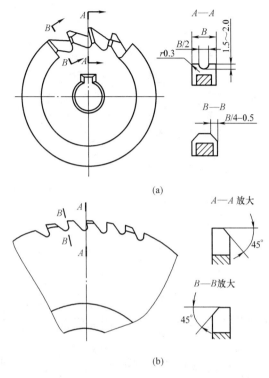

(a)

(b)

图 10-18　间隔去齿的铣刀

（a）三面刃铣刀；（b）锯片铣刀

刀和面铣刀上已得到了广泛应用，国内外一些厂家对三面刃铣刀（见图 10-19）和锯片铣刀等正在推广可转位结构。

（2）采用不等齿距铣刀。铣削是断续切削，用等齿距铣刀铣削时，铣削力有规律地脉动变化是铣削过程产生振动的主要原因之一，振动对刀具寿命、加工质量、生产率和机床的使用精度以及寿命都有不同程度的影响。针对这个问题，目前国内外已设计制造了不等齿距铣刀。面铣刀用得更多，它的刀齿沿圆周不等距分布，使各刀齿的切削厚度、切入切出时间都不相同。

通过切削试验和生产验证，不等距齿距面铣刀有以下几个特点。

1）有良好的减振性能（横向、纵向和垂向的振动最大能减小

693

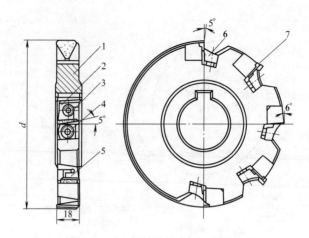

图 10-19 可转位的三面刃铣刀

1—刀体；2—右刀片座；3—内六角螺钉；4—双头螺钉；

5—左刀片座；6—压块；7—刀片

$35\%\sim52\%$）。

2）铣削力能降低 $10\%\sim35\%$，因而降低了机床的功率消耗，对节能有重大意义。

3）铣削工件时，表面粗糙度可大大改善，特别是当工艺系统刚度不足时，表现更为突出。

4）可采用较大的铣削用量，生产率能提高 20% 以上。发达国家的铣刀已广泛采用了不等齿距结构。

不等齿距面铣刀齿间角的最佳值可采用优化设计法确定，其方法如下：对于不等齿距面铣刀，其齿间角最大差值以不超过 $2G$ 为宜（$G=5°\sim10°$，齿数少时取大值，齿数多时取小值），则不等齿距面铣刀每一刀齿在圆周上的位置角 θ_i 应满足 $|\theta_i-\varphi_i|\leqslant G$。

（3）硬质合金刀片采用立装方式。硬质合金铣刀刀片采用平装方式（径向安装）较多，当刀片采用立装方式（切向安装）时，刀片带有圆锥沉孔，用内六角螺钉直接夹固在刀体上，如图 10-20 所示。立装的特点是：能承受较大的冲击负荷，特别适合强力粗铣条件；刀具的寿命可延长一倍以上，可以采用较大的铣削用量；刀具结构简单，使用方便，刀体制造工艺性好；刀片紧固简单，在刀体上可以布置更多的刀齿，可制成齿数很密的铣刀。

（4）立铣刀采用直柄结构。现代工业生产中，常常要求实现快速装夹、自动换刀和调整轴向尺寸。锥柄结构很难实现上述要求，而直柄结构却能很容易做到。因此，我国新的国家标准规定，将直柄立铣刀由原来直径 $d=2\sim20\text{mm}$ 扩展到 $d=2\sim71\text{mm}$（GB/T 6117.1 – 1996），并采用削平型直柄结构

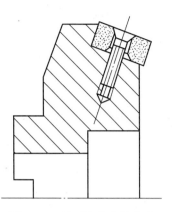

图 10-20　铣刀片的立装方式

（GB/T 6117.3－1996）。目前国内外应用较广泛的柄部结构形式有以下三种（见图 10-21）。

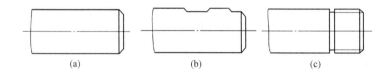

（a）　　　　　　　　　（b）　　　　　　　　　（c）

图 10-21　立铣刀的直柄结构
(a) 普通直柄；(b) 削平型直柄；(c) 螺尾直柄

1）普通直柄：这种直柄结构简单，制造容易，利用弹簧夹头夹固，装夹方便，夹持刚度大，夹头通用性好，但传递的转矩较小。

2）削平型直柄：直柄装入夹头后，利用螺钉顶住平面夹紧，装夹最方便，能传动较大的转矩。但这种结构要求夹头和铣刀柄配合精度较高（柄部按 h6 级制造），否则不能保证定心精度，其夹持刚度较差。这种结构应用较为广泛。

3）螺尾直柄：其特点是当螺纹拧入夹头时，使弹性夹套轴向移动而夹紧铣刀，夹头结构简单，对柄部精度要求不高，夹紧刚度好，但夹头通用性差。

（5）可转位面铣刀采用分离式结构。在生产线上广泛使用着细

齿可转位面铣刀，为了缩短换刀的辅助时间，将可转位面铣刀制成了分离式结构，有钥式［见图 10-22（a）］和帽盖式［见图 10-22（b）］两种。它们的共同点是将铣刀分成刀体和端面两部分，刀体永久固定在铣床主轴上，要更换的只是带有刀片的端盖部分，端盖部分的重量仅是铣刀总重量的 1/3 左右，用一个或几个螺钉将端盖固定在刀体上，所耗费的时间比换几十把刀片要少很多，大大减少了换刀的工作量，且端盖可在机外换刀片。

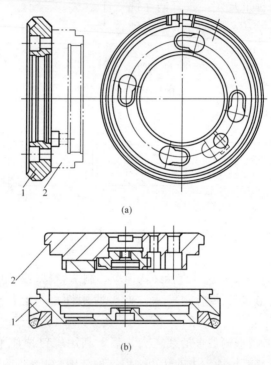

图 10-22　可转位面铣刀的分离式结构

(a) 钥式可转位面铣刀；(b) 帽盖式可转位面铣刀

1—端盖；2—刀体

（6）采用模块式可转位面铣刀结构。20 世纪 70 年代末，国际上出现了模块式（装配式）可转位面铣刀（刀片与刀片座或小刀头统称为模块），1987 年我国也研制成功了这种铣刀。模块式可

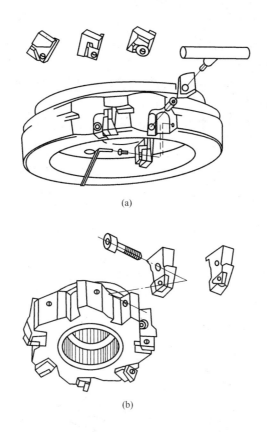

(a)

(b)

图 10-23　模块式可转位面铣刀

（a）螺钉楔块夹固式；（b）螺钉直接夹固式

转位面铣刀的结构有多种，有的模块用螺钉楔块固定在刀体上［见图 10-23(a)］，有的模块直接用螺钉夹固在刀体上［见图 10-23(b)］。这种铣刀的主要特点是：在同一刀体上可以更换不同形式的小刀头，就可以改变铣刀的几何参数（主偏角、前角、后角等），以适应不同的使用场合。因此，品种繁多的通用型面铣刀，只需要一种相同的刀体，配用多种刀片座和相应的刀片就可以得到，工具制造厂和用户都感到十分方便，是很有发展前途的一种铣刀。

二、提高铣削用量和改进加工方法

1. 提高铣削用量

基本时间与铣削用量成反比，故提高铣削用量能缩短基本时间，其做法如下。

(1) 采用高速切削和强力切削，提高铣削速度和进给量，能显著缩短基本时间。

(2) 先进铣刀具有良好的切削性能，可加大铣削用量和减少行程次数。例如采用阶梯铣刀加工余量大的工件，一般情况下，加工余量在 20mm 以内时，可一次切除，既能减少行程次数，又能把精加工和粗加工合并在一个工步内完成，因而有效地减少了基本时间。

2. 改进加工方法

(1) 采用组合铣刀。组合铣刀能把几个工步合并在一个工步内完成，如图 10-24 所示，因而可大幅度地减少对工件位置的调整时间且能保证产品质量。

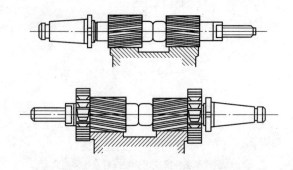

图 10-24　采用组合铣刀加工

(2) 采用平行加工法。如图 10-25 所示，工件沿横向平行地排列装夹，用一把或一组铣刀同时加工几个工件，这时基本时间仍和加工一个工件时相同，而分配到每个工件上的基本时间就只有原来的几分之一了。

(3) 采用先后加工法。如图 10-26 所示，工件随着进给方向一个连着一个地装夹，这时一次辅助时间分摊到几个工件上，可缩短每个工件的辅助时间。如果各工件加工面之间的距离很近，则还能减少刀具在每个工件上的切入和切出长度，从而减少了基本时间。

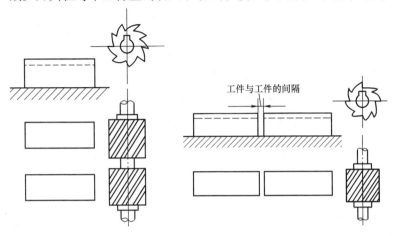

图 10-25　采用平行加工法加工　　图 10-26　采用先后加工法加工

三、采用先进的夹具和测量工具

（1）采用多位先进夹具。多位先进夹具如图 10-27 所示，一方面是先后加工法，另一方面装夹速度也较快，因此能大大缩短辅助时间。

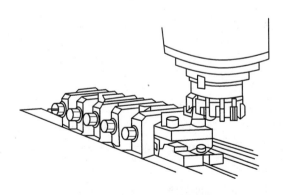

图 10-27　采用多位先进夹具加工

（2）采用连续铣削夹具。采用图 10-28 所示的连续铣削夹具，能使加工工件时的基本时间和辅助时间重合。这种夹具的底座（图上未画出）像回转工作台一样，可由铣床工作台内的光杆通过齿轮和万向联轴器带动旋转，操作者可在铣削的同时装卸工件，使辅助时间全部省掉。

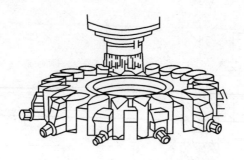

图 10-28　采用连续铣削夹具加工

（3）采用自动夹紧等先进夹具加工。采用自动夹紧装置及典型的先进夹具，能有效地减少辅助时间，减轻工人的劳动强度。因此，在成批、大量生产时，应尽量采用这类夹具。

（4）采用高效率的测量工具。塞规、卡板等专用量具是最常用的效率较高的检测工具，使用这类量具可减少测量时的辅助时间，同时还可节省价格较贵的精密通用量具。在条件允许时，应采用自动测量仪等高效率的测量工具。

四、采用合理的工艺结构

机器零件的形状结构主要应满足使用要求，为了使零件的加工工艺性好，工艺人员应会同设计人员一起，研究在不影响使用的条件下，对某些零件结构进行改动。例如，图 10-29（a）所示的齿轮，若把它改成图 10-29（b）所示的结构形状，不但在加工过程中，可增加其刚度，减少振动，而且还可以缩减行程长度。而在使用时，只要在齿轮的两端加上两个垫圈，就能达到与原结构相同的效果。

又如图 10-30 所示的箱体零件，若能把图（a）中的孔改成图（b）那样，使孔的中心线相互平行，在加工时即可一次装夹完成。否则，每加工一个孔，都必须把工件重新装夹，并把孔端的平面找平，这就需要花费很多装夹找正时间。若该箱体零件上的孔是螺纹

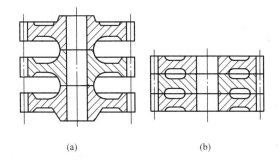

图 10-29　提高加工时的刚度和减少行程长度

(a) 改进前；(b) 改进后

孔，应尽量减少孔的规格，若原来为 M18mm 和 M20mm，则可改为 M20mm，这样也可减少加工的辅助时间。

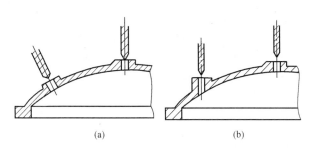

图 10-30　减少装夹次数

(a) 改进前；(b) 改进后

五、采用先进设备和先进技术

1. 采用专用机床

专用机床是专门加工某种工件用的，或专门为加工工件中的某道工序而设计的。因此，专用机床能使加工此工件的质量、产量达到较高的程度，并且使操作简单，降低加工的难度。采用专用机床除了能减少基本时间和辅助时间外，还能减少校准夹具、刀具等的准备和结束时间，并可降低工人的技术等级要求。

2. 采用组合机床

组合机床是以通用的、系列化的功能部件（简称通用部件）为基础，并配以少量的专用部件所组成。它是对被加工工件按照特定的工序，进行加工的一种多工序的高效率机床。

组合机床大多用来加工大批量生产中的箱体和箱体类工件。与一般专用机床相比，组合机床具有加工效率高、自动化程度高、通用化程度高、加工质量稳定、设计制造周期短、价格便宜、改装方便等一系列的优点。

3. 采用数显技术

在机床上采用数显技术能使停机测量时间大为缩短，同时也可保证工件的尺寸精度。特别是对于大型和重型机床，采用数显装置，不仅可以减轻操作工人的劳动强度，而且还解决大型工件的临床测量和定位问题，提高了机床的利用率。

4. 采用数控机床

数控机床是近年来发展较快的机床。数控机床对中、小批量工件的生产很合适，可弥补专用机床之不足。数控机床对形状复杂的工件的加工，更能显出其优越性，只要把控制机床各运动的程序、位置、速度和位移量的指令，利用介质输入到机床控制柜内，数控机床即可按人们的要求完成工件的加工。数控铣床的编程、操作及数控加工技术见第十一章。

数控铣削技术

第一节　数控铣床概述

一、数控机床简介

数字控制是近代发展起来的一种自动控制技术，是用数字化信号（包括字母、数字和符号）对机床运动及其加工过程进行控制的一种方法，简称数控或 NC（Numerical Control）。

数控机床就是采用了数控技术的机床。它通过输入专用或通用计算机中的数字信息来控制机床的运动，自动将所需几何形状和尺寸的工件加工出来。

1. 数控机床的分类

数控机床的种类很多，但主要有以下两种。

（1）数控铣床类：这类机床主要包括镗铣床、加工中心、钻床等。这类机床加工的特点为：在主轴上安装刀具，工件装夹在工作台上。这类机床主要加工箱体、圆柱、圆锥及其他由曲线构成的、复杂形状的工件和平面工件。

（2）数控车床类：这类机床主要包括数控立式、卧式车床，其特点为：工件装夹在主轴上，刀具安装在刀台上，主要加工轴类、套类工件。

2. 数控铣床的分类

（1）按控制的坐标数分类。常用的数控铣床有以下几种。

1）三坐标数控铣床。这种铣床的刀具可沿 X、Y、Z 三个坐标按数控编程的指令运动。三坐标数控铣床又分为两坐标联动的数控铣床，也称为两个半坐标数控铣床。例如用两个半坐标数控铣床加工图 11-1 所示的空间曲面的工件时，在 ZOX 平面内控制 X、Z 两坐标联动，加工垂直截面内的表面，控制 Y 轴坐标方向作等距周期移动，即能将工件空间曲面加工出来。三坐标联动用于加工的工件如图 11-2 所示。

2）四坐标数控铣床。这类铣床除 X、Y、Z 轴以外，还有旋转坐标 A（绕 X 轴旋转）或旋转坐标 C（绕 Z 轴旋转），它可加工需要分度的型腔模具。若配置相应的机床附件，还可扩大其使用范围。

3）五坐标数控铣床。这类铣床除 X、Y、Z、A 或 C 坐标以外，还有 B 坐标。五坐标联动时，可使刀具在空间按给定的任意轨迹进刀。利用铣刀在两个坐标平面内的摆动，可使铣刀轴线总处于与被加工表面的法向重合的位置，避免加工时的干涉现象，从而可以采用平底铣刀加工曲面，以提高切削效率和表面质量。

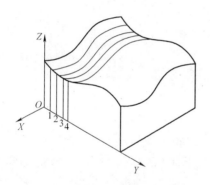

图 11-1　用两个半坐标数控铣床
加工空间曲面

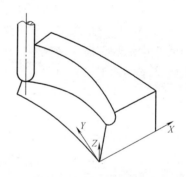

图 11-2　三坐标数控铣床
加工的曲面

4）加工中心。加工中心实际上是将数控铣床、数控镗床、数控钻床的功能组合起来，再附加一个刀具库和一个自动换刀装置的综合数控机床。工件经一次装卡后，通过机床自动换刀连续完成铣、钻、镗、铰、扩孔、螺纹加工等多种工序的加工。

（2）按数控系统的功能水平分类。数控铣床都具有数控镗铣功能，按数控系统的功能水平分类，数控镗铣床可以分为以下几种类型。

1）数控铣床。数控铣床主要有两种：一种是在普通铣床的基础上，对机床的机械传动结构进行简单的改造，并增加简易数控系统后形成的简易型数控铣床。这种数控铣床成本较低，但自动化程度和功能都较差，一般只有 X、Y 两坐标联动功能，加工精度也不高，可以加工平面曲线类和平面型腔类零件；另一种是普通数控铣床，可以三坐标联动，用于各类复杂的平面、曲面和壳体类零件的加工，如各种模具、样板、凸轮和连杆等。

2）数控仿形铣床。数控仿形铣床主要用于各种复杂型腔模具或工件的铣削加工，特别对不规则的三维曲面和复杂边界构成的工件更显示出其优越性。

新型的数控仿形铣床一般包括以下三个部分。

a. 数控功能。它类似一台数控铣床具有的标准数控功能，有三轴联动功能、刀具半径补偿和长度补偿、用户宏程序及手动数据输入和程序编辑等功能。

b. 仿形功能。在机床上装有仿形头，可以选用多种仿形方式，如笔式手动、双向钳位、轮廓、部分轮廓、三向、NTC（Numerical Tracer Control，数字仿形）等。

c. 数字化功能。在仿形加工的同时，可以采集仿形头运动轨迹数据，并处理成加工所需的标准指令，存入存储器或其他介质（如软盘），以便以后可以利用存储的数据进行加工，因此要求有大量的数据处理和存储功能。

3）数控工具铣床。数控工具铣床是在普通工具铣床的基础上，对机床的机械传动系统进行改造并增加数控系统后形成的数控铣床，由于增加了数控系统，使工具铣床的功能大大增强。这种机床适用于各种工装、刀具、各类复杂的平面、曲面零件的加工。

4）数控钻床。数控钻床能自动地进行钻孔加工，用于以钻为主要工序的零件加工。这类机床大多用点位控制，同时沿两轴或三个轴移动，以减少定位时间。有些机床也采用直线控制，为的是进行平行于机床轴线的钻削加工。

钻削中心是一种可以进行钻孔、扩孔、铰孔、攻螺纹及连续轮廓控制铣削的数控机床，用于电器及机械行业中小型零件的加工。

5）数控龙门镗铣床。数控龙门镗铣床属于大型数控机床，主要用于大中等尺寸、大中等重量黑色金属和有色金属的各种平面、曲面和孔的加工。在配置直角铣头的情况下，可以在工件一次装夹下分别对 5 个面进行加工。对于单件小批生产的复杂、大型零件和框架结构零件，能自动、高效、高精度地完成上述各种加工。适用于航空、重机、机车、造船、发电、机床、印刷、轻纺、模具等制造行业。

二、数控铣床的数控原理与基本组成

1. 机床数字控制的基本原理

如图 11-3 所示的样板，其轮廓是由 $ABCDE$ 构成的封闭曲线属直线成形面。加工这样的外形轮廓有多种方法，当采用普通立式铣床加工时，须在样板毛坯上划出外形曲线，然后把工件装夹在铣床工作台上，铣削 BCD 曲线段时，操作工人需同时操纵纵向和横向进给手轮，不断改变切削点的位置，沿着所划的线铣出曲线部分。若设纵向进给为 X 向，横向进给为 Y 向，切削点要沿着曲线变化，必定要移动相对应的 ΔX 和 ΔY，当 ΔX 和 ΔY 取得非常小时，铣削出的形面就很接近曲线的形状，也就是说，当 ΔX 与 ΔY 越小时，曲线的形状精度就越高。根据这个原理，数控机床在进给系统中采用步进电动机，步进电动机按电脉冲数量转动相应的角度，实现 ΔX 和 ΔY 的对应关系和精确程度。ΔX 和 ΔY 的对应关系由曲线的数学关系确定，这种数学关系通过编程时的数学处理，编入计算机程序中，运用机床上的数控装置转换为进给电脉冲，从而实现数控过程。

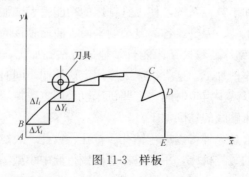

图 11-3　样板

2. 数控铣床的工作过程和基本组成

（1）数控铣床的工作过程如图 11-4 所示，其工作过程可以概括如下。

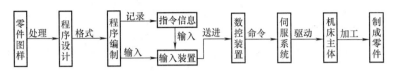

图 11-4　数控铣床的工作过程

1）根据工件加工图样给出的形状、尺寸、材料及技术要求等内容，确定工件加工的工艺过程、工艺参数和位移数据（包括加工顺序、铣刀与工件的相对运动轨迹、坐标设置和进给速度等）。

2）用规定的代码和程序格式编写工件加工程序单，或应用 APT（Automatically Programmed Tool）自动编程系统进行工件加工程序设计。

3）根据程序单上的代码，用纸带穿孔机或 APT 系统制作记载加工信息的穿孔纸带，通过光电阅读机将穿孔纸带上记载的加工信息（即代码）输入到数控装置；或用 MDI（手动数据输入）方式，在操作面板的键盘上，直接将加工程序输入数控装置；或采用微机存储加工程序，通过串行接口 RS-232，将加工程序传送给数控装置，或用计算机直接数控 DNC（Direct Numerical Control）通信接口，可以边传递边加工。

4）数控装置在事先存入的控制程序的支持下，将代码进行一系列处理和计算后，向机床的伺服系统发出相应的脉冲信号，通过伺服系统，使机床按预定的轨迹运动，从而进行工件的加工。

（2）数控铣床的组成。根据数控铣床的工作过程，数控铣床由 4 个基本部分组成。

1）机械设备：主要是机床部分，与普通铣床基本相同，包括冷却、润滑和排屑系统，由步进电动机、滚珠丝杆副、工作台和床鞍等组成进给系统。

2）数控系统。包括微机和数控装置在内的信息输入、输出、运算和存储等一系列微电子器件与线路。

3）操作系统及辅助装置：即开关、按钮、键盘、显示器等一系列辅助操作器和低压回路，还包括液压装置、气动装置、排屑装置、交换工作台、数控转台、数控分度头、刀具及监控检测装置等。

4）附属设备：如对刀装置、机外编辑器、纸带穿孔机、磁带、测头等。

三、典型数控铣床简介

1. XK5040 型数控铣床

XK5040 型数控铣床的外形如图 11-5 所示，属数字程序控制立式升降台铣床。

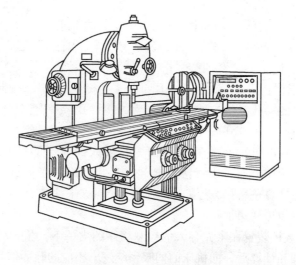

图 11-5　XK5040 型数控铣床

（1）机床的特点。

1）进给运动的纵向、横向和垂向均采用滚珠丝杆副，并都为无级变速。

2）该机床无操纵手柄，均由数控装置控制，实现对工件的自动加工。

3）该机床的实际移动量，无检测和反馈装置。

（2）机床的主要技术参数。

1）工作台。

工作台面积	400mm×1600mm

工作台行程

纵向（X）	900mm
横向（Y）	400mm
垂向（Z）	300mm
工作台的进给量（无级）	10～600mm/min
每个脉冲输入时液压马达的转角	1.5°
脉冲当量	0.01mm

2）主轴。

主轴锥孔的锥度	ISO40#，7∶24
主轴的孔径	29mm
主轴套筒的移动距离（手动）	70mm
主轴转速（18级）	40～2000r/min

3）机床外形。

（长×宽×高）	1980mm×2700mm×2140mm

2. XK5032 型数控铣床

（1）机床的特点。该机床是配有高精度、高性能、带有固化软件的 CNC 微机数控系统的三坐标数控铣床。该机床功能齐全，具有直线插补、圆弧插补、三坐标联动空间直线插补功能，还有刀具插补、固定循环和用户宏程序等功能；能完成 90％ 以上的基本铣削、镗削、钻削、螺纹加工及自动工作循环等工作，故 XK5032 型数控铣床可以加工各种形状复杂的凸轮、样板及模具等。

从结构上来说，XK5032 型数控铣床是一种机电一体化设备，可加第四轴。机床的主要部件有床身、铣头、纵向工作台（X 轴）、横向床鞍（Y 轴）、升降台、液压控制系统、气动控制系统及电气控制系统。

（2）机床的主要技术参数。

工作台的工作面积	320mm×1220mm
工作台的纵向行程（X 轴）	750mm

工作台的横向行程（Y 轴）　　　　　　　　　350mm

升降台的垂向行程（手动）　　　　　　　　　　40mm

主轴孔的锥度　　　　　　　　　　ISO 40#，7：24

主轴套筒的垂向行程（Z 轴）　　　　　　　　150mm

主轴中心线至床身垂直导轨的距离　　　　　　　330mm

主轴端面至工作台台面的距离　　　　　　90～490mm

主轴的转速范围

高速挡　　　　　　　　　　　　　　80～4500r/min

低速挡　　　　　　　　　　　　　　45～2600r/min

进给速度范围（X、Y、Z 轴）　　　　5～2500mm/min

快速移动速度（X、Y、Z 轴）　　　　　5000mm/min

主电动机的功率　　　　　　　　　　　3.7kW/5.5kW

三个坐标进给电动机的额定转矩　　3N·m，3.6N·m（AC）

机床的外形尺寸（长×宽×高）1964mm×2190mm×2673mm

机床净重　　　　　　　　　　　　　　　　　2200kg

（3）机床的传动系统如图 11-6 所示。

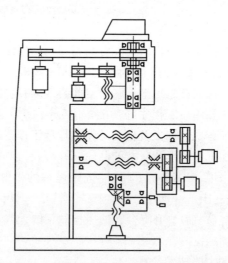

图 11-6　XK5032 型数控铣床的传动系统

1）主传动系统。如图 11-6 所示，机床铣头为一刚性结构，主传动采用专用的无级调速主电动机（3.7kW/5.5kW），由带轮将运动传至主轴。主轴转速分为高、低两挡，通过更换带轮的方法来实现换挡。当换上 $\phi96.52mm/\phi127mm$ 带轮时，主轴转速为 $80\sim4500r/min$（高速挡）；当换上 $\phi71.12mm/\phi162.56mm$ 带轮时，主轴转速为 $45\sim2600r/min$（低速挡）。每挡内的转速选择可由相应指令给定，也可由手动操作执行。

2）进给传动系统。工作台的纵向（X 轴）和横向（Y 轴）进给运动、主轴套筒的垂向（Z 轴）进给运动，都是由各自的交流伺服电动机驱动，分别通过同步齿形带带动带轮传动滚珠丝杠，实现进给。

床鞍的纵向、横向导轨面均采用了 TURCITEB 贴塑面，提高了导轨的耐磨性、运动平稳性和精度保持性，消除了低速爬行现象。

伺服电动机内安装有脉冲编码器，位置及速度反馈信息均由此取得，构成半闭环的控制系统。

第二节　数控铣削加工的编程技术

一、数控机床的坐标系统

1. 数控机床的坐标轴和运动方向

对数控机床的坐标轴和运动方向做出统一的规定，可以简化程序编制的工作和保证记录数据的互换性，还可以保证数控机床的运行、操作及程序编制的一致性。按照等效于 ISO 841 的我国标准 JB/T 3051—1999 规定：如图 11-7 所示，数控机床直线运动的坐标轴 X、Y、Z（也称为线性轴）规定为右手笛卡儿坐标系。X、Y、Z 的正方向是使工件尺寸增加的方向，即增大工件和刀具距离的方向。通常以平行于主轴的轴线为 Z 轴（即 Z 坐标运动由传递切削动力的主轴所规定）；而 X 轴是水平的，并平行于工件的装卡面；最后 Y 轴就可按右手笛卡儿坐标系来确定。三个旋转轴 A、B、C 相应的表示其轴线平行于 X、Y、Z 的旋转运行。A、B、C 的正方向相应地为在 X、Y、Z 坐标正方向向上按右旋螺纹前进的方向。上述规定是工件固定、刀具移动的情况。反之若工件移动，则其正方向分别用 X'、Y'、Z' 表示。通常以刀具移动时的正方向作为编程的正方向。

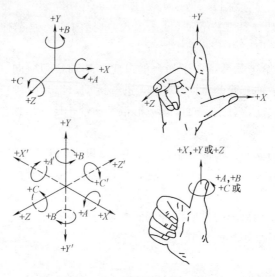

图 11-7　数控机床的坐标系

除了上述坐标外，还可使用附加坐标，在主要线性轴（X、Y、Z）之外，另有平行于它的次要线性轴（U、V、W）、第三线性轴（P、Q、R）。在主要旋转轴（A、B、C）存在的同时，还有平行于或不平行于 A、B 和 C 的两个特殊轴（D、E）。数控机床各轴的标示乃是根据右手定则，当右手拇指指向 X 轴的正方向，食指指向 Y 轴方向时，中指则指向 Z 轴的正方向。图 11-8 所示为立式数控机床的坐标系；图 11-9 所示为卧式数控机床的坐标系。

2. 绝对坐标系统与相对坐标系统

（1）绝对坐标系统。绝对坐标系统是指工作台位移是从固定的基准点开始计算的，例如，假设程序规定工作台沿 X 坐标方向移动，其移动距离为离固定基准点 100mm，那么不管工作台在接到命令前处于什么位置，它接到命令后总是移动到程序规定的位置处停下。

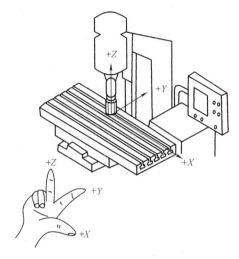

图 11-8　立式数控机床的坐标系

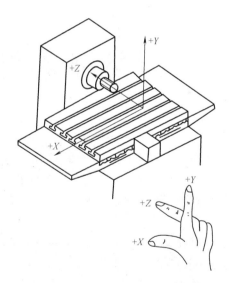

图 11-9　卧式数控机床的坐标系

（2）相对坐标系统。相对（增量）坐标系统是指工作台的位移是从工作台现有位置开始计算的。在这里，对一个坐标轴虽然

713

也有一个起始的基准点，但是它仅在工作台第一次移动时才有意义，以后的移动都是以工作台前一次的终点为起始的基准点。例如，设第一段程序规定工作台沿 X 坐标方向移动，其移动距离起始点 100mm，那么工作台就移动到 100mm 处停下，下一段程序规定在 X 方向再移动 50mm，那么工作台到达的位置离原起点就是 150mm 了。

点位控制的数控机床有的是绝对坐标系统，有的是相对坐标系统，也有的两种都有，可以任意选用；轮廓控制的数控机床一般都是相对坐标系统。编程时应注意，不同的坐标系统，其输入要求不同。

二、数控系统的基本功能

数控系统的基本功能包括：准备功能、进给功能、主轴功能、刀具功能及其他辅助功能等。它解决了机床的控制能力，正确掌握和应用各种功能对编程来说是十分必要的。

1. 准备功能

准备功能也称 G 代码，它是用来指令机床动作方式的功能。按我国 JB/T 3028—1999 的规定（与 ISO 1056—1975E 的规定基本一致），G 代码从 G00～G99，共 100 种，但某些次要的 G 代码，根据不同的设备，其功能亦有不同。表 11-1 是 FANUC 公司铣镗类（加工中心）数控系统的 G 功能（代码）指令。

G 代码按其功能的不同，可分为若干组。G 代码有两种模态：模态式 G 代码和非模态式 G 代码。00 组的 G 代码属于非模态式的 G 代码，只限定在被指定的程序段中有效，其余组的 G 代码属于模态式 G 代码，具有延续性，在后续程序段中，在同组其他 G 代码未出现前一直有效。

不同组的 G 代码在同一程序段中可以指令多个，但如果在同一程序段中指令了两个或两个以上属于同一组的 G 代码时，则只有最后一个 G 代码有效。在固定循环中，如果指令了 01 组的 G 代码，则固定循环将被自动取消或为 G80 状态（即取消固定循环），但 01 组的 G 代码不受固定循环 G 代码的影响。如果在程序中指令了 G 代码表中没有列出的 G 代码，则显示报警。

表 11-1　　　　　　　　　　　　　**准备功能 G 代码**

G 代码	功　　能	组别	G 代码	功　　能	组别
G00	快速定位		G49	刀具长度补偿取消	08
G01	直线插补（直线进给）	01	G50	比例取消	11
G02	圆弧插补顺时针方向		G51	比例	
G03	圆弧插补逆时针方向		G52	局部坐标系统	00
G04	暂停（延时）	00	G53	机械坐标系统选择	
G07	假想轴插补		G54	工件坐标系统选择 1	
G09	准确停止校验		G55	工件坐标系统选择 2	
G10	数据设定（刀具、工件零点偏移）		G56	工件坐标系统选择 3	12
			G57	工件坐标系统选择 4	
G15	极坐标取消	08	G58	工件坐标系统选择 5	
G16	极坐标设定		G59	工件坐标系统选择 6	
G17	x-y 平面选择	02	G60	单方向定位（精）	00
G18	z-x 平面选择		G61	准确停止（中）	
G19	y-z 平面选择				13
G20	英制输入	06	G62	快速定位（粗）	
G21	公制输入		G63	攻丝	
G22	存储行程极限有效（ON）	04	G64	切削模式	
			G65	宏指令	00
G23	存储行程极限无效（OFF）		G66	调用模态宏指令	14
G27	返回参考点校验	00	G67	注销模态宏指令	
G28	自动返回参考点		G68	坐标系统旋转	16
G29	由参考点返回		G69	坐标系统旋转取消	
G30	返回第二参考点				
G33	螺纹切削	01	G73	深孔钻循环	09
G39	拐角偏移圆弧插补	00	G74	攻丝循环	
G40	刀具半径补偿取消	07	G76	精镗循环	
G41	刀具半径补偿　左		G80	固定循环取消	
G42	刀具半径补偿　右		G81	钻孔循环　镗孔	
G43	刀具长度补偿＋（增加）	08	G82	钻孔循环　镗阶梯孔	
G44	刀具长度补偿－（减少）		G83	钻孔循环	
G45	刀具半径补偿增加	00	G84	攻丝循环	
G46	刀具半径补偿减少		G85	镗孔循环	
G47	刀具半径补偿二倍增加		G86	镗孔循环	
G48	刀具半径补偿二倍减少				

续表

G 代码	功　　能	组别	G 代码	功　　能	组别
G87	反镗孔（背镗）循环		G94	每分钟进给	05
G88	镗孔循环		G95	每转进给	
G89	镗孔循环		G97	每分钟转数（主轴）	
G90	绝对值指令（编程）	03	G98	固定循环返回起始点位置	10
G91	相对值指令（编程）		G99	固定循环返回 R 点位置	
G92	坐标系设定	00			

注　本表包括 FANUC 6M、OM、10M/11M/12M 系统的绝大部分 G 代码，个别指令用法略有区别，详见机床操作编程说明书。

2. 进给功能

进给功能是用来指令坐标轴的进给速度的功能，也称 F 机能 。

进给功能用地址 F 及其后面的数字来表示，在 ISO 中规定为 F1～F2 位，其单位是 mm/min，或用 in/min 表示。

F1 表示切削速度为 1mm/min 或 0.01in/min。

F150 表示进给速度为 150mm/min 或 1.5in/min。

3. 主轴功能

主轴功能是用来指令机床主轴转速的功能，也称为 S 功能。

主轴功能用地址 S 及其后面的数字表示，目前有 S2 位和 S4 位之分，其单位是 r/min。如：指定机床转速为 1500r/min 时，可定成 S1500。

在编程时除用 S 代码指令主轴转速外，还要用辅助代码指令主轴的旋转方向，如正转 CW 或 CCW。

例：　　S1500　M03　表示主轴正转，转速为 1500r/min。

　　　　S800　 M04　表示主轴反转，转速为 800 r/min。

对于有恒定表面速度控制功能的机床，还要用 G96 或 G97 指令配合 S 代码来指令主轴的转速。

4. 刀具功能

刀具功能是用来选择刀具的功能，也称为 T 机能。

刀具功能是用地址 T 及其后面的数字表示，目前有 T2 和 T4 位之分。如：T10 表示指令第 10 号刀具。

T 代码与刀具相对应的关系由各生产刀具的厂家与用户共同确定，也可由使用厂家自己确定。

5. 辅助功能

辅助功能是用来指令机床辅助动作及状态的功能，也称 M 功能。

（1）M02、M30：表示主程序结束、自动运转停止、程序返回到程序的开头。

（2）M00：该指令的程序段起动执行后，自动运转停止。与单程序段停止相同，模态的信息全被保存。随着 CNC 的起动，自动运转重新开始。

（3）M01：与 M00 一样，执行完 M01 指令的程序段之后，自动运转停止，但是，只限于机床操作面板上的"任选停止开关"接通时才能执行。

（4）M98（调用子程序）：用于子程序调出时。

（5）M99（子程序结束及返回）：表示子程序结束，此外，若执行 M99，则返回到主程序。

辅助功能是用地址 M 及其后面的数字组成的，JB 3028—1999 规定辅助功能从 M00～M99 共 100 种，其中有许多不指定功能含义的 M 代码。另外，M 功能代码常因机床生产厂家以及机床结构的差异和规格的不同而有差别，因而在进行编程时必须熟悉具体机床的 M 代码。表 11-2 是一台配有 FANAC6M、0M 数控系统的加工中心的辅助功能（代码）指令。

表 11-2　　　　　数控机床辅助功能表

序号	代码	功　能	序号	代码	功　能
1	M00	程序停止	5	M04	主轴反转（反时针旋转）
2	M01	选择停止	6	M05	主轴停止
3	M02	程序结束	7	M06	自动换刀
4	M03	主轴正转（顺时针旋转）	8	M07	喷雾

序号	代码	功　能	序号	代码	功　能
9	M08	切削液开（ON）	19	M72	y 轴镜向
10	M09	切削液关（OFF）	20	M81	刀具松开
11	M10	z 轴锁紧（CNC 铣用）	21	M82	刀库出
12	M11	z 轴松开（CNC 铣用）	22	M83	刀库进
13	M12	开整体防护罩门　注：调试机床时用关整体防护罩门	23	M84	刀具夹紧
14	M13		24	M85	工作台升起
15	M19	主轴定向	25	M86	工作台落下
16	M60	交换工作台	26	M98	调用子程序
17	M70	镜向取消	27	M99	子程序结束并返回到主程序
18	M71	x 轴镜向	28	M30	程序结束并返回到开头

注：M81～M86 只用于 MDI 调试

三、数控编程概述

1. 程序编制概述

（1）数控加工程序的概念。数控机床之所以能够自动加工出各种不同形状、尺寸及精度的零件，是因为这种机床按事先编制好的加工程序，经其数控装置"接收"和"处理"，从而对整个加工过程进行自动控制。由此可以得出数控机床加工程序的定义是：用数控语言和按规定格式描述零件几何形状和加工工艺的一套指令。

（2）程序编制及其分类。

1）程序编制的概念。在数控机床上加工零件时，需要把加工零件的全部工艺过程和工艺参数以信息代码的形式记录在控制介质上，并用控制介质的信息控制机床动作，实现零件的全部加工过程。

从分析零件图样到获得数控机床所需控制介质（加工程序单或数控带等）的全过程，称为程序编制。程序编制的主要内容有：工艺处理、数学处理、填写（打印）加工程序单及制备控制介质等。

2）程序编制的分类。

a. 手工编程。由操作者或程序员以人工方式完成整个加工程序编制工作的方法，称为手工编程。

b. 自动编程。在做好各种有关的准备工作之后，主要由计算机及其外围设备组成的自动编程系统完成加工程序编制工作的方法，称为自动编程（即计算机辅助编程）。

2. 程序编制的一般过程

（1）一般过程。无论是手工编程还是自动编程，其一般过程如图 11-10 所示。

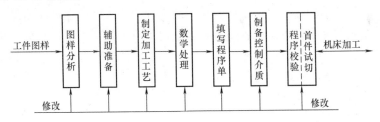

图 11-10 程序编制的一般过程

（2）手工编程的步骤。

1）图样分析：包括对零件轮廓形状、有关标注（尺寸精度、形状和位置精度及表面粗糙度要求等）及材料和热处理等要求所进行的分析。

2）辅助准备：包括确定机床和夹具、机床坐标系、编程坐标系、对刀点位置及机械间隙值等。

3）工艺处理：包括加工余量与分配、刀具的运动方向与加工路线、加工用量及确定程序编制的允许误差等方面。

4）数学处理：包括尺寸分析与作图、选择处理方法、数值计算及对拟合误差的分析和计算等。

5）填写加工程序单：按照数控系统规定的程序格式和要求填写零件的加工程序单及其加工条件等内容。

6）制备控制介质：数控机床在自动输入加工程序时，必须有输入用的控制介质，如穿孔带、磁带及软盘等。这些控制介质是以代码信息表示加工程序的一种方式。穿孔带的制备一般由手工操作完成。

7）程序校验：包括对加工程序单的填写、控制介质的制备、刀具运动轨迹及首件试切等项内容所进行的单项或综合校验工作。

3. 手工编程的意义

手工编程的意义在于：加工形状较简单的零件（如直线与直线或直线与圆弧组成的轮廓）时，快捷、简便；不需要具备特别的条件（价格较高的自动编程机及相应的硬件和软件等）；对机床操作者或程序员不受特别条件的制约；还具有较大的灵活性和编程费用少等优点。

手工编程在目前仍是广泛采用的编程方式。即使在自动编程高速发展的将来，手工编程的重要地位也不可取代，仍是自动编程的基础，在先进的自动编程方法中，许多重要的经验都来源于手工编程，手工编程不断丰富和推动自动编程的发展。

四、程序编制的有关术语及其含义

1. 程序

（1）程序段。能够作为一个单位来处理的一组连续的字，称为程序段。程序段是组成加工程序的主体，一条程序段就是一个完整的机床控制信息。程序段由顺序号字、功能字、尺寸字及其他地址字组成，末尾用结束符"LF"或"＊"作为这一段程序的结束以及与下一段程序的分隔，在填写、打印或屏幕显示时，一般情况下，每条程序均占一行位置，故可省略其结束符，但在键盘输入程序段时，则不能省略。

（2）程序段格式。程序段格式是指对程序段中各字、字符和数据的安排所规定的一种形式，数控机床采用的程序段格式一般有固定程序段格式和可变程序段格式两种。

1）固定程序段格式：指程序段中各字的数量、字的出现顺序及字中的字符数量均固定不变的一种形式，固定程序段格式完全由数字组成，不使用地址符，在数控机床中，目前已较少采用。

2）可变程序段格式：指程序段内容中各字的数量和字符的数量均可以变化的一种形式，它又包括使用分隔符和使用地址符两种可变程序段格式。

a. 使用分隔符格式：指预先规定程序段中所有可能出现的字的顺序（这种规定因数控装置不同而不同），格式中每个数据字前均有一个分隔符（如 B），在这种形式中，程序段的长度及数据字的个数都是可变的。

b. 使用地址符格式：这是目前在各种数控机床中，采用最广泛的一种程序段格式，也是符合 ISO 标准的格式，我国有关标准也规定采用这种程序段格式，因为这种格式比较灵活、直观，且适应性强，还能缩短程序段的长度，其基本格式的表达形式通常为

N××××　G××　X±×××××.×××　Y±×××××.×××　Z±×××××.×××　F××××.×××　S××××/××　T××××　M×× *

2. 各种原点

在数控编程中，涉及的各种原点较多，现将一些主要的原点（见图 11-11）及其与机床坐标系、工件坐标系和编程坐标系有关的术语介绍如下。

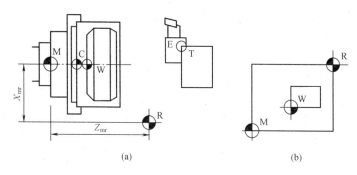

(a)　　　　　　　　　　(b)

图 11-11　数控机床的坐标原点

(a) 数控车床；(b) 数控镗床

（1）机床坐标系中的各原点。

1）机床坐标系原点。机床坐标系原点简称为机床原点，也称为机床零位，又因该坐标系是由右手笛卡儿坐标系而规定的标准坐标系，故其原点又称为准原点，并用 M（或⊕）表示。

机床坐标系原点的位置通常由机床制造厂确定、设置在机床上的一个物理位置，其作用是使机床与控制系统同步，建立测量机床运动坐标的起始点。图 11-11 （a）所示为数控车床坐标系原点的位置，大多规定在其主轴轴线与装夹卡盘与法兰盘端面的交点上，该

原点是确定机床固定原点的基准。

2）机床固定原点。机床固定原点简称为固定原点，用R（或 ⊕）表示，又称为机床原点，机床原点在其进给坐标轴方向上的距离，在机床出厂时已准确确定，使用时可通过"寻找操作"方式进行确认。

数控机床设置固定原点的目的如下。

a. 在需要时，便于将刀具或工作台自动返回到该点。

b. 便于设置换刀点。

c. 可作为行程限制（超程保护）的终点。

d. 可作为进给位置反馈的测量基准点。

3）浮动原点。当其固定原点不能或不便满足编程要求时，可根据工件位置而自行设定的一个相对固定、又不需要永久存储其位置的原点，称为浮动原点。

具有浮动原点指令功能的数控机床，允许将其测量系统的基准点或程序原点设在相对于固定原点的任何位置上，并在进行"零点偏置"操作后，可用一条穿孔带在不同的位置上加工出相同形状的零件。

（2）工件坐标系原点。在工件坐标系上，确定工件轮廓的编程和计算原点，称为工件坐标系原点，简称为工件原点。它是编程员在数控编程过程中定义在工件上的几何基准点，用C（或⊕）表示。

在加工中，因其工件的装夹位置是相对于机床而固定的，所以工件坐标系在机床坐标系中的位置也就确定了。

（3）编程坐标原点。编程坐标原点是指在加工程序编制过程中，进行数值换算及填写加工程序段时所需各编程坐标系（绝对与增量坐标系）的原点。

（4）程序原点。程序原点是指刀具（或工作台）按加工程序执行时的起点，实质上，它也是一个浮动原点，用W（或⊕）表示。对数控车削加工而言，程序原点又可称为起刀点，在对刀时所确定的对刀点位置一般与程序原点重合。

3. 刀具半径补偿的概念

数控系统的刀具半径补偿（Cutter Radius Compensation）就是将计算刀具中心轨迹的过程交由 CNC 系统执行，编程员假设刀具的半径为零，直接根据零件的轮廓进行编程，因此这种编程方法也称为对零件的编程（Programming the Part），而实际的刀具半径则存放在一个可编程刀具半径的偏置寄存器中，在加工过程中，CNC 系统根据零件程序和刀具半径自动计算刀具中心的轨迹，完成对零件的加工。当刀具半径发生变化时，不需要修改零件程序，只需要修改存放在刀具半径偏置寄存器中的刀具半径值或者选用存放在另一个刀具半径偏置寄存器中的刀具半径所对应的刀具即可。

铣削加工刀具半径补偿分为：刀具半径左补偿（Cutter Radius Compensation Left），用 G41 定义；刀具半径右补偿（Cutter Radius Compensation Right），用 G42 定义。应使用非零的 D♯♯代码选择正确的刀具半径偏置寄存器号。根据 ISO 标准，当刀具中心轨迹沿前进方向位于零件轮廓左边时，称为刀具半径左补偿；反之称为刀具半径右补偿，如图 11-12 所示。当不需要进行刀具半径补偿时，则用 G40 取消刀具半径补偿。

注意：G40、G41、G42 都是模态代码，可相互注销。

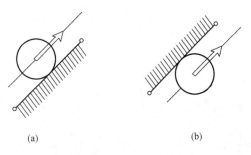

(a)   (b)

图 11-12　刀具半径补偿指令

(a) 刀具半径左补偿；(b) 刀具半径右补偿

4. 刀具长度补偿的概念

为了简化零件的数控加工编程，使数控程序与刀具形状和刀具尺寸尽量无关。现代 CNC 系统除了具有刀具半径补偿功能外，还具有刀具长度补偿（Tool Length Compensation）功能。刀具长度补偿使刀具垂直于走刀平面（比如 XY 平面，由 G17 指定）偏移一个刀具长度修正值，因此在数控编程过程中，一般无需考虑刀具长度。

刀具长度补偿要视情况而定。一般而言，刀具长度补偿对于二坐标和三坐标联动数控加工是有效的；但对于刀具摆动的四、五坐标联动数控加工，刀具长度补偿则无效，在进行刀位计算时可以不考虑刀具长度，但后置处理计算过程中必须考虑刀具长度。

刀具长度补偿在发生作用前，必须先进行刀具参数的设置。设置的方法有机内试切法、机内对刀法和机外对刀法。对数控车床来说，一般采用机内试切法和机内对刀法。对数控铣床而言，较好的方法是采用机外对刀法。图 11-13 所示为采用机外对刀法测量的刀具长度，图中的 E 点为刀具长度测量的基准点，车刀的长度参数有两个，即图中的 L 和 Q。不管采用哪种方法，所获得的数据都必须通过手动数据输入（Manual Data Input，简称 MDI）方式将刀具参数输入到数控系统的刀具参数表中。

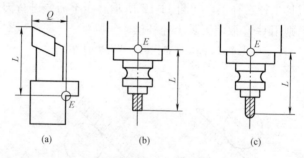

图 11-13　刀具长度

(a) 车刀刀具长度；(b) 圆柱铣刀刀具长度；(c) 球形铣刀刀具长度

对于数控铣床，刀具长度补偿指令由 G43 和 G44 实现。G43 为刀具长度正（Positive）补偿或离开工件（Away From the Part）补偿，如图 11-14（a）所示；G44 为刀具长度负（Negative）补偿或趋向工件（Toward the Part）补偿，使用非零的 Hnn 代码选择正确的刀具长度偏置寄存器号。取消刀具长度补偿用 G49 指定。

例如，刀具快速接近工件时，到达距离工件原点 15mm 处，

如图 11-14（b）所示，可以采用以下语句

G90　G00　G43　Z15.0　H01

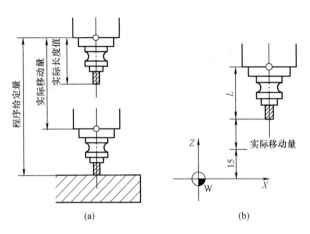

图 11-14　刀具长度补偿

（a）刀具长度补偿示意图；（b）刀具快速定位

当刀具长度补偿有效时，程序运行，数控系统根据刀具长度的定位基准点使刀具自动离开工件一个刀具长度的距离，从而完成刀具长度补偿，使刀尖（或刀心）走程序要求的运动轨迹，这是因为数控程序假设的是刀尖（或刀心）相对于工件运动。而在刀具长度补偿有效之前，刀具相对于工件的坐标是机床上刀具长度定位基准点 E 相对于工件的坐标。

在加工过程中，为了控制切削深度或进行试切加工，也经常使用刀具长度补偿。采用的方法是：加工之前在实际刀具长度上加上退刀长度，存入刀具长度偏置寄存器中，加工时使用同一把刀具，而调用加长后的刀具长度值，从而可以控制切削深度，而不用修正零件的加工程序（控制切削深度也可以采用修改程序原点的方法）。

例如，刀具长度偏置寄存器 H01 中存放的刀具长度值为 11，对于数控铣床，执行以下语句"G90 G01 G43 Z-15.0 H01"后，刀具实际运动到 Z($-15.0+11$)＝Z-4.0 的位置，如图 11-15（a）所示；如果该语句改为"G90 G01 G44 Z-15.0 H01"，则执行该语

句后，刀具实际运动到 $Z(-15.0-11)=Z-26.0$ 的位置，如图 11-15（b）所示。

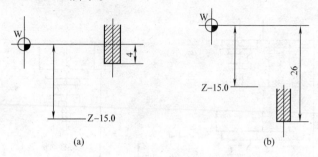

图 11-15　刀具长度补偿示例

（a）正补偿；（b）负补偿

从这两个例子可以看出，在程序命令方式下，可以通过修改刀具长度偏置寄存器中的值，达到控制切削深度的目的，而无需修改零件的加工程序。

值得进一步说明的是，机床操作者必须十分清楚刀具长度补偿的原理和操作方法（应参考机床操作手册和编程手册）。数控编程员则应记住：零件数控加工程序假设的是刀尖（或刀心）相对于工件的运动，刀具长度补偿的实质是将刀具相对于工件的坐标由刀具长度基准点（或称刀具安装定位点）移到刀尖（或刀心）位置。

第三节　数控铣床编程及操作

一、数控铣削编程实例

以立式数控铣床为例，通常立式铣床指定 X 轴正向、Y 轴正向和 Z 轴正向的极限点为参考点，机床启动后，首先要将机床位置"回零"，即执行手动，返回到参考点，在数控系统内部建立机床坐标系。

1. 数控铣床的编程特点

（1）在选择工件原点的位置时应注意以下事项。

1）为便于在编程时进行坐标值的计算，减少计算错误和编程错误，工件原点应选在零件图的设计基准上。

2）对于对称的零件，工件原点应设在对称中心上。

3）对于一般零件，工件原点应设在工件外轮廓的某一角上。

4）Z 轴方向上的零点一般设在工件表面。

5）为提高被加工零件的加工精度，工件原点应尽量选在精度较高的工件表面上。

（2）数控铣床配备的固定循环功能主要用于孔加工，包括钻孔、镗孔、攻螺纹等。

（3）数控程序中需要考虑到对刀具长度的补偿。

（4）编程时需要对刀具半径进行补偿。

2. 数控铣削编程实例

【例 11-1】　如图 11-16 所示的工件铣削加工，立铣刀直径为 $\phi30mm$，加工程序如下。

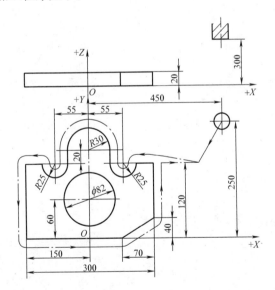

图 11-16　数控铣削编程实例（一）

O0012（程序代号）

N01	G92　X450.0　Z300.0	（建立工件坐标系，工件零点 O）

N02　G00　X175.0　Y120.0　　　　（绝对值输入，快速进给至 $X =$ 175mm，$Y = 120$mm）

N03　Z-50　S130　M03　　　　　　（"Z 轴快移至 $Z = -5$mm"，主轴正转，转速为 130r/min）

N04　G01　G42　H10　X150.0　F80.0

　　　　　　　　　　　　　　　　（直线插补至 $X = 150$mm，$Y =$ 120mm，刀具半径右补偿，H10 = 15mm，进给速度为 80mm/s）

N05　X80.0　　　　　　　　　　（直线插补至 $X = 80$mm，$Y =$ 120mm）

（N06　G39　X80.0　Y0）

N07　G02　X30.0　R25.0　　　　（顺圆插补至 $X = 30$mm，$Y =$ 120mm）

N08　G01　Y140.0　　　　　　　（直线插补至 $X = 30$mm，$Y =$ 140mm）

N09　G03　X-30.0　R30.0　　　　（逆圆插补至 $X = -30$mm，$Y =$ 140mm）

N10　G01　Y120.0　　　　　　　（直线插补至 $X = -30$mm，$Y =$ 120mm）

N11　G02　X-80.0　R25.0　　　　（顺圆插补至 $X = -80$mm，$Y =$ 120mm）

（N12　G39　X-150.0）

N13　G01　X-150.0　　　　　　（直线插补至 $X = -150$mm，$Y =$ 120mm）

（N14　G39　X-150.0）

N15　Y0　　　　　　　　　　　（直线插补至 $X = -150$mm，$Y =$ 0mm）

（N16　G39　X0　Y0）

"N17　X80.0　　　　　　　　　（直线插补至 $X = -80$mm，$Y =$ 0mm）"

（N18　G39　X150.0　Y40.0）

N19　X150.0　Y40.0　　　　　　（直线插补至 $X = 150$mm，$Y =$ 40mm）

（N20　G39　X150.0　Y120.0）

N21　Y125.0 （直线插补至 $X=150$mm，$Y=125$mm）

N22　G00　G40　X175.0　Y120.0 （快速进给至 $X=175$mm，$Y=120$mm，取消刀具半径补偿）

N23　M05 （主轴停）

N24　G91　G28　Z0 （增量值输入，Z 轴返回到参考点）

"N25　G28　X0　Z0 （X、Y 轴返回到参考点）"

N26　M30 （主程序结束）

【例 11-2】　如图 11-17 所示工件的铣削加工，立铣刀直径为 $\phi20$mm，加工程序如下。

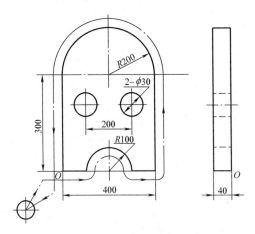

图 11-17　数控铣削编程实例（二）

O10012（程序代号）

N010　G90　G54　X-50.0　Y-50.0 （G54 加工坐标系，快速进给至 $X=-50$mm，$Y=-50$mm）

N020　S800　M03 （主轴正转，转速为 800r/min）

N030　G43　G00　H12 （刀具长度补偿，H12=20mm）

N040　G01　Z-20.0　F300.0 （Z 轴工进至 $Z=-20$mm）

N050　M98　P1010 （调用子程序 O1010）

N060　Z-450.0　F300.0 （Z 轴工进至 $Z=-45$mm）

N070	M98	P1010				（调用子程序 O1010）

N080　G49　G00 Z300.0　　　　　　　（Z 轴快移至 Z＝300mm）

N090　G28　Z300.0　　　　　　　　　（Z 轴返回到参考点）

N100　G28　X0　Y0　　　　　　　　　（X、Y 轴返回到参考点）

N110　M30　　　　　　　　　　　　　　（主程序结束）

O1010　　　　　　　　　　　　　　　　（子程序代号）

N010　G42　G01　X-30.0　Y0　F300　H22　M08

　　　　　　　　　　　　　　　　　　（切削液开，直线插补至 X＝
　　　　　　　　　　　　　　　　　　－30mm，Y＝0mm，刀具半径
　　　　　　　　　　　　　　　　　　右补偿，H22＝10mm）

N020　X100.0　　　　　　　　　　　　（直线插补至 X＝100mm，Y＝
　　　　　　　　　　　　　　　　　　0mm）

N030　G02　X300.0　R100.0　　　　　（顺圆插补至 X＝300mm，Y＝
　　　　　　　　　　　　　　　　　　0mm）

N040　G01　X400.0　　　　　　　　　（直线插补至 X＝400mm，Y＝
　　　　　　　　　　　　　　　　　　0mm）

N050　Y300.0　　　　　　　　　　　　（直线插补至 X＝400mm，Y＝
　　　　　　　　　　　　　　　　　　300mm）

N060　G03　X0　R200.0　　　　　　　（逆圆插补至 X＝0mm，Y＝
　　　　　　　　　　　　　　　　　　300mm）

N070　G01　Y-30.0　　　　　　　　　（直线插补至 X＝0mm，Y＝
　　　　　　　　　　　　　　　　　　－30mm）

N080　G40　G01　X-50.0　Y-50.0　　（直线插补至 X＝－50mm，Y＝
　　　　　　　　　　　　　　　　　　－50mm，取消刀具半径补偿）

N090　M09　　　　　　　　　　　　　　（切削液关）

N100　M99　　　　　　　　　　　　　　（子程序结束并返回到主程序）

【例 11-3】　　如图 11-18 所示，工件铣削加工内外轮廓，立铣刀直径为 ϕ8mm，用刀具半径补偿编程。

工艺分析：外轮廓加工采用刀具半径左补偿，沿圆弧切线方向切入 $P_1 \rightarrow P_2$，切出时也沿圆弧切线方向切入 $P_2 \rightarrow P_3$。内轮廓加工采用刀具半径右补偿，$P_4 \rightarrow P_5$ 为切入段，$P_6 \rightarrow P_4$ 为切出段。外轮廓加工完毕后取消刀具半径左补偿，待刀具至 P_4 点再建立刀具半径右补偿。数控加工程序如下。

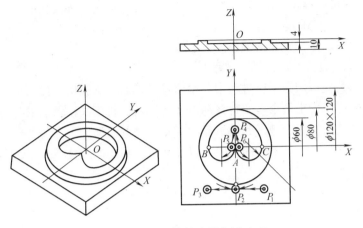

图 11-18 数控铣削编程实例（三）

O10088

N010	G54	S1500	M03	（建立工件坐标系，主轴正转，转速为 1500r/min）
N020	G90	Z50.0		（抬刀至安全高度）
N025	G00	X20.0	Y-44.0 Z2.0	（刀具快进至 P_1 点上方）
N030	G01	Z-4.0	F100.0	（刀具以切削进给工进至深度 4mm 处）
N040	G41	X0	Y-40.0	（建立刀具半径左补偿 $P_1 \rightarrow P_2$）
N050	G02	X0	Y-40.0 I0 J40.0	（铣外轮廓顺圆插补至 P_2）
N060	G00	G40	X-20.0 Y-44.0	（取消刀具半径左补偿 $P_2 \rightarrow P_3$）
N070	Z50.0			（抬刀至安全高度）
N080	G00	X0	Y15.0	（刀具快进至 P_4 点上方）
N090	Z2.0			（快速下刀至加工表面 2mm 处）
N100	G01	Z-4.0		（刀具以切削进给工进至深度 4mm 处）
N110	G42	X0	Y0	（建立刀具半径右补偿 $P_4 \rightarrow P_5$）
N120	G02	X-30.0	Y0 I-15.0 J0	（铣内轮廓顺圆插补 $A \rightarrow B$）
N130	G02	X30	Y0 I30.0 J0	（铣内轮廓顺圆插补 $B \rightarrow C$）
N140	G02	X0	Y0 I-15.0 J0	（铣内轮廓顺圆插补 $C \rightarrow A$）
N150	G00	G40	X0 Y15.0	（取消刀具半径右补偿 $P_6 \rightarrow P_4$）

N160　G00　Z100.0　　　　　　（刀具沿 Z 轴快速退出）

N170　M02　　　　　　　　　　（程序结束）

二、数控铣床的操作

1. 数控铣床的操作步骤

数控铣床在运行过程中，是依赖数控装置和微机，按照事先编好的程序发出指令，实行自动循环运行的。机床操作者，主要是通过开关、按钮、键盘和显示器，控制程序的起动、工件装夹、初始位置的找正、加工后的检验，以及运行过程中的监督、机床超出正常工作时进行控制和调整等。由此可见，数控加工的主要内容是编制程序，熟悉程序，掌握机床操作面板的各种开关和按键的功能及其操作方法。

数控铣床因配用的数控系统不同，其机床操作面板的形式也不同，但其各种开关、按键的功能及操作方法则基本相同。现以 XK5032 型数控铣床上采用的 FANUC 0M 系统为例，简要介绍数控统床的操作步骤。

（1）机床操作面板。机床操作面板由 CRT/MDI 面板和机械操作面板（两块）组成。

1）CRT/MDI 面板：如图 11-19 所示，它由一个 9in 的 CRT 显示器和一个 MDI 键盘构成，其主要用于系统复位、程序输入、

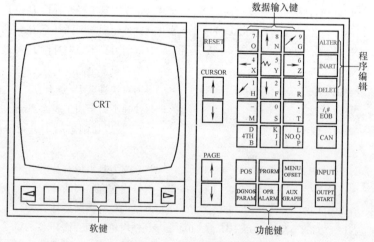

图 11-19　CRT/MDI 面板

修改、程序显示、图像显示等。面板上各键的功能见表 11-3。

表 11-3　　　　　　　CRT/MDI 面板中各键的功能说明

键	名　称	功　能　说　明
RESET	复位键	按下此键，复位 CNC 系统，包括取消报警、主轴故障复位、中途退出自动操作循环和中途退出输入、输出过程等
OUTPUT START	输　出 启动键	按下此键，CNC 开始输出内存中的参数或程序到外部设备
	地址和数字键	按下这些键，输入字母、数字和其他字符
INPUT	输入键	除程序编辑方式以外的情况，当面板上按下一个字母或数字键以后，必须按下此键才能输入到 CNC 内。另外，与外部设备通信时，按下此键，才能启动输入设备，开始输入数据到 CNC 内
CAN	取消键	按下此键，删除上一个输入的字符
CURSOR	光　标 移动键	用于在 CRT 页面上，一步步移动光标 $\boxed{\uparrow}$：向前移动光标 $\boxed{\downarrow}$：向后移动光标
PAGE	页　面 变换键	用于 CRT 屏幕选择不同的页面 $\boxed{\uparrow}$：向前变换页面 $\boxed{\downarrow}$：向后变换页面
POS	位　置 显示键	在 CRT 上显示机床现在的位置
PRGRM	程序键	处于编辑方式，编辑和显示在内存中的程序 处于 MDI 方式，输入和显示 MDI 数据
MENU OFSET	—	刀具偏置数值和宏程序变量显示的设定
DGNOS PRARM	自诊断的 参数键	设定和显示参数表及自诊断表的内容
OPR ALARM	报警号 显示键	按此键显示报警号
AUX GRAPH	图　像	图像显示功能

2）操作面板。操作面板由下操作面板和右操作面板组成。

a. 下操作面板：如图 11-20 所示，包括 CNC 电源按钮、循环起动按钮、方式选择旋钮开关、手摇脉冲发生器等，下面板上各按钮、旋钮和指示灯的功用说明见表 11-4。

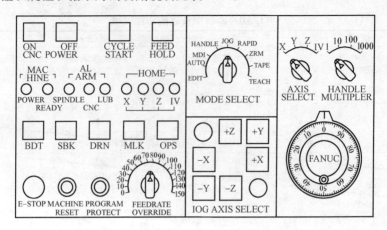

图 11-20　下操作面板

表 11-4　　　　　　下操作面板上各开关的功能说明

开　关	名　称	功　能　说　明
ON OFF CNC POWER	CNC 电源 按钮	按下 ON，接通 CNC 电源 按下 OFF，断开 CNC 电源
CYCLE START	循环启动 按钮 （带灯）	在自动操作方式下，选择要执行的程序后，按下此按钮，自动操作开始执行。在自动循环操作期间，按钮内的灯亮 在 MDI 方式下，数据输入完毕后，按下此按钮，执行 MDI 指令
MACHINE POWER READY	POWER 电源指示灯	主电源开关合上后，灯亮
	READY 准备好指示灯	当机床复位按钮按下后机床无故障时，灯亮
ALARM SPINDLE CNC LUBE	SPINDLE	主轴报警指示
	CNC	CNC 报警指示
	LUBE	润滑泵液面低报警指示
HOME X Y Z IV	—	分别指示各轴回零结束
FEED HOLD	进给保持 按钮（带灯）	机床在自动循环期间，按下此按钮，机床立即减速、停止，按钮内灯亮

开 关	名 称	功 能 说 明
MODE SELECT	方式选择旋钮开关	EDIT：编辑方式 AUTO：自动方式 MDI：手动数据输入方式 HANDLE：手摇脉冲发生器操作方式 JOG：点动进给方式 RAPID：手动快速进给方式 ZRM：手动返回机床参考点方式 TAPE：纸带工作方式 TEACH. H：手脉示教方式
BDT	程序段跳步功能按钮（带灯）	在自动操作方式下，按下此按钮灯亮时，程序中有"/"符号的程序段将不执行
SBK	单段执行程序按钮（带灯）	按此按钮灯亮时，CNC 处于单段运行状态。在自动方式下，每按一下 CYCLE START 按钮，只执行一个程序段
DRN	空运行按钮（带灯）	在自动方式或 MDI 方式下，按此按钮灯亮时，机床执行空运行方式
MLK	机床锁定按钮（带灯）	在自动方式、MDI 方式或手动方式下，按下此按钮灯亮时，伺服系统将不进给（如原来已进给，则伺服进给将立即减速、停止），但位置显示仍将更新（脉冲分配仍继续），M、S、T 功能仍有效地输出
E-STOP	急停按钮	当出现紧急情况时，按下此按钮，伺服进给及主轴运转立即停止工作
MACHINE RESET	机床复位按钮	当机床刚通电，急停按钮释放后，需按下此按钮，进行强电复位。另外，当 X、Y、Z 碰到硬件限位开关时，强行按住此按钮，手动操作机床，直至退出限位开关（此时务必小心选择正确的运动方向，以免损坏机械部件）
PROGRAM PROTECT	开关（带锁）	需要进行程序存储、编辑或修改、自诊断页面参数时，需用钥匙接通此开关（钥匙右旋）
FEEDRATE OVERRIDE	进给速率修调开关（旋钮）	当用 F 指令按一定速度进给时，从 0%～150% 修调进给速率 当用手动 JOG 进给时，选择 JOG 进给速率
OG AXIS SELECT		手动 JOG 方式时，选择手动进给轴和方向。务必注意：各轴箭头指向是表示刀具的运动方向（而不是工作台）

续表

开　关	名　　称	功　能　说　明
MANUAL PULSE GENERATOR	手摇脉冲发生器	当工作方式为手脉 HANDLE 或手脉示教 TEACH. H 方式时，转动手脉可以正方向或负方向进给各轴
AXIS SELECT	手脉进给轴选择开关	用于选择手脉进给的轴
HANDLE MULTIPLIER	手脉倍率开关	用于选择手脉进给时的最小脉冲当量

　　b. 右操作面板：如图 11-21 所示，面板上各按钮及开关的功用说明见表 11-5。

表 11-5　右操作面板上各开关的功能说明

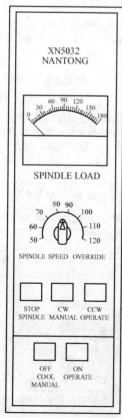

图 11-21　右操作面板

开关	名　称	功　能　说　明
SPINDLE LOAD	主轴负载表	指示主轴的工作负载
SPINDLE SPEED OVERRIDE	主轴转速修调开关	在自动或手动时，从 50%～120% 修调主轴转速
STOP CW CCW SPINDLE MANUAL OPERATE	主轴手动操作按钮	在机床处于手动方式（JOG、HANDLE、TEACH. H、RAPID）时，可启、停主轴 CW：手动主轴正转（带灯） CCW：手动主轴反转（带灯） STOP：手动主轴停止（带灯）
OFF ON COOL MANUAL OPERATE	手动冷却操作按钮	在任何工作方式下都可操作 ON：手动冷却启动（带灯） OFF：手动冷却停止（带灯）

（2）自动操作。自动操作项目及操作说明见表 11-6。

表 11-6　　　　　　　　　自动操作项目及操作说明

项目	PROGRAM PROTECT	MODE SELECT 方式选择开关	功能键	操 作 说 明
内存操作		AUTO	PRGRM	键入程序号→CURSOR ↓→ CYCLE START
MDI 操作	右旋	MDI	PRGRM	软键 NEXT→键入坐标字→ INPUT→CYCLE START

（3）手动操作。手动操作项目及操作说明见表 11-7。

表 11-7　　　　　　　　　手动操作项目及操作说明

项目	MODE SELECT 方式选择开关	选择、修调开关	操作说明	备注
手动参考点返回	ZRM		按 JOG AXIS SELECT 的+X 或 +Y 或+Z 键选择一个轴	
手动连续进给	JOG	由 FEEDRATE OVERRIDE 选择点动速度	按 JOG AXIS SELECT 中键+X 或－X 或＋Y 或－Y或+Z 或－Z	每次只能选择一只轴
	RAPID			
手摇脉搏发生器手动进给	HANDLE	由 AXIS SELECT 选择欲进给轴 X、Y 或 Z　由 HANDLE MULTIPLIER 调节脉冲当量	旋转"MANUAL PULSE GENERATOR"	
主轴手动操作	JOG RAPID HANDLE TEACH. H	调节"SPINDLE SPEED OVERRIDE"	按 "SPINDLE MANUAL OPERATE" 中键 CW 或 CCW 或 STOP	每次开机后，在 MDI 页面输入一次 S。以后直接手动

项目	MODE SELECT 方式选择开关	选择、修调开关	操作说明	备注
冷却泵启停	任何方式		按 " COOL MANUAL OPER-ATE" 中键 ON 或 OFF	

（4）零件程序的输入和编辑。零件程序的输入类别、项目及操作说明见表 11-8。

表 11-8　　　　　程序的输入类别、项目及操作说明

类别	项目	PROGRAM PROTECT	MODE SELECT	功能键	操 作 说 明
将纸带上的程序输入内存	单一程序输入，程序号不变	右旋	EDIT 或 AUTO	PRGRM	INPUT
	单一程序输入，程序号变				键入程序号→INPUT
	多个程序输入				INPUT 或键入程序号→IN-PUT
MDI 键盘输入程序			EDIT		键入程序号→INSRT→键入字→INSRT→段结束键入 EOB→INSRT
检索	程序号检索		EDIT 或 AUTO		键入程序号→ 按 CURSOR ↓ 或键入地址 O→ 按 CUR-SOR ↓
	程序段检索				程序号检索→键入段号→按 CURSOR ↓ 或键入 N→ 按 CURSOR ↓
	指令字或地址检索				程序号检索→程序段检索→键入指令或地址→按 CURSOR ↓

类别	项目	PROGRAM PROTECT	MODE SELECT	功能键	操作说明
编辑	扫描程序	右旋	EDIT	PRGRM	程序号检索→程序段检索→按 CURSOR ↓ 或 PAGE ↓ 扫描程序
	插入一个字				检索插入位置前一个字→键入指令字→INSRT
	修改一个字				检索要修改的字→键入指令字→ALTER
	删除一个字				检索要删除的字→DELET
	删除一个程序段				检索要删除的程序段号→DELET
	删除一个程序				检索要删除的程序号→DELET
	删除全部程序				键入 0—9999→DELET

2. 刀具偏置的设定。刀具偏置设定的操作步骤如下。

（1）按下刀具补偿功能键 MENU OFFSET 。

（2）按软键 OFSET ，出现图 11-22 所示的页面。

（3）移动光标 ↓ 或 ↑ 到要输入或修改的偏置号（对应于刀具补偿量代号 H 代码）。

（4）键入偏置量。

（5）按输入键 INPUT ，即显示在屏幕上。

三、使用数控铣床时的注意事项

使用数控铣床时要求做到以下几点。

（1）熟悉数控铣床使用说明书。使用数控统床前，必须认真阅读机床的使用说明书。数控铣床的使用说明书一般包括两个部分：

OFFSET		O0013	N0008
No.	DATA	No.	DATA
001	10.000	009	0.000
002	−1.000	010	10.000
003	0.000	011	−20.000
004	0.000	012	0.000
−005	20.000	013	0.000
006	0.000	014	0.000
007	0.000	015	0.000
008	0.000	016	0.000
ACTUAL	POSITON	(RELATIVE)	
X	0.000	Y	0.000
Z	0.000		
NO.005			

图 11-22　刀具偏移量菜单

程序编制部分和机床操作部分。操作者应严格按说明书规定的操作方法操作机床。

（2）手工编程的适用范围。手工编程一般用于加工二轴工件曲线，即平面坐标系的工件。对于三轴、四轴的立体曲面的加工，需通过计算机编制程序，程序一般由专业技术人员编制。

（3）程序的模拟和预演。程序的模拟通常是在显示器屏幕上显示刀具的运行轨迹来进行，在模拟中应特别注意刀具轨迹中的刀具切入路径和切离路径，同时还应注意检查是否有不正常的轨迹部分，以便对照图样及时修改错误的程序段内容。程序预演，则应让机床空运行，可以用笔代刀，以坐标纸代工件，检验程序和机床动作的一致性。

（4）手动操作。手动操作是操作工人在自动运行程序加工前必须运用的操作过程。使用手动操作除应熟练掌握各键的操作顺序外，还应注意以下几点。

1）手动返回参考点操作。必须按正向 X、Y、Z 轴按键，否则会出现超程现象。出现超程报警后，应采用手摇脉冲发生器使机床反向返回，否则容易损坏机床的进给传动系统。

2）在使用手摇脉冲发生器移动工作台时，应注意手的动作要"轻"，要"稳"，特别是在使用较大的进给速度倍率的时候，工作台运行速度很高，容易发生碰撞事故。

3）在手工换刀操作时，应仔细检查铣刀的拉紧螺杆，铣头夹紧刀体装置一般是液压和气动的，拆卸时，在按钮按入时应托稳刀体，以免掉下，损坏刀具和机床。使用的刀具应不超过机床规定的直径和重量。

4）能否准确地加工工件，除了有正确的程序外，还必须由操作工人运用一般机床调整工件和工作台位置的方法，找正铣刀和工件的相对位置，从而使刀具中心位置落在程序设定的刀具运行轨迹的起点位置。如果工件位置放置不适当，刀具与工件相对位置与程序设定的坐标不符合时，会铣坏工件，损坏机床和刀具。找准起点位置后，数控铣床的各轴坐标应与起点坐标相符。

（5）数控铣床的起动和停止。铣床的起动有一段准备时间，在急停后重新开始加工，一般应返回程序起点再做运行加工。

（6）快速进给程序指令。程序中的切入程序段或退刀程序段，若有快速移动进给指令，则应特别注意刀具、工件、机床工作台台面是否会碰撞，一般在程序预演时，在Z轴方向设置一段距离进行观察。

（7）数控铣床的坐标轴方向。数控铣床的坐标轴指向是有严格规定的，坐标轴方向是铣刀的移动方向而不是工作台的移动方向，操作时应特别予以注意。

四、数控铣床的维护与保养

1. 熟悉和掌握所用机床的概况

为了合理使用，维护机床精度，应熟悉机床的结构、主要技术参数、传动系统和机床的润滑方式等。

2. 熟悉和掌握数控报警系统

操作人员应看懂与自动报警有关的润滑故障、液压系统故障、刀具破损检出等内容，以便自行排除和配合机修工排除故障。

3. 数控铣床的机械维护保养

（1）机床起动前应检查的项目如下。

1）外观是否有异常。

2）工作台丝杠。

3）主轴内锥部位。

4）各滑动面是否有损伤。

5）刀具的拉紧螺杆是否锁紧。

6）润滑油压力、空气压力、液压系统压力以及各管路是否有泄漏。

7）工作台和铣头移动范围内是否有障碍物。

（2）机床起动后应检查的项目如下。

1）机械各部分是否有异常声音、振动、发热等。

2）铣头的润滑状况，进行主轴低速空运转和变速回转。

3）工作台的 X、Y、Z 向移动运行、快速进给和变速进给空运行。

4）机床使用后，应清洁机床，滑动配合部位应喷防锈油。

4. 数控铣床电气的维护保养

（1）通风系统要保持洁净，应定期清理通风网罩上的积尘，保持良好的通风和散热条件。

（2）备有电池的机床，要定期检查和更换电池。更换电池应在数控装置通电状态下进行，否则会破坏存储器中的内容。

（3）机床强电箱应定期检查和清洁。

（4）应定期检查直流伺服电动机电刷的接触情况，清除电刷磨损的粉末。电刷磨损到极限长度时应予以更换。

（5）经常清扫光电阅读机头上的灰尘，定期添加润滑剂，暂不使用时应加防尘装置。

5. 数控铣床操纵板按键的维护

（1）操纵板应保持整洁。操作时应保持按键和扳动开关的手指清洁无油污，不能用其他物品代替手指操作。

（2）按键和拨动开关时，应严格按照说明书的要求进行，不能随便乱按乱拨，甚至几个键同时按下，造成人为损坏。

（3）显示器的帧、行、亮度、对比度、色彩等，应在操作前一次调整好，不宜在操作中随意调整。

（4）按键发生故障时，应请专业维修人员检修。

6. 数控铣床的维护检验

（1）数控铣床首次安装使用或搬迁之后出现故障时，应检查连接电缆接头的结合情况。

（2）系统报警时，应根据操作引起的报警原因，检查参数设定值是否正确。

（3）机床更换伺服电动机和 PC 板后，应进行初始化操作，检验其运行可靠性。

（4）当新编制的程序第一次使用发生故障时，应检查程序是否有错误。

（5）数控铣床长时间停机后再次起用发生故障时，应首先检查电池电压是否正常。

（6）发生伺服过热报警时，应检查通风网罩是否畅通。

（7）操作者应记录机床运行、故障和排除以及维修等情况，以便建立机床维护和检修档案。

第十二章

铣床的一般调整和一级保养

第一节 铣床的安装调试

机床是用切削的方式将金属毛坯加工成机器零件的机器，它是制造机器的机器，它的精度是机器零件精度的保证，因此，机床的安装显得特别的重要。机床的装配通常是在工厂的装配工段或装配车间内进行的，但在某些场合下，制造厂并不将机床进行总装。为了运输方便（如重型机床等），产品的总装必须在基础安装的同时才能进行，在制造厂内就只进行部件的装配工作，而总装则在工作现场进行。

一、机床安装调试的要点

1. 机床的基础

机床的自重、工件的重量、切削力等都将通过机床的支承部件而最后传给地基。所以地基的质量直接关系到机床的加工精度、运动的平稳性、机床的变形、磨损以及机床的使用寿命。因此、机床在安装之前，首要的工作是打好基础。

机床地基一般分为混凝土地坪式（即车间水泥地面）和单独块状式两大类。因切削过程中产生振动，机床的单独块状式地基需要采取适当的防振措施；对于高精度机床，更需采用防振地基，以防止外界振源对机床加工精度的影响。

单独块状式地基的平面尺寸应比机床底座的轮廓尺寸大一些。地基的厚度则取决于车间土壤的性质，但最小厚度应保证能把地脚螺栓固结。一般可在机床说明书中查得地基尺寸，图 12-1 所示为 X6132 型万能卧式铣床的地基。

用混凝土浇灌机床地基时，常留出地脚螺栓的安装孔（根据机床说明书中查得的地基尺寸确定），待将机床装到地基上并初步找好水平后，再浇灌地脚螺栓。常用的地脚螺栓如图 12-2 所示。

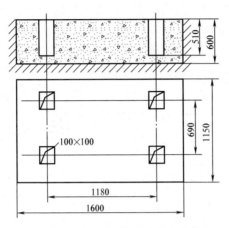

图 12-1　X6132 型万能卧式铣床的地基

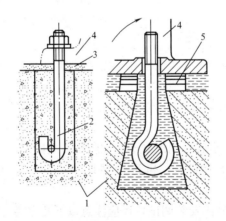

图 12-2　常用的地脚螺栓

1—混凝土；2—基础螺钉；3—二次灌浆；

4—机座；5—热板

2. 机床基础的安装方法

机床基础的安装通常有两种方法：一种是在混凝土地坪上直接

745

安装机床，并用图 12-3 所示的调整垫铁调整水平后，在床脚周围浇灌混凝土，固定机床，这种方法适用于小型和振动轻微的机床；另一种是用地脚螺栓将机床固定在块状式地基上，这是一种常用的方法，安装机床时，先将机床吊放在已凝固的地基上，然后在地基的螺栓孔内装上地脚螺栓并用螺母将其连接在床脚上，待机床用调整垫铁调整水平后，用混凝土浇灌进地基方孔，混凝土凝固后，再次对机床调整水平并均匀地拧紧地脚螺栓。

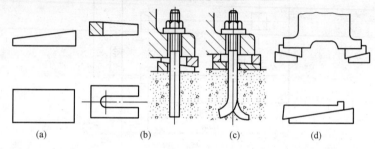

图 12-3　机床常用的垫铁

(a) 斜垫铁；(b) 开口垫铁；(c) 带通孔的斜垫铁；(d) 钩头垫铁

(1) 整体安装调试。

1) 机床用多组楔铁支承在预先做好的混凝土地基上。

2) 将水平仪放在机床的工作台面上，调整楔铁，要求每个支承点的压力一致，使纵向水平和横向水平都达到粗调要求 0.03～0.04/1000。

3) 粗调完毕后，用混凝土在地脚螺孔处固定地脚螺钉。

4) 待充分干涸后，再进行精调水平，并均匀地紧固地脚螺帽。

(2) 对于分体安装调试，还应注意以下几点。

1) 零部件之间、机构之间的相互位置要正确。

2) 在安装过程中，要重视清洁工作，若不按工艺要求安装，不可能安装出合格的机床。

3) 调试工作是调节零件或机构的相互位置、配合间隙、结合松紧等，目的是使机构或机器工作协调，如轴承间隙、镶条位置的调整等。

3. 卧式机床总装配顺序的确定

卧式机床的总装工艺包括部件与部件的连接、零件与部件的连接，以及在连接过程中部件与总装配基准之间相对位置的调整或校正、各部件之间相互位置的调整等。各部件的相对位置确定后，还要钻孔，车螺纹及铰削定位销孔等。总装结束后，必须进行试车和验收。

总装配顺序，一般可按下列原则进行。

（1）首先选出正确的装配基准。这种基准大部分是床身的导轨面，因为床身是机床的基本支承件，其上安装着机床的各主要部件，而且床身导轨面是检验机床各项精度的检验基准。因此，机床的装配应从所选基面的直线度、平行度及垂直度等精度着手。

（2）在解决没有相互影响的装配精度时，其装配先后以简单方便的原则来定。一般可按先下后上，先内后外的原则进行。例如在装配车床时，如果先解决车床的主轴箱和尾座两顶尖的等高度精度，或者先解决丝杠与床身导轨的平行度精度，在装配顺序的先后上是没有多大关系的，问题在于能简单方便地、顺利地、进行装配。

（3）在解决有相互影响的装配精度时，应该先装配好公共的装配基准，然后再按次序达到各有关精度。

二、机床安装调试的准备工作

机床的安装与调试是使机床恢复和达到出厂时的各项性能指标的重要环节。由于机床设备价格昂贵，其安装与调试工作也比较复杂，一般要请供方的服务人员来进行。作为用户，要做的主要是安装调试的准备工作、配合工作及组织工作。

1. 安装调试的准备工作

安装调试的准备工作主要有以下几个方面。

（1）厂房设施：必要的环境条件。

（2）地基准备：按照地基图打好地基，并预埋好电、油、水管线。

（3）工具仪器准备：起吊设备、安装调试中所用的工具、机床检验工具和仪器。

（4）辅助材料：如煤油、机油、清洗剂、棉纱棉布等。

（5）将机床运输到安装现场，但不要拆箱。拆箱工作一般要等供方服务人员到场。如果有必要提前开箱，一要征得供方同意，二要请商检局派员到场，以免出现问题发生争执。

2. 机床安装调试前的基本要求

（1）研究和熟悉机床装配图及其技术条件，了解机床的结构、零部件的作用以及相互的连接关系。

（2）确定安装的方法、顺序和准备所需要的工具（水平仪、垫板和百分表等）。

（3）对安装零件进行清理和清洗，去掉零部件上的防锈油及其他脏物。

（4）对有些零部件还需要进行刮削等修配工作、平衡（消除零件因偏重而引起的振动）以及密封零件的水（油）压试验等。

三、机床安装调试的配合与组织工作

1. 机床安装的组织形式

（1）单件生产及其装配组织。单个地制造不同结构的产品，并且很少重复，甚至完全不重复，这种生产方式称为单件生产。单件生产的装配工作多在固定的地点，由一个工人或一组工人，从开始到结束把产品的装配工作进行到底。这种组织形式的装配周期长，占地面积大，需要大量的工具和装备，并要求工人有全面的技能，在产品结构不十分复杂的小批量生产中，也有采用这种组织形式的。

（2）成批生产及其装配组织。每隔一定时期后将成批地制造相同的产品，这种生产方式称为成批生产。成批生产时的装配工作通常分成部件装配和总装配，每个部件由一个或一组工人来完成，然后进行总装配，其装配工作常采用移动方式进行。如果零件预先经过选择分组，则零件可采用部分互换的装配，因此有条件组织流水线生产，这种组织形式的装配效率较高。

（3）大量生产及其装配组织。产品的制造数量很庞大，每个工作地点经常重复地完成某一工序，并具有严格的节奏性，这种生产方式称为大量生产。在大量生产中，把产品的装配过程首先划分为主要部件、主要组件，并在此基础上再进一步划分为部件、组件的

装配，使每一工序只由一个工人来完成。在这样的组织下，只有当从事装配工作的全体工人都按顺序完成了他所担负的装配工序以后，才能装配出产品。工作对象（部件或组件）在装配过程中，有顺序地由一个工人转移给另一个工人，这种转移可以是装配对象的移动，也可以是工人移动，通常把这种装配组织形式叫作流水装配法。为了保证装配工作的连续性，在装配线的所有工作位置上，完成工序的时间都应相等或互成倍数，在流动装配时，可以利用传送带、滚道或在轨道上行走的小车来运送装配对象。在大量生产中，由于广泛采用互换性原则并使装配工作工序化，因而装配质量好、装配效率高、占地面积小、生产周期短，是一种较先进的装配组织形式。

2. 安装调试的配合工作

在安装调试期间，要做的配合工作有以下几个方面。

（1）机床的开箱与就位包括：开箱检查、机床就位、清洗防锈等工作。

（2）机床调水平，附加装置组装到位。

（3）接通机床运行所需的电、气、水、油源；电源电压与相序、气水油源的压力和质量要符合要求。这里主要强调两点，一是要进行地线连接，二是要对输入电源电压、频率及相序进行确定。

3. 数控设备安装调试的特殊要求

数控设备一般都要进行地线连接，地线要采用一点接地型，即辐射式接地法。这种接地法要求将数控柜中的信号地、强电地、机床地等直接连接到公共接地点上，而不是相互串接连接在公共接地点上。并且，数控柜与强电柜之间应有足够粗的保护接地电缆。总的公共接地点必须与大地接触良好，一般要求接地电阻小于 $4\sim7\Omega$。

对于输入电源电压、频率及相序的确认，有以下几个方面的要求。

（1）检查确认变压器的容量是否满足控制单元和伺服系统的电能消耗。

（2）电源电压波动范围是否在数控系统的允许范围之内。一般日本的数控系统允许电源电压在电压额定值的 $85\%\sim110\%$ 范围内波动，而欧美的一系列数控系统要求较高些。若电源电压的波动范围不在允许范围之内，需要外加交流稳压器。

（3）对于采用晶闸管控制元件的速度控制单元的供电电源，一定要检查相序。在相序不对的情况下接通电源，可能使速度控制单元的输入熔体烧断。相序的检查方法有两种：一种是用相序表测量，当相序接法正确时，相序表按顺时针方向旋转；另一种是用双线示波器来观察二相之间的波形，二相波形在相位上相差120°。

（4）检查各油箱的油位，需要时给油箱加油。

（5）使机床通电并试运转。机床通电操作可以是一次各部件全面供电，或各部件分别供电，然后再作总供电试验。分别供电比较安全，但时间较长。通电后，检查安全装置是否起作用，能否正常工作，能否达到额定指标。例如启动液压系统时，先判断液压泵电动机的转动方向是否正确，液压泵工作后管路中是否形成油压，各液压元件是否正常工作，有无异常噪声，各接头有无渗漏，气压系统的气压是否达到规定范围值等。

（6）机床精度检验、试件加工检验。

（7）机床与数控系统功能检查。

（8）现场培训：包括操作、编程与维修培训，保养维修知识介绍，机床附件、工具、仪器的使用方法介绍等。

（9）办理机床交接手续：若存在问题，但不属于质量、功能、精度等重大问题，可签署机床接收手续，并同时签署机床安装调试备忘录，限期解决遗留问题。

4. 安装调试的组织工作

在机床安装调试过程中，作为用户要做好安装调试的组织工作。

安装调试现场均要有专人负责，专人应被赋予处理现场问题的权力，做到一般问题不请示即可现场解决，重大问题经请示研究后尽快答复。

安装调试期间，是用户操作与维修人员学习的好机会，要很好地组织有关人员参加，并及时提出问题，请供方服务人员回答解决。

对待供方服务人员，应做到原则问题不让步，但平时要热情，招待要周到。

🌿 第二节 铣床的一级保养

铣床的好坏直接影响零件的加工质量，因而注意对铣床的日常清洁与维护，使其保持良好的能动性，定期进行一级保养和检查，使其各项精度指标符合要求，都是很有必要的。

一、一级保养的内容和要求

1. 铣床的日常维护

(1) 严格遵守各项操作规程，工作前先检查各手柄是否放在规定位置，然后低速空车运转 2～3min，观察铣床是否有异常现象。

(2) 工作台、导轨面上不准放工、量具及工件，不能超负荷工作。

(3) 工作完毕后要清除切屑，把导轨上的切削液、切屑等污物清扫干净，并注润滑油，做到每天一小擦，每周一大擦。

2. 铣床的润滑

对于铣床的各润滑点，平时要特别注意，必须按期、按油质要求，根据说明书对铣床的润滑点加油润滑，对铣床润滑系统添加润滑油和润滑脂。各润滑点润滑的油质应清洁无杂质，一般使用 L-AN32机油。

3. 一级保养的内容和要求

机床运转 500h 后，要进行一级保养。一级保养以操作工人为主，维修工人及时配合指导进行，其目的是使铣床保持良好的工作性能。一级保养的具体内容与要求见表 12-1。

表 12-1 铣床一级保养的内容和要求

序号	保养部位	保养的内容和要求
1	铣床外部	(1) 铣床各外表面、死角及防护罩内外都必须擦洗干净、无锈蚀、无油垢 (2) 清洗机床附件，并上油 (3) 检查外部有无缺件，如螺钉、手柄等 (4) 清洗各部丝杠及滑动部位，并上油

序号	保养部位	保养的内容和要求
2	铣床的传动部分	(1) 修去导轨面的毛刺，清洗塞铁（镶条）并调整松紧 (2) 对丝杠与螺母之间的间隙，丝杠两端的轴承间隙进行适当调整 (3) 对于用 V 带传动的铣床，应擦干净 V 带并作调整
3	铣床的冷却系统	(1) 清洗过滤网和切削液槽，要求无切屑、杂物 (2) 根据情况及时调换切削液
4	铣床的润滑系统	(1) 使油路畅通无阻，清洗油毡（不能留有切屑），要求油毡明亮 (2) 检查手动油泵的工作情况，泵周围应清洁无油污 (3) 检查油质，要求油质保持良好
5	铣床的电器部分	(1) 擦拭电器箱，将电动机外部擦干净 (2) 检查电器装置是否牢固、整齐 (3) 检查限位装置等是否安全可靠

二、一级保养的操作步骤

1. 操作步骤

进行一级保养时，必须做到安全生产。如切断电源、拆洗时要防止砸伤或损坏零部件等，其操作步骤大致如下。

（1）切断电源，以防止触电或造成人身、设备事故。

（2）擦洗床身上的各部位，包括横梁、挂架、横梁燕尾形导轨、主轴锥孔、主轴端面拨块后尾、垂直导轨等，并修光毛刺。

（3）拆卸工作台部分包括以下内容。

1）拆卸左撞块，并向右摇动工作台至极限位置，如图 12-4 所示。

2）拆卸工作台左端，先将手轮 1 拆下，然后将紧固螺母 2、刻度盘 3 拆下，再将离合器 4、螺母 5、止退垫圈 6、垫 7 和推力球轴承 8 拆下，如图 12-5 所示。

3）拆卸导轨楔铁。

4）拆卸工作台右端，如图 12-6 所示，首先拆下端盖 1，然后拆下锥销（或螺钉）3，再取下螺母 2 和推力球轴承 4，最后拆下

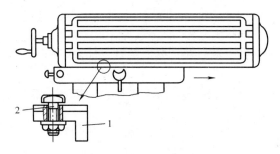

图 12-4 拆卸左撞块
1—撞块；2—T 形螺栓

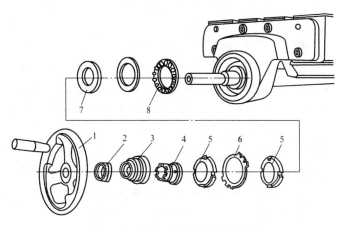

图 12-5 纵向工作台左端拆卸图

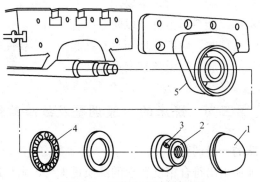

图 12-6 工作台右端拆卸图

支架 5。

　　5）拆下右撞块。

　　6）转动丝杠至最右端，取下丝杠。注意：取下丝杠时，防止平键脱落。

　　7）将工作台推至左端，取下工作台。注意：不要碰伤，要放在专用的木制垫板上。

　　（4）清洗卸下的各个零件，并修光毛刺。

　　（5）清洗工作台的底座内部零件、油槽、油路、油管，并检查手拉油泵、油管等是否畅通。

　　（6）检查工作台各部无误后安装，其步骤与拆卸相反。

　　（7）调整楔铁的松紧、推力球轴承与丝杠之间的轴向间隙，以及丝杠与螺母之间的间隙，使其旋转正常。

　　（8）拆卸清洗横向工作台的油毡、楔铁、丝杠，并修光毛刺后涂油安装，使楔铁松紧适当，横向工作台移动时应灵活、正常。

　　（9）上、下移动升降台，清洗垂直进给丝杠、导轨和楔铁，并修光毛刺，涂油调整，使其移动正常。

　　（10）拆擦电动机和防护罩，清扫电器箱、蛇皮管，并检查是否安全可靠。

　　（11）擦洗整机外观，检查各传动部分、润滑系统、冷却系统确实无误后，先手动后机动，使机床正常运转。

　　2. 注意事项

　　（1）在拆卸右端支架时，不要用铁锤敲击或用螺丝刀撬其结合部位，应用木锤或塑料锤击打，以防其结合面出现撬伤或毛刺。

　　（2）卸下丝杠时，应离开地面垂直挂起来，不要使丝杠的端面触及地面立放或平放，以免丝杠变形弯曲。

✿ 第三节　铣床的一般调整及故障维修

一、铣床的一般调整

　　为了保证加工出符合精度要求的高质量工件，满足铣削方式的需要，必要时应对铣床进行调整，以消除故障。调整内容主要有以下几个方面。

1. 纵向工作台丝杠、螺母间隙的调整

工作台手轮从沿某一方向转动到向反方向转动时，中间有一空程存在，空程的大小综合反映了传动丝杠与螺母之间的间隙和丝杠本身安装的轴向间隙。存在这两种间隙，当铣削的作用力和进给方向一致，并大于摩擦力时，会使工作台产生窜动，以致损坏刀具和工件，因此必须及时加以调整。

调整机构如图 12-7 所示。调整时，先卸去机床正面工作台底座上的盖板 4 ［见图 12-7（a）］，拧松固定螺钉 3，使压板 2 松动，顺时针转动蜗杆 1，带动外圆为蜗轮的螺母 5 转动，并向固定在工作台底座上的主螺母 6 方向靠紧。在转动之前，间隙存在于两螺母螺纹的同一侧 ［见图 12-7（b）］；当螺母 5 转动时，由于两螺母在一根丝杠上作相对转动而使两端面间相互产生推力，结果使两螺母分别以左右方向向丝杠上螺纹的两侧面靠紧 ［见图 12-7（c）］，达到减小间隙的目的。调整好后，拧紧螺钉 3，装上盖板 4。丝杠螺

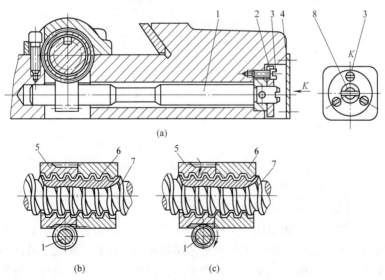

图 12-7　丝杠螺母间隙的调整机构

1—蜗杆；2—压板；3—固定螺钉；4—盖板；5—蜗轮螺母；6—主螺母；
7—丝杠；8—调节螺杆

母之间的配合松紧程度，应达到下面两个要求。

（1）用手轮作正反转时，空程读数一般为 0.15mm（3 小格），其中包括丝杠与螺母之间的间隙和丝杠两端轴承的间隙。作顺铣时，最好把间隙调整到 0.10～0.15mm 范围内。

（2）用手摇手轮时，丝杠全长上都不应有卡住现象。因此加工时，尽量使工作台传动丝杠在全长内均匀合理地使用，以保证丝杠和导轨的均匀磨损。

2. 纵向工作台丝杠轴向窜动间隙的调整

图 12-8 所示为纵向工作台左端丝杠轴承的结构。调整时，先卸下手轮，拧出螺母 1，取下刻度盘 2，扳直止退垫圈 4，松开螺母 3，转动螺母 5 就能调节推力轴承间的间隙。间隙调整合适后拧紧螺母 3，螺母 3 旋紧后使间隙在 0.01～0.03mm 内。把止动片扣好，然后再将刻度盘、螺母和手轮等装上。

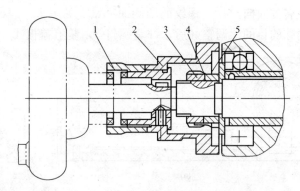

图 12-8　纵向工作台左端丝杠轴承的结构

1—锁紧螺母；2—刻度盘；3、5—调节螺母；4—止退垫圈

3. 各进给方向导轨楔铁的调整

工作台导轨和楔铁（又称塞铁）经日常使用后会逐渐磨损，使间隙增大，造成铣削时工作台上下跳动和左右摇晃，影响工件的直线性和加工面的表面粗糙度，严重时会损坏铣刀，因此需经常进行调整。

导轨间隙的调整是利用楔铁的斜楔作用来增减间隙的。图 12-9 所示为横向工作台导轨的楔铁调整机构。调整时，拧转螺杆 1，就能把楔铁 2 推进或拉出，使间隙减小或增大。图 12-10 所示为纵向工作台导轨的楔铁调整机构。调整时，先松开螺母 2 及 3，拧动螺杆 1 和拧紧螺母 2，就能使楔铁推进或拉出，以达到间隙减小或增大的目的，间隙调整好后再拧紧螺母 3（可防止松动）。间隙的大小一般不超过 0.03mm，用手摇时不感到太重、太紧为合适。

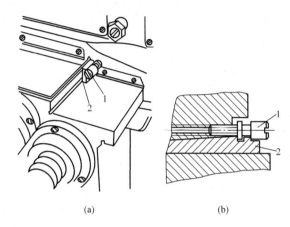

(a)　　　　　　　　　(b)

图 12-9　横向工作台导轨间隙的调整机构

（a）立体图；（b）剖视图

1—调节螺杆；2—楔铁

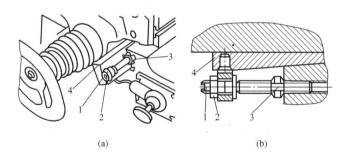

(a)　　　　　　　　　(b)

图 12-10　纵向工作台导轨楔铁的调整机构

（a）立体图；（b）剖视图

1—调节螺杆；2—螺母；3—锁紧螺母；4—楔铁

　　升降台导轨楔铁的调整方法与横向导轨楔铁相同，如图 12-11 所示。

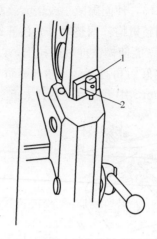

图 12-11　升降台导轨楔铁的调整机构

1—调节螺杆；2—楔铁

二、铣床常见故障维修

1. X62W 型铣床常见故障的产生原因及排除方法

（1）主轴变速箱变速转换手柄扳不动。产生此故障的原因或是竖轴手柄与孔咬死，或是扇形齿轮与齿条卡住，或是拨叉移动轴弯曲。排除时，应将该部件拆开，仔细检查，或调整间隙、或修整零件加注润滑、或校直弯曲轴。

（2）铣削时进给箱内有响声。铣削时进给箱内有响声是由于保险结合子的销子没有压紧，需要再次调整保险结合子。

（3）当把手柄扳到中间位置（断开）时，进给中断，但电机仍继续转动。产生此故障的原因是横向及升降进给控制凸轮下的终点开关传动杠的高度未调整好，可通过调整终点开关上的传动杠杆来解决。

（4）按下快速行程按钮，接触点接通，但没有快速行程产生。产生此问题的原因是"快速行程"的大电磁吸铁上的螺母松了，需要紧固电磁吸铁上的螺母。

（5）工作台底座横向移动手摇过沉。产生此故障的原因或是横向进给传动的丝杠与螺母同轴度超差，或是横向进给丝杠产生弯

曲，需检查后具体处理。一般螺母与丝杠的同轴度允差在 0.02mm
以内，若超差，需调整横向移动的螺母支架至要求尺寸。当丝杠弯
曲时，需校正丝杠。

2. 加工过程中工件产生疵病的原因及排除方法

在加工过程中，有时工件会产生一些疵病，如尺寸不准确，表
面质量不好，几何形状和相互位置有误差等，从而影响工件的
质量。

当这种疵病超过某种限度时，工件就将报废。因此，对于加工
工件可能产生的疵病必须予以重视。现就铣床加工工件常见的疵病
及其产生的原因和排除方法，分述如下。

（1）表面质量不好。表面质量不好的产生原因及排除方法
如下。

1）进给量过大。

排除方法：选择合适的进给量。

2）振动大。

排除方法：采取措施减小振动，如按铣削宽度选择铣刀的直径
（铣刀直径与铣削宽度之比为 1.2～1.6）；铣刀齿数要适当；减小
铣削用量；调整楔铁间隙，使工作台移动平稳。

3）刀具磨钝。

排除方法：及时刃磨刀具。

4）进给不均匀。

排除方法：手摇时要均匀，或用自动进给进刀。

5）铣刀摆差过大。

排除方法：校正刀杆，重装铣刀，刀具振摆不应超差。

（2）尺寸精度差。铣床加工时，精度超差是常见的毛病之一，
其产生的具体原因及排除方法如下。

1）铣削中工件移动，造成加工超差。

排除方法：装夹时，工件应夹紧、牢固。

2）测量误差造成的加工超差。

排除方法：正确测量，细心读数，及时校正。

3）不遵守消除刻度盘空转的规则，刻度盘未对准；刻度盘位

置记错或在加工中使刻度盘位置变动而未发觉导致加工超差。

排除方法：应该消除刻度盘的空转，记好刻度盘的原始位置；准确对准刻度线；对好刻线后，不要变动位置。

（3）加工工件表面不垂直。产生此毛病的原因是钳口和角铁不正；钳口与基准面间有杂物；工件发生移动。

排除方法：应把工件垫正，修整夹具；装工件前要仔细清除钳口表面及基准面；装夹工件应可靠，避免夹紧后移动。

（4）工件加工表面不平行。造成此误差的具体原因如下。

1）垫铁的表面平行度超差。

排除方法：修磨垫铁，使其工作表面平行。

2）工作台面或虎钳导轨上有杂物。

排除方法：装夹工件前，应仔细清除工作台台面和虎钳导轨面上的杂物。

3）铣削大平面时，铣刀磨损，或工件发生移动。

排除方法：合理选择铣削方法及铣刀结构，避免工件在加工时发生松动。

3. 万能升降台铣床常见故障的产生原因及排除方法（见表12-2）

表 12-2　　　　万能升降台铣床常见故障的产生原因及排除方法

序号	故障内容	产 生 原 因	消 除 方 法
1	主轴变速箱操纵手柄自动脱落	操纵手柄内的弹簧松弛	更换弹簧或在弹簧尾端加一垫圈，也可将弹簧拉长后重新装入
2	扳动主轴变速手柄时，扳力超过 200N 或扳不动	（1）竖轴手柄与孔咬死 （2）扇形齿轮与其啮合的齿条卡住 （3）拨叉移动轴弯曲或咬死 （4）齿条轴未对准孔盖上的孔眼	（1）拆下后修去毛头，加润滑油 （2）调整啮合间隙至 0.15mm 左右 （3）校直、修光或换新轴 （4）先变换其他各级转速或左右微动变速盘，调整齿条轴的定位器弹簧，使其定位可靠

序号	故障内容	产　生　原　因	消　除　方　法
3	主轴变速时开不出冲动动作	主轴电动机的冲动线路接触点失灵	检查电气线路，调整冲动小轴的尾端调整螺钉，达到冲动接触的要求
4	主轴变速操纵手柄轴端漏油	轴套与体孔间隙过大，密封性差	更换轴套，控制轴套与体孔间隙在0.01～0.02mm范围内
5	主轴轴端漏油（对立铣头而言）	（1）主轴端部的封油圈磨损间隙过大 （2）封油圈的安装位置偏心	（1）更新封油圈 （2）调整封油圈的装配位置，消除偏心
6	进给箱：没有进给运动	（1）进给电动机没有接通或损坏 （2）进给电磁离合器不吸合	检查电气线路及电器元件的故障，作相应的排除方法
7	进给时电磁离合器的摩擦片发热冒烟	摩擦片间隙量过小	适当调整摩擦片的总间隙量，保证在3mm左右
8	进给箱：正常进给时突然跑快速	（1）摩擦片调整不当，正常进给时处于半合紧状态 （2）快进和工作进给的互锁动作不可靠 （3）摩擦片润滑不良 （4）电磁吸铁安装不正，电磁铁断电后不能松开	（1）适当调整摩擦片间的间隙 （2）检查电气线路的互锁性是否可靠 （3）改善摩擦片之间的润滑 （4）调整电磁离合器的安装位置，使其动作可靠正常

序号	故障内容	产 生 原 因	消 除 方 法
9	进给箱：噪声大	（1）与进给电动机第 1 轴上的悬臂、齿轮磨损，轴松动、滚针磨损 （2）Ⅵ轴上的滚针磨损 （3）电磁离合器摩擦片在自由状态时没有完全脱开 （4）传动齿轮发生错位或松动	（1）检查Ⅰ轴上的齿轮及轴、滚针是否磨损、松动，并采用相应的补偿措施 （2）检查滚针是否磨损或漏装 （3）检查摩擦片在自由状态时是否完全脱开，并作相应调整 （4）检查各传动齿轮
10	升降台上摇手感太重	（1）升降台塞铁调整过紧 （2）导轨及丝杠螺母副的润滑条件超差 （3）丝杠底面对床身导轨的垂直度超差 （4）防升降台自重下滑机构上的蝶形弹簧压力过大（升降丝杠副为滚珠丝杠副时） （5）升降丝杠弯曲变形	（1）适当放松塞铁 （2）改善导轨的润滑条件 （3）修正丝杠底座装配面对床身导轨面的垂直度 （4）适当调整蝶形弹簧的压力 （5）检查丝杠，若弯曲变形，即作更换

序号	故障内容	产　生　原　因	消　除　方　法
11	工作台下滑板横向移动手感过重	（1）下滑板塞铁调整过紧 （2）导轨面润滑条件差或拉毛 （3）操作不当使工作台越位，导致丝杠弯曲 （4）丝杠、螺母中心的同轴度差 （5）下滑板中央托架上的锥齿轮中心与中央花键轴中心偏移量超差	（1）适当放松塞铁 （2）检查导轨的润滑供给是否良好，清除导轨面上的垃圾、切屑末等 （3）注意合理操作，不要作过载及损坏性切削 （4）检查丝杠、螺母轴线的同轴度；若超差，应调整螺母托架位置 （5）检查锥齿轮轴线与中央花键轴轴线的重合度，若超差，按修理说明进行调整
12	工作台进给时发生窜动	（1）切削力过大或切削力波动过大 （2）丝杠螺母之间的间隙过大（使用普通丝杠螺母副的） （3）丝杠两端上的超越离合器与支架端面间的间隙过大（使用滚珠丝杠副）	（1）采用适当的切削量，更换磨钝刀具，去除切削硬点 （2）调整丝杠与螺母之间的距离 （3）调整丝杠的轴向定位间隙
13	左右手摇工作台时，手感均太重	（1）塞铁调整过紧 （2）丝杠支架中心与丝杠螺母中心不同心 （3）导轨润滑条件差 （4）丝杠弯曲变形	（1）适当放松塞铁 （2）调整丝杠支架中心与丝杠螺母中心的同心度 （3）改善导轨的润滑条件 （4）更换丝杠螺母副